Problemi di meccanica quantistica non relativistica

T0222358

Carlo Alabiso
Alessandro Chiesa

Problemi di meccanica quantistica non relativistica

 Springer

Carlo Alabiso
Dipartimento di Fisica
e Scienze della Terra
"Macedonio Melloni"
Università di Parma

Alessandro Chiesa
Dipartimento di Fisica
e Scienze della Terra
"Macedonio Melloni"
Università di Parma

UNITEXT- Collana di Fisica e Astronomia
ISSN 2038-5730   ISSN 2038-5765 (elettronico)

ISBN 978-88-470-2693-3   ISBN 978-88-470-2694-0 (eBook)
DOI 10.1007/978-88-470-2694-0

Springer Milan Dordrecht Heidelberg London New York

Layout copertina: Simona Colombo, Milano
Impaginazione: CompoMat S.r.l., Configni (RI)

Springer-Verlag Italia S.r.l., Via Decembrio 28, I-20137 Milano
Springer fa parte di Springer Science + Business Media (www.springer.com)

Prefazione

Per gli studenti di fisica, la meccanica quantistica non relativistica rappresenta forse la materia più caratterizzante del corso di studi. Inoltre, costituisce un'ottima palestra di metodologia della fisica teorica, e in questo ruolo formava il nucleo centrale del corso di Istituzioni di Fisica Teorica della vecchia laurea unitaria. Con i nuovi ordinamenti, tale corso è stato scorporato e distribuito nei successivi livelli delle nuove lauree, ma non c'è dubbio che l'argomento continui a svolgere ancora questa importante funzione pedagogica.

A causa delle loro dimensioni microscopiche, particelle come l'elettrone e il protone non ricadono sotto la nostra esperienza sensoriale, e sono governate da leggi del moto qualitativamente diverse da quelle della meccanica classica che, al contrario, si può basare sull'intuizione fisica diretta degli oggetti descritti. Questo impone una cautela particolare nell'uso delle tecniche e persino delle parole impiegate per trattare il microcosmo: non possiamo parlare di un protone come fosse un sassolino da tenere fermo in mano, ma bisogna utilizzare il linguaggio corretto.

Come in tutte le palestre, gli esercizi sono fondamentali, anzi ne sono la loro ragione. I problemi qui raccolti erano stati assegnati come prove di esame, ma le soluzioni vanno oltre il solo fatto tecnico, sono più estese e più approfondite, con lo scopo di far meglio comprendere allo studente la lettera e lo spirito degli argomenti.

Nel testo si trovano talvolta problemi simili, proposti con l'intento di applicare di volta in volta soluzioni differenti, convinti che una profonda comprensione dell'argomento possa essere raggiunta guardandolo da punti di vista diversi e apprezzandone le varie sfaccettature. Raramente esiste un solo modo di risolvere un problema; più spesso esistono varie strade, delle quali alcune più praticabili di altre, e l'abilità del solutore sta nell'individuare la più breve o la più elegante.

Per quanto riguarda l'utilizzo pratico del volume, all'interno di ciascuna delle undici sezioni tematiche è stato mantenuto l'ordine cronologico originario. In esso è possibile individuare diversi gradi di difficoltà, inizialmente in termini crescenti, per tornare a un livello intermedio negli ultimi problemi, assegnati a suo tempo nell'ambito della laurea triennale.

Ringraziamo il Prof. Enrico Onofri che per oltre dieci anni ha condiviso con il primo degli autori la responsabilità del Corso di Istituzioni di Fisica Teorica, e al quale si deve la formulazione di un certo numero di Problemi.

Parma, luglio 2012   *Carlo Alabiso*
                                                     Alessandro Chiesa

Indice

1

Problemi

In ogni sezione, le difficoltà sono crescenti, e di livello intermedio dall'asterisco in poi.

1.1 Equazione di Schrödinger in una dimensione

1.1. Una particella si muove in un potenziale nullo per $-a < x < a$ e infinito altrove.

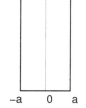

i) La sua funzione d'onda a un certo istante è data da:

$$\psi = (5a)^{-1/2} \cos \frac{\pi x}{2a} + 2(5a)^{-1/2} \sin \frac{\pi x}{a}.$$

   Quali sono i possibili risultati di una misura dell'energia e quali le relative probabilità?

ii) Quale è la forma della funzione d'onda immediatamente dopo una tale misura?

iii) Se l'energia è immediatamente rimisurata, quali sono le probabilità relative ai possibili risultati?

1.2. Una particella si muove in una dimensione soggetta al potenziale:

$$V = \begin{cases} \infty & x \le 0 \\ 0 & 0 < x < a \\ V_0 > 0 & a < x. \end{cases}$$

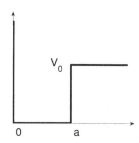

Trovare l'equazione trascendente cui deve soddisfare l'energia degli stati legati.

Alabiso C., Chiesa A.: Problemi di meccanica quantistica non relativistica
DOI 10.1007/978-88-470-2694-0_1, © Springer-Verlag Italia 2013

1.3. Sia data una particella in una buca mono-dimensionale pari, del tipo disegnato in figura. Supposto che esistano almeno tre stati legati, disegnare qualitativamente le funzioni d'onda dello stato fondamentale, dei primi due stati eccitati e di un generico stato del continuo.

1.4. Per una barriera di potenziale $V(x)$ sono note le ampiezze di riflessione e di trasmissione $\{\rho(k), \tau(k)\}$. Con la matrice di trasferimento, discutere l'effetto tunnel nel caso di due barriere $V(x)$ poste a distanza L.

1.5. Si consideri il seguente potenziale (costante a tratti):

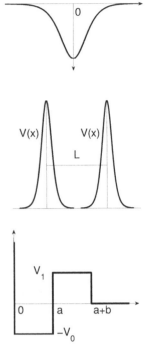

$$V = \begin{cases} \infty & x \leq 0 \\ -V_0 & 0 < x < a \\ V_1 & a < x < a+b \\ 0 & a+b < x\,, \end{cases}$$

dove tutte le costanti V_0, V_1, a, b sono positive.

i) Descrivere qualitativamente lo spettro dell'Hamiltoniana $H = p^2/2\mu + V(x)$. Discutere il caso limite $V_1 \to \infty$.

ii) Risolvere l'equazione di Schrödinger agli stati stazionari e ricavare una equazione trascendente cui soddisfano gli autovalori dell'energia.

iii) Attraverso considerazioni *semiclassiche (metodo WKB)* ottenere una condizione approssimata per l'esistenza di almeno uno stato legato per $a = 1.0\,\text{Å}$ e $\mu = 0.511\ \text{MeV}/c^2$.

Traccia. Si rammenti che $\hbar c \sim 197\,\text{MeV} \cdot fm$.

1.6. Sia data una particella monodimensionale di massa μ immersa nel potenziale:

$$V = \begin{cases} \infty & x \leq 0 \\ -\dfrac{\lambda}{x} & 0 < x\,. \end{cases}$$

Determinare autovalori e autofunzioni con il metodo dello sviluppo in serie.
Traccia. Posto $k = \sqrt{-2\mu W}/\hbar$, $x_0 = \hbar^2/(\lambda\mu)$, $b = 1/(kx_0)$, $\xi = 2kx$, sviluppare in serie la funzione $u(a\xi)$ definita da $\psi(x) = Ae^{-\xi/2}u(\xi)$, con A costante di normalizzazione.

1.7. Discutere sia qualitativamente che quantitativamente lo spettro discreto di una particella nel potenziale: $V(x) = -V_0 e^{-|x|/a}$, con V_0 e a costanti reali positive. *Traccia.* Vedi figura 1.8, e cfr. 2.5.

1.8. i) Trovare l'energia e la funzione d'onda dello stato fondamentale di una particella monodimensionale immersa nel campo:

$$V(x) = -V_0 e^{-|x|/a}.$$

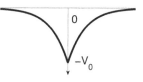

ii) Studiare in particolare il caso di una buca con $\lambda \equiv \mu a^2 V_0 / \hbar^2 \ll 1$, sfruttando la relazione:

$$J'_\nu(\lambda) \approx \frac{\nu}{2\Gamma(\nu+1)} (\lambda/2)^{\nu-1} - \frac{1}{\Gamma(\nu+2)} (\lambda/2)^{\nu+1}$$

[cfr. A-S 9.1.7 e 9.1.27].

1.9. Determinare (implicitamente) autovalori e autofunzioni di una particella soggetta al potenziale:

$$V = \begin{cases} -\lambda x & x \le 0 \\ \dfrac{1}{2}\mu\omega^2 x^2 & 0 \le x. \end{cases}$$

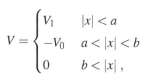

1.10. Una particella si muove in una dimensione sotto l'azione di forze aventi energia potenziale:

$$V = \begin{cases} V_1 & |x| < a \\ -V_0 & a < |x| < b \\ 0 & b < |x|, \end{cases}$$

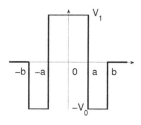

con a, b, V_0, V_1 costanti positive. Si discutano le proprietà qualitative dello spettro di energia. Si trovi l'equazione che determina lo spettro per gli stati a parità -1, cioè tali che la relativa autofunzione soddisfi $\psi(-x) = -\psi(x)$.

1.11. Una particella di massa $\mu = 0.5\,\text{MeV}/c^2$ con energia $W = 1\,\text{eV}$ incide su una barriera di potenziale di altezza $V_0 = 2\,\text{eV}$.

Quanto deve essere larga la barriera affinché la probabilità di trasmissione sia pari a 10^{-3}? *Traccia.* Per ottenere una probabilità così picco-

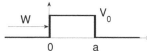

la, la barriera deve essere molto larga, e dunque si può considerare una riflessione quasi totale al primo gradino, seguita da un ordinario fenomeno di riflessione e trasmissione al secondo.

1.12. Consideriamo il potenziale semiperiodico, cioè periodico a destra con barriera infinita all'origine:

$$V = \begin{cases} \infty & x \leq 0 \\ 0 & 2nL < x < (2n+1)L \\ V_0 & (2n+1)L < x < (2n+2)L \end{cases}$$

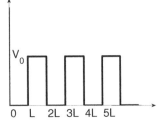

con L e V_0 costanti positive, e $n = 0, 1, 2, \ldots$.
    Trovare autofunzioni e autovalori nei due casi:

i) $W < V_0$.
ii) $V_0 < W$.
iii) Discutere il caso in cui le barriere di potenziale V_0 siano in numero finito, ossia $V(x) = 0$ per $x > 2NL$, per qualche N intero positivo.

1.13. Determinare il coefficiente di trasmissione di una barriera di potenziale della forma:

$$V = \begin{cases} 0 & x < 0 \\ V_0 \left(1 - \dfrac{x}{a}\right) & 0 < x, \end{cases} \qquad V_0 > 0,\ a > 0.$$

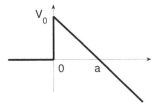

Traccia. Operare la sostituzione:
    $y = (2\mu V_0/a\hbar^2)^{1/3}(x - a + aW/V_0).$

1.14. Una particella si muove in una dimensione sotto l'azione di forze aventi energia potenziale:

$$V = \begin{cases} V_0 & |x| < a \\ 0 & a < |x| < b \\ +\infty & b \leq |x|, \end{cases}$$

con a, b, V_0 costanti positive.

i) Si trovi l'equazione che determina lo spettro, tenendo conto della simmetria del potenziale.
ii) Assumendo che la funzione d'onda iniziale sia:

$$\psi_0(x) = \begin{cases} (b-x)(x-a) & a < x < b \\ 0 & \text{altrove} \end{cases}$$

si discuta qualitativamente l'evoluzione temporale della funzione d'onda.

1.15. Una pallina di massa μ soggetta solo al proprio peso rimbalza sul pavimento in modo perfettamente elastico.

$$V(z) = g\mu z.$$

Trascurando le oscillazioni sul piano xy, calcolare l'energia dello stato fondamentale quantistico.

1.16. Si valuti la probabilità $|\tau(k)|^2$ di trasmissione di una barriera di potenziale definita da:

$$V = \begin{cases} \lambda(x^2 - a^2)^2 & |x| \leq a \\ 0 & a \leq |x|, \end{cases}$$

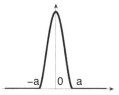

nell'approssimazione di Born, cioè per $|\lambda|$ sufficientemente piccolo, e si discuta quale sia la scala di riferimento per λ, cioè cosa significa "λ piccolo".

1.17. Una particella si muove in una dimensione sotto l'azione del potenziale:

$$V = \begin{cases} +\infty & x \leq 0 \\ V_1 & 0 < x < a \\ 0 & a < x < b \\ +\infty & b \leq x, \end{cases}$$

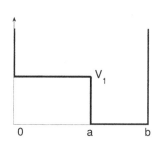

con a, b, V_1 costanti positive.

i) Si trovi l'equazione che determina lo spettro di energia.

ii) Assumendo che la funzione d'onda iniziale sia: $\psi_0(x) = (b-x)(x-a)$ per $a < x < b$ e $\psi_0 = 0$ altrove, si discuta qualitativamente l'evoluzione temporale.

iii) Se la particella si trova nello stato fondamentale, e si conosce l'espressione esatta del suo autovalore, si trovi una formula per la probabilità di trovarla nell'intervallo $0 < x < a$.

1.18. Per un certo sistema, l'Equazione di Schrödinger in una dimensione ha la forma:

$$\left(-\frac{d^2}{dx^2} - 2\,\text{sech}^2 x \right) \psi = W\psi, \qquad \hbar = 1, \qquad \mu = \frac{1}{2}.$$

i) Provare che: $\psi = \exp[ikx](\tanh x + c)$ è soluzione per un particolare valore della costante.

ii) Per questa soluzione valutare i coefficienti di riflessione e trasmissione, e gli elementi della matrice S che trasforma stati entranti in stati uscenti.

iii) Anche la funzione d'onda $\psi = \mathrm{sech}\,x$ soddisfa tale equazione. Calcolare l'energia del corrispondente stato legato, e dare un semplice argomento per ipotizzare che questo sia lo stato fondamentale.

iv) Come si potrebbe procedere per valutare l'energia dello stato fondamentale nel caso non si conoscesse l'autofunzione?

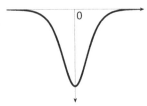

1.19. i) Calcolare livelli energetici ed autofunzioni di una particella di massa μ in moto nel potenziale

$$V(x) = V_0 \left(a/x - x/a\right)^2.$$

ii) Che legame esiste tra lo spettro di questo sistema e quello di un oscillatore armonico bidimensionale isotropo?

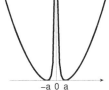

1.20. i) Data una buca quadrata, con $V = 0$ per $|x| > b$ e $V = -V_0$ per $|x| < b$, valutare interamente, a meno della normalizzazione, la funzione d'onda pari dello spettro continuo.

ii) Mostrare che all'interno della buca le frequenze di oscillazione sono maggiori, mentre i valori massimi sono inferiori.

1.21. Sia data una particella monodimensionale in un potenziale di Morse:

$$V(x) = V_0\{\exp(-2x/a) - 2\exp(-x/a)\}.$$

Determinare autovalori e autofunzioni.
Traccia. Introdurre la nuova variabile

$$y = 2\sqrt{2\mu a^2 V_0}/\hbar \ \exp(-x/a),$$

e isolare i comportamenti asintotici, operando la sostituzione: $\psi = \exp(-y/2)y^\beta \phi(y)$, con $\beta = \sqrt{-2\mu a^2 W}/\hbar$, e W l'autovalore.

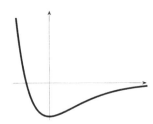

1.22. Un fascio di particelle di massa μ ed energia W è immerso in un potenziale a gradino di altezza $V_0 < W$, e proviene da sinistra.

i) Valutare la frazione di particelle riflessa.

ii) Mostrare che la somma dei flussi delle particelle riflesse e trasmesse è uguale al flusso delle particelle incidenti.

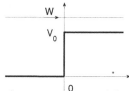

1.23. Determinare i coefficienti di trasmissione e riflessione per un potenziale della forma:

$$V(x) = V_0/[1 + \exp(-x/a)], \quad V_0 > 0, \quad a > 0.$$

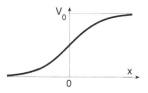

Valutare la probabilità di transizione nei limiti

$W \to \infty$ e $W \to V_0$.

Traccia. Operare le sostituzioni di funzione e variabile: $\psi(z) = z^{-ik_1a}w(z)$, $z = -\exp[-x/a]$, $k_1 = \sqrt{2\mu(W - V_0)/\hbar^2}$.

*1.24. Una particella si muove in una dimensione soggetta al potenziale (vedi 1.2):

$$V(x) = \begin{cases} \infty & x < 0 \\ 0 & 0 \leq x \leq a \\ V_0 > 0 & x > a. \end{cases}$$

i) Data l'equazione trascendente cui deve soddisfare l'energia degli stati legati, discutere i valori possibili dell'energia, e determinare le autofunzioni normalizzate.

ii) Per una particella con energia $W > V_0$, determinare lo sfasamento tra l'onda entrante da destra e quella uscente.

1.25. Determinare il coefficiente di trasmissione attraverso la barriera:

$$V(x) = \begin{cases} 0 & x < 0, x > a \\ V_0 & 0 < x < a. \end{cases}$$

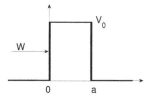

In particolare, discutere i casi:

i) $W \gg V_0$;

ii) $(V_0 - W)\mu a^2/\hbar^2 \gg 1$;

iii) $W \to 0$, ovvero $W \ll \mu a^2 V_0^2/\hbar^2$ e $W \ll V_0$;

iv) $\mu a^2 V_0^2/\hbar^2 \ll 1$ e $\mu a^2 W^2/\hbar^2 \ll 1$.

1.2 Equazione di Schrödinger in due e tre dimensioni

2.1. Sia data la *buca sferica*, ovvero una particella tridimensionale soggetta al potenziale:

$$V = \begin{cases} -V_0 & 0 \le r < a \\ 0 & a < r. \end{cases}$$

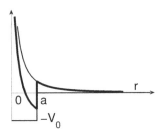

Scrivere l'equazione trascendente che determina gli autovalori dell'energia, in particolare per $l = 0$ e per $l = 1$, e individuare le condizioni che determinano l'esistenza di n stati legati.

2.2. Una particella bidimensionale si muove libera entro un cerchio, soggetta cioè a un potenziale bidimensionale uguale a zero per $\rho < a$ e infinito altrove. Il laplaciano in coordinate polari è dato da:

$$\nabla^2 = \frac{1}{\rho} \frac{\partial}{\partial \rho} \left(\rho \frac{\partial}{\partial \rho} \right) + \frac{1}{\rho^2} \frac{\partial^2}{\partial \varphi^2}.$$

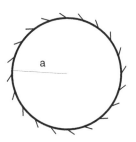

i) Ricavare l'equazione per la funzione radiale $R(r)$ con $r = \sqrt{2\mu W/\hbar^2}\rho$.

ii) Nel caso di autovalore zero per l'operatore angolare, mostrare che $R = \sum_{k=0}^{\infty} c_k r^k$ con $c_k = 0$ se k è dispari e $c_{k+2} = -c_k/(k+2)^2$ se k è pari.

iii) Dato che il primo zero della funzione $R(r)$ si trova a $r = 2.405$, trovare l'energia dello stato fondamentale del sistema.

2.3. Si consideri un atomo di idrogeno in due dimensioni immerso in un campo magnetico trasversale B. Adottando coordinate polari nel piano (r, φ) con momenti coniugati (p_r, p_φ), determinare i livelli energetici con il metodo di Bohr-Sommerfeld nel limite di campo debole, trascurando cioè il termine quadratico in B.

2.4. Una particella di massa μ può ruotare in un piano attorno a un punto fisso, collegata a questo tramite un'asta senza massa di lunghezza $\bar{\rho}$. Valutare autovalori e autofunzioni del sistema.

2.5. Trovare i livelli energetici dello stato s di una particella tridimensionale nel campo:

$$V(r) = -V_0 e^{-r/a}.$$

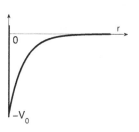

Valutare la condizione di esistenza di almeno uno stato legato. Valutare il numero di altri stati legati in onda s in funzione di V_0, in particolare $V_0 \to \infty$. Cfr 1.7.

Traccia. Porre $\rho = \alpha e^{-r/2a}$, con un α opportuno.

2.6. Una particella di massa μ e carica elettrica $-e$ è soggetta a un potenziale

$$V = \begin{cases} 0 & \rho_a < \sqrt{x^2 + y^2} < \rho_b \\ +\infty & \text{altrove.} \end{cases}$$

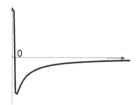

Solo nel cilindro più interno agisce un campo magnetico uniforme e costante nel tempo di intensità B e direzione $\hat{z}$. Scrivere l'equazione di Schrödinger in coordinate cilindriche e separare le variabili. Dimostrare che esiste un valore $\bar{B}$ tale che per $B = n\bar{B}$, $n = 1, 2, \ldots$, il campo $\mathbf{B}$ non altera lo spettro della particella.

Traccia. Vedi Olariu S. e Popescu I.I.: Rev. Mod. Phys. **57**, 339 (1985).

2.7. Calcolare lo spettro di energia di un atomo di idrogeno perturbato da $V = \beta r^{-2}$, con β costante positiva.

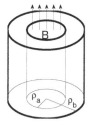

2.8. Una particella di massa $\mu = 10^{-24} g$ in una buca a simmetria sferica di profondità $-V_0$ e raggio $a = 1.29 \, 10^{-13} cm$, si trova in uno stato legato di momento angolare $l = 0$ ed energia $W = -1 \, Mev$. Calcolare V_0 e dire se lo stato legato è l'unico all'interno della buca.

Traccia. Sviluppare in serie al primo ordine le funzioni circolari.

2.9. Una particella è descritta dalla Hamiltoniana $H = \lambda \sqrt{\mathbf{p} \cdot \mathbf{p}} + 1/2K\mathbf{q} \cdot \mathbf{q}$ con λ, K costanti positive.

i) Discutere la dinamica del sistema secondo la meccanica classica.

ii) Impostare il problema in meccanica quantistica, e valutare esplicitamente lo stato fondamentale, sia esattamente che applicando una conveniente approssimazione all'equazione iterata.

Traccia. Nel primo caso, quantizzare $\{q_k, p_k\}$ nel modo opposto all'usuale.

2.10. i) Determinare i livelli energetici discreti di una particella bidimensionale nel potenziale centrale $V(\rho) = -\alpha/\rho$.

ii) Determinare la loro degenerazione e confrontarla con quella del caso Coulombiano.

2.11. Data una particella tridimensionale nella buca sferica:

$$V(\mathbf{x}) = \begin{cases} -V_0 & 0 < r < a \\ 0 & a < r \end{cases}$$

determinare *qualitativamente* le condizioni sufficienti sotto le quali *non esistono* stati legati di momento angolare l.

2.12. i) Determinare autovalori e autofunzioni di una particella tridimensionale di massa μ immersa nel pozzo sferico:

$$V(\mathbf{x}) = \begin{cases} 0 & 0 < r < a \\ \infty & a < r . \end{cases}$$

ii) Calcolare il valore numerico dei primi due autovalori nel caso di $a = 10^{-8} cm$.

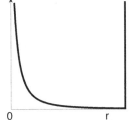

2.13. Un elettrone è confinato in una regione cilindrica di altezza c e raggio di base ρ_b. Il campo elettrico interno al cilindro è nullo; è presente invece un campo magnetico di cui si conosce il potenziale:

$$\mathbf{A} = \left(-\frac{\mathscr{F}y}{x^2 + y^2}, \frac{\mathscr{F}x}{x^2 + y^2}, 0 \right),$$

dove $\mathscr{F}$ è una costante. Determinare le dimensioni fisiche di $\mathscr{F}$, scrivere l'Hamiltoniana dell'elettrone e discutere la natura dello spettro.

2.14. Una particella di massa μ e carica e si trova immersa in un campo elettromagnetico i cui potenziali vettore e scalare sono espressi in coordinate cartesiane da:

$$\mathbf{A} = \left(\frac{ax - by}{x^2 + y^2}, \frac{ay + bx}{x^2 + y^2}, 0 \right) \qquad V_{sc}(x,y,z) = \frac{1}{2}\mu\omega^2(x^2 + y^2 + z^2) + \frac{\beta^2}{x^2 + y^2}.$$

i) Si determini la Lagrangiana e la Hamiltoniana della particella secondo la meccanica classica; si cerchi la forma più conveniente di entrambe le funzioni attraverso un'appropriata trasformazione di gauge; valutare lo spettro di energia con la quantizzazione di Bohr-Sommerfeld.

ii) Risolvere lo stesso problema tramite l'equazione di Schrödinger.

2.15. Determinare gli stati stazionari di una particella bidimensionale immersa in un pozzo circolare (vedi figura 2.2). Valutare esplicitamente i primi due autovalori dell'energia.

$$V(x) = \begin{cases} 0 & 0 < \rho < a \\ \infty & a < \rho. \end{cases}$$

2.16. Un atomo di idrogeno è sottoposto a una perturbazione dovuta a un campo magnetico statico avente potenziale vettore:

$$\mathbf{A} = \frac{1}{2} B r_0^2 \left(-\frac{y}{r^2}, \frac{x}{r^2}, 0 \right), \quad r = \sqrt{x^2 + y^2 + z^2},$$

essendo B una costante che caratterizza l'intensità del campo magnetico e r_0 il raggio di Bohr. Trascurando i termini in B^2, valutare autovalori e autofunzioni.

2.17. Un elettrone si muove al di sopra di un conduttore infinito impenetrabile. Esso è attratto dalla sua carica immagine, per cui classicamente rimbalza elasticamente sul piano. Scrivere l'equazione di Schrödinger per l'elettrone e valutarne autovalori e autofunzioni, trascurando gli effetti inerziali della carica immagine.

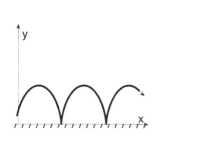
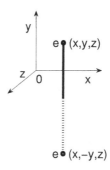

2.18. Trovare autovalori e autofunzioni di una particella carica senza spin, immersa in un campo magnetico uniforme B.

2.19. Una particella di massa μ si muove libera tra due sfere rigide concentriche di raggi $r = a$ e $r = b$. Trovare l'autovalore e l'autovettore normalizzato relativi allo stato fondamentale.

2.20. Si consideri una particella carica vincolata a muoversi senza attrito su di una sfera di raggio R e immersa in un campo magnetico uniforme e costante B. Si determini l'espressione dell'energia in funzione delle variabili di azione J_ϑ e J_φ e quindi si trovi lo spettro di energia della particella secondo le regole di quantizzazione di Bohr-Sommerfeld. Si trascurino termini quadratici nel campo B.

2.21. Si consideri l'Hamiltoniana dell'atomo di idrogeno cui si è aggiunta un potenziale inversamente proporzionale a $\sin^2 \vartheta$:

$$H = \frac{\mathbf{p}^2}{2\mu_e} - \frac{e^2}{r} + \frac{\hbar^2 \beta^2}{2\mu_e r^2 \sin^2 \vartheta}.$$

Si determini lo spettro dell'energia in approssimazione semiclassica, e mediante l'equazione di Schrödinger.

2.22. Una particella è confinata in una scatola rigida di lunghezza a.

i) Trovare autofunzione e autovalore corrispondenti allo stato di minima energia.
ii) Determinare un valore approssimato del numero N di stati aventi energia minore di un valore W fissato, nell'ipotesi di $N \gg 1$.

Traccia. Sfruttare un'analogia geometrica.

2.23. Trovare le condizioni di esistenza di almeno uno stato legato per una particella tridimensionale soggetta al potenziale:

$$V(r) = \begin{cases} \infty & r < a \\ -\lambda/r^n & r \geq a, \quad n > 2. \end{cases}$$

Si tratta di un potenziale realistico, con una parte attrattiva a corto raggio al di fuori di un core repulsivo rigido.

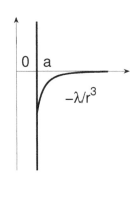

Traccia. Operare le sostituzioni:

$$y(r) = rR(r), \quad v = 1/(n-2), \quad \beta = 2v\sqrt{2\mu\lambda/\hbar^2},$$
$$\rho = \beta r^{-1/2v}, \quad y(\rho) = \rho^{-v}w(\rho).$$

2.24. Nel modello di Yukawa due nucleoni di massa $M = 940 Mev/c^2$ si attraggono tramite lo scambio di un mesone virtuale di massa $\mu_\pi = 140 Mev/c^2$ simulato dal potenziale non relativistico:

$$V(r) = -\frac{g^2}{\lambda} e^{-r/\lambda}, \quad \lambda = \hbar/\mu_\pi c.$$

Mediante il cambio di variabile $\rho = \alpha^{-\beta r}$ e una scelta opportuna dei parametri α e β, mostrare che l'equazione radiale di Schrödinger con $l = 0$ si riduce a una equazione di Bessel. Supponendo che questo sistema abbia un solo stato legato di energia $2.2\,Mev$, determinare graficamente $g^2/\hbar c$ tramite le curve riportate qui sotto delle 11 funzioni di Bessel $J_\nu(x)$ per $\nu = 0, 0.1, 0.2, ..., 0.9, 1$. Quale deve essere il valore minimo di $g^2/\hbar c$ per avere due stati legati a $l = 0$?

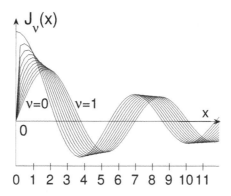

*2.25. Un oscillatore bidimensionale isotropo si trova nello stato $\psi_{11}(x, y)$ relativo all'autovalore dell'energia $W_2 = 3\hbar\omega$. Trovare i possibili valori del momento angolare $\widehat{M} = -i\hbar\partial/\partial\varphi$, e relative probabilità.

2.26. Una particella tridimensionale è contenuta in una scatola rigida di lati $2a_x, 2a_y, 2a_z$.

  i) Determinare autofunzioni normalizzate e autovalori.
  ii) Determinare la parità delle autofunzioni.
  iii) Nel caso $a_x = a_y = a_z$, valutare la degenerazione dei primi due livelli dell'energia.

1.3 Oscillatore Armonico

3.1. Data l'Hamiltoniana dell'oscillatore lineare armonico, l'operatore $\hat{a}$:

$$H = \frac{1}{2\mu}(\hat{p}^2 + \mu^2\omega^2\hat{x}^2) \quad \hat{a} = \sqrt{\frac{\mu\omega}{2\hbar}}\hat{x} + \frac{i}{\sqrt{2\mu\omega\hbar}}\hat{p},$$

e il suo aggiunto $\hat{a}^\dagger$, l'Hamiltoniana si può riscrivere $H = \hbar\omega(\hat{N} + 1/2)$, con $\widehat{N} = \hat{a}^\dagger\hat{a}$. Indichiamo con $|\,n\,\rangle\,(n = 0, 1, 2, ...)$ gli autostati ortonormali di $\widehat{N}$ e $\widehat{H}$ per i quali $\widehat{N}\,|\,n\,\rangle = n\,|\,n\,\rangle$ e $\widehat{H}\,|\,n\,\rangle = \hbar\omega(n+1/2)\,|\,n\,\rangle$.

  i) Verificare la regola di commutazione $[\hat{a}, \hat{a}^\dagger] = 1$.
  ii) Verificare che $\hat{a}$ e $\hat{a}^\dagger$ sono degli operatori di distruzione e di creazione con $\hat{a}\,|\,n\,\rangle = \sqrt{n}\,|\,n-1\,\rangle$ e $\hat{a}^\dagger\,|\,n\,\rangle = \sqrt{n+1}|n+1\,\rangle$.

iii) Verificare che lo stato (detto stato coerente)

$$|\alpha\rangle = exp[-\frac{1}{2}|\alpha|^2] \sum_{n=0}^{\infty} \frac{\alpha^n}{\sqrt{n!}} |n\rangle,$$

con α costante complessa, è normalizzato ed è autostato di $\hat{a}$ con autovalore α.

iv) Calcolare $\langle\alpha|\beta\rangle$, osservando che i due autostati non sono ortogonali.

v) Sullo stato $|\alpha\rangle$ calcolare il valore di aspettazione dell'energia e gli scarti quadratici medi Δx e Δp di posizione e momento, verificando che lo stato $|\alpha\rangle$ è a indeterminazione minima.

vi) Mostrare che, nella rappresentazione delle x, lo stato $|\alpha\rangle$ è una gaussiana.

3.2. Determinare i livelli energetici dell'Hamiltoniana:

$$H = \hbar\omega(\hat{a}_1^\dagger \hat{a}_1 + \hat{a}_2^\dagger \hat{a}_2) + \lambda(\hat{a}_1^\dagger \hat{a}_2 + \hat{a}_2^\dagger \hat{a}_1).$$

Cosa si deve imporre a λ affinché H abbia solo autovalori positivi. Impiegare tre procedimenti:

i) Applicare il calcolo diretto.

ii) Identificare gli operatori coinvolti in quattro operatori autoaggiunti, un momento angolare e l'unità.

iii) Diagonalizzare l'Hamiltoniana.

3.3. Due oscillatori armonici monodimensionali di massa $\mu = 1$ e frequenza ω_1 e ω_2 sono accoppiati tramite il potenziale $V = gx_1x_2$. Calcolare lo spettro del sistema.

3.4. Sia data una particella monodimensionale di carica e e massa μ soggetta a un potenziale $V(x) = 1/2Kx^2$ e a un campo elettrico E diretto nel verso positivo x. Determinare autovalori e autovettori dell'Hamiltoniana e i valori medi $\langle x\rangle_n, \langle x^2\rangle_n, \langle p\rangle_n, \langle p^2\rangle_n$, valutati sugli autovettori.

3.5. A un oscillatore armonico monodimensionale è sovrapposto un potenziale continuo, lineare nell'intervallo $(-a, a)$ e costante altrove:

$$H = p^2/2\mu + K/2x^2 + V(x)$$

$$V(x) = \begin{cases} -Fa & x < -a \\ Fx & |x| < a \quad \text{F costante.} \\ Fa & x > a \end{cases}$$

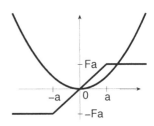

Si valuti la variazione degli autovalori dell'energia rispetto allo spettro dell'oscillatore puro, prendendo in esame eventualmente qualche caso limite dei parametri a e F.

3.6. Risolvere l'oscillatore armonico tridimensionale isotropo in coordinate

  i) cartesiane;

  ii) cilindriche;

  iii) polari,

controllando che le degenerazioni coincidano.

3.7. Un oscillatore armonico bidimensionale isotropo è soggetto a una perturbazione rappresentata dall'operatore:

$$V = \lambda (\hat{a}_1^\dagger \hat{a}_2 + \hat{a}_2^\dagger \hat{a}_1).$$

Se lo stato del sistema al tempo $t = 0$ è dato da $|1,0\rangle$, calcolare lo stato al tempo $t > 0$. [Si intende con $|m,n\rangle$ la base degli autostati dell'Hamiltoniana imperturbata.]

3.8. Trovare i primi autovalori dell'operatore:

$$H = \hat{a}_1^\dagger \hat{a}_1 + 2\,\hat{a}_2^\dagger \hat{a}_2 + \lambda\,\hat{a}_1^{\dagger 2}\hat{a}_2 + \lambda^*\,\hat{a}_2^\dagger \hat{a}_1^2.$$

3.9. Si discuta il problema agli autovalori per l'Hamiltoniana:

$$H = \hat{a}_1^\dagger \hat{a}_1 + \hat{a}_2^\dagger \hat{a}_2 + \lambda \left(\hat{a}_1^{\dagger 2}\hat{a}_2^2 + \hat{a}_2^{\dagger 2}\hat{a}_1^2 \right).$$

3.10. Si determini lo spettro dell'Hamiltoniana:

$$\widehat{H} = \hat{a}_1^\dagger \hat{a}_1 + \hat{a}_2^\dagger \hat{a}_2 + \hat{a}_3^\dagger \hat{a}_3 + \lambda \left(\widehat{A} + \widehat{A}^\dagger \right), \quad \widehat{A} = \hat{a}_1^\dagger \hat{a}_2 + \hat{a}_2^\dagger \hat{a}_3 + \hat{a}_3^\dagger \hat{a}_1,$$

con $\hat{a}_1, \hat{a}_2, \hat{a}_3$ commutanti tra loro. Si può utilizzare la teoria delle perturbazioni (degeneri), che però fornisce la soluzione esatta, ottenibile da nuovi operatori diagonali.

3.11. Una particella tridimensionale di massa μ e carica elettrica e è soggetta a un potenziale di oscillatore armonico isotropo, $V = 1/2Kr^2$.

  i) Quali sono i livelli energetici e le loro degenerazioni? (Vedi 3.6).

  ii) Se si applica un campo elettrico uniforme, quali sono i nuovi livelli energetici e quali le loro degenerazioni?

  iii) Se si applica un campo magnetico uniforme, quali sono i nuovi livelli energetici e quali le loro degenerazioni? In questo caso, non trascurare il termine quadratico e utilizzare coordinate cilindriche (vedi il 2.6).

3.12. Trovare gli autovalori dell'energia di una particella di massa μ soggetta al potenziale:

$$V = A\left(x^2 + y^2 + 2\alpha xy\right) + B\left(z^2 + 2\beta z\right) \quad A, B > 0 \quad |\alpha| < 1 \quad \beta \text{ qualsiasi.}$$

Traccia. Passare alle nuove variabili: $\xi = (x+y)/\sqrt{2}$, $\theta = (x-y)/\sqrt{2}$, $z = z$.

3.13. Una particella monodimensionale di massa μ è soggetta a un potenziale $V(x)$, e si trova in un autostato dell'energia

$$\psi(x) = \left(\beta^2/\pi\right)^{1/4} \exp\left[-\beta^2 x^2/2\right] \quad W = \hbar^2\beta^2/2\mu.$$

Valutare le seguenti quantità: il valor medio della posizione; il valor medio del momento; il potenziale $V(x)$; la probabilità $P(p)dp$ che il momento della particella sia compreso tra p e $p+dp$.

3.14. È data l'Hamiltoniana di un oscillatore armonico in unità adimensionali ($\mu = \hbar = \omega = 1$), $\hat{H} = \hat{a}^\dagger\hat{a} + 1/2$. Controllare che $\psi = (2x^3 - 3x)\exp[-x^2/2]$ sia autofunzione, valutandone contemporaneamente l'autovalore relativo. Tramite gli operatori di creazione e distruzione, trovare l'espressione esplicita dei due autostati con autovalori più vicini a quello appena calcolato.

3.15. Una particella monodimensionale di massa μ è immersa in un potenziale armonico $V = 1/2\mu\omega^2 x^2$. Scrivere la più generale soluzione dell'equazione di Schrödinger dipendente dal tempo $\psi(x,t)$, in termini degli autostati dell'oscillatore armonico $u_n(x)$, e mostrare che il valore di aspettazione $\langle\hat{x}\rangle$, come funzione del tempo, può essere scritto come $A_+\cos\omega t + A_-\sin\omega t$, con $A_\pm$ costanti reali.
Traccia. Utilizzare la relazione $\sqrt{\mu\omega/\hbar}x u_n = \sqrt{(n+1)/2}u_{n+1} + \sqrt{n/2}u_{n-1}$.

*3.16. Utilizzando le proprietà degli operatori $\{\hat{a}, \hat{a}^\dagger\}$, dimostrare le seguenti proprietà relative a un autostato dell'oscillatore armonico monodimensionale.

  i) I valori di aspettazione di posizione e impulso sono nulli.
  ii) I valori di aspettazione dell'energia cinetica e potenziale sono uguali.
  iii) Le incertezze di posizione e impulso soddisfano la relazione
      $\Delta_x\Delta_p = (n+1/2)\hbar$, ove n è il numero quantico dello stato.
  iv) Lo stato fondamentale u_0 è una gaussiana, e la parità dello stato n è $(-)^n$.

1.4 Delta di Dirac

4.1. Discutere lo spettro di una particella in una "buca quadrata" di semiampiezza b e profondità V_0 nel limite in cui $V_0 \to \infty$, $b \to 0$ con $V_0 b = \lambda/2$ fissato; ricavare anche le condizioni al contorno cui soddisfa la funzione d'onda.

4.2.   Dato il potenziale $V(x) = -\lambda\,\delta(x)$, integrare l'equazione di Schrödinger ottenendo le condizioni cui deve soddisfare la funzione d'onda in $x = 0$.

i) Dimostrare che queste condizioni definiscono una derivata seconda autoaggiunta.

ii) Trovare lo spettro applicando le condizioni di raccordo ottenute.

iii) Ritrovare lo stesso risultato operando la trasformata di Fourier dell'equazione, e quindi la antitrasformata.

4.3.   Si consideri una particella di massa μ in una dimensione soggetta al potenziale

$$V(x) = -\lambda_+\,\delta(x - x_o) - \lambda_-\,\delta(x + x_o),$$

con λ_+, λ_-, x_o costanti positive assegnate.

Determinare gli stati legati della particella e in particolare valutare la differenza tra i primi due livelli energetici per $x_o \to \infty$ nel caso $\lambda_+ \neq \lambda_-$ e nel caso $\lambda_+ = \lambda_-$.

4.4.   Considerare un oscillatore armonico monodimensionale cui è sovrapposto un potenziale costante nell'intervallo $(-d, d)$ e zero altrove:

$$H = \frac{p^2}{2\mu} + \frac{1}{2}\mu\omega^2 x^2 + \chi\theta(|x| < d).$$

Si discuta lo spettro dell'energia nei due limiti:

i) $d \to +\infty$, χ qualunque;

ii) $d \to 0$ con $\chi d = \lambda/2$ fissato [perturbazione $\propto \delta(x)$].

Nel primo caso si dica rispetto a quale scala di lunghezze si deve intendere il limite.

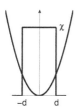 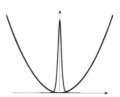

Nel secondo caso, con opportune sostituzioni ci si riduce all'equazione

$$\psi'' + \left(\varepsilon - \xi^2 - \beta\delta(\xi)\right)\psi = 0.$$

Per le soluzioni del potenziale quadratico, vedere il Problema 1.9. Per applicare le condizioni di discontinuità della derivata, confrontare A-S 13.4.21 e A-S 13.5.10.

4.5. Determinare i coefficienti di trasmissione e di riflessione per una particella monodimensionale soggetta al potenziale $V(x) = \lambda \delta(x)$. Studiare il caso limite $W \to \infty$ e $W \to 0$.

4.6. i) Discutere il problema agli autovalori, per una particella di massa μ in un grado di libertà soggetta al potenziale

$$V = \begin{cases} \lambda \delta(x) & |x| < a \\ +\infty & |x| \geq a , \end{cases}$$

dove $\delta(x)$ è la distribuzione di Dirac, e a, λ sono costanti positive.

ii) Discutere inoltre il limite $\lambda \to \infty$.

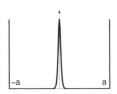

4.7. Dato il potenziale:

$$V(x) = \lambda [\delta(x) + \delta(x-a)] \qquad \lambda > 0,$$

determinare per quale valore dell'energia le particelle non si riflettono sulla barriera.

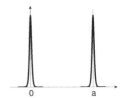

4.8. Discutere l'eventuale effetto tunnel da una parte all'altra dell'origine per il potenziale:

$$V = \begin{cases} \lambda \delta(x) & |x| < a \\ +\infty & |x| \geq a \end{cases} \qquad \text{vedi figura 4.6.}$$

4.9. Una particella tridimensionale di massa μ interagisce con un potenziale centrale:

$$V(r) = -\lambda \, \delta(r-a)$$

con $a, \lambda > 0$.

Trovare il minimo di λ per cui esiste uno stato legato.

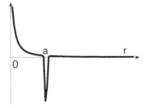

4.10. i) Determinare i livelli energetici di una particella tridimensionale soggetta al potenziale: $V(r) = -\lambda \delta(r - a)$.
ii) Trovare la condizione di esistenza di stati legati di momento l.

Traccia. Utilizzare il wronskiano $K_m(x)I'_m(x) - K'_m(x)I_m(x) = 1/x$ tra le funzioni di Bessel sferiche. Vedi A-S 9.6.

4.11. Sia data l'equazione di Schrödinger per una particella di massa μ soggetta al potenziale:

$V(x) = \lambda/2 \left[\delta(x-a) - 2\delta(x) + \delta(x+a) \right], \quad \lambda > 0.$

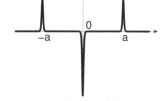

Determinare lo spettro dell'energia e le ampiezze di riflessione e trasmissione.

4.12. Una particella monodimensionale di massa μ si muove nel potenziale periodico:

$$V(x) = \sum_{n=-\infty}^{\infty} \lambda \delta(x - na).$$

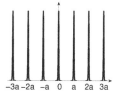

i) Trovare la diseguaglianza trascendente cui soddisfa lo spettro a bande.
ii) Nel caso $\mu\lambda a/\hbar^2 = 1$, risolvere graficamente lo spettro, indicando in modo approssimato il primo autovalore dell'energia.

4.13. Discutere il problema agli autovalori, inclusa la loro esistenza, per una particella di massa μ in un grado di libertà soggetta al potenziale

$$V = \begin{cases} \infty & x < 0 \\ -\lambda\delta(x-a) & 0 < x, \end{cases}$$

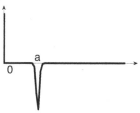

dove $\delta(x)$ è la distribuzione di Dirac, e a, λ sono costanti positive.

4.14. Una particella monodimensionale di massa μ è soggetta al potenziale $V = -\lambda\delta(x)$ con $0 < \lambda$ (vedi figura 4.2), e si trova in uno stato legato. Trovare il valore x_0 tale che la probabilità di trovare la particella in $|x| < x_0$ sia uguale a $1/2$.

4.15. Una particella monodimensionale di massa μ è immersa nel potenziale

$$V = \begin{cases} \infty & x < -a \\ \lambda\delta(x) & -a < x, \end{cases}$$

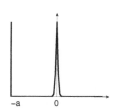

con $a, \lambda > 0$ costanti, e al tempo $t = 0$ si trova completamente confinata nella regione $-a < x < 0$, con una funzione d'onda uguale all'autofunzione della buca infinita a energia minima.

i) Determinare le autofunzioni normalizzate dell'Hamiltoniana, proprie e/o improprie.

ii) Determinare i coefficienti dello sviluppo del vettore iniziale su queste autofunzioni.

iii) Esprimere la funzione d'onda al tempo $t > 0$, e descrivere qualitativamente il comportamento della particella a tempi grandi.

1.5 Perturbazioni indipendenti dal tempo

5.1. Al primo ordine perturbativo, calcolare l'energia dei primi tre stati di una buca quadrata infinita di larghezza a, cui sia stato asportato il piccolo triangolo $\widehat{OAB}$.

5.2. Sia data l'Hamiltoniana di un sistema quantistico:

$$H = \begin{vmatrix} w_1 & 0 & a \\ 0 & w_2 & b \\ a^* & b^* & w_3 \end{vmatrix}$$

con $|a|, |b| \ll |w_i - w_j|$, per $i \neq j$. Calcolare autovalori e autofunzioni al primo ordine della teoria delle perturbazioni.

5.3. Calcolare esplicitamente la separazione del livello $2p$ dell'atomo di idrogeno dovuto all'accoppiamento spin-orbita (al primo ordine) e mostrare che in unità dell'energia imperturbata vale $e^4/(2\hbar c)^2$.

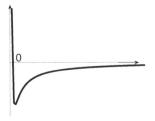

5.4. L'atomo idrogenoide è usualmente trattato assumendo il nucleo a carica puntiforme. Nell'ipotesi che la carica nucleare sia invece distribuita su una superficie sferica di raggio $\delta \ll r_0$ (raggio di Bohr), calcolare la variazione di energia dello stato fondamentale al primo ordine della teoria delle perturbazioni.

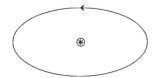

Per l'atomo di idrogeno e per $\delta = 10^{-13}cm$, dire se si tratta di una valida approssimazione, paragonando il risultato perturbativo con le energie imperturbate.
Traccia. Ricordarsi che il potenziale creato da una distribuzione superficiale di cariche è continuo.

5.5. Per un certo sistema siano date l'Hamiltoniana H e l'osservabile A:

$$A = \begin{vmatrix} 1 & i & 0 \\ -i & 0 & -i \\ 0 & i & 1 \end{vmatrix} \qquad H = \begin{vmatrix} w & -i\chi & 0 \\ i\chi & -w & i\chi \\ 0 & -i\chi & -3w \end{vmatrix}.$$

i) Valutare gli autovalori di H esattamente e, supposto χ piccolo, con la teoria delle perturbazioni al secondo ordine. Confrontare i risultati.

ii) Al tempo $t = 0$ una misura di A fornisce come risultato il valore 1. Calcolare al tempo $t > 0$ la probabilitá di trovare il valore $-w$ in una misura dell'energia.

5.6. i) Studiare lo spettro dell'Hamiltoniana:

$$H = \hat{a}^{\dagger}\hat{a} + \lambda(\hat{a}^{\dagger 2}\hat{a} + \hat{a}^{\dagger}\hat{a}^2) + \hat{a}^{\dagger 2}\hat{a}^2 \qquad \text{con} \quad [\hat{a}, \hat{a}^{\dagger}] = 1$$

al secondo ordine in teoria delle perturbazioni nel parametro λ.

ii) Dimostrare con un calcolo esatto che nel caso $\lambda = 1$ lo stato fondamentale è degenere.

5.7. i) Valutare le correzioni agli stati $1s$ e $2p$ dell'atomo di idrogeno, supponendo la carica distribuita uniformemente in un volume di raggio $r_p \approx 10^{-13}cm$.

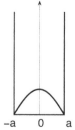

ii) Discutere quale sarebbe l'effetto, se al posto dell'elettrone ci fosse un muone μ^- di massa 210 volte superiore. Vedi 5.59.

5.8. Una particella si muove in una dimensione soggetta al potenziale

$$V = \begin{cases} V_0 \cos \pi \dfrac{x}{2a} & |x| < a \\ \infty & a < |x|. \end{cases}$$

Al primo ordine perturbativo in V_0 trovare le correzioni alle energie degli stati legati.

5.9. Una particella di massa μ può ruotare in un piano attorno a un punto fisso, collegata a questo tramite un'asta senza massa di lunghezza $\bar{\rho}$. Vedi 2.4. Valutare autovalori e autofunzioni del sistema. Introdotta una perturbazione $V_0 \cos 2\varphi$, con V_0 piccolo, calcolare al primo ordine della teoria delle perturbazioni le variazioni ai tre livelli inferiori di energia. Valutare al secondo ordine perturbativo la correzione al livello fondamentale.

5.10. Le differenze $\Delta_1 = W_1 - W_0$ e $\Delta_2 = W_2 - W_0$ tra i due primi livelli eccitati e quello fondamentale di una molecola di massa μ stanno nel rapporto $\Delta_2/\Delta_1 = 1.96$. Questo valore è interpretabile entro il 2% schematizzando il moto vibrazionale della molecola come quello di un oscillatore armonico di energie $W_n = \hbar\omega(n + 1/2)$. Si aggiunga al potenziale armonico $V = 1/2 K x^2$ un potenziale $V' = a x^3 + b x^4$ considerato "piccolo". Trattando V' al primo ordine perturbativo, si determinino, in funzione di Δ_1 e Δ_2, le costanti K, a, b, in modo da rendere esatto l'accordo con il valore sperimentale.
Traccia. Utilizzare la ricorrenza $\xi H_n(\xi) = 1/2 H_{n+1}(\xi) + n H_{n-1}(\xi)$.

5.11. Due particelle identiche di massa μ e spin $1/2$ si muovono in una scatola cubica di lato $2a$. Calcolare i primi due autovalori dell'energia. Al primo ordine perturbativo dire se e come viene risolta la degenerazione del secondo livello in presenza del potenziale $V = \lambda \delta_3(\mathbf{x}_1 - \mathbf{x}_2)$, con $\lambda > 0$. Vedi figura 4.6.

5.12. Per un potenziale di Morse:

$$V(x) = V_0\{\exp[-2(x-x_0)/a] - 2\exp[-(x-x_0)/a]\}$$

relativo a una particella di massa μ, si possono studiare le piccole oscillazioni attorno al punto di equilibrio x_0, riducendo il potenziale a quello di un oscillatore armonico di opportuna frequenza. Dire se e per quali stati legati tale approssimazione può essere valida per un sistema caratterizzato dai seguenti valori: $V_0 = 1\ eV$, $\mu = 10^{-23}g$, $a = 5 \cdot 10^{-8}cm$. Vedi 1.21.

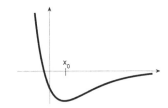

5.13. L'Hamiltoniana di un sistema sia:

$$H = \begin{vmatrix} \varepsilon & 2\varepsilon - i & -\varepsilon \\ 2\varepsilon + i & 0 & -i \\ -\varepsilon & i & 0 \end{vmatrix}.$$

Trovare autovalori e autofunzioni del sistema per $\varepsilon = 0$ e le correzioni da apportare ai livelli energetici, al primo ordine perturbativo in ε.

5.14. Si consideri una particella di carica e_0 e spin $1/2$ sottoposta a un campo magnetico $B_x = B_1$, $B_y = 0$, $B_z = B_0$, e si supponga $B_1 \ll B_0$.

Calcolare i livelli energetici al primo e secondo ordine della teoria delle perturbazioni.

5.15. Si cosideri una particella su un segmento di lunghezza a con condizioni periodiche al contorno. Si determinino le autofunzioni dell'energia e i corrispondenti autovalori.

Introdotta la perturbazione $V = V_0 \exp[-\lambda x]$, calcolare al primo ordine perturbativo in V_0 le correzioni al primo livello eccitato, nell'ipotesi $1/a \ll \lambda$.

5.16. Calcolare al primo ordine perturbativo le correzioni ai primi due livelli di energia di un atomo di idrogeno dovuti al momento di dipolo elettrico $\boldsymbol{\varepsilon}$ del nucleo.

5.17. Sia $H_0 = p^2/2\mu + 1/2\mu\omega^2 x^2$ l'Hamiltoniana di un oscillatore armonico in una dimensione. Sia $V = \hat{a}^{\dagger 2}\hat{a}^2$ una perturbazione, con $\hat{a}^\dagger$ e $\hat{a}$ gli usuali creatori e distruttori.

  i) Trovare la dipendenza funzionale di un generico livello di energia dell'Hamiltoniana $H = H_0 + \lambda V$, cioè $W_n = \Phi_n(\mu, \hbar, \omega, \lambda)$, con semplici considerazioni dimensionali.
 ii) Calcolare la correzione al secondo ordine in teoria delle perturbazioni per l'autovalore e per l'autovettore dello stato fondamentale.

5.18. Calcolare al primo ordine perturbativo la correzione al livello $n = 2$ di un atomo di idrogeno dovuta al potenziale: $V = \varepsilon \cos\theta/r^\alpha$, con $0 < \varepsilon$ e $0 < \alpha \le 2$. *Traccia.* Vedi il 5.16.

5.19. Sia data $H_0 = p^2/2\mu + 1/2\mu\omega^2 x^2$, Hamiltoniana di un oscillatore armonico in una dimensione. Sia inoltre $V = \lambda_1 x^3 + \lambda_2 x^4$ una perturbazione "piccola".

  i) Con semplici considerazioni dimensionali, trovare la dipendenza funzionale dei livelli di energia dell'Hamiltoniana $H = H_0 + V$, cioè $W_n = \Phi_n(\mu, \hbar, \omega, \lambda_i)$.
 ii) Calcolare inoltre, al primo ordine perturbativo, la correzione agli autovalori dell'energia.

5.20. Calcolare la perturbazione al primo ordine dello stato fondamentale dell'atomo di idrogeno dovuta alla correzione relativistica $-\boldsymbol{p}^4/8\mu^3 c^2$.

5.21. L'Hamiltoniana di un sistema quantomeccanico in una dimensione è data da $H = p^2/2\mu + \mu/2\omega^2 x^2 + \lambda x^4$ con μ, ω, λ costanti positive.

  i) Dimostrare, attraverso considerazioni dimensionali, che ogni livello discreto di energia è rappresentabile con l'espressione $W_n = \hbar\omega\Phi_n(\chi)$, dove χ è un opportuno parametro. Vedi 5.19.
 ii) Assumendo nota la funzione Φ_n, calcolare i valori di aspettazione $\langle n|x^2|n \rangle$, $\langle n|x^4|n \rangle$, $\langle n|p^2|n \rangle$, essendo $|n \rangle$ l'autostato dell'energia appartenente a W_n.

iii) Determinare $\Phi_n(\chi)$ al secondo ordine in teoria delle perturbazioni e applicare il risultato al calcolo dei valori d'aspettazione ottenuti in precedenza.

5.22. i) Calcolare perturbativamente lo spettro dell'operatore $H = \hat{a}^\dagger \hat{a} + \lambda |\psi\rangle\langle\psi|$, con $|\psi\rangle$ vettore normalizzato e $\{\hat{a}^\dagger, \hat{a}\}$ gli ordinari operatori di creazione e distruzione.

ii) Considerare in particolare $|\psi_\zeta\rangle = N \sum_{n=0}^\infty (\zeta^n/n!)|n\rangle$, con $|n\rangle$ autovettori di $H_0 = \hat{a}^\dagger \hat{a}$. Che cosa si può dire per $\lambda \to \pm\infty$?

5.23. Una particella si muove in una dimensione soggetta al potenziale

$$V = \begin{cases} V_0 \cos^2 \pi\dfrac{x}{a} & 0 < x < a \\ \infty & \text{altrove.} \end{cases}$$

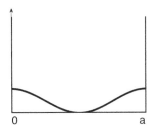

i) Al primo e al secondo ordine perturbativo in V_0 trovare le correzioni alle energie degli stati legati.

ii) Indicare le condizioni di validità del procedimento.

5.24. Valutare al primo ordine perturbativo le correzioni al secondo stato legato $(n = 2)$ dell'atomo di idrogeno, dovute a un campo elettrico e a un campo magnetico uniformi, costanti e parelleli tra di loro.

5.25. Una particella senza spin di massa μ si muove in un campo centrale della forma:

$$\begin{cases} V(r) = -\dfrac{V_0}{e^{r/a} - 1} \\[2mm] \alpha = \dfrac{\mu a^2 V_0}{\hbar^2} \gg 1. \end{cases}$$

Al primo ordine perturbativo in $1/a$, calcolare le correzioni ai livelli energetici del potenziale coulombiano $\tilde{V}(r) = -V_0 a/r$. Notare la risoluzione della degenerazione accidentale. *Traccia.* Sviluppare il potenziale in serie di r/a, giustificando il procedimento per i valori assegnati. Ricordare che $(u_{nlm}, r u_{nlm}) = 1/2 \cdot [3n^2 - l(l+1)]r_0$ con r_0 raggio di Bohr.

5.26. Si consideri un oscillatore armonico perturbato in due dimensioni:

$$H = p_1^2/2\mu_1 + p_2^2/2\mu_2 + \mu_1/2\,\omega_1^2 x_1^2 + \mu_2/2\,\omega_2^2 x_2^2 + \lambda x_1^2 x_2^2.$$

i) Determinare la correzione all'energia dello stato fondamentale al secondo ordine in λ.

ii) Discutere il calcolo perturbativo dei livelli eccitati.

5.27. Una particella di massa μ e carica $-e_0$ è attirata nell'origine da una forza elastica di intensità $-Kr$. Il sistema è immerso in un campo magnetico uniforme e costante di modulo B diretto lungo l'asse z.

i) Con un opportuno potenziale vettore, scrivere l'Hamiltoniana del sistema.

ii) Con B molto piccolo, calcolare i primi autovalori dell'energia.

5.28. Un oscillatore armonico isotropo in due dimensioni è soggetto ad una perturbazione rappresentata dall'operatore $V = \lambda \left(\hat{a}_1^{\dagger 2} \hat{a}_2^2 + \hat{a}_2^{\dagger 2} \hat{a}_1^2 \right)$. Poste uguali a uno la frequenza dell'oscillatore e la costante di Planck $\hbar$, si determini la correzione dei primi livelli energetici, $W \leq 5$, al primo ordine in teoria delle perturbazioni.

5.29. Sia dato un atomo idrogenoide di carica Z nello stato fondamentale. Valutare i valori di aspettazione dell'energia cinetica e potenziale. Con la tecnica perturbativa al primo ordine, valutare la variazione di energia quando la carica del nucleo passa da Z a $Z + 1$, e confrontare con il dato esatto.

5.30. Considerare il seguente potenziale isotropo tridimensionale:

$$V = \begin{cases} \dfrac{1}{2}\mu\omega^2\mathbf{x}^2 & a < |\mathbf{x}| \\[2mm] V_0 & |\mathbf{x}| < a. \end{cases}$$

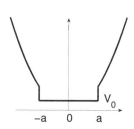

Si valuti la correzione ai primi due livelli energetici, al primo ordine in V_0 e nel limite di a molto piccolo rispetto alla scala di lunghezza tipica dell'oscillatore.

5.31. Una particella tridimensionale di massa μ è soggetta al potenziale di Yukawa:

$$V(r) = -\gamma\frac{e^{-r/\rho}}{r}.$$

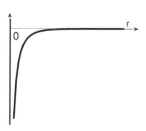

Valutare al primo ordine perturbativo le correzioni ai livelli energetici dell'atomo di idrogeno. Giustificare l'approssimazione nel caso che i parametri soddisfino la relazione $\gamma\mu\rho/\hbar^2 \gg 1$.

5.32. Un rotatore piano di momento di inerzia I e di momento elettrico di dipolo **d** è immerso in un campo elettrico omogeneo **E** giacente nel piano di rotazione. Mediante un calcolo perturbativo, determinare le correzioni ai livelli energetici dello stato fondamentale, del primo stato eccitato e di quelli successivi.

5.33. Al secondo ordine in λ, valutare le correzioni agli autovalori dell'oscillatore armonico:

$$H = \frac{p^2}{2\mu} + \frac{1}{2}\mu\omega^2 x^2 + \lambda p^4.$$

5.34. Una particella monodimensionale è immersa in una buca di potenziale infinita di larghezza a ($0 < x < a$). Al primo ordine perturbativo valutare come si modificano i livelli energetici se si aggiungono le perturbazioni del tipo:

$$V_1 = (a - |\,2x - a\,|\,)\frac{V_0}{a} \qquad V_2 = \begin{cases} 0 & 0 < x < b \\ V_0 & b < x < a - b \\ 0 & a - b < x < a. \end{cases}$$

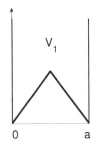

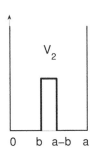

5.35. Una particella di massa μ si muove su una circonferenza di raggio $\bar{r}$ ed è soggetta al potenziale: $V = \lambda \sin\varphi\cos\varphi$, dove φ individua la posizione angolare della particella. Al secondo ordine della teoria delle perturbazioni, valutare i primi tre livelli energetici.

5.36. Un elettrone è confinato in una scatola cubica di lato a orientata con le facce parallele agli assi x, y, z, e ha energia pari a $W = 3\hbar^2\pi^2/\mu a^2$. Ad un certo istante si accende un campo elettrico E costante e uniforme, parallelo all'asse z.

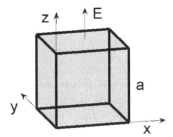

i) Calcolare al primo ordine perturbativo come si modifica l'autovalore dell'energia.
ii) Ripetere il calcolo con la perturbazione $H' = -e_0 E xy$.

5.37. Un atomo di idrogeno è sottoposto a una perturbazione dovuta a un campo magnetico statico avente potenziale vettore:

$$\mathbf{A} = \frac{1}{2}Br_0^2\left(-\frac{y}{r^2}, \frac{x}{r^2}, 0\right), \quad r = \sqrt{x^2 + y^2 + z^2},$$

essendo B una costante che caratterizza l'intensità del campo magnetico e r_0 il raggio di Bohr. Determinare le correzioni perturbative ai livelli energetici al primo ordine in B, e confrontare con lo sviluppo in serie dei valori esatti. Vedi 2.16.

5.38. Risolto esattamente l'esercizio precedente al primo ordine in B, valutare al primo ordine perturbativo le correzioni dovute al termine quadratico nel campo magnetico B^2. Vedi 2.16 per la forma completa dell'Hamiltoniana.

5.39. Una particella di massa μ è immersa nel potenziale:

$$V(x,y,z) = \frac{1}{2}K\left(x^2 + y^2 + z^2 + \lambda xy\right).$$

Per λ piccolo, valutare:

  i) al secondo ordine in λ le correzioni all'energia dello stato fondamentale;
 ii) al primo ordine in λ le correzioni all'energia del primo stato eccitato.

5.40. Con $\hbar\omega = 1$ e $[\hat{a}, \hat{a}^\dagger] = 1$, sia data l'Hamiltoniana:

$$H = H_0 + \lambda H_1, \ H_0 = \hat{a}^\dagger \hat{a}, \ H_1 = \hat{a}^{\dagger 2}\hat{a} + \hat{a}^\dagger \hat{a}^2.$$

Calcolarne lo spettro in teoria delle perturbazioni all'ordine λ^3.
Traccia. L'operatore di parità $\widehat{P}$ soddisfa alle relazioni $\widehat{P}\hat{a}\widehat{P} = \widehat{P}\hat{a}^\dagger\widehat{P} = -1$, e quindi H_0 è pari e H_1 dispari. Considerando le due Hamiltoniane $H^\pm = H_0 \pm \lambda H_1$, dimostrare che gli autovalori di H dipendono solo da λ^2.

5.41. Un atomo di idrogeno è sottoposto all'azione del campo esterno **E**:

$$\mathbf{E} = \alpha\left\{\frac{xz}{r^3}, \frac{yz}{r^3}, -\frac{x^2+y^2}{r^3}\right\},$$

con α costante positiva. Trovare il potenziale scalare tale che $\mathbf{E} = \boldsymbol{\nabla} V_{sc}$, e individuare le costanti del moto. Determinare le correzione allo stato fondamentale e al primo eccitato, al secondo e al primo ordine in α, rispettivamente, in funzione dei coefficienti $c_{nl,n'l'} = \int_0^\infty dr\, r^2 R_{nl}(r) R_{n'l'}(r)$, con R_{nl} l'autofunzione radiale dell'atomo d'idrogeno.
Traccia. Per la parte angolare, ricordare $\cos\theta = 2\sqrt{\pi/3}\, Y_{10}$.

5.42. L'Hamiltoniana di una particella tridimensionale è la seguente:

$$H = \frac{\mathbf{p}^2}{2\mu} + \frac{1}{2}\mu\omega^2\left(x^2 + y^2 + z^2\right) + \lambda xyz + \frac{\lambda^2}{\hbar\omega}x^2y^2z^2.$$

Calcolare le correzioni all'energia dello stato fondamentale al secondo ordine in λ.

5.43. Si consideri l'Hamiltoniana

$$H = \frac{p^2}{2\mu} + \frac{1}{2}\mu\omega^2 x^2 + V_0\cos(\sqrt{\mu\omega'/\hbar}x),$$

con μ, ω, ω' e V_0 costanti positive. Si studi lo spettro di energia nel limite $V_0 \ll \hbar\omega$ con la teoria delle perturbazioni. Si discutano anche i limiti $\omega' \to \infty$ e $\omega' \to 0$.

5.44. Sia data l'Hamiltoniana:

$$H = \frac{p^2}{2\mu} + K\left[1 - \cos(\alpha x)\right],$$

con μ, K, α costanti positive. Si discutano le condizioni sui parametri affinché sia possibile considerare corretta l'approssimazione quadratica $1 - \cos(\alpha x) \approx 1/2\alpha^2 x^2$.

5.45. Si determini lo spettro dell'Hamiltoniana

$$H = \frac{p^2}{2\mu} + \frac{1}{2}\mu\omega^2 x^2 + Fx + Gx^2$$

in teoria delle perturbazioni, considerando F e G costanti "piccole" con $F^2 \approx \hbar\omega G$.

5.46. Si determini lo spettro di bassa energia dell'Hamiltoniana:

$$H = \hat{a}_1^\dagger \hat{a}_1 + \hat{a}_2^\dagger \hat{a}_2 + \lambda(\hat{a}_1^{\dagger 2}\hat{a}_2 + \hat{a}_2^\dagger \hat{a}_1^2),$$

in teoria delle perturbazioni, e limitatamente ai primi quattro livelli.

5.47. Consideriamo l'oscillatore bidimensionale isotropo perturbato:

$$H = \frac{1}{2}(p_x^2 + p_y^2) + \frac{1}{2}(x^2 + y^2) + \frac{1}{2}\lambda xy(x^2 + y^2).$$

Al primo ordine perturbativo, valutare le correzioni ai primi due autovalori dell'oscillatore armonico imperturbato. Dare una stima del valore di λ per cui l'approssimazione è valida.

5.48. Una particella monodimensionale carica è soggetta a un potenziale armonico, ed è immersa in un campo elettrico E uniforme e costante. In teoria delle perturbazioni fino all'ordine E^2 valutare le correzioni alle energie degli stati legati.

5.49. Consideriamo l'Hamiltoniana:

$$H = -\frac{d^2}{dx^2} + x^2 + \lambda x^3.$$

Valutare la prima correzione perturbativa diversa da zero allo stato fondamentale del potenziale quadratico.

5.50.   Una massa μ è collegata a un perno P da una barra senza massa di lunghezza a.

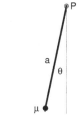

  i) Nella prima approssimazione di piccoli angoli, $\cos\theta \approx 1 - \theta^2/2$, trovare i livelli di energia quantistica del sistema.
 ii) Nell'approssimazione successiva in θ, determinare la prima correzione perturbativa allo stato fondamentale.

5.51.   Un oscillatore armonico monodimensionale è soggetto a una piccola perturbazione del tipo:

$$H' = \frac{\lambda}{x^2 + a^2}.$$

Calcolare la correzione allo stato fondamentale al primo ordine perturbativo, nel caso che:

  i) $a \ll \sqrt{\hbar/\mu\omega}$,   ii) $a \gg \sqrt{\hbar/\mu\omega}$.

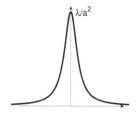

5.52.   Una particella monodimensionale di carica q e massa μ è immersa nel potenziale:

$$V(x) = \begin{cases} -\dfrac{K}{x} & x > 0 \\[2mm] \infty & x \le 0 \end{cases} \qquad K > 0$$

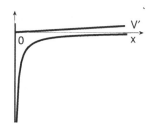

  i) Calcolare l'energia dello stato fondamentale.
 ii) Nel caso venisse applicato un piccolo campo elettrico in direzione x, valutare l'effetto Stark al primo ordine perturbativo.

5.53.   Una particella di massa μ può ruotare in un piano attorno a un punto fisso, collegata a questo tramite un'asta senza massa di lunghezza $\overline{\rho}$.

  i) Valutare autovalori e autofunzioni del sistema.
 ii) Introdotto il potenziale $V_0 \cos 2\varphi$, calcolare al primo ordine in V_0 della teoria delle perturbazioni le variazioni agli autovalori e alle autofunzioni.

5.54.   Consideriamo un atomo di Elio, nell'ipotesi di elettroni a spin zero.

  i) Trascurando la repulsione Coulombiana, scrivere lo stato fondamentale dell'energia e il suo autovalore.

ii) Con la teoria delle perturbazioni al primo ordine, valutare la correzione dovuta alla repulsione tra gli elettroni.

iii) Con questo risultato, stimare l'energia di ionizzazione W_I dell'Elio.

Traccia. Utilizzare la relazione: $\int\int d_3\mathbf{r}_1 d_3\mathbf{r}_2\exp\{-\mathbf{a}\cdot(\mathbf{r}_1+\mathbf{r}_2)\}/|\mathbf{r}_1-\mathbf{r}_2|=20\pi^2/a^5$.

5.55. Sia dato un oscillatore harmonico tridimensionale isotropo, di frequenza ω e massa μ, perturbato da un potenziale $V = \lambda xy$, con λ costante. Al primo ordine, trovare le correzioni all'autovalore del primo stato eccitato imperturbato, e i relativi autostati.

5.56. i) Al primo ordine perturbativo, calcolare le correzioni al primo livello eccitato di un oscillatore armonico bidimensionale isotropo soggetto alla perturbazione $V = \lambda xy$. Determinare le funzioni corrette all'ordine zero.

ii) Confrontare con la soluzione esatta.

*5.57. i) Al primo ordine perturbativo, calcolare le correzioni al secondo livello eccitato di un oscillatore armonico bidimensionale isotropo soggetto alla perturbazione $V = \lambda xy$. Determinare le funzioni corrette all'ordine zero.

ii) Confrontare con la soluzione esatta.

5.58. Una particella in una buca infinita con $0 < x < a$ è soggetta anche a $V'(x) = \lambda\delta(x-a/2)$. Considerando questo termine come una perturbazione, calcolare i contributi allo spettro al primo e al secondo ordine. Indicare le condizioni di applicabilità del risultato ottenuto.

Traccia. Sfruttare la relazione:

$$[(2k+1)^2 - (2p+1)^2]^{-1} = [4(2k+1)]^{-1}[(p+k+1)^{-1} - (p-k)^{-1}].$$

5.59. Consideriamo un atomo mesico di numero atomico Z, e le correzioni al modello idrogenoide dovute alla distribuzione della carica nucleare sul volume di raggio r_N.

i) Valutare l'energia dei livelli $1s$, $2s$ e $2p$ dell'atomo mesico al primo ordine perturbativo per $r_N \ll r_0^\mu$, dove r_0^μ è il raggio di Bohr del mesone. Vedi 5.7.

ii) Posto che per $Z = 5$ si trovi $W_{2s}^{(1)} - W_{2p}^{(1)} \approx 2\cdot 10^{-2}$ eV, stimare r_N.

iii) Commentare i risultati, la rilevanza del problema nel caso in questione, e la validità delle eventuali approssimazioni fatte nel calcolo.

5.60. Un atomo di idrogeno è perturbato da un campo non centrale $V' = f(r)xy$, con $f(r)$ non specificata ma ovunque regolare. Al primo ordine perturbativo, valutare le correzioni del livello $n = 2$ e le eventuali degenerazioni residue, in funzione di un parametro incognito legato ai valori di aspettazione della funzione $f(r)$.

5.61. Sia dato un rotatore spaziale di momento d'inerzia I e dipolo elettrico **d** parallelo all'asse del rotatore, immerso in un campo elettrico uniforme **E**, da considerare
quale perturbazione.

i) Trovare autovalori e autostati imperturbati.
ii) Trovare le correzioni all'autovalore fondamentale.

5.62. Una particella monodimensionale immersa nel potenziale $1/2Kx^2$, è soggetta
anche a una perturbazione $1/2\varepsilon x^2$, con $\varepsilon \ll K$.

Con la tecnica perturbativa al secondo ordine, valutare le correzioni appor-
tate all'energia dello stato fondamentale, e confrontarle con l'analogo risultato
esatto.

5.63. Nel Problema 5.4 viene valutata al primo ordine perturbativo la correzione
all'energia dello stato fondamentale di un atomo idrogenoide, nell'ipotesi che la
carica nucleare sia distribuita su una superficie sferica di raggio $\delta \ll r_0$ (raggio di
Bohr). Questa correzione può essere a sua volta approssimata dall'effetto di una
ulteriore carica (non intera) da attribuire al nucleo puntiforme.

i) Valutare la carica aggiuntiva nel caso dell'atomo di idrogeno con $\delta = 10^{-13} cm$.
ii) Ripetere il calcolo nel caso di un atomo mesico di piombo, con $m_\mu \approx 207 m_e$,
   $Z = 82$ e $A = 208$, e dire se il calcolo fatto rimane valido.

1.6 Calcolo Variazionale

6.1. Volendo utilizzare il principio variazionale di Riesz per la valutazione approssimata dello stato fondamentale di una buca infinita con $0 \le x \le a$, dire quali dei
due polinomi seguenti può essere utilizzato come funzione di prova e perché:

$$\psi_1 = x(\alpha - x) \qquad \psi_2 = x(\alpha - x)(x - a),$$

essendo α un parametro variazionale.

6.2. Calcolare il valore approssimato dell'energia dello stato fondamentale di un
oscillatore armonico con il metodo variazionale, utilizzando le funzioni di prova:

i) $\psi_1(x) = A(1 + x^2/a^2)^{-1}$.
ii) $\psi_2(x) = B(1 + x^2/b^2)^{-2}$ essendo a e b i parametri variazionali.
iii) Dire per quali valori dei parametri c e d la funzione di prova:

$$\psi_3(x) = C(1 + x^2/c^2)^{-d^2}$$

riproduce meglio l'andamento della autofunzione esatta dello stato fondamentale, e valutare l'errore minimo sull'autovalore. Per $\{i),ii)\}$ e $iii)$, rispettivamente, utilizzare le formule:

$$\int_{-\infty}^{\infty} \frac{dx}{(\xi+x^2)^{n+1}} = -\frac{1}{n}\frac{d}{d\xi}\int_{-\infty}^{\infty}\frac{dx}{(\xi+x^2)^n}, e^{-x} = \lim_{\xi\to\infty}\left(1+\frac{x}{\xi}\right)^{-\xi}.$$

6.3. Una pallina di massa μ soggetta solo al proprio peso rimbalza sul pavimento in modo perfettamente elastico. Trascurando le oscillazioni sul piano xy, valutare l'energia dello stato fondamentale con il metodo variazionale, utilizzando come funzioni di prova:

$$\psi_1(z) = Az\exp[-\alpha z], \quad \psi_2(z) = Bz\exp[-\beta z^2/2].$$

Confrontare con il valore esatto dell'Esercizio 1.15.

6.4. i) Mediante il metodo variazionale ricavare il valore approssimato dell'energia dello stato $2p$ di una particella in campo coulombiano, utilizzando le funzioni di prova:

$$\psi(\mathbf{r}) = \boldsymbol{a}\cdot\mathbf{r}\exp[-\alpha^2 r^2],$$

con $\boldsymbol{a}$ vettore costante e α parametro variazionale.

ii) Confrontare con il valore esatto e giustificare la scelta delle funzioni di prova.

6.5. Calcolare il valore approssimato dell'energia dello stato fondamentale di un oscillatore armonico bidimensionale, utilizzando il metodo variazionale con le funzioni di prova:

$$\psi_\alpha(\rho) = C\exp(-\alpha\rho), \quad \rho = \sqrt{x^2+y^2},$$

con α parametro variazionale.

6.6. Con il principio variazionale, stimare il *primo stato eccitato* dell'oscillatore armonico, usando come funzioni di prova una delle due seguenti: $\psi_1(x) = Axe^{-\alpha|x|}$, $\psi_2(x) = Ax^2 e^{-\alpha|x|}$, con α parametro variazionale. Giustificare la scelta.

6.7. Applicare il principio variazionale di Riesz all'oscillatore armonico tridimensionale isotropo, usando come funzioni di prova:

$$\psi(\mathbf{r}) = \boldsymbol{a}\cdot\mathbf{r}\exp[-\alpha r],$$

con $\boldsymbol{a}$ vettore costante e α parametro variazionale. Dire di quale autostato questa può essere ritenuta una buona approssimazione, e calcolare gli autovalori approssimati.

6.8. Sia data l'Hamiltoniana:

$$H = p^2/2\mu + \lambda x^{2k},$$

con k intero positivo.

  i) Con la semplice analisi dimensionale, dimostrare che per $\lambda \to \infty$, $E_0 \approx \lambda^{1/k+1}$.

  ii) Applicando il metodo variazionale con funzioni di prova gaussiane, dare una stima approssimata dello stato fondamentale, autofunzione e autovalore.

6.9. Un elettrone senza spin si muove nel potenziale a simmetria sferica $V = \lambda r$, con $\lambda > 0$. Con il metodo variazionale e una funzione di prova esponenziale, trovare un valore approssimato per l'energia dello stato fondamentale.

6.10. i) Mediante il metodo variazionale ricavare il valore approssimato dell'energia dello stato fondamentale di una particella immersa in un campo coulombiano, utilizzando come funzioni di prova:

$$\psi_1(\mathbf{r}) = Ae^{-\alpha^2 r^2}; \quad \psi_2(\mathbf{r}) = \begin{cases} B(\beta - r) & r \leq \beta \\ 0 & r \geq \beta, \end{cases}$$

con α e β parametri variazionali.

  ii) Le funzioni di prova sono entrambe accettabili?

  iii) Senza ricorrere al dato esatto, quale dei due valori calcolati rappresenta una migliore approssimazione?

  iv) Era questo prevedibile dalla forma delle funzioni di prova?

6.11. Una particella tridimensionale si muove nel potenziale: $V(r) = -\lambda/r^{3/2}$.
Per valutare un limite superiore dell'energia dello stato fondamentale, utilizzare il calcolo variazionale con una funzione idrogenoide quale funzione di prova.

6.12. Una particella si trova in una buca infinita nell'intervallo $0 < x < a$.

  i) Assumere per lo stato fondamentale una delle seguenti funzioni di prova: $\psi_1(x) = Ax(x - a)$, $\psi_2(x) = B\sin^2(\pi x/a)$, $\psi_3(x) = C(a/2 - |x - a/2|)$, e valutare il relativo valore di aspettazione dell'energia.

  ii) Confrontare con il valore esatto.

  iii) Sulla base del principio variazionale di Riesz, dire se tutte le tre funzioni di prova rappresentano una scelta opportuna, e spiegare perché la prima fornisce un risultato migliore.

*6.13. Calcolare il valore dell'energia dello stato fondamentale di una particella nel campo $V(x) = -\lambda \delta(x)$, utilizzando a e b come parametro variazionale nelle funzioni di prova: $\psi_1(x) = A(1 + x^2/a^2)^{-1}$ e $\psi_2(x) = B(1 + x^2/b^2)^{-2}$. Confrontare con il risultato esatto.

6.14. Data una buca infinita per $-a < x < a$, trovare il polinomio di grado minimo adatto ad approssimare il primo stato eccitato. Confrontare la corrispondente energia approssimata con il risultato esatto.

6.15. Sia dato il potenziale del Problema 4.13. Con il metodo di Riesz, dare una stima del parametro a del potenziale per i quali è garantita l'esistenza dello stato legato. Utilizzare le seguenti funzioni di prova, con α parametro variazionale: $\psi_1(x) = Ax\exp(-\alpha x)$, $\psi_2(x) = Bx\exp(-\alpha x^2/2)$. Confrontare con il valore esatto trovato nel 4.13.
Traccia. Utilizzare i minimi delle funzioni: $\exp[\xi]/\xi \geq e$, $\exp[\xi^2]/\xi \geq \sqrt{2e}$.

6.16. i) Per un oscillatore armonico bidimensionale isotropo, determinare autofunzioni, autovalori e loro degenerazioni.

ii) Determinare il valore approssimato dell'energia dello stato fondamentale, utilizzando il principio variazionale di Riesz con la funzione di prova: $\psi(\rho) = C\exp[-\alpha\rho]$, con $\rho^2 = x^2 + y^2$, e α parametro variazionale.

iii) Confrontare con il valore esatto.

1.7 Evoluzione temporale

7.1. La funzione d'onda a $t = 0$ per un elettrone libero è data da:

$$\psi_0(x) = (2\pi\alpha^2)^{-1/4}\exp(-x^2/4\sigma^2)$$

con $\alpha = 0.53 10^{-8} cm$. Dopo quanto tempo $\Delta x_t = 1\ cm$? E se fosse $\mu = 10^{-3} g$?

7.2. Sia data l'Hamiltoniana e altre tre osservabili di un sistema fisico:

$$H = w \begin{vmatrix} 0 & 1 \\ 1 & 0 \end{vmatrix} \qquad A = a \begin{vmatrix} -1 & 1 \\ 1 & 1 \end{vmatrix} \qquad B = b \begin{vmatrix} 1 & 0 \\ 0 & -1 \end{vmatrix} \qquad C = c \begin{vmatrix} 1 & 0 \\ 0 & 0 \end{vmatrix}.$$

i) Determinare quali delle osservabili sono costanti del moto.

ii) Una misura di C al tempo $t = 0$ dà per risultato il valore 0. Quale sarà al tempo $t > 0$ il risultato di una misura di A?

iii) Determinare almeno tre differenti sistemi completi di osservabili.

7.3. Siano date le matrici A e B relative a due osservabili per un certo sistema, e la matrice H relativa alla sua Hamiltoniana:

$$A = a \begin{vmatrix} 0 & -i & 0 \\ i & 0 & 0 \\ 0 & 0 & -1 \end{vmatrix} \qquad B = b \begin{vmatrix} 1 & 0 & 0 \\ 0 & 1 & 0 \\ 0 & 0 & -1 \end{vmatrix} \qquad H = w \begin{vmatrix} 0 & 0 & 0 \\ 0 & 0 & 1 \\ 0 & 1 & 0 \end{vmatrix}.$$

i) Verificare che le due osservabili sono compatibili.
ii) Supposto di avere eseguito al tempo $t = 0$ una misura delle due grandezze e trovato il valore $-a$ per la prima e b per la seconda, calcolare la funzione d'onda al tempo $t > 0$.

7.4. Un pacchetto d'onde associato a particelle neutre di spin $1/2$ e momento magnetico intrinseco $\mu_0\boldsymbol{\sigma}$, attraversa un campo magnetico $\mathbf{B} = \big(0, 0, B(z)\big)$.

i) Scrivere l'equazione di Schrödinger per la funzione d'onda:

$$\psi(t) = \begin{vmatrix} \psi_1(t) \\ \psi_2(t) \end{vmatrix}.$$

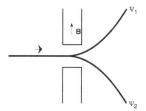

ii) Data una funzione d'onda iniziale del tipo $\psi_0 = \chi_\sigma \phi(\mathbf{x})$, con χ_σ spinore arbitrario, e per $\langle\, dB(z)/dz\,\rangle \approx dB(\langle z\rangle)/d\langle z\rangle$, dimostrare che il fascio si separa, ovvero che $\psi_1(t)$ e $\psi_2(t)$ rappresentano due pacchetti d'onde i cui due baricentri espressi da $\langle\, \mathbf{x}\,\rangle_{i,t} = \langle\, \psi_i(t) \mid \mathbf{x} \mid \psi_i(t)\,\rangle$ $(i = 1, 2)$ si muovono su traiettorie divergenti.

7.5. Un oscillatore lineare armonico di massa μ e frequenza ω è descritto al tempo $t = 0$ dalla funzione d'onda normalizzata:

$$\psi_0(x) = \Big(\frac{\mu\omega}{16\pi\hbar}\Big)^{1/4} e^{-\xi^2/2}(\sqrt{2}\xi - \sqrt{3}), \qquad \xi = x\sqrt{\mu\omega/\hbar}.$$

Trovare il valor medio della posizione e dell'energia in funzione del tempo.

7.6. Siano date le matrici A, B e C relative a tre osservabili per un certo sistema, e la matrice H relativa alla sua Hamiltoniana:

$$A = a \begin{vmatrix} 0 & 1 & 0 \\ 1 & 0 & 1 \\ 0 & 1 & 0 \end{vmatrix} \quad B = b \begin{vmatrix} 1 & 0 & 0 \\ 0 & 0 & -1 \\ 0 & -1 & 0 \end{vmatrix} \quad C = c \begin{vmatrix} 2 & 0 & 0 \\ 0 & 3 & 0 \\ 0 & 0 & 3 \end{vmatrix} \quad H = \begin{vmatrix} 0 & iw_1 & 0 \\ -iw_1 & 0 & 0 \\ 0 & 0 & w_2 \end{vmatrix},$$

con $a, b, c > 0$. Osservato al tempo $t = 0$ il valore massimo di A, calcolare la probabilità di trovare al tempo $t > 0$:

i) il valore massimo di B;
ii) contemporaneamente i valori massimi di B e C.

7.7. È data una particella di spin $1/2$ e momento magnetico $\mu_0 \boldsymbol{\sigma}$, con $\boldsymbol{\sigma}$ matrici di Pauli. Al tempo $t = 0$ una misura della componente dello spin S_x dà come risultato $\hbar/2$. Per $t > 0$ su di essa agisce il campo magnetico $\mathbf{B} = (0, 0, B_0(1 - e^{-t}))$.

Trovare i valori medi delle tre componenti dello spin in funzione del tempo e verificare che questi, nel limite $t \to \infty$, sono funzioni periodiche del tempo.

7.8. Un elettrone si muove in un campo magnetico uniforme B_0 diretto come l'asse z. Dall'istante $t_0 = 0$ agisce su di esso un altro campo magnetico uniforme B_1 diretto come l'asse x. Supposto lo spin dell'elettrone inizialmente orientato secondo la direzione positiva dell'asse z, calcolare al tempo t la probabilità di trovare lo spin capovolto.

7.9. Una particella di spin 1 (di cui si considerano solo i gradi di libertà di spin) è immersa in un campo magnetico statico diretto come l'asse y, ovvero con Hamiltoniana $H = \tau \hat{s}_y$, con $\hat{\mathbf{s}}$ operatore di spin. Se all'istante $t = 0$ una misura di $\hat{s}_x$ fornisce come risultato $\hbar$, quale è la probabilità di ottenere $\hbar$ in una misura di $\hat{s}_z$ al tempo $t > 0$?

7.10. Una particella di spin $1/2$ e momento magnetico $\boldsymbol{\mu}_0 = 1/2 g \hbar \boldsymbol{\sigma}$ si trova immersa in un campo magnetico oscillante nel tempo e di direzione costante $\mathbf{B} = (0, 0, B \sin(\omega t))$. Se lo stato iniziale della particella è autostato della componente x dello spin, calcolare le distribuzioni di probabilità per tutte le componenti di $\boldsymbol{\sigma}$ in funzione del tempo.

7.11. Sia data una particella di spin $s = 1/2$ e momento magnetico $\mu \boldsymbol{\sigma}$, immersa in un campo magnetico omogeneo stazionario. Determinare l'operatore vettoriale di spin $\hat{\mathbf{s}}(t)$ in rappresentazione di Heisenberg, con due procedimenti:

i) tramite la trasformazione unitaria che collega gli operatori delle osservabili in rappresentazione di Heisenberg e di Schrödinger, utilizzando il lemma di Baker-Hausdorff:

$$\exp(A) B \exp(-A) = B + [A, B] + 1/2! [A, [A, B]] + 1/3! [A, [A, [A, B]]] + \ldots);$$

ii) risolvendo le equazioni del moto per gli operatori $\hat{s}_\pm$ in rappresentazione di Heisenberg.

7.12. Studiare il moto di un pacchetto d'onde gaussiano che evolve secondo l'equazione di Schrödinger in un potenziale a una dimensione:

$$V(x) = \begin{cases} 0 & x < 0 \\ V_0 & x > 0, \end{cases}$$

dove V_0 è una costante positiva. Il pacchetto è inizialmente localizzato a sinistra dell'origine ed ha un momento medio $p_0 > 0$.

i) Descrivere qualitativamente l'evoluzione del pacchetto.
ii) Determinare le autofunzioni nei due casi $W > V_0$ e $W < V_0$.
iii) Nell'ipotesi di pacchetto molto concentrato attorno a p_0 applicare il metodo della fase stazionaria per studiare analiticamente il moto del pacchetto.

7.13. Sia data una particella monodimensionale immersa nel potenziale

$$V(x) = -\alpha x, \quad \alpha > 0.$$

Calcolare la dipendenza temporale della indeterminazione Δp dell'impulso.

7.14. Una particella a spin $1/2$ e momento magnetico μ, è immersa nel campo magnetico: $\mathbf{B} = B_0 \cos \omega t \hat{\mathbf{x}} - B_0 \sin \omega t \hat{\mathbf{y}} + B_1 \hat{\mathbf{z}}$, B_0, B_1, ω costanti, e di essa consideriamo solo i gradi di libertà di spin. Se al tempo $t = 0$ la particella ha spin $s_z = +\hbar/2$, qual'è la probabilità di trovarla al tempo $t > 0$ con $s_z = -\hbar/2$? Discutere in particolare il caso $|B_0/B_1| \ll 1$, stabilendo per quale valore di ω_0 questa probabilità ha un comportamento risonante.
Traccia. Definito $\psi^T(t) = \overline{a(t)b(t)}$, porre $\omega_1 = \mu B_1/\hbar$, $a(t) = \alpha(t) \exp[i\omega_1 t]$ e $b(t) = \beta(t) \exp[-i\omega_1 t]$, e per le nuove incognite cercare una soluzione esponenziale.

7.15. Come il 7.14, ponendo: $a(t) = \alpha(t) \exp[i\omega/2t]$ e $b(t) = \beta(t) \exp[-i\omega/2t]$ Così facendo, ci si riconduce a un'Hamiltoniana indipendente dal tempo.

7.16. Come il 7.14, risolvendo in rappresentazione di interazione.

7.17. Un oscillatore armonico si trova a $t = 0$ nello stato

$$\psi(x) = N \exp\left[-\beta^2 (x - x_0)^2/2\right]$$

con β e x_0 costanti reali. In rappresentazione di Heisenberg, calcolare l'indeterminazione di posizione e momento a un tempo $t > 0$ qualunque.

7.18. Lo stato di una particella immersa in una buca di potenziale di profondità infinita e larghezza a ($0 < x < a$), è descritta all'istante $t = 0$ dalla funzione d'onda: $\psi(x) = A \sin^3(\pi x/a)$. Determinare la funzione d'onda a un istante t successivo, e valutare dopo quanto tempo la particella ripassa per lo stato iniziale.

7.19. Sia data l'Hamiltoniana che descrive una particella di massa μ soggetta a un campo di gravità $H = \mathbf{p}^2/2\mu + \mu g z$ (vedi 1.15). Sapendo che lo stato della particella ad un certo istante t_0 è descritto dalla funzione d'onda

$$\psi(x, y, z, t_0) = N \exp\left[-(x^2 + y^2 + z^2)/4\sigma^2 + i\kappa z\right]$$

con κ reale positiva, valutare l'indeterminazione sulla posizione a un tempo $t > t_0$.

7.20. Una particella di massa μ è confinata in una regione monodimensionale $0 \le x \le a$. Al tempo $t = 0$ la sua funzione d'onda è data da:

$$\psi(x; t = 0) = \psi_0(x) = \sqrt{\frac{8}{5a}} \left(1 + \cos\frac{\pi x}{a}\right) \sin\frac{\pi x}{a}.$$

   i) Determinare la funzione d'onda a un tempo $t > 0$.
   ii) Valutare l'energia media del sistema al tempo $t = 0$ e al tempo $t > 0$.
   iii) Calcolare la probabilità che la particella possa essere trovata nella prima metà della buca ($0 \le x \le a/2$) al tempo $t > 0$.

7.21. Sia data una particella di spin 1, soggetta all'Hamiltoniana $H = AS_x + BS_y$, con $\mathbf{S}$ operatore di spin e A e B costanti reali.

   i) Calcolare autovalori e autofunzioni del sistema.
   ii) Calcolare il valore di aspettazione di S_z al tempo t, nel caso che all'istante iniziale il sistema sia in un autostato di S_z con autovalore $\hbar$.

7.22. Una particella di massa μ si muove in una buca infinita con $0 < x < a$. All'istante $t = 0$ la funzione d'onda della particella è data da: $\psi_0(x) = Nx(a - x)$ per $0 < x < a$, e $\psi_0(x) = 0$ altrove. Esprimere la funzione d'onda $\psi(x, t)$ al tempo t sotto forma di serie, valutando esplicitamente i coefficienti dello sviluppo.

7.23. Come il problema precedente, con : $\psi_0(x) = N(a/2 - |a/2 - x|)$ per $0 < x < a$, e $\psi_0(x) = 0$ altrove.

7.24. Al tempo $t = 0$ la funzione d'onda di un atomo di idrogeno è la seguente:

$$\psi(\mathbf{r}, 0) = \frac{1}{\sqrt{10}} \left(2\psi_{100} + \psi_{210} + \sqrt{2}\psi_{211} + \sqrt{3}\psi_{21-1}\right),$$

con gli indici riferiti ai numeri quantici $\{n, l, m\}$. Calcolare:

   i) il valore di aspettazione dell'energia;
   ii) la probabilità di trovare il sistema con $l = 1, m = 1$, in funzione del tempo;

iii) la probabilità di trovare al tempo $t = 0$ l'elettrone a distanza inferiore a 10^{-10} cm dal protone (valutazione approssimata);

iv) l'evoluto temporale $\psi(\mathbf{r}, t)$.

7.25. Sia data l'Hamiltoniana: $H = \hat{a}^\dagger \hat{a} + \lambda (\hat{a}^2 + \hat{a}^{\dagger 2})$, λ reale e $[\hat{a}, \hat{a}^\dagger] = 1$. Determinare lo spettro di H. Se al tempo $t = 0$ il sistema si trova nello stato fondamentale di $H_0 = \hat{a}^\dagger \hat{a}$, determinare lo stato al tempo $t > 0$.

7.26. Un atomo di idrogeno è immerso in un campo magnetico debole B, diretto come l'asse z. Se all'istante $t = 0$ il sistema si trova nello stato $2p$, ed è autostato di L_x con autovalore $\hbar$, determinare il valore di aspettazione dello stesso operatore L_x al tempo $t > 0$. Trascurare i termini quadratici nel campo e gli effetti spin-orbita. Operare in rappresentazione di Schrödinger.

7.27. Un fascio di atomi di idrogeno eccitati nello stato $2s$ attraversa la zona compresa tra i piatti di un condensatore, ove esiste un debole campo elettrico uniforme $\mathbf{E}$ su di una lunghezza a. Gli atomi di idrogeno hanno velocità $\mathbf{v}$ lungo l'asse x e il campo $\mathbf{E}$

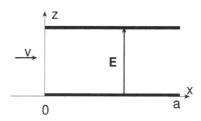

è diretto come z. Se gli atomi nello stato $2s$ entrano tra i piatti all'istante $t = 0$, determinare la funzione d'onda al tempo $t < a/v$. Determinare inoltre la distribuzione di probabilità dei vari stati, al tempo $t > a/v$.

7.28. Come il 7.26, in rappresentazione di Heisenberg. Sempre al primo ordine nel campo magnetico, quanto deve essere la sua intensità affinché l'interazione spin-orbita sia effettivamente trascurabile? Esprimere la risposta in gauss.

7.29. Un fascio di neutroni viaggia con velocità v dalla regione I, ove è completamente polarizzato nella direzione $+z$, alla regione II dove è acceso un campo magnetico $\mathbf{B} = B\mathbf{e}_x$.

i) Assumendo che una data particella passi dalla regione I alla regione II al tempo $t = 0$, quale è la funzione d'onda di spin di quella particella a $t > 0$?

ii) In funzione del tempo, quale è la polarizzazione del fascio nella regione II nelle direzioni $+x$, $+y$ e $+z$?

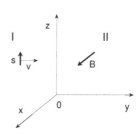

7.30. Sia dato un oscillatore armonico *forzato*, descritto dall'Hamiltoniana:

$$H = H_0 + H_1(t) = \frac{p^2}{2\mu} + \frac{1}{2}\mu\omega^2 x^2 - x f(t).$$

Al tempo $t = 0$ il sistema si trova in un autostato $|n\rangle$ dell'Hamiltoniana imperturbata H_0. In rappresentazione di interazione, trovare la probabilità di trovare il sistema in un altro autovettore $|m\rangle$ di H_0, con $m \neq n$.

7.31. Siano date l'Hamiltoniana H e l'osservabile A di un certo sistema:

$$A = \alpha \begin{vmatrix} 1 & 0 & 0 \\ 0 & 0 & 0 \\ 0 & 0 & -1 \end{vmatrix} \qquad H = \frac{w}{\sqrt{2}} \begin{vmatrix} 0 & 1 & 0 \\ 1 & 0 & 1 \\ 0 & 1 & 0 \end{vmatrix}.$$

Se al tempo $t = 0$ lo stato del sistema è autostato di A con autovalore α, si determini la probabilità che la misura di A al tempo $t > 0$ dia ancora il valore $A = \alpha$.

Si determini anche la probabilità dello stesso evento nel caso in cui si sia effettuata la misura dell'energia in un tempo intermedio $0 < \tau < t$.

7.32. L'Hamiltoniana di un oscillatore con frequenza variabile nel tempo è data da:

$$\widehat{H} = \omega(t)\,\hat{a}^\dagger \hat{a} + \lambda(t)\,(\hat{a} + \hat{a}^\dagger)\,\omega(0) = 1, \quad \lambda(0) = 0.$$

Si consideri lo stato iniziale $\psi(0) = |z\rangle$ essendo $|z\rangle$ autostato di $\hat{a}$ con autovalore z. Si determini al tempo $t > 0$:

  i) il valore medio di $\hat{x} = (\hat{a} + \hat{a}^\dagger)/\sqrt{2}$;
  ii) il valore medio dell'energia $\langle \widehat{H}(t) \rangle$.

Traccia. Utilizzare la descrizione di Heisenberg.

7.33. Una particella di massa μ si trova in una buca infinita di larghezza a. Assumendo che la particella sia nello stato fondamentale e che al tempo $t = 0$ la buca venga trasformata in modo infinitamente rapido in una nuova buca di ampiezza $2a$, calcolare:

  i) la probabilità che la particella si trovi nello stato fondamentale della nuova buca di potenziale;
  ii) il valor medio dell'energia all'istante $t > 0$.

Discutere come cambierebbero le risposte alle domande precedenti nel caso che la transizione $a \to 2a$ avvenisse in modo adiabatico, cioè in un tempo molto lungo rispetto alla scala dei tempi caratteristici del sistema.

7.34. Un elettrone con lo spin diretto lungo l'asse z positivo attraversa un campo magnetico **B** diretto come l'asse x. Dopo un tempo τ si misura nuovamente il suo spin. Quale è la probabilità di trovare lo spin capovolto? Questa probabilità può essere uguale a 1?

7.35. Una particella di massa μ è soggetta al potenziale $V = 1/2\mu\omega^2 x^2$, e al tempo $t = 0$ è descritta dalla funzione d'onda:

$$\psi(x,0) = N\sum_n \left(\sqrt{2}\right)^{-n} \psi_n(x),$$

essendo ψ_n gli autostati dell'energia relativi agli autovalori $W_n = (n + 1/2)\hbar\omega$.

  i) Calcolare la costante di normalizzazione N.

  ii) Trovare il valore d'aspettazione dell'energia a $t = 0$.

  iii) Trovare una espressione di $\psi(x,t)$ per $t > 0$.

  iv) Mostrare che $|\psi(x,t)|^2$ è una funzione periodica del tempo, e valutarne il periodo.

7.36. Un elettrone si trova con lo spin diretto verso l'asse z negativo. All'istante $t = 0$, si accende un campo magnetico B omogeneo e costante, diretto come l'asse x. Determinare al tempo $\tau > 0$ le probabilità relative a due misure dello spin lungo gli assi z e x.

7.37. Il vettore di stato al tempo $t = 0$ di una particella immersa in un potenziale di oscillatore armonico $V = 1/2Kx^2$ è dato da:

$$\psi(x,0) = Ne^{-\alpha^2 x^2/2}\left[\cos\beta H_0(\alpha x) + \sin\beta/2\sqrt{2}H_2(\alpha x)\right],$$

con β reale, $\alpha^2 = \sqrt{\mu K}/\hbar$, e con H_n polinomi di Hermite.

  i) Valutare $\psi(x,t)$.

  ii) Quali sono i possibili risultati di una misura dell'energia al tempo t, e quali le relative probabilità?

  iii) Quanto vale $\langle x \rangle$ al tempo t?

7.38. Siano date due particelle distinguibili di spin $1/2$.

  i) Valutare le probabilità che una misura del quadrato dello spin totale $\mathbf{S} = \mathbf{S}_1 + \mathbf{S}_2$ dia come risultato $2\hbar^2$ nei casi in cui gli spin delle due particelle puntano: entrambi nella direzione $+z$, quello della 1 nella direzione $+z$ e quello della 2 nella direzione $-z$, quello della 1 nella direzione $+x$ e quello della 2 nella direzione $+z$.

  ii) Le due particelle interagiscono tramite l'Hamiltoniana: $\hat{H} = \omega/\hbar\mathbf{S}_1 \cdot \mathbf{S}_2$. All'istante $t = 0$, lo spin della particella 1 punta nella direzione $+z$ e quello della particella 2 nella direzione $-z$. A un generico istante $t > 0$, valutare: lo stato del sistema, la probabilità di trovare $z_1 = +$, cioè la prima particella con lo spin in su, il valore di aspettazione della componente z dello spin della particella 1.

7.39. Un elettrone di spin $1/2$ è immerso in un campo magnetico diretto lungo z. A partire dall'istante $t = 0$ si eseguono a intervalli regolari di tempo τ misure ripetute dello spin nella direzione x. Dopo N misure oltre la prima, determinare:

   i) la probabilità delle differenti configurazioni e come queste si caratterizzano;
   ii) quali condizioni determinano l'esistenza di configurazioni deterministiche.

*7.40. Determinare la variazione nel tempo della funzione d'onda di un rotatore piano che a $t = 0$ si trova nello stato: $\Psi(\varphi; t = 0) = N \sin^2(\varphi)$. Trovare il periodo del rotatore.

7.41. Determinare l'evoluzione della funzione d'onda di un rotatore tridimensionale che a $t = 0$ si trova nello stato: $\Psi(\vartheta, \varphi; t = 0) = N \cos^2(\vartheta)$. Trovare il periodo del rotatore.

7.42. Posto $\alpha = \sqrt{\mu\omega/\hbar}$ e $N = \sqrt{\alpha/\sqrt{\pi}}$, un oscillatore armonico si trova nello stato iniziale: $\psi(x; t = 0) = N \exp\left[-\alpha^2/2(x - x_0)^2 + i p_0 x/\hbar\right]$. Determinare la funzione d'onda al tempo t, e su di questa $|\psi(t)|^2, \overline{x(t)}, \overline{p(t)}, \overline{\Delta x(t)}, \overline{\Delta p(t)}$.
Traccia. Generatrice dei polinomi di Hermite: $\exp[-u^2 + 2u\zeta] = \sum_{n=0}^{\infty} u^n/n! H_n(\zeta)$.

1.8 Perturbazioni dipendenti dal tempo

8.1. Una particella, inizialmente in un autostato dell'energia di una buca quadrata infinita, è soggetta a una perturbazione della forma $V_0 x \cos(\omega t)$. Mostrare quali transizioni tra autostati u_m e u_n sono possibili.

8.2. Ricavare le regole di selezione per le transizioni di dipolo elettrico in un oscillatore armonico monodimensionale.

8.3. È dato un oscillatore armonico monodimensionale di frequenza v. A $t = 0$ si trova nello stato fondamentale e, a partire da questo istante, è soggetto alla forza $F = F_0 \cos(2\pi \bar{v} t)$ con F_0 piccolo e $v \neq \bar{v}$. Trovare al tempo t la probabilità di transizione verso uno stato eccitato.

8.4. Sia dato un oscillatore armonico inizialmente nello stato fondamentale descritto in opportune unità di misura da $H_0 = 1/2(p^2 + q^2)$. A $t = 0$ l'oscillatore è sottoposto alla perturbazione $H_I = \lambda q \sin \tilde{\omega} t$.

   i) Qual è la probabilità $P(W_n, t)$ di misurare un'energia $W_n = n + 1/2$ ad un qualsiasi istante $t > 0$?

ii) Al tempo $\tau = 2\pi/\tilde{\omega}$ la perturbazione viene spenta. Dire se $P(W_n, t)$ dipende dal tempo per $t > \tau$.

iii) Confrontare con il risultato esatto del 7.30.

8.5. Discutere l'oscillatore armonico quantistico avente massa μ e frequenza ω soggetto a una perturbazione esterna che ne modifica la frequenza in modo tale da avere

$$\omega(t) = \begin{cases} \omega & t < 0 \\ \omega + \delta\omega & 0 < t < T \\ \omega & T < t. \end{cases}$$

Se l'oscillatore si trova nello stato fondamentale per $t < 0$, quale sarà la probabilità di misurare un'energia pari a $(n + 1/2)\hbar\omega$ a un tempo maggiore di T?

8.6. Una particella tridimensionale di massa μ e carica q è soggetta al potenziale armonico isotropo: $V(\mathbf{x}) = K/2(x^2 + y^2 + z^2)$. All'istante $t = -\infty$ l'oscillatore è nel suo stato fondamentale e viene perturbato dal campo elettrico variabile: $\mathbf{E}(t) = A\exp[-(t/\tau)^2]\hat{\mathbf{z}}$, con $\hat{\mathbf{z}}$ versore dell'asse z, A e τ costanti e A piccolo. Al primo ordine perturbativo, calcolare la probabilità che a $t = +\infty$ l'oscillatore si trovi in uno stato eccitato.

8.7. Un atomo di idrogeno si trova nel suo stato fondamentale. Al tempo $t = 0$ viene acceso un campo elettrico spazialmente uniforme dato da: $\mathbf{E}(t) = \mathbf{E}_0 \exp(-t/\tau)$. Determinare lo stato dell'atomo ad un tempo $t \gg \tau$, valutando esplicitamente il primo coefficiente non nullo in teoria delle perturbazioni dipendenti dal tempo.

8.8. Supponendo che l'Hamiltoniana H_0 abbia spettro discreto, determinare la probabilità di transizione dal livello n al livello k imperturbato, per un sistema sotto l'effetto delle seguenti perturbazioni.

i) Accensione istantanea: $\widehat{V}(t) = \widehat{V}_0 \theta(t)$, con $\widehat{V}_0$ indipendente dal tempo, $\theta(t)$ gradino di Heaviside con $(d\theta(t)/dt = \delta(t))$.

ii) Impulso istantaneo: $\widehat{V}(t) = \widehat{V}_0' \delta(t)$, con $\widehat{V}_0'$ indipendente dal tempo.

iii) Quali sono le condizioni di applicabilità delle formule ottenute nel caso che i) oppure ii) si instaurino in un tempo finito τ?

8.9. Una particella di massa $\mu = 0.511\,MeV$ si trova in $[0, a]$ nello stato fondamentale di una buca infinita di larghezza $a = 1$Å. Al tempo $t = 0$ si attiva istantaneamente un potenziale a buca quadrata, centrato in $x = a/2$ di profondità $V_0 = -10^4\,eV$ e larghezza $2b = 10^{-12}cm$, che viene rimosso al tempo $\tau = 5 \cdot 10^{-18}s$. Dopo la rimozione della perturbazione, quale è la probalità di trovare il sistema in ciascuno dei primi tre stati eccitati della buca infinita?

8.10. Una particella monodimensionale a carica negativa $-e_0$ è immersa in una buca di potenziale infinita per $-a/2 < x < a/2$ e si trova nel primo autostato dell'energia. All'istante iniziale viene applicato un campo elettrico E diretto nel verso positivo delle x, che viene poi rimosso al tempo $\tau > 0$.

   i) Con la teoria delle perturbazioni dipendenti dal tempo, valutare le probabilità P_2 e P_3 che la particella si trovi al tempo $t > \tau$ negli autostati della buca infinita con $n = 2$ e $n = 3$, rispettivamente.
   ii) Dire se ci si attende che queste probabilità dipendano da t.
  iii) Specificare le condizioni sui parametri che giustificano l'approssimazione perturbativa.

8.11. Un elettrone è confinato in una scatola cubica di lato $2a$. Da $t = 0$ in poi al sistema si applica il campo elettrico uniforme: $\mathbf{E} = \mathbf{E}_0 e^{-\alpha t}$, con $\alpha > 0$ e $\mathbf{E}_0$ perpendicolare a una delle facce della scatola. Al primo ordine in E_0 valutare la probabilità di transizione dallo stato fondamentale a $t = 0$ al primo stato eccitato al tempo $t = \infty$.

8.12. Sia data una particella di carica e_0 soggetta a un potenziale di oscillatore tridimensionale isotropo : $H = \mathbf{p}^2/2\mu + 1/2\mu\omega^2\mathbf{r}^2$.

   i) Trovare i primi tre livelli dell'energia, W_0, W_1, W_2.
   ii) Se il sistema viene perturbato con un campo magnetico B uniforme costante, valutare come viene modificato il terzo livello W_2.
  iii) Nel caso che a $t = 0$ venga accesa la perturbazione $H' = Ax\cos\Omega t$, determinare tra quali stati del punto i) possono avvenire transizioni.
  iv) Con riferimento al punto iii), se lo stato iniziale imperturbato è quello fondamentale, valutare la probabilità di transizione verso W_1 al tempo t.
   v) Dire per quali valori di ω e Ω, molto grandi rispetto alle altre grandezze in gioco, tale probabilità è sensibilmente diversa da zero. Valutarla in questo caso, e nel caso che anche t sia grande.

8.13. Un atomo di idrogeno è immerso nel campo elettrico omogeneo di intensità: $E(t) = E_0\tau/(t^2 + \tau^2)$, con E_0 e τ costanti. Se a $t = -\infty$ l'atomo si trova nello stato fondamentale, quale è la probabilità di trovarlo nello stato $2p$ a $t = \infty$?

8.14. Una particella si trova al tempo $t \to -\infty$ nello stato fondamentale di una buca infinita di larghezza a. Su di essa si esercita anche un potenziale variabile nel tempo, che può assumere una delle seguenti forme, tutte con V_0 costante:

   i) $H_1(x,t) = -xV_0\exp[-t^2/\tau^2]$;
   ii) $H_1(x,t) = -xV_0\exp[-|t|/\tau]$;
  iii) $H_1(x,t) = -xV_0/[1 + (t/\tau)^2]$.

Al primo ordine delle perturbazioni , calcolare le diverse probabilità di transizione della particella a stati eccitati per $t \to +\infty$. Indicare anche le condizioni di applicabilità dell'approssimazione.

8.15. Un rotatore piano, vedi 2.4, si trova nel suo stato fondamentale. Al tempo $t = 0$, sul suo momento bipolare **d** agisce un debole campo elettrico omogeneo di intensità $\mathbf{E}(t) = E(t)\mathbf{n}$, con **n** versore nel piano di rotazione e con:

$$E(t) = \begin{cases} 0 & t < 0 \\ E_0 \exp[-t/\tau] & t > 0. \end{cases}$$

Per $t \to \infty$ e al secondo ordine della teoria delle perturbazioni dipendenti dal tempo, calcolare le probabilità di transizione proibite al primo ordine. Paragonarle con queste, e indicare le condizioni di applicabilità dell'approssimazione.
Traccia. $V = -\mathbf{d} \cdot \mathbf{E}(t) = -dE(t)\cos\varphi$.

1.9 Momento angolare e spin

9.1. Considerare una particella nello stato descritto da

$$\psi = N(x + y + 2z)e^{-\alpha r},$$

con N costante di normalizzazione. Indicare quali sono i possibili risultati di una misura della terza componente del momento angolare L_z, e quali le rispettive probabilità.

9.2. Sia dato un sistema descritto dall'Hamiltoniana:

$$H = \mathbf{p}^2 + a(x^2 + y^2) + bz^2.$$

  i) Se si esegue una misura di H e subito dopo una misura di $\mathbf{L}^2$ e poi nuovamente di H, si ritrova necessariamente lo stesso valore dell'energia?
  ii) Come sopra nel caso $a = b$.
  iii) Nel caso $a = b$, dopo una misura solo di $\mathbf{L}^2$ il vettore di stato si trova necessariamente in un autostato dell'energia?

9.3. Al tempo $t = 0$ la funzione d'onda di una particella ha la forma $\psi = Nxye^{-r}$, dove $r = \sqrt{x^2 + y^2 + z^2}$ e N è una costante di normalizzazione.

  i) Quali sono i possibili risultati di una misura del momento angolare $\mathbf{L}^2$ e di L_z e quali le rispettive probabilità?
  ii) Se la particella si trova in un potenziale centrale, come variano tali probabilità nel tempo?

9.4. L'Hamiltoniana di un sistema di due spin è data da:

$$H = \alpha\mathbf{S}_1 \cdot \mathbf{S}_2 + \beta(S_{1z} + S_{2z}).$$

Calcolare lo spettro dell'energia per gli spin uguali a:

i) $\{1/2, 1/2\}$,
ii) $\{1/2, 3/2\}$.

9.5. La funzione d'onda di spin di due particelle dotata ciascuna di spin $1/2$ è data da $\psi(1, 2) = \chi_+(1)\chi_-(2)$, dove $\chi_\pm(i)$, $i = 1, 2$ sono autofunzioni della componente lungo z dello spin della particella i-esima.

i) Se si esegue una misura di $(\mathbf{S}_1 + \mathbf{S}_2)^2$, quali risultati si possono ottenere e con quali probabilità?
ii) Quale è il valor medio della componenente lungo l'asse z dello spin totale del sistema?

9.6. Mostrare che la funzione $\psi = Nz \exp[-\alpha(x^2 + y^2 + z^2)]$, con N costante di normalizzazione, è autostato di $\mathbf{L}^2$ e di L_z. Ricavare le altre autofunzioni di L_z appartenenti alla stessa rappresentazione irriducibile dell'algebra $\{L_x, L_y, L_z\}$.

9.7. Una particella di spin $1/2$, inizialmente in un autostato di S_z con autovalore $\hbar/2$, entra dalla direzione y in un apparato di Stern-Gerlach orientato per misurare il momento angolare in una direzione sul piano $x - z$ individuata dall'angolo θ. Vedi figura.
Calcolare le probabilità di ottenere $\pm\hbar/2$.

9.8. La funzione d'onda di una particella è della forma $\psi = f(r, \theta)\cos\varphi$. Cosa si può predire circa il risultato di una misura della componente z del suo momento angolare?

9.9. Una particella di spin 1 si trova in un autostato di S_z. Valutare i valori di aspettazione per S_x, S_y, S_x^2, S_y^2 in corrispondenza dei diversi autovalori.

9.10. Una particella su una sfera, descritta dall'Hamiltoniana $H = \mathbf{L}^2/2I + aL_z$, con I e a costanti numeriche, si trova nello stato iniziale: $\psi(0) = N\sin 2\theta \sin\varphi$. Dimostrare che al generico istante t lo stato della particella è rappresentato dalla funzione d'onda: $\psi(t) = N\exp(-i3\hbar t/I)\sin 2\theta \sin(\varphi - at)$.

9.11. Date due particelle di spin $1/2$, senza fare ricorso alla teoria generale dell'addizione di momenti angolari, determinare autostati e autovalori relativi agli operatori $\mathbf{S}^2$ e S_z, essendo $\mathbf{S} = \mathbf{S}_1 + \mathbf{S}_2$, in termini degli autostati $|1/2, \pm 1/2\rangle_i$ degli operatori $\mathbf{S}_i^2$ e S_{z_i} (i=1,2).

9.12. Per una particella di spin $1/2$ si è osservata la proiezione dello spin sull'asse z, e si è trovato il valore $\hbar/2$. Calcolare:

   i) la probabilità di trovare lo stesso valore immediatamente dopo la prima misura per la proiezione di **S** sugli assi x, y e sull'asse **r** di coseni direttori l, m, n con $l^2 + m^2 + n^2 = 1$;

   ii) i valori medi delle proiezioni di **S** sugli stessi assi x, y e **r**;

   iii) gli scarti quadratici medi delle proiezioni di **S** sugli assi x e y;

   iv) se la seconda misura viene eseguita dopo un certo intervallo di tempo dalla prima e la particella è libera, dire se sono variate le probabilità e i valori medi sopra considerati.

9.13. La funzione di spin di un sistema di N particelle a spin $1/2$ è della forma:

$$\psi = \begin{vmatrix} 1 \\ 0 \end{vmatrix}_1 \begin{vmatrix} 1 \\ 0 \end{vmatrix}_2 \cdots \begin{vmatrix} 1 \\ 0 \end{vmatrix}_n \begin{vmatrix} 0 \\ 1 \end{vmatrix}_{n+1} \begin{vmatrix} 0 \\ 1 \end{vmatrix}_{n+2} \cdots \begin{vmatrix} 0 \\ 1 \end{vmatrix}_N .$$

Valutare il valor medio del quadrato dello spin totale del sistema.

9.14. Dati N spinori ($s = 1/2$) diversi tra di loro, calcolare quanti stati linearmente indipendenti corrispondono all'autovalore S_z della terza componente dello spin totale.

9.15. Sia data la funzione d'onda di due particelle di momento angolare j della forma:

$$\psi = (2j+1)^{-1/2} \sum_{m_j=-j}^{j} (-)^{s_j} \mid j, m_j \rangle_1 \mid j, -m_j \rangle_2 ,$$

con $s_j = m_j$ per j intero e $s_j = m_j + 1/2$ per j semintero. Dimostrare che tale stato ha momento angolare totale zero.

9.16. Sia dato un sistema di due particelle (distinguibili) di spin 1. Senza fare uso dei coefficienti di Clebsch-Gordan, ricavare le autofunzioni dello spin totale e della sua terza componente in funzione degli autostati di particella singola.

9.17. Due particelle di spin j_1 e j_2 si trovano nello stato $j_{tot} = m_{tot} = j_1 + j_2 - 1$. Determinare la probabilità di misurare $m_1 = j_1$.

9.18. Una particella di spin $1/2$ si trova nello stato $\psi = \mid \sin\alpha \; i\cos\alpha \mid^T$. Dato il versore $\hat{\mathbf{r}}$ con coseni direttori $\{l, m, n\}$, calcolare la probabilità che la misura di $\hat{\mathbf{r}} \cdot \mathbf{S}$ dia il valore $\pm 1/2$.

9.19. Due particelle, di spin 1 e $1/2$, si trovano in uno stato a spin totale $|1/2/1/2\rangle_T$.

i) Detti $\mathbf{S}_1$ e $\mathbf{S}_2$ gli operatori di spin 1 e $1/2$, rispettivamente, valutare le probabilità di misurare i valori possibili di S_{2z}, S_{2y}.

ii) Se in una prima misura di S_{2y} si è trovato il valore $1/2$, determinare le probabilità legate a successive misure di S_{1y}.

9.20. Un oscillatore armonico tridimensionale isotropo è descritto all'istante $t = 0$ da:

$$\psi(x,y) = NZ(z)\exp[-\alpha(x-x_0)^2 - \beta(y-y_0)^2 + ik_1x + ik_2y],$$

con $Z(z)$ arbitrario normalizzato. Determinare il valore di aspettazione della componente z del momento angolare a un tempo qualunque $t > 0$.

9.21. Sia dato un sistema descritto dall'Hamiltoniana $H = \lambda(L_+L_-)^2$ e dalla funzione d'onda all'istante iniziale $\psi(0) = A\sin\theta\sin\varphi$. Determinare l'evoluzione temporale della funzione d'onda e valutare a quale tempo essa assume la forma $\psi(t) = A\sin\theta\cos\varphi$.

9.22. Una particella di massa μ senza spin si trova all'istante $t = 0$ nello stato:

$$\psi(x,y,z) = N\frac{z}{r}\frac{d}{dr}\left(\frac{\sin kr}{kr}\right), \quad \text{con} \quad r = \sqrt{x^2+y^2+z^2}.$$

Si determinino i valori di aspettazione per la componente z del momento angolare $\langle L_z\rangle$, per il suo quadrato $\langle \mathbf{L}^2\rangle$ e per l'energia cinetica $\langle \mathbf{p}^2/2\mu\rangle$.

9.23. Si consideri il sistema composto da due particelle con spin $1/2$ e momento magnetico dato rispettivamente da $\mu_e\boldsymbol{\sigma}_e$ e $\mu_p\boldsymbol{\sigma}_p$. L'Hamiltoniana è data da:

$$H = H_0 + (\mu_e\sigma_{ez} + \mu_p\sigma_{pz})B + \gamma\boldsymbol{\sigma}_e \cdot \boldsymbol{\sigma}_p,$$

dove B rappresenta un campo magnetico esterno costante diretto come l'asse z, γ è una costante positiva e H_0 rappresenta la parte di Hamiltoniana che non dipende dallo spin. Quali sono gli autovalori dell'energia e quali le autofunzioni, limitatamente alla dipendenza dallo spin?
Traccia. Separare le variabili e omettere H_0.

9.24. Un sistema di tre particelle di spin $1/2$ possiede otto stati di spin linearmente indipendenti. Determinare quali combinazioni lineari sono autostati degli operatori di spin totale S^2 e S_z in termini dei prodotti diretti, e mostrare come esse dipendano dalla procedura con cui sono state determinate. In particolare come dipendano dall'ordine con cui si riducono a coppie le rappresentazioni di particella singola.

9.25. Nello spazio di spin le rotazioni di un angolo β attorno all'asse y sono date dall'operatore: $R_y(\beta) = \exp[-i\beta S_y]$. Trovarne la rappresentazione matriciale nel caso di $s = 1/2$ e $s = 1$, con lo sviluppo in serie, e con lo sviluppo spettrale.

9.26. Dati due momenti angolari uguali $l_1 = l_2 = l$, determinare lo stato a momento angolare totale $L = 0$ nella rappresentazione prodotto diretto $\mid l, m_1; l, m_2 \rangle$.

9.27. Sia data una particella in campo centrale, la cui funzione d'onda è data da:

$$\psi(r, \theta, \varphi) = N f(r) \cos^n \theta,$$

con n intero e N costante di normalizzazione. Dimostrare che nel limite $n \to \infty$ l'indeterminazione sulle componenti x, y del momento angolare tende all'infinito, mentre la posizione angolare della particella risulta sempre meglio collimata lungo l'asse z.

Traccia. Utilizzare l'espressione degli operatori: $L_\pm = \hbar e^{\pm i\varphi} \left(\pm \partial/\partial\theta + i \cot\theta \, \partial/\partial\varphi \right)$.

9.28. Una particella si trova in uno stato descritto dalla funzione d'onda:

$$\psi(\mathbf{x}) = N \left[\cos\theta + \sin\theta(1 + 2\cos\theta)\sin\varphi \right] g(r), \qquad \int_0^\infty dr \, r^2 \mid g(r) \mid^2 = 1.$$

  i) Quali sono i possibili risultati di una misura di L_z e di $\mathbf{L}^2$?
  ii) Quali sono le probabilità relative?
  iii) Quali sono i valori di aspettazione dell'operatore L_z e di $\mathbf{L}^2$?

9.29. Due particelle distinguibili a spin $1/2$ e carica q interagiscono con l'Hamiltoniana:

$$H = -\beta \left(\sigma_{1x}\sigma_{2x} + \sigma_{1y}\sigma_{2y} \right),$$

con β costante.

  i) Valutare gli autovalori e le loro degenerazioni.
  ii) Se si aggiunge un campo magnetico $\mathbf{B}$ nella direzione z, quali diventano i nuovi autovalori?

9.30. Tre particelle di spin $\hbar/2$ e carica q si trovano in equilibrio ai vertici di un triangolo equilatero. L'interazione tra gli spin determina l'Hamiltoniana:

$$H = \alpha(\mathbf{S}_1 \cdot \mathbf{S}_2 + \mathbf{S}_2 \cdot \mathbf{S}_3 + \mathbf{S}_3 \cdot \mathbf{S}_1)$$

dove α è una costante.

  i) Si determini lo spettro di energia e se ne discuta la degenerazione.
  ii) Se si accende un campo magnetico uniforme $\mathbf{B}$ ortogonale al piano che contiene le particelle, trovare il valore minimo del campo per il quale esiste un livello di energia pari a zero.

9.31.   Quattro particelle a spin $1/2$ interagiscono tra loro tramite l'Hamiltoniana $H = -\alpha \sum_{i,j} \mathbf{S}_i \cdot \mathbf{S}_j$. Calcolare lo spettro dell'energia, sia nel caso di somme sugli indici indipendenti, sia che si intenda $\sum_{i<j}$.

9.32.   Sia data una coppia elettrone-positrone $\{e^-, e^+\}$ nello stato di puro spin $| \psi \rangle = (| +; - \rangle - | -; + \rangle)/\sqrt{2}$. Calcolare il valore di aspettazione dell'operatore $(\mathbf{n}_1 \cdot \mathbf{S}_1)(\mathbf{n}_2 \cdot \mathbf{S}_2)$, con $\mathbf{n}_1$ e $\mathbf{n}_2$ versori arbitrari.

9.33.   Una particella senza spin è rappresentata dalla funzione d'onda (vedi 9.1): $\psi = N(x + y + 2z)e^{-\alpha r}$, con $r^2 = x^2 + y^2 + z^2$, e α reale.

  i) Trovare il valore di aspettazione del momento angolare totale e della sua terza componente.
  ii) Calcolare la probabilità di trovare la particella nell'angolo solido $d\Omega$ individuato dagli angoli θ e φ.

9.34.   Una particella è immersa in un potenziale centrale, e ha numeri quantici di momento angolare orbitale $l = 2$ e di spin $s = 1$. Trovare i livelli di energia e le degenerazioni associate a una interazione spin-orbita della forma $H_{so} = \beta \mathbf{L} \cdot \mathbf{S}$ con β costante reale.

9.35.   Due particelle di spin $1/2$ si trovano una nello stato con $s_{1z} = 1/2$ e l'altra con $s_{2z} = 1/2$. Quale è la probabilità di trovare il valore $s = 0$ per lo spin totale?

9.36.   i) Trovare autovalori e autovettori normalizzati di $\sigma = a\sigma_y + b\sigma_z$.
  ii) Se un sistema si trova in un autostato di σ, qual è la probabilità che una misura di σ_y dia come risultato 1?

9.37.   Sia data una particella con momento angolare orbitale l e spin $1/2$. In funzione degli stati prodotto diretto $| l, m_l; s, m_s \rangle$, determinare gli stati di momento angolare totale $| j/m \rangle$ con $m = l - 1/2$, utilizzando esplicitamente gli operatori di creazione e distruzione $J_{\pm}$.

9.38.   Un atomo di idrogeno si trova nello stato $2p_{1/2}$ ($n = 2$, $l = 1$, $j = 1/2$).

  i) Quale è la probabilità che lo spin si trovi in direzione opposta a quella del momento angolare totale? Vedi 9.37.
  ii) Calcolare la densità di probabilità $P(\theta, \varphi)$ che l'elettrone si trovi nell'angolo solido θ, φ, indipendentemente dalla distanza radiale e dallo spin.

9.39.   Si consideri lo stato $| l, m \rangle$, autostato degli operatori $\mathbf{L}^2$ e L_z, con:

$$\mathbf{L}^2 | l, m \rangle = l(l+1)\hbar^2 | l, m \rangle, \quad L_z | l, m \rangle = m\hbar | l, m \rangle.$$

Su questi stati, calcolare i valori di aspettazione $\langle L_x \rangle$ e $\langle L_x^2 \rangle$.

9.40. Un iperone $\Omega^-(3/2,+)$, (spin, parità intrinseca), può decadere tramite interazioni deboli in un iperone $\Lambda(1/2,+)$ e in un mesone $K^-(0,-)$:

$$\Omega^- \to \Lambda + K^-.$$

i) Supponendo il decadimento a riposo, determinare la forma più generale della distribuzione angolare del mesone K^- relativa alla direzione z lungo la quale la Ω^- ha componente massima dello spin, assumendo cioè come stato iniziale $| \Omega^-_{3/2,3/2} \rangle$.

ii) Quale sarebbe invece la distribuzione se la parità venisse conservata?

9.41. Consideriamo le reazioni:

a) $\pi^+ p \to \pi^+ p$;
b) $\pi^- p \to \pi^- p$;
c) $\pi^- p \to \pi^0 n$.

Queste reazioni possono avvenire per interazioni forti che conservano lo spin isotopico, e possono formare una risonanza Δ a spin isotopico $I = 3/2$ oppure una N^* a spin isotopico $I = 1/2$. Tenendo conto che all'energia di una risonanza si può trascurare il contributo dell'altro canale, valutare il rapporto delle tre sezioni d'urto per i due casi, $I = 3/2$ e $I = 1/2$.

9.42. Un fascio di particelle con momento angolare $l = 1$ si muove lungo una direzione che indichiamo come asse y, e attraversa un magnete Stern-Gerlach avente campo magnetico in una direzione giacente nel piano ortogonale al movimento, e che chiamiamo asse x. Il fascio emergente risulta separato in tre componenti, corrispondenti a $m = -1, 0, 1$, e la componente $m = 1$ viene fatta passare attraverso un altro Stern-Gerlach con campo magnetico lungo l'asse z.

i) In quanti fasci si separa ulteriormente quello con $m = 1$, e qual è il numero di atomi in ogni fascio?

ii) Stesse domande per le altre due componenti $m = 0, -1$ del fascio originario.

iii) Se consideriamo il fascio uscente dal secondo Stern-Gerlach, possiamo affermare che la componenti x del suo momento angolare è ancora uguale a $\hbar$? Giustificare la risposta.

*9.43. Una distribuzione continua di carica elettrica genera un campo centrale $\mathbf{E}$ che corrisponde a un potenziale scalare: $V_{sc}(\mathbf{x}) = 1/2Kr^2$.

i) Scrivere l'Hamiltoniana quantistica per una particella di carica q e spin $1/2$, tenendo conto anche dell'interazione spin-orbita.

ii) Determinarne lo spettro dell'energia.

1.10 Molte particelle

10.1. Sia dato un atomo di elio in cui uno degli elettroni è stato sostituito da un *muone* (stessa carica, massa 207 volte superiore).

i) Si trovi un valore approssimato per lo spettro dello stato fondamentale trascurando l'interazione $e^- \mu^-$, e si discutano le differenze dal caso di due elettroni.

ii) Si determini un'approssimazione migliore tenendo conto dell'effetto di schermo che il muone esercita sul nucleo.

iii) Si spieghi infine per quale motivo gli stati con numero quantico principale del muone $n_\mu > 1$ sono instabili per ionizzazione.

10.2. Due particelle monodimensionali di massa μ_1 e μ_2 si muovono nel potenziale:

$$V = \begin{cases} 0 & |x| \le a \\ \infty & |x| > a \end{cases} \qquad x = x_1 - x_2.$$

Trovare autovalori e autofunzioni di questo sistema nel caso di momento totale P, nella ipotesi che le due particelle siano bosoni indistinguibili o fermioni indistinguibili ($\mu_1 = \mu_2$).

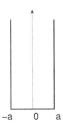

-a   0   a

10.3. Due fermioni identici di spin $1/2$ interagiscono mediante il potenziale armonico:

$$V = K/2(\mathbf{x}_1 - \mathbf{x}_2)^2 + V_0 \mathbf{S}_1 \cdot \mathbf{S}_2,$$

ove $\mathbf{x}_1, \mathbf{x}_2, \mathbf{S}_1, \mathbf{S}_2$, indicano gli operatori di posizione e di spin delle due particelle. Determinare autovalori e autofunzioni del sistema.

10.4. Dato un atomo (ione) con due elettroni, He o Li^+, valutare la repulsione coulombiana al primo ordine perturbativo, calcolare le energie di legame e i potenziali di ionizzazione dello stato fondamentale $1\,^1S$ e dei primi stati eccitati, singoletto e tripletto, $2\,^1S$ e $2\,^3S$. Confrontare con i dati sperimentali:
$I_{exp}(He, 1\,^1S) = 24.5\ eV$, $I_{exp}(He, 2\,^1S) = 3.97\ eV$, $I_{exp}(He, 2\,^3S) = 4.8\ eV$,
$I_{exp}(Li^+, 1\,^1S) = 76.5\ eV$, $I_{exp}(Li^+, 2\,^3S) = 16.5\ eV$. Vedi anche 10.11.
Traccia. $J_{1,0,0;1,0,0} = 5/4 Z w_0$, $J_{1,0,0;2,0,0} = 34/81 Z w_0$, $K_{1,0,0;2,0,0} = 32/729 Z w_0$. Per gli integrali vedi A.13.

10.5. Un atomo con tre elettroni si trova nello stato fondamentale imperturbato (cioè in assenza di repulsione coulombiana) $(1s)^2 2s$.

i) Scrivere la funzione d'onda dello stato sotto forma di determinante di Slater.

ii) Esprimere le correzioni all'energia dovute alla repulsione coulombiana tra gli elettroni, al primo ordine perturbativo e tramite le sole funzioni d'onda orbitali $u_{100}(\mathbf{r}_i)$ e $u_{200}(\mathbf{r}_i)$ ($i = 1, 2$).

10.6. Due particelle identiche di massa μ e spin $1/2$ si trovano in una scatola cubica di lato $2a$.

i) Determinare lo stato fondamentale e trovare la probabilità di trovare una particella in un volume $d\mathbf{x}$ attorno al punto $\mathbf{x}$.

ii) Se si aggiunge una interazione della forma $V = A\mathbf{S}_1 \cdot \mathbf{S}_2$, determinare come viene modificata l'energia dello stato fondamentale.

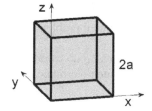

10.7. Tre particelle identiche di massa $\mu = 10.8 \cdot 10^{-28} g$ e spin $1/2$ si muovono libere in una scatola cubica di lato $2a = 2 \cdot 10^{-8} cm$. Calcolare le energie necessarie per passare dallo stato fondamentale al primo eccitato, e da questo al secondo.

10.8. Scrivere la forma più generale dello stato fondamentale di un atomo di boro (numero atomico 5), trascurando la repulsione coulombiana tra gli elettroni.

10.9. Tre bosoni identici con $s = 1$ sono descritti dalla funzione d'onda

$$\Psi = \phi(\mathbf{x}_1)\phi(\mathbf{x}_2)\phi(\mathbf{x}_3)\Sigma(\sigma_1, \sigma_2, \sigma_3),$$

con $\phi(\mathbf{x})$ funzione data, e $\{\sigma_1, \sigma_2, \sigma_3\}$ terze componenti dello spin di ciascuna particella.

i) Determinare il numero degli stati indipendenti.

ii) Da tale numero e da semplici considerazioni di simmetria, determinare i valori possibili per lo spin totale.

iii) Scrivere esplicitamente gli autostati dello spin totale e della sua terza componente in funzione degli autostati dello spin delle singole particelle.

iv) E per tre spinori identici con $s = 1/2$?

10.10. Calcolare l'energia dello stato fondamentale dell'atomo di Litio, al primo ordine perturbativo nella repulsione Coulombiana, e confrontare con il valore sperimentale $W_{Li}^{exp} \approx -203.4\ eV$ (vedi 10.5 e 10.4 per gli integrali).

10.11. Calcolare l'energia dello stato fondamentale dell'atomo di Litio, repulsione Coulombiana inclusa, mediante il metodo variazionale, utilizzando come funzioni di prova:

$$\psi^\zeta = u_1^\zeta(\mathbf{r}_1)u_1^\zeta(\mathbf{r}_2)u_2^\zeta(\mathbf{r}_3)\chi,$$

dove χ è la funzione di spin e $u_{1,2}^\zeta(\mathbf{r})$ sono le due prime autofunzioni di un atomo idrogenoide a numero atomico ζ inteso quale parametro variazionale. Confrontare con i risultati perturbativi dei Problemi 10.10 e 10.4.

Traccia. Notare che l'uso di funzioni d'onda non simmetrizzate non implica avere trascurato completamente l'identità delle particelle: il principio di esclusione di Pauli è infatti implicito nella scelta delle funzioni di prova.

10.12. Come il problema precedente, ma con funzioni di prova antisimmetrizzate.

10.13. Quale può essere lo spin totale S di due bosoni identici di spin s, in uno stato a momento orbitale relativo L?

10.14. Due bosoni identici a spin zero sono descritti dalla funzione d'onda $\psi(\mathbf{r}_1, \mathbf{r}_2)$.

  i) Determinare la probabilità di trovare una particella in un intorno infinitesimo del punto $\mathbf{r}_1$ e l'altra in un intorno infinitesimo del punto $\mathbf{r}_2$.
 ii) Controllare la coerenza di questo valore con la condizione di normalizzazione della funzione d'onda.
iii) Determinare la probabilità che le due particelle si trovino all'interno dello stesso volume V.
 iv) Determinare la probabilità che le due particelle si trovino una all'interno e l'altra all'esterno del volume V.

10.15. Due particelle identiche interagiscono tramite il potenziale:

$$V(\mathbf{r}) = K(\mathbf{r}_1 - \mathbf{r}_2)^2/2.$$

  i) Qual'è la degenerazione dello stato fondamentale e del primo stato eccitato nei casi di particelle di spin $s = 0, 1/2, 1$?
 ii) Dire come cambierebbe la risposta se le particelle fossero invece sottoposte al potenziale: $V(\mathbf{r}) = K/2(\mathbf{r}_1^2 + \mathbf{r}_2^2)$.
iii) Dire in entrambi i casi se e come viene risolta la degenerazione con l'introduzione di un campo magnetico costante lungo l'asse z.

10.16. Due particelle di massa μ in una scatola rettangolare di lati $a > b > c$ interagiscono tra di loro tramite il potenziale $V = \lambda \delta_3(\mathbf{r}_1 - \mathbf{r}_2)$, e si trovano nello stato di minima energia. Al primo ordine perturbativo, calcolare l'energia del sistema nelle seguenti condizioni:

  i) particelle non identiche;
 ii) particelle identiche a spin zero;
iii) particelle identiche a spin $1/2$, con gli spin paralleli.

10.17. Tre particelle monodimensionali di massa μ sono legate l'una all'altra da forze armoniche, date dal potenziale: $V = K/2[(x_1 - x_2)^2 + (x_2 - x_3)^2 + (x_3 - x_1)^2]$.

Utilizzando le coordinate del centro di massa (o di Jacobi): $r_1 = x_1 - x_2$, $r_2 = (x_1 + x_2)/2 - x_3$, $r_3 = R = (x_1 + x_2 + x_3)/3$, risolvere il problema agli autovalori in modo esatto.

10.18. i) Utilizzando il risultato precedente, trovare l'energia dello stato fondamentale nel caso di tre bosoni identici di spin zero.

ii) Analogamente nel caso di tre fermioni identici di spin $1/2$.

10.19. Sono date due particelle identiche non interagenti tra di loro, immersa ciascuna in un potenziale armonico isotropo vedi 3.6. Calcolare le degenerazioni dei primi tre livelli dell'energia nei seguenti casi:

i) le due particelle hanno spin $1/2$;
ii) le due particelle hanno spin 1.

10.20. Dato un atomo a due elettroni, calcolare le degenerazioni delle due configurazioni elettroniche:

i) $2s2p$;
ii) $2p3p$.

Per ciascuna di queste elencare i valori possibili di L_j^{2S+1}, e verificare che il numero degli stati in questa rappresentazione è uguale alle degenerazioni viste prima.

10.21. Due particelle sono immerse in un potenziale monodimensionale nullo per $0 < x < 2a$ e infinito altrove.

a) Quali sono i valori dei primi quattro valori dell'energia?
b) Quali sono le degenerazioni di queste energie se le due particelle sono:

i) identiche, con spin 1/2;
ii) non identiche, entrambe con spin 1/2;
iii) identiche, con spin 1.

1.11 Argomenti vari

11.1. Consideriamo le seguenti affermazioni.

i) I polinomi di Laguerre costituiscono un insieme completo in $\mathscr{L}^2[0,\infty)$ sulla misura opportuna.
ii) Le autofunzioni dell'atomo di idrogeno relative agli stati legati non costituiscono un insieme completo in $\mathscr{L}^2[0,\infty)$.

Sono esse contraddittorie? Motivare la risposta (vedi A.6).

11.2. Una particella di massa μ vincolata sul segmento $[0,a]$ dell'asse x si trova in un autostato dell'energia. Calcolare $\langle x \rangle$ e Δx.

11.3. Costruire due matrici 3×3 tali che nessuna delle due costituisca un set completo di osservabili, ma che lo sia l'insieme delle due.

11.4. Di un sistema fisico siano dati il vettore di stato e l'osservabile A:

$$A = a \begin{vmatrix} 0 & 1 & 0 & 0 \\ 1 & 0 & 0 & 0 \\ 0 & 0 & 0 & -i \\ 0 & 0 & i & 0 \end{vmatrix} \qquad | \, \psi \, \rangle = \frac{1}{2} \begin{vmatrix} 1 \\ 1 \\ 1 \\ 1 \end{vmatrix}.$$

Determinare i risultati di una misura di A sullo stato $| \, \psi \, \rangle$ e le relative probabilità.

11.5. La costante elastica K di un oscillatore armonico unidimensionale nel suo stato fondamentale improvvisamente raddoppia. Immediatamente dopo questo evento, qual è la probabilità che una misura di energia sul nuovo oscillatore lo trovi:

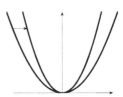

 i) nello stato fondamentale;
 ii) nel primo stato eccitato;
 iii) nel secondo stato eccitato. Vedi 8.8.

11.6. Una particella di massa μ è soggetta a un potenziale armonico di frequenza ω. Ad un certo istante essa è descritta dalla funzione d'onda:

$$\psi(x) = N x^2 \exp[-\mu \omega x^2 / 2\hbar].$$

Calcolare il valore medio dell'energia a tale istante.

11.7. Dire se sulla funzione d'onda monodimensionale

$$\psi_o(x) = \left(a/\sqrt{\pi} \right)^{1/2} exp\left[-a^2/2(x - x_0)^2 + i p_0 (x - x_0)/\hbar \right]$$

vale la uguaglianza $\langle p^2 \rangle = \langle p \rangle^2$, essendo p l'operatore momento.

11.8. Per una particella senza spin in tre dimensioni, considerare le osservabili φ, angolo equatoriale, e M_z, terza componente del momento angolare. Determinare per esse un principio di indeterminazione, e verificarne la validità applicandolo agli stati $\Phi_m(\varphi) = 1/\sqrt{2\pi} \exp(im\varphi)$.

11.9. L'elettrone di un atomo di idrogeno si trova nel suo stato fondamentale. Calcolare la distribuzione di probabilità per il momento.

11.10. Dato un pacchetto d'onde nel potenziale $V = K x^2/2 + \chi x^3$, si dimostri che i valori medi $\langle x \rangle$ e $\langle p \rangle$ non soddisfano le equazioni classiche del moto, se non nel caso $\chi = 0$.

11.11. Sia data la funzione d'onda di una particella libera in una dimensione:

$$\psi(x) = \frac{1}{\sqrt{2\pi\hbar}} \sqrt{\beta/\sqrt{\pi}} \int_{-\infty}^{\infty} dp \exp\left[-\frac{1}{2}\beta^2(p-p_0)^2 + \frac{i}{\hbar}\left(px - \frac{p^2}{2\mu}t\right)\right].$$

Calcolare la densità di probabilità che al tempo t, fatta una misura di energia, si trovi un valore compreso tra W e $W + dW$.

11.12. Sia H l'Hamiltoniana di un certo sistema, A un'osservabile commutante con H, e B un'altra osservabile soddisfacente $[H,B] = iA$. Tutti e tre gli operatori siano indipendenti dal tempo.

   i) Dimostrare che, oltre ad A, anche l'osservabile $C = i[A,B]$ è costante del moto.
   ii) Fornire un esempio concreto dei tre operatori H, A, B.

11.13. Un sistema di due particelle a spin zero si trova nello stato

$$\Psi(\mathbf{x}_1, \mathbf{x}_2) = N \exp\left[-\alpha/2\mathbf{x}_1^2 - \beta/2\mathbf{x}_2^2 + \gamma\mathbf{x}_1 \cdot \mathbf{x}_2\right].$$

Si calcoli il valore di aspettazione delle componenti del momento lineare e del momento angolare delle due particelle.

11.14. In uno scattering elettrone-protone, scrivere la più generale funzione d'onda iniziale dell'elettrone in campo coulombiano, tale che questo in nessun istante successivo possa essere catturato in uno stato legato.

11.15. Determinare la parità intrinseca del π^- dalla reazione forte $\pi^- + d \to 2n$, supponendo che avvenga dopo formazione dell'atomo mesico $\pi^- d$ in onda s. Ricordare che: l'operatore di parità è definito da $\hat{P}\psi_\alpha(\mathbf{x}, \sigma) = \eta_\alpha \psi_\alpha(-\mathbf{x}, \sigma)$, essendo $\eta_\alpha = \pm 1$ la parità intrinseca della particella α; le interazioni forti conservano la parità; il π^- ha spin zero; il deutone e il neutrone hanno spin-parità 1^+ e $1/2^+$, rispettivamente.

11.16. Siano $W_n = W_n(\mu, \omega, \lambda, \hbar)$ gli autovalori dell'Hamiltoniana

$$H = \frac{p^2}{2\mu} + \frac{1}{2}\mu\omega^2 x^2 + \frac{1}{4}\lambda x^4 \qquad [x,p] = i\hbar.$$

Dimostrare la relazione: $W_n(\mu, \omega, \lambda, \hbar) = \left(\hbar^4\lambda/\mu^2\right)^{1/3} F_n(\omega^3\mu^2/\hbar\lambda)$. con F_n funzione arbitraria.
Traccia. Utilizzare una semplice trasformazione canonica oppure considerazioni dimensionali.

11.17. Sia data l'Hamiltoniana per una particella tridimensionale di massa μ:

$$H = \frac{\mathbf{p}^2}{2\mu} + V(\mathbf{x}^2), \quad V(\mathbf{x}^2) = K\left(\mathbf{x}^2\right)^\beta, \quad K > 0,$$

e un operatore autoaggiunto A soddisfacente le regole di commutazione:
$[A, p_j] = i\hbar p_j$, $[A, x_j] = -i\hbar x_j$. Ricavare da queste le relazioni:

$$\langle W \mid \frac{\mathbf{p}^2}{2\mu} \mid W \rangle = \frac{\beta}{1+\beta} W, \quad \langle W \mid V(\mathbf{x}^2) \mid W \rangle = \frac{1}{1+\beta} W,$$

essendo $H \mid W \rangle = W \mid W \rangle$. Ricavare inoltre una espressione esplicita per A.

11.18. Risolvere il problema agli autovalori per l'operatore

$$\widehat{K} = \frac{1}{2}(\hat{p}^4 + \hat{x}^4)$$

essendo p, q operatori canonici. Adottare una approssimazione che consista nel proiettare le autofunzioni nel sottospazio generato da $\sum_{n=0}^{4} c_n \mid n \rangle$, essendo $\mid n \rangle$ gli autostati dell'oscillatore armonico.

11.19. Il principio di Heisenberg afferma che una particella confinata in un recipiente di volume finito V non può avere energia cinetica zero. Spiegare perché, e valutare la *pressione* esercitata dalla particella nello stato fondamentale.
Traccia. Espressione classica: $P = \mu \bar{v}^2 / 3V$, con $\bar{v}$ velocità media della particella.

11.20. Dati tre operatori hermitiani N-dimensionali A, B e C, soddisfacenti le regole di commutazione: $[A, C] = [B, C] = 0, [A, B] \neq 0$, dire se può esistere una base nella quale l'operatore C ammette la rappresentazione: $C_{ik} = \delta_{ik} k$ con $k = 1, 2, ..., N$.

11.21. Una particella in un potenziale $V(x)$ si trova in uno stato stazionario.
Dimostrare che la forza media che si esercita su di essa è nulla, cioè che $F = -dV/dx$ ha valore di aspettazione nullo sugli stati stazionari.

11.22. Sia data una particella nel potenziale:

$$V = \begin{cases} -V_0 & |x| < a \\ 0 & a < |x|, \end{cases}$$

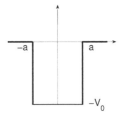

con V_0 e a costanti reali positive. Se la funzione d'onda al tempo $t = 0$ è la seguente:

$$\psi(x, t = 0) = A \exp\left[-(x - x_0)^2 / 4\sigma - i k_0 x\right],$$

con A, k_0, x_0 e σ costanti reali positive, valutare la probabilità che a $t > 0$ l'energia sia quella dello stato fondamentale. Approssimare le formule ottenute nel caso in cui $x_0 \gg a$. La probabilità richiesta dipende dal tempo $t > 0$ a cui si effettua la misura?

11.23. Una particella senza spin è immersa in un potenziale $V(\mathbf{x})$, e ha spettro puramente discreto. Dimostrare le seguenti relazioni,

$$S = \sum_m (W_n - W_m) \mid \langle n \mid e^{i\mathbf{x}\cdot\mathbf{k}} \mid m \rangle \mid^2 = \frac{1}{2}\langle n \mid [[H, e^{i\mathbf{x}\cdot\mathbf{k}}], e^{i\mathbf{x}\cdot\mathbf{k}}] \mid n \rangle = -\frac{\hbar^2}{2\mu}k^2,$$

con W_n autovalori di H, valide per ogni vettore $\mathbf{k}$ costante e per ogni autostato $\mid n \rangle$.

11.24. Un fascio di elettroni monocromatici passa attraverso due fenditure distanti $2a = 1\ mm$, formando frange di interferenza su uno schermo posto a distanza $L = 1\ m$. La distanza fra le frange nella regione centrale è di $d = 0.15\ \mu m$. Qual'è l'ordine di grandezza dell'energia degli elettroni?

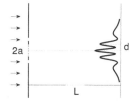

11.25. Un rotatore piano di momento di inerzia I e momento di dipolo elettrico $\mathbf{d}$ è immerso in un debole campo elettrico omogeneo $\mathbf{E}$ appartenente al piano del rotatore. Valutare la prima correzione perturbativa non nulla all'energia dello stato fondamentale (vedi 5.32). In questa approssimazione valutare la polarizzabilità del rotatore $p_E = \partial\langle\mathbf{d}\rangle/\partial\mathbf{E}$.

11.26. Stimare le dimensioni di un atomo a molti elettroni ($Z \gg 1$), usando il modello di Bohr, il principio di esclusione di Pauli senza repulsione coulombiana, e nell'ipotesi di livelli pieni.

11.27. Per un atomo a Z elettroni, valutare il raggio medio in funzione di Z:

   i) nel modello a shell piene;
  ii) per metalli alcalini;
 iii) con schermaggio parziale (vedi 11.26).

11.28. Un oscillatore armonico di carica q si trova nello stato fondamentale dell'energia. A un certo istante si accende un campo elettrico uniforme diretto lungo il semiasse positivo della coordinata x. Determinare la probabilità di transizione verso gli stati eccitati del nuovo sistema.
Traccia. Vedi 3.4. Utilizzare la formula di Rodrigues per i polinomi di Hermite, A-S 22.11: $H_n(y) = (-)^n e^{y^2} d^n/dy^n e^{-y^2}$.

11.29. La fisica di bassa energia di un sistema quantistico è descritta dalla matrice Hamiltoniana

$$\mathbf{H} = \begin{vmatrix} -W_0 & 0 & \varepsilon & 0 \\ 0 & -W_0 & \varepsilon & \varepsilon \\ \varepsilon & \varepsilon & W_0 & 0 \\ 0 & \varepsilon & 0 & W_0 \end{vmatrix},$$

con ε reale. Dimostrare attraverso un calcolo esplicito che, qualunque sia il valore di ε, gli autovalori di $\mathbf{H}$ si presentano sempre a coppie di valori, opposti in segno, cioè $W_1 = -W_3$, $W_2 = -W_4$. Stabilire se questo è vero anche in generale per una qualunque matrice $2n$−dimensionale del tipo $\mathbf{H} = \begin{vmatrix} -W_0\mathbf{1} & \mathbf{V} \\ \mathbf{V}^\dagger & W_0\mathbf{1} \end{vmatrix}$, dove $\mathbf{1}$ è la matrice identità e $\mathbf{V}$ una matrice arbitraria, entrambe di dimensione n.

11.30. La funzione d'onda di una particella immersa in una buca di potenziale di profondità infinita e larghezza a $(0 < x < a)$, è data da:

  i) $\phi_1(x) = N_1 x(x-a)$;
  ii) $\phi_2(x) = N_2 \sin^2(\pi x/a)$.

Calcolare le distribuzioni di probabilità dell'energia, valutando numericamente i primi due coefficienti non nulli. Determinare inoltre il valor medio dell'energia e il suo scarto quadratico medio.
Traccia. $\sum_{k=0}^{\infty}(2k+1)^{-2} = \pi^2/8, \sum_{k=0}^{\infty}(2k+1)^{-4} = \pi^4/96.$

11.31. A due osservabili α e β corrispondono gli operatori A e B, con due autovalori distinti non degeneri ciascuno, $\{a_1, a_2\}$ e $\{b_1, b_2\}$, e i corrispondenti autovettori $\{\,|\,a_1\,\rangle,\,|\,a_2\,\rangle\}$ e $\{\,|\,b_1\,\rangle,\,|\,b_2\,\rangle\}$. Valgono le relazioni $|\,a_1\,\rangle = c_1\,|\,b_1\,\rangle + c_2\,|\,b_2\,\rangle$ e $|\,a_2\,\rangle = c_2\,|\,b_1\,\rangle - c_1\,|\,b_2\,\rangle$ dove $c_1 = 2/\sqrt{13}$ e $c_2 = 3/\sqrt{13}$.

  i) Dire se α e β sono compatibili, ovvero se i corrispondenti operatori commutano.
  ii) Se si misura α ottenendo il valore a_1 e immediatamente dopo si esegue una misura di β seguita da un'ulteriore misura di α, dire qual'è la probabilità di ottenere ancora a_1 per quest'ultima misura.

11.32. La funzione $u_0 = N(x^2 + a^2)^{-1}$ è autofunzione, con'autovalore zero, di:

$$H = -\frac{1}{2}\frac{d^2}{dx^2} + \frac{3x^2 - a^2}{(x^2 + a^2)^2}.$$

Dimostrare che non esistono stati a energia negativa.
Traccia. Si può procedere in vari modi: ad es. dimostrando che $H = D^\dagger D$ per qualche operatore D da determinare; oppure tenendo presente una proprietà degli zeri delle soluzioni dell'equazione di Schrödinger.

11.33. i) Determinare lo spettro di una particella immersa in una buca quadrata di ampiezza $2b$ e profondità V_0: $V = -V_0\theta(b - |x|)$, nel limite in cui $V_0 \to \infty$, $b \to 0$, con $2V_0 b = \lambda$ fissato.
  ii) Se la particella si trova inizialmente nello stato rappresentato da un pacchetto d'onde gaussiano: $\psi_0 = \psi(x; t=0) = A\exp\left[-(x-x_0)^2/4\sigma + ik_0 x\right]$, con A, k_0, x_0, σ costanti reali positive, e $4\sigma \gg \hbar^2/\mu\lambda$, valutare la probabilità che un misura dell'energia all'istante $t > 0$ dia come risultato l'energia del primo stato legato.

11.34. Un atomo di Trizio ($Z = 1, A = 3$) si trova nel suo stato fondamentale. A un certo istante nel nucleo avviene un decadimento radioattivo con emissione di un elettrone e formazione di un nucleo di Elio. La transizione avviene in un tempo molto breve sulla scala dei tempi atomici. Trovare le probabilità che lo ione di Elio He^+ si trovi nello stato fondamentale, nello stato eccitato $2s$, o in quello $2p$.

11.35. Per un sistema bidimensionale si conoscono tre osservabili A, B, C, e l'Hamiltoniana H, che ha due autostati non degeneri $| 1 \rangle$ e $| 2 \rangle$, non necessariamente autostati anche di A, B, C. Determinare gli autostati e gli autovalori di A, B, C, a partire dai tre seguenti "risultati sperimentali", sapendo però che uno di questi è sbagliato:

i) $\langle 1 | A | 1 \rangle = 1/2, \langle 1 | A^2 | 1 \rangle = 1/4$;
ii) $\langle 1 | B | 1 \rangle = 1/2, \langle 1 | B^2 | 1 \rangle = 1/6$;
iii) $\langle 1 | C | 1 \rangle = 1, \langle 1 | C^2 | 1 \rangle = 5/4, \langle 1 | C^3 | 1 \rangle = 7/4$.

11.36. Si consideri una particella massiva soggetta a un potenziale di tipo buca infinita, con $0 < x < a$. La funzione d'onda iniziale è data da

$$\psi(x; t = 0) = N [1 - \cos(2\pi x/a)]$$

essendo N una costante di normalizzazione.

i) Si calcoli il valor medio dell'energia della particella a un tempo t qualunque.
ii) Qual è la probabilità di misurare al tempo t un'energia pari a quella dello stato fondamentale e a quella dei due primi stati eccitati?

11.37. Una particella monodimensionale di massa μ è confinata in una scatola di larghezza $a = 10^{-10} m$, e si trova nel suo stato fondamentale con energia pari a $38 \, eV$.

i) Quale forza esercita sulle pareti della scatola?
ii) Quale sarebbe la sua energia nel primo stato eccitato?

11.38. Un sistema quantistico finito dimensionale è soggetto all'Hamiltoniana:

$$H = H_0 + W_1 \left(A + A^\dagger\right) = W_0 \sum_{n=1}^{N} | n \rangle\langle n | + W_1 \sum_{n=1}^{N} \left(| n \rangle\langle n+1 | + | n+1 \rangle\langle n | \right)$$

con condizioni periodiche al contorno, $| N+1 \rangle = | 1 \rangle$.
   Dimostrare che $AA^\dagger = A^\dagger A = I$. Dimostrare inoltre che $[H_0, A] = [H_0, A^\dagger] = 0$. Valutare autovalori e autofunzioni di H.

11.39. Un oscillatore armonico si trova nello stato fondamentale. Quale è la probabilità di trovarlo all'esterno della regione classica? Dare la stima numerica, utilizzando i valori della funzione d'errore (vedi A-S 7).

11.40. Siano u_0 e u_1 le autofunzioni reali normalizzate relative allo stato fondamentale e al primo stato eccitato di un oscillatore armonico monodimensionale. Sia $\psi = au_0 + bu_1$, con a e b reali, la sua funzione d'onda a un certo istante.
Mostrare che il valore di aspettazione di x è in generale diverso da zero.
Quali valori di a rendono massimo $\langle \hat{x} \rangle_\psi$, e quali lo rendono minimo?

11.41. Una particella monodimensionale si trova inizialmente nello stato fondamentale di una buca quadrata infinita con $0 \le x \le a$. Improvvisamente (!) la parete destra della buca viene spostata in $x = 2a$.

  i) Calcolare la probabilità che la particella possa venire trovata nello stato fondamentale della buca espansa.
  ii) Trovare lo stato della buca espansa che ha maggior probabilità di essere occupato.

Supponiamo invece che la buca originale con $0 \le x \le a$ improvvisamente (!) si dissolva.

  iii) Se, come prima, la particella si trova nello stato fondamentale, quale sarà la distribuzione di probabilità del momento della particella *liberata*? Vedi 8.8.

11.42. Consideriamo la funzione d'onda $\psi_j(x) = N(x/x_0)^j \exp(-x/x_o)$, con $x \ge 0$, N, x_0 costanti positive, $j = 1, 2, 3, \ldots$

  i) Usando l'equazione di Schrödinger, trovare il potenziale $V(x; j)$ e l'energia W_j per i quali $\psi_j(x)$ è un'autofunzione, nell'ipotesi che $V(x; j) \to 0$ per $x \to \infty$.
  ii) Illustrare la differenza tra il potenziale trovato e quello radiale efficace per uno stato idrogenoide di momento angolare l.

11.43. Una particella monodimensionale di massa μ è immersa in un potenziale $V(x)$, e la sua funzione d'onda è data da: $\psi(x; t) = Nx \exp[-\alpha x + i\beta t/\hbar]$ per $x > 0$, e zero altrove, con N, α, β costanti positive.

  i) La particella è legata? Perché?
  ii) Trovare il potenziale $V(x)$ e determinare il suo spettro.
  iii) Per lo stato assegnato, valutare le probabilità relative all'energia.

11.44. Un oscillatore armonico di massa μ e frequenza ω si trova al tempo $t = 0$ nello stato iniziale: $\psi(0) = 1/\sqrt{2s} \sum_{n=N-s}^{N+s} | n \rangle$.

  i) Nel caso $N \gg s \gg 1$, mostrare che il valore di aspettazione dell'osservabile x ha comportamento sinusoidale nel tempo con ampiezza $\sqrt{2\hbar N/\mu\omega}$.
  ii) Confrontare con il comportamento dell'oscillatore classico di pari energia.

****11.45.** A un certo istante, la parte angolare della funzione d'onda di una particella tridimensionale è data da: $Y(\varphi, \theta) = \Phi(\varphi) = A \exp(2i\varphi)$. Qual'è la probabilità di trovare il valore l in una misura del momento angolare totale?

Traccia. Utilizzare: $(1 - \zeta^2)P_l'' = 2\zeta P_l' - l(l+1)P_l$, e $P_l(1) = (-)^l P_l(-1) = 1$, dove i $P_l(\zeta)$ sono i polinomi di Legendre, e $\zeta = \cos\theta$. Vedi A.7.

11.46. La funzione $\psi(x) = \sqrt{a/\sqrt{\pi}}\exp\left[-a^2/2(x-x_0)^2\right]$ descrive lo stato di una particella monodimensionale.

  i) Controllare che la funzione sia correttamente normalizzata.
 ii) Determinare la probabilità che il momento lineare sia compreso tra p e $p+dp$.
iii) Valutare per questa il principio di indeterminazione, cioè il valore del prodotto $\Delta_x\Delta_p$ tra le radici quadrate degli scarti quadratici di posizione e momento.

11.47. Sia dato un oscillatore armonico.

  i) Trovare l'autovalore dello stato fondamentale e la forma dell'autofunzione relativa, senza risolvere alcuna equazione differenziale e senza fare uso degli operatori a e $\hat{a}^\dagger$, sfruttando la parità del potenziale, il teorema del viriale e il principio di indeterminazione di Heisenberg.
 ii) Con il metodo variazionale trovare l'autofunzione esatta.
iii) Determinare l'autofunzione del primo stato eccitato, utilizzando l'operatore di creazione.

11.48. Sapendo che la funzione d'onda dello stato fondamentale di un atomo idrogenoide di carica Ze ha la forma: $\psi(\mathbf{x}) = N\exp(-\alpha r)$, valutare le seguenti quantità:

  i) N;
 ii) α;
iii) W_0;
 iv) i valori di aspettazione dell'energia cinetica e di quella potenziale;
  v) il valore di aspettazione di r;
 vi) il valore più probabile di r.

11.49. Calcolare gli autovalori e gli autovettori normalizzati dell'operatore:

$$A = \begin{vmatrix} 1 & 2 & 4 \\ 2 & 3 & 0 \\ 5 & 0 & 3 \end{vmatrix}.$$

Gli autovettori sono ortogonali? Spiegare il risultato.

2

Risposte e suggerimenti

2.1 Equazione di Schrödinger in una dimensione

1.1. i) $W_n = (\hbar^2 \pi^2 n^2)/(8\mu a^2)$ $n = 1, 2$, $P_1 = 1/5$ $P_2 = 4/5$.

ii) u_1 oppure u_2, autofunzioni della buca.

iii) 0 o 1, per cambio o permanenza dell'autovalore.

1.2. $k \cot ka = -\bar{k}$, con $k = \sqrt{2\mu W/\hbar^2}$ e $\bar{k} = \sqrt{2\mu(V_0 - W)/\hbar^2}$.

1.3. *Suggerimento.* Segnare bene i punti di flesso.

1.4. $\rho_2 = \rho \left[(\tau \exp(ikL) + \tau^* \exp(-ikL))/(\tau|\rho|^2 \exp(ikL) + \tau^* \exp(-ikL)) \right]$,
$\tau_2 = \tau \left[|\tau|^2/(\tau|\rho|^2 \exp(ikL) + \tau^* \exp(-ikL)) \right]$.

Suggerimento. Utilizzando onde piane, porre $\psi_{II} = M\psi_I$, con M matrice di trasferimento dalla regione (I) a sinistra alla regione (II) a destra della prima barriera. Con una seconda barriera, $\psi_{III} = MTM\psi_I$, con T matrice di traslazione: $T_{11} = \exp(ikL)$, $T_{22} = \exp(-ikL)$, $T_{12} = T_{21} = 0$.

1.5. i) Per $W < -V_0, -V_0 < W < 0, 0 < W < V_1, V_1 < W$, si ha: nessuna soluzione, stati legati, stati metastabili, continuo.

ii) Posto $k = \sqrt{-2\mu W}/\hbar$, $k_0 = \sqrt{2\mu(W + V_0)}/\hbar$, $k_1 = \sqrt{2\mu(V_1 - W)}/\hbar$, si ha: $k_0 \cot(k_0 a) = -k_1[k_1 \sinh(k_1 b) + k \cosh(k_1 b)]/[k_1 \cosh(k_1 b) + k \sinh(k_1 b)]$. $ka = n\pi$.

iii) Con $\tilde{k}_0 = k_0 a - \pi/4$, in WKB la compatibilità in $x < a + b$ e $a + b < x$, diventa: $[\cos \tilde{k}_0 \, e^{bk_1} - 1/2 \sin \tilde{k}_0 \, e^{-bk_1}]/[\cos \tilde{k}_0 \, e^{bk_1} + 1/2 \sin \tilde{k}_0 \, e^{-bk_1}] = -k/k_1$.
$V_0 \geq 9\hbar^2\pi^2/32\mu a^2 \approx 21.5 \, eV$, $V_0 >_{ex} \hbar^2\pi^2/8\mu a^2 \approx 9.4 \, eV$.

1.6. $\psi(x) = A \exp[-x/(x_0 N)] \sum_{n=1}^{N} (-)^n (N-1)!/[(N-n)!n!(n-1)!] [2x/(x_0 N)]^n$.

Suggerimento. $c_{n+1}/c_n \sim 1/n$ per $n \gg 1$, $u(\xi) \sim \exp[\xi]$, a meno che $b = N$ intero.

Alabiso C., Chiesa A.: Problemi di meccanica quantistica non relativistica
DOI 10.1007/978-88-470-2694-0_2, © Springer-Verlag Italia 2013

1.7. Con $v = \sqrt{8a^2\mu|W|/\hbar^2}$ e $\lambda = \sqrt{8a^2\mu V_0/\hbar^2}$: $J_v(\lambda) = 0$ e $J'_v(\lambda) = 0$, per le autofunzioni dispari e pari. Valgono le proprietà:

$j_{v,1} < j_{v+1,1} < j_{v,2} < j_{v+1,2} < j_{v,3} < \dots$ e $v \leq j'_{v,1} < j_{v,1} < j'_{v,2} < j_{v,2} < j'_{v,3} < \dots$

1.8. i) $u(x) \approx J_v[\lambda \exp(-x/2a)]$, con $v = 2ak = 2a\sqrt{2\mu|W|/\hbar^2}$, $\lambda = \sqrt{8\mu a^2 V_0/\hbar^2}$
    e $J'_v(\lambda) = 0$.
  ii) Per $\lambda \ll 1$, $W = -2\mu a^2 V_0^2/\hbar^2$ e $u_0(x) \approx \sqrt{k_0}\exp(-k_0|x|)$.

Suggerimento. Stato fondamentale pari.

1.9. $\psi_+(x) = A\exp(-\alpha^2 x^2/2)\, U[(1-\varepsilon)/4\,, 1/2\,;\, \alpha^2 x^2]$, essendo U funzioni ipergeometriche confluenti di seconda specie, $\alpha = \sqrt{\mu\omega/\hbar}$ e $\varepsilon = 2W/\hbar\omega$; $\psi_-(x) = B\,Ai[\beta^{1/3}(x + W/\lambda)]$, con Ai funzioni di Airy, vedi 1.15, e $\beta = 2\mu a/\hbar^2$. La normalizzazione e le condizioni di raccordo, $\psi_+(0) = \psi_-(0)$ e $\psi'_+(0) = \psi'_-(0)$, fissano le costanti A e B, e quantizzano l'energia W.

1.10. Posto $k_1 = \sqrt{2\mu(V_1 - W)}/\hbar$, $k_0 = \sqrt{2\mu(V_0 + W)}/\hbar$, $\chi = \sqrt{-2\mu W}/\hbar$ e $\chi/k_0 = \tan c$, gli autovalori si ottengono da: $k_1\coth(k_1 a) = k_0\tan[k_0(b-a) - c]$.

1.11. $T \approx 16W(V_0 - W)/V_0^2\exp(-2k'a)$, $k' = \sqrt{2\mu(V_0 - W)}/\hbar$, $a \approx 8.1 \cdot 10^{-8}$ cm.

Suggerimento. Partire anche dalla soluzione generale della barriera, e trovare una condizione affinché il coefficiente di trasmissione sia molto piccolo.

1.12. Imponendo l'annullamento all'origine, si ottengono anche stati legati.

  i) Con $k = \sqrt{2\mu W}/\hbar$ e $\chi = \sqrt{2\mu(V_0 - W)}/\hbar$: $\psi(x) = A\sin kx$ per $0 < x < L$
     e $\psi(x) = B\sinh[(2L - x)\chi]$ per $L < x < 2L$; gli autovalori si ottengono da
     $\cot kL = -\chi/k\coth\chi L$; definito λ da $\psi(x + 2L) = \lambda\psi(x)$ per $0 < x < L$, si
     ottiene $\lambda = \cos kL/\cosh\chi L$, ed essendo $|\lambda| < 1$ sempre, si hanno sempre
     autofunzioni proprie.
  ii) Porre $\chi \Longrightarrow i\zeta$ nelle formule precedenti: $|\lambda| < 1$ solo a bande.
  iii) Stati liberi ed effetto tunnel.

Suggerimento. Partire dalla soluzione periodica, e imporre $\psi_w(0) = \psi_w(2L) = 0$. $\|\psi_w(x)\|^2 = I_{2L}\sum_n|\lambda|^{2n}$, con I_{2L} integrale su un periodo.

1.13. Posto $k = \sqrt{2\mu W}/\hbar$, $\chi = (2\mu V_0/a\hbar^2)^{1/3}$, $y_0 = a\chi(W/V_0 - 1)$ si ottiene: $C_{tr} = 3/\pi|\tau|^2\chi/k$, con $\tau = 2ik\left[\chi y_0 H^{(1)}_{-2/3}(2/3y_0^{3/2}) + ik\sqrt{y_0} H^{(1)}_{1/3}(2/3y_0^{3/2})\right]^{-1}$.

Le funzioni $H^{(1)}_{1/3}$ e $H^{(1)}_{-2/3}$ sono Bessel di ordine frazionario, in A-S 10.4.

Suggerimento. Poiché le soluzioni non sono semplici esponenziali, per avere il coefficiente di trasmissione occorre fare riferimento al flusso, sia incidente che trasmesso, definito da $J = (-i\hbar/2\mu)[\psi^* d\psi/dx - \psi d\psi^*/dx]$. Questi sono dati da $J_{in} = \hbar k/\mu$ e $J_{tr} \approx 3\hbar|\tau|^2\chi/\pi\mu$, e quindi $C_{tr} = J_{tr}/J_{in}$.

1.14. Due raccordi interni e due annullamenti agli estremi.

i) Posto $k = (2\mu W/\hbar^2)^{1/2}$, e $\bar{k} = (2\mu \mid W - V_0 \mid /\hbar^2)^{1/2}$, gli autovalori sono dati da $\bar{k}\tan\bar{k}a = k\cot[k(b-a)]$ (soluzione pari) e $\bar{k}\cot\bar{k}a = -k\cot[k(b-a)]$ (soluzione dispari) per $V_0 < W$, e da $\bar{k}\tanh\bar{k}a = k\cot[k(b-a)]$ (soluzione pari) e $\bar{k}\coth\bar{k}a = k\cot[k(b-a)]$ (soluzione dispari) per $0 < W < V_0$.

ii) Con il tempo, il pacchetto si sparpaglia in tutto l'intervallo.

1.15. $W_0 = 2.34\,(\mu g^2\hbar^2/2)^{1/3}$.

Suggerimento. Funzioni di Airy.

1.16. $\rho(k) \approx i\mu\lambda/\hbar^2 k^6\{3ka\cos(2ka)+[2(ka)^2 - 3/2]\sin(2ka)\};\ \mu\lambda a^5/\hbar^2 k \ll 1$.

Suggerimento. Sviluppo di Born: $\rho(k) = -i\mu/(\hbar^2 k)\int dx\exp(2ikx)V(x)+\ldots$

1.17. i) $k/k_1 = -\tan k(b-a)/\tan k_1 a$, con $k_1 = \sqrt{2\mu(W - V_1)}/\hbar$ e $k = \sqrt{2\mu W}/\hbar$.

ii) La funzione data non appartiene al dominio di H.

iii) $P_0(0 < x < a) = I_1/(I_1 + |D/C|^2 I_2)$, con $I_1 = 1/4|k_1^0|\sinh(2|k_1^0|a) - a/2$, $I_2 = -1/4k^0\sin[2k^0(b-a)] + (b-a)/2$, $D/C = \sinh(|k_1^0|a)/\sin[k^0(b-a)]$, con k_1^0 e k^0 i parametri corrispondenti a W_0.

1.18. i) $c = -ik$, $W = k^2$.

ii) $R = 0$, $T = 1$; $S_{12} = S_{21} = -(1 - ik)/(1 + ik)$.

iii) $S_{11} = S_{22} = 0$. $W = -1$; funzione senza nodi.

iv) Con il metodo variazionale.

1.19. i) $W_n = \hbar\sqrt{V_0/2\mu a^2}\left(4n + 2 + \sqrt{(8\mu V_0 a^2)/\hbar^2 + 1}\right) - 2V_0$.

ii) Con le sostituzioni $2V_0/a^2 = K$ e $V_0 a^2 = \hbar^2/2\mu(m^2 - 1/4)$, $m = 0, \pm 1, \pm 2, \ldots$, si ottiene l'oscillatore isotropo bidimensionale, oppure con la sostituzione $V_0 a^2 = \hbar^2/2\mu l(l+1)$, $l = 0, 1, 2, \ldots$, quello tridimensionale.

1.20. i) $\psi_I = A\cos(kx) - B\sin(kx)$, $\psi_{II} = \cos\bar{k}x$, $\psi_{III} = A\cos(kx) + B\sin(kx)$, dove $x < -b$, $|x| < b'$, $b < x$, con $k = \sqrt{2\mu W}/\hbar$ e $\bar{k} = \sqrt{2\mu(W + V_0)}/\hbar$; $A = \cos\bar{k}b\,\cos kb + \bar{k}/k\sin kb\,\sin\bar{k}b$, $B = \cos\bar{k}b\,\sin kb - \bar{k}/k\cos kb\,\sin\bar{k}b$. $\psi_{III} = \sqrt{A^2 + B^2}\sin(kx + \chi)$, con $\chi = \arcsin\left[A/(A^2 + B^2)^{-1/2}\right]$.

ii) $\max|\psi_{II}|^2 = 1$ e $\max|\psi_{III}|^2 = A^2 + B^2 = \cos^2(\bar{k}b) + (\bar{k}/k)^2\sin^2(\bar{k}b) > 1$, dato che $\bar{k} > k$: dentro la buca sono maggiori le frequenze e minori le ampiezze.

1.21. $W_n = -V_0\left[1 - (n + \tfrac{1}{2})\hbar/\sqrt{2\mu a^2 V_0}\right]^2$, $n = 0, 1, \ldots, N < \sqrt{2\mu a^2 V_0}/\hbar - 1/2$.

1.22. i) $\rho^2 = [(1 - \chi)/(1 + \chi)]^2$, con $\chi = \sqrt{(W - V_0)/W}$.

Suggerimento. Il flusso è definito da: $\mathbf{F} = (\hbar/2i\mu)(\psi^*\mathrm{grad}\,\psi - \psi\,\mathrm{grad}\,\psi^*)$.

1.23. $T = \text{flusso}_{tras}/\text{flusso}_{inc} = k_1/k\,|\Gamma(\alpha)\Gamma(\gamma-\beta)/[\Gamma(\gamma)\Gamma(\alpha-\beta)]|^2$, con
$\alpha = -i(k+k_1)a$, $\beta = i(k-k_1)a$. $T \to 1$ se $W \to \infty$ e $T \to 0$ se $W \to V_0$.
Suggerimento. Risolvere per $x \to \infty$ e prolungare la soluzione a $x \to -\infty$, con il
cambio di variabile $z \to 1/z$. Vedi A.9.

*1.24. Con $k = \sqrt{2\mu W/\hbar}$, $\bar{k} = \sqrt{2\mu(V_0-W)/\hbar}$, $\tilde{k} = \sqrt{2\mu(W-V_0)/\hbar}$:
  i) Se $0 < W < V_0$: $k\cot(ka) = -\bar{k}$, $u(x) = A\sin(kx)$ per $0 < x < a$ e
  $u(x) = B e^{-\bar{k}x}$ per $a < x$, con $A^2 = 2\left[\sin^2(ka)/\bar{k} + a - \sin(2ka)/2k\right]^{-1}$ e
  $B^2 = A^2 \exp(2\bar{k}x)\sin^2(ka)$. Se $W < 0$, $k\coth(ka) = -\bar{k}$ non ha soluzione.
  ii) $\delta = 2\,\text{arccot}\left(k/\tilde{k}\cot(ka)\right) - 2\tilde{k}a$.
Suggerimento. Per $V_0 < W$ e $a < x$, porre $u(x) = B\sin(\tilde{k}x + \delta/2)$.

1.25. $T(W) =$
  i) $1 - V_0^2/4W^2\,\sin^2\left(\sqrt{2\mu Wa^2/\hbar^2}\right) \approx 1$;
  ii) $16W(V_0-W)/V_0^2\,\exp\left[-2\sqrt{2\mu(V_0-W)a^2/\hbar^2}\right] \ll 1$;
  iii) $4W/V_0\left[\sinh(\sqrt{2\mu V_0 a^2/\hbar^2})\right]^{-2} \ll 1$;
  iv) $1/(1 + \mu a^2 V_0^2/2W\hbar^2)$.

2.2 Equazione di Schrödinger in due e tre dimensioni

2.1.   Per $l = 0$: $\xi\cot\xi = -\eta$, $\xi^2 + \eta^2 = 2\mu V_0 a^2/\hbar^2\}$; l'esistenza di n stati
legati è data da: $\left[(2n-1)\pi/2\right]^2\hbar^2/2\mu < V_0 a^2 < \left[(2n+1)\pi/2\right]^2\hbar^2/2\mu$. Per $l = 1$:
$\cot\xi/\xi - 1/\xi^2 = 1/\eta^2 + 1/\eta$; $\xi^2 + \eta^2 = 2\mu V_0 a^2/\hbar^2\}$; l'esistenza di n stati legati
è data da: $(n\pi)^2\hbar^2/2\mu < V_0 a^2 < \left[(n+1)\pi\right]^2\hbar^2/2\mu$.

2.2. i) $d^2R/dr^2 + 1/r\,dR/dr + (1 - m^2/r^2)R = 0$, con $R(a) = 0$.
  ii) $W = 2.405^2\hbar^2/2\mu a^2$.
Suggerimento. $R(r)$ funzioni di Bessel, e $j_{0,1} \approx 2.405$ il primo zero di queste.

2.3. $W = -(\mu e^4/2\hbar^2 n^2) + (eB\hbar/\mu c)n_r$, con $n = n_r + n_\varphi$.
Suggerimento. $H = 1/2\mu(p_r^2 + p_\varphi^2/r^2) - e^2/r + (eB/\mu c)p_\varphi$. Goldstein cap. 9-7.

2.4. $W_n = (\hbar^2/2\mu\bar{\rho}^2)n^2$; $\Phi_n = 1/\sqrt{2\pi}\exp[in\varphi]$, $n = 0, \pm1, \pm2, \dots$
Suggerimento. $H = -(\hbar^2/2\mu\bar{\rho}^2)d^2/d\varphi^2$. Vedi 2.2 con $r = cost = \bar{\rho}$.

2.5. $J_\nu(\alpha) = 0$, $\nu = \sqrt{8a^2\mu|W|/\hbar^2}$, $\alpha = \sqrt{8a^2\mu V_0/\hbar^2}$. Detto $j_{0,n}$ l'n-esimo zero
di $J_0(x)$, e $j_{0,1} \approx 2.405$, esiste uno stato legato se $V_0 \geq j_{0,1}^2\hbar^2/8a^2\mu \approx 0.72\hbar^2/\mu a^2$.

Vi sono n stati legati in onda s se $j_{0,n} < \sqrt{8\mu a^2 V_0/\hbar^2} < j_{0,n+1}$, e pertanto: per $V_0 \to \infty$ esistono n stati legati se $n - 1/4 < \sqrt{8\mu a^2 V_0/\pi^2\hbar^2} < n + 3/4$.

Suggerimento. Sfruttare le proprietà degli zeri delle funzioni di Bessel, A-S 9.5.2. Inoltre: $J_0(\alpha) \approx \sqrt{2/\pi\rho}\cos(\alpha - \pi/4)$ per $\alpha \to \infty$.

2.6. In coordinate cilindriche $u(z,\rho,\varphi) = Ne^{ipz}e^{im\varphi}R(\rho)$, e $R(r)$ soluzione di $R'' + (1/r)R' - [1 - (m-F)^2/r^2]R = 0$, $R(a) = R(b) = 0$, dove $k^2 = 2\mu W/\hbar^2 - p^2$, $r = k\rho$ e $F = eB_0\rho_a^2/(2\hbar c)$. Se F è intero, lo spettro non cambia.

Suggerimento. $\mathbf{A}_{\rho > \rho_a} = 1/2\, B_0(\rho_a^2/\rho)\,\boldsymbol{\varphi}$ e $\mathbf{A}_{\rho < \rho_a} = 1/2\, B_0\rho\,\boldsymbol{\varphi}$.

2.7. $W_{n_r l} = -(e^4\mu/2\hbar^2)\left(n_r + 1/2 + 1/2\sqrt{(2l+1)^2 + 8\mu\beta/\hbar^2}\right)^{-2}$.

2.8. $V_0 \approx 61\, MeV$, un solo stato legato, con $l = 0$.

Suggerimento. Sviluppare la funzione $\cot(\pi/2 + \varepsilon)$.

2.9. i) $\ddot{p}_k = -\lambda K p_k/|\mathbf{p}|$.

ii) $W_0^{Airy} \approx 1.86\left[\lambda\hbar\sqrt{K}\right]^{2/3}$; $W_0^{Osc} \approx 2.08\left[\lambda\hbar\sqrt{K}\right]^{2/3}$.

Suggerimento. In meccanica classica il moto è piano, soggetto alla dinamica lungo una direzione e inerziale lungo l'altra. Invertendo la quantizzazione di q e p, si ottiene l'equazione di Airy. Con quella ordinaria, iterando l'equazione e trascurando i termini di grado 4, si ottiene l'oscillatore armonico.

2.10. i) $W_N = -(\mu\alpha^2/2\hbar^2)(N - 1/2)^{-2}$, con $N = n_r + |m| + 1$.

ii) La degenerazione è pari a $2N - 1$, da confrontare con n^2 dell'idrogeno.

2.11. $V_0 a^2 < l(l+1)\hbar^2/2\mu$.

2.12. i) $R_l(r) = A\sqrt{\pi/2kr}\, J_{l+1/2}(kr)$ per $r \le a$, $W_{l,s} = \hbar^2/2\mu a^2\, j_{l+1/2,s}^2$, $s = 1,2,\ldots$, con $j_{l+1/2,s}^2$ zeri delle Bessel sferiche $J_{l+1/2}(kr)$.

ii) $W_{0,1} \approx 3.81 j_{1/2,1}^2\, eV \approx 37.7\, eV$, $W_{1,1} \approx 3.81 j_{3/2,1}^2\, eV \approx 76.8\, eV$.

2.13. $[\mathscr{F}] = [M^{1/2}L^{3/2}T^{-1}]$. Posto $v = m - e\mathscr{F}/\hbar c$, $R_{v,s}(\rho)$ e $j_{v,s}$ Bessel sferiche e zeri: $\psi_{l,v,s}(\mathbf{x}) = Z_l(z)\Phi_m(\varphi)R_{v,s}(\rho)$, $W_{l,v,s} = \hbar^2/2\mu\left[(j_{v,s}/\rho_a)^2 + (l\pi/c)^2\right]$. $H = -\hbar^2/2\mu\left[\partial^2/\partial z^2 + 1/\rho\,\partial/\partial\rho\,(\rho\partial/\partial\rho) + 1/\rho^2\,(\partial/\partial\varphi - ie\mathscr{F}/\hbar c)^2\right]$. Vedi 2.6.

2.14. i) Definito $\mathbf{A}_\varphi = \mathbf{A}_{a=0}$: $\mathscr{L}(\mathbf{x},\dot{\mathbf{x}}) = \mu\dot{\mathbf{x}}^2/2 + e/c\,\dot{\mathbf{x}}\cdot\mathbf{A}_\varphi - V(\mathbf{x})$,
$\mathscr{H}(\mathbf{x},\mathbf{p}) = \mu/2\left(\mathbf{p} - e/c\,\mathbf{A}_\varphi\right)^2 + V(\mathbf{x})$;
$W_{BS} = \hbar\omega\left(n_z + 2n_\rho + \sqrt{(n_\varphi - eb/\hbar c)^2 + 2\mu/\hbar^2\beta^2}\right)$.

ii) $W_{QM} = \hbar\omega\left(n_z + 2n_\rho + \sqrt{(m - eb/\hbar c)^2 + 2\mu/\hbar^2\beta^2} + 3/2\right)$.

Suggerimento. Con una trasformazione di gauge si pone a zero la componente radiale del potenziale, $\mathbf{A}_\rho$, cioè $a = 0$. Non si può fare lo stesso con la componente tangenziale $\mathbf{A}_\varphi$, perché non irrotazionale. Vedi 2.6 e 2.13. È un ordinario oscillatore armonico tridimensionale con n_φ sostituito dall'espressione sotto radice. Notare che il calcolo di J_ρ si riduce facilmente a quello di J_r del problema di Keplero.

2.15. Le autofunzioni sono date da $\psi = A J_{|m|}(k\rho)$, con $k^2 = 2\mu W/\hbar^2$. $W_{0,1} \approx 2.40^2 \hbar^2/2\mu a^2$, $W_{1,1} \approx 3.83^2 \hbar^2/2\mu a^2$. Vedi 2.2 e 2.10.

2.16. $u_{n_r \lambda m} = y_{n_r \lambda m}(r)/r \, Y_{lm}$, $W_{n_r,\lambda,m} = w_0/(n_r + \lambda + 1)^2$ con $w_0 = -\mu e^4/2\hbar^2$, $\lambda(\lambda+1) = l(l+1) + m\omega 2\mu r_0^2/\hbar$, e $\omega = |e|B/2\mu c$.

2.17. $\Psi(\mathbf{r}) = N y R_{n0}(y)\exp[i/\hbar\,(p_x x + p_z z)]$, $W_{n,p_x,p_z} = W_n + 1/2\mu\,(p_x^2 + p_z^2)$, $W_n = -\mu e^4/32\hbar^2 n^2$.

Suggerimento. $V(y) = -e^2/4y$, che si ottiene tenendo conto che sulla carica immagine non si esercita lavoro quando l'altra viene portata all'infinito. Le condizioni al contorno sono di annullamento in $y = 0$, per cui le soluzioni sono quelle dell'atomo di idrogeno.

2.18. $\psi_n(\mathbf{r}) = 1/2\pi \exp[i(xk_x + zk_z)] N_n \exp\left[-\alpha^2(y-y_0)^2/2\right] H_n\left[\alpha(y-y_0)^2\right]$, $W_n = k_z^2 \hbar^2/2\mu + (n+\frac{1}{2})\hbar|e|B/\mu c$, con $\alpha = (|e|B/\hbar c)^{1/2}$ e $y_0 = -\hbar c k_x/eB$.

2.19. $W_1 = \hbar^2 \pi^2/[2\mu(b-a)^2]$, $\psi(\mathbf{r}) = \left\{\dfrac{2}{4\pi(b-a)}\right\}^{1/2} \dfrac{1}{r}\,\sin[\pi(r-a)/(b-a)]$.

2.20. $W = (n_\vartheta + n_\varphi)^2 \hbar^2/(2\mu R^2) - (qB/2\mu c)n_\varphi \hbar$.

Suggerimento. $(\lambda/2\pi)\oint d\xi(\lambda^2 - \mu^2 - \lambda^2\xi^2)^{-1/2} = 1$.

2.21.
$$W^{BS} = -\mu e^4/2\hbar^2 \left(n_r + n_\vartheta + \sqrt{n_\varphi^2 + \beta^2}\right)^{-2}, \quad n_r + n_\vartheta = 1,2,\dots, \; 0 \le n_\varphi \le n_r + n_\vartheta.$$
$$W^{Sch} = -\mu e^4/2\hbar^2 \left(n_r + n_\vartheta + \sqrt{m^2 + \beta^2} + 1\right)^{-2}, \quad n_r, n_\vartheta = 0,1,2,\dots, \; |m| \le n_\vartheta.$$
Risultati analoghi ma con diverse degenerazioni.

2.22. i) $u_{111} = (2/a)^{3/2}\sin(\pi x/a)\sin(\pi y/a)\sin(\pi z/a)$, $W_{111} = 3\hbar^2\pi^2/2\mu a^2$.

ii) Raggio della sfera nel primo ottante $R_W = \sqrt{W(2\mu a^2/\hbar^2\pi^2)}$: $N \approx \pi R_W^3/6$.

2.23. Posto $l = 0$ e $W = 0$, energia limite per avere uno stato legato, l'equazione da risolvere rispetto a λ è: $J_\nu(\beta a^{-1/2\nu}) = 0$, $\beta = 2\nu\sqrt{2\mu\lambda/\hbar^2}$ e $J_\nu(\rho)$ funzioni di Bessel. Per $n = 3$, $\lambda \ge 1.83(a\hbar^2/2\mu)$, con $j_{1,1} = 3.83$ il primo zero di $J_1(\rho)$.

2.24. $g^2/\hbar c \approx 0.41$ e ≈ 1.62.

Suggerimento. Vedi 2.5. $\alpha = (g/\hbar)\sqrt{2M/\beta} \approx 3.3$ e ≈ 6.6.

*2.25. $m = \pm 2\hbar$, $P_\pm = 1/2$.

2.26. i) $\psi_N(x,y,z) = u_{n_x}(x) u_{n_y}(y) u_{n_z}(z)$, $W_N = W_{n_x} + W_{n_y} + W_{n_z}$, con
$N = n_x + n_y + n_z$, u_n e W_{n_i} autovettori e autovalori della buca infinita.
ii) $\psi_N(x,y,z)$ pari o dispari, per N dispari o pari.
iii) $d_{N=3} = 1$, $d_{N=4} = 3$.

2.3 Oscillatore Armonico

3.1. iv) $\langle\, \alpha \mid \beta \,\rangle = \exp[-(|\alpha|^2 + |\beta|^2)/2] \exp[\alpha^* \beta]$.
v) $\langle\, \alpha \mid H \mid \alpha \,\rangle = \hbar\omega(|\alpha|^2 + 1/2)$. $(\Delta x)^2 = \hbar/2\mu\omega$; $(\Delta p)^2 = \hbar\mu\omega/2$.
vi) Posto $\lambda = (\mu\omega/\hbar)^{1/2}$, $x_0 = \sqrt{2}Re(\alpha)/\lambda$, $p_0 = 2\sqrt{2}Im(\alpha)/\lambda$:
$\langle\, x \mid \alpha \,\rangle = (\lambda/\sqrt{\pi})^{1/2} \exp\left\{ -\lambda^2/2\left[(x - x_0)^2 + ip_0(x_0/2 - x) \right] \right\}$.

3.2. $W_{N,m} = N\hbar\omega + 2m\lambda$, $-N \le 2m \le N$. $\lambda < \hbar\omega$.

3.3. Se $\Omega_- > 0$, posto $\Omega_\pm = 1/2\left[(\omega_1^2 + \omega_2^2) \pm \sqrt{(\omega_1^2 - \omega_2^2)^2 + 4g^2} \right]$, l'autovalore è dato da $W = \hbar\left[(n_1 + 1/2)\sqrt{\Omega_+} + (n_2 + 1/2)\sqrt{\Omega_-} \right]$. Se $\Omega_- < 0$, si ha un
oscillatore armonico e una barriera repulsiva.

3.4. Si tratta di un oscillatore armonico traslato in $\xi = x - \alpha$; posto $\alpha = eE/K$:
$W_n = \hbar\sqrt{K/\mu}\,(n + 1/2) - K\alpha^2/2$, $\langle x \rangle_n = \alpha$, $\langle x^2 \rangle_n = \hbar/\sqrt{K\mu}\,(n + 1/2) + \alpha^2$,
$\langle p \rangle_n = 0$, $\langle p^2 \rangle_n = \hbar\sqrt{K\mu}\,(n + 1/2)$.

3.5. *Suggerimento.* Risolvere nelle tre regioni e raccordare soluzioni e derivate,
espresse tramite ipergeometriche confluenti. $W_n = \hbar\omega(n + 1/2)$, con n intero, solo
per $F = 0$ oppure $a = 0$, cioè oscillatore armonico.

3.6. $W_N = (N + 3/2)\hbar\omega$. i) $N_{cart} = n_1 + n_2 + n_3$ con $n_1, n_2, n_3 = 0, 1, 2, ...$;
ii) $N_{cil} = n_z + 2n + |m|$ con $n_z, n = 0, 1, 2, ...$, $m = 0, \pm 1, \pm 2, ...$; iii) $N_{pol} = 2n + l$
con $n, l = 0, 1, 2, ...$ In tutti i casi la degenerazione è pari a $(N + 1)(N + 2)/2$.

3.7. $\psi(t) = \exp(-i\,2\,\omega t)\left[\cos(\lambda t/\hbar)\mid 1,0 \,\rangle - i\sin(\lambda t/\hbar)\mid 0,1 \,\rangle\right]$.

3.8. $\mid 0,0 \,\rangle$, $\mid 1,0 \,\rangle$ con W_0, W_1 inalterati; $\{\mid 0,1 \,\rangle, \mid 2,0 \,\rangle\}$ con autovalori
$W_{2\pm} = 2 \pm \sqrt{2}|\lambda|$; $\{\mid 1,1 \,\rangle, \mid 3,0 \,\rangle\}$ con autovalori $W_{3\pm} = 3 \pm \sqrt{6}|\lambda|$.

Suggerimento. Il primo ordine perturbativo fornisce la soluzione esatta, dato che la
perturbazione commuta con l'Hamiltoniana libera.

3.9. Vedi 5.29. Il secondo termine commuta con il primo.

3.10. $W = n_1 + n_2 + n_3 + \lambda(2n_3 - n_1 - n_2)$.

Suggerimento. Trovare nuovi operatori $\hat{b}_l^\dagger = \beta_{l1}\hat{a}_1^\dagger + \beta_{l2}\hat{a}_2^\dagger + \beta_{l3}\hat{a}_3^\dagger$, soddisfacenti $[\hat{b}_m, \hat{b}_l^\dagger] = \delta_{ml}$ e $[\hat{H}, \hat{b}_l^\dagger] = w_l \hat{b}_l^\dagger$.

3.11. i) Vedi 3.6.

ii) $W_N^E = (N+3/2)\hbar\omega - e^2 E^2/2K$, $d_N^E = (N+1)(N+2)/2$.

iii) Con campo magnetico: $W_N^B = (2n_\rho + |m| + 1)\hbar\omega_\rho + (n_z + 1/2)\hbar\omega \mp m\hbar\omega_\varphi$, dove $\omega_\varphi = |e|B/2\mu c$, $\omega = \sqrt{K/\mu}$, $\omega_\rho^2 = \omega_\varphi^2 + \omega^2$ e gli indici n_ρ, n_z, m relativi alle variabili cilindriche; senza degenerazione residua.

3.12. $W = \left(n_\xi + 1/2\right)\hbar\omega_\xi + (n_\theta + 1/2)\hbar\omega_\theta + (n_z + 1/2)\hbar\omega_z - B\beta^2$,
$\omega_\xi = \sqrt{2A(1+\alpha)/\mu}$, $\omega_\theta = \sqrt{2A(1-\alpha)/\mu}$, $\omega_z = \sqrt{2B/\mu}$.

3.13. $\langle x \rangle = \langle p \rangle = 0$; $V(x) = (\hbar^2\beta^4/2\mu)x^2$; $P(p) = \left(\hbar\beta\pi^{1/2}\right)^{-1} e^{-p^2/\hbar^2\beta^2}$.

Suggerimento. $V(x) = W + \psi^{-1}(\hbar^2/2\mu)\, d^2\psi/dx^2$.

3.14. $\psi_2 \propto (2x^2 - 1)\exp(-x^2/2)$; $\psi_4 \propto (4x^4 - 12x^2 + 3)\exp(-x^2/2)$.

Suggerimento. Applicare gli operatori $\hat{a} \equiv (x + d/dx)$ e $\hat{a}^\dagger \equiv (x - d/dx)$.

3.15. Dato $\psi(x,t) = \sum_n c_n u_n(x) e^{-iW_n t/\hbar}$, $\langle x \rangle_t = B_+ \cos\omega t + iB_- \sin\omega t$, con $B_\pm = \sqrt{\hbar/\mu\omega}\sum_m c_m^* \left(c_{m-1}\sqrt{m/2} \pm c_{m+1}\sqrt{(m+1)/2}\right)$, reale e immaginario.

*3.16. *Suggerimento.* Per il punto iv): $\hat{a}^\dagger$ è un operatore dispari.

2.4 Delta di Dirac

4.1. Uno stato legato con $W = -\mu\lambda^2/2\hbar^2$. $\psi'(0^+) - \psi'(0^-) = -2\mu\lambda/\hbar^2\,\psi(0)$.

Suggerimento. Confronta con il 4.2.

4.2. Uno stato legato con $W = -\mu\lambda^2/2\hbar^2$. $\psi'(0^+) - \psi'(0^-) = -2\mu\lambda/\hbar^2\,\psi(0)$.

Suggerimento. Confronta con il 4.1.

4.3. $\exp[-4kx_0] = (k - \beta_+)(k - \beta_-)/(\beta_+\beta_-)$, $k = \sqrt{-2\mu W}/\hbar$, $\beta_\pm = \mu\lambda_\pm/\hbar^2$.
Una o due soluzioni a seconda che sia $x_0 \lessgtr (\beta_+ + \beta_-)/(4\beta_+\beta_-)$.
Per $x_0 \to \infty$, $k_\pm \to \beta_\pm$; per $\lambda_+ = \lambda_-$, $k_+ = k_-$.

4.4. i) $W_n = \hbar\omega(n+1/2) + \chi$; $d \gg l_n$ con $l_n = \sqrt{(1+2n)\hbar\omega/\mu}$.

ii) $d \ll \sqrt{\hbar\omega/\mu}$ e $\varepsilon \equiv 2W/\hbar\omega$: $\Gamma[(3-\varepsilon)/4]/\Gamma[(1-\varepsilon)/4] = -d\chi\sqrt{\mu/\omega\hbar^3}$.

4.5. $\rho = \mu\lambda/(-\mu\lambda + ik\hbar^2)$, $\tau = ik\hbar^2/(-\mu\lambda + ik\hbar^2)$.

Suggerimento. Vedi 4.2.

4.6. i) Le soluzioni dispari sono quelle della buca semplice: $W_n = n^2\hbar^2\pi^2/2\mu a^2$, indipendenti da λ. Per le soluzioni pari: $k = -(\mu\lambda/\hbar^2)\tan(ka)$, $k = \sqrt{2\mu W}/\hbar$.

ii) Se $\lambda \to \infty$, $\implies \tan(ka) = 0$, e le soluzioni pari, un seno in ogni semi intervallo uno dei quali ribaltato rispetto all'asse x, degenerano con le dispari.

Suggerimento. Sulle soluzioni dispari la δ non agisce, perché $\delta(x)\psi_d(x) = 0$.

4.7. $\tan ka = -k\hbar^2/\mu\lambda$, con $k = \sqrt{2\mu W/\hbar^2}$.

Suggerimento. Partire dalla soluzione nelle tre zone: $\exp[ikx]$, $A\sin kx + B\cos kx$, $C\exp[ik(x-a)]$. Oppure utilizzare la matrice di trasferimento.

4.8. Diffusione uniforme in tutto l'intervallo.

4.9. $\lambda > \hbar^2/2\mu a$.

Suggerimento. Al minimo di λ corrisponde il minimo dell'energia; valutare l'equazione trascendente nel limite dell'argomento che tende a zero.

4.10. i) $I_{l+1/2}(ka)K_{l+1/2}(ka) = \hbar^2/2\mu\lambda a$.

ii) $l + 1/2 < \mu\lambda a/\hbar^2$.

Suggerimento. La funzione $I_m(x)K_m(x)$ è decrescente con massimo in zero e $I_m(0)K_m(0) = (2m)^{-1}$.

4.11. Per $W < 0$ si ha un autovalore, dato da $e^{2ka} = \alpha(\alpha+k)/[(\alpha-k)(\alpha+2k)]$, con $\alpha = \lambda\mu/\hbar^2$. Per $W > 0$: $\rho_3 = -\xi/\eta$, $\tau_3 = 1/\eta$ con

$$\begin{cases} \eta = \gamma^{-6}[e^{-2ika}(\gamma+i)^2(\gamma-2i) - 4(\gamma+i) + e^{2ika}(\gamma+2i)] \\ \xi = i\gamma^{-6}[e^{-2ika}(\gamma+i)(\gamma-2i) - 2(2+\gamma^2) + e^{2ika}(\gamma-i)(\gamma+2i)] \end{cases} \quad \gamma = 2k\hbar^2/\mu\lambda.$$

Suggerimento. Per $W < 0$ sfruttare la parità, per $W > 0$ usare la matrice di trasferimento.

4.12. i) Detta α la traslazione: $\psi_k(x+a) = e^{i\alpha a}\psi_k(x)$, gli autovalori sono dati da: $\cos ka + (\mu\lambda/k\hbar^2)\sin ka = \cos\alpha a$.

ii) Per $\mu\lambda a/\hbar^2 = 1$, posto $y = ka$, lo spettro a bande si ottiene dalla diseguaglianza: $-(1+\cos y) \le \sin y/y \le 1 - \cos y$.

4.13. $e^{-2ka} = 1 - k\hbar^2/\lambda\mu$. Una soluzione se $\hbar^2/2\lambda\mu < a$, altrimenti nessuna.

Suggerimento. Confrontare le pendenze delle due curve.

4.14. $x_0 = (\hbar^2/2\mu\lambda)\log 2$.

4.15. i) $\psi_k^-(x) = N_k\sin k(x+a)$ e $\psi_k^+(x) = N_k[\sin k(x+a) + \beta/k\sin ka\sin kx]$, con $\beta = 2\mu\lambda/\hbar^2$, e gli apici $\pm$ a seconda che sia $x > 0$ o $x < 0$.

ii) I coefficienti dello sviluppo sono $f(k) = N_k\pi/a\sqrt{2/a}\sin ka/[k^2 - (\pi/a)^2]$.

iii) A $t > 0$: $\psi(x,t) = \pi/a \sqrt{2/a} \int_{-\infty}^{\infty} dk \, N_k \, \exp[-iW_k t/\hbar] \, \sin ka/[k^2 - (\pi/a)^2] \cdot$
$\{ \cdot \sin k(x+a): -a < x < 0 \}$ e $\{ \cdot [\sin k(x+a) + \beta/k \sin ka \sin kx]: 0 < x \}$.
A tempi grandi, la particella invade l'intero semiasse.

2.5 Perturbazioni indipendenti dal tempo

5.1. $W_1^{(1)} = W_2^{(1)} = W_3^{(1)} = \overline{AB}/2$.

5.2. $W_i^{(1)} = 0$, $u_1^{(1)} = \{1, 0, a^*/(w_1 - w_3)\}$, $u_2^{(1)} = \{0, 1, b^*/(w_2 - w_3)\}$,
$u_3^{(1)} = \{a/(w_3 - w_1), b/(w_3 - w_2), 1\}$.

5.3. $\Delta W_{2,1}^{(1)} = \hbar^2 e^2/(32\mu^2 c^2 r_0^3)$; $\Delta W_{2,1}^{(1)}/W_2^{(0)} = -(e^2/2\hbar c)^2$.

5.4. $W_1^{(1)} = 2Z^4 e^2 \delta^2/3r_0^3$; $|W_1^{(1)}|/|W_1^{(0)} - W_2^{(0)}| \approx 6.33 \cdot 10^{-10}$.
Suggerimento. $H = H_0 + H'$, con $H' = Ze^2(1/r - 1/\delta)\theta(\delta - r)$; approssimare
$\exp[-2Zr/r_0] \approx 1$ per $0 \leq r \leq \delta \ll r_0$.

5.5. i) $W_{\pm} = -w \pm \sqrt{4w^2 + 2\chi^2} \approx \{w + \chi^2/2w\}|_{+}$ oppure $\approx \{-3w - \chi^2/2w\}|_{-}$;
$\quad$ $W_0 = -w$, inalterato.
$\quad$ ii) $P_{-w}|_H\langle -w| 1 \rangle_A|^2 = \chi^2/(2w^2 + \chi^2)$, indipendente dal tempo.

5.6. i) $W_n^{(1)} = 0$, $W_n^{(2)} = \lambda^2(4n^3 - n^2 - n)/(1 - 4n^2)$;
$\quad$ ii) $u_{0,1} = |0\rangle$, $u_{0,2} = |\alpha\rangle$, stato coerente con $\alpha = -1$ (vedi 3.1), degeneri tra loro.
Suggerimento. $H_0 = \widehat{N}^2$, $H_{\lambda=1} = (\hat{a}^\dagger + \hat{a}^{\dagger 2})(\hat{a} + \hat{a}^2) = \widehat{T}^\dagger \widehat{T}$.

5.7. i) $\dfrac{W_{1s}^{(1)}}{W_1^{(0)} - W_2^{(0)}} = \dfrac{16}{15}\left(\dfrac{r_p}{r_0}\right)^2 \approx 10^{-10}$, $\dfrac{W_{2p}^{(1)}}{W_2^{(0)} - W_3^{(0)}} = \dfrac{72}{5600}\left(\dfrac{r_p}{r_0}\right)^4 \approx 10^{-22}$.
$\quad$ ii) Nel caso del μ^-, il primo va moltiplicato per 210^2 e il secondo per 210^4.
Suggerimento. Vedi il 5.4, con $H' = \theta(r_p - r)e^2/2r_p[(r/r_p)^2 - 3 + 2r_p/r]$.

5.8. $W_n^{(1)} = (2V_0/\pi)[1 + (-1)^{n+1}/(4n^2 - 1)]$.

5.9. $W_n^{(1)} = 0$ per $|n| \neq 1$, $W_1^{(1,\pm)} = \pm V_0/2$; $W_0^{(2)} = -\mu \overline{\rho}^2 V_0^2/4\hbar^2$.

5.10. x^3 non contribuisce, $b = -(\mu^2/3\hbar^4)0.04 \cdot 1.04^2 \Delta_1^3$, $K = (\mu/\hbar^2)1.04^2\Delta_1^2$.
Suggerimento. I livelli corretti al primo ordine sono: $W_0 = \hbar\omega/2 + 3b\hbar^2/4\mu K$;
$W_1 = 3\hbar\omega/2 + 15b\hbar^2/4\mu K$; $W_2 = 5\hbar\omega/2 + 39b\hbar^2/4\mu K$.

5.11. $W_0^{(0)} = W_{1,1,1} + W_{1,1,1} = 6\eta$; $W_1^{(0)} = W_{1,1,1} + W_{2,1,1} = 9\eta$; $d_0 = 1$,
$d_1 = 9 + 3 = 12$ $W_0^{(1)} = \lambda \int d\mathbf{x}(|u_1(\mathbf{x})|^2)^2$, essendo u_1 la prima autofunzione della
scatola; non si risolve la degenerazione di $W_{2,1,1}$ e cambia solo l'energia degli stati
a spin 0. Si risolve solo la degenerazione tra spin diversi.

5.12. $n \ll a/\hbar\sqrt{\mu V_0} \approx 200$.

5.13. $H_{\varepsilon=0} \sim \sigma_x$ in tre dimensioni. $W_0^{(1)} = -\varepsilon/2$, $W_{\pm\sqrt{2}}^{(1)} = 3\varepsilon/4$.

5.14. $W_{\pm}^{(1)} = 0$, $W_{\pm}^{(2)} = \mp g\mu_B B_1^2/4B_0$. $\mu_B = e_0\hbar/2\mu c$.
Suggerimento. $H_0 = -g\mu_B B_0 \sigma_z/2$, $H' = -g\mu_B B_1 \sigma_x/2$.

5.15. $W_1^{(1)} = V_0/a\lambda \left[1 \pm (1 + 16\pi^2/a^2\lambda^2)^{-1/2}\right]$.

5.16. $W_1^{(1)} = 0$, $W_2^{(1)} = 0$.
Suggerimento. $V = -e_0\boldsymbol{\varepsilon} \cdot \hat{\mathbf{r}}/r^2$. Tutti gli integrali sugli angoli sono nulli per ortogonalità o per parità, tranne $\langle \psi_{200} | V | \psi_{210} \rangle$, nullo per integrazione su r.

5.17. i) $W_n = \hbar\omega F_n(\hbar\omega/\lambda) + \lambda G_n(\hbar\omega/\lambda)$, F_n e G_n funzioni arbitrarie.
  ii) $W_1^{(1)} = W_1^{(2)} = 0$.
Suggerimento. Soluzione esatta: $V = \hat{a}^{\dagger 2}\hat{a}^2 = (\hat{a}^{\dagger}\hat{a})^2 - \hat{a}^{\dagger}\hat{a}$, diagonale sugli autostati di H_0, con $V|0\rangle = 0$.

5.18. $W_2^{(1)} = 0, \pm A$, $A = \varepsilon(\alpha - 2)\Gamma(4 - \alpha)/24$, sugli stati ψ_{2l0} con $l = 0, 1$. La
correzione è nulla sugli stati $\psi_{21\pm}$.
Suggerimento. Come il 5.16 tranne che per $\langle \psi_{200} | V | \psi_{210} \rangle = \pm A$.

5.19. i) $W_n = \hbar\omega F_n(I_1, I_2)$, dove F_n è una funzione arbitraria dei due numeri puri
  $I_1 = \lambda_1 \hbar^{1/2} \mu^{-3/2} \omega^{-5/2}$, $I_2 = \lambda_2 \hbar \mu^{-2} \omega^{-3}$.
  iii) $W_n^{(1)} = \lambda_2 (\hbar/2\mu\omega)^2 (6n^2 + 6n + 3)$.
Suggerimento. Utilizzare $\{\hat{a}, \hat{a}^{\dagger}\}$, oppure le ricorrenze tra polinomi di Hermite.

5.20. $W_1^{(1)} = -5e^4/8\mu c^2 r_0^2$. Notare che: $\boldsymbol{p}^2/2\mu = H_0 + e^2/r$.

5.21. i) $[\hbar\omega] = [W]$; $[\chi = \lambda\hbar/\mu^2\omega^3] = [cost]$.
  ii) $\langle x^2 \rangle_n = \hbar/\mu\omega(\Phi_n - 3\chi\partial\Phi_n/\partial\chi)$,
      $\langle x^4 \rangle_n = (\hbar/\mu\omega)^2 \partial\Phi_n/\partial\chi$, $\langle p^2 \rangle_n = \mu\hbar\omega(\Phi_n + \chi\partial\Phi_n/\partial\chi)$.
  iii) $\Phi_n(\chi) = n + 1/2 + 3/4(2n^2 + n + 1)\chi - 1/8\left(34n^3 + 51n^2 + 59n + 21\right)\chi^2 + \ldots$

5.22. i) $W_n = n + \lambda|c_n|^2 + \lambda^2|c_n|^2 \sum_{m\neq n} |c_m|^2/(n - m) + \ldots$, $c_n = \langle n|\psi\rangle$.
  ii) Per $\lambda \to \pm\infty$, porre $H_0 = \lambda|\psi\rangle\langle\psi|$ e $\hat{a}^{\dagger}\hat{a}$ perturbazione. O con l'equazione
      integrale $|\Phi\rangle = -\lambda(H_{osc} - W)^{-1}|\psi\rangle\langle\psi|\Phi\rangle \implies \lambda^{-1} = \sum_n |\langle\psi|n\rangle|^2/(W - n)$.

5.23. i) $W_n^{(1)} = (2 - \delta_{n,1})V_0/4$, $W_n^{(2)} = (V_0^2 \mu a^2/8\pi^2\hbar^2)f(n)$, con

$f(n) = \{-1/8, -1/12, 1/[2(n^2-1)]\}$ per $n = \{1, 2, > 2\}$.

ii) $V_0 \ll n\hbar^2\pi^2/\mu a^2$.

5.24. $W_2^{(2)} = \pm e_0 B\hbar/2\mu c$ per $u_{211}(+)$ e $u_{21-1}(-)$, e $W_2^{(2)} = \pm 3e_0 E r_0$ per due combinazioni di $\{u_{200}, u_{210}\}$.

5.25. $W_{nlm}^{(1)} = V_0\{1/2 - (r_0/24a)[3n^2 - l(l+1)]\}$, $n = n_r + l + 1$.

Suggerimento. Nello sviluppo del potenziale si possono trascurare i termini $O(r^2/a^2)$, in quanto gli integrali devono essere valutati entro i raggi di Bohr, ovvero $r < r_n = (n+1)^2 r_0 \ll a$, per n limitato.

5.26. i) $W_0 = \hbar(\omega_1 + \omega_2)/2 + \lambda_{12} - \lambda_{12}^2/\hbar[1/\omega_1 + 1/\omega_2 + 2/(\omega_1 + \omega_2)] + ...$, con
$\lambda_{12} = \lambda\hbar^2/(4\mu_1\mu_2\omega_1\omega_2)$.

ii) Se ω_1/ω_2 = razionale, alcuni stati eccitati sono degeneri.

5.27. i) $H = \mathbf{p}^2/2\mu + Kr^2/2 + e_0/2\mu c\mathbf{B}\cdot\mathbf{L} + e_0^2/8\mu c^2 (\mathbf{B}\wedge\mathbf{L})^2$.

ii) Con $H \approx H_0 + e_0/2\mu c BL_z$, $W_{N,m} = \hbar\sqrt{K/\mu}(N+3/2) + mBe_0\hbar/2\mu c$.

5.28. $\Delta W_0 = 0$; $\Delta W_1 = 0$; $\Delta W_2 = 0, \pm 2\lambda$; $\Delta W_3 = \pm 2\sqrt{3}\lambda$, entrambi degeneri due volte ; $\Delta W_4 = 0, \pm 4\sqrt{3}\lambda, \pm 6\lambda$, non degeneri.

5.29. $W_0^1 = -Z^2/2 - Z$; $W_0^{ex} = -Z^2/2 - Z - 1/2$. Z grande, correzione piccola.

5.30. Posto $\alpha = \sqrt{\mu\omega/\hbar}$: $W_0^{(1)} = 4(a\alpha)^3/\sqrt{\pi}(V_0/3 - \hbar\omega(a\alpha)^2/10)$,
$W_1^{(1)} = 8(a\alpha)^5/(3\sqrt{\pi})(V_0/5 - \hbar\omega(a\alpha)^2/14)$. La degenerazione non viene risolta.

5.31. $W_n = -\gamma/2r_n + \{(\gamma/\rho) - (\gamma/4\rho^2)r_0[3n^2 - l(l+1)] + ...\}$, $n = n_r + l + 1$.
Se $n \approx 1$ e $r_0/\rho \ll 1$, si può applicare la teoria delle perturbazioni al primo ordine, e si può sviluppare in serie il potenziale, anch'esso al primo ordine.

5.32. $W_n^{(1)} = 0$, $W_0^{(2)} = -d^2 E^2 I/\hbar^2$; $W_{\pm 1}^{(2\pm)} = \{5d^2 E^2 I/6\hbar^2, -d^2 E^2 I/6\hbar^2\}$;
$W_{\pm n}^{(2)} = d^2 E^2 I/[\hbar^2(4n^2 - 1)]$, $n \geq 2$.

Suggerimento. Stato fondamentale non degenere; quelli con $\pm n$ e $n \geq 1$ lo sono tra di loro anche al primo ordine, e occorre diagonalizzare la correzione del secondo ordine. Per $n \geq 2$ la degenerazione non si risolve.

5.33. Come il 5.21, ma con $[\chi = \lambda\mu^2\hbar\omega] = [cost]$.

5.34. Con V_1 : $W_n^{(1)} = V_0\{1/2 + [1 + (-)^n]/\pi^2(n+1)^2\}$;
con V_2 : $W_n^{(1)} = V_0\{1 - 2b/a + [1/\pi(n+1)]\sin[\pi(n+1)2b/a]\}$; $V_0 \ll n\hbar^2\pi^2/\mu a^2$.

5.35. $W_0^{(1)} = 0$, $W_0^{(2)} = -(\mu\lambda^2\overline{\rho}^2/16\hbar^2)$;
$W_1^{(1)} = \pm\lambda/4$, $W_1^{(2)} = (\lambda^2/16)\left[-(8\hbar^2/2\mu\overline{\rho}^2)\pm\lambda/4\right]^{-1} \approx -\mu\lambda^2\overline{\rho}^2/64\hbar^2$.

Suggerimento. Cfr. il 2.4. Applicare il secondo ordine perturbativo agli stati non degeneri individuati dalla perturbazione al primo ordine.

5.36. i) Con $H' \propto z$, $W_{211}^{(1)} = -e_0Ea/2$ e il livello rimane tre volte degenere.
  ii) Con $H' \propto xy$, $W_{211}^{(1);0} = -e_0Ea^2/4$ e $W_{211}^{(1);\pm} = -e_0Ea^2/4\left[1\pm4(16/9\pi^2)^2\right]$.

5.37. $W_{n_rlm}^{(1)} = \langle n_rlm \mid \omega r_0^2 L_z/r^2 \mid n_rlm \rangle = m\hbar\omega[(l+1/2)n^3]^{-1}$, $\omega = e_0B/2\mu c$.

Suggerimento. Per i valori di aspettazione applicare il teorema di Feynman-Helmann.

5.38. λ come in 2.16: $W_{n_r\lambda m}^{(1)} = \mu\omega^2r_0^2/2\left[(\lambda+1/2)(n_r+\lambda+1)^3\right]^{-1}f(l,m)$.

5.39. i) $W_0^{(2)} = -\hbar\omega\lambda^2/32$....
  ii) $W_1^{(1)} = 0, \pm\lambda/4$.

5.40. $W_n = n + (-3n^2+n)\lambda^2 + O(\lambda^4)$.

5.41. $V_{sc} = z/r$. $W_1^{(2)} = -\alpha^2/3\sum_{n\geq2}c_{10,nl}^2(1-1/n^2)^{-1}$, $W_2^{(1)} = 0, \pm\alpha\sqrt{1/3}c_{20,21}$.

5.42. $W_0 = 3/2\hbar\omega + \lambda^2\hbar^2/12\mu^3\omega^4 + O(\lambda^4)$.

5.43. $W_n \approx \hbar\omega\left[\varepsilon + (n+\frac{1}{2})\sqrt{1-\varepsilon\omega'/\omega}\right]$.

5.44. $\hbar\alpha/\sqrt{\mu K} \ll 32$.

Suggerimento. Confrontare con la correzione al quarto ordine.

5.45. $W_n = (n+1/2)\hbar\omega + (1/2\mu\omega^2)\left[(2n+1)\hbar\omega G - F^2\right]$.

Suggerimento. Questo è anche il valore esatto, vedi 5.48.

5.46. $W_0^{(2)}=0$, $W_1^{(2)}=\{0,-2\}\lambda^2$, $W_2^{(2)}=\{2,6,4\}\lambda^2$, $W_3^{(2)}=\{6,-8,-12,-6\}\lambda^2$.

Suggerimento. Correzioni nulle al primo ordine. Diagonalizzare la matrice del secondo ordine.

5.47. $W_0^{(1)} = 0$, $W_1^{(1)} = \pm3\lambda/4$. $\lambda \ll 1$.

5.48. $W_n = (n+1/2)\hbar\omega - e^2E^2/2\mu\omega^2$. Questo è anche il valore esatto, vedi 5.45.

5.49. $W_0^{(2)} = -11/16\lambda^2$.

5.50. i) $W_n^{(0)} = (n+1/2)\hbar\sqrt{g/a}$;
  ii) $W_0^{(1)} = -\hbar^2/32\mu a^2$.

5.51. Posto $x_0 = \sqrt{\hbar/\mu\omega}$:

i) $W_0^{(1)} \approx \sqrt{\pi}\lambda/ax_0$;

ii) $W_0^{(1)} \approx \lambda/a^2$.

5.52. i) $W_0^{(0)} = -\mu K^2/2\hbar^2$;

ii) $W_0^{(1)} = -3qE\hbar^2/2\mu K$.

5.53. i) Vedi 2.4. Con $w_0 = \hbar^2/2\mu\bar\rho^2$: $\psi_n^{(0)} = e^{in\varphi}/\sqrt{2\pi}$, $W_n^{(0)} = n^2 w_0$.

ii) $\psi_{n\neq\pm1} = \psi_n^{(0)} - (V_0/8w_0)[\,1/(n+1)\psi_{n+2}^{(0)} + 1/(1-n)\psi_{n-2}^{(0)}] + \dots$,

$W_{n\neq\pm1} = w_0 n^2 + 0 + \dots$. $\psi_{+1} = \sqrt{1/\pi}\,[\cos\varphi - (V_0/16w_0)\cos 3\varphi + \dots]$,

$\psi_{-1} = \sqrt{1/\pi}\,[\sin\varphi - (V_0/16w_0)\sin 3\varphi + \dots]$, $W_{\pm1} = w_0 \pm V_0/2 + \dots$. Vedi 5.9.

Suggerimento. Nei sottospazi di degenerazione $\pm n \neq \pm 1$ la perturbazione del primo ordine è nulla e si può applicare la teoria per stati non degeneri. Per $n = \pm 1$ la perturbazione deve essere diagonalizzata.

5.54. i) $W_0^{(0)} = -e^2 Z^2/r_0$.

ii) $W_{0,z=2} = -11\,e^2/4r_0 + \dots$.

iii) $W_I = 3\,e^2/4r_0$.

5.55. $W_{1,\pm} = 5/2\hbar\omega \pm \lambda\hbar/2\mu\omega + \dots$, $\psi_{1,\pm} = 1/\sqrt{2}(|100\rangle \pm |010\rangle)$;

$W_{1,0} = 5/2\hbar\omega + \dots$, $\psi_{1,0} = |001\rangle$.

5.56. i) Con $\mu = 1$: $W_{1,\pm}^{(1)} = 2\hbar\omega \pm \lambda\hbar/2\omega$, $\psi_\pm^{(0)} = 1/\sqrt{2}(|10\rangle \pm |01\rangle)$.

ii) $W_{00}^{ex} = \hbar/2(\sqrt{\omega^2 + \lambda} + \sqrt{\omega^2 - \lambda}) \approx \hbar\omega$,

$W_{10}^{ex} = 3\hbar/2\sqrt{\omega^2 + \lambda} + \hbar/2\sqrt{\omega^2 - \lambda} \approx 2\hbar\omega + \lambda\hbar/2\omega$,

$W_{01}^{ex} = \hbar/2\sqrt{\omega^2 + \lambda} + 3\hbar/2\sqrt{\omega^2 - \lambda} \approx 2\hbar\omega - \lambda\hbar/2\omega$. Vedi 3.3.

*5.57. i) $W_{2,0}^{(1)} = 3\hbar\omega$, $W_{2,\pm}^{(1)} = 3\hbar\omega \pm \lambda\hbar/\mu\omega$, $\psi_{2,0}^{(0)} = 1/\sqrt{2}(|20\rangle - |02\rangle)$ e

$\psi_{2,\pm1}^{(0)} = 1/2(|20\rangle \pm \sqrt{2}\,|11\rangle|02\rangle)$.

ii) Per quelli esatti si procede come nel 5.56.

5.58. $W_n^{(1)} = \{2\lambda/a, 0\}$, $W_n^{(2)} = \{-2\mu\lambda^2/\pi^2\hbar^2 n^2, 0\}$, per $n = \{\text{dispari,pari}\}$. Il procedimento è valido per: $\lambda a \ll (\pi^2\hbar^2/\mu)n$, sia al primo che al secondo ordine.

Suggerimento. Nella somma al secondo ordine, notare che tutti i contributi si cancellano a due a due tranne uno: $1/(p-k)$ per $p = 3k+1$.

5.59. i) Vedi 5.7.

ii) $W_{2s} - W_{2p} \approx W_{2s} \approx e^2 r_N^2/[20(r_0^\mu)^3)] \implies r_N \approx 10^{-13}$ cm.

5.60. Tre livelli, con correzioni: $W_2^{(1),0} = 0$ degenere 2 volte, e $W_2^{(1),\pm} = \pm C$ non degeneri, con $C = 1/5 \int dr\, r^4 R_{21}^2(r) f(r)$.

5.61. i) $\psi_{lm} = R(r)\, Y_{lm}(\theta, \varphi)$, $W_l = \hbar^2\, l(l+1)/2I$, con $R(r)$ arbitraria.
  ii) $W_0 = W_0^{(0)} + W_0^{(1)} + W_0^{(2)} + \ldots = W_0^{(2)} = -d^2 E^2 I / 3\hbar^2$.

5.62. $W_0^{ex} = \hbar/2\, (\omega^2 + \varepsilon/\mu)^{1/2} \approx \hbar\omega [1/2 + 1/4\,\varepsilon/K - 1/16\,(\varepsilon/K)^2 + \ldots]$.

5.63. i) Carica $(Z+\zeta)e$, con $\zeta \approx -2Z^3 \delta^2 / 3r_0^2 \big|_{Z=1} \approx -2.5 \cdot 10^{-10}$.
  ii) $W_1^{(1)}/W_1^{(0)} \big|_{\mu-Pb} \approx W_1^{(1)}/W_1^{(0)} \big|_H A^{2/3} (m_\mu/m_e)^2 82^2 = O(1)$, e quindi il calcolo perturbativo non è accettabile.

Suggerimento. $\widetilde{V} = (Z+\zeta)e^2/r = V + V_\zeta$, e si considera V_ζ come una perturbazione, oppure si risolve esattamente $\widetilde{V}$ e poi si sviluppa in serie.

2.6 Calcolo Variazionale

6.1. Bene ψ_2. ψ_1 non appartiene al dominio dell'Hamiltoniana autoaggiunta.

6.2. i) $\hbar\omega/\sqrt{2}$;
  ii) $\sqrt{7}\hbar\omega/5$;
  iii) $c^2 = 2d^2/\alpha^2$ con $d^2 \to \infty$. $Err_{min} = 0$.

Suggerimento. $\int_{-\infty}^{\infty} dx/(\xi + x^2)^{n+1} = \pi(2n-1)!!/(2^n n! \xi^{n+1/2})$; $A^2 = 2/\pi a$, $T_1(a) = \hbar^2/4\mu a^2$, $V_1(a) = K/2a^2$; $B^2 = 16/5\pi b$, $T_2(b) = 7\hbar^2/10\mu b^2$, $V_2(b) = Kb^2/10$.

6.3. $\overline{W}_1 = 2.476\, w_0$, $\overline{W}_2 = 2.345\, w_0$; $W_{ex} = 2.338\, w_0$, con $w_0 = (\mu g^2 \hbar^2/2)^{1/3}$.
Suggerimento. $A^2 = 4\alpha^3$, $T_1 = \hbar^2 \alpha^2/2\mu$, $V_1 = 3\mu g/2\alpha$; $B^2 = 4\beta^{3/2}/\pi^{1/2}$, $T_2 = 3\hbar^2\beta/4\mu$, $V_2 = 2\mu g/\sqrt{\pi\beta}$. Vedi 1.15.

6.4. i) $\overline{W}_{2p,var} = -0.113\, e^4\mu/\hbar^2$. ii) $W_{2p,ex} = -0.125\, e^4\mu/\hbar^2$. Comportamenti al contorno corretti: esponenziale all'infinito e $\approx r^l$ all'origine.

6.5. $\overline{W} = \sqrt{3/2}\,\hbar\omega \approx 1.22\,\hbar\omega$. $W_{ex} = \hbar\omega$.

6.6. $\overline{W}_1 = \sqrt{3}\,\hbar\omega \approx 1.73\,\hbar\omega$, $W_{ex} = 1.5\,\hbar\omega$. La prima è dispari, ortogonale allo stato fondamentale pari.
Suggerimento. $T_1 = \alpha^2\hbar^2/2\mu$, $V_1 = 3K/2\alpha^2$.

6.7. $\psi(r) \approx \psi_{n_r=0, l=1}$, come nel 6.4. $\overline{W} = \sqrt{15/2}\,\hbar\omega \approx 2.74\,\hbar\omega$, $W_{ex} = 2.5\,\hbar\omega$.

Suggerimento. $T = \alpha^2\hbar^2/2\mu$, $V = 15\mu\omega^2/4\alpha^2$.

6.8. i) $[W] = \left[\lambda\,(\hbar^2/2\mu)^k\right]^{1/(k+1)}$.

ii) $\overline{W}(\bar{\sigma}) = \left[\lambda\,(\hbar^2/2\mu)^k\right]^{1/(k+1)} \left[(2k-1)!!/(4k)^k\right]^{1/(k+1)} (k+1)$.

Con $\psi(x) = (2\pi\sigma)^{-1/4}\exp\{-x^2/4\sigma\}$.

Suggerimento. $\langle \psi \mid H \mid \psi \rangle = A/\sigma + B\sigma^k$, con $A = \hbar^2/8\mu, B = \lambda(2k-1)!!$.

6.9. Vedi il 6.7. $\overline{W} = (3/2)^{5/3}\left(\lambda^2\hbar^2/\mu\right)^{1/3}$.

6.10. i) $\overline{W}_{1,0} = -(2/3\pi)2\mu e^4/\hbar^2 \approx -0.85\,w_0$; $\overline{W}_{2,0} = -(5/32)2\mu e^4/\hbar^2 \approx -0.62\,w_0$, $W_{ex} = -w_0 = -e^4\mu/2\hbar^2$.

ii) Entrambe, perché nel dominio dell'Hamiltoniana e senza nodi.

iii) La prima, perché il valore esatto è un estremo inferiore.

iv) La prima, per il comportamento asintotico.

Suggerimento. $T_1 = 3\hbar^2\alpha^2/2\mu$, $V_1 = -\sqrt{8/\pi}\,\alpha e^2$; $T_2 = 5\hbar^2/\mu\beta^2$, $V_2 = -5e^2/2\beta$.

6.11. $\overline{W} = -27\pi^2\lambda^4\mu^3/128\,\hbar^6$.

Suggerimento. $\psi_\sigma = (\sigma^3/8\pi)^{1/2}\exp(-\sigma r/2)$, $\langle W \rangle = (\hbar^2/8\mu)\sigma^2 - (\sqrt{\pi}\lambda/4)\sigma^{3/2}$. $\bar{\sigma}^{1/2} = 3\sqrt{\pi}\lambda\mu/2\hbar^2$.

6.12. i) $\overline{W}_{1,0} = 1.013\,w_1$, $\overline{W}_{2,0} = 1.333\,w_1$, $\overline{W}_{3,0} = 1.216\,w_1$.

ii) Valore esatto $w_1 = \hbar^2/2\mu\ \pi^2/a^2$.

iii) $\psi_1 = O(x)$, $\psi_2 = O(x^2)$, $\psi_3 = O(x)$, ma derivata discontinua.

*6.13. $\overline{W}_{1,0} = -4\mu\lambda^2/\pi^2\hbar^2 \approx 0.81\,w_0$, $\overline{W}_{2,0} = -256\mu\lambda^2/(70\pi^2\hbar^2) \approx 0.74\,w_0$ con $w_0 = -\mu\lambda^2/2\hbar^2$. Vedi 6.2 e 4.2.

6.14. $\psi(x) = Ax(x+a)(x-a)$; $\overline{W}_1 = 21\hbar^2/4\mu a^2$. $\overline{W}_1/W_{1ex} = 21/2\pi^2 \approx 1.06$.

Suggerimento. Funzione di prova nulla agli estremi e dispari, ortogonale allo stato fondamentale pari.

6.15. $\langle H \rangle < 0$ è condizione sufficiente. $a_1 > 1.36\,a_{ex}$ e $a_2 > 1.55\,a_{ex}$. La ψ_1 ha il corretto comportamento all'∞.

6.16. i) $W_N = \hbar\omega(n_x + n_y + 1) = \hbar\omega(N+1)$, $d_{W_N} = N+1$, $N = 0, 1, \ldots$

ii) $\min\overline{W} = \sqrt{3/2}\,\hbar\omega \approx 1.22\,\hbar\omega$, da confrontare con $W_{ex} = \hbar\omega$.

iii) Grande errore dovuto al comportamento $\propto \exp(-\alpha\rho)$ invece che $\propto \exp(-\alpha\rho^2)$.

Suggerimento. $\overline{T} = \hbar^2\alpha^2/2\mu$, $\overline{V} = 3K/4\alpha^2$.

2.7 Evoluzione temporale

7.1. $t_{el} \approx 0.9 \, 10^{-8} s$; $t_{10^{-3}g} \approx 10^{16} s \approx$ età dell'universo.

7.2. i) Solo H.

ii) $\pm a\sqrt{2}$, con probabilità $P_\pm = [2(2 \pm \sqrt{2})]^{-1}[1 + 2(1 \pm \sqrt{2})\cos^2(wt/\hbar)]$.

iii) Ogni osservabile H, A, B, C, individua un sistema completo.

7.3. i) $[A,B] = 0$.

ii) $\psi(0) = 2^{-1/2}|i, 1, 0|^T \implies \psi(t) = 2^{-1/2}|i, \cos(wt/\hbar), i\sin(wt/\hbar)|^T$.

7.4. i) Il sistema di Pauli si disaccoppia: $[H_0 \mp \mu_0 B(z)]\psi_i(t) = i\hbar\partial\psi_i(t)/\partial t$, $i = 1, 2$.

ii) Dal teorema di Ehrenfest: $d^2\langle z\rangle_i/dt^2 \approx \pm\mu_0/\mu \, \partial B(\langle z\rangle_i)/\partial\langle z\rangle_i$, e poiché i dati iniziali sono uguali, le traiettorie sono divergenti.

7.5. $\langle x\rangle_t = -\sqrt{3/8}\sqrt{\hbar/\mu\omega}\cos\omega t$; $\langle W\rangle = 3/4\,\hbar\omega$.

Suggerimento. $\psi_0 = 1/2\{u_1(\xi) - \sqrt{3}\,u_0(\xi)\}$, con u_n autostati dell'oscillatore.

7.6. i) $P_b = 1 - P_{-b} = 1 - 1/8\,[1 + R^2 + 2\cos(w_2 t/\hbar)R]$,

ii) $P_{b,3c} = 1/8\,[1 + R^2 - 2\cos(w_2 t/\hbar)R]$, con $R = \sqrt{2}\cos(w_1 t/\hbar) - \sin(w_1 t/\hbar)$.

7.7. $\langle\hat{s}_x\rangle = \hbar/2\cos\alpha(t)$, $\langle\hat{s}_y\rangle = -\hbar/2\sin\alpha(t)$, $\langle\hat{s}_z\rangle = 0$;

$\alpha(t) = (2\mu_0 B_0/\hbar)(t + e^{-t} - 1)$.

7.8. $P_{\uparrow\to\downarrow}(t) = B_1^2/(B_0^2 + B_1^2)\sin^2(\mu_B\sqrt{B_0^2 + B_1^2}\,t/\hbar)$.

7.9. $P_{s_z=\hbar}(t) = 1/4\,(1 - 2\sin\tau t + \sin^2\tau t)$.

7.10. Posto $\alpha(t) = (1 - \cos\omega t)gB/2\omega$ e $P_{(\sigma_x^{in}\cdot\sigma_i^{fin}=\pm)}(t)$, le probabilità di permanenza o di inversione del segno, P_+ o P_-, per le osservabili σ_x^{in} e σ_x^{fin} sono:

$P_{(\sigma_x^{in}\cdot\sigma_x^{fin}=+)}(t) = \cos^2[\alpha(t)]$, $P_{(\sigma_x^{in}\cdot\sigma_x^{fin}=-)}(t) = \sin^2[\alpha(t)]$,

$P_{(\sigma_x^{in}\cdot\sigma_y^{fin}=\pm)}(t) = 1/2[1 \mp \sin 2\alpha(t)]$. σ_z è costante del moto con probabilità $\pm 1/2$.

7.11. $\hat{s}_x(t) = \hat{s}_x\cos 2\omega t + \hat{s}_y\sin 2\omega t$, $\hat{s}_y(t) = \hat{s}_y\cos 2\omega t - \hat{s}_x\sin 2\omega t$, $\hat{s}_z(t) = \hat{s}_z$.

7.12. i) Per $W > V_0$ il pacchetto viene in parte riflesso e in parte trasmesso con velocità inferiore. Per $W < V_0$ tutto riflesso con breve penetrazione sotto la barriera.

ii) Esponenziali immaginari, salvo uno reale al di là della barriera per $W < V_0$.

iii) $x = \pm\hbar p_0 t/\mu$ per $x < 0$, e $x = \hbar\sqrt{p_0^2 - k_0^2}\,t/\mu$ per $x > 0$.

Suggerimento. Principio della fase stazionaria: $[d/dk\,(kx - \hbar k^2 t/2\mu)]_{k=p_0} = 0$.

7.13. $\Delta p(t) = cost$. Sfruttare il teorema di Ehrenfest.

7.14. $P_{\uparrow \to \downarrow}(t) = (\omega_0/\Omega_0)^2 \sin^2(\Omega_0 t)$, $\Omega_0 = \sqrt{(\omega/2 - \omega_1)^2 + \omega_0^2}$, $\omega_0 = \mu B_0/\hbar$, $\omega_1 = \mu B_1/\hbar$. Per $|B_0/B_1| \ll 1$ e $\omega \ll \omega_1$, ovvero $\Omega_0 \approx \omega_1$: $|\omega_0/\Omega_0| \approx |B_0/B_1|$, $P_{\uparrow \to \downarrow} \approx (B_0/B_1)^2 \sin^2(\omega_1 t) \ll 1$. Per $\omega \approx 2\omega_1$ risonante, cioè $\Omega_0 = \omega_0$, anche con $|B_0/B_1| \ll 1$: $P_{\uparrow \to \downarrow} \approx \sin^2(\omega_0 t)$.

7.15. Vedi 7.14.

7.16. Vedi 7.14.

7.17. Posto $\alpha = \sqrt{\mu \omega/\hbar}$: $\Delta x_t = (1/\sqrt{2}\beta) \sqrt{\cos^2 \omega t + (\beta^4/\alpha^4)\sin^2 \omega t}$, $\Delta p_t = (\mu \omega/\sqrt{2}\beta) \sqrt{\sin^2 \omega t + (\beta^4/\alpha^4)\cos^2 \omega t}$.

Suggerimento. Evoluzione del pacchetto libero in A.1

7.18. $\psi(x,t) = \sqrt{1/10} \exp(-iW_0 t/\hbar)[3\,\psi_0 - \exp(-i8W_0 t/\hbar)\,\psi_2]$. Il vettore passa dallo stato inziale ad ogni tempo $\tau_s = 2\pi\hbar/8W_0\, s = (\mu a^2/2\hbar\pi)s$, $s = 1, 2, \ldots$

7.19. $\Delta x_t \Delta y_t \Delta z_t = \left[\sigma^2 \left(1 + \hbar^2 t^2/4\sigma^4 \mu^2\right)\right]^{3/2}$.

Suggerimento. In x e y il moto è libero. Lungo z, in rappresentazione di Heisenberg: $\hat{z}_H(t) = -gt^2/2 + t/\mu \hat{p}_z + \hat{z}$.

7.20. i) $\psi(x,t) = \sqrt{8/5a} \sin \pi x/a \left[\exp(-it\pi^2\hbar/2\mu a^2) + \cos \pi x/a \exp(-it2\pi^2\hbar/\mu a^2)\right]$.

ii) $\langle H \rangle_t = \langle H \rangle_0 = (4\pi^2\hbar^2/5\mu a^2)$.

iii) $P(0 \le x \le a/2; t) = 1/2 + (16/15\pi)\cos[(3\pi^2\hbar/2\mu a^2)\,t]$.

7.21. i) Con $C = A - iB$, $W_0 = 0$: $W_\pm = \pm\hbar|C|$; $\psi_0 = 1/\sqrt{2}\left|-C/|C|, 0, C^*/|C|\right|^T$, $\psi_\pm = 1/2\left|\pm C/|C|, \sqrt{2}, \pm C^*/|C|\right|^T$.

ii) $\langle s_z \rangle_t = \hbar \cos|C|t$.

Suggerimento. $\psi(t) = \frac{1}{2}\left| C/|C|(\cos|C|t + 1), -i\sqrt{2}\sin|C|t, C^*/|C|(\cos|C|t - 1)\right|^T$.

7.22. $\psi(x,t) = (8\sqrt{30}/\pi^3\sqrt{a})\sum_{m=0}^{\infty}(2m+1)^{-3}\sin[(2m+1)\pi x/a] \cdot$
$\cdot \exp\left\{-(i\hbar/2\mu)[(2m+1)\pi/a]^2 t\right\}$. Gli integrali sono valutati nel 11.30.

7.23. $\psi(x,t) = (8\sqrt{3}/\pi^2\sqrt{a})\sum_{m=0}^{\infty}(-)^m(2m+1)^{-2}\sin[(2m+1)\pi x/a] \cdot$
$\cdot \exp\left\{-(i\hbar/2\mu)[(2m+1)\pi/a]^2 t\right\}$.

7.24. i) $\overline{W} \approx 0.55W_1^H \approx -7.47\,eV$;

ii) $P_{l=1,m=1} = 1/5$;

iii) $P_{r<10^{-10}\,cm} \approx 3.6\,10^{-6}$;

iv) $\psi(\mathbf{r},t) = 1/\sqrt{10}\left[2e^{-i/\hbar W_1 t}\,\psi_{100} + e^{-i/\hbar W_2 t}\left(\psi_{210} + \sqrt{2}\psi_{211} + \sqrt{3}\psi_{21-1}\right)\right]$.

Suggerimento. Nel punto iii), sviluppare in serie gli esponenziali.

7.25. Posto $\gamma = (1 - 4\lambda^2)$, $W_n = (n + 1/2)\sqrt{\gamma} - 1/2$. $|\psi_0(t)\rangle = N\sum_n c_{2n}(t)\,|2n\rangle$, con $c_{2n}(t) = [-D(t)/C(t)]^n\,[(2n-1)!!/(2n)!!]^{1/2}\,c_0$, $C(t) = \cos\gamma t - (i/\gamma)\sin\gamma t$, $D(t) = -(2\lambda i/\gamma)\sin\gamma t$.

Suggerimento. Diagonalizzare l'Hamiltoniana, o passare a $\{\hat{x}, \hat{p}\}$. In rappresentazione di Heisenberg: $\hat{a}\,|0\rangle \Longrightarrow \hat{a}_H(t)\,|\psi_0(t)\rangle = [C(t)\hat{a} + D(t)\hat{a}^\dagger]\,|\psi_0(t)\rangle = 0$.

7.26. $\langle\,\psi(t)\,|\,L_x\,|\,\psi(t)\,\rangle = \hbar\cos\omega_L t$, con $\omega_L = e_0 B/2\mu c$.

7.27. Per $t < a/v$, $\psi(t) = \exp(-i/\hbar W_2^{(0)}t)\,[\cos(W_+ t/\hbar)u_{200} + i\sin(W_- t/\hbar)u_{210}]$, con $W_\pm = \pm 3e_0 E r_0$. Per $t > a/v$, $P_{200} = \cos^2(W_+ a/\hbar v)$, $P_{210} = \sin^2(W_- a/\hbar v)$.

7.28. $\langle\,\psi(t)\,|\,L_x\,|\,\psi(t)\,\rangle = \langle\,\psi_0\,|\,L_x\cos\omega_L t + L_y\sin\omega_L t\,|\,\psi_0\,\rangle = \hbar\cos\omega_L t$, con $\omega_L = e_0 B/2\mu c$. $B \gg 10^5\,$gauss. Vedi 7.26.

7.29. Definito $\omega = -1.9103\mu_N B/\hbar$, $\mu_N = e_0\hbar/2m_p c$ e m_p massa del protone:
i) $\psi(t) = |\cos\omega t, -i\sin\omega t|^T$; ii) $\mathbf{P} = -\sin 2\omega t\,\mathbf{e}_y + \cos 2\omega t\,\mathbf{e}_z$.

7.30. Posto $K(t) = \sqrt{1/2\mu\omega\hbar}\int_0^t ds\, f(s)\exp[i\omega s]$, si ottiene:
$P_{n\to m}(t) = \exp[-|K(t)|^2]|\langle\,m\,|\,\exp[iK(t)\hat{a}^\dagger]\,\exp[iK^*(t)\hat{a}]\,|\,n\,\rangle|^2$. In particolare:
$P_{0\to m}(t) = \exp[-|K(t)|^2]|K(t)|^{2m}/m!$,
$P_{1\to m}(t) = \exp[-|K(t)|^2]|K(t)|^{2(m-1)}/(m-1)!\,[1 - |K(t)|^2/m]^2$.

7.31. Con due misure si ottiene: $P[\{t=t,\alpha\}; \{t=0,\alpha\}) = \cos^4(wt/2\hbar)$.
Con anche una misura intermedia: $P[\{t=t,\alpha\}; \{t=\tau, W_i\}; \{t=0,\alpha\}] = 3/8$.

7.32. Se $\Omega(t) = \exp[-i\int_0^t ds\,\omega(s)]$, $f(t) = -i\int_0^t ds\,\lambda(s)\Omega^*(s)$, $F(t) = z + f(t)$:
i) $\langle\,z\,|\,\hat{x}\,|\,z\,\rangle = \sqrt{2}Re\{\Omega(t)F(t)\}$;
ii) $\langle\,z\,|\,\hat{H}\,|\,z\,\rangle = \omega(t)|F(t)|^2 + 2\lambda(t)Re\{\Omega(t)F(t)\}$.

7.33. i) $P_{a\to 2a} = 64/9\pi^2$;
ii) $\overline{W}^{2a}(t) = (\hbar^2\pi^2/2\mu a^2)$.

7.34. Con $\omega = e_0 B/2m_e c$, $P_{\uparrow\to\downarrow}(t = \tau) = \sin^2\omega\tau$. $\tau_{P=1} = (2n+1)/2\omega$.

7.35. i) $N = 1/\sqrt{2}$;
ii) $\langle H\rangle = 3\hbar\omega/2$;
iii) $\psi(x,t) = \sum_{n=0}(1/\sqrt{2})^{n+1}e^{-i\omega(n+1/2)t}\,\psi_n(x)$;
iv) $\tau = 2\pi/\omega$.

7.36. Con $\omega = e_0 B/2m_e c$, $P(\sigma_z = 1; t = \tau) = \sin^2 \omega\tau$, $P(\sigma_x = 1; t = \tau) = 1/2$.

7.37. i) $\psi(x,t) = \cos\beta \exp(-iW_0 t/\hbar)u_0(x) + \sin\beta \exp(-iW_2 t/\hbar)u_2(x)$ con W_n e $u_n(x)$ relativi all'oscillatore.
   ii) $\cos^2\beta$ e $sin^2\beta$.
   iii) $\langle x \rangle = 0$ ad ogni tempo.

7.38. i) $P_{\uparrow_z;\uparrow_z}(2\hbar^2) = 1$, $P_{\uparrow_z;\downarrow_z}(2\hbar^2) = 1/2$, $P_{\uparrow_x;\uparrow_z}(2\hbar^2) = 3/4$;
   ii) $\langle S_{1z} \rangle = \hbar/2\cos(\omega t)$, $P(s_{1z} = \hbar/2; t) = \cos^2(\omega t/2)$.

7.39. i) Con $\beta = (e_0/4m_e c)B$: $P_n = \cos^{2n}\beta\tau \sin^{2(N-n)}\beta\tau$, con n permanenze e $N-n$ inversioni.
   ii) Solo permanenze se $\beta\tau = r\pi$, e solo inversioni se $\beta\tau = (r-1/2)\pi$.

***7.40.** $\Psi(\varphi;t) = N/2\left[1 - \exp\left(-i2\hbar t/\mu\lambda^2\right)\cos 2\varphi\right]$. $\tau = \pi\mu\lambda^2/\hbar$.

7.41. $\Psi(\vartheta,\varphi;t) = N/3\left[1 + \exp\left(-i3\hbar t/\mu\lambda^2\right)(3\cos^2\vartheta - 1)\right]$. $\tau = 2\pi\mu\lambda^2/3\hbar$.

7.42. $\psi(x;t) = (\alpha^2/\pi)^{1/4}\exp\left[-\alpha^2 x^2/2 + A^2 - \alpha^2 x_0^2/2\right] \cdot$
$\cdot\exp\left[-A^2 e^{-2i\omega t} + 2\alpha x A e^{-i\omega t} - i\omega t/2\right]$, con $A = 1/2(\alpha x_0 + ip_0/\alpha\hbar)$;
$|\psi(x;t)|^2 = (\alpha^2/\pi)^{1/2}\exp\left[-\alpha^2\left(x - x_0\cos\omega t - p_0/\mu\omega\sin\omega t\right)^2\right]$;
$\overline{x(t)} = x_0\cos\omega t + p_0/\mu\omega\sin\omega t$; $\overline{p(t)} = p_0\cos\omega t - \mu\omega x_0\sin\omega t$.
$\Delta^2 x(t) = 1/2\alpha^2$, $\Delta^2 p(t) = \hbar^2\alpha^2/2$, $\Delta x(t)\Delta p(t) = \hbar/2$.

2.8 Perturbazioni dipendenti dal tempo

8.1. Al primo ordine perturbativo solo transizioni tra stati u_n di parità opposta.
Suggerimento. Nota che con una perturbazione pari, tipo $V_0 x^2\cos(\omega t)$, sono permesse transizioni solo tra stati con uguale parità *a ogni ordine*.

8.2. $\Delta m = \pm 1$. Utilizzare una ricorrenza dei polinomi di Hermite.

8.3. $c_{k0}(t) = \delta_{k1} iF_0/(2\sqrt{2}\pi\hbar\alpha)\left\{e^{i\pi\nu_+ t}\sin(\pi\nu_+ t)/\nu_+ + e^{i\pi\nu_- t}\sin(\pi\nu_- t)/\nu_-\right\}$,
con $\nu_\pm = \nu \pm \bar\nu$. $P_1(t) = |c_1(t)|^2$.

8.4. i) $P_{0\to 1}(t) = \lambda^2/8\left\{\sin^2\tilde\omega_- t/\tilde\omega_-^2 + \sin^2\tilde\omega_+ t/\tilde\omega_+^2 - 2\cos\tilde\omega t\sin\tilde\omega_+ t\sin\tilde\omega_- t/\tilde\omega_+\tilde\omega_-\right\}$
   con $\tilde\omega_\pm = (1 \pm \tilde\omega)/2$. Le altre transizioni sono proibite.
   ii) $P_{0\to 1}(\tau) = 2\lambda^2\left\{\tilde\omega/(1 - \tilde\omega^2)\right\}^2\sin^2(\pi/\tilde\omega)$. Poi rimane costante.
   iii) $P_{0\to 1}(t) \approx |K(t)|^2$, come nel 7.30 al primo ordine perturbativo.

8.5. $P_{0\to 2}(t \geq T) \approx 1/2(1 + \delta\omega/2\omega)^2(\delta\omega/\omega)^2\sin^2\omega T$. Le altre sono nulle.

8.6. $P_{0\to 1}(t \gg \tau) = \left[(qA\tau)^2/2\hbar m\omega\right]\pi e^{-\omega^2\tau^2/2}$. Le altre sono nulle.

8.7. $c_{210,100}(t) = ieE_0/\hbar \, (2^7\sqrt{2}/3^5) \, [r_0\tau/(1 - i\tau\Delta W_{k0}/\hbar)]$.

8.8. i) $P_{n\to k}(t) = |V_{kn}/\hbar\omega_{kn}|^2$, $V_{kn} = \langle k|\widehat{V}_0|n\rangle$, $\omega_{kn} = (W_k^{(0)} - W_n^{(0)})/\hbar$.

ii) $P_{n\to k}(t) = \left|V_{kn}'/\hbar\right|^2$. $V_{kn}' = \langle k|\widehat{V}_0'|n\rangle$. Notare le diverse dimensioni di $\widehat{V}_0$ e $\widehat{V}_0'$.

iii) Formule valide anche per tempi finiti se $\omega_{kn}\tau \ll 1$.

8.9. $P_{1\to n} = \left|(2[H_1]_{n1}/\hbar\omega_{n1})\sin(\omega_{n1}\tau/2)\right|^2$, con $\omega_{n1} = (W_n^0 - W_1^0)/\hbar$,

$[H_1]_{n1} \approx (4V_0 b/a)\sin(n\pi/2)$. $P_{1\to 2} = P_{1\to 4} = 0$; $P_{1\to 3} \approx 1.47\cdot 10^{-4}$.

8.10. i) $P_{1\to 2} = \left(16a^2/9\pi^2\right)^3 \left\{(e_0E\mu/\hbar^2\pi)\sin\left[(3\hbar\pi^2/4\mu a^2)\tau\right]\right\}^2 \approx$

$\approx \left[(16e_0Ea/9\pi^2\hbar)\tau\right]^2$, $P_{1\to 3} = 0$.

ii) Non dipende da t.

iii) Perturbazione "piccola" e τ "piccolo".

8.11. $P = \left(32ae_0E_0/9\pi^2\right)^2/[\alpha^2\hbar^2 + (\Delta W^{(0)})^2]$, con $\Delta W^{(0)} = 3\pi^2\hbar^2/8\mu a^2$.

8.12. i) $W_0^{(0)} = 3\hbar\omega/2$, $W_1^{(0)} = 5\hbar\omega/2$, $W_2^{(0)} = 7\hbar\omega/2$.

ii) Con $\mu_B = e_0B/2\mu c$: $W_{100}^{(1)} = 0$, $W_{022}^{(1)} = -2\mu_B\hbar$, $W_{02-2}^{(1)} = 2\mu_B\hbar$, $W_{020}^{(1)} = 0$,

$W_{021}^{(1)} = -\mu_B\hbar$, $W_{02-1}^{(1)} = \mu_B\hbar$.

iii) $\Delta n_x = \pm 1$, $\Delta n_y = \Delta n_z = 0$.

iv) $P_{0\to 1} = A^2\alpha^2/8\hbar^2\left|[e^{i(\omega+\Omega)t} - 1]/(\omega+\Omega) + [e^{i(\omega-\Omega)t} - 1]/(\omega-\Omega)\right|^2$.

v) Per ω, Ω molto grandi, solo il secondo termine con $\omega \approx \Omega$:

$P_{0\to 1} \approx A^2\alpha^2/8\hbar^2 \sin^2[(\omega-\Omega)t/2]/[(\omega-\Omega)t/2]^2$,

$P_{0\to 1}^{t\to\infty} \approx (A^2\alpha^2\pi/4\hbar^2)t\,\delta(\omega-\Omega)$.

8.13. $P_{10\to 2p} = 2^{15}/3^{10}\,\pi^2[e_0E_0r_0/\hbar]^2\exp(-2\omega\tau)$, $\omega = \Delta W/\hbar = 3/4(e_0^2/2\hbar r_0)$.

8.14. k pari, $P=0$. k dispari $P_{0\to k} = [64a^2(k+1)^2V_0^2]/[\pi^4k^4(k+2)^4\hbar^2]\,F^2(\tau)$,

i) $F = \sqrt{\pi}\tau\exp(-\omega_{k0}^2\tau^2/4)$;

ii) $F = 2\tau(1+\omega_{k0}^2\tau^2)^{-1}$;

iii) $F = \pi\tau\exp(-\omega_{k0}\tau)$. Condizioni di validità : $\langle V\rangle/\hbar\omega_0 \ll 1$, $\tau\omega_0 \ll 1$. Vedi F_i in 8.6.

8.15. $P_{0\to\pm 1}^{(1)} = (d^2E_0^2/4\hbar^2)[\tau^2(1+\omega_0^2\tau^2)^{-1}]$.

$P_{0\to\pm 2}^{(2)} = (d^4E_0^4/64\hbar^4)\{\tau^4[(1+9\omega_0^2\tau^2)(1+4\omega_0^2\tau^2)]^{-1}\}$.

$P_{0\to\pm 2}^{(2)} = \left[P_{0\to\pm 1}^{(1)}\right]^2\left[1/4 + O(\tau^2\omega_0^2)\right]$, cioè un infinitesimo di un ordine superiore.

2.9 Momento angolare e spin

9.1. $m = 0, \pm 1$; $P_0 = 2/3$, $P_{\pm 1} = 1/6$.

9.2. i) No.
  ii) Sì.
  iii) No.

Notare: $[H, L^2] = (b - a)[z^2, L^2]$.

9.3. i) $L^2 = 2(2+1)\hbar^2$, con $P_i = 1$. $L_z = \pm 2\hbar$ con $P_{ii} = 1/2$ ciascuno.
  ii) In campo centrale le probabilità non mutano perché L^2 e L_z costanti del moto.

9.4. i) Se $\{s_1, s_2\} = \{1/2, 1/2\}$: $W_{0,0} = -3\alpha\hbar^2/4$, $W_{1s_z} = \alpha\hbar^2/4 + \beta\hbar s_z$ con
      $s_z = -1, 0, 1$.
  ii) Se invece $\{s_1, s_2\} = \{1/2, 3/2\}$: $W_{1s_z} = -5\alpha\hbar^2/4 + \beta\hbar s_z$ con $s_z = -1, 0, 1$,
      $W_{2s_z} = 3\alpha\hbar^2/4 + \beta\hbar s_z$ con $s_z = -2, -1, 0, 1, 2$.

9.5. i) $P_{0,0} = P_{1,0} = 1/2$;
  ii) $s_z = 0$.

9.6. *Suggerimento.* Applicare a ψ $\widehat{\mathbf{L}}^2$, $\widehat{L}_z$ e $\widehat{L}_\pm$ in coordinate polari. Vedi A.3.

9.7. $P_+ = \cos^2(\theta/2)$, $P_- = \sin^2(\theta/2)$.
Suggerimento. $S_\theta = S_z \cos\theta + S_x \sin\theta$.

9.8. $\pm\hbar$, con probabilità $1/2$.

9.9. $\langle S_x \rangle = \langle S_y \rangle = 0$; $\langle S_x^2 \rangle_m = \langle S_y^2 \rangle_m = (2 - m^2)\hbar^2/2$.

9.10. *Suggerimento.* Valutare l'evoluzione di $\psi(0)$ sviluppandola sulla base delle autofunzioni di H.

9.11. *Suggerimento.* Applicare $S_z = S_{1z} + S_{2z}$ e $\mathbf{S}^2 = S_z^2 + (S_+ S_- + S_- S_+)/2$, con $S_\pm = S_{1\pm} + S_{2\pm}$, agli stati prodotto diretto e a loro combinazioni lineari. Oppure, con qualche conoscenza in più, applicare l'abbassatore S_- al peso massimo di $\mathbf{S}$.

9.12. i) $P_+(x) = P_+(y) = 1/2, P_+(r) = (1 + n)/2$.
  ii) $\langle S_x \rangle_0 = \langle S_y \rangle_0 = 0, \langle S_r \rangle_0 = n\hbar/2$.
  iii) $\Delta_0^2(s_x) = \Delta_0^2(s_y) = \hbar^2/4$.
  iv) Spin costante del moto.
Suggerimento. $S_r = l S_x + m S_y + n S_z$. Oppure ruotare lo stato: $|1/2\rangle_r = R_\varphi R_\theta |1/2\rangle_z$.

9.13. $\langle \mathbf{S}_T^2 \rangle = 1/4 \left[(N - 2n)^2 + 2N \right]$.

Suggerimento. $\mathbf{S}_T^2 = \mathbf{S}_n^2 + \mathbf{S}_{N-n}^2 + 2\mathbf{S}_n \cdot \mathbf{S}_{N-n}$.

9.14. $N! / [n!(N-n)!]$ con $n = S_z + N/2$.

9.15. *Suggerimento.* Essendo lo stato a terza componente nulla, basta dimostrare una delle due: $J_\pm \psi = 0$.

9.16. *Suggerimento.* Dal peso massimo $|2,2\rangle$, con abbassatori e proprietà di ortogonalità.

9.17. $P_{m_1 = j_1} = j_1 / (j_1 + j_2)$.

9.18. $P_\pm = 1/2 \left[(1 \pm n) \sin^2 \alpha + (1 \mp n) \cos^2 \alpha \pm m \sin 2\alpha \right]$.

9.19. i) $P(s_{2z} = 1/2) = 1/3$, $P(s_{2z} = -1/2) = 2/3$.
ii) $P(s_{2y} = \pm 1/2) = 1/2$, $P(s_{1y} = 0, \pm 1) = 1/3$.

9.20. $\langle L_z \rangle = \hbar(x_0 k_2 - y_0 k_1)$.

9.21. $t = \pi / (4\lambda \hbar^3)$.

9.22. $\langle L_z \rangle = 0$; $\langle L^2 \rangle = 2\hbar^2$; $\langle \mathbf{p}^2 / 2\mu \rangle = \hbar^2 k^2 / 2\mu$.

Suggerimento. Stato di particella libera.

9.23. Definiti $\tilde{\mu}_{e,p} = \mu_{e,p} B$ e $A = \sqrt{(\tilde{\mu}_e - \tilde{\mu}_p)^2 + 4\gamma^2}$:
$W_{\sigma 1} = \tilde{\mu}_e + \tilde{\mu}_p + \gamma$, $\psi_1 = |1,0,0,0|^T$;
$W_{\sigma \pm} = -\gamma \pm A$, $\psi_\pm = \sqrt{\gamma/A} \left| 0, \pm \sqrt{[A \pm (\tilde{\mu}_p - \tilde{\mu}_e)]/2\gamma}, \sqrt{2\gamma / [A \pm (\tilde{\mu}_p - \tilde{\mu}_e)]}, 0 \right|^T$;
$W_{\sigma 4} = -\tilde{\mu}_e - \tilde{\mu}_p + \gamma$, $\psi_4 = |0,0,0,1|^T$.

9.24. $|3/2, \pm 3/2\rangle = |\pm \pm \pm\rangle$, $|3/2, \pm 1/2\rangle = 1/\sqrt{3} \left(|\pm \pm \mp\rangle + |\pm \mp \pm\rangle + |\mp \pm \pm\rangle \right)$;
$|1/2, \pm 1/2\rangle_1 = 1/\sqrt{6} \left(2|\pm \pm \mp\rangle - |\pm \mp \pm\rangle - |\mp \pm \pm\rangle \right)$;
$|1/2, \pm 1/2\rangle_2 = 1/\sqrt{2} \left(|+ - \pm\rangle - |- + \pm\rangle \right)$.

Suggerimento. Le due 1/2 non sono univocamente determinate, e si ottengono per ortogonalità tra di loro e con gli stati $|3/2, \pm 1/2\rangle$.

9.25.

$$R_y^{(1/2)} = \begin{vmatrix} \cos(\beta/2) & -\sin(\beta/2) \\ \sin(\beta/2) & \cos(\beta/2) \end{vmatrix} \quad , \quad R_y^{(1)} = \frac{1}{2} \begin{vmatrix} 1 + \cos\beta & -\sqrt{2}\sin\beta & 1 - \cos\beta \\ \sqrt{2}\sin\beta & 2\cos\beta & -\sqrt{2}\sin\beta \\ 1 - \cos\beta & \sqrt{2}\sin\beta & 1 + \cos\beta \end{vmatrix}.$$

9.26. $|0,0\rangle = (2l+1)^{-\frac{1}{2}} \sum_{m=-l,+l} (-)^m |l,m;l,-m\rangle$.

9.27. $\Delta^2 L_x = \Delta^2 L_y = n^2/(2n-1)$, $\Delta^2 \sin\theta = 1 - (2n+1)/(2n+3)$.

9.28. i) $m = 0, \pm 1$, $l = 1, 2$.

ii) $P_{m=0} = 5/14$; $P_{m=\pm 1} = 9/28$; $P_{l=1} = 5/7$, $P_{l=2} = 2/7$.

iii) Posto $\hbar = 1$, $\langle \psi \mid L_z \mid \psi \rangle = 0$, $\langle \psi \mid L^2 \mid \psi \rangle = 22/7$.

9.29. i) $W_{11} = W_{1-1} = 0$, degeneri, $W_{10} = -2\beta$, $W_{00} = 2\beta$, non degeneri.

ii) $\widetilde{W}_{11} = -(qB/\mu c)\hbar$, $\widetilde{W}_{10} = -2\beta$, $\widetilde{W}_{1-1} = (qB/\mu c)\hbar$, $\widetilde{W}_{00} = 2\beta$.

9.30. i) $W_{1/2}^{(0)} = -3/4\alpha\hbar^2$ e $W_{3/2}^{(0)} = 3/4\alpha\hbar^2$, degeneri 4 volte;

$W_{1/2,\pm} = -3/4\alpha\hbar^2 \pm 1/2g\hbar\omega_L$, degeneri 2 volte;

$W_{3/2,\pm 3/2} = 3/4\alpha\hbar^2 \pm 3/2g\hbar\omega_L$, $W_{3/2,\pm 1/2} = 3/4\alpha\hbar^2 \pm 1/2g\hbar\omega_L$, non degeneri.

ii) $B = \alpha\hbar\mu c/qg$.

9.31. $W = -\alpha\hbar^2 s(s+1)$, $W' = \alpha\hbar^2[s(s+1)-3]/2$, $s = 0, 1, 2$.

9.32. $\langle (\mathbf{n}_1 \cdot \mathbf{s}_1)(\mathbf{n}_2 \cdot \mathbf{s}_2) \rangle = -(l_1 + l_2)\hbar^2/4$. Vedi 9.12.

9.33. i) $\langle L^2 \rangle = 2\hbar^2$; $\langle L_z \rangle = 0$;

ii) $P(\theta, \varphi; d\Omega) = (1/8\pi)(\sin\theta\cos\varphi + \sin\theta\sin\varphi + 2\cos\theta)^2 d\Omega$.

9.34. $W_{so}^{j=3} = 2\beta\hbar^2$, $d = 7$; $W_{so}^{j=2} = -\beta\hbar^2$, $d = 5$; $W_{so}^{j=1} = -3\beta\hbar^2$, $d = 3$.

9.35. Posto $|\psi\rangle = |+\rangle_{1z}[\sqrt{1/2}(|+\rangle_{2z} + |-\rangle_{2z})]$, si ottiene: $|\langle \psi \mid 0 \rangle_T|^2 = 1/4$.

9.36. i) Posto $\Sigma = \sqrt{a^2 + b^2}$: $s_\pm = \pm\Sigma$, $\chi_\pm = |\alpha_\pm \ \beta_\pm|^\dagger$ con $\alpha_\pm/\beta_\pm = ia/(b \mp \Sigma) = (b \pm \Sigma)/ia$.

ii) $P_\pm = (b \mp \Sigma - a)^2/\{2[a^2 + (b \mp \Sigma)^2]\}$.

9.37. $|l+1/2, l-1/2\rangle = \sqrt{2l/(2l+1)}\,|l, l-1; 1/2, 1/2\rangle + 1/\sqrt{2l+1}\,|l, l; 1/2, -1/2\rangle$,

$|l-1/2, l-1/2\rangle = -1/\sqrt{2l+1}\,|l, l-1; 1/2, 1/2\rangle + \sqrt{2l/(2l+1)}\,|l, l; 1/2, -1/2\rangle$.

9.38. i) $P_\downarrow = 2/3$.

ii) $P(\theta, \varphi) = 1/4\pi$.

9.39. $\langle L_x \rangle = 0$; $\langle L_x^2 \rangle = 1/2\hbar^2[l(l+1) - m^2]$.

9.40. i) $|\psi_f|^2 = (3/8\pi)\sin^2\theta\left(1 - 2Re(c_p^* c_d)\cos\theta\right)$, con c_p e c_d coefficienti arbitrari dell'onda p e dell'onda d, con $|c_p|^2 + |c_d|^2 = 1$.

ii) Se si conserva la parità, $|\psi_f|^2 = (3/8\pi)\sin^2\theta$.

9.41. $\sigma_a^\Delta : \sigma_b^\Delta : \sigma_c^\Delta = 9 : 1 : 2$; $\sigma_a^{N^*} : \sigma_b^{N^*} : \sigma_c^{N^*} = 0 : 4 : 2$.

*9.42. i) $1/4, 1/2, 1/4$; ii) $1/2, 1/2$; iii) No.

9.43. i) $H = H_{osc} + H_1$, con $H_1 = (qK/2\mu^2 c^2)\, \mathbf{S} \cdot \mathbf{L}$;

ii) $W_{n,l,j} = \hbar\omega(2n + l + 3/2) + qK/4\mu^2 c^2)\left[j(j+1) - l(l+1) - 3/4 \right]$,
con $n = 0, 1, 2\dots$ $l = 0, 1, 2, \dots$ $j = l \pm 1/2$.

2.10 Molte particelle

10.1. i) $W_{n_e=1, n_\mu=1} \approx -(2e^4/\hbar^2)(m_e + m_\mu^r)$, con $1/m_\mu^r = 1/m_\mu + 1/M_E$ e M_E massa del nucleo di elio. Non c'è degenerazione di scambio.

ii) Il muone è molto vicino al nucleo e scherma in parte la carica del nucleo, per cui: $W_{sch} \approx -(e^4/2\hbar^2)(m_e + 4m_\mu^r)$.

iii) $W_{\infty,1} < W_{1,2}$, con $W_{\infty,1}$ = energia di ionizzazione dell'elettrone, e $W_{1,2}$ = primo stato eccitato del muone.

10.2. Separate le equazioni nelle variabili X del centro di massa e $x = x_1 - x_2$:
$W_n = P^2/2M + (n^2\pi^2\hbar^2)/(8\mu a^2)$ con $M = \mu_1 + \mu_2$ e $\mu = (\mu_1\mu_2)/(\mu_1 + \mu_2)$,
$\phi_n(x_1, x_2) = \sqrt{1/2\pi\hbar}\,\exp(iPX/\hbar)\,u_n(x)$, con gli u_n coseni e seni di 1.1.
Poiché $1 \leftrightarrow 2$ comporta $x \to -x$: per bosoni solo n dispari, per fermioni solo n pari.

10.3. $\Psi = \Phi(\mathbf{X})\,u_{n_x}(x)\,u_{n_y}(y)\,u_{n_z}(z)\,\chi_s(\sigma)$, con $s = 0, 1$ per $N = n_x + n_y + n_z$ pari o dispari; $W = P^2/2M + \hbar\omega(N + 3/2) + \{-3V_0\hbar^2/4, V_0\hbar^2/4\}$, per N pari o dispari.

10.4. $W_{2^1S}^{He} \approx -4.07\,w_0$, $W_{2^3S}^{He} \approx -4.25\,w_0$; $I_{2^1S}^{He} \approx 0.073\,w_0$, $I_{2^3S}^{He} \approx 0.25\,w_0$.
$W_{2^3S}^{Li^+} \approx -10.12\,w_0$; $I_{2^3S}^{Li^+} \approx 1.12\,w_0$. Il non buon accordo con i dati sperimentali relativi agli stati eccitati è dovuto allo schermo della carica nucleare da parte dell'elettrone interno.

10.5.

i) $\Psi_\pm = \dfrac{1}{\sqrt{3!}} \begin{vmatrix} \psi_{1+}(1) & \psi_{1-}(1) & \psi_{2\pm}(1) \\ \psi_{1+}(2) & \psi_{1-}(2) & \psi_{2\pm}(2) \\ \psi_{1+}(3) & \psi_{1-}(3) & \psi_{2\pm}(3) \end{vmatrix}$

$\psi_{1+} = u_{100}\,\chi_{+1/2}$
$\psi_{1-} = u_{100}\,\chi_{-1/2}$
$\psi_{2\pm} = u_{200}\,\chi_{\pm1/2}$

ii) Il livello è degenere 2 volte: $\psi_\pm = \sqrt{1/3!}\det | \psi_{\alpha_j}(i) |$, con $i = 1, 2, 3$ e con
$\alpha_{1+} = \{n_1, l_1, m_1; s_1\} = \{1, 0, 0; 1/2\}$, $\alpha_{1-} = \{1, 0, 0; -1/2\}$,
$\alpha_{2\pm} = \{2, 0, 0; \pm1/2\}$. Posto $u_j(i) = u_{i00}(\mathbf{r}_i)(i, j = 1, 2)$, si trova:
$(\psi_+, V\psi_+) = (\psi_-, V\psi_-) = e^2 \int d\mathbf{x}_1 \int d\mathbf{x}_2(|\mathbf{x}_1 - \mathbf{x}_2|)^{-1} \cdot$
$\cdot \{u_1^2(1)u_2^2(2) + u_1^2(2)u_2^2(1) + u_1^2(1)u_1^2(2) - u_1(1)\,u_2(2)u_1(2)u_2(1)\}$.

Suggerimento. La repulsione coulombiana è diagonale sugli spin e quindi sugli stati $\psi_\pm$. $V = V_{12} + V_{23} + V_{13}$ e $\langle \psi_+ \mid V \mid \psi_+ \rangle = 3\langle \psi_+ \mid V_{12} \mid \psi_+ \rangle$. V_{12} è diagonale sulle $\psi_{\alpha_j}(3)$, e conviene sviluppare il determinante lungo questa riga. I prodotti scalari tra queste funzioni e tra le funzioni di spin danno origine a delle $\delta_{ii'}$.

10.6. i) $\psi_0 = u_{111}(\mathbf{x}_1)u_{111}(\mathbf{x}_2)\chi_{S_{tot}=0}$; $P(\mathbf{x})d\mathbf{x} = |u_{111}(\mathbf{x})|^2 d\mathbf{x}$.

  ii) $W_0 = (3\pi^2\hbar^2/4\mu a^2) - 3A\hbar^2/4$.

10.7. $\Delta W_{10} = 3/8\ 10^{-10} \text{erg}$, $\Delta W_{21} = 1/4\ 10^{-10}\text{erg}$.

Suggerimento. In virtù del principio di esclusione di Pauli: $W_0 = 2W_{111} + W_{112}$, $W_1 = W_{111} + 2W_{112}$, $W_1' = 2W_{111} + W_{122} = W_1$, $W_2 = 2W_{111} + W_{113}$.

10.8. $\Psi_B^{(0)} = \sum_{i=1}^6 c_i\Psi_{Bi}^{(0)}(1,2,3,4,5)$,
$\Psi_{Bi}^{(0)} = \sum_P \varepsilon_P \psi_{\alpha_1}(1)\psi_{\alpha_2}(2)\ \psi_{\alpha_3}(3)\psi_{\alpha_4}(4)\psi_{\alpha_{5i}}(5)$, con: $\alpha_1 = \{1,0,0;1/2\}$;
$\alpha_2 = \{1,0,0;-1/2\}$; $\alpha_3 = \{2,0,0;+1/2\}$; $\alpha_4 = \{2,0,0;-1/2\}$;
$\alpha_{5i} = \{2,1,\{1,0,-1\};\pm1/2\}$, $i = 1-6$.

10.9. i) 10 stati.

  ii) $S = 1,3$.

  iii) Detto $\chi_{\{ijk\}}$ il prodotto simmetrizzato e normalizzato di singoli spin χ_1, χ_2 e χ_3, con $s = -1,0,1$:
    $|3/3\rangle = \chi_{333}$, $|3/2\rangle = \chi_{\{332\}}$, $|3/1\rangle = (2\chi_{\{322\}} + \chi_{\{331\}})/\sqrt{5}$,
    $|3/0\rangle = (2\chi_{222} + \chi_{\{123\}})/\sqrt{5}$, $|3/-1\rangle = (2\chi_{\{122\}} + \chi_{\{311\}})/\sqrt{5}$,
    $|3/-2\rangle = \chi_{\{112\}}$, $|3/-3\rangle = \chi_{111}$; $|1/1\rangle = (\chi_{\{322\}} - 2\chi_{\{331\}})/\sqrt{5}$,
    $|1/0\rangle = (\chi_{222} - 2\chi_{\{123\}})/\sqrt{5}$, $|1/-1\rangle = (\chi_{\{122\}} - 2\chi_{\{311\}})/\sqrt{5}$.

  iv) La funzione data non è accettabile per $s = 1/2$.

10.10. $W_{Li}^{pert} = \{-9/4\ Z^2 + 5965/2916\ Z\}w_0 = -14.11\,w_0 = -191.90\,eV$.

10.11. $W_{Li}^{var} \approx -14.47w_0 = -196.75\,eV$.

10.12. $W_{Li}^{var} \approx -14.58w_0 = -198.26\,eV$.

10.13. $\{L,S\}$ entrambi pari o dispari. Vedi A.15.

10.14. i) $P(\mathbf{r}_1,\mathbf{r}_2) = 2|\psi(\mathbf{r}_1,\mathbf{r}_2)|^2 dV_1 dV_2$; $P(\mathbf{r},\mathbf{r}) = |\psi(\mathbf{r},\mathbf{r})|^2 dV dV$.
        Notare il primo 2.

  ii) $1 = P_{tot} = \int\int d\mathbf{x}_1 d\mathbf{x}_2 |\psi(\mathbf{x}_1,\mathbf{x}_2)|^2$, tiene conto dei due casi precedenti.

  iii) $P(V,V) = \int_V d\mathbf{r}_1 \int_V d\mathbf{r}_2 |\psi(\mathbf{r}_1,\mathbf{r}_2)|^2$.

  iv) $P(V,CV) = 2\int_V d\mathbf{r}_1 \int_{CV} d\mathbf{r}_2 |\psi(\mathbf{r}_1,\mathbf{r}_2)|^2$: $CV = $ spazio complementare di V.

Suggerimento. La funzione d'onda di particelle identiche è simmetrica, ma l'interpretazione probabilistica è la stessa del caso di particelle distinguibili.

10.15. La degenerazione $d_{i,n}$ degli stati $|s = i, W = W_n\rangle$ è data da:
  i) $d_{0,0} = 1$, $d_{1/2,0} = 1$, $d_{1,0} = 6$, $d_{0,1} = 0$, $d_{1/2,1} = 9$, $d_{1,1} = 9$, $d_{0,2} = 6$.
  ii) $d_{0,0} = 1$, $d_{1/2,0} = 1$, $d_{1,0} = 6$, $d_{0,1} = 3$, $d_{1/2,1} = 12$, $d_{1,1} = 27$.
  iii) I livelli vengono corretti dal termine $-\mu_B B (L_z + 2S_z)$.

Suggerimento. Risolvere il primo potenziale nella coordinata relativa, e poi in coordinate polari; il secondo nelle coordinate della singola particella e poi in coordinate cartesiane, moltiplicando e simmetrizzando le funzioni. In quest'ultimo caso, $n_x + n_y + n_z = 1$ corrisponde unicamente a $l = 1$ in coordinate polari.

10.16. i) e ii) $W_0 = (1/a^2 + 1/b^2 + 1/c^2)\hbar^2\pi^2/\mu + (27\lambda/8abc) + \dots$.
  iii) $W_0 = (5/2a^2 + 1/b^2 + 1/c^2)\hbar^2\pi^2/\mu + \dots$, con correzione nulla al primo ordine.

10.17. $W_N = W_3 + (N+1)\hbar\omega$, W_3 continuo, $\omega = \sqrt{3K/\mu}$, $N = n_1 + n_2$, $n_1, n_2 = 0, 1, 2, \dots$

10.18. i) Per bosoni identici, $W_0 = W_3 + \hbar\omega$, come nel 10.17.
  ii) Per fermioni identici di spin $1/2$ lo stato fondamentale corrisponde a $N = 1$, e $W_1 = W_3 + 2\hbar\omega$.

Suggerimento. La funzione d'onda spaziale con $N = 0$ è simmetrica, e non è possibile antisimmetrizzare su tre spin a due valori. Lo stato con $N = 1$ può essere scelto antisimmetrico, considerando le nuove variabili $r'_1 = x_2 - x_3$ e $r''_1 = x_3 - x_1$.

10.19. i) $d_{N=0}^{(1/2)} = 1$, $d_{N=1}^{(1/2)} = 12$, $d_{N=2}^{(1/2)} = 39$.
  ii) $d_{N=0}^{(1)} = 6$, $d_{N=1}^{(1)} = 27$, $d_{N=2}^{(1)} = 99$.

Suggerimento. Negli stati prodotto diretto $(n_i^1)(n_j^2)$, attenzione alla degenerazione per scambio di particelle $1 \leftrightarrow 2$ e per permutazioni entro le terne n_l.

10.20. i) $d_{2s2p} = 2_{2s} \times 6_{2p} = 12$. $d_{L=1;S=0,1} = 3_L \times (1+3)_S = 12$,
  ii) $d_{2p3p} = 6_{2p} \times 6_{3p} = 36$. $d_{L=0,1,2;S=0,1} = 9_L \times 4_S = 36$.

Suggerimento. Si può sempre simmetrizzare e antisimmetrizzare: nel primo caso $l_1 \neq l_2$, nel secondo $n_1 \neq n_2$.

10.21. Posto $w_0 = \pi^2\hbar^2/8\mu a^2$, $W_{n_1,n_2} = n\,w_0$ con $n = (n_1^2 + n_2^2)$.
  a) $W_{11} = 2$, $W_{12} = W_{21} = 5$, $W_{22} = 8$, $W_{31} = W_{13} = 10$.
  b) $d_{n=2} = d_{n=8} = \{1, 4, 6\}$; $d_{n=5} = d_{n=10} = \{4, 8, 9\}$. Le tre degenerazioni tra parentesi si riferiscono ai casi $\{i, ii, iii\}$.

2.11 Argomenti vari

11.1. No. I prodotti scalari sono su misure diverse: $\exp(-\rho)$ nel caso dei polinomi generalizzati di Laguerre, e $\exp(-2k_n r)$, una per polinomio, nel caso degli stati legati dell'atomo di idrogeno, individuati dal numero quantico n.

11.2. $\langle x \rangle_n = a/2$; $\Delta_n x = a\sqrt{1/12 - 1/(2n^2\pi^2)}$.

11.3. Le due matrici diagonali A e B con $-a_{11} = a_{22} = a_{33} = 1$, $b_{11} = b_{22} = -b_{33} = 1$, e tutti gli altri elementi nulli.

11.4. $\alpha = \pm a$, ciascuno degenere due volte. $P_a = 3/4$, $P_{-a} = 1/4$.

11.5. i) $P_0 = 2^{5/4}/(1+\sqrt{2})$;
ii) $P_1 = 0$;
iii) $P_2 = 2^{1/4}/(1+\sqrt{2})^5$.

Suggerimento. Attenzione alle norme!

11.6. $(\psi, H\psi) = 11/6\, h\nu$.

11.7. No: $\langle p^2 \rangle - \langle p \rangle^2 = \Delta^2 p \neq 0$.

11.8. $[\sin\hat{\varphi}, \widehat{M_z}] = i\hbar \cos\hat{\varphi}$; $\Delta_m \sin\varphi\, \Delta_m M_z = 0 = \langle \cos\hat{\varphi} \rangle_m$.

11.9. $P(p, p+dp) = |\widetilde{\psi}(p)|^2 4\pi p^2 dp$, con $\widetilde{\psi}(p) = \sqrt{2^3 \hbar^5 r_0^3/\pi^2}\big/(\hbar^2 + r_0^2 p^2)^2$.

11.10. *Suggerimento.* Teorema di Ehrenfest ed equazione di Newton.

11.11. $P(W)dW = \left[|c(\sqrt{2\mu W})|^2 + |c(-\sqrt{2\mu W})|^2 \right] \sqrt{\mu/2W}\, dW$,
$c(p) = \sqrt{\beta/\sqrt{\pi}}\exp\left[-\beta^2(p-p_0)^2/2 \right]$.

11.12. i) $[H, C] = 0$.
ii) $H = 1/2\,\hat{p}^2$, $A = \hat{p}$, $B = -\hat{x}$, oppure $H = 1/2\,\hat{x}^2$, $A = \hat{x}$, $B = \hat{p}$.

11.13. Tutti i valori di aspettazione di **p** e di **L** sono nulli.
Suggerimento. Funzioni reali di variabile reale danno valori di aspettazione nulli per operatori autoaggiunti *immaginari*.

11.14. $\psi(r, \theta, \varphi) = \sum_{l=0}^{\infty}\sum_{m=-l}^{l}\int_0^{\infty} dk\, c_{lm}(k) R_{kl}(r) Y_{lm}(\theta, \varphi)$, essendo $R_{kl}(r)$ le autofunzioni generalizzate del continuo. Vedi A.6.

11.15. Da $\psi_{2n} = u_{l=1}(\mathbf{x})\chi_{s=1}$, segue $\eta_{\pi^-} = -1$.

11.16. *Suggerimento.* $q = \alpha Q$, $p = \beta P$, $\alpha\beta = \hbar$ $\alpha^2 = \left(\hbar^2/\lambda\mu\right)^{1/3}$.

11.17. $A = (\mathbf{x}\cdot\mathbf{p}+\mathbf{p}\cdot\mathbf{x})/2$.
Suggerimento. $\langle W \mid [A,H] \mid W \rangle = 0$, $[A,\mathbf{p}^2] = i\hbar 2\mathbf{p}^2$, $[A,\mathbf{x}^2] = -i\hbar 2\mathbf{x}^2$, $[A,f(\mathbf{x}^2)] = -i\hbar 2\mathbf{x}^2 df(\mathbf{x}^2)/d\mathbf{x}^2$, per f analitica.

11.18. $\chi_1 = 15/4$, $\chi_2 = 39/4$, $\chi_3 = 75/4$, $\chi_{4,5} = \left(63\pm\sqrt{3993}\right)/4$.

11.19. Poiché $\Delta x\cdot\Delta p \geq \hbar/2$, $\Delta p \neq 0$. $P = (\pi^2\hbar^2/12\mu V)(1/a_1^2 + 1/a_2^2 + 1/a_3^2)$.

11.20. No, perché lo spettro di C è non degenere.

11.21. *Suggerimento.* $i/\hbar\left[\hat{p},H\right] = \partial V/\partial x$. Oppure con il teorema di Ehrenfest.

11.22. $P_{x_0 \gg a} = A^2 E^2 4\pi\sigma\exp[2\sigma(k^2 - k_0^2) - 2kx_0]$. Non dipende dal tempo.

11.23. *Suggerimento.* Le autofunzioni possono essere scelte reali.

11.24. $W \approx 67\,eV$.

11.25. $W_0^{(2)} = -d^2 E^2 I/\hbar^2$. $p_E = 2d^2 I/\hbar^2$.
Suggerimento. $\partial\langle\mathbf{d}\rangle/\partial\mathbf{E} = -(1/E)\langle\partial H/\partial E \rangle = -(1/E)\partial\langle H\rangle/\partial E$.

11.26. $r_N = r_0 N^2/Z \approx (3/2)^{2/3} r_0\, Z^{-1/3}$, con r_0 raggio di Bohr.

11.27. i) $\langle r\rangle \approx Z^{-1/3} r_0$;
  ii) $\langle r\rangle \approx Z^{2/3} r_0$;
  iii) $\langle r\rangle \approx Z^{2/3-\alpha} r_0$, $\alpha > 1$.

11.28. $P_{0\to n} = (\alpha\sigma)^{2n}/2^n\, n!\exp[-\alpha^2\sigma^2/2]$, con $\sigma = (\mu K/\hbar^2)^{1/4}$, $\alpha = qE/K$.

11.29. In entrambi i casi l'incognita è $W_0^2 - \eta^2$.

11.30. Con $w_0 = \pi^2\hbar^2/2\mu a^2$:
  i) $c_{1,n} = (\psi_n,\phi_1) = -\sqrt{240}/\pi^3[1+(-)^n]/(n+1)^3$, $|c_{1,0}|^2 \approx 0.999$,
    $|c_{1,2}|^2 \approx 0.001$. $\overline{W}_{\phi_1} = 10/\pi^2 w_0$, $\overline{W_{\phi_1}^2} = 120/\pi^4 w_0^2$, $\Delta W_{\phi_1} = \sqrt{20}/\pi^2 w_0$;
  ii) $c_{2,n} = (\psi_n,\phi_2) = -[1+(-)^n]8/\{\sqrt{3}\pi(n+1)[(n+1)^2 - 4]\}$, $|c_{2,0}|^2 \approx 0.961$,
    $|c_{2,2}|^2 \approx 0.038$. $\overline{W}_{\phi_2} = 4/3 w_0$, $\overline{W_{\phi_2}^2} = 16/3 w_0^2$, $\Delta W_{\phi_2} = 4\sqrt{2}/3 w_0$.

11.31. i) α e β non sono compatibili.
  ii) $P_{a_1\to a_1} = 97/169$.

11.32. $D = -\sqrt{1/2}\, d/dx - \sqrt{2}\, x/(x^2 + a^2)$.

Suggerimento. La funzione u_0 non ha nodi, e quindi è lo stato fondamentale.

11.33. i) $W = -\mu\lambda^2/2\hbar^2$, vedi 4.1;
  ii) $P_W = (2\sqrt{2}/\sqrt{\sigma\pi})\, e^{-x_0^2/2\sigma} k^3/(k^2 + k_0^2)^2$.

11.34. $P_{1s} = 2^9/3^6$, $P_{2s} = 1/4$, $P_{2p} = 0$.

11.35. i) Gli autovettori di A sono $|1\rangle$ e $|1\rangle$, il primo con autovalore $\alpha_1 = 1/2$, e il secondo non determinabile dai dati.
  ii) La seconda misura su B^2 è sbagliata.
  iii) Per C si trova: $\gamma_\pm = 1 \pm 1/2$, con $|\gamma_\pm\rangle = 1/\sqrt{2}(|1\rangle \pm |2\rangle)$.

11.36. i) $\langle\psi|H|\psi\rangle = 2\pi^2/3a^2$.
  ii) $P_0 = P_2 = 0$, $P_1 = 256/(27\pi^2)$, $P_3 = P_1/25$.

11.37. i) $F = 7.6 \cdot 10^9\, eV/cm$.
  ii) $W_2 = 4W_1 = 152\, eV$.

Suggerimento. Teorema di Feynman-Helmann.

11.38. $W_l = W_0 + 2W_1 \cos\theta_l$; $|l,k\rangle = \exp(ik\theta_l)/\sqrt{N}$; $l = 0, 1, 2, ..., N-1$,
$\theta_l = 2\pi l/N$, $k = 1, 2, ..., N$.

11.39. $P_{ext} = 1 - P_{int} \approx 16\%$.

11.40. Massimo e minimo per $b = \sqrt{1/2}$ e $a = \pm\sqrt{1/2}$, rispettivamente.

11.41. i) $P_1 = 32/9\pi^2$;
  ii) $P_2 = 1/2 = P_{max}$;
  iii) $P_k = [2\pi a/\hbar(\pi^2 - k^2 a^2)^2]$.

11.42. i) $V_j(x) = \hbar^2/2\mu\left[j(j-1)/x^2 - 2j/xx_0\right]$.
  ii) $W_{n_x j} = -\hbar^2/2\mu(1/x_0^2)j^2/(n_x + j)^2$, $n_x = 0, 1, ...$

Suggerimento. Non c'è degenerazione accidentale, ma quella legata a $\{nj, nn_x\}$, con n intero.

11.43. i) Stato legato perché a norma finita.
  ii) $V(x) = -\beta + \hbar^2/2\mu(\alpha^2 - 2\alpha/x)$ per $0 \le x$.
  iii) $W_n = -\beta + \alpha^2\hbar^2/2\mu(1 - 1/n^2)$. $P(W) = 1, 0$ per $W = -\beta, \ne -\beta$.

11.44. i) $x(t) = X\cos\omega t$.
  ii) $W_{cl} = \mu\omega^2 X^2/2$, $X = \sqrt{2\hbar N/\mu\omega}$ $(n \approx s \approx N)$.

*11.45. $|C_l|^2 = [(2l+1)(l-2)!/(l+2)!][1+(-)^l]^2$, $l \geq 2$.

Suggerimento. Con $Y_{l2}(\zeta,\varphi) = (2\pi)^{-1}\exp(2i\varphi)N_{l2}(1-\zeta^2)d^2/d\zeta^2 P_l(\zeta)$:
$\Phi = \sum_{l=2}^{\infty} C_l Y_{l2}(\theta,\varphi)$.

11.46. i) $P(p)dp = (1/\hbar a\sqrt{\pi})\exp\left[-(1/a^2\hbar^2)p^2\right]dp$.
 ii) $\Delta x \Delta p = \hbar/2$.

11.47. i) $\overline{W}_n = \overline{p_n^2}/2\mu + K/2\overline{x_n^2} = \sqrt{K/\mu}\sqrt{\overline{p_n^2}\,\overline{x_n^2}} = \sqrt{K/\mu}\sqrt{\Delta_n^2 x \Delta_n^2 p}$; da qui:
   $\overline{W}_n \geq \sqrt{K/\mu}\,\hbar/2 = \hbar\omega/2 = W_0$.
 ii) Con $\psi(x) = \exp(-\alpha x^2)$ di prova, si ottiene $\psi_0(x) = \exp(-x^2\sqrt{K/\mu}/2\hbar)$.
 iii) $\psi_1(x) = \sqrt{2\alpha}\,x\,\psi_0(x)$.

11.48. i) $N = \sqrt{\alpha^3/\pi}$;
 ii) $\alpha = Z/r_0$;
 iii) $W_0 = Z^2 e_0^2/2r_0$;
 iv) $\langle V \rangle = 2W_0$, $\langle T \rangle = -W_0$;
 v) $\langle r \rangle = 3r_0/2Z$;
 vi) $r = r_0/Z$.

11.49. $\psi_1 = 1/\sqrt{5}|0,2,-1|^T$, $\psi_2 = 1/\sqrt{65}|-6,2,5|^T$, $\psi_3 = 1/(3\sqrt{5})|4,2,5|^T$.
$\alpha_1 = 3$, $\alpha_2 = -3$, $\alpha_3 = 7$. Autostati non ortogonali: matrice non hermitiana.

3

Soluzioni

3.1 Equazione di Schrödinger in una dimensione

1.1. i) Autovalori e autovettori della buca infinita in $-a < x < a$ sono dati da:

$$W_n = \frac{\hbar^2 \pi^2}{8\mu a^2} n^2 \longleftrightarrow \begin{cases} u_n(x) = a^{-1/2} \sin\dfrac{n\pi x}{2a} & \text{per } n \text{ pari} \\[3mm] u_n(x) = a^{-1/2} \cos\dfrac{n\pi x}{2a} & \text{per } n \text{ dispari.} \end{cases}$$

ii) La funzione d'onda assegnata può dunque facilmente esprimersi come:

$$\psi(x) = \frac{1}{\sqrt{5}} [u_1(x) + 2u_2(x)].$$

iii) I possibili risultati della misura e relative probabilità sono dati da:

$$W_1 = \frac{\hbar^2 \pi^2}{8\mu a^2}, \quad P_1 = \frac{1}{5}; \qquad W_2 = \frac{\hbar^2 \pi^2}{2\mu a^2}, \quad P_2 = \frac{4}{5}.$$

La medesima misura eseguita immediatamente dopo la prima, deve dare per continuità lo stesso risultato, e quindi le probabilità di ritrovare lo stesso autovalore è uguale a uno, mentre è nulla la probabilità di trovare l'altro. Poiché l'Hamiltoniana non dipende dal tempo, tutte le ampiezze dipendono dal tempo solo tramite un fattore esponenziale di modulo uno, per cui le probabilità relative all'energia rimangono inalterate fino alla successiva misura.

1.2. Con le definizioni:

$$k = \sqrt{2\mu W}/\hbar, \quad \bar{k} = \sqrt{2\mu(V_0 - W)}/\hbar, \quad 0 < W < V_0,$$

Alabiso C., Chiesa A.: Problemi di meccanica quantistica non relativistica
DOI 10.1007/978-88-470-2694-0_3, © Springer-Verlag Italia 2013

la soluzione generale dell'equazione agli autovalori è data da:

$$u(x) = \begin{cases} Ae^{ikx} + Be^{-ikx} & 0 < x < a \\ Ce^{\bar{k}x} + De^{-\bar{k}x} & a < x. \end{cases}$$

Dobbiamo ora imporre le condizioni al contorno, $u(0) = u(\infty) = 0 \implies A + B = 0$ e $C = 0$, e le condizioni di raccordo per la funzione e la derivata prima in $x = a$. Si ottiene:

$$\begin{cases} A\left(e^{ika} - e^{-ika}\right) = De^{-\bar{k}a} \\ Aik\left(e^{ika} + e^{-ika}\right) = -D\bar{k}e^{-\bar{k}a}. \end{cases}$$

Dividendo la seconda per la prima, si trova infine l'equazione trascendente cercata:

$$k \cot ka = -\bar{k}.$$

1.3. Gli stati legati sono non degeneri, e le funzioni d'onda sono puramente reali, ovviamente a meno di un coefficiente moltiplicativo. Se così non fosse, ψ e ψ^* sarebbero entrambe soluzioni linearmente indipendenti, contrariamente alle ipotesi.

Possiamo disegnare la funzione d'onda ψ_n utilizzando un sistema di assi cartesiani con le ordinate sovrapposte a quelle dell'energia, e le ascisse sovrapposte alla retta $W = W_n$. Le funzioni vanno a zero esponenzialmente a $\pm\infty$, dove $W_n < V(x)$. Hanno comportamento oscillante all'interno della buca, dove $W_n > V(x)$. Hanno flessi obliqui nei punti dove la funzione si annulla, e in quelli di inversione classica, dove $|V(x) - W_n| = 0$. Le oscillazioni entro la buca sono regolate in sostanza dal valore $|V(x) - W_n|$: tanto più piccolo è tale valore, tanto meno oscilla la funzione. Lo stato fondamentale, quello a energia minima, è senza nodi; il primo eccitato ne ha uno, il secondo due, ecc. Se il potenziale è pari, le autofunzioni hanno la stessa parità dell'indice. Sull'asse delle ascisse le funzioni non hanno minimi, massimi o flessi orizzontali. Se ciò avvenisse, si annullerebbe nello stesso punto funzione e derivata prima nel primo caso, e derivata prima e derivata seconda nel secondo caso. Per il teorema sull'unicità della soluzione, nel primo caso sarebbe identicamente nulla la funzione d'onda, mentre nel secondo caso lo sarebbe la derivata prima,

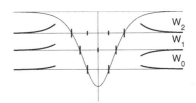

con funzione d'onda costante, e quindi ancora identicamente nulla per le condizioni di annullamento a $\pm\infty$. Nel grafico sono stati indicati i comportamenti salienti di queste: i comportamenti asintotici a zero, e tutte le ascisse ove le tre funzioni hanno sicuramente un flesso. Per $W > 0$, le funzioni sono oscillanti con frequenza crescente con $|V(x) - W|$.

1.4. Dati i coefficienti ρ e τ per una barriera, possiamo dire che attraverso di essa due soluzioni linearmente indipendenti si trasformano nel seguente modo:

$$e^{ikx} + \rho e^{-ikx} \Longrightarrow \tau e^{ikx}, \quad e^{-ikx} + \rho^* e^{ikx} \Longrightarrow \tau^* e^{-ikx} \quad \text{con} \quad |\rho|^2 + |\tau|^2 = 1,$$

dove la seconda soluzione è la complessa coniugata della prima, e la soluzione generale:

$$A\left[e^{ikx} + \rho e^{-ikx}\right] + B\left[e^{-ikx} + \rho^* e^{ikx}\right] \Longrightarrow A\tau e^{ikx} + B\tau^* e^{-ikx},$$

ovvero:

$$Ce^{ikx} + De^{-ikx} \Longrightarrow C'e^{ikx} + D'e^{-ikx},$$

con:

$$\begin{cases} C = A + B\rho^* \\ D = A\rho + B \end{cases} \quad \text{e} \quad \begin{cases} C' = A\tau = C/\tau^* - D\rho^*/\tau^* \\ D' = B\tau^* = -C\rho/\tau + D/\tau. \end{cases}$$

Le espressioni di C' e D' si ottengono ovviamente risolvendo il primo sistema rispetto ad A e B e sostituendo questi valori nel secondo, tenendo conto della relazione $|\rho|^2 + |\tau|^2 = 1$. La trasformazione da $\{C, D\}$ a $\{C', D'\}$ si può esprimere in forma matriciale tramite la matrice di trasferimento:

$$M = \begin{vmatrix} 1/\tau^* & -\rho^*/\tau^* \\ -\rho/\tau & 1/\tau \end{vmatrix}$$

che collega la soluzione generale a sinistra della barriera con quella a destra. Nel nostro caso abbiamo una seconda barriera identica posta a distanza L dalla prima, e quindi operariamo nuovamente con la matrice di trasferimento sulla funzione d'onda traslata appunto di L:

$$\begin{vmatrix} C'' \\ D'' \end{vmatrix} = MT_L M \begin{vmatrix} C \\ D \end{vmatrix} \quad \text{e} \quad T_L = \begin{vmatrix} e^{ikL} & 0 \\ 0 & e^{-ikL} \end{vmatrix}.$$

La matrice T_L è evidentemente la matrice di traslazione, e la formula riguarda la soluzione generale. Noi cerchiamo la soluzione particolare tipica dell'effetto tunnel, con parametri di riflessione e trasmissione, per cui:

$$\begin{vmatrix} \tau_2 \\ 0 \end{vmatrix} = MT_L M \begin{vmatrix} 1 \\ \rho_2 \end{vmatrix} = \begin{vmatrix} e^{ikL}\left(1 - \rho^*\rho_2\right)/\tau^{*2} + e^{-ikL}\left(|\rho|^2 - \rho^*\rho_2\right)/|\tau|^2 \\ e^{ikL}\left(-\rho + |\rho|^2\rho_2\right)/|\tau|^2 + e^{-ikL}\left(-\rho + \rho_2\right)/\tau^2 \end{vmatrix}.$$

Ricaviamo ρ_2 dalla seconda e lo sostituiamo nella prima:

$$\begin{cases} \rho_2 = \rho \dfrac{\tau e^{ikL} + \tau^* e^{-ikL}}{\tau |\rho|^2 e^{ikL} + \tau^* e^{-ikL}} \\ \tau_2 = \tau \dfrac{|\tau|^2}{\tau |\rho|^2 e^{ikL} + \tau^* e^{-ikL}}. \end{cases}$$

Vale la pena controllare che continua ad essere $|\rho_2|^2 + |\tau_2|^2 = 1$.

1.5. i) Si possono avere stati legati per $-V_0 < W < 0$. La condizione di esistenza di almeno uno stato legato corrisponde a quella di esistenza del primo stato dispari per la buca simmetrica ottenuta da quella data per specularità rispetto all'asse delle ordinate. Queste condizioni saranno meno restrittive rispetto alla buca quadrata semplice, grazie alla barriera V_1, che comporta una discesa più rapida della funzione d'onda per $x > a$.

Per $0 < W$ gli stati sono liberi, anche per $0 < W < V_1$. In quest'ultimo caso però esistono pacchetti d'onda, soluzioni dell'equazione completa, temporaneamente "quasi confinati" in $0 < x < a$, le cosiddette risonanze che decadono per effetto tunnel.

ii) Introduciamo anzitutto le variabili utili nelle tre regioni:

$$k_0 = \sqrt{2\mu(V_0 + W)}/\hbar, \quad k_1 = \sqrt{2\mu(V_1 - W)}/\hbar, \quad k = \sqrt{-2\mu W}/\hbar.$$

La condizione $u(0) = 0$ determina la soluzione nella buca: $u(x) \propto \sin(k_0 x)$. Se $\hbar^2/(2\mu a^2) \ll (V_1 + V_0)$, con a e V_0 fissi e V_1 molto grande, possiamo considerare il potenziale come una buca infinita e imporre condizioni di annullamento anche in $x = a$, ottenendo per il primo stato legato:

$$\sin(k_0 a) = 0 \quad \Longrightarrow \quad W_0 = -V_0 + \frac{\hbar^2 \pi^2}{2\mu a^2}.$$

Risolviamo ora l'equazione di Schrödinger per il potenziale completo. La soluzione generale è data da:

$$u(x) = \begin{cases} A \sin(k_0 x) & 0 < x < a \\ B e^{k_1 x} + C e^{-k_1 x} & a < x < a + b \\ D e^{-(kx)} & a + b < x. \end{cases}$$

Imponiamo ora la continuità della funzione e della derivata prima in $x = a$ e $x = a + b$, e valutiamo il rapporto della seconda relazione rispetto alla prima, cioè imponiamo la continuità della derivata logaritmica $u'(x)/u(x)$, semplificando così le costanti moltiplicative. Si ottiene:

$$
\begin{cases}
k_0 \cot(k_0 a) = k_1 \dfrac{Be^{k_1 a} - Ce^{-k_1 a}}{Be^{k_1 a} + Ce^{-k_1 a}} & x = a \\[2ex]
-k = k_1 \dfrac{Be^{k_1(a+b)} - Ce^{-k_1(a+b)}}{Be^{k_1(a+b)} + Ce^{-k_1(a+b)}} & x = a+b.
\end{cases}
$$

Il sistema è lineare omogeneo in $\{B,C\}$ e la condizione di risolubilità è data dall'annullarsi del determinante:

$$
\det \begin{vmatrix} e^{k_1 a}(k_0 \cot(k_0 a) - k_1) & e^{-k_1 a}(k_0 \cot(k_0 a) + k_1) \\[1.5ex] e^{k_1(a+b)}(-k - k_1) & e^{-k_1(a+b)}(-k + k_1) \end{vmatrix} = 0.
$$

L'equazione trascendente richiesta è così data da:

$$
k_0 \cot(k_0 a) = -k_1 \frac{k_1 \sinh(k_1 b) + k \cosh(k_1 b)}{k_1 \cosh(k_1 b) + k \sinh(k_1 b)}.
$$

Quello appena ottenuto è il risultato esatto. Può essere valutato in diversi limiti, ad esempio: $V_1 \to \infty$. In questo caso allora $k_1 \to \infty$ e l'equazione diventa:

$$
k_0 \cot(k_0 a) = -k_1 \to -\infty \implies \tan(k_0 a) = 0^- \implies k_0 a = n\pi, \quad n = 1, 2, \ldots
$$

che sono evidentemente le soluzioni corrispondenti alla buca infinita, già considerata al punto ii).

iii) In questo caso semplice di potenziale costante a tratti, le soluzioni sono le stesse viste prima, e sono anche uguali le condizioni di raccordo di funzione e derivata prima in $x = a+b$. Ciò che cambia nel metodo WKB sono le condizioni nel punto di inversione classico. In questo intorno infatti non sono valide le approssimazioni WKB, ed è necessario trovare uno sviluppo indipendente da connettere con le soluzioni a sinistra e a destra di $x = a$. Si opera il raccordo dei comportamenti asintotici dominanti, al primo ordine in $\hbar$. Questo corrisponde al raccordo ordinario di funzione e derivata prima, correttamente valutate al primo ordine in $\hbar$. Per un potenziale generico $V(x)$, introduciamo:

$$
\chi(x) = \sqrt{2\mu(W - V(x))}/\hbar, \quad \bar{\chi}(x) = \sqrt{2\mu(V(x) - W)}/\hbar,
$$

da utilizzare evidentemente dove queste grandezze sono reali. Quindi:

$$
\begin{cases}
2[\chi(x)]^{-1/2} \cos\left[\displaystyle\int_x^a dx' \chi(x') - \frac{\pi}{4}\right] \longleftrightarrow [\bar{\chi}(x)]^{-1/2} \exp\left[-\displaystyle\int_a^x dx' \bar{\chi}(x')\right] \\[3ex]
[\chi(x)]^{-1/2} \sin\left[\displaystyle\int_x^a dx' \chi(x') - \frac{\pi}{4}\right] \longleftrightarrow -[\bar{\chi}(x)]^{-1/2} \exp\left[\displaystyle\int_a^x dx' \bar{\chi}(x')\right].
\end{cases}
$$

Nel nostro caso della buca costante a tratti, a cavallo del punto di inversione, le connessioni sono le seguenti:

$$\begin{cases} 2[k_0]^{-1/2}\cos\left[k_0(a-x)-\dfrac{\pi}{4}\right] \longleftrightarrow [k_1]^{-1/2}\exp\left[-k_1(x-a)\right] \\ -[k_0]^{-1/2}\sin\left[k_0(a-x)-\dfrac{\pi}{4}\right] \longleftrightarrow [k_1]^{-1/2}\exp\left[k_1(x-a)\right]. \end{cases}$$

Precedentemente abbiamo visto che la nostra soluzione per $0 < x < a$ è il semplice $\sin(k_0 x)$, e quindi:

$I)$ $0 < x < a : u(x) = \sin(k_0 x) = \sin\left[k_0(x-a)+\dfrac{\pi}{4}+k_0 a-\dfrac{\pi}{4}\right] =$

$$= -\cos\left[k_0 a-\dfrac{\pi}{4}\right]\sin\left[k_0(a-x)-\dfrac{\pi}{4}\right] + \sin\left[k_0 a-\dfrac{\pi}{4}\right]\cos\left[k_0(a-x)-\dfrac{\pi}{4}\right].$$

Di questi, il termine seno va a raccordarsi con l'esponenziale crescente, mentre il termine coseno con quello decrescente (attenti ai segni). Dunque:

$II)$ $a < x < a+b$:

$$u(x)=\sqrt{\dfrac{k_0}{k_1}}\left\{\cos\left[k_0 a-\dfrac{\pi}{4}\right]\exp\left[k_1(x-a)\right]+\dfrac{1}{2}\sin\left[k_0 a-\dfrac{\pi}{4}\right]\exp\left[-k_1(x-a)\right]\right\}.$$

Questa è della forma $F\{\beta e^{k_1 x} + \gamma e^{-k_1 x}\}$, e va raccordata, insieme alle derivate, con la soluzione esponenziale decrescente in $a+b < x$, De^{-kx}. La condizione di compatibilità tra le due equazioni porta a:

$$\frac{\cos\left[k_0 a-\pi/4\right]\exp\left[bk_1\right]-1/2\sin\left[k_0 a-\pi/4\right]\exp\left[-bk_1\right]}{\cos\left[k_0 a-\pi/4\right]\exp\left[bk_1\right]+1/2\sin\left[k_0 a-\pi/4\right]\exp\left[-bk_1\right]}=-\frac{k}{k_1}.$$

Questa equazione trascendente determina lo spettro W nella approssimazione WKB. Nel caso particolare $V_1 = 0$, cioè $k = k_1$, si ricava:

$$\cos\left[k_0 a-\dfrac{\pi}{4}\right]\exp\left[bk_1\right]=0 \quad\longrightarrow\quad k_0 a=(2n+3/2)\dfrac{\pi}{2},$$

da cui si ricavano finalmente gli autovalori:

$$W_n = -V_0 + \dfrac{\hbar^2\pi^2}{2\mu a^2}(n+3/4)^2.$$

In tutta la trattazione precedente era $W < 0$, e pertanto le condizioni per l'esistenza di almeno uno stato legato sono:

$$V_0 > \frac{9}{16}\frac{\hbar^2\pi^2}{2\mu a^2}=\frac{9}{16}\frac{(\hbar c)^2\pi^2}{(2\mu c^2)a^2}\approx 21.5\,eV,$$

da confrontare con il valore esatto, quello necessario ad avere almeno una soluzione dispari nella buca quadrata:

$$V_0 > \frac{1}{4}\frac{\hbar^2\pi^2}{2\mu a^2} \approx 9.4 eV.$$

Notare che il caso $V_1 = 0$ poteva essere trattato subito più semplicemente, raccordando in $x = a$ la soluzione esponenzialmente decrescente con il solo termine coseno, annullando nella regione II) il coefficiente dell'altro esponenziale.

Notare inoltre che l'accordo con il dato esatto non è molto soddisfacente. Questo dipende dal fatto che l'approssimazione WKB è valida per potenziali che variano poco su distanze dell'ordine della lunghezza d'onda della particella, ma anche in zone lontane dai punti di inversione classica. Entrambe le condizioni non si applicano al meglio nel caso di potenziali discontinui, quali quelli a buca quadrata.

Ricordiamo che WKB fornisce lo spettro esatto dell'oscillatore armonico, mentre per la buca quadrata di semiampiezza a prevede l'esistenza di uno stato legato solo per:

$$V_0 > \frac{1}{16}\frac{\hbar^2\pi^2}{2\mu a^2},$$

contrariamente alla situazione reale di esistenza di almeno una soluzione (pari) per qualsiasi valore (positivo) di V_0.

1.6. Il problema è analogo alla parte radiale dell'atomo di idrogeno con momento angolare $l = 0$. Operate le sostituzioni, l'equazione di Schrödinger diventa:

$$\frac{d^2u(\xi)}{d\xi^2} - \frac{du(\xi)}{d\xi} + \frac{b}{\xi}u(\xi) = 0.$$

La funzione d'onda deve annullarsi all'origine, e così anche la funzione $u(\xi)$, che pertanto sviluppiamo senza termine noto:

$$u(\xi) = \sum_{n=1}^{\infty} c_n \xi^n.$$

Sostituita nell'equazione di Schrödinger, con derivata prima e seconda, si ottiene:

$$u(\xi) = \sum_{n=0}^{\infty} \left[(n+2)(n+1)c_{n+2} - (n+1-b)c_{n+1} \right]\xi^n = 0,$$

da cui si ricava la regola di ricorrenza:

$$c_{n+2} = \frac{n+1-b}{(n+2)(n+1)}c_{n+1} \implies c_n = \frac{[1-b]_n}{n!(n-1)!}c_1$$

con

$$[1-b]_n = (n-1-b)(n-2-b)\cdots(2-b)(1-b).$$

Quindi, dalla regola di ricorrenza segue che a grandi n:

$$\frac{c_{n+1}}{c_n} \sim \frac{1}{n},$$

pari al rapporto dei coefficienti per la serie esponenziale e^ξ. Questo pertanto è il comportamento a grandi ξ della funzione $u(\xi)$, e conseguentemente:

$$\psi(x) = e^{-\xi/2}u(\xi) \xrightarrow[\xi \to \infty]{} e^{\xi/2},$$

divergente e non accettabile. La serie pertanto deve interrompersi, e questo avviene solo per $b = N$ intero, cui corrispondo gli autovalori e le autofunzioni seguenti:

$$W_N = -\frac{\lambda^2}{2N^2}\frac{\mu}{\hbar^2}$$

$$\psi_N(x) = A \exp\left[-\frac{1}{N}\frac{x}{x_0}\right] \sum_{n=1}^{N} (-)^n \frac{(N-1)!}{(N-n)!\,n!\,(n-1)!} \left(\frac{2}{N}\frac{x}{x_0}\right)^n.$$

1.7. Il potenziale è pari con stati legati non degeneri, per cui esistono soluzioni pari o dispari. Poniamo:

$$v^2 = 8\mu a^2|W|/\hbar^2\lambda^2 = 8\mu a^2 V_0/\hbar^2 \qquad \xi = \lambda e^{-|x|/2a},$$

e risolviamo nella regione $0 \le x$, dove $|x| = x$, e poi imponiamo all'origine le condizioni di annullamento della funzione d'onda per le soluzioni dispari, e della sua derivata per quelle pari. L'equazione di Schrödinger è la seguente:

$$\frac{d^2u}{d\xi^2} + \frac{1}{\xi}\frac{du}{d\xi} + \left(1 - \frac{v^2}{\xi^2}\right)u = 0.$$

Le soluzioni soddisfacenti la condizione all'infinito sono le funzioni di Bessel di prima specie $J_v(\xi)$ con $v > 0$, mentre le $J_{-v}(\xi)$ divergono per $x \to \infty$, cioè $\xi \to 0$. Pertanto:

$$u(x) \approx J_v(\xi) = J_{\sqrt{8\mu a^2|W|/\hbar^2}}\left(\sqrt{8\mu a^2 V_0/\hbar^2}\,e^{-x/2a}\right),$$

e a queste dobbiamo imporre la condizione all'origine, ovvero:

$$\begin{cases} J_v(\lambda) = 0 & \text{soluzioni dispari} \\ J'_v(\lambda) = 0 & \text{soluzioni pari}. \end{cases}$$

In A-S 9.5.2, si trova che le J_v e J'_v hanno infiniti zeri semplici $\lambda = j_{v,s}$ e $\lambda = j'_{v,s}$, crescenti in s e tutti interallacciati tra di loro. Vale:

$$j_{v,1} < j_{v+1,1} < j_{v,2} < j_{v+1,2} < j_{v,3} < \ldots \text{ev} \le j'_{v,1} < j_{v,1} < j'_{v,2} < j_{v,2} < j'_{v,3} < \ldots$$

Ovviamente, trovati gli zeri si deve invertire la relazione $\lambda = \lambda(v)$ e ricavare l'energia W in funzione del potenziale V_0 (vedi 2.5).

1.8.   i) Lo stato fondamentale di questo potenziale è pari e possiamo risolvere il problema nella sola zona con $x > 0$. La parità della funzione automaticamente assicura il raccordo all'origine $u_0(0^-) = u_0(0^+)$, mentre il raccordo della derivata comporta l'annullarsi di questa $u_0'(0) = 0$.

Con le sostituzioni:

$$k = \sqrt{2\mu|W|}/\hbar, \quad v = 2ak = \sqrt{8\mu a^2|W|}/\hbar, \quad \lambda = \sqrt{8\mu a^2 V_0}/\hbar, \quad \xi = \lambda e^{-x/2a},$$

l'equazione di Schrödinger diventa:

$$\frac{d^2 u}{d\xi^2} + \frac{1}{\xi}\frac{du}{d\xi} + \left(1 - \frac{v^2}{\xi^2}\right)u = 0,$$

che ha come soluzione la sola funzione di Bessel:

$$u(\xi) = CJ_v(\xi) = CJ_v(\lambda e^{-x/2a}),$$

che soddisfa la condizione di annullamento all'infinito. Infatti, $\xi \to 0$ per $x \to \infty$, e in questo limite l'altra soluzione, la funzione di Bessel J_{-v}, diverge. Inoltre, la condizione di continuità della derivata all'origine diventa:

$$J_v'(\lambda) = J'_{\sqrt{8\mu a^2|W|/\hbar^2}}\left(\sqrt{8\mu a^2 V_0/\hbar^2}\right) = 0.$$

ii) Per ipotesi $\lambda \ll 1$, possiamo sfruttare lo sviluppo asintotico suggerito:

$$J_v'(\lambda) \approx \frac{1}{2\Gamma(v)}\left(\frac{\lambda}{2}\right)^{v-1} - \frac{1}{2\Gamma(v+2)}\left(\frac{\lambda}{2}\right)^{v+1},$$

e ottenere l'equazione:

$$v(v+1) - \frac{\lambda^2}{4} = 0.$$

Notare che, per lo stato fondamentale, se $\lambda \ll 1$ anche $v \ll 1$, per cui l'equazione precedente si può approssimare con:

$$v_0 = \frac{\lambda^2}{4} \quad \Longrightarrow \quad W_0 = -\frac{2\mu a^2 V_0^2}{\hbar^2}.$$

In questo limite possiamo anche dare una espressione semplice per la funzione d'onda. Dal comportamento a piccolo argomento delle Bessel e della Γ (A-S 9.1.7 e 6.1.39):

$$u(x) \approx CJ_{v_0}(\xi) \approx C\frac{1}{\Gamma(v_0+1)}\xi^{v_0} \approx C\frac{\lambda^{v_0}}{\sqrt{v_0}}e^{-v_0|x|/2a} \approx \sqrt{\kappa_0}e^{-\kappa_0|x|},$$

dove abbiamo tenuto conto delle dimensioni della costante C, uguali all'inverso di una lunghezza, cioè $[C] = [k^{-1}]$.

1.9. Per $x > 0$ ponendo:

$$\alpha = \sqrt{\mu\omega/\hbar}, \quad \varepsilon = 2W/\hbar\omega, \quad \xi = \alpha x,$$

si ottiene:

$$\psi_+'' + (\varepsilon - \xi^2)\psi_+ = 0.$$

Con l'ulteriore sostituzione di variabile indipendente e di funzione incognita:

$$y = \xi^2, \quad \psi_+(y) = e^{-y/2}F(y),$$

la nuova funzione incognita $F(y)$ soddisfa l'equazione:

$$F'' + \left(\frac{1}{2y} - 1\right)F' - \left(\frac{1-\varepsilon}{4}\right)\frac{1}{y}F = 0.$$

Soluzioni linearmente indipendenti sono le ipergeometriche confluenti di Kummer di prima specie (cfr. A-S 13.1. e 13.1.13):

$$M(a,b;y) \quad \text{e} \quad y^{1-b}M(a-b+1,2-b;y) \quad \text{con} \quad a = \frac{1-\varepsilon}{4} \quad \text{e} \quad b = \frac{1}{2}.$$

Quindi:

$$\psi_+(y) = e^{-y/2}\left[AM(a,b;y) + By^{1/2}M(a-b+1,2-b;y)\right].$$

Dai comportamenti asintotici delle ipergeometriche confluenti segue che:

$$\psi_+(y) \xrightarrow[y\to\infty]{} e^{-y/2}\left\{e^y y^{a-b}\left[A\frac{\Gamma(b)}{\Gamma(a)} + B\frac{\Gamma(2-b)}{\Gamma(a-b+1)}\right]\right\}.$$

A causa degli esponenziali, per annullarsi all'infinito si deve annullare il coefficiente, cioè:

$$A\Gamma(b)\Gamma(a-b+1) + B\Gamma(a)\Gamma(2-b) = 0,$$

ovvero la soluzione:

$$\psi_+(y) = Ae^{-y/2}\left[M(a,b;y) - \frac{\Gamma(b)\Gamma(a-b+1)}{\Gamma(a)\Gamma(2-b)}y^{1/2}M(a-b+1,2-b;y)\right]$$

$$\approx e^{-y/2}U(a,b;y),$$

dove $U(a,b;y)$ è la funzione di Kummer di seconda specie, cui si poteva pensare sin dall'inizio visto che è quella che converge all'infinito (A-S 13.1.3).

Per $x < 0$ invece, nella zona del potenziale lineare, ponendo $\beta = 2\mu\lambda/\hbar^2$ e $y = \beta^{1/3}(x + W/\lambda)$, otteniamo l'equazione:

$$\frac{d^2\psi(y)}{dy^2} + y\psi(y) = 0,$$

che ha come soluzione le funzioni di Airy Ai e Bi (cfr. 1.15), con Bi divergente all'infinito. Dunque:

$$\psi_-(x) = C Ai\left[\beta^{1/3}(x + W/\lambda)\right].$$

La normalizzazione e le due condizioni di raccordo per la funzione e la derivata, $\psi_+(0) = \psi_-(0)$ e $\psi'_+(0) = \psi'_-(0)$, determinano le due costanti A, C e l'energia W.

Notare che, se dovessimo risolvere l'usuale oscillatore armonico, la soluzione generale ψ_+ vista prima si estenderebbe a $x < 0$ per analiticità, e dovremmo imporre la convergenza a $\pm\infty$ come abbiamo fatto sopra, cioè due condizioni. Siccome però l'oscillatore armonico è pari e le autofunzioni sono o pari o dispari, potremmo anche ridurre fin dall'inizio la soluzione generale: o alla prima funzione di Kummer, pari perché funzione di $\xi = x^2$, oppure alla seconda, dispari grazie al fattore moltiplicativo $y^{1/2} = \pm x$. Quindi, una soluzione da $-\infty$ a $+\infty$ dipendente da un solo parametro, A o B, per cui, imponendo la normalizzazione e solo una convergenza, ad es. $+\infty$, l'autovalore si quantizza. La seconda convergenza a $-\infty$ è assicurata dalla parità.

1.10. Si tratta di una doppia buca con una barriera centrale, con stati legati per $-V_0 < W < 0$. Poniamo:

$$k_1 = \sqrt{2\mu(V_1 - W)}/\hbar \qquad k_0 = \sqrt{2\mu(V_0 + W)}/\hbar \qquad \chi = \sqrt{-2\mu W}/\hbar.$$

Per ottenere le soluzioni dispari è sufficiente calcolarle per $0 < x$, con l'avvertenza che si annullino all'origine; esse sono date da:

$$\psi(x) = \begin{cases} A\sinh k_1 x & 0 < x < a \\ B\sin k_0 x + C\cos k_0 x & a < x < b \\ De^{-\chi x} & b < x. \end{cases}$$

Imponiamo la continuità di funzione e derivata in a e in b:

$$\begin{cases} A\sinh k_1 a = B\sin k_0 a + C\cos k_0 a \\ k_1 A\cosh k_1 a = k_0(B\cos k_0 a - C\sin k_0 a) \end{cases}$$

$$\begin{cases} B\sin k_0 b + C\cos k_0 b = De^{-\chi b} \\ k_0(B\cos k_0 b - C\sin k_0 b) = -\chi De^{-\chi b}. \end{cases}$$

Introducendo le notazioni:

$$s_x = \sin k_0 x, \quad c_x = \cos k_0 x, \quad sh_x = \sinh k_1 x, \quad ch_x = \cosh k_1 x,$$

le condizioni di continuità si riscrivono:

$$\begin{vmatrix} c_a & s_a \\ -s_a & c_a \end{vmatrix}\begin{vmatrix} C \\ B \end{vmatrix} = A\begin{vmatrix} sh_a \\ k_1/k_0\, ch_a \end{vmatrix} \quad e \quad \begin{vmatrix} c_b & s_b \\ -s_b & c_b \end{vmatrix}\begin{vmatrix} C \\ B \end{vmatrix} = De^{-\chi b}\begin{vmatrix} 1 \\ -\chi/k_0 \end{vmatrix}.$$

Le matrici sono ordinarie matrici di rotazione, con inversi ben noti. Possiamo ricavare il vettore $|\,C,B\,|^T$ dalla seconda e sostituirlo nella prima:

$$\begin{vmatrix} c_a & s_a \\ -s_a & c_a \end{vmatrix}\begin{vmatrix} c_b & -s_b \\ s_b & c_b \end{vmatrix} De^{-\chi b}\begin{vmatrix} 1 \\ -\chi/k_0 \end{vmatrix} = A\begin{vmatrix} sh_a \\ k_1/k_0\, ch_a \end{vmatrix}.$$

Con un pò di trigonometria, si ottiene:

$$A\begin{vmatrix} sh_a \\ k_1/k_0\, ch_a \end{vmatrix} = De^{-\chi b}\begin{vmatrix} c_{b-a} & -s_{b-a} \\ s_{b-a} & c_{b-a} \end{vmatrix}\begin{vmatrix} 1 \\ -\chi/k_0 \end{vmatrix}.$$

Sviluppando e dividendo la seconda per la prima, e poi a destra sopra e sotto per il coseno, arriviamo infine alla equazione trascendente per gli autovalori:

$$\frac{k_1}{k_0}\coth k_1 a = \frac{\tan[k_0(b-a)] - \chi/k_0}{1 + \chi/k_0 \tan[k_0(b-a)]}.$$

Sfruttando ora le seguenti definizione e proprietà:

$$\tan c = \frac{\chi}{k_0} \quad e \quad \tan(A \pm B) = \frac{\tan A \pm \tan B}{1 \mp \tan A \tan B},$$

riscriviamo in forma più compatta l'equazione per gli autovalori:

$$k_1 \coth k_1 a = k_0 \tan[k_0(b-a) - c].$$

Può essere utile ricordare le relazioni:

$$k_0^2 + \chi^2 = 2\mu V_0/\hbar^2, \quad k_1^2 - \chi^2 = 2\mu V_1/\hbar^2, \quad k_0^2 + k_1^2 = 2\mu(V_0 + V_1)/\hbar^2.$$

1.11. Una probabilità di trasmissione così bassa comporta che la funzione uscente sia fortemente depressa rispetto a quella entrante e quindi che la funzione entro la barriera sia fortemente decrescente; perché ciò avvenga, appena a destra dell'origine la componente esponenziale crescente deve avere un coefficiente molto più piccolo di quello della componente decrescente. Pertanto, prima e dopo l'inizio della barriera, la soluzione deve essere della forma (approssimata):

$$\psi(x) = \begin{cases} e^{ikx} + (\tau_1 - 1)e^{-ikx} & x \le 0 \\ \tau_1 e^{-k'x} & 0 \le x \le a, \end{cases}$$

dove è già stata imposta la continuità in $x = 0$, è stata indicato con τ_1 l'ampiezza di trasmissione all'origine, e sono state introdotte le definizioni:

$$k = \sqrt{2\mu W}/\hbar, \quad k' = \sqrt{2\mu(V_0 - W)}/\hbar.$$

Imponendo poi la continuità della derivata $\psi'(x)$ in $x = 0$, si trova:

$$ik(2 - \tau_1) = -k'\tau_1 \quad \longrightarrow \quad \tau_1 = \frac{2k}{k + ik'}.$$

Per quanto riguarda invece il raccordo in $x = a$, l'esponenziale crescente, anche se piccolo, non può essere del tutto trascurato, perché non si avrebbero parametri sufficienti per raccordare funzione e derivata prima. Con una scelta opportuna delle costanti:

$$\psi(x) = \begin{cases} A\left[e^{-k'(x-a)} + (\tau_2 - 1)e^{k'(x-a)}\right] & 0 \le x \le a \\ A\tau_2 \, e^{ik(x-a)} & a \le x. \end{cases}$$

Dove, come prima, è già stata imposta la continuità della funzione in $x = a$. La continuità della derivata prima è invece soddisfatta da:

$$-k'(2 - \tau_2) = ik\tau_2 \quad \longrightarrow \quad \tau_2 = 2ik'/(k + ik').$$

Rimane da valutare il coefficiente A, confrontando le due forme della funzione d'onda dentro la barriera, la prima approssimata, e la seconda completa:

$$\tau_1 e^{-k'x} \approx A\left[e^{-k'(x-a)} + (\tau_2 - 1)e^{k'(x-a)}\right] \approx Ae^{-k'(x-a)},$$

dove è stato trascurato il termine crescente in x. Da qui si può ricavare il parametro $A = \tau_1 e^{-k'a}$ che, sostituito nella espressione precedente, porta alla forma finale della soluzione:

$$\psi(x) = \begin{cases} \tau_1 e^{-k'x} + \tau_1(\tau_2 - 1)e^{-k'a}e^{k'(x-a)} & 0 \le x \le a \\ \tau_1 e^{-k'a}\tau_2 \, e^{ik(x-a)} & a \le x. \end{cases}$$

Come si vede, entro la barriera il rapporto tra i coefficienti dell'esponenziale crescente e di quello decrescente è dato dal fattore $(\tau_2 - 1)$, in modulo sempre minore di 1, moltiplicato per $e^{-2k'a}$, molto piccolo per $k'a$ molto grande, e cioè per una barriera molto alta e/o molto larga.

In conclusione, la probabilità di trasmissione è data da:

$$T = |\tau|^2 = |\tau_1\tau_2 e^{-k'a}|^2 = \frac{16k^2 k'^2}{(k^2+k'^2)^2}e^{-2k'a} = \frac{16W(V_0-W)}{V_0^2}e^{-2k'a}.$$

Sostituendo i valori numerici e le espressioni esplicite:

$$T = 4\exp\left[-2a\sqrt{2\mu(V_0-W)}/\hbar\right],$$

da cui, in eV:

$$a = -\frac{\ln(T/4)}{2}\frac{\hbar c}{\sqrt{2\mu c^2(V_0-W)}} = -\frac{\ln(10^{-3}/4)}{2}\frac{6.58\cdot 10^{-16}\cdot 3\cdot 10^{10}}{\sqrt{2\cdot 0.51\cdot 10^6}} = 8.1\cdot 10^{-8}cm.$$

Molto più rapidamente, si potevano sfruttare le soluzioni generali della barriera:

$$T = \left(1 + \frac{V_0^2 \sinh^2(ak')}{4W(V_0-W)}\right)^{-1}, \quad R = \left(1 + \frac{4W(V_0-W)}{V_0^2\sinh^2(ak')}\right)^{-1},$$

e tenere conto che un T piccolo si può ottenere solo per un sinh molto grande. Quindi, trascurando l'unità e ponendo $\sinh x \approx e^x/2$, si ottiene, come prima:

$$T \approx \frac{16W(V_0-W)}{V_0^2}e^{-2k'a}.$$

1.12. Nel caso di un potenziale periodico da $+\infty$ a $-\infty$, lo spettro è continuo, a bande e degenere, e le autofunzioni improprie possono essere scelte tali da soddisfare, sotto traslazione, le condizioni:

$$\psi_{W,\pm}(x+2L) = \lambda_\pm\,\psi_{W,\pm}(x), \quad \lambda\pm = e^{\pm iK(W)2L}.$$

Possiamo ripetere le stesse considerazioni nel nostro caso, imponendo però alla soluzione generale di annullarsi all'origine, e quindi anche in $x = 2L$:

$$\psi_W(0) = 0, \quad \psi_W(2L) = 0.$$

Notare che la seconda è conseguenza della prima e dell'effetto della traslazione sulla ψ, indipendentemente dal parametro λ. Si tratta pertanto di due condizioni aggiuntive che, se soddisfatte e unitamente alla normalizzazione, risolvono la degenerazione e quantizzano l'energia.

Se lo spettro è discreto, le funzioni d'onda devono essere a quadrato sommabile, e questo è reso possibile dal fatto che la traslazione non è simmetrica, ovvero l'operatore corrispondente non è unitario, e quindi i suoi autovalori $|\lambda|$ possono avere modulo minore di uno; in tal caso, detto I_{2L} l'integrale su un periodo:

$$||\psi_W(x)||^2 = I_{2L} \sum_n |\lambda|^{2n} < \infty \quad \text{per} \quad |\lambda| < 1.$$

Risolviamo ora esplicitamente il problema, nelle due regioni di energia e nel caso di un numero finito di gradini.

i) $0 < W < V_0$

$$\psi(x) = \begin{cases} A \sin kx & 0 < x < L\, k = \sqrt{2\mu W}/\hbar \\ B \sinh\left[(2L-x)\chi\right] & L < x < 2L\, \chi = \sqrt{2\mu(V_0 - W)}/\hbar\,. \end{cases}$$

I raccordi in $x = L$ comportano:

$$\begin{cases} A \sin kL = B \sinh \chi L \\ kA \cos kL = -\chi B \cosh \chi L, \end{cases}$$

e l'equazione agli autovalori: $\cot kL = -\chi/k \coth \chi L$. In figura è riportata la prima funzione a linea intera e la seconda a punti, in funzione dell'energia W e per valori arbitrari dei parametri: $L = 5$, $V_0 = 5$, $\mu = 1$, $\hbar = 1$. Come si vede dalle intersezioni, con questi valori si hanno cinque stati legati. Infine, per valutare λ, trasliamo la funzione

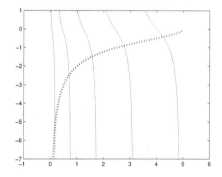

d'onda: $\psi_W(x' + 2L) = \lambda A \sin kx'$, $0 < x' < L$. Questa si annulla sul secondo gradino, cioè in $x' = 0^+$, e quindi si raccorda con la funzione valutata prima in $x = (2L)^-$, ovvero $\sinh(0) = 0$.

Ci rimane solo da imporre il raccordo tra le derivate:

$$\lambda \frac{A}{B} k \cos kx'\Big|_{x'=0^+} = \chi \cosh\left[(2L-x)\chi\right]\Big|_{x=(2L)^-}.$$

I rapporti A/B e χ/k si ricavano dai precedenti raccordi in L. Si ottiene:

$$\lambda = \frac{\cos kL}{\cosh \chi L} \Longrightarrow |\lambda| < 1.$$

La diseguaglianza è sempre verificata, e quindi, per $0 < W < V_0$ esistono sempre soluzioni proprie.

ii) $V_0 < W$. Basta sostituire χ con $i\,\zeta$ nelle formule precedenti, e ottenere:

$$k \cot kL = \zeta \cot \zeta L,$$
$$\lambda = \cos kL / \cos \zeta L.$$

In questo caso, $|\lambda| < 1$ è soddisfatto solo in alcune bande di W, funzioni di V_0. In figura è riportato λ in funzione di $W > V_0$ per gli stessi parametri visti sopra. Le bande in W sono comprese entro le linee verticali corrispondenti a $\lambda = \pm 1$, e i loro valori si ottengono imponendo:

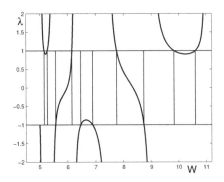

$$\sqrt{2\mu W}L/\hbar = \pm\sqrt{2\mu(W - V_0)}L/\hbar + n\pi,$$

da cui si ricava:

$$W_n = \frac{1}{8\mu}\left(\frac{2\mu V_0}{P_n} + P_n\right)^2 \quad \text{con} \quad P_n = n\frac{\pi\hbar}{L}.$$

iii) Infine, se le barriere sono in numero finito, e dunque il potenziale è nullo per $x \to \infty$, non ci sono stati legati, e siamo in presenza di effetto tunnel.

1.13. Dovendo studiare un effetto tunnel, la soluzione opportuna è data da:

$$\begin{cases} 0 < W, \quad x < 0 \\ \psi_k(x) = e^{ikx} + \rho(k)e^{-ikx}, \quad k = \sqrt{2\mu W}/\hbar > 0. \end{cases}$$

Per $x > 0$, con il cambio di variabili suggerito:

$$y = \chi\left(x - a + \frac{aW}{V_0}\right), \quad \chi = \left(\frac{2\mu V_0}{a\hbar^2}\right)^{1/3},$$

l'equazione di Schrödinger diventa:

$$\frac{d^2\psi}{dy^2} + y\psi = 0,$$

ovvero l'equazione di Airy (A-S 10.4). Soluzioni classiche sono le funzioni di Airy $Ai(-y)$ e $Bi(-y)$ ma, come vedremo, è più opportuno per noi utilizzare le funzioni di Bessel cilindriche, di Jeffrey (o Hankel) (A-S 10.4.15/19):

$$\zeta = \frac{2}{3}y^{3/2} : \quad \psi = cAi(-y) + dBi(-y) =$$

$$= \frac{1}{2}\sqrt{y/3}\, e^{i\pi/6}(c+id)\, H_{1/3}^{(1)}(\zeta) + \frac{1}{2}\sqrt{y/3}\, e^{-i\pi/6}(c-id)\, H_{1/3}^{(2)}(\zeta) =$$

$$= \tau\sqrt{y}\, H_{1/3}^{(1)}(\zeta) + \sigma\sqrt{y}\, H_{1/3}^{(2)}(\zeta).$$

Dal comportamento asintotico delle funzioni di Jeffreys (A-S 9.2) ricaviamo quello della funzione d'onda:

$$\psi(y) \xrightarrow[y\to\infty]{} \tau\sqrt{y}\sqrt{\frac{2}{\pi\zeta}}e^{i[\zeta-\pi/6-\pi/4]} + \sigma\sqrt{y}\sqrt{\frac{2}{\pi\zeta}}e^{-i[\zeta-\pi/6-\pi/4]}.$$

Delle due soluzioni consideriamo solo la prima, che permette di discutere l'effetto tunnel con un'onda propagantesi da sinistra verso destra. Possiamo cioè porre arbitrariamente $\sigma = 0$, dato che a sinistra abbiamo tenuto la soluzione generale.

Quindi, soluzione e sua derivata (A-S 9.1.27), sono le seguenti:

$$\mathscr{C}'_\nu(z) = \mathscr{C}_{\nu-1}(z) - \frac{\nu}{z}\mathscr{C}_\nu(z) \implies \begin{cases} \psi_W(y) = \tau\sqrt{y}\, H_{1/3}^{(1)}(2/3y^{3/2}) & 0 \le x \\[2mm] \dfrac{d}{dx}\psi_W(y) = \chi\dfrac{d}{dy}\psi_W(y) = \chi\tau y\, H_{-2/3}^{(1)}(2/3y^{3/2}). \end{cases}$$

Imponiamo il raccordo in $x = 0$ con la soluzione trovata alla sinistra dell'origine:

$$\begin{cases} (1+\rho) = \tau\sqrt{y_0}\, H_{1/3}^{(1)}(2/3y_0^{3/2}) \\[2mm] ik(1-\rho) = \tau\chi y_0\, H_{-2/3}^{(1)}(2/3y_0^{3/2}) \end{cases} \quad y_0 = y_{x=0} = a\chi(W/V_0 - 1).$$

Da qui si ricava τ (e volendo ρ):

$$\tau = 2ik\left[\chi y_0\, H_{-2/3}^{(1)}(2/3y_0^{3/2}) + ik\sqrt{y_0}\, H_{1/3}^{(1)}(2/3y_0^{3/2})\right]^{-1}.$$

La soluzione è così completa. Per quanto riguarda il coefficiente di trasmissione, questo sarebbe dato da $|\tau|^2$ se la soluzione fosse data a sua volta da semplici esponenziali, invece che da funzioni più complesse come nel caso attuale. Dobbiamo pertanto ripartire dalla definizione originaria dei coefficienti di riflessione e trasmissione, quali rapporti tra i comportamenti asintotici dei flussi di probabilità, definiti in tutta generalità da:

$$J = \frac{\hbar}{2\mu i}\left[\psi^*\frac{d}{dx}\psi - \psi\frac{d}{dx}\psi^*\right].$$

Per l'onda incidente, pura onda piana, il flusso incidente è dato da:

$$J_{inc} = \frac{\hbar}{2\mu i}\left[2ki\right] = \frac{\hbar k}{\mu}.$$

Per l'onda trasmessa:

$$J_{tr} = \frac{\hbar}{2\mu i}\left\{\left[\left(\tau\sqrt{y}\,H_{1/3}^{(1)}(\zeta)\right)^* \chi\tau y\,H_{-2/3}^{(1)}(\zeta)\right] - [\ldots]^*\right\} \underset{y\to\infty}{\longrightarrow}$$

$$\underset{y\to\infty}{\longrightarrow} \frac{\hbar}{2\mu i}\chi|\tau|^2 y^{3/2}\frac{2}{\pi\zeta}\left\{\left[e^{-i[\zeta-\pi/6-\pi/4]}e^{i[\zeta+\pi/3-\pi/4]}\right] - [\ldots]^*\right\} =$$

$$= \frac{\hbar}{2\mu i}\chi|\tau|^2\frac{3}{\pi}\left\{e^{i\pi/2} - e^{-i\pi/2}\right\} = \frac{3}{\pi}\frac{\hbar}{\mu}|\tau|^2\chi.$$

Si ottiene pertanto:

$$C_{tr} = J_{tr}/J_{inc} = \frac{3}{\pi}|\tau|^2\frac{\chi}{k}.$$

Sostituito il valore di τ trovato prima, ed estratto un fattore $\sqrt{y_0}$, infine si trova:

$$C_{tr} = \frac{12kV_0}{\pi a|W-V_0|\left|\chi\sqrt{y_0}\,H_{-2/3}^{(1)}(2/3y_0^{3/2}) + ik\,H_{1/3}^{(1)}(2/3y_0^{3/2})\right|^2}.$$

1.14. i) Posto:

$$k = \sqrt{2\mu W}/\hbar, \quad \bar{k} = \sqrt{2\mu|V_0-W|}/\hbar,$$

la soluzione pari per $V_0 < W$ è data da:

$$\psi_+ = \begin{cases} A\sin kx + B\cos kx & a \le |x| \le b \\ \\ C\cos\bar{k}x & |x| < a. \end{cases}$$

Le condizioni di raccordo in a e b portano a:

$$\begin{cases} A\sin kb + B\cos kb = 0 \\ \\ A\sin ka + B\cos ka = C\cos\bar{k}a \\ \\ k\left[A\cos ka - B\sin ka\right] = -\bar{k}C\sin\bar{k}a. \end{cases}$$

L'annullarsi del determinante dei coefficienti è espresso da:

$$\bar{k}\sin\bar{k}a\left[\sin kb\cos ka - \cos kb\sin ka\right] - k\cos\bar{k}a\left[\sin kb\sin ka + \cos kb\cos ka\right] = 0,$$

da cui si ricava l'equazione trascendente:

$$k/\bar{k} = \tan[\bar{k}a]\tan[k(b-a)].$$

Gli altri casi si ottengono con semplici scambi nella zona centrale, quella con momento $\bar{k}$. Scambiando funzioni trigonometriche con iperboliche, seni con coseni e seni iperbolici con coseni iperbolici. Lo schema completo è il seguente:

$$
\begin{cases}
\begin{cases}
k/\bar{k} = \tan[\bar{k}a]\tan[k(b-a)] & \text{pari} \\
k/\bar{k} = -\cot[\bar{k}a]\tan[k(b-a)] & \text{dispari}
\end{cases} & V_0 < W \\[2ex]
\begin{cases}
k/\bar{k} = \tanh[\bar{k}a]\tan[k(b-a)] & \text{pari} \\
k/\bar{k} = \coth[\bar{k}a]\tan[k(b-a)] & \text{dispari}
\end{cases} & 0 < W < V_0.
\end{cases}
$$

ii) All'istante iniziale la funzione d'onda è concentrata sulla destra, tra a e b, ed è composta da un pacchetto d'onde contenente tutte (si presume) le frequenze. Col passare del tempo, le singole frequenze si evolvono separatamente, si sfasano, e il pacchetto d'onde va ad invadere tutto lo spazio, cioè $-b < x < b$.

1.15. L'equazione da risolvere è la seguente:

$$
\left[-\frac{\hbar^2}{2\mu}\frac{d^2}{dz^2} + \mu g z \right]\psi(z) = W\psi(z), \quad \psi(0) = 0.
$$

Con le sostituzioni:

$$
\alpha = \frac{2\mu^2 g}{\hbar^2}, \quad x = \alpha^{1/3}\left(z - \frac{W}{\mu g}\right) \implies \psi'' - x\psi = 0,
$$

nota come equazione di Airy (A-S 10.4.). Le soluzioni si esprimono come:

$$
\psi(x) = aAi(x) + bBi(x).
$$

Delle due funzioni di Airy Ai e Bi, la seconda diverge esponenzialmente per $x \to \infty$, e scegliamo pertanto $b = 0$. La condizione di annullamento in $z = 0$ della funzione d'onda, diventa allora:

$$
\psi(z = 0) \approx Ai\left(x = -\alpha^{1/3}\frac{W}{\mu g}\right) = 0.
$$

Poiché il primo zero della funzione di Airy $Ai(x)$ si trova in $x \approx -2.34$ (A-S Tav. 10.13), l'energia dello stato fondamentale è data dalla relazione:

$$
-\alpha^{1/3}\frac{W_0}{\mu g} \approx -2.34 \implies W_0 \approx 2.34\left(\frac{\hbar^2 \mu g^2}{2}\right)^{1/3} = 2.34 w_0.
$$

Gli stati eccitati hanno energie multiple di w_0, con coefficienti dati dagli zeri successivi della funzione di Airy Ai.

1.16. Dovendo trattare lo spettro continuo del potenziale V, conviene trasformare l'equazione di Schrödinger in equazione integrale, che contiene anche una soluzione arbitraria dell'equazione di Schrödinger libera. Essendo noi interessati all'effetto tunnel, possiamo selezionare una particolare soluzione libera, ad esempio quella di onda uscente per $x \to \infty$, ed esaminare così la seguente equazione:

$$\psi_k(x) = e^{ikx} - \frac{i\mu}{\hbar^2 k} \int_{-\infty}^{\infty} dx' e^{ik|x-x'|} V(x') \psi(x').$$

Iterandola, possiamo ottenere la soluzione sotto forma di serie, in genere non convergente, ma vantaggiosa quando la serie stessa può essere troncata ai primi termini, in particolare al primo. In questo caso si parla di approssimazione di Born, e la sua validità dipende dalla natura del potenziale V.

Infine, nel nostro caso di potenziale a supporto compatto $-a < x < a$, la soluzione si può esprimere in forma differente nelle due zone esterne all'intervallo:

$$\psi_k(x) = \begin{cases} e^{ikx} - \dfrac{i\mu}{\hbar^2 k} \displaystyle\int_{-a}^{a} dx' e^{ik(x'-x)} V(x') e^{ikx'} & x < -a \\[3mm] e^{ikx} - \dfrac{i\mu}{\hbar^2 k} \displaystyle\int_{-a}^{a} dx' e^{ik(x-x')} V(x') e^{ikx'} & x > a \end{cases} \implies$$

$$\implies \quad \psi_k(x) = \begin{cases} e^{ikx} + \left[\dfrac{-i\mu}{\hbar^2 k} \displaystyle\int_{-a}^{a} dx' e^{2ikx'} V(x') \right] e^{-ikx} & x < -a \\[3mm] \left[1 - \dfrac{i\mu}{\hbar^2 k} \displaystyle\int_{-a}^{a} dx' V(x') \right] e^{ikx} & x > a. \end{cases}$$

Quest'ultima forma è immediatamente interpretabile come effetto tunnel di un'onda piana proveniente da sinistra, parzialmente riflessa e parzialmente trasmessa, con i relativi parametri $\rho(k)$ e $\tau(k)$ dati da:

$$\rho(k) = -\frac{i\mu}{\hbar^2 k} \int_{-a}^{a} dx \, e^{2ikx} V(x), \quad \tau(k) = 1 - \frac{i\mu}{\hbar^2 k} \int_{-a}^{a} dx \, V(x).$$

Queste ampiezze sono calcolate correttamente al primo ordine ma, elevando a quadrato per valutare le probabilità, appaiono termini di secondo ordine, che quindi vanno inseriti integralmente sin dall'inizio nelle ampiezze. Questi nuovi termini danno contributi ancora di secondo grado in $|\tau|^2$, ma di terzo in $|\rho|^2$, e quindi trascurabili. In conclusione, per il calcolo delle probabilità, ρ calcolato precedentemente è corretto, mentre τ è incompleto, al punto da fornire un risultato assurdo: $|\tau|^2 > 1$.

Calcoliamo dunque il coefficiente di riflessione e deduciamo poi quello di trasmissione imponendo che la somma sia uguale a uno. Dobbiamo valutare:

$$\rho(k) = -\frac{i\mu}{\hbar^2 k} \int_{-a}^{a} dx \, e^{2ikx} V(x) = -\frac{i\mu\lambda a^5}{\hbar^2 k} \int_{-1}^{1} d\xi \, e^{2ika\xi} (\xi^2 - 1)^2, \quad \xi = \frac{x}{a},$$

e, per fare ciò, possiamo utilizzare l'identità:

$$\int dx\, e^{ixy} x^n = \left(-i\frac{d}{dy}\right)^n \int dx e^{ixy} \quad \forall n,$$

e quindi verificata per ogni funzione F polinomiale. In particolare:

$$\int_{-1}^{1} dx\, e^{ixy} F(x) = 2F\left(-i\frac{d}{dy}\right)\frac{\sin y}{y}\,.$$

Il risultato cercato si ottiene dalla seguente espressione:

$$\rho(k) = -\frac{i\mu\lambda a^5}{\hbar^2 k}2\left[\left(\frac{d^4}{dy^4}+2\frac{d^2}{dy^2}+1\right)\frac{\sin y}{y}\right]_{y=2ka} =$$

$$= -\frac{i\mu\lambda a^5}{\hbar^2 k}2\left[-8\frac{(y^2-3)\sin y+3y\cos y}{y^5}\right]_{y=2ka},$$

ottenuta con calcoli noiosi ma banali. Il risultato finale è dunque::

$$\rho(k) = \frac{i\mu\lambda a^6}{\hbar^2 (ka)^6}\left\{3ka\cos(2ka)+\left[2(ka)^2-3/2\right]\sin(2ka)\right\},$$

da cui si può infine ricavare $|\tau|^2 = 1 - |\rho|^2$.

Per quanto riguarda l'approssimazione, questa è valida se il termine successivo risulta trascurabile. Questo avviene se il parametro di sviluppo è piccolo, cioè se:

$$\frac{\mu\lambda a^5}{\hbar^2 k} \ll 1.$$

1.17. i) Sia $V_1 < W$. la soluzione generale è data da:

$$\begin{cases} A\sin(k_1 x) & k_1 = \sqrt{2\mu(W-V_1)}/\hbar & 0 \le x \le a \\ B\sin[k(b-x)] & k = \sqrt{2\mu W}/\hbar & a \le x \le b. \end{cases}$$

Imponendo la continuità della funzione e della derivata prima in $x = a$, si ottiene:

$$\begin{cases} A\sin(k_1 a) = B\sin[k(b-a)] \\ Ak_1\cos(k_1 a) = -Bk\cos[k(b-a)], \end{cases}$$

e infine, dividendo le due equazioni:

$$\frac{k}{k_1} = -\frac{\tan[k(b-a)]}{\tan(k_1 a)},$$

da cui, graficamente, si possono ricavare gli autovalori W dell'energia.

Per $0 < W < V_1$, k_1 è immaginario, e le funzioni circolari che lo contengono diventano iperboliche di argomento reale.

ii) Per quanto riguarda l'evoluzione temporale, lo stato assegnato non è propriamente nel dominio di definizione dell'Hamiltoniana, avendo derivata discontinua a gradino in $x = a$. Questo stato appartiene al dominio della buca infinita in $a \leq x \leq b$, e rappresenta una buona approssimazione del suo stato fondamentale (vedi il 6.1). Potendo trascurare il punto di alta discontinuità, la parte di funzione identicamente nulla non si evolverebbe e continuerebbe ad essere nulla. Se invece si considera un dato iniziale con derivata a variazione molto rapida ma continua, il trattamento sarebbe rigoroso e si avrebbe l'effetto tunnel: funzione d'onda a lungo confinata a destra per poi invadere tutto il dominio.

iii) Posto

$$\begin{cases} C\sinh\left(k_1^0 x\right) & 0 \leq x \leq a \quad k_1^0 = \sqrt{2\mu|W^0 - V_1|}/\hbar \\ D\sin\left[k^0(b-x)\right] & a \leq x \leq b \quad k^0 = \sqrt{2\mu W^0}/\hbar \end{cases} \qquad D/C = \frac{\sinh\left(k_1^0 a\right)}{\sin\left[k^0(b-a)\right]},$$

la probabilità richiesta è data da:

$$P_0(0 \leq x \leq a) = \frac{\int_0^a dx |\psi_1^0|^2}{\int_0^a dx |\psi_1^0|^2 + \int_a^b dx |\psi^0|^2} = \frac{|C|^2 I_1}{|C|^2 I_1 + |D|^2 I_2} = \frac{I_1}{I_1 + |D/C|^2 I_2},$$

con:

$$I_1 = \int_0^a dx \sinh^2\left(|k_1^0|x\right) = \frac{1}{4k_1^0}\sinh\left(2k_1^0 a\right) - \frac{1}{2}a,$$

$$I_2 = \int_a^b dx \sin^2\left[k^0(b-x)\right] = -\frac{1}{4k^0}\sin\left[2k^0(b-a)\right] + \frac{1}{2}(b-a).$$

1.18. Si tratta di k reali, altrimenti la funzione data divergerebbe esponenzialmente a $+\infty$ o a $-\infty$. Sostituita la $\psi(x)$ assegnata nell'equazione di Schrödinger, si ottiene:

$$k^2(\tanh x + c) - 2(ik + c)\mathrm{sech}^2 x = W(\tanh x + c),$$

soddisfatta per $c = -ik$ e $W = k^2 > 0$. Questo autovalore è degenere, e due autofunzioni linearmente indipendenti, non normalizzate, sono date da:

$$\psi_{\pm}(x) = e^{\pm ikx}(\tanh x \mp ik), \quad k > 0.$$

i) Per valutare i coefficienti di riflessione e trasmissione per questo potenziale, si consideri il comportamento asintotico di queste soluzioni. Poiché $\tanh x \to 1$ per $x \to \infty$ e $\tanh(-x) = -\tanh x$, si ha facilmente:

$$\psi_+ \propto \begin{cases} -(1+ik)e^{ikx} & \text{per } x \to -\infty \\ (1-ik)e^{ikx} & \text{per } x \to +\infty \end{cases}, \qquad \psi_- \propto \begin{cases} -(1-ik)e^{-ikx} & \text{per } x \to -\infty \\ (1+ik)e^{-ikx} & \text{per } x \to +\infty. \end{cases}$$

Quindi, in entrambi i casi, onde provenienti da sinistra o da destra, le probabilità di trasmissione e di riflessione sono uguali a uno e a zero, rispettivamente, coerentemente con un potenziale negativo ed energia $W > 0$:

$$T = |\tau_\pm|^2 = |-(1-ik)/(1+ik)|^2 = 1, \quad R = |\rho_\pm|^2 = 0.$$

ii) Data una barriera di potenziale, o una buca, caratterizzata dalle ampiezze τ e ρ di trasmissione e riflessione, è possibile definire una matrice M che trasforma la soluzione a sinistra della barriera in quella a destra di essa, in questo caso da $x \to -\infty$ a $x \to \infty$. Come fatto nel Problema 1.4, dati i due parametri arbitrari A e B, la soluzione generale:

$$\begin{cases} (A + B\rho^*)\,e^{ikx} + (A\rho + B)\,e^{-ikx} & x \to -\infty \\[2mm] (A\tau)\,e^{ikx} + (B\tau^*)\,e^{-ikx} & x \to \infty, \end{cases}$$

può essere rappresentata dalla relazione:

$$\begin{vmatrix} A\tau \\ B\tau^* \end{vmatrix} = M \begin{vmatrix} A + B\rho^* \\ A\rho + B \end{vmatrix}.$$

Alternativamente, si può introdurre una matrice di trasformazione tra stati entranti e stati uscenti, unitaria per la conservazione della probabilità:

$$\begin{vmatrix} A\rho + B \\ A\tau \end{vmatrix} = S \begin{vmatrix} A + B\rho^* \\ B\tau^*. \end{vmatrix}$$

La matrice S è detta matrice di scattering, in analogia con la trattazione dell'urto nei problemi tridimensionali. Da qui si ricava:

$$S = \begin{vmatrix} \rho & \tau \\ \tau & \rho^*\tau/\tau^* \end{vmatrix} = \begin{vmatrix} 0 & -(1-ik)/(1+ik) \\ -(1-ik)/(1+ik) & 0 \end{vmatrix}.$$

La seconda forma è quella relativa al nostro problema, caratterizzato da $\rho = 0$ e dal valore di τ che si legge nelle $\psi_\pm$ viste prima.

iii) Sostituendo la funzione d'onda $\psi = \text{sech}\,x$ nell'equazione di Schrödinger e svolgendo esplicitamente i calcoli, si ottiene $-\psi = W\psi$, da cui segue $W = -1$. L'autofuzione $\text{sech}\,x$ non ha nodi, e dunque è lo stato fondamentale.

iv) Con il metodo variazionale, a partire da una funzione di prova senza nodi.

1.19. i) Data l'equazione di Schrödinger:

$$\left[-\frac{\hbar^2}{2\mu}\frac{d^2}{dx^2} + V_0\left(\frac{a}{x} - \frac{x}{a}\right)^2 \right]\psi(x) = W\psi(x),$$

si vede facilmente che i comportamenti asintotici della soluzione sono del tipo:

$$\begin{cases} \psi \approx_{x\to\infty} e^{-\xi/2} & \xi = \sqrt{2\mu V_0}/\hbar a x^2 \\ \psi \approx_{x\to0} \xi^{v/2} & v = \frac{1}{2}\left(\sqrt{8\mu V_0 a^2/\hbar^2+1}+1\right). \end{cases}$$

Operata quindi la sostituzione

$$\psi(x) = e^{-\xi/2}\xi^{v/2}u(\xi),$$

si ottiene per $u(\xi)$ l'equazione seguente:

$$\xi u'' + \left(v+\frac{1}{2}-\xi\right)u' - \alpha u = 0, \quad \text{con} \quad \alpha = \left[\frac{v}{2}+\frac{1}{4}-\frac{\mu a(W+2V_0)}{2\hbar\sqrt{2\mu V_0}}\right],$$

che ha per soluzioni le funzioni ipergeometriche confluenti di Kummer (A-S 13.1):

$$u(\xi) = c_1 M(\alpha, v+1/2; \xi) + c_2 \xi^{1/2-v} M(\alpha-v+1/2, 3/2-v; \xi).$$

Poiché la $u(\xi)$ non può avere singolarità a potenza all'origine, e poiché le funzioni M di Kummer sono ivi regolari, deve essere $c_2 = 0$. Inoltre, la $M \approx e^\xi$ per $\xi \to \infty$, e pertanto la $\psi(x)$ sarebbe divergente esponenzialmente, a meno che la serie non si tronchi a un polinomio, come avviene per $\alpha = -n$ intero positivo. Imponendo questa condizione, e sostituendo il valore di v, si ottengono gli autovalori:

$$W_n = \hbar\sqrt{V_0/2\mu a^2}\left(4n+2+\sqrt{8\mu V_0 a^2/\hbar^2+1}\right) - 2V_0.$$

ii) Per la seconda domanda, notiamo che il potenziale ha la forma:

$$V(x) = \frac{V_0}{a^2}x^2 + \frac{V_0 a^2}{x^2} - 2V_0,$$

analogo al potenziale efficace dell'oscillatore armonico isotropo in due e tre dimensioni, con le stesse condizioni di annullamento all'origine. Quello bidimensionale è dato da:

$$V_{eff}(r) = \frac{1}{2}Kr^2 + \frac{\hbar^2}{2\mu}\frac{m^2-1/4}{r^2} \qquad m = 0,\pm1,\pm2,\dots$$

Con la barriera centrifuga ricavata nel 2.10.

Sostituendo quindi nello spettro precedente i coefficienti:

$$V_0/a^2 \to \frac{1}{2}K \qquad V_0 a^2 \to \frac{\hbar^2}{2\mu}\left(m^2-\frac{1}{4}\right),$$

otteniamo gli autovalori:

$$W^{2d} = \hbar\sqrt{K/\mu}\left(2n+|m|+1\right).$$

Infine, il potenziale dell'oscillatore armonico tridimensionale isotropo è dato da:

$$V_{eff}(r) = \tfrac{1}{2}Kr^2 + \frac{\hbar^2}{2\mu}\frac{l(l+1)}{r^2}, \quad l = 0,1,2,\dots$$

e quindi, con le opportune sostituzioni, si ottiene:

$$W^{3d} = \hbar\sqrt{K/\mu}\left(2n+l+3/2\right), \quad l = 0,1,2,\dots, \quad n = 0,1,2,\dots$$

1.20. i) Il potenziale è pari e quindi ammette una soluzione pari che, per $W > 0$ e a meno della normalizzazione, è della forma:

$$\psi(x) = \begin{cases} \psi_I = A\cos(kx) - B\sin(kx) & x < -b & k = \sqrt{2\mu W}/\hbar \\ \psi_{II} = \cos\bar{k}x & -b < x < b & \bar{k} = \sqrt{2\mu(W+V_0)}/\hbar \\ \psi_{III} = A\cos(kx) + B\sin(kx) & b < x. \end{cases}$$

Essendo la soluzione pari, possiamo imporre la continuità della funzione e della derivata solo in $x = b$. Otteniamo:

$$\begin{cases} \cos(kb)A + \sin(kb)B = \cos(\bar{k}b) & s = \sin(kb), \quad c = \cos(kb) \\ -\sin(kb)A + \cos(kb)B = -\bar{k}/k\sin(\bar{k}b) & \bar{s} = \sin(\bar{k}b), \quad \bar{c} = \cos(\bar{k}b). \end{cases}$$

Il determinante del sistema è uguale a 1, e le soluzioni sono date dalla regola di Kramer:

$$A = \det\begin{vmatrix} \bar{c} & s \\ -\bar{s}\bar{k}/k & c \end{vmatrix}, \quad B = \det\begin{vmatrix} c & \bar{c} \\ -s & -\bar{s}\bar{k}/k \end{vmatrix}, \quad \begin{array}{ll} c = \cos(kb), & s = \sin(kb) \\ \bar{c} = \cos(\bar{k}b), & \bar{s} = \sin(\bar{k}b). \end{array}$$

ii) Per valutare le ampiezze dell'oscillazione, consideriamo la funzione d'onda nella terza zona:

$$\psi_{III} = \sqrt{A^2+B^2}\left\{ \frac{A}{\sqrt{A^2+B^2}}\cos(kx) + \frac{B}{\sqrt{A^2+B^2}}\sin(kx) \right\} = \sqrt{A^2+B^2}\sin(kx+\chi),$$

avendo ovviamente definito $\chi = \arcsin\left[A/(A^2+B^2)^{-1/2}\right]$.

Pertanto, notando che si elidono i doppi prodotti provenienti dai due quadrati:

$$\max(\psi_{III}^2) = A^2 + B^2 =$$
$$= (\bar{c}c)^2 + (s\bar{s})^2(\bar{k}/k)^2 + (c\bar{s})^2(\bar{k}/k)^2 + (\bar{c}s)^2 =$$
$$= \bar{c}^2(c^2+s^2) + \bar{s}^2(s^2+c^2)(\bar{k}/k)^2 = \bar{c}^2 + \bar{s}^2(\bar{k}/k)^2.$$

Poiché $\bar{c}^2 + \bar{s}^2 = 1$ e $\bar{k}/k > 1$, troviamo che $\max(\psi_{III}^2) > 1$ e, poiché $\max(\psi_{II}^2) = 1$, le ampiezze sono maggiori all'esterno della buca che non all'interno. Le frequenze di oscillazione invece sono maggiori all'interno, perché proporzionali a k.

Nel grafico è riportata la funzione d'onda per i valori: $b = 1$, $\mu = 10$, $\hbar = 1$, $V_0 = W = 0.5$.

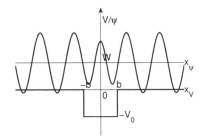

1.21. Con l'introduzione della variabile y e dei parametri β e ν:

$$y = 2\sqrt{2\mu a^2 V_0}/\hbar \exp(-x/a), \quad \beta = \sqrt{-2\mu a^2 W}/\hbar, \quad \nu = \sqrt{2\mu a^2 V_0}/\hbar - \left(\beta + \frac{1}{2}\right),$$

l'equazione di Schrödinger nella variabile y diventa:

$$\psi'' + \frac{1}{y}\psi' + \left(-\frac{1}{4} + \frac{\nu + \beta + 1/2}{y} - \frac{\beta^2}{y^2}\right)\psi = 0.$$

I comportamenti asintotici delle soluzioni sono chiaramente $e^{(\pm y/2)}$ per $y \to \infty$, e $y^{\pm\beta}$ per $y \to 0$. Con il cambio di funzione incognita:

$$\psi = \exp(-y/2)y^\beta \varphi(y),$$

l'equazione da risolvere per la φ diventa:

$$y\varphi'' + (2\beta + 1 - y)\varphi' + \nu\varphi = 0,$$

con condizioni al contorno per la φ di finitezza all'origine e di crescita all'infinito al più come potenza. L'equazione è una ipergeomerica confluente, di cui si sceglie la sola soluzione finita all'origine (A-S 13.1 e 13.5):

$$\varphi(y) = M(-\nu, 2\beta + 1; y).$$

La soluzione diverge all'∞ in modo esponenziale, a meno che la serie ipergeometrica non si interrompa a una somma finita, e cioè a meno che non sia $\nu = n$ intero non negativo. In tal caso:

$$W_n = -V_0\left[1 - \frac{\hbar}{\sqrt{2\mu a^2 V_0}}(n + 1/2)\right]^2, \qquad n = 0, 1, 2, \dots$$

Notare però che $n = \nu$ non può essere arbitrario, in quanto legato al parametro positivo β definito sopra:

$$\sqrt{-2\mu a^2 W_n}/\hbar = \sqrt{2\mu a^2 V_0}/\hbar - 1/2 - n > 0.$$

Esistono stati legati solo se $\sqrt{2\mu a^2 V_0}/\hbar > 1/2$. Inoltre, esistono finiti stati legati in numero pari ad N, essendo N il massimo intero per cui vale $\sqrt{2\mu a^2 V_0}/\hbar > N + 1/2$.

1.22. i) Una soluzione appropriata è la seguente:

$$\psi(x) = \begin{cases} \exp(ikx) + \rho\exp(-ikx) & k = \sqrt{2\mu W}/\hbar & x < 0 \\ \tau\exp(i\bar{k}x) & \bar{k} = \sqrt{2\mu(W - V_0)}/\hbar & 0 < x. \end{cases}$$

In entrambe le regioni, il fattore temporale è dato da $\exp(-i\omega t)$, con $\omega = W/\hbar$.
Per continuità di funzione e derivata in $x = 0$, si ottiene:

$$1 + \rho = \tau, \qquad k(1 - \rho) = \bar{k}\tau,$$

e quindi:

$$\rho = \frac{1 - \chi}{1 + \chi}, \qquad \tau = \frac{2}{1 + \chi}, \qquad \chi = \bar{k}/k.$$

Poiché abbiamo posto uguale a uno la densità incidente, e la velocità del fascio incidente e riflesso è la stessa perché legata allo stesso k, la porzione di particelle riflesse è pari a ρ^2.

ii) La definizione di flusso è la seguente:

$$\mathbf{F} = \frac{\hbar}{2i\mu}(\psi^* \mathrm{grad}\,\psi - \psi\,\mathrm{grad}\,\psi^*),$$

e, per onde piane monodimensionali $\psi = N\exp(ikx)$, è dato da $F = |N|^2\hbar k/\mu$, da cui segue che i tre contributi, a meno del fattore comune $\hbar/\mu$, sono:

$$k, \qquad k\rho^2, \qquad \bar{k}\tau^2.$$

Pertanto la somma del flusso riflesso e di quello trasmesso è data da:

$$k\rho^2 + \bar{k}\tau^2 = k\left[\left(\frac{1 - \chi}{1 + \chi}\right)^2 + \chi\left(\frac{2}{1 + \chi}\right)^2\right] = k,$$

come chiesto dal problema.

1.23. Con il cambio di variabile $z = -\exp[-x/a]$, l'equazione di Schrödinger diventa:

$$-\frac{\hbar^2}{2\mu}\frac{z^2}{a^2}\frac{d^2}{dz^2}\psi(z) - \frac{\hbar^2}{2\mu}\frac{z}{a^2}\frac{d}{dz}\psi(z) + \frac{V_0}{1 - z}\psi(z) = W\psi(z),$$

e con il cambio di funzione $(W > V_0)$:

$$\psi(z) = z^{-ik_1 a} w(z), k_1 = \sqrt{2\mu(W - V_0)/\hbar^2}, k = \sqrt{2\mu W/\hbar^2} \implies$$

$$\implies z(1-z)w'' + (1-z)(1 - 2ik_1 a)w' + (k_1^2 - k^2)a^2 w = 0.$$

Una soluzione di questa equazione è la funzione ipergeometrica (vedi A.9):

$$w(z) = F(\alpha, \beta; \gamma; z), \quad \alpha = -i(k + k_1)a, \quad \beta = i(k - k_1)a, \quad \gamma = 1 - i2k_1 a,$$

in corrispondenza della quale:

$$\psi(x) = N \exp[ik_1 x] F(\alpha, \beta; \gamma; -\exp[-x/a]) \xrightarrow[x \to \infty]{} N \exp[ik_1 x].$$

Questa è evidentemente la soluzione che cerchiamo per $x > 0$, cioè la sola onda trasmessa. Con l'altra ipergeometrica linearmente indipendente otteniamo:

$$\psi(x) = \tilde{N} \exp[ik_1 x] z^{1-\gamma} F(\alpha - \gamma + 1, \beta - \gamma + 1; 2 - \gamma; -\exp[-x/a]) \xrightarrow[x \to \infty]{} \tilde{N} \exp[-ik_1 x],$$

cioè l'onda incidente da destra, che poniamo a zero.

Per $x \to -\infty$, e quindi per $z \to -\infty$, utilizziamo le formule di trasformazione delle ipergeometriche dalla rappresentazione in z a quella in z^{-1} (vedi A.9):

$$F(\alpha, \beta; \gamma; z) = \frac{\Gamma(\gamma)\Gamma(\beta - \alpha)}{\Gamma(\beta)\Gamma(\gamma - \alpha)}(-z)^{-\alpha} F(\alpha, 1 + \alpha - \gamma; 1 + \alpha - \beta; z^{-1}) +$$

$$+ \frac{\Gamma(\gamma)\Gamma(\alpha - \beta)}{\Gamma(\alpha)\Gamma(\gamma - \beta)}(-z)^{-\beta} F(\alpha, 1 + \beta - \gamma; 1 + \beta - \alpha; z^{-1}).$$

Raccogliendo tutto, abbiamo:

$$\psi(x) \xrightarrow[x \to -\infty]{} N \frac{\Gamma(\gamma)\Gamma(\beta - \alpha)}{\Gamma(\beta)\Gamma(\gamma - \alpha)} e^{-ikx} + N \frac{\Gamma(\gamma)\Gamma(\alpha - \beta)}{\Gamma(\alpha)\Gamma(\gamma - \beta)} e^{ikx}.$$

Da qui e dal comportamento uscente di $\psi(x)$ visto prima, possiamo finalmente ricavare i coefficienti richiesti, ad esempio T di trasmissione:

$$T = \frac{\text{flusso}_{tras}}{\text{flusso}_{inc}} = \frac{k_1}{k}\left|\frac{\Gamma(\alpha)\Gamma(\gamma - \beta)}{\Gamma(\gamma)\Gamma(\alpha - \beta)}\right|^2 = \frac{k_1}{k}\left|\frac{\Gamma[-i(k + k_1)a]\Gamma[1 - i(k + k_1)a]}{\Gamma(1 - i2k_1 a)\Gamma(-i2ka)}\right|^2.$$

Sfruttiamo alcune proprietà della funzione Γ (A-S 6.1.15 e 6.1.29):

$$\Gamma(1 + z) = z\Gamma(z), \quad |\Gamma(iy)|^2 = \frac{\pi}{y \sinh \pi y},$$

e otteniamo:

$$T = \frac{k_1}{k} \frac{[(k+k_1)a]^2}{(2k_1a)^2} \frac{\pi^2}{[(k+k_1)a]^2 \sinh^2[\pi(k+k_1)a]} \frac{(2k_1a)(2ka)\sinh(2\pi k_1 a)\sinh(2\pi ka)}{\pi^2} =$$

$$= \frac{\sinh(2\pi k_1 a)\sinh(2\pi ka)}{\sinh^2[\pi(k+k_1)a]}.$$

Da questa espressione possiamo ricavare i due limiti; se $W \to \infty$, $k_1 \to k \to \infty$, e quindi:

$$T \underset{W \to \infty}{\approx} \frac{\sinh^2(2\pi ka)}{\sinh^2(2\pi ka)} = 1.$$

Per $W \to V_0$, $k_1 \to 0$, e quindi:

$$T \underset{W \to V_0}{\approx} (2\pi k_1 a)\frac{2\sinh(\pi ka)\cosh(\pi ka)}{\sinh^2(\pi ka)} = 4\pi k_1 a \coth(\pi ka) \approx 0.$$

*1.24. i) Riprendiamo i calcoli del 1.2.

Se $0 < W < V_0$, $k = \sqrt{2\mu W}/\hbar$, $\bar{k} = \sqrt{2\mu(V_0 - W)}/\hbar$, la soluzione dell'equazione agli autovalori soddisfacenti le condizioni al contorno $u(0) = 0$, $u(\infty) = 0$ è:

$$u(x) = \begin{cases} A\sin(kx) & 0 < x < a \\ Be^{-\bar{k}x} & a < x. \end{cases}$$

Le condizioni di raccordo per la funzione e la derivata prima in $x = a$ portano a:

$$\begin{cases} A\sin(ka) = Be^{-\bar{k}a} \\ Ak\cos(ka) = -B\bar{k}e^{-\bar{k}a}, \end{cases}$$

e dividendo la seconda per la prima, si trova infine l'equazione trascendente cercata:

$$k\cot(ka) = -\bar{k}.$$

L'equazione trascendente è quella delle soluzioni dispari della buca quadrata. Vi sono n soluzioni se:

$$\frac{\hbar^2}{2\mu}\left(\frac{\pi}{2}\right)^2(2n-1)^2 < a^2V_0 < \frac{\hbar^2}{2\mu}\left(\frac{\pi}{2}\right)^2(2n+1)^2,$$

e non ne esiste neppure una se la buca troppo stretta o troppo poco profonda:

$$a^2V_0 < \frac{\hbar^2}{2\mu}\left(\frac{\pi}{2}\right)^2.$$

Imponiamo ora la normalizzazione:

$$A^2 \int_0^a dx \sin^2(kx) + B^2 \int_a^\infty dx \exp[-2\bar{k}x] = 1,$$

e sfruttiamo la continuità in a della funzione; si ottiene:

$$A^2 = \frac{2}{\sin^2(ka)/\bar{k} + a - \sin(2ka)/2k}$$

$$B^2 = \frac{2\exp[2\bar{k}a]\sin^2(ka)}{\sin^2(ka)/\bar{k} + a - \sin(2ka)/2k}.$$

Se $W < 0$, $k \to ik$, $\cot(ka) \to -i\coth(ka)$ e l'equazione: $k\coth(ka) = -\bar{k}$ non ha soluzione perché la cotangente iperbolica è sempre positiva.

ii) Se $V_0 < W$, $\bar{k}$ è immaginario, e non esistono soluzioni con le condizioni al contorno imposte. Esistono soluzioni oscillanti all'infinito, che poniamo nella conveniente forma:

$$u(x) = \begin{cases} A\sin(kx) & 0 < x < a \\ B\sin(\tilde{k}x + \varphi) & a < x \end{cases} \qquad \tilde{k} = \sqrt{\frac{2\mu(W - V_0)}{\hbar^2}}.$$

Le equazioni di continuità portano ora a:

$$ka\cot(ka) = \tilde{k}a\cot(\tilde{k}a + \varphi) \implies \varphi = \mathrm{arccot}\left(\frac{k}{\tilde{k}}\cot(ka)\right) - \tilde{k}a.$$

Quindi:

$$u(x) \propto \left(\exp[-i\tilde{k}x - i\varphi] - \exp[i\tilde{k}x + i\varphi]\right) \qquad a < x.$$

È dunque immediato leggere lo sfasamento tra le due onde $e^{\pm i\tilde{k}x}$:

$$\delta = 2\varphi = 2\mathrm{arccot}\left(\frac{k}{\tilde{k}}\cot(ka)\right) - 2\tilde{k}a.$$

1.25. Supponiamo di descrivere una particella proveniente da sinistra:

$$\Psi(x) = \begin{cases} e^{ikx} + Ae^{-ikx} & x < 0 & k = \sqrt{2\mu W/\hbar^2} \\ Be^{i\chi x} + Ce^{-i\chi x} & 0 < x < a & \chi = \sqrt{2\mu(W - V_0)/\hbar^2} \\ De^{ik(x-a)} & a < x. \end{cases}$$

Le condizioni di continuità di funzione e derivata in $x = 0$ e $x = a$ portano a:

$$\begin{cases} 1 + A = B + C & k(1-A) = \chi(B-C) \\ Be^{i\chi a} + Ce^{-i\chi a} = D & \chi(Be^{i\chi a} - Ce^{-i\chi a}) = kD. \end{cases}$$

Il problema è risolto su tutti i testi, e la soluzione è data da:

$$A = \frac{(k^2 - \chi^2)\sin\chi a}{(k^2 + \chi^2)\sin\chi a + 2ik\chi\cos\chi a},$$

$$D = \frac{2ik\chi}{(k^2 + \chi^2)\sin\chi a + 2ik\chi\cos\chi a},$$

con le altre costanti immediatamente deducibili da queste. Le relazioni sono valide qualsiasi sia il segno di $W - V_0$, e quindi sia che χ sia reale o immaginario. I coefficienti di riflessione $R = |A|^2$ e di trasmissione $T = |D|^2$ devono soddisfare la relazione $R + T = 1$, grazie al principio di conservazione del flusso. In conclusione, possiamo dare l'espressione esplicita di T nei due casi relativi a χ:

$$T(W) = \begin{cases} \dfrac{4W(W - V_0)}{4W(W - V_0) + V_0^2 \sin^2(\sqrt{2\mu(W - V_0)a^2/\hbar^2})} & W > V_0 \\[3mm] \dfrac{4W(V_0 - W)}{4W(V_0 - W) + V_0^2 \sinh^2(\sqrt{2\mu(V_0 - W)a^2/\hbar^2})} & W < V_0, \quad \chi \to i\chi. \end{cases}$$

Da queste espressioni esatte possiamo ricavare i limiti richiesti per $T(W) \approx$:

i) $1 - \dfrac{V_0^2}{4W^2}\sin^2(\sqrt{2\mu W a^2/\hbar^2}) \approx 1 \quad W \gg V_0$;

ii) $\dfrac{16W(V_0 - W)}{V_0^2}\exp\left[-2\sqrt{2\mu(V_0 - W)a^2/\hbar^2}\right] \ll 1, \quad \mu(V_0 - W)a^2/\hbar^2 \gg 1$;

iii) $\dfrac{4W}{V_0}\left[\sinh(\sqrt{2\mu V_0 a^2/\hbar^2})\right]^{-2} \ll 1, \quad W \ll \mu a^2 V_0/\hbar^2, \quad W \ll V_0$;

iv) $\dfrac{1}{1 + \mu a^2 V_0^2/(2W\hbar^2)}\mu a^2 V_0^2/\hbar^2 \ll 1, \quad \mu a^2 W^2/\hbar^2 \ll 1$.

Si noti che nell'ultimo caso si ottiene lo stesso valore dato da un potenziale a delta di Dirac. Vedi 4.5 con $\lambda = V_0 a = \int dx V(x)$.

3.2 Equazione di Schrödinger in due e tre dimensioni

2.1. Per una particella immersa in una buca sferica, con energia $-V_0 < W < 0$, la parte radiale della funzione d'onda soddisfa le equazioni:

$$
\begin{cases}
\dfrac{d^2R}{dr^2} + \dfrac{2}{r}\dfrac{dR}{dr} + \left(\bar{k}^2 - \dfrac{l(l+1)}{r^2} \right)R = 0, \bar{k} = \sqrt{2\mu(V_0+W)}/\hbar & r \le a \\[3mm]
\dfrac{d^2R}{dr^2} + \dfrac{2}{r}\dfrac{dR}{dr} - \left(k^2 + \dfrac{l(l+1)}{r^2} \right)R = 0, k = \sqrt{2\mu|W|}/\hbar & r \ge a.
\end{cases}
$$

Ponendo $\rho = \bar{k}r$ o $\rho = ikr$, le equazioni si riconducono alla equazione di Bessel :

$$
\frac{d^2R}{d\rho^2} + \frac{2}{\rho}\frac{dR}{d\rho} + \left(1 - \frac{l(l+1)}{\rho^2} \right)R = 0,
$$

le cui soluzioni si possono esprimere tramite le funzioni di Bessel sferiche del primo e del secondo tipo, $j_l(\rho)$ e $y_l(\rho)$, dette anche funzioni di Weber, oppure tramite le funzioni di Bessel del terzo tipo, $h_l^{(1)}(\rho)$ e $h_l^{(2)}(\rho)$, dette anche funzioni di Hankel (A-S 10.1):

$$
R(r) = \begin{cases}
A j_l(\bar{k}r) + B y_l(\bar{k}r) & r \le a \\[2mm]
C h_l^{(1)}(ikr) + D h_l^{(2)}(ikr) & r \ge a.
\end{cases}
$$

La condizione di regolarità in $r = 0$ implica $B = 0$. All'infinito invece, le funzioni di Hankel hanno il seguente comportamento asintotico:

$$
h_l^{(1)}(ikr) \xrightarrow[r\to\infty]{} \frac{1}{ikr}\exp\left[-kr - i(l+1)\frac{\pi}{2} \right]
$$

$$
h_l^{(2)}(ikr) \xrightarrow[r\to\infty]{} \frac{1}{ikr}\exp\left[kr + i(l+1)\frac{\pi}{2} \right].
$$

La seconda soluzione è quindi da scartare, imponendo $D = 0$. Pertanto:

$$
R(r) = \begin{cases}
A j_l(\bar{k}r) & r \le a \\[2mm]
C h_l^{(1)}(ikr) & r \ge a.
\end{cases}
$$

Dal raccordo della funzione e della derivata prima in $r = a$ si ottiene:

$$
\bar{k}\frac{j_l'(\bar{k}a)}{j_l(\bar{k}a)} = ik\frac{h_l'^{(1)}(ika)}{h_l^{(1)}(ika)}.
$$

Questa è una equazione trascendente in W, le cui soluzioni sono gli autovalori cercati.

Nel caso $l = 0$ le funzioni di Bessel e di Hankel hanno semplici espressioni:

$$j_0(\rho) = \frac{\sin\rho}{\rho}, \qquad h_0^{(1)}(\rho) = -i\frac{e^{i\rho}}{\rho}.$$

Posto $\xi = \bar{k}a$ e $\eta = ka$, non indipendenti tra di loro, l'equazione trascendente diventa:

$$\begin{cases} \xi\cot\xi = -\eta \\ \xi^2 + \eta^2 = \dfrac{2\mu}{\hbar^2}V_0a^2. \end{cases}$$

Queste sono le condizioni cui devono soddisfare gli autovalori di una buca quadrata in $[-a,a]$, nel caso di autofunzioni dispari. Rifacendoci a quei risultati, si conclude che non ci sono stati legati per $l = 0$, oppure ne esistono n a seconda che:

$$V_0a^2 < \left(\frac{\pi}{2}\right)^2\frac{\hbar^2}{2\mu} \quad \text{oppure} \quad \left[(2n-1)\frac{\pi}{2}\right]^2\frac{\hbar^2}{2\mu} < V_0a^2 < \left[(2n+1)\frac{\pi}{2}\right]^2\frac{\hbar^2}{2\mu}.$$

Nel caso invece di $l = 1$, dalle espressioni:

$$j_1(\rho) = \frac{\sin\rho}{\rho^2} - \frac{\cos\rho}{\rho}, \qquad h_1^{(1)}(\rho) = -\frac{e^{i\rho}}{\rho}\left(\frac{i}{\rho} + 1\right),$$

imponendo le condizioni di raccordo, si ottiene:

$$\begin{cases} \dfrac{1}{\xi}\cot\xi - \dfrac{1}{\xi^2} = \dfrac{1}{\eta^2} + \dfrac{1}{\eta} \\ \xi^2 + \eta^2 = \dfrac{2\mu}{\hbar^2}V_0a^2. \end{cases}$$

Come nella buca quadrata , confrontiamo gli zeri della η dalla prima e dalla seconda equazione. Uno zero corrispondente a $\xi = 0$ non è possibile perché nella prima equazione la parte sinistra sarebbe negativa e la destra positiva. Negli altri casi, $\eta \to 0$ e $\xi \neq 0$, dalla prima si ottiene:

$$\eta^2\xi^2 = (\eta^2 + \eta\xi^2 + \xi^2)\xi\tan\xi \quad \Longrightarrow \quad \eta^2 \approx \xi\tan\xi.$$

Cioè gli stessi valori delle soluzioni pari, esclusa però la prima soluzione. Quindi, con $l = 1$, non esiste alcuno stato legato oppure ne esistono invece n a seconda che:

$$V_0a^2 < \pi^2\frac{\hbar^2}{2\mu} \quad \text{oppure} \quad (n\pi)^2\frac{\hbar^2}{2\mu} < V_0a^2 < \left[(n+1)\pi\right]^2\frac{\hbar^2}{2\mu}.$$

2.2. i) In uno spazio bidimensionale, il laplaciano in coordinate polari è dato da:

$$\nabla^2 = \frac{1}{\rho}\frac{\partial}{\partial\rho}\left(\rho\frac{\partial}{\partial\rho}\right) + \frac{1}{\rho^2}\frac{\partial^2}{\partial\varphi^2}.$$

Posto: $\psi(\rho,\varphi) = R(\rho)\Phi(\varphi)$, l'equazione di Schrödinger si separa nelle due equazioni:

$$\begin{cases} \dfrac{\partial^2}{\partial\varphi^2}\Phi(\varphi) = -m^2\Phi(\varphi) \\[2mm] \dfrac{1}{\rho}\dfrac{\partial}{\partial\rho}\left(\rho\dfrac{\partial}{\partial\rho}\right)R(\rho) + \dfrac{2\mu W}{\hbar^2}R(\rho) = \dfrac{m^2}{\rho^2}R(\rho). \end{cases}$$

Le condizioni di periodicità in $\varphi = [0,2\pi]$ impongono m intero. Con la sostituzione di variabile $r = \sqrt{2\mu W/\hbar^2}\,\rho$, l'equazione per la R diventa:

$$\frac{d^2}{dr^2}R(r) + \frac{1}{r}\frac{d}{dr}R(r) + \left(1 - \frac{m^2}{r^2}\right)R(r) = 0,$$

con condizioni di regolarità all'origine. Le soluzioni sono funzioni di Bessel di primo e secondo tipo $J_m(r)$ e $Y_m(r)$ (A-S 9.), delle quali solo la prima è regolare all'origine. Imponendo l'annullamento in $\rho = a$, si ricavano infine gli autovalori.

ii) Nel caso particolare con $m = 0$, risolviamo il problema con la tecnica dello sviluppo in serie, ponendo $R(r) = \sum_{k=0}^{\infty} c_k r^k$. Se si sostituisce questo sviluppo nell'equazione precedente (con $m = 0$), si ottiene:

$$\sum_{k=2}^{\infty} c_k k(k-1) r^{k-1} + \sum_{h=1}^{\infty} c_h h r^{h-1} + \sum_{i=0}^{\infty} c_i r^{i+1} = 0.$$

La potenza di ordine zero è presente solo nel secondo addendo, e ha come coefficiente c_1. Pertanto $c_1 = 0$ e la potenza zero non compare nell'equazione. Rimane pertanto:

$$\sum_{k=1}^{\infty}\left(c_{k+1}(k+1)k + c_{k+1}(k+1) + c_{k-1}\right)r^k = 0 \quad\Longrightarrow\quad c_{k+2} = -\frac{c_k}{(k+2)^2}.$$

Poiché $c_1 = 0$, tutti i coefficienti dispari sono nulli. I coefficienti pari si ricavano dalla regola di ricorrenza, a meno di c_0 che viene fissato dalla normalizzazione. Notare che invece delle due soluzioni previste ne abbiamo trovato una sola. Questa corrisponde alla $J_0(r)$, in quanto che l'altra soluzione, la $Y_0(r)$, è singolare all'origine e pertanto non ammette sviluppo in serie. Alla soluzione trovata dobbiamo ora imporre la condizione di annullamento in $\rho = a$, cioè $r = \sqrt{2\mu W_{0,1}/\hbar^2}\,a$. Questo avviene per tutti gli zeri della funzione di Bessel $J_0(r)$, indicati comunemente con $j_{0,s}$. Gli autovalori corrispondenti sono perciò dati da:

$$W_{0,s} = \frac{\hbar^2}{2\mu} \frac{j_{0,s}^2}{a^2}, \qquad s = 1, 2, \dots$$

iii) Lo stato fondamentale corrisponde al minimo degli $j_{0,s}$, cioè $j_{0,1} \approx 2.405$:

$$W_{0,1} = \frac{\hbar^2}{2\mu} \frac{2.405^2}{a^2}.$$

La autofunzione corrispondente $J_0\left(\sqrt{2\mu W_{0,1}/\hbar^2}\rho\right)$ si annulla in $\rho = a$ la prima volta e in $\rho > a$ le volte successive, e quindi fuori dal dominio di definizione.

2.3. In un sistema bidimensionale, introducendo le coordinate polari $\{r, \varphi\}$ e i momenti coniugati $\{p_r, p_\varphi\}$, l'Hamiltoniana classica dell'atomo di idrogeno in campo magnetico trasversale diventa:

$$H = \frac{1}{2\mu}\left(p_r^2 + \frac{p_\varphi^2}{r^2}\right) - \frac{e^2}{r} + \frac{eB}{\mu c}p_\varphi.$$

Introdotta la funzione generatrice $S(q, p)$, tale che:

$$p_i = \frac{\partial S(q, p)}{\partial q_i}, \qquad i = 1, 2,$$

l'equazione di Hamilton Jacobi diventa:

$$\frac{1}{2\mu}\left[\left(\frac{\partial S(r, \varphi)}{\partial r}\right)^2 + \frac{1}{r^2}\left(\frac{\partial S(r, \varphi)}{\partial \varphi}\right)^2\right] - \frac{e^2}{r} + \frac{eB}{\mu c}\frac{\partial S(r, \varphi)}{\partial \varphi} = W.$$

Il problema si può risolvere per separazione delle variabili:

$$\begin{cases} S(r, \varphi) = S_r(r) + S_\varphi(\varphi) \\[2mm] \dfrac{dS_\varphi}{d\varphi} = cost = \alpha_\varphi = p_\varphi \\[2mm] \dfrac{1}{2\mu}\left[\left(\dfrac{dS_r}{dr}\right)^2 + \dfrac{\alpha_\varphi^2}{r^2}\right] - \dfrac{e^2}{r} = W_\varphi, \quad W_\varphi = W - \dfrac{eB}{\mu c}\alpha_\varphi. \quad \Longrightarrow \end{cases}$$

$$\Longrightarrow \quad \frac{dS_r}{dr} = \frac{1}{r}\sqrt{2\mu W_\varphi r^2 + 2\mu e^2 r - \alpha_\varphi^2} = p_r.$$

Gli integrali su orbite chiuse dei momenti coniugati sono le variabili azione:

$$\begin{cases} J_\varphi = \oint p_\varphi d\varphi = 2\pi\alpha_\varphi \\[2mm] J_r = \oint p_r dr = 2\sqrt{-2\mu W_\varphi}\displaystyle\int_{r_-}^{r_+} dr\,\frac{1}{r}\left(\sqrt{(r - r_-)(r_+ - r)}\right), \end{cases}$$

$$\text{con } r_\pm = \frac{-\mu e^2 \pm \sqrt{\mu^2 e^4 + 2\mu W_\varphi \alpha_\varphi^2}}{2\mu W_\varphi}.$$

Notare il fattore 2 davanti all'integrale in $[r_-, r_+]$, dovuto all'orbita chiusa. È conveniente studiare l'integrale in campo complesso. Nella variabile z l'integrando ha un taglio tra r_- ed r_+ e un polo in $z = 0$, e la circuitazione attorno al taglio in senso orario è uguale a due volte l'integrale dato. Il circuito attorno al taglio può essere deformato in un cerchio Γ_1 attorno all'origine in senso antiorario e un cerchio Γ_2 all'infinito in senso orario, grazie al fatto che il tratto $(-\infty, 0)$ non dà contributo perché percorso nei due sensi. Quindi:

$$J_r = \left(\int_{\Gamma_1} dz + \int_{\Gamma_2} dz \right) \frac{1}{z} \sqrt{2\mu W_\varphi z^2 + 2\mu e^2 z - \alpha_\varphi^2}.$$

Il primo integrale si calcola tramite il residuo in $z = 0$, mentre per il secondo conviene operare la sostituzione $w = -1/z$:

$$J_r = 2\pi i \sqrt{-\alpha_\varphi^2} + \int_{-\Gamma_2} dw \frac{1}{w^2} \sqrt{2\mu W_\varphi + 2\mu e^2 w - \alpha_\varphi^2 w^2}.$$

Tramite il residuo di secondo grado in $w = 0$ si ottiene:

$$J_r = -2\pi \alpha_\varphi + \frac{2\pi \mu e^2}{\sqrt{-2\mu W_\varphi}}.$$

Risolviamo questa relazione rispetto all'energia, tenendo conto delle precedenti relazioni tra W_φ e W, e tra J_φ e α_φ:

$$W = -\frac{2\pi^2 \mu e^4}{(J_r + J_\varphi)^2} + \frac{eB}{2\pi \mu c} J_\varphi.$$

A questa espressione classica, possiamo applicare la quantizzazione di Bohr-Sommerfeld:

$$J_r = 2\pi \hbar n_r, \qquad J_\varphi = 2\pi \hbar n_\varphi.$$

Per trovare infine:

$$W_{n_r} = -\frac{\mu e^4}{2n^2 \hbar^2} + \frac{eB\hbar}{\mu c} n_r, \quad n = n_r + n_\varphi.$$

2.4. L'Hamiltoniana si può ricavare dalla sua espressione classica:

$$H = \frac{L^2}{2I} = \frac{L_z^2}{2\mu \overline{\rho}^2} \quad \Longrightarrow \quad -\frac{\hbar^2}{2\mu \overline{\rho}^2} \frac{\partial^2}{\partial \varphi^2},$$

dove abbiamo indicato con I il momento di inerzia del rotatore piano. Imponendo le condizioni di continuità al contorno, otteniamo gli autovalori e gli autovettori:

$$W_n = \frac{\hbar^2}{2\mu\overline{\rho}^2}n^2, \quad \Phi(\varphi) = \frac{1}{\sqrt{2\pi}}e^{in\varphi}, \quad n = 0, \pm 1, \pm 2, \ldots$$

Notare l'autovalore nullo e l'autofunzione costante, non banale perché diversa da zero grazie alle condizioni periodiche imposte dal problema.

L'Hamiltoniana si può anche ricavare formalmente da quella bidimensionale del Problema 2.2 con il vincolo $\rho = cost = \overline{\rho}$, oppure da quella tridimensionale con il doppio vincolo $z = cost$, $\rho = cost$. Questo non è rigorosamente vero, perché il principio di indeterminazione di Heisenberg vieta che quelle variabili rimangano costanti durante il moto.

2.5. Con la solita sostituzione di incognita $y(r) = R(r)/r$, l'equazione radiale per l'onda con $l = 0$ è data da:

$$y''(r) + \frac{2\mu}{\hbar^2}\left[W + V_0 e^{-r/a}\right]y(r) = 0.$$

Per energie $W < 0$, e con le successive sostituzioni di parametri e variabili:

$$v^2 = \frac{8\mu a^2|W|}{\hbar^2}, \quad \alpha^2 = \frac{8\mu a^2 V_0}{\hbar^2}, \quad \rho = \alpha e^{-r/2a},$$

l'equazione diventa:

$$y''(\rho) + \frac{1}{\rho}y'(\rho) + \left(1 - \frac{v^2}{\rho^2}\right)y(\rho) = 0,$$

che deve essere risolta con le condizioni al contorno:

$$y(r = \infty) = y(\rho = 0) = 0, \quad y(r = 0) = y(\rho = \alpha) = 0.$$

La soluzione generale può essere espressa tramite le funzioni di Bessel di prima e di seconda specie:

$$y(r) = AJ_v(\alpha e^{-r/2a}) + BY_v(\alpha e^{-r/2a}).$$

All'origine le funzioni di Bessel si comportano nel modo seguente:

$$J_v(\rho) \approx \rho^v \xrightarrow[\rho\to 0]{} 0, \quad Y_v(\rho) \approx \rho^{-v} \xrightarrow[\rho\to 0]{} \infty \quad \text{per} \quad v \neq 0 \quad \text{e} \quad Y_0(\rho) \approx \log\rho,$$

e quindi poniamo $B = 0$. Se imponiamo la condizione di annullamento a $r = 0$, cioè a $\rho = \alpha$, troviamo la relazione che fornisce implicitamente gli autovalori dell'energia:

$$J_v(\alpha) = J_{\sqrt{8\mu a^2|W|}/\hbar}\left(\sqrt{8\mu a^2 V_0}/\hbar\right) = 0.$$

A indice $v \geq 0$ fissato, le funzioni di Bessel $J_v(\rho)$ hanno infiniti zeri semplici per $\rho = j_{v,s}$, crescenti in s a indice v fissato, e crescenti in v a indice s fissato. Inoltre, essi sono interallacciati con i $j_{v+1,s}$ (A-S 9.5):

$$j_{v,1} < j_{v+1,1} < j_{v,2} < \dots < j_{v+1,n-1} < j_{v,n} < j_{v+1,n} < \dots$$

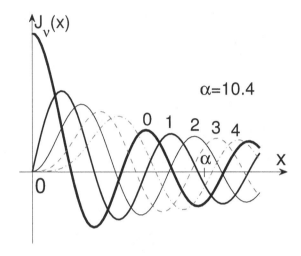

La condizione di annullamento è soddisfatta da tutte le J_v che hanno α come primo, secondo,..., ennesimo zero. Il primo caso si riferisce evidentemente alla funzione di Bessel con gli zeri più lontani dall'origine, quella con indice massimo v_{max}. L'ultimo caso invece riguarda l'indice minimo $v_1 \geq 0$. È comodo pensare ai grafici delle J_v come sinusoidi smorzate che si muovono verso destra all'aumentare dell'indice v, a partire dalla J_0 che è quella con gli zeri più vicini all'origine. Pertanto, se α è compreso tra l'n-esimo e l'(n+1)-esimo zero della J_0, cioè $j_{0,n} \leq \alpha < j_{0,n+1}$, esiste un valore $v_1 \geq 0$, tale che la J_{v_1} ha l'n-esimo zero in α. Nell'esempio in figura $n = 3$ e $1 < v_1 < 2$. Procedendo oltre, poiché vale la relazione $j_{v_1+1,n-1} < j_{v_1,n} = \alpha < j_{v_1+1,n}$, esiste un valore $v_2 > v_1 + 1$, tale che la J_{v_2} ha l'(n-1)-esimo zero in α. Nell'esempio in figura $3 < v_2 < 4$. E così via, con $v_{j+1} > v_j + 1$, sino alla n-esima funzione di Bessel $J_{v_n = v_{max}}$, che ha in α il primo zero. Dunque, la condizione che esistano n autovalori è che:

$$j_{0,n} \leq \alpha < j_{0,n+1}, \quad j_{0,n}^2 \frac{\hbar^2}{8a^2\mu} \leq V_0 < j_{0,n+1}^2 \frac{\hbar^2}{8a^2\mu}.$$

La condizione che esista almeno un autovalore è data da:

$$\alpha \geq j_{0,1} \approx 2.405 \quad \Longrightarrow \quad V_0 \geq 2.405^2 \frac{\hbar^2}{8a^2\mu} \approx 0.72 \frac{\hbar^2}{a^2\mu}.$$

Nel caso $V_0 \to \infty$, dobbiamo valutare gli zeri della funzione di Bessel $J_0(\alpha)$ nel limite $\alpha \to \infty$ e quindi considerare il suo comportamento asintotico:

$$J_0(\alpha) \approx \sqrt{\frac{2}{\pi\rho}} \cos\left(\alpha - \frac{1}{4}\pi\right) \quad \text{per} \quad \alpha \to \infty$$

che possiede l'n-esimo zero in:

$$\alpha = \frac{3}{4}\pi + (n-1)\pi = \left(n - \frac{1}{4}\right)\pi.$$

La precedente condizione di esistenza di n autovalori diventa ora:

$$\frac{\hbar^2\pi^2}{8a^2\mu}\left(n - \frac{1}{4}\right)^2 \le V_0 < \frac{\hbar^2\pi^2}{8a^2\mu}\left(n + \frac{3}{4}\right)^2.$$

2.6. È dato un campo magnetico diretto lungo l'asse z, costante e uniforme all'interno del cilindro di raggio $\rho = x^2 + y^2 < \rho_a$, e nullo altrove. È simmetrico in coordinate cilindriche e, per esprimerlo tramite un potenziale vettore, utilizziamo la forma del rotore in tali coordinate:

$$\nabla \times \mathbf{A} = \frac{1}{\rho}\begin{vmatrix} \mathbf{z} & \boldsymbol{\rho} & \rho\boldsymbol{\varphi} \\ \dfrac{\partial}{\partial z} & \dfrac{\partial}{\partial \rho} & \dfrac{\partial}{\partial \varphi} \\ A_z & A_\rho & \rho A_\varphi \end{vmatrix},$$

dove $\{\mathbf{z}, \boldsymbol{\rho}, \boldsymbol{\varphi}\}$ sono i versori delle tre coordinate. Il potenziale vettore:

$$\mathbf{A} = \begin{cases} \dfrac{B_0\rho}{2}\boldsymbol{\varphi} & \rho < \rho_a \\[2ex] \dfrac{B_0\rho_a^2}{2\rho}\boldsymbol{\varphi} & \rho_a < \rho < \rho_b, \end{cases}$$

soddisfa le richieste, ovvero:

$$\mathbf{B} = \nabla \times \mathbf{A} = \frac{1}{\rho}\frac{\partial}{\partial \rho}(\rho A_\varphi)\mathbf{z} = \begin{cases} B_0\mathbf{z} & \rho < \rho_a \\[1ex] 0 & \rho_a < \rho < \rho_b. \end{cases}$$

Per ricavare il potenziale $\mathbf{A}$ in altro modo, utilizziamo il teorema di Stokes sulla circuitazione lungo una circonferenza $\mathscr{C}$ e il flusso del rotore attraverso il cerchio C

in essa contenuta:

$$\oint_{\mathscr{C}} \mathbf{A} \cdot d\mathbf{l} = \int_C \mathbf{\nabla} \times \mathbf{A} \cdot \mathbf{n} ds = \int_C \mathbf{B} \cdot \mathbf{n} ds = \begin{cases} B_0 \pi \rho^2 & \rho < \rho_a \\ \\ B_0 \pi \rho_a^2 & \rho_a < \rho < \rho_b. \end{cases}$$

Nella precedente formula, $\mathbf{l}$ è la tangente alla circonferenza, $\mathbf{n}$ è il versore normale al cerchio e ds l'elemento infinitesimo di superficie. Data la simmetria del problema, il potenziale $\mathbf{A}$ non dipende da né da z né da φ ma solo da ρ, ed è diretto come $\boldsymbol{\varphi}$, ovvero tangente al cerchio. Pertanto:

$$\oint_{\mathscr{C}} \mathbf{A} \cdot d\mathbf{l} = 2\pi\rho A_\varphi = \begin{cases} B_0 \pi \rho^2 & \rho < \rho_a \\ \\ B_0 \pi \rho_a^2 & \rho_a < \rho < \rho_b, \end{cases}$$

da cui si ricava il valore di A_φ trovato prima.

Consideriamo ora il laplaciano in coordinate cilindriche:

$$\mathbf{\nabla}^2 = \frac{\partial^2}{\partial z^2} + \frac{1}{\rho}\frac{\partial}{\partial \rho}\left(\rho\frac{\partial}{\partial \rho}\right) + \frac{1}{\rho^2}\frac{\partial^2}{\partial \varphi^2},$$

nel quale il potenziale $\mathbf{A}$ può essere ora inserito tramite l'accoppiamento minimale:

$$\mathbf{\nabla} \to \mathbf{\nabla} - \frac{ie}{\hbar c}\mathbf{A} \implies \frac{1}{\rho}\frac{\partial}{\partial \varphi} \to \frac{1}{\rho}\frac{\partial}{\partial \varphi} - \frac{ie}{\hbar c}A_\varphi,$$

nella direzione $\boldsymbol{\varphi}$, con le altre componenti inalterate. Tra le due pareti di potenziale infinito, $\rho_a < \rho < \rho_b$, A_φ è della forma già trovata:

$$A_\varphi = \frac{\mathscr{F}}{2\pi\rho}, \quad \text{con} \quad \mathscr{F} = B_0 \pi \rho_a^2,$$

essendo $\mathscr{F}$ il flusso totale del campo magnetico, costante tra i due cilindri. L'accoppiamento minimale quindi diventa:

$$\frac{1}{\rho}\frac{\partial}{\partial \varphi} \to \frac{1}{\rho}\left(\frac{\partial}{\partial \varphi} - \frac{ie\mathscr{F}}{2\pi\hbar c}\right) \quad \text{ovvero} \quad L_z \to L_z - \frac{e}{2\pi c}\mathscr{F},$$

e l'equazione di Schrödinger:

$$\left[\frac{\partial^2}{\partial z^2} + \frac{1}{\rho}\frac{\partial}{\partial \rho}\left(\rho\frac{\partial}{\partial \rho}\right) + \frac{1}{\rho^2}\left(\frac{\partial}{\partial \varphi} - \frac{ie\mathscr{F}}{2\pi\hbar c}\right)^2\right]u(z,\rho,\varphi) = -\frac{2\mu W}{\hbar^2}u(z,\rho,\varphi).$$

L'equazione è separabile in coordinate cilindriche. Posto:

$$u(z,\rho,\varphi) = Ne^{ipz}e^{im\varphi}R(\rho) \quad \text{con} \quad m = 0, \pm 1, \pm 2, \ldots,$$

si ottiene l'equazione radiale:

$$\frac{1}{\rho}\frac{\partial}{\partial\rho}\left(\rho\frac{\partial}{\partial\rho}\right)R(\rho) - \frac{1}{\rho^2}(m-F)^2 R(\rho) = -k^2 R(\rho),$$

con:

$$F = \frac{e\mathscr{F}}{2\pi\hbar c} = \frac{eB_0\rho_a^2}{2\hbar c}, \qquad k^2 = \frac{2\mu W}{\hbar^2} - p^2.$$

Come si vede, la particella risente del flusso del campo, benché questo sia diverso da zero solo in una zona inaccessibile alla particella stessa. L'effetto di questo flusso di campo magnetico si traduce formalmente in una variazione di momento angolare, da $m\hbar$ a $(m-F)\hbar$, e nella conseguente variazione di energia, rispetto al caso della doppia buca cilindrica infinita senza campo magnetico interno.

Questo fenomeno è in linea di principio misurabile ed è noto come effetto Aharonov-Bohm. È un effetto solo quantistico, essendo strettamente legato alla formulazione hamiltoniana della teoria, ove intervengono direttamente i potenziali. Nella trattazione newtoniana della fisica classica sono presenti solo le forze e quindi solo i campi, e l'effetto è del tutto assente.

Per l'equazione radiale, operiamo il cambio di variabile $r = k\rho$, che porta a:

$$R''(r) + \frac{1}{r}R'(r) + \left[1 - \frac{v^2}{r^2}\right]R(r) = 0, \quad v = m - F, \quad r = k\rho.$$

Questa è una equazione di Bessel che ammette due soluzioni linearmente indipendenti tramite le quali è possibile esprimere la $R(r)$:

$$R(r) = \begin{cases} AJ_v(r) + BJ_{-v}(r) & \text{per} \quad v \neq s \quad \text{intero} \\ AJ_v(r) + BY_v(r) & \text{per} \quad v = s \quad \text{intero}. \end{cases}$$

Se imponiamo ora le condizioni al contorno:

$$R(k\rho_a) = R(k\rho_b) = 0,$$

le condizioni di risolubilità portano a:

$$\begin{cases} J_v(k\rho_a)J_{-v}(k\rho_b) - J_v(k\rho_b)J_{-v}(k\rho_a) = 0 & \text{per } v \neq s \quad \text{intero} \\ J_v(k\rho_a)Y_v(k\rho_b) - J_v(k\rho_b)Y_v(k\rho_a) = 0 & \text{per } v = s \quad \text{intero}. \end{cases}$$

Esistono soluzioni solo per valori discreti di k:

$$k_{v;n} \implies W_{v,n} = \frac{\hbar^2}{2\mu}\left(k_{v;n}^2 + p^2\right),$$

corrispondenti alle autofunzioni:

$$u_{v;p,m,n} = Ne^{ipz}e^{im\varphi}R_{v;n}(k_{v;n}\rho).$$

In generale dunque, sia gli autovalori che gli autovettori dipendono dal flusso $\mathscr{F}$ del campo magnetico, anche se questo è nullo nella regione ove si muove la particella.

Il caso $v = s$ intero, ottenibile da $F = j$ intero e $B_0 = j2\hbar c/e\rho_a^2$, è particolare. Infatti, in questo caso $v = m - j = s$, e i livelli energetici del sistema non sono distinguibili da quelli con campo B_0 nullo, cioè con $v = m$. Permane tuttavia una diversa corrispondenza tra autovalori e autofunzioni, in quanto a $W_{s,n}$ corrisponde nella autofunzione un termine $e^{im\varphi}$, anche nel caso $s \neq m$. Non è chiaro se questo fatto sia sperimentalmente accessibile, cioè se, in presenza di $B_0 \neq 0$, rimane misurabile l'operatore $L_z = -i\hbar\partial/\partial\varphi$, oppure è possibile misurare solo il momento angolare associato al momento canonico:

$$\mathbf{r} \times \left(\mathbf{p} - \frac{e}{c}\mathbf{A}\right) = L_z - F.$$

2.7. Il termine aggiuntivo nel potenziale altera la barriera centrifuga:

$$\frac{l(ly+1)}{r^2} \implies \frac{l(l+1)+2\mu\beta/\hbar^2}{r^2} = \frac{\lambda(\lambda+1)}{r^2}, \qquad \lambda > 0.$$

Con l'usuale cambio di funzione e di variabili:

$$R(r) = y(r)/r, \quad k = \sqrt{2\mu|W|}/\hbar, \quad r_0 = \hbar^2/e^2\mu, \quad \zeta = 1/kr_0, \rho = 2kr,$$

l'equazione radiale diventa:

$$\frac{d^2y}{d\rho^2} + \left[-\frac{1}{4} + \frac{\zeta}{\rho} - \frac{\lambda(\lambda+1)}{\rho^2}\right]y = 0,$$

cioè quella dell'atomo di idrogeno con nuovi parametri. Le usuali regole di quantizzazione diventano ora:

$$\zeta - \lambda - 1 = n_r,$$

con n_r intero positivo, da cui:

$$W_{n_r\lambda} = -\frac{e^4\mu}{2\hbar^2}\frac{1}{(n_r + \lambda + 1)^2}.$$

Sostituendo il valore (positivo) di λ:

$$\lambda = -\frac{1}{2} + \frac{1}{2}\sqrt{(2l+1)^2 + \frac{8\mu\beta}{\hbar^2}},$$

otteniamo infine:

$$W_{n_r \lambda} = -\frac{e^4 \mu}{2\hbar^2} \frac{1}{\left[n_r + 1/2 + 1/2\sqrt{(2l+1)^2 + 8\mu\beta/\hbar^2} \right]^2}.$$

2.8. Come nel 2.1, definito $\bar{k} = \sqrt{2\mu(V_0 + W)}/\hbar$, $k = \sqrt{2\mu|W|}/\hbar$, $\xi = \bar{k}a$ e $\eta = ka$, gli autovalori a $l = 0$ sono determinati dalle relazioni

$$\begin{cases} \xi \cot \xi = -\eta \\ \xi^2 + \eta^2 = \dfrac{2\mu V_0}{\hbar^2} a^2. \end{cases}$$

L'equazione non è risolubile analiticamente ma, con i parametri del problema, ricaviamo $\eta = a\sqrt{2\mu|W|}/\hbar \approx 0.22$, e la prima equazione diventa $\tan \xi \approx -4.54\xi$. Facendo ora riferimento alla soluzione grafica del problema, dobbiamo intersecare la funzione $y = \tan \xi$ con una retta a pendenza negativa molto elevata. La prima intersezione avviene nel ramo negativo della tangente, per ξ poco oltre $\pi/2$, ovvero a $\xi = \pi/2 + \varepsilon$ con ε piccolo. In queste condizioni, possiamo operare uno sviluppo in serie intorno a $\pi/2$ della cotangente (non della tangente che ivi diverge):

$$\cot\left(\frac{\pi}{2} + \varepsilon\right) \approx -\varepsilon = \frac{\pi}{2} - \xi.$$

Questa espressione, reinserita nell'equazione trascendente, porta a:

$$\xi\left(\frac{\pi}{2} - \xi\right) = -0.22 \quad \Longrightarrow \quad \xi \approx 1.7,$$

che si può sostituire nella seconda formula di partenza unitamente a η:

$$V_0 = \left(\xi^2 + \eta^2\right) \frac{\hbar^2}{2\mu a^2} \approx 61 Mev.$$

Possiamo stimare l'eventuale presenza di altri stati legati usando le formule del Problema 2.1.

$$\left[(2n-1)\frac{\pi}{2} \right]^2 < V_0 a^2 \frac{2\mu}{\hbar^2} = \xi^2 + \eta^2 < \left[(2n+1)\frac{\pi}{2} \right]^2.$$

Sostituendo i valori trovati, le diseguaglianze sono verificate per n=1:

$$\left(\frac{\pi}{2}\right)^2 < 2.94 < 9\left(\frac{\pi}{2}\right)^2.$$

Quindi, esiste un solo stato legato con $l = 0$.

Per $l = 1$ invece non esistono stati legati , in quanto:

$$V_0 a^2 \frac{2\mu}{\hbar^2} = \xi^2 + \eta^2 \approx 2.94 < \pi^2,$$

e questa è la condizione trovata nel 2.1 per la non esistenza.

2.9. i) Dall'Hamiltoniana data:

$$H = \lambda \sqrt{\mathbf{p} \cdot \mathbf{p}} + 1/2 K \mathbf{q} \cdot \mathbf{q} = \lambda \sqrt{p_1^2 + p_2^2 + p_3^2} + \frac{1}{2} K \left(q_1^2 + q_2^2 + q_3^2 \right),$$

seguono le equazioni di Hamilton:

$$\begin{cases} \dot{q}_k = \partial H / \partial p_k \implies \dot{q}_k = \lambda p_k / |\mathbf{p}| \\ \dot{p}_k = -\partial H / \partial q_k \implies \dot{p}_k = -K q_k, \end{cases}$$

e quindi l'equazione di Newton classica:

$$\ddot{p}_k = -\chi p_k / |\mathbf{p}|, \chi = \lambda K.$$

L'Hamiltoniana è invariante per rotazione, e possiamo scegliere un sistema di riferimento tale che la posizione iniziale giaccia sul semiasse positivo delle x e l'impulso nel piano xy. Per simmetria la forza è diretta solo centralmente, e cioè lungo l'asse x. Pertanto, lungo gli assi y e z il moto è inerziale, e mantiene l'impulso iniziale, in particolare nullo nella direzione z. Lungo l'asse x, invece, si esercita la forza generata dal potenziale, la posizione iniziale è data da $x(0) = |\mathbf{q}(0)|$ e l'impulso iniziale è pari alla componente lungo x di quello totale.

Consideriamo dunque solo il moto lungo l'asse ove si esercita la forza, utilizzando i simboli $\{q, p\}$ e $\{q_0, p_0\}$ per coordinate e rispettivi dati iniziali. L'equazione del moto diventa:

$$\ddot{p} = -\chi_p, \chi_p = \begin{cases} \chi |p| / |\mathbf{p}| & p > 0 \\ -\chi |p| / |\mathbf{p}| & p < 0. \end{cases}$$

Si tratta di una forza di richiamo, e la soluzione è data da:

$$p(t) = -\frac{1}{2} \chi_p t^2 + at + p_0.$$

Da questa e dalla seconda equazione di Hamilton segue:

$$q(t) = -1/K \left(-\chi_p t + a \right),$$

da cui, imponendo le condizioni iniziali, $a = -q_0 K$, si ottiene infine:

$$\begin{cases} q(t) = \lambda_p t + q_0 \\ p(t) = -\frac{1}{2}\chi_p t^2 - q_0 K t + p_0, \end{cases}$$

avendo impiegato la stessa convenzione usata per χ_p, $\lambda_p = \text{sign}(p)\lambda |p|/|\mathbf{p}|$.

ii) Analizziamo ora la stessa equazione da un punto di vista quantistico, quantizzando però le variabili coniugate $\{q, p\}$ in modo opposto al solito, cioè le p_k come moltiplicatori e le $q_k \to i\hbar \partial/\partial p_k$. Il problema è a simmetria centrale e, separata la parte angolare, si ottiene l'equazione radiale agli autovalori W dell'energia, data da:

$$-\frac{1}{2}K\hbar^2 \frac{d^2 y(r)}{dr^2} + \left[\frac{1}{2}K\hbar^2 \frac{l(l+1)}{r^2} + \lambda r\right] y(r) = W y(r).$$

Lo stato fondamentale è a momento angolare nullo, soluzione della equazione:

$$-\frac{1}{2}\hbar^2 \frac{d^2 y(r)}{dr^2} + \frac{\lambda}{K} r y(r) = \frac{W_0}{K} y(r).$$

Questa è l'equazione di Airy, già risolta nel Problema 1.15. Da quei risultati, con le sostituzioni $\mu \to 1$, $g \to \lambda/K$, $W \to W/K$, si ricava:

$$W_0 \approx 1.86 \left[\lambda \hbar \sqrt{K}\right]^{2/3}.$$

Mantenendo invece la quantizzazione ordinaria:

$$H = \lambda |\mathbf{p}| + \frac{1}{2}K\mathbf{q}^2 \implies \lambda |\mathbf{p}|\psi = \left(W - \frac{1}{2}K\mathbf{q}^2\right)\psi.$$

Iterando l'equazione:

$$\left(\lambda^2 \mathbf{p}^2 + WK\mathbf{q}^2 - \frac{1}{4}K^2\mathbf{q}^4\right)\psi = W^2\psi.$$

Per lo stato fondamentale, possiamo trascurare il termine quartico:

$$(\lambda^2 \mathbf{p}^2 + WK\mathbf{q}^2)\psi = W^2\psi,$$

e quindi l'oscillatore armonico tridimensionale isotropo. Con le identificazioni:

$$\lambda^2 = \frac{1}{2\mu}, \quad \frac{1}{2}\mu\omega^2 = WK \implies \omega^2 = 4\lambda^2 WK,$$

$$W_N^2 = \hbar\omega\left(N + \frac{3}{2}\right) = \hbar 2\lambda\sqrt{WK}\left(N + \frac{3}{2}\right), \quad N = n_1 + n_2 + n_3,$$

e infine:

$$W_N = \left[2\lambda\hbar\sqrt{K}(N+\frac{3}{2})\right]^{2/3}, \quad W_0 = \left[3\lambda\hbar\sqrt{K}\right]^{2/3} \approx 2.08\left[\lambda\hbar\sqrt{K}\right]^{2/3}.$$

Con un errore del 10% sul valore esatto visto prima.

2.10. L'equazione radiale dell'atomo d' idrogeno bidimensionale è la seguente:

$$-\frac{\hbar^2}{2\mu}\left[R''(r) + \frac{1}{r}R'(r) - \frac{m^2}{r^2}R(r)\right] - \left[\frac{\alpha}{r} + W\right]R(r) = 0.$$

Poiché siamo in uno spazio bidimensionale, è naturale il cambio di funzione

$$R(r) = \frac{y(r)}{\sqrt{r}} \implies \int_0^\infty dr\, rR^2(r) = \int_0^\infty dr\, y^2(r) = 1,$$

che permette di considerare funzioni $y(r)$ a quadrato sommabili in $[0,\infty)$ sulla misura dr. Si ottiene l'equazione:

$$y'' + \frac{2\mu}{\hbar^2}\left[(W+\frac{\alpha}{r}) - \frac{\hbar^2}{2\mu}\frac{m^2 - 1/4}{r^2}\right]y = 0.$$

Questa ha la stessa forma dell'equazione radiale dell'atomo di idrogeno, pur di sostituire:

$$Ze^2 \longrightarrow \alpha, \quad l(l+1) \longrightarrow \lambda(\lambda+1) = m^2 - \frac{1}{4} \implies \lambda = |m| - \frac{1}{2}.$$

In modo analogo, gli autovalori:

$$W_{n_r l} = -\frac{\mu Z^2 e^4}{2\hbar^2}\frac{1}{(n_r+l+1)^2} \longrightarrow W_{n_r m} = -\frac{\mu\alpha^2}{2\hbar^2}\frac{1}{(n_r+|m|+1/2)^2},$$

e cioè

$$W_n = -\frac{\mu Z^2 e^4}{2\hbar^2}\frac{1}{n^2} \longrightarrow W_N = -\frac{\mu\alpha^2}{2\hbar^2}\frac{1}{(N-1/2)^2},$$

Con $N = n_r + |m| + 1 = 1,2,...$

ii) La degenerazione di W_N si ottiene valutando, a N fissato, i possibili valori di $|m| = 0,1,...,N-1$, cui corrispondono $2(N-1)$ valori $m = \pm 1, \pm 2, ...$, oltre a $m = 0$ che compare una volta sola. In totale: $d(N) = 2(N-1)+1 = 2N-1$, da confrontare con la degenerazione $d(n) = n^2$ dell'analogo caso tridimensionale, cioè l'atomo di idrogeno.

2.11. Si può dare una risposta qualitativa immediata, imponendo che il potenziale efficace sia sempre positivo. Questo si ottiene se:

$$\frac{\hbar^2}{2\mu}\frac{l(l+1)}{a^2} - V_0 > 0 \implies V_0 a^2 < \frac{\hbar^2}{2\mu}l(l+1).$$

C'è anche una risposta precisa, sulla base del Problema 2.1, dove si trovano le condizioni per la *non esistenza* di stati legati di momento angolare $l = 0$ e $l = 1$:

$$\begin{cases} V_0 a^2 < (\pi/2)^2 \hbar^2/2\mu & l = 0 \\ V_0 a^2 < \pi^2 \hbar^2/2\mu & l = 1. \end{cases}$$

2.12. i) Dobbiamo risolvere il problema della particella libera in coordinate polari, con condizioni di annullamento della funzione d'onda sulle pareti della buca. L'equazione radiale:

$$\frac{d^2 R}{dr^2} + \frac{2}{r}\frac{dR}{dr} + \left(k^2 - \frac{l(l+1)}{r^2}\right)R = 0, \qquad k = \sqrt{2\mu W}/\hbar,$$

ha come soluzioni le funzioni di Bessel sferiche (A.5 e A-S 10.1):

$$R(r) = A j_l(kr) + B y_l(kr) r \le a.$$

Imponendo la regolarità della funzione d'onda nell'origine otteniamo $B = 0$:

$$R(r) = A j_l(kr) = A\sqrt{\pi/2kr} J_{l+1/2}(kr), \qquad r \le a.$$

Questa ovviamente si annulla in $r = a$ se ka è uno zero delle $J_{l+1/2}$:

$$ka = j_{l+1/2,s} \implies W_{l,s} = \frac{\hbar^2}{2\mu}\frac{1}{a^2} j_{l+1/2,s}^2, \qquad s = 1, 2, \ldots$$

ii) I due valori minimi sono i seguenti (A-S Tav. 10.6):

$$j_{1/2,1} \approx 3.14, \qquad j_{3/2,1} \approx 4.49$$

con, ovviamente, $j_{1/2,1} = \pi$, in quanto la prima Bessel è un seno smorzato. Inserendo i valori delle costanti, e $a = 10^{-8} cm$, i due primi autovalori dell'energia $W_{l,s}$ sono dati da:

$$\begin{cases} W_{0,1} \approx 3.81 j_{1/2,1}^2 \, eV \approx 37.7 \, eV \\ W_{1,1} \approx 3.81 j_{3/2,1}^2 \, eV \approx 76.8 \, eV. \end{cases}$$

2.13. Le dimensioni di $\mathscr{F}$ si ricavano da quelle del potenziale **A**, per le quali possiamo utilizzare le relazioni che ci vengono in mente per prime, ad esempio:

$$\mathbf{E} = \nabla V - \frac{1}{c}\frac{\partial \mathbf{A}}{\partial t},$$

dove **E** è il campo elettrico, la forza su una carica elettrica e è data da $\mathbf{F} = e\mathbf{E}$, e $[e^2/L] = [W]$. Pertanto:

$$[\mathbf{A}] = [W^{1/2}L^{-1/2}] \quad \Longrightarrow \quad [\mathscr{F}] = [W^{1/2}L^{1/2}] = [M^{1/2}L^{3/2}T^{-1}].$$

Conviene esprimere il potenziale **A** in coordinate cilindriche:

$$\mathbf{A} = \frac{\mathscr{F}}{x^2 + y^2}(-y,x,0) = \frac{\mathscr{F}}{\rho}\boldsymbol{\varphi}.$$

È lo stesso potenziale già incontrato nel 2.6 al di fuori del cilindro interno, con $(\mathscr{F}/2\pi \to \mathscr{F})$. Procediamo dunque in modo analogo, con l'accoppiamento minimale:

$$\nabla \to \nabla - \frac{ie}{\hbar c}\mathbf{A} \quad \Longrightarrow \quad \frac{1}{\rho}\frac{\partial}{\partial\varphi} \to \frac{1}{\rho}\frac{\partial}{\partial\varphi} - \frac{ie}{\hbar c}\frac{\mathscr{F}}{\rho},$$

e quindi:

$$\frac{\partial}{\partial\varphi} \to \frac{\partial}{\partial\varphi} - \frac{ie}{\hbar c}\mathscr{F} \quad \text{ovvero} \quad L_z \to L_z - \frac{e}{c}\mathscr{F}.$$

Infine, in coordinate cilindriche l'Hamiltoniana si scrive:

$$H = -\frac{\hbar^2}{2\mu}\left[\frac{\partial^2}{\partial z^2} + \frac{1}{\rho}\frac{\partial}{\partial\rho}\left(\rho\frac{\partial}{\partial\rho}\right)\right] + \frac{1}{2\mu\rho^2}\left(L_z - \frac{e}{c}\mathscr{F}\right)^2.$$

Procediamo per separazioni di variabili:

$$\psi(\mathbf{x}) = Z(z)\,\Phi(\varphi)R(\rho) \quad \text{con} \quad Z(0) = Z(c) = 0, \quad \Phi(0) = \Phi(2\pi), \quad R(\rho_b) = 0,$$

e $R(0)$ regolare. Le autofunzioni in z e in φ e relativi autovalori, sono dati da:

$$Z_l(z) = \sqrt{\frac{2}{c}}\sin(l\pi z/c), \quad w_l = \frac{\hbar^2}{2\mu}\left(\frac{l\pi}{c}\right)^2, \quad l = 0,1,2,\ldots$$

$$\Phi_m(\varphi) = \frac{1}{\sqrt{2\pi}}e^{im\varphi}, \quad m = 0,\pm1,\pm2,\ldots$$

mentre la parte radiale soddisfa l'equazione:

$$\left[\frac{1}{\rho}\frac{d}{d\rho}\left(\rho\frac{d}{d\rho}\right) - \frac{v^2}{\rho^2} + \widetilde{W}\right]R(\rho) = 0,$$

con:

$$v^2 = \left(m - \frac{e\mathscr{F}}{\hbar c}\right)^2, \quad \widetilde{W} = \frac{2\mu}{\hbar^2}(W - w_l).$$

Posto $r = \sqrt{\widetilde{W}}\rho$, l'equazione diventa:

$$R''(r) + \frac{1}{r}R'(r) + \left(1 - \frac{v^2}{r^2}\right)R(r) = 0,$$

equazione di Bessel con soluzioni $J_{\pm\nu}(r)$ per ν non intero, e $J_\nu(r)$ e $Y_\nu(r)$ per ν intero. Data la condizione di regolarità all'origine, l'unica soluzione accettabile è la $J_\nu(r)$, con l'ulteriore condizione:

$$J_\nu(\sqrt{\widetilde{W}}\rho_b) = 0.$$

Gli autovalori sono dunque dati dagli zeri delle funzioni di Bessel (A-S 9.5.):

$$\widetilde{W}_{m,s} = \left(\frac{j_{\nu,s}}{\rho_b}\right)^2 \implies W_{l,\nu,s} = \frac{\hbar^2}{2\mu}\left[\left(\frac{j_{\nu,s}}{\rho_b}\right)^2 + \left(\frac{l\pi}{c}\right)^2\right]$$

con ν funzione di m, e i $j_{\nu,s}$ crescenti con s e interallacciati con i $j_{\nu+1,s}$.

2.14. i) La Lagrangiana e l'Hamiltoniana classiche sono date da:

$$\mathscr{L}(\mathbf{x},\dot{\mathbf{x}}) = \frac{1}{2}\mu\left(\dot{x}^2 + \dot{y}^2 + \dot{z}^2\right) + \frac{e}{c}\mathbf{v}\cdot\mathbf{A} - V(x,y,z).$$

$$H(\mathbf{x},\mathbf{p}) = \frac{1}{2\mu}\left(\mathbf{p} - \frac{e}{c}\mathbf{A}\right)^2 + V(x,y,z).$$

ii) La divergenza del potenziale vettore $\mathbf{A}$ è nulla ovunque, salvo sull'asse z, di equazione $x^2 + y^2 = 0$, ove tutto è singolare:

$$\partial_i A_i = \frac{\partial A_x}{\partial x} + \frac{\partial A_y}{\partial y} = \frac{a(x^2+y^2) - 2x(ax-by)}{\left(x^2+y^2\right)^2} + \frac{a(x^2+y^2) - 2y(ay+bx)}{\left(x^2+y^2\right)^2} = 0.$$

Situazione analoga per il rotore:

$$\mathbf{\nabla}\times\mathbf{A}\Big|_{\mathbf{k}} = \left(\frac{\partial A_y}{\partial x} - \frac{\partial A_x}{\partial y}\right) =$$

$$= \left(\frac{b(x^2+y^2) - 2x(ay+bx)}{\left(x^2+y^2\right)^2} - \frac{-b(x^2+y^2) - 2y(ax-by)}{\left(x^2+y^2\right)^2}\right) = 0,$$

e le altre due componenti, lungo x e y banalmente nulle. Causa però la singolarità sull'asse z, il dominio non è semplicemente connesso e la circuitazione del potenziale vettore non è nulla. In coordinate cilindriche:

$$\mathbf{A} = a\left(\frac{x}{\rho^2}, \frac{y}{\rho^2}, 0\right) + b\left(-\frac{y}{\rho^2}, \frac{x}{\rho^2}, 0\right) = \frac{a}{\rho}\boldsymbol{\rho} + \frac{b}{\rho}\boldsymbol{\varphi} = \mathbf{A}_\rho + \mathbf{A}_\varphi,$$

con una componente radiale e una tangenziale, con $\boldsymbol{\rho}$ e $\boldsymbol{\varphi}$ versori ortogonali. Dunque:

$$\mathscr{F} = \oint \mathbf{A}\cdot d\mathbf{l} = \oint \mathbf{A}_\varphi\cdot d\mathbf{l} = \int_0^{2\pi}\frac{b}{\rho}\boldsymbol{\varphi}\cdot\boldsymbol{\varphi}\rho\, d\varphi = 2\pi b.$$

Quindi, la circuitazione del potenziale è diversa da zero anche se eseguita in una zona ove il campo magnetico è ovunque nullo. Questo fenomeno è noto come effetto di Aharonov-Bohm, ed è stato affrontato in dettaglio nel Problema 2.6. La circuitazione è pari al flusso del campo magnetico attraverso una superficie contenuta nella linea chiusa lungo la quale si esegue l'integrale di linea. Nel 2.6 avevamo trovato $2\pi b = B_0 \pi \rho_a^2$, ma ora il cilindro interno di raggio ρ_a, l'unica zona ove il campo è diverso da zero, è ridotto all'asse z, cioè $\rho_a = 0$ e pertanto $B_0 \approx \infty$: il sistema è analogo a una corrente elettrica lungo z.

La componente radiale $\mathbf{A}_\rho$ ha rotore e circuitazione nulli e sono pertanto nulli sia il campo che il flusso associati. Questa componente è dunque eliminabile con una trasformazione di gauge: $\mathbf{A} \to \mathbf{A}' = \mathbf{A}_\varphi + \mathbf{A}_\rho + \boldsymbol{\nabla}\chi = \mathbf{A}_\varphi$, con χ soddisfacente le seguenti equazioni:

$$\begin{cases} \partial\chi/\partial x = -a\dfrac{x}{x^2+y^2} \\[2mm] \partial\chi/\partial y = -a\dfrac{y}{x^2+y^2} \end{cases} \implies \chi = -\frac{a}{2}\log(x^2+y^2).$$

Consideriamo quindi un potenziale vettore con la sola componente angolare $\mathbf{A}_\varphi = (b/\rho)\,\boldsymbol{\varphi}$, e ricordiamo che per le coordinate cilindriche $\{z, \rho, \varphi\}$ e le coniugate $\{p_z, p_\rho, p_\varphi\}$ vale:

$$\mathbf{r}^2 = z^2 + \rho^2, \quad \mathbf{p}^2 = p_z^2 + p_\rho^2 + \frac{p_\varphi^2}{\rho^2} \implies \mathbf{p}\cdot\boldsymbol{\varphi} = \frac{p_\varphi}{\rho}.$$

L'Hamiltoniana infine si scrive:

$$\begin{aligned} H &= \frac{1}{2\mu}\left(\mathbf{p} - \frac{e}{c}\mathbf{A}\right)^2 + V(z,\rho) = \\ &= \frac{1}{2\mu}\left(p_z^2 + p_\rho^2\right) + \frac{1}{2\mu}\left(\frac{p_\varphi}{\rho} - \frac{e}{c}\frac{b}{\rho}\right)^2 + \frac{1}{2}\mu\omega^2(z^2+\rho^2) + \frac{\beta^2}{\rho^2}. \end{aligned}$$

Poiché questa non dipende da φ,

$$\dot{p}_\varphi = -\frac{\partial H}{\partial \varphi} = 0 \implies p_\varphi = \overline{p_\varphi} = cost,$$

e l'Hamiltoniana

$$H = \frac{1}{2\mu}\left(p_z^2 + p_\rho^2\right) + \frac{1}{2\mu}\frac{1}{\rho^2}\left[\left(\overline{p_\varphi} - \frac{e}{c}b\right)^2 + 2\mu\beta^2\right] + \frac{1}{2}\mu\omega^2\mathbf{r}^2$$

assume la forma di quella dell'oscillatore armonico tridimensionale isotropo in coordinate cilindriche, con la sostituzione:

$$\overline{p_\varphi}^2 \implies \left(\overline{p_\varphi} - \frac{e}{c}b\right)^2 + 2\mu\beta^2 \equiv \alpha^2,$$

con un contributo del potenziale vettore e uno del potenziale esterno:

$$H = \frac{1}{2\mu}p_z^2 + \frac{1}{2}\mu\omega^2 z^2 + \frac{1}{2\mu}p_\rho^2 + \frac{1}{2}\mu\omega^2\rho^2 + \frac{1}{2\mu}\frac{\alpha^2}{\rho^2} = W.$$

iii) Senza insistere troppo sui conti, risolviamo questo problema classico con l'ausilio delle equazioni di Hamilton-Jacobi, con funzione generatrice separabile:

$$S(z,\rho) = Z(z) + R(\rho) \implies \begin{cases} p_z = \partial S/\partial z = \partial Z(z)/\partial z \\ p_\rho = \partial S/\partial \rho = \partial R(\rho)/\partial \rho. \end{cases}$$

Per separazione delle variabili:

$$\begin{cases} p_z^2 + \mu^2\omega^2 z^2 = k^2 \\ p_\rho^2 + \mu^2\omega^2\rho^2 + \alpha^2/\rho^2 = 2\mu W - k^2. \end{cases}$$

A questo punto possiamo imporre la quantizzazione di Bohr-Sommerfeld:

$$J_\varphi = \int_0^{2\pi} p_\varphi \, d\varphi = 2\pi\overline{p_\varphi} = n_\varphi h \implies \overline{p_\varphi} = n_\varphi \hbar.$$

$$J_z = \oint dz \, p_z = 4 \int_0^{z_{max}} dz \, \sqrt{k^2 - \mu^2\omega^2 z^2} = \frac{k^2}{\mu\omega}\pi = n_z h.$$

L'integrale si valuta osservando che z_{max} è il valore che annulla l'integrando:

$$z_{max} = \frac{k}{\mu\omega} \implies z = \frac{k}{\mu\omega}\sin\theta.$$

E infine:

$$J_\rho = \oint d\rho \, p_\rho = \oint d\rho \sqrt{\gamma - \delta\rho^2 - \alpha^2/\rho^2},$$

con:

$$\gamma = 2\mu W - k^2 = 2\mu(W - \hbar\omega n_z), \quad \delta = \mu^2\omega^2, \quad \alpha^2 = \left[\left(n_\varphi\hbar - \frac{e}{c}b\right)^2 + 2\mu\beta^2\right].$$

L'integrale è lo stesso che si incontra nel problema kepleriano (Goldstein 9.68), e dà come risultato:

$$J_\rho = \pi\left(\frac{\gamma/2}{\sqrt{\delta}} - \alpha\right) = \pi\left(\frac{W - \hbar\omega n_z}{\omega} - \alpha\right) = n_\rho h.$$

Da qui si ricava:

$$W_{BS} = \hbar\omega\left[n_z + 2n_\rho + \sqrt{\left(n_\varphi - eb/\hbar c\right)^2 + 2\mu/\hbar^2\beta^2}\right], \quad n_z, n_\rho, n_\varphi = 0, 1, 2, \ldots$$

iv) In termini quantistici, occorre risolvere l'Hamiltoniana:

$$H = \frac{1}{2\mu}\left(\mathbf{p} - \frac{e}{c}\mathbf{A}\right)^2 + V(z, \rho) =$$

$$= \frac{1}{2\mu}p_z^2 + \frac{1}{2}\mu\omega^2 z^2 + \frac{1}{2\mu}p_\rho^2 + \frac{1}{2}\mu\omega^2\rho^2 + \frac{1}{2\mu\rho^2}\left[\left(L_z - \frac{eb}{c}\right)^2 + 2\mu\beta^2\right],$$

costituita da un oscillatore armonico monodimensionale sommato a uno bidimensionale con il termine angolare modificato:

$$L_z^2 \implies (L_z - eb/c)^2 + 2\mu\beta^2.$$

Le soluzioni dell'oscillatore bidimensionale in coordinate polari sono date nel 1.19, e di quello tridimensionale in coordinate cilindriche nel 3.6. Gli autovalori sono:

$$W^{osc} = W_z + W_\rho = \hbar\omega\left[n_z + \frac{1}{2} + 2n + |m| + 1\right].$$

Per cui lo spettro del nostro sistema si ottiene sostituendo in questa espressione il termine m, autovalore di L_z, con l'autovalore dell'operatore modificato:

$$W = \hbar\omega\left[n_z + 2n_\rho + \sqrt{\left(m - eb/\hbar c\right)^2 + 2\mu/\hbar^2\beta^2} + 3/2\right], \quad n_z, n_\rho, m = 0, 1, 2, \ldots$$

Notare la differenza tra i due approcci: in meccanica quantistica il valore minimo dell'energia è sempre > 0, uguale a $3/2$, in virtù del principio di indeterminazione di Heisenberg.

2.15. Confrontando con 2.2 e 2.10, possiamo scrivere l'equazione radiale:

$$R'' + \frac{R}{\rho} + \left[k^2 - \frac{m^2}{\rho^2}\right]R = 0, k^2 = \frac{2\mu W}{\hbar^2},$$

le cui soluzioni sono funzioni di Bessel. Una sola è accettabile, mentre l'altra diverge all'origine. Imponendo l'annullamento sulla barriera, si ottengono gli autovalori:

$$R(\rho) = A J_{|m|}(k\rho) \text{con} J_{|m|}(ka) = 0.$$

Essi sono dunque legati agli zeri delle funzioni di Bessel, con i primi dati da (vedi A-S Tav. 9.5):

$$j_{0,1} \approx 2.40 j_{1,1} \approx 3.83 \implies W_{0,1} \approx 2.88\hbar^2/\mu a^2, \quad W_{1,1} \approx 7.33\hbar^2/\mu a^2.$$

2.16. Con l'accoppiamento minimale, l'Hamiltoniana è data da:

$$H = \frac{1}{2\mu}\left(\mathbf{p} - \frac{e}{c}\mathbf{A}\right)^2 - \frac{e^2}{r} = \frac{\mathbf{p}^2}{2\mu} - \frac{e}{\mu c}\mathbf{A}\cdot\mathbf{p} + \frac{e^2}{2\mu c^2}\mathbf{A}^2 - \frac{e^2}{r} =$$

$$= \frac{\mathbf{p}^2}{2\mu} - \frac{e^2}{r} - \frac{eBr_0^2}{2\mu c}\frac{-yp_x + xp_y}{r^2} + \frac{1}{2\mu}\left(\frac{eBr_0^2}{2c}\right)^2\frac{x^2 + y^2}{r^4} =$$

$$= H_0 + H_1 + H_2 = H_0' + H_2,$$

con H_0, Hamiltoniana imperturbata dell'atomo di idrogeno,

$$H_1 = \omega r_0^2\frac{L_z}{r^2}, H_2 = \alpha\frac{\sin^2\theta}{r^2}, \quad \text{con} \quad \omega = \frac{|e|B}{2\mu c} \quad \text{e} \quad \alpha = \frac{\omega^2 r_0^4\mu}{2},$$

e ω è nota come frequenza di Larmor. Trascurare i termini in B^2, cioè in α, come dice il problema, vuol dire trascurare H_2, e rimanere quindi con il solo H_0', per il quale il problema agli autovalori si può risolvere esattamente. Infatti, separate le variabili angolari, l'effetto del termine H_1 è quello di aggiungere un contributo alla barriera centrifuga:

$$l(l+1) \implies \lambda(\lambda+1) \equiv l(l+1) + m\omega\beta, \quad \beta = \frac{2\mu r_0^2}{\hbar},$$

con $\lambda = \lambda(l, m)$ non intero. Autofunzioni e autovalori sono perciò dati da:

$$u_{n_r\lambda m} = \frac{y_{n_r\lambda m}(r)}{r}Y_{lm}, \quad W_{n_r\lambda m} = w_0\frac{1}{(n_r + \lambda + 1)^2}, \quad w_0 = -\frac{e^2}{2r_0} = -\frac{\mu e^4}{2\hbar^2},$$

con w_0 energia dello stato fondamentale dell'atomo di idrogeno.

Nel caso di campi B deboli, tali per cui $\varepsilon = m\omega\beta \ll 1$, si pone $\lambda = a + b\varepsilon + ...$, e sostituirlo nella sua definizione, ottenendo:

$$\lambda = l + \omega\beta_{lm} + ..., \quad \text{con} \quad \beta_{lm} = \frac{m}{2l+1}\beta.$$

Allo stesso ordine di approssimazione, possiamo sviluppare l'energia già trovata:

$$W_{n_r\lambda m} = w_0\frac{1}{(n_r + 1 + l + \omega\beta_{lm} + ...)^2} = w_0\left\{\frac{1}{n^2} - \frac{2\omega\beta_{lm}}{n^3} + ...\right\} = W_{nlm},$$

con $n = n_r + 1 + l$. Dunque, al primo ordine, le correzioni ai livelli energetici sono:

$$W_{nlm}^{(1)} = \frac{m}{l + 1/2}\frac{1}{n^3}\frac{\mu\omega e^2 r_0}{\hbar} = \frac{m}{l + 1/2}\frac{1}{n^3}\hbar\omega.$$

2.17. Le linee del campo sono distribuite come in presenza di una carica immagine, uguale ed opposta, nel conduttore. Per il calcolo del potenziale però bisogna tenere conto che, nel portare le cariche dall'infinito al punto y, sulla carica immagine non si esegue lavoro dato che, essendo immersa in un conduttore, non vi sono forze applicate su di essa. Il potenziale pertanto è la metà di quello dato da due cariche $\pm e$ a distanza $2y$ una dall'altra:

$$V = -\frac{e^2}{4y}.$$

Dunque, l'equazione di Schrödinger è quella radiale con $l = 0$ dell'atomo idrogenoide con carica $Z = 1/4$ e la stessa condizione di annullamento in $y = 0$; quindi:

$$\begin{cases} W_n = -\dfrac{Z\mu e^4}{2\hbar^2 n^2} = -\dfrac{\mu e^4}{32\hbar^2}\dfrac{1}{n^2} & W_{n,p_x,p_z} = W_n + \dfrac{1}{2\mu}\left(p_x^2 + p_z^2\right) \\[2mm] Y_n(y) = yR_{n0}(y), & \Psi(\mathbf{x}) = NyR_{n0}(y)\exp\left[i/\hbar\,(p_x x + p_z z)\right] \end{cases}$$

con $R_{n0}(y)$ autofunzioni dell'atomo di idrogeno; lo stato fondamentale è dato da:

$$Y_1(y) = 2y\left(\frac{\mu e^2}{4\hbar^2}\right)^{3/2}\exp\left[-\frac{\mu e^2 y}{4\hbar^2}\right].$$

2.18. Il campo elettromagnetico si inserisce con l'accoppiamento minimale:

$$H = \frac{1}{2\mu}\left(\mathbf{p} - \frac{e}{c}\mathbf{A}\right)^2,$$

e la scelta di gauge più semplice è data da $A_x = -By$, $A_y = A_z = 0$:

$$\boldsymbol{\nabla}\times\mathbf{A} = \begin{vmatrix} \mathbf{i} & \mathbf{j} & \mathbf{k} \\ \dfrac{\partial}{\partial x} & \dfrac{\partial}{\partial y} & \dfrac{\partial}{\partial z} \\ -By & 0 & 0 \end{vmatrix} = \mathbf{k}B\,\boldsymbol{\nabla}\cdot\mathbf{A} = 0,$$

che porta all'Hamiltoniana:

$$H = \frac{1}{2\mu}\left[\left(p_x + \frac{eB}{c}y\right)^2 + p_y^2 + p_z^2\right].$$

Convieve separare in coordinate cartesiane, osservando che nella x e nella z il potenziale è nullo e quindi la particella è libera:

$$\psi = X(x)Y(y)Z(z)X(x) \approx e^{ik_x x}, \quad Z(z) \approx e^{ik_z z},$$

da cui si ottiene l'equazione in y:

$$\left[\frac{1}{2\mu}p_y^2 + \frac{1}{2}\mu\omega^2(y - y_0)^2\right]Y(y) = \widetilde{W}Y(y)$$

con $\omega = \dfrac{|e|B}{\mu c}$, $y_0 = -\dfrac{ck_x\hbar}{eB}$, $\widetilde{W} = W - \dfrac{k_z^2\hbar^2}{2\mu}$. Si tratta dunque di un oscillatore armonico con spettro:

$$W_n = \frac{k_z^2\hbar^2}{2\mu} + (n+1/2)\hbar\omega \qquad n = 0, 1, \ldots$$

e autofunzioni dell'oscillatore armonico traslato di y_0:

$$\psi(\mathbf{r}) = \frac{1}{2\pi}\exp[i(k_x x + k_z z)]N_n \exp[-\alpha^2(y-y_0)^2/2]H_n[\alpha(y-y_0)], \quad \alpha = \sqrt{|e|B/\hbar c}.$$

2.19. Si tratta di un problema a simmetria sferica, per cui rimane da risolvere solo l'equazione radiale per $y(r) = rR(r)$:

$$\frac{d^2y(r)}{dr^2} + \left[k^2 - \frac{l(l+1)}{r^2}\right]y(r) = 0, \quad k^2 = \frac{2\mu}{\hbar^2}W,$$

con le condizioni al contorno $y(a) = y(b) = 0$. Poiché interessa solo lo stato fondamentale, e questo corrisponde a $l = 0$, l'equazione da risolvere è la seguente:

$$y'' + k^2y = 0.$$

Le soluzioni soddisfacenti la condizione al contorno $y(a) = 0$ sono date da:

$$y(r) = N\sin[k(r-a)],$$

e imponendo a queste di annullarsi anche in $r = b$, otteniamo lo spettro:

$$k_n = \frac{n\pi}{b-a}, n = 1, 2, \ldots$$

Lo stato fondamentale è dato da $n = 1$, cui corrisponde l'energia:

$$W_1 = \frac{\hbar^2\pi^2}{2\mu(b-a)^2}.$$

La condizione di normalizzazione $\|y\| = 1$ fornisce il valore $N = \sqrt{2/(b-a)}$, e pertanto la funzione d'onda tridimensionale normalizzata risulta essere:

$$\psi(\mathbf{r}) = \frac{1}{\sqrt{4\pi}}\sqrt{\frac{2}{b-a}}\frac{1}{r}\sin\pi\frac{r-a}{b-a}.$$

2.20. Scelto l'asse z nella direzione del campo magnetico $\mathbf{B}$, e trascurati i termini quadratici in questo, l'Hamiltoniana classica è data da

$$H = \frac{1}{2\mu}\left(p_r^2 + \frac{p_\vartheta^2}{r^2} + \frac{p_\varphi^2}{r^2\sin^2\vartheta}\right) - \frac{qB}{2\mu c}M_z = \frac{1}{2\mu R^2}\left(p_\vartheta^2 + \frac{p_\varphi^2}{\sin^2\vartheta}\right) - \omega p_\varphi,$$

dove $\omega = qB/2\mu c$ è la frequenza di Larmor, e abbiamo tenuto conto che vale $r = R = cost.$ Non vi è dipendenza da φ, e quindi p_φ è una costante del moto. Pertanto:

$$J_\varphi = p_\varphi = cost\,, \quad p_\vartheta = \sqrt{2\mu R^2 \left(W + \omega J_\varphi\right) - \frac{J_\varphi^2}{\sin^2 \vartheta}}\,, \quad J_\vartheta = \frac{1}{2\pi} \oint \sqrt{\lambda^2 - \frac{\eta^2}{\sin^2 \vartheta}}\, d\vartheta$$

con le costanti:

$$\lambda = \sqrt{2\mu R^2 \left(W + \omega J_\varphi\right)}\,, \quad \eta = J_\varphi^2.$$

Il calcolo di J_ϑ si esegue facilmente, osservando che la sua derivata rispetto a λ si riduce a un integrale elementare:

$$\frac{\partial J_\vartheta}{\partial \lambda} = \frac{\lambda}{2\pi} \oint \frac{d\vartheta}{\sqrt{\lambda^2 - \eta^2/\sin^2 \vartheta}} = \frac{\lambda}{2\pi} \oint \frac{d\xi}{\sqrt{\lambda^2 - \eta^2 - \lambda^2 \xi^2}} = 1\,.$$

Conoscendo il valore di J_ϑ per un valore particolare di λ, (ad es. $J_\vartheta = 0$ per $\lambda = \eta$) si può allora concludere che

$$J_\vartheta = \lambda - \eta = \sqrt{2\mu R^2 \left(W + \omega J_\varphi\right)} - J_\varphi \quad \Longrightarrow \quad W = \frac{(J_\vartheta + J_\varphi)^2}{2\mu R^2} - \omega J_\varphi,$$

da cui infine si ottiene lo spettro alla Bohr sostituendo alle variabili d'azione multipli interi n_θ e n_φ di $\hbar$. Naturalmente il risultato più corretto è ottenuto dall'equazione di Schrödinger:

$$(J_\vartheta + J_\varphi)^2 \longrightarrow \hbar^2 \ell(\ell + 1)\,.$$

2.21. L'Hamiltoniana espressa in coordinate sferiche

$$H = \frac{1}{2\mu_e} \mathbf{p}^2 - \frac{e^2}{r} + \frac{\beta^2}{2\mu_e r^2 \sin^2 \vartheta}$$

non dipende da φ, e quindi p_φ è una costante del moto e $J_\varphi = p_\varphi$. Rispetto al caso dell'atomo di idrogeno, si ha:

$$J_\varphi \longrightarrow \tilde{J}_\varphi = \sqrt{J_\varphi^2 + \beta^2},$$

mentre l'espressione di J_ϑ non cambia. Pertanto:

$$H = \frac{1}{2\mu_e} p_r^2 - \frac{e^2}{r} + \frac{\lambda^2}{2\mu r^2} \quad \text{con} \quad \lambda = (J_\vartheta + \tilde{J}_\varphi)^2.$$

Il calcolo procede come nel caso coulombiano puro, e la quantizzazione di Bohr-Sommerfeld fornisce infine lo spettro:

$$W_{n_r n_\vartheta n_\varphi} = -\frac{\mu e^4}{2\hbar^2 \left(n_r + n_\vartheta + \sqrt{n_\varphi^2 + \beta^2}\right)^2},$$

$$n_r + n_\vartheta = 1,2,3,..., \quad 0 \le n_\varphi \le n_r + n_\vartheta.$$

Consideriamo ora la soluzione quantistica esatta.

L'equazione di Schrödinger si risolve formalmente allo stesso modo che nel caso coulombiano puro. Avendo separato le variabili in coordinate sferiche si è ricondotti all'equazione

$$\frac{1}{\sin\vartheta} \frac{d}{d\vartheta} \sin\vartheta \frac{d}{d\vartheta} \Theta - \frac{m^2 + \beta^2}{\sin^2\vartheta} \Theta = -\lambda(\lambda+1)\Theta$$

con $\lambda(\lambda+1)$ costante di separazione. Si pone $\zeta = \cos\vartheta$ e $\nu^2 = m^2 + \beta^2$ e si trova l'equazione di Legendre:

$$(1-\zeta^2)\Theta'' - 2\zeta\Theta' + \left[\lambda(\lambda+1) - \frac{\nu^2}{1-\zeta^2}\right]\Theta = 0.$$

Ponendo $\Theta = (1-\zeta^2)^{\nu/2} F(\xi)$ con $\xi = (1-\zeta)/2$, l'equazione per F si riduce alla equazione ipergeometrica:

$$\xi(1-\xi)F'' + [c - (a+b+1)\xi]F' - abF = 0,$$

con i paramentri $a = \nu - \lambda$, $b = \nu + \lambda + 1$, $c = \nu + 1$. La soluzione generale è:

$$F(\xi) = A F(a,b;c;\xi) + B\xi^{1-c} F(a-c+1, b-c+1; 2-c; \xi).$$

Dato il valore negativo di $1-c$, la regolarità in $\xi = 0$ comporta $B = 0$. Inoltre, la regolarità in $\xi = 1$ impone $a = -n_\vartheta$ oppure $b = -n_\vartheta$, con n_ϑ intero non negativo, cioè $\lambda = n_\vartheta + \nu$ oppure $\lambda = -n_\vartheta - \nu - 1$. Come nel caso di potenziale puramente centrale, il parametro λ si quantizza, a valori però $\lambda \ne l$ intero.

Passando ora all'equazione radiale, questa rimane la medesima dell'atomo di idrogeno, salvo appunto $l \implies \lambda = n_\vartheta + \nu$. Dunque:

$$W_{n_r n_\vartheta m} = -\frac{\mu e^4}{2\hbar^2} \left(n_r + n_\vartheta + \sqrt{m^2 + \beta^2} + 1\right)^{-2},$$

$$n_r, n_\vartheta = 0,1,2,..., \quad |m| \le n_\vartheta.$$

Come trovato con la Bohr-Sommerfeld, salvo le degenerazioni.

2.22. Per una particella confinata in una scatola di lato a, un set completo di autofunzioni è dato da:

$$u_{n_1 n_2 n_3} = (2/a)^{3/2} \sin\left(n_1 \frac{\pi x}{a}\right) \sin\left(n_2 \frac{\pi y}{a}\right) \sin\left(n_3 \frac{\pi z}{a}\right), \quad W_{123} = \frac{\hbar^2 \pi^2}{2\mu a^2}\left(n_1^2 + n_2^2 + n_3^2\right),$$

con la degenerazione data dai possibili valori di $\{n_1, n_2, n_3\}$ a somma dei quadrati costante.

i) Lo stato a energia minima è lo stato u_{111}, con autovalore $W_{111} = 3\hbar^2 \pi^2 / 2\mu a^2$, evidentemente non degenere.

ii) Gli stati a energia minori di un valore dato W, devono soddifare la relazione:

$$n_1^2 + n_2^2 + n_3^2 < W(2\mu a^2 / \hbar^2 \pi^2) = R_W^2.$$

In un sistema d'assi cartesiani, questo equivale a considerare i punti di coordinate intere contenuti nel primo ottante (gli n sono positivi) della sfera di raggio R_W, ovvero un ottavo di tutti quelli della sfera. Ognuno di questi punti corrisponde a un autostato differente, e quindi il loro numero è uguale al numero N di autostati con energia minore di W. Se $N \gg 1$, questo numero è anche uguale al numero di cubetti di lato unitario aventi vertici contenuti nel primo ottante della sfera e con coordinate intere. Se $N \gg 1$, la somma dei loro volumi è uguale al volume dell'ottante. Dunque:

$$N \approx \frac{1}{8} \frac{4\pi}{3} \left(W \frac{2\mu a^2}{\hbar^2 \pi^2}\right)^{3/2}.$$

2.23. Lo stato fondamentale ha momento angolare $l = 0$ e un limite superiore di energia $W = 0$, dato che $W > 0$ appartiene al continuo. Dunque, queste sono le condizioni minime per l'esistenza di almeno uno stato legato. Dobbiamo cioè risolvere l'equazione di Schrödinger radiale:

$$\frac{d^2 y(r)}{dr^2} + \frac{2\mu\lambda}{\hbar^2} \frac{1}{r^n} y(r) = 0, \quad y(r) = rR(r),$$

e assicurarci che abbia almeno una soluzione. Di solito si fissa la costante di accoppiamento e l'energia è un'incognita, qui invece è l'opposto. Operiamo le sostituzioni suggerite e calcoliamo le derivate:

$$v = 1/(n-2), \quad \beta = 2v\sqrt{2\mu\lambda/\hbar^2}, \quad \rho = \beta r^{-1/2v} = \beta r^{-n/2+1} \implies$$

$$\frac{d^2}{dr^2} = \beta(-n/2+1)(-n/2)r^{-n/2-1}\frac{d}{d\rho} + \beta^2(-n/2+1)^2 r^{-n}\frac{d^2}{d\rho^2}.$$

Sostituiamo ora questa derivata nell'equazione di Schrödinger, moltiplichiamo tutto per r^n, e teniamo conto che $r^{n/2-1} = \beta\rho^{-1}$ e che $\beta^2(-n/2+1)^2 = \beta^2/4v^2$. Si ottiene:

$$\left[\frac{d^2}{d\rho^2} + (2v+1)\frac{1}{\rho}\frac{d}{d\rho} + 1 \right] y(\rho) = 0.$$

Questa è una delle equazioni differenziali, detta di Lommel, aventi come soluzioni le funzioni di Bessel. Vedi A-S 9.1.52, dove è riportata la soluzione generale in termini delle funzioni di Bessel del primo e del secondo tipo $J_v(\rho)$ e $Y_v(\rho)$:

$$y(r) = \rho^{-v} w(\rho) = N_1 \rho^{-v} J_v(\rho) + N_2 \rho^{-v} Y_v(\rho).$$

Per $r \to \infty$ $\rho \to 0$, con comportamenti asintotici $J_v(\rho) \underset{\rho \to 0}{\approx} \rho^v$ e $Y_v(\rho) \underset{\rho \to 0}{\approx} \rho^{-v}$, per cui il primo tende a costante e il secondo diverge, e dunque $N_2 = 0$. La soluzione normalizzabile è quindi:

$$y(r) = N\sqrt{r} J_v(\beta r^{-1/2v}).$$

Dobbiamo ancora imporre le condizioni di raccordo sulla barriera, e cioè

$$J_v(\beta a^{-1/2v}) = 0,$$

e poiché $0 < v \leq 1$, dal grafico di queste Bessel riportato nel testo del 2.24, e dai valori degli zeri in A-S Tav. 9.5, segue che il valore limite inferiore deve essere compreso tra il primo zero di J_0 e il primo di J_1, cioè $2.40 < \beta a^{-(1/2v)} \leq 3.83$, a seconda di v, ovvero di n. In particolare, per $n = 3$, cioè $v = 1$, bisogna cercare gli zeri della J_1, a partire dal primo $j_{1,1} = 3.83$, per cui deve essere:

$$\beta a^{-1/2v} \geq 3.83 \implies 2\sqrt{2\mu\lambda/\hbar^2} \geq a^{1/2} 3.83 \implies \lambda \geq \frac{3.83^2}{8} \frac{a\hbar^2}{2\mu} \approx 1.83 \frac{a\hbar^2}{2\mu}.$$

Se λ aumenta a partire dal valore indicato, il potenziale diventa più attrattivo e lo stato fondamentale scende più in fondo nella buca, con la possibilità di avere anche stati eccitati, con energia limitata superiormente dal valore $W = 0$. Analogamente, se λ aumenta, il valore $\beta a^{-(1/2v)}$ si sposta nel grafico del 2.24 verso destra e diventa soluzione (a energia $W \approx 0$) quando incontra il successivo zero $j_{1,2} = 7.1$ della Bessel J_1; questa soluzione continuerebbe ad avere anche lo zero precedente, ottenuto in corrispondenza a un $r > a$, e quindi non sarebbe lo stato fondamentale, ma il primo eccitato.

2.24. La prima parte è analoga al Problema 2.5. Con la scelta dei parametri:

$$\beta = \frac{1}{2\lambda b}, \quad \alpha^2 = \frac{2Mg^2}{\hbar^2\beta}, \quad v^2 = \frac{4M\lambda b^2|W|}{\hbar^2}, \quad \rho = \alpha e^{-\beta r},$$

con v e α numeri puri, si arriva all'equazione di Bessel risolta nel 2.5. Imponendo l'annullamento della soluzione in $r = 0$, si ottiene l'equazione implicita nell'energia:

$$J_v(\alpha) = J_{2\lambda\sqrt{M|W|}/\hbar}\left(2g\sqrt{M\lambda}/\hbar\right) = 0.$$

Rispetto alle ovvie modifiche di notazione, notare il fattore $M/2$ rispetto a μ del 2.5. Qui infatti si parte da un problema a due corpi, con massa ridotta $M/2$.

La funzione di Bessel di cui sopra, in corrispondenza a $W = 2.2\ Mev$, ha indice:

$$v = 2\lambda\sqrt{M|W|}/\hbar = \frac{2}{\mu_\pi c^2}\sqrt{Mc^2|W|} \approx 0.65.$$

Dal grafico accluso nel testo, le curve del livello zero delle funzioni di Bessel indicano che la $J_{0.65}(\alpha)$ si annulla per $\alpha \approx 3.3$, 6.6, ... Leggendo invece il grafico ad α fissato, si conclude che per $\alpha \lesssim 3.3$ non ci sono zeri con $v > 0$, e quindi non ci sono stati legati. Per $\alpha \approx 3.3$ si incontra un unico zero in $v \approx 0.65$, che si sposta verso destra all'aumentare di α. Poco oltre $\alpha \approx 5$ appare un secondo stato legato che per $\alpha \approx 6.6$ si trova nel richiesto $v \approx 0.65$. In conclusione, il potenziale dato presenta uno stato legato in $W = 2.2\ Mev$, in corrispondenza ai due valori della costante di accoppiamento (adimensionale):

$$\frac{g^2}{\hbar c} = \frac{\alpha^2}{4}\frac{\mu_\pi c^2}{Mc^2} \approx 0.41 \quad \text{e} \quad \approx 1.62.$$

Nelle due costanti d'accoppiamento, esso appare come primo e secondo stato legato, rispettivamente.

*2.25. Gli indici in ψ_{11} si riferiscono evidentemente ai due numeri quantici n_1 e n_2 di oscillatore singolo, e dunque alla autofunzione:

$$\psi_{11}(x,y) = u_1(x)u_1(y) = \frac{2\alpha^3}{\sqrt{\pi}}xy\exp[-\alpha^2\frac{x^2+y^2}{2}].$$

Per ottenere informazioni sul momento angolare $\widehat{M} = -i\hbar\partial/\partial\varphi$, occorre passare alle coordinate polari ρ e φ, e quindi:

$$\psi_{11}(x,y) = \frac{2\alpha^3}{\sqrt{\pi}}\cos\varphi\sin\varphi\rho^2\exp[-\alpha^2\frac{\rho^2}{2}] = F(\rho)(e^{2i\varphi} - e^{-2i\varphi}).$$

Poiché le autofunzioni di $\widehat{M}$ sono date da: $\varphi_m(\varphi) = 1/\sqrt{\pi}e^{im\varphi}$, gli autovalori possibili per $\widehat{M}$ sono $m = \pm 2\hbar$, con probabilità $P_{\pm 1} = 1/2$. Le due probabilità si ottengono osservando che i due autostati intervengono con uguale peso, e la somma delle due probabilità deve essere uguale a uno, dato che si raggiunge così la certezza. Oppure si calcolano i prodotti scalari $(\varphi_{\pm 2}, \psi_{11})$, ricordandosi di integrare anche su ρ. L'ortogonalità delle funzioni in φ e la normalizzazione della ψ_{11} portano al risultato precedente.

2.26. i) Scegliendo l'origine delle coordinate al centro della scatola, e gli assi paralleli ai lati, per separazione delle variabili le soluzioni sono il prodotto delle soluzioni delle tre buche quadrate $\{u_{n_x}, u_{n_y}, u_{n_z}\}$ di semiampiezza $\{a_x, a_y, a_z\}$, con:

$$W_{n_x} = \frac{\hbar^2 \pi^2}{8\mu a_x^2} n_x^2 \longleftrightarrow u_{n_x}(x) = \begin{cases} a_x^{-1/2} \cos \dfrac{n_x \pi x}{2a_x} & \text{per } n_x \text{ dispari} \\[3mm] a_x^{-1/2} \sin \dfrac{n_x \pi x}{2a_x} & \text{per } n_x \text{ pari,} \end{cases}$$

e analoghe espressioni per y e z.

ii) I coseni sono pari e i seni dispari, per cui: se $N_{tot} = n_x + n_y + n_z$ è pari, vuol dire che ci sono tre indici pari oppure un indice pari e due dispari, e quindi l'autovettore è il prodotto di 3 seni oppure di un seno e 2 coseni, e dunque è dispari; se invece $N_{tot} = n_x + n_y + n_z$ è dispari, vuol dire che ci sono tre indici dispari oppure un indice dispari e due pari, e quindi l'autovettore è il prodotto di 3 coseni oppure di un coseno e 2 seni, e dunque è pari.

iii) Il primo livello è caratterizzato dalla terna $\{1,1,1\}$, con $N_{tot} = 3$, e degenerazione 1. Il secondo livello corrisponde a $N_{tot} = 4$, in tre possibili combinazioni: $\{2,1,1\}$, $\{1,2,1\}$, $\{1,1,2\}$. Ovvero degenerazione $d = 3$.

3.3 Oscillatore Armonico

3.1. Posto

$$\hat{a} = \sqrt{\mu\omega/2\hbar}\,\hat{x} + i\sqrt{1/2\mu\hbar\omega}\,\hat{p} \quad \text{e} \quad \hat{a}^\dagger = \sqrt{\mu\omega/2\hbar}\,\hat{x} - i\sqrt{1/2\mu\hbar\omega}\,\hat{p},$$

uno aggiunto dell'altro, vale:

i) $[\hat{a}, \hat{a}^\dagger] = -i/\hbar[\hat{x}, \hat{p}] = 1$. Inoltre, posto $\widehat{N} = \hat{a}^\dagger \hat{a}$:

$$[\widehat{N}, \hat{a}] = [\hat{a}^\dagger, \hat{a}]\hat{a} = -\hat{a} \quad \text{e} \quad [\widehat{N}, \hat{a}^\dagger] = [\hat{a}, \hat{a}^\dagger]\,\hat{a}^\dagger = \hat{a}^\dagger.$$

ii) Da qui segue:

$$\widehat{N}\hat{a}\,|\,n\,\rangle = n\hat{a}\,|\,n\,\rangle + [\widehat{N}, \hat{a}]\,|\,n\,\rangle = (n-1)\hat{a}\,|\,n\,\rangle \quad \text{e} \quad \widehat{N}\,\hat{a}^\dagger\,|\,n\,\rangle = (n+1)\hat{a}^\dagger\,|\,n\,\rangle.$$

Cioè $\hat{a}\,|\,n\,\rangle$ e $\hat{a}^\dagger\,|\,n\,\rangle$ sono proporzionali a $|\,n-1\,\rangle$ e $|\,n+1\,\rangle$, oppure sono nulli:

$$\begin{cases} \hat{a}\,|\,n\,\rangle = A\,|\,n-1\,\rangle & A^2 = \langle\,n\,|\,\hat{a}^\dagger\hat{a}\,|\,n\,\rangle = n \\[2mm] \hat{a}^\dagger\,|\,n\,\rangle = B\,|\,n+1\,\rangle & B^2 = \langle\,n\,|\,\hat{a}\hat{a}^\dagger\,|\,n\,\rangle = \langle\,n\,|\,\hat{a}^\dagger\hat{a}+1\,|\,n\,\rangle = n+1, \end{cases}$$

e dunque:

$$\hat{a} \mid n \, \rangle = \sqrt{n} \mid n - 1 \, \rangle \quad \text{e} \quad \hat{a}^\dagger \mid n \, \rangle = \sqrt{n+1} \mid n+1 \, \rangle.$$

Naturalmente, non esistono stati con $n < 0$, e $\hat{a} \mid 0 \, \rangle = 0$.

iii) Posto $N_\alpha = \exp[-|\alpha|^2/2]$:

$$\hat{a} \mid \alpha \, \rangle = N_\alpha \sum_{n=1}^{\infty} \frac{\alpha^n}{\sqrt{n!}} \sqrt{n} \mid n - 1 \, \rangle = N_\alpha \sum_{m=0}^{\infty} \frac{\alpha^{m+1}}{\sqrt{m!}} \mid m \, \rangle = \alpha \mid \alpha \, \rangle.$$

iv) $\langle \, \alpha \mid \beta \, \rangle = N_\alpha N_\beta \sum_{m,n=0}^{\infty} \frac{\alpha^{*m}}{\sqrt{m!}} \frac{\beta^n}{\sqrt{n!}} \delta_{mn} = N_\alpha N_\beta \sum_{n=0}^{\infty} \frac{(\alpha^* \beta)^n}{n!} = N_\alpha N_\beta e^{\alpha^* \beta}.$

v) $\langle \, \alpha \mid H \mid \alpha \, \rangle = \hbar\omega e^{-|\alpha|^2} \sum_{n=0}^{\infty} \frac{|\alpha|^{2n}}{n!} (n + 1/2) = \hbar\omega e^{-|\alpha|^2}(|\alpha|^2 + 1/2)e^{|\alpha|^2} =$

$= \hbar\omega(|\alpha|^2 + 1/2).$

Invertendo poi le relazioni iniziali:

$$\hat{x} = \sqrt{\hbar/2\mu\omega}(\hat{a} + \hat{a}^\dagger) \quad \text{e} \quad \hat{p} = -i\sqrt{\mu\hbar\omega/2}(\hat{a} - \hat{a}^\dagger),$$

$$\begin{cases} \langle \, \alpha \mid \hat{x} \mid \alpha \, \rangle = \sqrt{\hbar/2\mu\omega}(\alpha + \alpha^*) = R\sqrt{2\hbar/\mu\omega} & R = Re(\alpha) \\ \langle \, \alpha \mid \hat{p} \mid \alpha \, \rangle = -i\sqrt{\mu\hbar\omega/2}(\alpha - \alpha^*) = I\sqrt{2\mu\hbar\omega} & I = Im(\alpha). \end{cases}$$

E anche:

$$\begin{cases} \langle \, \alpha \mid \hat{x}^2 \mid \alpha \, \rangle = \hbar/2\mu\omega(\alpha^2 + \alpha^{*2} + 2|\alpha|^2 + 1) = \hbar/2\mu\omega(4R^2 + 1) \\ \langle \, \alpha \mid \hat{p}^2 \mid \alpha \, \rangle = -\mu\hbar\omega/2(\alpha^2 + \alpha^{*2} - 2|\alpha|^2 + 1) = \mu\hbar\omega/2(4I^2 + 1). \end{cases}$$

Da cui:

$$\begin{cases} (\varDelta x)^2 = \langle \, \hat{x}^2 \, \rangle_\alpha - \langle \, \hat{x} \, \rangle_\alpha^2 = \hbar/2\mu\omega(4R^2 + 1 - 4R^2) = \hbar/2\mu\omega \\ (\varDelta p)^2 = \langle \, \hat{p}^2 \, \rangle_\alpha - \langle \, \hat{p} \, \rangle_\alpha^2 = \mu\hbar\omega/2(4I^2 + 1 - 4I^2) = \hbar\mu\omega/2. \end{cases}$$

E infine:

$$\varDelta x \cdot \varDelta p = \frac{\hbar}{2}.$$

vi) Mostriamo che lo stato coerente nella rappresentazione delle x è una gaussiana, e dunque a indeterminazione minima. Tenendo conto che le autofunzioni dell'oscillatore armonico nella rappresentazione delle coordinate sono i polinomi di Hermite H_n, con l'opportuno termine esponenziale e il fattore di normalizzazione, posto $\lambda = (\mu\omega/\hbar)^{1/2}$:

$$\langle \, \hat{x} \mid \alpha \, \rangle = N_\alpha \sum_{n=0}^{\infty} \frac{\alpha^n}{\sqrt{n!}} \langle \, \hat{x} \mid n \, \rangle = e^{-|\alpha|^2/2} e^{-\lambda^2 x^2/2} \sum_{n=0}^{\infty} \frac{\alpha^n}{\sqrt{n!}} \left(\frac{\lambda}{\pi^{1/2} 2^n n!} \right)^{1/2} H_n(\lambda x).$$

La sommatoria è quella classica che definisce la funzione generatrice (vedi A.2):

$$\sum_{n=0}^{\infty} \frac{1}{n!} H_n(y) z^n = \exp[2yz - z^2].$$

Nel nostro caso abbiamo chiaramente $y = \lambda x$ e $z = \alpha/\sqrt{2}$, per cui la funzione generatrice è $\exp[2\lambda x \alpha/\sqrt{2} - \alpha^2/2]$. Raccogliendo anche gli altri fattori, otteniamo:

$$\langle x \mid \alpha \rangle = \left(\frac{\lambda}{\sqrt{\pi}} \right)^{1/2} \exp\left[-\frac{\lambda^2 x^2}{2} - \frac{|\alpha|^2 + \alpha^2}{2} + \sqrt{2}\lambda \alpha x \right].$$

Con le definizioni seguenti:

$$x_0 = \frac{\sqrt{2} Re(\alpha)}{\lambda}, \quad p_0 = 2\sqrt{2} \frac{Im(\alpha)}{\lambda},$$

possiamo infine riesprimere tutto come:

$$\langle x \mid \alpha \rangle = \left(\frac{\lambda}{\sqrt{\pi}} \right)^{1/2} \exp\left\{ -\frac{\lambda^2}{2} \left[(x - x_0)^2 + i p_0 (\frac{x_0}{2} - x) \right] \right\}.$$

E questa è la usuale gaussiana modulata.

3.2. i) Posto:

$$H = H_0 + \lambda V \quad \text{con} \quad H_0 = \hbar\omega(\hat{a}_1^\dagger \hat{a}_1 + \hat{a}_2^\dagger \hat{a}_2) \quad \text{e} \quad V = \hat{a}_1^\dagger \hat{a}_2 + \hat{a}_2^\dagger \hat{a}_1,$$

si può facilmente controllare che i due operatori commutano e possono quindi essere diagonalizzati simultaneamente. Questo si può fare in tre modi diversi.

L'operatore H_0 non è la somma di due oscillatori, ma solo la somma dei due relativi operatori numero, con autovettori e autovalori noti:

$$H_0 \mid N - i, i \rangle = N\hbar\omega \mid N - i, i \rangle, \quad N = 0, 1, 2, \dots, \quad i = 0, 1, 2, \dots, N,$$

dove i è anche un indice di degenerazione nei sottospazi $(N+1)$−dimensionali $\mathcal{H}_N$. Consideriamo ora V all'interno di questi sottospazi:

$$V_{i'i} = \langle N - i', i' \mid \hat{a}_1^\dagger \hat{a}_2 + \hat{a}_2^\dagger \hat{a}_1 \mid N - i, i \rangle = \delta_{i',i-1} \sqrt{i(N - i + 1)} + \delta_{i',i+1} \sqrt{(i+1)(N-i)}.$$

Questa forma ricorda strutture note, più facilmente riconoscibili con le sostituzioni:

$$N = 2j, \quad i = j - m, \quad i' = j - m':$$

$$V_{m'm} = \delta_{m',m+1} \sqrt{(j-m)(j+m+1)} + \delta_{m',m-1} \sqrt{(j+m)(j-m+1)} =$$
$$= 2\langle j, m' \mid J_x \mid j, m \rangle,$$

con le usuali notazioni dei momenti angolari, in questo caso adimensionali come gli $\hat{a}$ e $\hat{a}^\dagger$. La diagonalizzazione di J_x nei sottospazi è ben nota, e fornisce come autovalori m, con $-j \le m \le j$. Quindi, gli autovalori di H sono dati da:

$$W_{Nm} = N\hbar\omega + 2m\lambda\,, \quad -N/2 \le m \le N/2.$$

E affinché lo spettro sia puramente positivo, occorre che: $\lambda < \hbar\omega$.

ii) Il risultato ottenuto, cioè l'identificazione dell'operatore V con un operatore di momento angolare, non è ovviamente casuale. Infatti, con i termini quadratici nei due oscillatori, si possono definire 4 operatori autoaggiunti, oltre naturalmente all'operatore unità, dato dai commutatori elementari $[\hat{a}_i, \hat{a}_i^\dagger]$:

$$\widehat{A}_1 = \frac{1}{2}(\hat{a}_1^\dagger \hat{a}_2 + \hat{a}_2^\dagger \hat{a}_1)\,, \quad \widehat{A}_2 = \frac{i}{2}(\hat{a}_1^\dagger \hat{a}_2 - \hat{a}_2^\dagger \hat{a}_1)\,, \quad \widehat{A}_3 = \frac{1}{2}(\hat{a}_1^\dagger \hat{a}_1 - \hat{a}_2^\dagger \hat{a}_2)\,,$$

$$\widehat{A}_4 = \frac{1}{2}(\hat{a}_1^\dagger \hat{a}_1 + \hat{a}_2^\dagger \hat{a}_2).$$

Abbiamo omesso gli operatori diagonali con i distruttori a sinistra, perché ottenibili dagli altri con commutazioni elementari. È semplice controllare che valgono le seguenti proprietà:

$$[\widehat{A}_i, \widehat{A}_j] = i\varepsilon_{ijk}\widehat{A}_k\,, \quad [\widehat{A}_4, \widehat{A}_i] = 0\,, \quad i = 1, 2, 3.$$

Ve ne sono solo due commutanti tra di loro, ad esempio $\widehat{A}_3$ e $\widehat{A}_4$. Possiamo anche considerare un altro operatore, quartico negli $\hat{a}_i, \hat{a}_i^\dagger$:

$$\widehat{A} = \widehat{A}_4(\widehat{A}_4 + 1) = \frac{1}{2}(\hat{a}_1^\dagger \hat{a}_1 + \hat{a}_2^\dagger \hat{a}_2)\frac{1}{2}(\hat{a}_1 \hat{a}_1^\dagger + \hat{a}_2 \hat{a}_2^\dagger)\,,$$

che evidentemente commuta con i due precedenti. Si può controllare che:

$$\widehat{A}_4(\widehat{A}_4 + 1) = \widehat{A}_1^2 + \widehat{A}_2^2 + \widehat{A}_3^2.$$

Da qui, la completa identificazione degli operatori precedenti con quelli di momento angolare (adimensionale):

$$J_i = \widehat{A}_i\,, \quad i = 1, 2, 3 \quad \text{e} \quad \mathbf{J}^2 = J_1^2 + J_2^2 + J_3^2 = J(J+1) \quad \text{con} \quad J = \widehat{A}_4.$$

Tramite questi operatori, l'Hamiltoniana di partenza si scrive:

$$H = \hbar\omega 2J + \lambda 2J_1\,,$$

con autovalori:

$$2j\hbar\omega + 2m\lambda\,, \quad -j \le m \le j,$$

con j intero o semintero, come già trovato con il metodo i).

iii) Anche l'ultima tecnica di risoluzione del problema ha caratteristiche generali, nel senso che una qualsiasi forma quadratica:

$$H = \sum_{ij} \hat{a}_i^\dagger \Gamma_{ij} \hat{a}_j,$$

con Γ hermitiana, è sempre diagonalizzabile con la matrice unitaria che diagonalizza Γ. Posto:

$$\sum_{ij} U_{li} \Gamma_{ij} U_{jm}^\dagger = \tilde{\Gamma}_{lm} = \delta_{lm} \gamma_l; \quad \hat{b}_s = \sum_n U_{sn} \hat{a}_n, \quad \hat{b}_l^\dagger = \sum_m \hat{a}_m^\dagger U_{ml}^\dagger;$$

$$\left[\hat{b}_s, \hat{b}_l^\dagger \right] = \sum_{mn} U_{sn} U_{ml}^\dagger \left[\hat{a}_n, \hat{a}_m^\dagger \right] = \sum_{mn} U_{sn} U_{ml}^\dagger \delta_{nm} = \delta_{sl},$$

si ottiene:

$$H = \hat{\mathbf{a}}^\dagger \boldsymbol{\Gamma} \hat{\mathbf{a}} = \hat{\mathbf{a}}^\dagger \mathbf{U}^\dagger \mathbf{U} \boldsymbol{\Gamma} \mathbf{U}^\dagger \mathbf{U} \hat{\mathbf{a}} = \hat{\mathbf{b}}^\dagger \tilde{\boldsymbol{\Gamma}} \hat{\mathbf{b}} = \sum_l \gamma_l \hat{b}_l^\dagger \hat{b}_l.$$

Dove $\hat{\mathbf{a}}|_i = \hat{a}_i$, $\hat{\mathbf{b}}|_i = \hat{b}_i$. Dunque, l'Hamiltoniana è la somma di due operatori numero, di peso γ_1 e γ_2, e ha come spettro la somma degli spettri. Pertanto, dobbiamo solo trovare gli autovalori $\{\gamma_i\}$ della matrice Γ:

$$\boldsymbol{\Gamma} = \begin{vmatrix} \hbar\omega & \lambda \\ \lambda & \hbar\omega \end{vmatrix} \implies \det|\boldsymbol{\Gamma} - \gamma\mathbf{I}| = (\hbar\omega - \gamma)^2 - \lambda^2 = 0.$$

Da qui si ottiene:

$$H = (\hbar\omega + \lambda)\hat{b}_1^\dagger \hat{b}_1 + (\hbar\omega - \lambda)\hat{b}_2^\dagger \hat{b}_2 = \hbar\omega(\hat{b}_1^\dagger \hat{b}_1 + \hat{b}_2^\dagger \hat{b}_2) + \lambda(\hat{b}_1^\dagger \hat{b}_1 - \hat{b}_2^\dagger \hat{b}_2),$$

con autovalori:

$$W = \hbar\omega(n_1 + n_2) + \lambda(n_1 - n_2) = \hbar\omega N + \lambda 2m, \quad N = 0, 1, 2, \ldots, \quad -N \leq 2m \leq N.$$

3.3. L'Hamiltoniana si scrive:

$$H = \frac{1}{2}p_1^2 + \frac{1}{2}p_2^2 + \frac{1}{2}\omega_1^2 x_1^2 + \frac{1}{2}\omega_2^2 x_2^2 + g x_1 x_2 = \frac{1}{2}\sum_i p_i^2 + \frac{1}{2}\sum_{ij} x_i \Omega_{ij} x_j,$$

con: $\Omega_{11} = \omega_1^2$, $\Omega_{22} = \omega_2^2$, $\Omega_{12} = \Omega_{21} = g$. Una forma quadratica di questo tipo è sempre diagonalizzabile tramite una trasformazione ortogonale. Sia $\mathbf{O}$ la matrice che diagonalizza $\boldsymbol{\Omega}$ sui suoi autovalori Ω_1 e Ω_2, e sia:

$$x_i = \sum_j O_{ij} \xi_j, \quad \mathbf{O}^{-1} = \mathbf{O}^T, \quad \xi_i = \sum_j O_{ji} x_j, \quad \pi_j = -i\hbar \frac{\partial}{\partial \xi_j},$$

da cui segue:

$$p_i = -i\hbar \frac{\partial}{\partial x_i} = -i\hbar \sum_j \frac{\partial \xi_j}{\partial x_i} \frac{\partial}{\partial \xi_j} = \sum_j O_{ij} \pi_j.$$

Sostituendo queste espressioni nell'Hamiltoniana di partenza, si ottiene:

$$H = \frac{1}{2} \sum_i \sum_j O_{ij} \pi_j \sum_k O_{ik} \pi_k + \frac{1}{2} \sum_{ij} \sum_l O_{il} \xi_l \Omega_{ij} \sum_m O_{jm} \xi_m =$$

$$= \frac{1}{2} \boldsymbol{\pi}^T \mathbf{O}^T \mathbf{O} \boldsymbol{\pi} + \frac{1}{2} \boldsymbol{\xi}^T \mathbf{O}^T \boldsymbol{\Omega} \mathbf{O} \boldsymbol{\xi} = \frac{1}{2} \left(\pi_1^2 + \pi_2^2 + \Omega_1^2 \xi_1^2 + \Omega_2^2 \xi_2^2 \right),$$

cioè la somma di due oscillatori armonici disaccoppiati. I termini nei π_i si ottengono direttamente dalla ortogonalità della matrice $\mathbf{O}$; i termini negli ξ_i derivano dalla diagonalizzazione della matrice simmetrica $\boldsymbol{\Omega}$, tramite la matrice ortogonale $\mathbf{O}$. L'operazione è sempre fattibile, ed equivale, in campo reale, alla diagonalizzazione di una matrice hermitiana tramite una matrice unitaria. La matrice $\boldsymbol{\Omega}$ diagonalizzata ha sulla diagonale principale i suoi autovalori, che si trovano risolvendo l'equazione:

$$\det \left| \boldsymbol{\Omega} - \Omega \mathbf{I} \right| = 0 \quad \Longrightarrow \quad \det \left| \begin{matrix} \omega_1^2 - \Omega & g \\ g & \omega_2^2 - \Omega \end{matrix} \right| = 0.$$

L'equazione ammette come soluzione:

$$\Omega_\pm = \frac{1}{2} \left[\omega_1^2 + \omega_2^2 \pm \sqrt{\left(\omega_1^2 - \omega_2^2 \right)^2 + 4g^2} \right].$$

Posto $\Omega_1^2 = \Omega_+$ e, per $\Omega_- > 0$, $\Omega_2^2 = \Omega_-$, si ottiene finalmente l'Hamiltoniana vista sopra. Lo spettro è dunque dato da:

$$W_{n_1 n_2} = \left(n_1 + 1/2 \right) \hbar \Omega_1 + \left(n_2 + 1/2 \right) \hbar \Omega_2.$$

Se invece $\Omega_- < 0$, l'Hamiltoniana ancora si diagonalizza ma corrisponde alla somma di un oscillatore in ξ_1 e di una barriera repulsiva in ξ_2.

3.4. L'Hamiltoniana del sistema è data da:

$$H = \frac{p^2}{2\mu} + \frac{1}{2} K x^2 - eEx.$$

Conviene completare il quadrato con le sostituzioni:

$$\alpha = \frac{eE}{K}, \quad \xi = x - \alpha, \quad \beta = \frac{e^2 E^2}{2K} = \frac{1}{2} K \alpha^2,$$

con le quali l'Hamiltoniana diventa:

$$H = \frac{p^2}{2\mu} + \frac{1}{2} K \xi^2 - \beta.$$

Lo spettro quindi è quello dell'oscillatore armonico traslato:

$$W = \hbar\omega(n + 1/2) - \beta = \hbar\sqrt{K/\mu}(n + 1/2) - \frac{e^2 E^2}{2K},$$

mentre le autofunzioni sono quelle dell'oscillatore armonico nella variabile ξ:

$$u_n(x) = \frac{-\sqrt{\sigma}}{\sqrt{2^n n! \sqrt{\pi}}} \exp\left[-\sigma^2(x - \alpha)^2/2\right] H_n\big(\sigma(x - \alpha)\big), \quad \sigma = (\mu K/\hbar^2)^{1/4}.$$

Per valutare i valori di aspettazione richiesti, conviene passare agli operatori $\{\hat{a}, \hat{a}^\dagger\}$. Posto:

$$\xi = A_+(\hat{a} + \hat{a}^\dagger), \quad p = -iA_-(\hat{a} - \hat{a}^\dagger), \quad A_+ = \sqrt{\frac{\hbar}{2\sqrt{\mu K}}}, \quad A_- = \sqrt{\frac{\hbar\sqrt{\mu K}}{2}},$$

si ottiene:

$$\langle n | \hat{x} | n \rangle = \langle n | \xi + \alpha | n \rangle = A_+\langle n | \hat{a} + \hat{a}^\dagger | n \rangle + \alpha = \alpha;$$

$$\langle n | p | n \rangle = A_-\langle n | \hat{a} - \hat{a}^\dagger | n \rangle = 0;$$

$$\langle n | \hat{x}^2 | n \rangle = A_+^2\langle n | \xi^2 + \alpha^2 + 2\alpha\xi | n \rangle = A_+^2\langle n | \xi^2 | n \rangle + \alpha^2 =$$

$$= \frac{\hbar}{2\sqrt{\mu K}}\langle n | \hat{a}\hat{a}^\dagger + \hat{a}^\dagger\hat{a} | n \rangle + \alpha^2 =$$

$$= \frac{\hbar}{2\sqrt{\mu K}}\langle n | 2\hat{a}^\dagger\hat{a} + 1 | n \rangle + \alpha^2 = \frac{\hbar}{\sqrt{\mu K}}(n + 1/2) + \alpha^2;$$

$$\langle n | p^2 | n \rangle = \frac{\hbar\sqrt{\mu K}}{2}\langle n | \hat{a}\hat{a}^\dagger + \hat{a}^\dagger\hat{a} | n \rangle + \alpha^2 = \hbar\sqrt{\mu K}(n + 1/2).$$

3.5. Si può riscrivere il potenziale completo nel modo seguente:

$$V_{tot} = \begin{cases} 1/2Kx^2 - Fa & \text{per } x < -a \\ 1/2K(x + F/K)^2 - 1/2F^2/K & \text{per } |x| < a \\ 1/2Kx^2 + Fa & \text{per } x > a. \end{cases}$$

Sono quindi tre rami di oscillatore armonico raccordati in $\pm a$, di cui quello centrale con vertice in $-F/K$. Non è un potenziale pari, e in ciascuno dei tre rami la soluzione comprende entrambe le funzioni di Kummer M. La trattazione generale si trova nello svolgimento del Problema 1.9, che qui seguiamo passo passo. Introduciamo i nuovi parametri

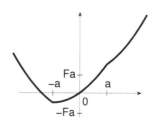

$\varepsilon_-, \varepsilon_0, \varepsilon_+$, dati da:

$$\varepsilon_- = 2(W + Fa)/\hbar\omega, \quad \varepsilon_0 = 2(W + F^2/2K)/\hbar\omega,$$
$$\varepsilon_+ = 2(W - Fa)/\hbar\omega, \quad \omega = \sqrt{K/\mu},$$

con W autovalore dell'energia; introduciamo inoltre la nuova variabile $\xi = x + F/K$ e $\alpha = (\mu K/\hbar^2)^{1/4}$. Nelle tre zone $x < -a, -a < x < a, a < x$ abbiamo:

$$\psi_-(x) = e^{-\alpha^2 x^2/2}\left\{A M\left[1/4(1-\varepsilon_-), 1/2; \alpha^2 x^2\right] + B \alpha x M\left[1/4(3-\varepsilon_-), 3/2; \alpha^2 x^2\right]\right\}$$

$$\psi_0(x) = e^{-\alpha^2 \xi^2/2}\left\{C M\left[1/4(1-\varepsilon_0), 1/2; \alpha^2 \xi^2\right] + D \alpha \xi M\left[1/4(3-\varepsilon_0), 3/2; \alpha^2 \xi^2)\right]\right\}$$

$$\psi_+(x) = e^{-\alpha^2 x^2/2}\left\{\tilde{A} M\left[1/4(1-\varepsilon_+), 1/2; \alpha^2 x^2\right] + \tilde{B} \alpha x M\left[1/4(3-\varepsilon_+), 3/2; \alpha^2 x^2\right]\right\}.$$

Dobbiamo ora imporre le condizioni di annullamento a $\pm\infty$ e quelle di raccordo di funzione e derivata in $\pm a$, cioè sei condizioni. Le prime due sono state trovate nel Problema 1.9:

$$A\Gamma[1/4(3 - \varepsilon_-)] + \tfrac{1}{2}B\Gamma[1/4(1 - \varepsilon_-)] = 0$$

$$\tilde{A}\Gamma[1/4(3 - \varepsilon_+)] + \tfrac{1}{2}\tilde{B}\Gamma[1/4(1 - \varepsilon_+)] = 0,$$

dove i fattori $\Gamma(1/2)$ e $\Gamma(3/2)$ nei primi e secondi addendi, rispettivamente, si semplificano col fattore $1/2$ nei secondi. Queste due condizioni e le altre quattro citate, più quella di normalizzazione della funzione d'onda, permettono di determinare in modo univoco le sei costanti $A, B, C, D, \tilde{A}, \tilde{B}$ per alcuni (infiniti) valori quantizzati dell'energia $W_n = \varepsilon_n \hbar\omega$. In generale, $\varepsilon_n \neq n + 1/2$ per n intero, in quanto questi autovalori corrispondono ad autofunzioni pari o dispari, soluzioni di questo potenziale solo per alcuni casi particolari, $F = 0$ oppure $a = 0$, cioè l'oscillatore armonico.

3.6. Consideriamo il problema agli autovalori per l'Hamiltoniana dell'oscillatore lineare armonico tridimensionale isotropo:

$$H^{(3)} = \frac{\mathbf{p}^2}{2\mu} + \frac{1}{2}\mu\omega^2\mathbf{r}^2, \quad \mathbf{p}^2 = p_x^2 + p_y^2 + p_z^2, \quad \mathbf{r}^2 = x^2 + y^2 + z^2.$$

i) Coordinate cartesiane. L'Hamiltoniana è esprimibile come:

$$H^{(3)} = H_x + H_y + H_z, \quad H_x = \frac{p_x^2}{2\mu} + 1/2\mu\omega^2 x^2, \ldots$$

e quindi, ponendo per l'autofunzione:

$$\psi_{n_x, n_y, n_z}(\mathbf{x}) = u_{n_x}(x)u_{n_y}(y)u_{n_z}(z),$$

il problema si separa in tre oscillatori armonici monodimensionali, e l'autovalore totale è dato da:

$$W_{cart} = (N_{cart} + 3/2)\hbar\omega, N_{cart} = n_x + n_y + n_z.$$

ii) Coordinate cilindriche. Introdotte le coordinate:

$$\{z,\rho,\varphi\} \qquad \rho^2 = x^2 + y^2 \qquad \varphi = \arctan\frac{y}{x},$$

l'Hamiltoniana è esprimibile come:

$$H^{(3)} = H_z + H^{(2)} \quad , \quad H^{(2)} = -\frac{\hbar^2}{2\mu}\Big[\frac{1}{\rho}\frac{\partial}{\partial\rho}\big(\rho\frac{\partial}{\partial\rho}\big) + \frac{1}{\rho^2}\frac{\partial^2}{\partial\varphi^2}\Big] + 1/2\mu\omega^2\rho^2.$$

Definita la funzione d'onda:

$$\psi(\mathbf{x}) = u(z)\Phi(\varphi)R(\rho) = u(z)\Phi(\varphi)\frac{y(\rho)}{\sqrt{\rho}},$$

il problema si separa in un oscillatore armonico monodimensionale in z e in uno bidimensionale isotropo in $\{x,y\}$, che si separa a sua volta in un problema angolare per l'operatore: $-(\hbar^2/2\mu)\partial^2/\partial\varphi^2$, con condizioni periodiche agli estremi di $[0,2\pi]$, e nell'equazione agli autovalori monodimensionale in ρ della forma:

$$y'' + \frac{2\mu}{\hbar^2}\Big[W - 1/2\mu\omega^2\rho^2 - \frac{\hbar^2}{2\mu}\frac{m^2 - 1/4}{\rho^2}\Big]y = 0,$$

dove m è l'autovalore del problema angolare. Questa equazione è stata risolta nel Problema 1.19 ricavando gli autovalori W^{2d}, ai quali va in questo caso aggiunto quello dell'oscillatore monodimensionale in z:

$$W^{2d} = \hbar\omega(2n + |m| + 1) \implies W_{cil} = (N_{cil} + 3/2)\hbar\omega, \quad N_{cil} = n_z + 2n + |m|.$$

iii) Coordinate polari. Con la usuale definizione:

$$\psi(\mathbf{x}) = Y(\theta,\varphi)R(r) = Y(\theta,\varphi)\frac{y(r)}{r},$$

l'equazione radiale nell'incognita y diventa l'usuale equazione di Schrödinger monodimensionale in $r = [0,\infty)$ con condizioni di annullamento agli estremi:

$$y'' + \frac{2\mu}{\hbar^2}\Big[W - 1/2\mu\omega^2 r^2 - \frac{\hbar^2}{2\mu}\frac{l(l+1)}{r^2}\Big]y = 0.$$

Anche le soluzioni di questa equazione si ricavano dal Problema 1.19:

$$W_{pol} = (N_{pol} + 3/2)\hbar\omega, \quad N_{pol} = 2n + l.$$

In conclusione, lo spettro dell'oscillatore tridimensionale isotropo è dato in ogni caso da:

$$W = (N + 3/2)\hbar\omega \quad , \quad N = 0, 1, 2, \ldots.$$

con tre diverse espressioni per l'intero N:

    i) $N = N_{cart} = n_x + n_y + n_z$; $n_x, n_y, n_z = 0, 1, 2, \ldots$;

    ii) $N = N_{cil} = n_z + 2n + |m|$; $n_z, n = 0, 1, 2, \ldots$, $m = 0, \pm 1, \pm 2, \ldots$;

    iii) $N = N_{pol} = 2n + l$; $n, l = 0, 1, 2, \ldots$

Per il calcolo delle degenerazioni a N fissato, possiamo procedere così:

    i) Fissato $n_x = 0, \ldots, N$, n_y può variare da 0 a $N - n_x$, e può pertanto assumere $(N - n_x + 1)$ valori, mentre n_z è fissato una volta fissati n_x e n_y. Pertanto:

$$d_{cart} = \sum_{n_x=0}^{N} (N - n_x + 1) = \frac{(N+1)(N+2)}{2}.$$

    ii) Fissato $n_z = 0, \ldots, N$, a causa del termine $2n$, $|m|$ assume tutti i valori pari da 0 a $N - n_z$ se $N - n_z$ è pari, e quindi $(N - n_z)/2 + 1$ valori, oppure tutti i valori dispari se $N - n_z$ è dispari, e quindi $(N - n_z + 1)/2$ valori; occorre poi tenere conto del doppio segno $\pm m$ per tutti gli $m \neq 0$, e cioè $2[(N - n_z)/2 + 1] - 1 = N - n_z + 1$ nel caso pari, oppure e $2[(N - n_z + 1)/2] = N - n_z + 1$ nel caso dispari. Si ottiene pertanto:

$$d_{cil} = \sum_{n_z=0}^{N} (N - n_z + 1) = \frac{(N+1)(N+2)}{2}.$$

    iii) Fissato $l = 0, 2, \ldots, N$ se N è pari, oppure $l = 1, 3, \ldots, N$ se N è dispari, vi è la degenerazione in $m = -l, -l+1, \ldots, l-1, l$. Pertanto:

$$\left. \begin{array}{l} d_{pol}^p = \sum_{l=0,2}^{N^p} (2l+1) = \dfrac{N^p + 2}{2} \dfrac{2N^p + 2}{2} = \dfrac{(N^p + 1)(N^p + 2)}{2} \\[3mm] d_{pol}^d = \sum_{l=1,2}^{N^d} (2l+1) = \dfrac{N^d + 1}{2} \dfrac{2N^d + 4}{2} = \dfrac{(N^d + 1)(N^d + 2)}{2} \end{array} \right\} = \frac{(N+1)(N+2)}{2}.$$

Ovviamente, le degenerazioni nei tre casi sono uguali.

3.7. Poniamo $\hbar = \omega = 1$; è immediato controllare che:

$$[H_0, V] = \lambda \left[\hat{a}_1^\dagger \hat{a}_1 + \hat{a}_2^\dagger \hat{a}_2 + 1, \hat{a}_1^\dagger \hat{a}_2 + \hat{a}_2^\dagger \hat{a}_1 \right] = 0.$$

Quindi l'Hamiltoniana totale è diagonalizzabile sulla base degli stessi autovettori di H_0, il cui spettro è però degenere, in relazione a tutte le coppie di interi tali che $n_1 + n_2 = N$. Possiamo diagonalizzare V nei sottospazi di degenerazione poiché, grazie alla commutazione, questi sottospazi sono invarianti rispetto a V; ne risulterà quindi una diagonalizzazione a tutti gli ordini perturbativi, cioè una diagonalizzazione esatta. Nel caso del sottospazio con $n_1 + n_2 = 1$, cui appartiene lo stato iniziale e quindi anche il suo evoluto temporale, è immediato verificare che gli autostati comuni anche a V sono dati da:

$$| \pm \rangle = \frac{1}{\sqrt{2}} \left(| 1,0 \rangle \pm | 0,1 \rangle \right) \quad \text{con} \quad H_0 | \pm \rangle = 2 | \pm \rangle \quad \text{e} \quad V | \pm \rangle = \pm \lambda | \pm \rangle.$$

Inoltre, invertendo la relazione, possiamo esprimere lo stato iniziale in funzione di questi autostati dell'Hamiltoniana totale:

$$\psi_0 = | 1,0 \rangle = \frac{1}{\sqrt{2}} \left(| + \rangle + | - \rangle \right) \implies$$

$$\psi(t) = \frac{1}{\sqrt{2}} \left(e^{-i(2+\lambda)t} | + \rangle + e^{-i(2-\lambda)t} | - \rangle \right) =$$

$$= e^{-i2\omega t} \left(\cos \frac{\lambda}{\hbar} t | 1,0 \rangle - i \sin \frac{\lambda}{\hbar} t | 0,1 \rangle \right).$$

Notare i parametri fisici, reinseriti con pure considerazioni dimensionali.

3.8. Poiché $[\hat{a}^\dagger \hat{a}, (\hat{a}^\dagger)^n] = n(\hat{a}^\dagger)^n$, gli operatori diagonali *contano* il numero degli $\hat{a}^\dagger$ con il segno $+$, e quello degli $\hat{a}$ con il segno $-$. È quindi facile controllare che ciascun addendo del potenziale di perturbazione $V = \lambda \hat{a}_1^{\dagger 2} \hat{a}_2 + \lambda^* \hat{a}_1^2 \hat{a}_2^\dagger$ commuta con l'Hamiltoniana imperturbata. Questo implica che il calcolo perturbativo al primo ordine fornisce il valore esatto a tutti gli ordini. Si determina la matrice della perturbazione in ogni sottospazio di degenerazione e si diagonalizza. Per i primi livelli, questo si può fare rapidamente.

1. $| 0,0 \rangle$ e $| 1,0 \rangle$ sono non degeneri, e sono lasciati inalterati dalla perturbazione, in quanto gli elementi di matrice sono nulli.
2. $| 2,0 \rangle$ e $| 0,1 \rangle$ sono un doppietto con autovalore 2; la matrice da diagonalizzare è

$$\begin{vmatrix} 0 & \sqrt{2}\,\lambda^* \\ \sqrt{2}\,\lambda & 0 \end{vmatrix},$$

e l'autovalore (esatto) dell'energia è $2 \pm \sqrt{2}|\lambda|$.
3. Anche $| 3,0 \rangle$ e $| 1,1 \rangle$ sono degeneri, con autovalore 3. La matrice è data da:

$$\begin{vmatrix} 0 & \sqrt{6}\,\lambda^* \\ \sqrt{6}\,\lambda & 0 \end{vmatrix},$$

e l'autovalore (esatto) dell'energia è $3 \pm \sqrt{6}|\lambda|$. Eccetera.

3.9. L'Hamiltoniana è la medesima di 5.29, dove si chiede una soluzione perturbativa al primo ordine. L'operatore $V = \hat{a}_1^{\dagger 2} \hat{a}_2^2 + \hat{a}_2^{\dagger 2} \hat{a}_1^2$ però commuta con la parte di oscillatore armonico, e pertanto lo spettro è dato *esattamente* dalla diagonalizzazione della matrice rappresentativa di V ristretta ai sottospazi di degenerazione.

3.10. Si riconosce facilmente che il termine additivo proporzionale a λ commuta con l'Hamiltoniana imperturbata, e quindi il calcolo perturbativo al primo ordine è equivalente al calcolo esatto. Tuttavia, la diagonalizzazione della matrice

$$\langle n_1 n_2 n_3 | \widehat{A} + \widehat{A}^\dagger | n'_1 n'_2 n'_3 \rangle, \quad \widehat{A} = \hat{a}_1^\dagger \hat{a}_2 + \hat{a}_2^\dagger \hat{a}_3 + \hat{a}_3^\dagger \hat{a}_1,$$

nel sottospazio di degenerazione con $n_1 + n_2 + n_3 = n'_1 + n'_2 + n'_3 = N$, non appare semplice. Conviene infatti risolvere il problema completo sin dall'inizio.

Come nel caso bidimensionale trattato nel punto iii) del Problema 3.2, ogni forma quadratica autoaggiunta nelle $\hat{a}, \hat{a}^\dagger$ può essere diagonalizzata, diagonalizzando una matrice di dimensioni uguali al numero di oscillatori, in questo caso uguale a 3. Si arriverebbe così alla forma:

$$\widehat{H} = \sum_{l=1}^{3} w_l \hat{b}_l^\dagger \hat{b}_l \quad \text{con} \quad \left[\hat{b}_m, \hat{b}_l^\dagger \right] = \delta_{ml} \quad \text{e} \quad \left[\widehat{H}, \hat{b}_l^\dagger \right] = w_l \hat{b}_l^\dagger.$$

Dunque, la diagonalizzazione della matrice equivale alla risoluzione di un problema agli autovalori per operatori:

$$\left[\widehat{H}, \hat{b}^\dagger \right] = w \hat{b}^\dagger \quad \text{con} \quad \hat{b}^\dagger = \beta_1 \hat{a}_1^\dagger + \beta_2 \hat{a}_2^\dagger + \beta_3 \hat{a}_3^\dagger.$$

Introduciamo in questa equazione l'espressione esplicita dell'Hamiltoniana:

$$[\widehat{H}, \hat{b}^\dagger] = \hat{b}^\dagger + \lambda \left[\beta_1 (\hat{a}_2^\dagger + \hat{a}_3^\dagger) + \beta_2 (\hat{a}_3^\dagger + \hat{a}_1^\dagger) + \beta_3 (\hat{a}_1^\dagger + \hat{a}_2^\dagger) \right] = w \hat{b}^\dagger,$$

che porta al sistema

$$\begin{cases} \beta_1 + \lambda (\beta_2 + \beta_3) = w \beta_1 \\ \beta_2 + \lambda (\beta_3 + \beta_1) = w \beta_2 \\ \beta_3 + \lambda (\beta_1 + \beta_2) = w \beta_3. \end{cases}$$

Si hanno soluzioni non nulle se il determinante è uguale a zero, e cioè se:

$$(w-1)^3 - 2\lambda^3 - 3\lambda^2(w-1) = 0.$$

L'equazione ammette le seguenti soluzioni:

$$w = \{1 - \lambda, 1 - \lambda, 1 + 2\lambda\}.$$

Si conclude che l'Hamiltoniana si può scrivere come somma di tre oscillatori armonici indipendenti con le frequenze w appena trovate. Lo spettro è dato da:

$$W_{n_1 n_2 n_3} = (1 - \lambda)(n_1 + n_2) + (1 + 2\lambda)n_3 = n_1 + n_2 + n_3 + \lambda(2n_3 - n_1 - n_2).$$

Notare che la matrice di perturbazione ha autovalori dati da $\lambda(2n_3 - n_1 - n_2)$.

Oppure, si può sfruttare la particolare simmetria di permutazione dell'Hamiltoniana:

$$\widehat{H} = \begin{cases} \widehat{H}_0 + \lambda \left(\hat{a}_1^\dagger (\hat{a}_2 + \hat{a}_3) + \text{permutazioni cicliche} \right) \\ \widehat{H}_0 + \lambda \left(\hat{a}_1^\dagger (\hat{a}_1 + \hat{a}_2 + \hat{a}_3) + \text{permutazioni cicliche} - \widehat{H}_0 \right) \\ (1 - \lambda) \widehat{H}_0 + \lambda (\hat{a}_1^\dagger + \hat{a}_2^\dagger + \hat{a}_3^\dagger)(\hat{a}_1 + \hat{a}_2 + \hat{a}_3). \end{cases}$$

Se si utilizza l'ultima forma, si orientano gli assi in modo che il nuovo asse 3 coincida con la direzione $(1, 1, 1)$, ponendo cioè $\widehat{B}_3 = (\hat{a}_1 + \hat{a}_2 + \hat{a}_3)/\sqrt{3}$, e si tiene conto che l'Hamiltoniana imperturbata è invariante per rotazione, si trova:

$$\widehat{H} = (1 - \lambda) \widehat{H}_0 + 3\lambda \widehat{B}_3^\dagger \widehat{B}_3,$$

e per lo lo spettro si trova il risultato precedente:

$$W_{n_1 n_2 n_3} = (1 - \lambda)(n_1 + n_2 + n_3) + 3\langle{}_3 = n_1 + n_2 + n_3 + \lambda(2n_3 - n_1 - n_2).$$

3.11. i) L'Hamiltoniana dell'oscillatore è data da:

$$H = -\frac{\hbar^2}{2\mu}\boldsymbol{\nabla}^2 + \frac{1}{2}Kr^2.$$

Gli autovalori e le loro degenerazioni sono:

$$W_N = (N + \frac{3}{2})\hbar\omega \quad \text{e} \quad d_N = \frac{(N+1)(N+2)}{2},$$

$$\omega = \sqrt{K/\mu}, N = n_x + n_y + n_z = 2n_\rho + n_z + |m|.$$

Gli indici n sono interi non negativi, e m intero. Le due decomposizioni di N si riferiscono alle soluzioni in coordinate cartesiane e cilindriche (vedi il 3.6).

i) Con l'introduzione di un campo elettrico uniforme, che scegliamo diretto come l'asse z, l'Hamiltoniana diventa:

$$\begin{aligned} H &= -\frac{\hbar^2}{2\mu}\boldsymbol{\nabla}^2 + \frac{1}{2}Kr^2 - eEz = \\ &= \left[-\frac{\hbar^2}{2\mu}\frac{\partial^2}{\partial x^2} + \frac{1}{2}Kx^2 \right] + \left[-\frac{\hbar^2}{2\mu}\frac{\partial^2}{\partial y^2} + \frac{1}{2}Ky^2 \right] + \\ &\quad + \left[-\frac{\hbar^2}{2\mu}\frac{\partial^2}{\partial z^2} + \frac{1}{2}K\left(z - \frac{eE}{K}\right)^2 \right] - \frac{e^2E^2}{2K}. \end{aligned}$$

Si tratta ancora di un oscillatore isotropo, con una traslazione della coordinata z nella autofunzione, e un termine costante aggiuntivo nell'autovalore dell'energia.

Dunque:

$$W_N^E = (N + \frac{3}{2})\hbar\omega - \frac{e^2 E^2}{2K} \quad \text{e} \quad d_N^E = d_N = \frac{(N+1)(N+2)}{2}.$$

ii) Nel caso invece di campo magnetico uniforme diretto come l'asse z, conviene utilizzare le coordinate cilindriche $\{z, \rho^2 = x^2 + y^2, \varphi\}$, e la rappresentazione del campo magnetico tramite il potenziale vettore $A_\varphi = \frac{1}{2}B\rho$, $A_\rho = A_z = 0$, a divergenza nulla. L'Hamiltoniana si scrive:

$$
\begin{aligned}
H &= \frac{1}{2\mu}\left(\mathbf{p} - \frac{e}{c}\mathbf{A}\right)^2 + V = \frac{1}{2\mu}\mathbf{p}^2 - \frac{e}{\mu c}\mathbf{A}\cdot\mathbf{p} + \frac{e^2}{2\mu c^2}\mathbf{A}^2 + \frac{1}{2}K(\rho^2 + z^2) = \\
&= \left[-\frac{\hbar^2}{2\mu}\left(\frac{\partial^2}{\partial x^2} + \frac{\partial^2}{\partial y^2}\right) + \frac{1}{2}\mu\omega_\rho^2\rho^2\right] + \left[-\frac{\hbar^2}{2\mu}\frac{\partial^2}{\partial z^2} + \frac{1}{2}\mu\omega^2 z^2\right] - \frac{e}{|e|}\omega_\varphi L_z = \\
&= H_\rho + H_z \mp \omega_\varphi L_z,
\end{aligned}
$$

dove il segno $\mp$ dipende dal segno della carica e, e abbiamo definito:

$$\omega_\varphi = \frac{|e|B}{2\mu c}, \quad \omega_\rho^2 = \omega_\varphi^2 + \omega^2, \quad L_z = p_\varphi \rho = -i\hbar\frac{1}{\rho}\frac{\partial}{\partial\varphi}\rho = -i\hbar\frac{\partial}{\partial\varphi} = L_\varphi.$$

Abbiamo dunque riscritto l'Hamiltoniana come somma di un oscillatore bidimensionale di frequenza ω_ρ, di un oscillatore tridimensionale monodimensionale di frequenza ω, e dell'unica componente di momento angolare definito in coordinate cilindriche. Lo spettro è dato da:

$$W_N^B = (2n_\rho + |m| + 1)\hbar\omega_\rho + (n_z + 1/2)\hbar\omega \mp m\hbar\omega_\varphi.$$

Salvo il caso di frequenze commensurabili, la degenerazione è completamente risolta.

3.12. Con il cambio di variabili suggerito, il potenziale diventa:

$$
\begin{aligned}
V(\xi,\theta,z) &= A/2\left[(\xi^2 + \theta^2 + 2\xi\theta) + (\xi^2 + \theta^2 - 2\xi\theta) + 2\alpha(\xi^2 - \theta^2)\right] + B(z^2 + 2\beta z) = \\
&= A[(1+\alpha)\xi^2 + (1-\alpha)\theta^2] + B(z^2 + 2\beta z).
\end{aligned}
$$

Poiché la trasformazione è una semplice rotazione, il Laplaciano rimane invariato in forma, e l'equazione di Schrödinger diventa:

$$-\frac{\hbar^2}{2\mu}\left(\frac{\partial^2}{\partial\xi^2} + \frac{\partial^2}{\partial\theta^2} + \frac{\partial^2}{\partial z^2}\right)\psi(\xi,\theta,z) + [V(\xi,\theta,z) - W]\psi(\xi,\theta,z) = 0.$$

Per separazione delle variabili, ponendo:

$$\psi(\xi,\theta,z) = \Xi(\xi)\Theta(\theta)Z(z), \quad W = W_\xi + W_\theta + W_z,$$

si ottiene:

$$
\begin{cases}
-\hbar^2/2\mu d^2/d\xi^2\,\Xi(\xi) + [A(1+\alpha)\xi^2 - W_\xi]\Xi(\xi) = 0 \\[2mm]
-\hbar^2/2\mu d^2/d\theta^2\,\Theta(\theta) + [A(1-\alpha)\theta^2 - W_\theta]\Theta(\theta) = 0 \\[2mm]
-\hbar^2/2\mu d^2/dz^2\,Z(z) + [B\left(z^2 + 2\beta z\right) - W_z]Z(z) = 0.
\end{cases}
$$

Con la ovvia traslazione $z' = z + \beta$, anche la terza equazione si riduce a un oscillatore armonico, e pertanto lo spettro $W = W_\xi + W_\theta + W_z$ si ottiene dai tre contributi:

$$
\begin{cases}
W_\xi = \left(n_\xi + 1/2\right)\hbar\omega_\xi & \omega_\xi = \sqrt{2A(1+\alpha)/\mu} \\[2mm]
W_\theta = (n_\theta + 1/2)\hbar\omega_\theta & \omega_\theta = \sqrt{2A(1-\alpha)/\mu} \\[2mm]
W_z = (n_z + 1/2)\hbar\omega_z - B\beta^2 & \omega_z = \sqrt{2B/\mu},
\end{cases}
$$

con $n_\xi, n_\theta, n_z = 0, 1, 2, \ldots$

3.13. i) Il valor medio della posizione è dato da:

$$
\langle \hat{x} \rangle = \int_{-\infty}^{\infty} dx\,\psi^*(x)\,x\,\psi(x) \propto \int_{-\infty}^{\infty} dx\, x\, e^{-\beta^2 x^2} = 0.
$$

ii) Il valor medio del momento è dato da:

$$
\langle p \rangle = \int_{-\infty}^{\infty} dx\,\psi^*(x)\left(-i\hbar\frac{d}{dx}\right)\psi(x) \propto \int_{-\infty}^{\infty} dx\, e^{-\beta^2 x^2/2}\frac{d}{dx}e^{-\beta^2 x^2/2} = 0.
$$

Sia i) che ii) sono nulli per parità.

iii) Dall'equazione di Schrödinger si ricava direttante:

$$
V(x) = W + \psi^{-1}\frac{\hbar^2}{2\mu}\frac{d^2}{dx^2}\psi.
$$

Introducendo la forma esplicita dell'autofunzione e dell'autovalore, si ottiene:

$$
V(x) = \frac{\hbar^2\beta^2}{2\mu} + \frac{\hbar^2}{2\mu}\left(\beta^4 x^2 - \beta^2\right) = \frac{\hbar^2\beta^4}{2\mu}x^2.
$$

iv) L'ampiezza di probabilità in p si può ottenere dalla trasformata di Fourier:

$$
\psi(p) = \langle p \mid \psi \rangle = \int dx\langle p \mid x \rangle\langle x \mid \psi \rangle = \left(\frac{\beta}{2\hbar\pi^{3/2}}\right)^{1/2}\int_{-\infty}^{\infty} dx\, e^{-ipx/\hbar}e^{-\beta^2 x^2/2}.
$$

Questa è la trasformata di Fourier di una gaussiana, che sappiamo essere ancora una gaussiana. Per il calcolo esplicito:

$$-\frac{\beta^2}{2}\left\{x^2+2i\frac{p}{\hbar\beta^2}x\right\}=-\frac{\beta^2}{2}\left\{\left(x+i\frac{p}{\hbar\beta^2}\right)^2+\frac{p^2}{\hbar^2\beta^4}\right\}.$$

L'integrale della gaussiana è pari a $\sqrt{2\pi/\beta^2}$, come sull'asse reale dato che il contorno non contiene singolarità e il contributo da 0 a $-ip/\hbar\beta^2$ è nullo per $x\to\pm\infty$. Quindi:

$$\psi(p)=\left(\hbar\beta\pi^{1/2}\right)^{-1/2}e^{-p^2/2\hbar^2\beta^2}\implies P(p)=|\psi(p)|^2=\left(\hbar\beta\pi^{1/2}\right)^{-1}e^{-p^2/\hbar^2\beta^2}.$$

Oppure, possiamo considerare l'equazione di Schrödinger nella rappresentazione delle p:

$$\left(\frac{p^2}{2\mu}-\frac{\hbar^4\beta^4}{2\mu}\frac{d^2}{dp^2}\right)\psi(p)=W\psi(p).$$

Si tratta ancora di un oscillatore armonico nelle p, con costante di accoppiamento pari a $1/(2\mu\hbar^2\beta^4)$ e con autovalore $W_p=W/(\hbar^2\beta^4)=1/(2\mu\beta^2)$. L'autofunzione è quella dello stato fondamentale, cioè la gaussiana già trovata.

3.14. Valutiamo anzitutto l'autovalore richiesto:

$$\hat{a}^\dagger\hat{a}\psi=\frac{1}{2}\left(x-\frac{d}{dx}\right)\left(x+\frac{d}{dx}\right)(2x^3-3x)e^{-x^2/2}=$$

$$=\frac{1}{2}\left(x-d/dx\right)(6x^2-3)e^{-x^2/2}=3(2x^3-3x)e^{-x^2/2}=3\psi.$$

La funzione assegnata corrisponde pertanto al quarto stato legato, cioè con $n=3$.

Gli stati con $n=2$ e $n=4$ si ottengono con l'applicazione dell'operatore di distruzione $\hat{a}$ e di creazione $\hat{a}^\dagger$, rispettivamente.

$$\psi_2\propto\hat{a}\psi_3\propto\left(x+\frac{d}{dx}\right)(2x^3-3x)e^{-x^2/2}\propto(2x^2-1)e^{-x^2/2}.$$

$$\psi_4\propto\hat{a}^\dagger\psi_3\propto\left(x-\frac{d}{dx}\right)(2x^3-3x)e^{-x^2/2}\propto(4x^4-12x^2+3)e^{-x^2/2}.$$

Le funzioni precedenti sono proporzionali a tre polinomi di Hermite.

3.15. La più generale soluzione dell'equazione di Schrödinger è data da:

$$\psi(x,t)=\sum_n c_n u_n(x)e^{-iW_n t/\hbar},\quad W_n=(n+1/2)\hbar\omega,$$

dove $u_n(x)$ e W_n sono gli autostati e gli autovalori dell'Hamiltoniana. Utilizzando l'espressione precedente e la relazione di ricorrenza data, si ottiene:

$$\langle x \rangle_t = \int dx\, \psi^*(x,t) x \psi(x,t) = \sum_{m,n} c_m^* c_n e^{-i(W_n - W_m)t/\hbar} \int dx\, u_m^*(x) x u_n(x) =$$

$$= \sqrt{\hbar/\mu\omega} \sum_{m,n} c_m^* c_n e^{-i(W_n - W_m)t/\hbar} \left(\sqrt{(n+1)/2}\, \delta_{m,n+1} + \sqrt{n/2}\, \delta_{m,n-1} \right) =$$

$$= \sqrt{\hbar/\mu\omega} \sum_m c_m^* \left(c_{m-1} \sqrt{m/2}\, e^{i\omega t} + c_{m+1} \sqrt{(m+1)/2}\, e^{-i\omega t} \right) = B_+ \cos\omega t + i B_- \sin\omega t,$$

dove i due coefficienti $B_\pm$ sono dati da:

$$B_\pm = \sqrt{\hbar/\mu\omega} \sum_m c_m^* \left(c_{m-1} \sqrt{m/2} \pm c_{m+1} \sqrt{(m+1)/2} \right).$$

Controllare che B_+ è reale e B_- immaginario, e quindi che $A_\pm$ sono entrambi reali.

*3.16. i) Dalle espressioni esplicite:

$$\hat{x} = \sqrt{\hbar/2\mu\omega}(\hat{a} + \hat{a}^\dagger), \quad \hat{p} = -i\sqrt{\mu\hbar\omega/2}(\hat{a} - \hat{a}^\dagger) \implies \langle x \rangle \propto \langle \hat{a} \rangle + \langle \hat{a}^\dagger \rangle,$$

e quindi:

$$\langle \hat{a} \rangle = \langle n | \hat{a} | n \rangle = 0, \quad \langle \hat{a}^\dagger \rangle = 0 \implies \langle \hat{x} \rangle = 0, \quad \langle \hat{p} \rangle = 0.$$

ii) Poiché
$$\langle V \rangle = \frac{1}{2}\mu\omega^2 \langle \hat{x}^2 \rangle = \frac{1}{4}\hbar\omega \langle (\hat{a} + \hat{a}^\dagger)(\hat{a} + \hat{a}^\dagger) \rangle,$$

e gli unici contributi derivano dai termini misti:

$$\langle n | \hat{a}\hat{a}^\dagger | n \rangle = (n+1)\langle n | n \rangle = n+1, \quad \langle n | \hat{a}^\dagger \hat{a} | n \rangle = n.$$

Sostituendo nella formule precedente:

$$\langle V \rangle = \frac{1}{2}\left(n + \frac{1}{2}\right)\hbar\omega = \frac{1}{2}W_n \implies \langle T \rangle = \langle W \rangle - \langle V \rangle = \frac{1}{2}W_n.$$

Stesso risultato dal teorema del viriale con un potenziale omogeneo di grado 2.

iii) L'indeterminazione:

$$\Delta_x^2 = \langle \left(\langle \hat{x} \rangle - \hat{x} \right)^2 \rangle = \langle \hat{x}^2 \rangle \quad \text{essendo} \quad \langle \hat{x} \rangle = 0.$$

$$\Delta_x^2 = \langle \hat{x}^2 \rangle = \frac{2}{\mu\omega^2}\langle V \rangle = \frac{W}{\mu\omega^2}, \quad \Delta_p^2 = \langle p^2 \rangle = 2\mu \langle T \rangle = \mu W,$$

E quindi:

$$\Delta_x \Delta_p = \frac{W}{\omega} = \left(n + \frac{1}{2}\right)\hbar.$$

iv) Poiché:

$$\hat{a} = \sqrt{\mu\omega/2\hbar}\,\hat{x} + i\sqrt{1/2\mu\hbar\omega}\,\hat{p} = \sqrt{1/2\mu\hbar\omega}\left(\mu\omega x + \hbar\frac{d}{dx}\right),$$

abbiamo:

$$\hat{a}u_0 \propto \left(\mu\omega x + \hbar\frac{d}{dx}\right)u_0 = 0,$$

e, risolvendo l'equazione differenziale:

$$u_0 = N\exp\left(-\frac{\mu\omega}{2\hbar}x^2\right),$$

cioè una gaussiana. A partire da questa, tutti gli altri stati si ottengono applicando n volte l'operatore $\hat{a}^\dagger$, che è dispari, essendo dispari i due addendi che lo compongono. Essendo u_0 pari, lo stato u_n avrà la stessa parità di n.

3.4 Delta di Dirac

4.1. Le autofunzione della buca quadrata sono pari o dispari, date da:

$$u_p(x) = \begin{cases} Ne^{kx} & x < -b \\ N'\cos\bar{k}x & |x| < b \\ Ne^{-kx} & b < x, \end{cases} \qquad u_d(x) = \begin{cases} Ne^{kx} & x < -b \\ N'\sin\bar{k}x & |x| < b \\ -Ne^{-kx} & b < x, \end{cases}$$

$$\text{con} \quad k = \sqrt{2\mu|W|}/\hbar, \quad \bar{k} = \sqrt{2\mu|W + V_0|}/\hbar.$$

Gli autovalori $W < 0$ corrispondenti soddisfano le equazioni:

$$\xi\tan\xi = \eta \quad \text{oppure} \quad -\xi\cot\xi = \eta \quad \text{con} \quad \xi = \bar{k}b \quad \text{e} \quad \eta = kb.$$

Esistono n stati legati pari se:

$$\frac{\hbar^2}{2\mu}\pi^2(n-1)^2 < V_0b^2 < \frac{\hbar^2}{2\mu}\pi^2 n^2 \quad n = 1, 2, 3, \ldots$$

mentre esistono n' soluzioni dispari se:

$$\frac{\hbar^2}{2\mu}\left(\frac{\pi}{2}\right)^2(2n'-1)^2 < V_0b^2 < \frac{\hbar^2}{2\mu}\left(\frac{\pi}{2}\right)^2(2n'+1)^2 \quad n' = 1, 2, 3, \ldots$$

Nella figura è riportato il caso con $\hbar^2/2\mu = 1$, $V_0 = 12$, $b = 0.58$. Poiché vale $V_0b^2 = 4$, si ha una sola soluzione pari e una sola dispari, in accordo con le diseguaglianze precedenti, con autovalori $W_p \approx -8.7$ $W_d \approx -1.3$.

Se la buca si stringe e sprofonda ulteriormente, con $b \to 0$, $V_0 \to \infty$, $V_0 b = \lambda/2 = cost$, vale $V_0 b^2 \to 0$: la soluzione dispari tende ad una funzione discontinua nell'origine, e dunque non accettabile, mentre quella pari tende a una funzione continua con derivata prima discontinua di prima specie, e con derivata seconda a delta di Dirac.

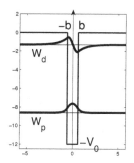

Nel presente limite, vale anche $\xi \to 0$ e $\eta \to 0$, e quindi anche $\tan \xi \sim \xi$ e $\cot \xi \sim 1/\xi$. Le equazioni per gli autovalori diventano allora:

$$\xi \tan \xi \sim \xi^2 = \eta \quad \Longrightarrow \quad \frac{\mu \lambda}{\hbar^2} b = \frac{1}{\hbar} \sqrt{2\mu |W|}\, b$$

$$-\xi \cot \xi \sim -\frac{\xi}{\xi} = \eta \quad \Longrightarrow \quad -1 = \frac{1}{\hbar} \sqrt{2\mu |W|}\, b.$$

La seconda equazione non ammette soluzioni, mentre la prima ammette come risultato:

$$|W| = \frac{\mu \lambda^2}{2\hbar^2} \quad , \quad k = \frac{\mu \lambda}{\hbar^2}.$$

Esiste quindi un solo stato legato, ovviamente pari in quanto $V_0 b^2 \to 0$.

Data la parità, le continuità della funzione e della sua derivata in $\pm b$ si ottengono automaticamente dalla imposizione nel solo punto b, e cioè con due condizioni che, unitamente alla normalizzazione a uno, permettono di determinare le costanti N ed N', solo per alcuni valori dell'energia W.

Al limite $b = 0$, sparisce la zona intermedia, e dobbiamo imporre condizioni di raccordo solo in $x = 0$. La funzione tende a una cuspide, continua per la parità della funzione stessa. La derivata invece è discontinua a causa della cuspide, e dobbiamo cercare per essa una nuova condizione. Per determinare tale condizione, integriamo l'equazione di Schrödinger nell'intervallo $\pm b$ e valutiamone il limite per $b \to 0$ e $V_0 \to \infty$:

$$0 = \int_{-b}^{b} dx \left[\frac{d^2 \psi}{dx^2} + \frac{2\mu}{\hbar^2} (V_0 + W) \psi \right] = \psi'(b) - \psi'(-b) + \frac{2\mu}{\hbar^2} \int_{-b}^{b} dx \, (V_0 + W) \psi$$

$$\Longrightarrow \quad bV \quad \psi'(0^+) - \psi'(0^-) = \lim_{\substack{b \to 0 \\ V_0 \to \infty}} \frac{2\mu}{\hbar^2} (-2bV_0) \psi(0) = -\frac{2\mu}{\hbar^2} \lambda \, \psi(0).$$

Se ora applichiamo queste condizioni alla soluzione del problema al limite:

$$u_W(x) = \begin{cases} N e^{kx} & x < 0 \\ N e^{-kx} & 0 < x, \end{cases}$$

troviamo:

$$-kN - kN = -2\mu/\hbar^2 \lambda N \implies$$
$$k = \mu\lambda/\hbar^2, \quad |W| = \mu\lambda^2/2\hbar^2,$$

come già avevamo trovato quale limite delle
soluzioni della buca quadrata.

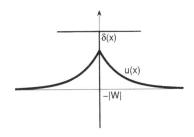

Notiamo infine che per $W > 0$ le soluzioni
sono improprie, di tipo libero a spettro continuo, degeneri due volte come nel caso della
buca finita.

4.2. Se integriamo l'equazione di Schrödinger tra 0^- e 0^+, otteniamo:

$$\int_{0^-}^{0^+} dx \left\{ \frac{d^2\psi}{dx^2} - \frac{2\mu}{\hbar^2} \left[-\lambda\delta(x) - W \right]\psi \right\} = 0 \implies \psi'(0^+) - \psi'(0^-) = -\frac{2\mu\lambda}{\hbar^2}\psi(0),$$

esattamento quello che avevamo trovato nel Problema 4.1, con $\lambda = 2V_0 b$, area
della buca. Pertanto il potenziale a δ di Dirac è in effetti da intendersi come limite fisico della buca quadrata che *si stringe* e *sprofonda* tenendo però l'area
costante.

i) Se ragioniamo direttamente, e disinvoltamente, con le distribuzioni, una soluzione puntuale dell'equazione di Schrödinger continua con derivata prima discontinua di prima specie possiede una derivata seconda proporzionale a una δ
di Dirac, che va a compensare la δ del potenziale all'interno dell'equazione di
Schrödinger.

Da un punto di vista invece dello spazio di Hilbert, la δ di Dirac è da ritenersi
sinonimo delle condizioni *al contorno* trovate prima. In effetti è noto che l'operatore
d^2/dx^2 negli spazi $\mathscr{L}^2_{a,b}$, $\mathscr{L}^2_{a,\infty}$ e $\mathscr{L}^2_{-\infty,\infty}$ è autoaggiunto se il suo dominio è costituito
dalle funzioni assolutamente continue (continue con derivata prima continua), che
agli estremi si annullano oppure sono periodiche insieme alla derivata prima. Si può
dimostrare anche che l'operatore rimane autoaggiunto se le funzioni del dominio in
qualche punto sono continue con discontinuità della derivata del tipo visto sopra:

$$\psi'(\bar{x}^+) - \psi'(\bar{x}^-) = -\eta\,\psi(\bar{x}),$$

con η costante reale e $\bar{x}$ interno all'insieme di definizione. Infatti:

$$(\varphi, \widehat{D}_2\psi) = \int_{-\infty}^{+\infty} dx\, \varphi^*(x) \frac{d^2}{dx^2}\psi(x) = \int_{-\infty}^{\bar{x}^-} dx\, \varphi^*(x)\psi''(x) + \int_{\bar{x}^+}^{+\infty} dx\, \varphi^*(x)\psi''(x),$$

sicuramente valida per funzioni continue con derivate continue. Integriamo per parti
due volte e imponiamo la continuità delle funzioni in $\bar{x}$ e l'annullamento all'infinito.
Troviamo:

$$(\varphi, \widehat{D}_2\psi) = \varphi^*(\bar{x})\left[\psi'(\bar{x}^-) - \psi'(\bar{x}^+)\right] - \left[\varphi'(\bar{x}^-) - \varphi'(\bar{x}^+)\right]^* \psi(\bar{x}) + (\widehat{D}_2\varphi, \psi).$$

Pertanto, se vale la condizione precedente sulle derivate prime, sia per la φ che per la ψ, si ottiene la relazione di simmetria:

$$(\varphi, \widehat{D}_2 \psi) = (\widehat{D}_2 \varphi, \psi).$$

Poiché la condizione imposta riguarda sia il dominio di $\widehat{D}_2$ che quello del suo aggiunto, questo non è ulteriormente estendibile, e dunque $\widehat{D}_2$ è autoaggiunto.

ii) Le soluzioni dell'equazione di Schrödinger sono le medesime trovate nel 4.1:

$$u_W(x) = Ne^{-k|x|}, \quad N = \sqrt{k}, \quad k = \frac{\sqrt{-2\mu W}}{\hbar}, \quad W = -\mu\lambda^2/2\hbar^2.$$

Esiste un solo stato legato (pari) a energia negativa, con comportamento esponenziale decrescente sia per $x > 0$ che per $x < 0$.

iii) Queste soluzioni si possono anche ottenere operando la trasformata di Fourier sulla intera equazione, ottenendo:

$$-p^2 \widetilde{\psi}(p) + \frac{\eta}{\sqrt{2\pi}} \psi(0) = k^2 \widetilde{\psi}(p) \quad \text{con} \quad \eta = \frac{2\mu\lambda}{\hbar^2} \quad \text{e} \quad k^2 = \frac{2\mu W}{\hbar^2},$$

da cui:

$$\widetilde{\psi}(p) = \frac{\eta}{\sqrt{2\pi}} \frac{\psi(0)}{(k^2 + p^2)}.$$

Possiamo ora applicare la antitrasformata di Fourier:

$$\psi(x) = \frac{\eta}{2\pi} \psi(0) \int_{-\infty}^{+\infty} dp \frac{e^{ipx}}{k^2 + p^2}.$$

Per $x > 0$ l'integrale può essere chiuso nel semipiano superiore grazie al termine e^{ipx} che annulla il contributo sul semicerchio. L'integrando ha ora un polo in $p = ik$ e si ottiene:

$$\psi(x) = \frac{\eta}{2\pi} \psi(0) 2\pi i \text{Res}_{p=ik} \left[\frac{e^{ipx}}{(-ik + p)(ik + p)} \right] = \frac{\eta}{2k} \psi(0) e^{-kx}.$$

Ponendo $x = 0$, si ottiene $\eta = 2k$, e sostituendo in questa i valori η e k^2, si ottiene lo spettro $W = -\mu\lambda^2/2\hbar^2$, già valutato in precedenza. Lo stesso procedimento applicato in $x < 0$ fornisce il medesimo valore dell'energia nonché l'analoga espressione per la funzione d'onda con esponenziale positivo.

4.3. Cerchiamo stati legati, corrispondenti a $W < 0$. Posto $k = \sqrt{2\mu(-W)}/\hbar$, la soluzione è data da:

$$\psi(x) = \begin{cases} Ae^{kx} & x < -x_0 \\ Be^{kx} + Ce^{-kx} & x < |x_0| \\ De^{-kx} & x_0 < x \end{cases}$$

con le condizioni *al contorno* di continuità della funzione e discontinuità della derivata:

$$\begin{cases} \psi'([-x_0]^+) - \psi'([-x_0]^-) = -(2\mu\lambda_-/\hbar^2)\psi(-x_0) \\ \psi'(x_0^+) - \psi'(x_0^-) = -(2\mu\lambda_+/\hbar^2)\psi(x_0), \end{cases}$$

ovvero, posto $\alpha_\pm = 2\mu\lambda_\pm/\hbar^2$:

$$\begin{cases} Ae^{-kx_0} = Be^{-kx_0} + Ce^{kx_0} \\ Bke^{-kx_0} - Cke^{kx_0} - Ake^{-kx_0} = -\alpha_- Ae^{-kx_0} \\ Be^{kx_0} + Ce^{-kx_0} = De^{-kx_0} \\ -Dke^{-kx_0} - Bke^{kx_0} + Cke^{-kx_0} = -\alpha_+ De^{-kx_0}. \end{cases}$$

Semplici passaggi portano a:

$$\begin{cases} 2B = A(2 - \alpha_-/k) \\ 2Ce^{kx_0} = Ae^{-kx_0}\alpha_-/k \\ 2Be^{kx_0} = De^{-kx_0}\alpha_+/k \\ 2C = D(2 - \alpha_+/k). \end{cases}$$

Posto $\beta_\pm = \alpha_\pm/2$, la compatibilità di questo sistema lineare omogeneo è data da:

$$e^{-4kx_0} = \frac{(k-\beta_+)(k-\beta_-)}{\beta_+\beta_-}.$$

Si può risolvere per via grafica l'equazione trascendente, eguagliando nel semipiano $k > 0$ le due funzioni:

$$y(k) = e^{-4kx_0} \quad , \quad z(k) = \frac{(k-\beta_+)(k-\beta_-)}{\beta_+\beta_-}.$$

All'origine valgono entrambe 1, e presentano una (β) o due (β_m e β_M) intersezioni a seconda che sia $y'(0) \gtreqless z'(0)$, ossia rispettivamente $x_0 \lesseqgtr (\beta_+ + \beta_-)/(4\beta_+\beta_-)$.

Nel caso particolare $\lambda_+ = \lambda_-$ e quindi $\beta_+ = \beta_- = \beta = \alpha/2$, le diseguaglianze diventano: $x_0 \lesseqgtr 1/\alpha$. Da un punto di vista qualitativo, quando vi sono due soluzioni queste hanno caratteristiche ben distinte: quella con le concavità dei rami verso $\pm\infty$ rivolte dalla stessa parte dell'asse x (soluzione pari per $\lambda_+ = \lambda_-$), e quella con le concavità rivolte in senso opposto (solu-

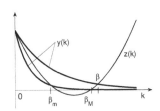

zione dispari per $\lambda_+ = \lambda_-$). Tra $-x_0$ e x_0 la prima soluzione è una funzione di tipo catenaria per $\lambda_+ \neq \lambda_-$, oppure un coseno iperbolico per $\lambda_+ = \lambda_-$. La seconda soluzione è invece un seno iperbolico, o di forma simile. Questa è la soluzione che si perde se x_0 è piccolo, oppure se sono piccoli i coefficienti delle delta: il raccordo infatti tra il ramo sinistro e quello destro ribaltato comporta maggiori difficoltà che non il raccordo tra i due rami dalla stessa parte dell'asse x.

In entrambi i casi, λ_+ e λ_- diversi o uguali tra loro, per $x_0 \to \infty$ si hanno sempre due soluzioni: $k_m = \beta_m \to \min\{\beta_+, \beta_-\}$ e $k_M = \beta_M \to \max\{\beta_+, \beta_-\}$ per $\lambda_+ \neq \lambda_-$, oppure degeneri con $k_m, k_M \to \beta$ per $\lambda_+ = \lambda_-$. Nel primo caso si ha:

$$k_M - k_m \to \frac{\mu}{\hbar^2}(\lambda_M - \lambda_m),$$

mentre nel secondo la differenza tra i due autovalori tende a zero.

4.4. i) Nel caso $d \to \infty$, lo spettro è quello armonico traslato di χ:

$$W_n = \hbar\omega\left(n + \frac{1}{2}\right) + \chi.$$

La scala delle lunghezze è data dalla larghezza classica, ovvero dalla distanza tra i punti di inversione alla data energia di oscillazione W^{osc}, ovvero:

$$W_n^{osc} = \hbar\omega\left(n + \frac{1}{2}\right) = \frac{1}{2}\mu\omega^2 l_n^2 \quad, \quad l_n = \sqrt{(2n+1)\hbar\omega/\mu}.$$

Pertanto, il limite $d \to \infty$ si deve intendere come $\sqrt{\hbar\omega/\mu} \ll d$.

ii) Nel secondo caso, cioè $d \ll \sqrt{\hbar\omega/\mu}$, dobbiamo risolvere l'equazione:

$$-\frac{\hbar^2}{2\mu}\frac{d^2\psi(x)}{dx^2} + \frac{1}{2}\mu\omega^2 x^2\psi(x) + \lambda\delta(x)\psi(x) = W\psi(x),$$

con $\lambda = 2d\chi$. Questa è l'ordinaria equazione del potenziale quadratico da risolvere con le condizioni di annullamento all'infinito, e con quelle condizioni imposte all'origine dalla funzione delta. Posto:

$$\xi = \sqrt{\mu\omega/\hbar}\,x \quad, \quad \beta = 2\lambda\sqrt{\mu/\omega\hbar^3} \quad, \quad \varepsilon = 2W/\hbar\omega,$$

l'equazione diventa:

$$\psi'' + \left(\varepsilon - \xi^2 - \beta\delta(\xi)\right)\psi = 0.$$

La soluzione generale di questa equazione con $\beta = 0$ è risolta per $0 < \xi$ nel Problema 1.9, e la soluzione convergente a $+\infty$ è data tramite la funzione di Kummer di seconda specie. Inoltre, per la continuità all'origine, e dunque per la parità della soluzione complessiva, la stessa funzione è soluzione per $\xi < 0$, e pertanto:

$$\psi(\xi) = \psi_\pm(\xi) = Ae^{-\xi^2/2}U(a, 1/2; \xi^2)\,\xi \lessgtr 0 \quad \text{con} \quad a = \frac{1-\varepsilon}{4}.$$

Dobbiamo ora imporre la discontinuità della derivata all'origine:

$$\psi'_+(0^+) - \psi'_-(0^-) = \beta\psi(0).$$

La derivata del fattore esponenziale evidenzia un termine ξ che all'origine annulla la rimanente funzione U, ivi regolare. Rimangono solo le derivate della U:

$$\lim_{\xi \to 0} \left\{ e^{-\xi^2/2} 2\xi \left[U'(a,1/2;\xi_+^2) - U'(a,1/2;\xi_-^2) \right] = \beta e^{-\xi^2/2} U(a,1/2;\xi^2) \right\},$$

con U' derivata rispetto a ξ^2. La funzione è regolare in $x = 0$, e vale (A-S 13.5.10):

$$U(a,1/2;0) = \frac{\Gamma(1/2)}{\Gamma(a+1/2)}.$$

La derivata della U è invece data da (A-S 13.4.21, 13.5.8):

$$U'(a,1/2;\xi^2) = -aU(a+1,3/2;\xi^2) \underset{\xi \to 0}{\approx} -a\frac{\Gamma(1/2)}{\Gamma(a+1)}\xi^{-1} = -\frac{\Gamma(1/2)}{\Gamma(a)}\xi^{-1}.$$

Raccogliendo tutto, otteniamo l'equazione implicita per l'energia:

$$4\frac{\Gamma(a+1/2)}{\Gamma(a)} = -\beta \implies \frac{\Gamma[(3-\varepsilon)/4]}{\Gamma[(1-\varepsilon)/4]} = -d\chi\sqrt{\frac{\mu}{\omega\hbar^3}}.$$

4.5. Al di fuori dell'origine, scriviamo la soluzione corrispondente alla particella libera che si muove nella direzione positiva dell'asse x:

$$\psi(x) = \begin{cases} e^{ikx} + \rho(k)e^{-ikx} & x < 0 \\ \tau(k)e^{ikx} & x > 0 \end{cases} \quad k = \sqrt{2\mu W\hbar^2}.$$

Le condizioni di raccordo in $x = 0$ dovute alla δ impongono:

$$\begin{cases} 1 + \rho(k) = \tau(k) \\ ik[\rho(k) - 1 + \tau(k)] = \dfrac{2\mu\lambda}{\hbar^2}\tau(k). \end{cases}$$

Da qui possiamo ricavare i coefficienti di riflessione e trasmissione, dati da:

$$\rho(k) = \frac{\mu\lambda}{-\mu\lambda + ik\hbar^2}, \quad \tau(k) = \frac{ik\hbar^2}{-\mu\lambda + ik\hbar^2}$$

e le relative probabilità:

$$|\rho|^2 = \frac{\mu^2\lambda^2}{\mu^2\lambda^2 + k^2\hbar^4}, \quad |\tau|^2 = \frac{k^2\hbar^4}{\mu^2\lambda^2 + k^2\hbar^4}.$$

I limiti ad energia zero o infinita si ricavano dagli analoghi limiti di k:

$$|\rho|^2 \xrightarrow[k\to 0]{} 1, \quad |\tau|^2 \xrightarrow[k\to 0]{} 0; \quad |\rho|^2 \xrightarrow[k\to\infty]{} 0, \quad |\tau|^2 \xrightarrow[k\to\infty]{} 1.$$

A energia nulla esiste solo l'onda riflessa, mentre a energia infinita solo quella trasmessa.

4.6. i) Il potenziale in esame è una buca infinita con al centro una delta di Dirac. In generale, per $W > 0$ esistono soluzioni pari e dispari. Quelle dispari sono le medesime della sola buca infinita, in quanto si annullano all'origine e pertanto $\psi(x)\delta(x) = 0$. Autovalori e autovettori sono dati da:

$$W_{dn} = n^2\hbar^2\pi^2/2\mu a^2 \quad , \quad u_{dn}(x) = \sqrt{1/a}\sin\frac{n\pi x}{a}.$$

Dove l'indice d sta per dispari. Le soluzioni pari sono invece date da:

$$\psi_p(x) = \begin{cases} A\sin kx + B\cos kx & -a < x < 0 \\ -A\sin kx + B\cos kx & 0 < x < a \end{cases} \quad k = \sqrt{2\mu W}/\hbar.$$

Devono annullarsi sulle pareti, per $x = \pm a$, mentre all'origine, oltre alla continuità implicita nella parità, devono soddisfare le condizioni sulla discontinuità della derivata:

$$\begin{cases} -A\sin ka + B\cos ka = 0 \\ -kA\cos kx - kB\sin kx - kA\cos kx + kB\sin kx\Big|_{x=0} = 2\alpha B \end{cases} \quad \alpha = \mu\lambda/\hbar^2.$$

Ovvero:

$$\begin{cases} \tan ka = B/A \\ -2kA = 2\alpha B, \end{cases}$$

da cui l'equazione trascendente per gli autovalori relativi alle autofunzioni pari:

$$-\frac{k}{\alpha} = \tan ka.$$

ii) Se $\lambda \to \infty$, $1/\alpha \to 0$ e pertanto gli autovalori sono dati dagli zeri della tangente:

$$k_{pn} = n\pi/a \quad , \quad W_{pn} = n^2\hbar^2\pi^2/2\mu a^2.$$

Dunque, nel limite $\lambda \to \infty$ gli autovalori relativi alle autofunzioni pari tendono a quelli delle dispari prima trovati, dando così origine a uno spettro degenere. Le autofunzioni pari tendono a semplici seni in ciascun semi intervallo, continui ma con derivata discontinua nell'origine: come le dispari ma con un ramo ribaltato rispetto all'asse x.

Qui di seguito riportiamo le due prime autofunzioni, pari e dispari con autovalori W_p e W_d, per i due valori $\lambda = a$ e $\lambda = 20a$.

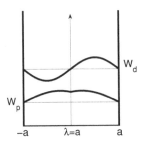
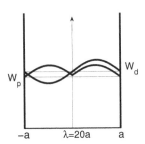

4.7. Delle due soluzioni linearmente indipendenti, scegliamo quella con impulso positivo:

$$\psi(x) = \begin{cases} e^{ikx} & x < 0 \\ A\sin kx + B\cos kx & 0 < x < a \\ Ce^{ik(x-a)} & x > a \end{cases} , \quad k = \frac{\sqrt{2\mu W}}{\hbar}.$$

È stato imposto l'annullamento dell'onda riflessa a $x < 0$, come richiesto dal problema, e posto uguale a uno il primo coefficiente, assorbito nella normalizzazione. Inoltre è stato ridefinito il coefficiente C in modo tale da avere l'esponenziale come funzione di $(x-a)$.

Imponiamo ora le usuali condizioni richieste dai potenziali deltiformi:

$$x = 0 \begin{cases} B = 1 \\ kA - ik = 2\mu\lambda/\hbar^2, \end{cases}$$

$$x = a \begin{cases} A\sin ka + B\cos ka = C \\ ikC - kA\cos ka + kB\sin ka = 2\mu\lambda C/\hbar^2. \end{cases}$$

Tenuto conto del valore di B ed eliminato C dalle ultime due, otteniamo:

$$\begin{cases} A = i + 2\mu\lambda/k\hbar^2 \\ (|A|^2 - 1)\tan ka = -A - A^*, \end{cases}$$

e infine l'equazione trascendente per gli autovalori, ovviamente continui:

$$\tan ka = -\frac{k\hbar^2}{\mu\lambda}.$$

Lo stesso problema può essere affrontato tramite la tecnica della *matrice di trasferimento*, utile in presenza di due o più barriere nel caso in cui si conoscano i coefficienti di riflessione e trasmissione per ogni singola barriera. Dal Problema 1.4 segue che:

$$\begin{cases} \rho_2 = \rho\, \dfrac{\tau e^{ika} + \tau^* e^{-ika}}{\tau|\rho|^2 e^{ika} + \tau^* e^{-ika}} \\[3mm] \tau_2 = \tau\, \dfrac{|\tau|^2}{\tau|\rho|^2 e^{ika} + \tau^* e^{-ika}}. \end{cases}$$

Per rispondere alla domanda del problema, cioè se esistono energie per le quali la riflessione è nulla, si deve imporre $\rho_2 = 0$, e quindi:

$$\frac{e^{ika}}{e^{-ika}} = -\frac{\tau^*}{\tau} = -\frac{-\mu\lambda - ik\hbar^2}{-\mu\lambda + ik\hbar^2} \quad \text{con} \quad \tau = \frac{ik\hbar^2}{-\mu\lambda + ik\hbar^2},$$

dove abbiamo impiegato l'espressione esplicita di τ calcolata nel Problema 4.5. Alla proporzione ora trovata applichiamo l'eguaglianza dei rapporti tra le differenze e le somme, trovando così infine:

$$\tan ka = -\frac{k\hbar^2}{\mu\lambda},$$

come ottenuto in precedenza con la trattazione diretta.

4.8. Possiamo partire da uno stato concentrato da un lato dell'origine, e svilupparlo sulla base delle autofunzioni trovate nel Problema 4.6. Queste nel tempo si sfaseranno indipendentemente le une dalle altre e, a causa delle pareti riflettenti, ci si attende dopo qualche tempo una diffusione uniforme del pacchetto iniziale in tutto l'intervallo $[-a + a]$.

4.9. Dobbiamo in sostanza risolvere l'equazione radiale:

$$\frac{d^2 y(r)}{dr^2} - \left[\frac{l(l+1)}{r^2} - \frac{2\mu\lambda}{\hbar^2}\delta(r-a)\right] y(r) = -\frac{2\mu}{\hbar^2} W y(r).$$

Cerchiamo gli stati legati, con $W < 0$, e quindi poniamo:

$$k^2 = \frac{2\mu|W|}{\hbar^2} \quad , \quad \beta = \frac{2\mu\lambda}{\hbar^2}.$$

Inoltre, poiché cerchiamo il valore minimo di λ affinché esista uno stato legato, studiamo le condizioni di esistenza dello stato fondamentale, quello cioè con $l = 0$:

$$\frac{d^2y(r)}{dr^2} - \beta\delta(r-a)y(r) = k^2 y(r).$$

Le soluzioni sono date da:

$$y(r) = \begin{cases} Ae^{-kr} + Be^{kr} & r < a \\ Ce^{-kr} + De^{kr} & r > a, \end{cases}$$

e imponendo le condizioni di annullamento in $[0, +\infty]$, otteniamo:

$$y(r) = \begin{cases} F\sinh kr & r < a \\ Ge^{-kr} & r > a, \end{cases}$$

con le condizioni in a:

$$\begin{cases} Ge^{-ka} = F\sinh ka \\ -kGe^{-ka} - kF\cosh ka = -\beta Ge^{-ka}. \end{cases}$$

Gli autovalori si trovano dunque risolvendo l'equazione trascendente:

$$\coth ka = \frac{\beta}{k} - 1.$$

Per trovare il valore minimo di λ che permette l'esistenza di stati legati, dobbiamo trovare quali sono le condizioni sotto le quali lo stato fondamentale è di energia minima, e non ne esistano perciò di eccitati. Quindi, studiamo l'equazione agli autovalori nel limite $ka \to 0$ e $\coth ka \to 1/ka$. Ovvero:

$$k = \beta - 1/a = 2\mu\lambda/\hbar^2 - 1/a.$$

Dovendo k mantenersi positivo, si ricava la condizione richiesta:

$$\lambda > \frac{\hbar^2}{2\mu a}.$$

4.10. i) L'equazione radiale è la stessa del Problema 4.9:

$$\frac{d^2y(r)}{dr^2} + \left[-k^2 - \frac{l(l+1)}{r^2} + \frac{2\mu\lambda}{\hbar^2}\delta(r-a)\right]y(r) = 0, \quad k^2 = -\frac{2\mu W}{\hbar^2}.$$

Con il cambio di funzione $\chi(r) = y(r)/\sqrt{r}$, l'equazione diventa:

$$\chi'' + \frac{1}{r}\chi' + \left[-k^2 - \frac{(l+1/2)^2}{r^2} + \frac{2\mu\lambda}{\hbar^2}\delta(r-a) \right]\chi = 0.$$

A sinistra e a destra di a la soluzione generale è espressa tramite le funzioni di Bessel Sferiche Modificate $I_{l+1/2}(kr)$ e $K_{l+1/2}(kr)$ (A-S 10.2). Poiché la funzione χ deve annullarsi sia in $r = 0$ che in $r = \infty$, la soluzione è data da:

$$\chi_l(r) = \begin{cases} AI_m(kr) & r < a \\ \\ BK_m(kr) & r > a \end{cases} \qquad m = l + 1/2,$$

cui dobbiamo imporre le condizioni al contorno in $r = a$:

$$\begin{cases} AI_m(ka) = BK_m(ka) \\ \\ BkK'_m(ka) - AkI'_m(ka) = -2\mu\lambda/\hbar^2 AI_m(ka). \end{cases}$$

Moltiplichiamo ora la seconda per $BK_m(ka)$ e, sfruttando la prima, otteniamo:

$$BK'_m(ka)AI_m(ka) - AI'_m(ka)BK_m(ka) = \frac{-2\mu\lambda}{k\hbar^2}ABI_m(ka)K_m(ka).$$

Per la proprietà del Wronskiano citata nel testo, si ottiene la condizione cui devono soddisfare gli autovalori dell'energia, ovvero dell'impulso k:

$$G_m(ka) = I_m(ka)K_m(ka) = \frac{\hbar^2}{2\mu a\lambda}.$$

ii) Per trovare la condizione di esistenza di almeno uno stato legato, la funzione $G_m(x)$ deve intersecare la retta orizzontale $y = \hbar^2/2\mu a\lambda$ per $0 \leq x < \infty$. $G_m(x)$ è sempre positiva e vale $G_m(x) \to 0$ per $x \to \infty$, come si ricava dai comportamenti delle funzioni di Bessel (Watson 7.23):

$$I_m(x) \approx \sqrt{1/2\pi x}e^x K_m(x) \approx \sqrt{\pi/2x}e^{-x}.$$

Dimostriamo che $G_m(x)$ è monotona decrescente per $0 \leq x$. Se così non fosse, avrebbe almeno un massimo relativo, e sarebbe intersecata almeno due volte dalla retta $y = \hbar^2/2\mu a\lambda$, nei punti $x_1 = k_1^{(m)}a$ e $x_2 = k_2^{(m)}a$. L'equazione in $\chi(r)$ avrebbe allora due soluzioni $\chi_m(r)$, espresse dalle Bessel modificate come visto sopra, corispondenti ai due autovalori distinti $(k_1^{(m)})^2$ e $(k_2^{(m)})^2$. Poiché l'operatore agente sulla $\chi(r)$ è autoaggiunto, le due soluzioni dovrebbero essere ortogonali. Ma questo non è possibile, in quanto sia I_m che K_m hanno segno definito, senza zeri, e pertanto gli integrali del prodotto di coppie di I e di K non possono annullarsi. Pertanto, $G_m(x)$ è monotona decrescente, non ha massimi relativi ma solo un massimo assoluto in

$x = 0$ ove vale (A-S 9.6.7, 9.6.9):

$$I_m(0)K_m(0) = 1/2m.$$

L'esistenza di stati legati di momento l è assicurata se questo massimo è maggiore dell'intercetta vista prima $y = \hbar^2/2\mu a\lambda$, e cioè alla fine per:

$$2m = l + 1/2 < \mu\lambda a/\hbar^2.$$

4.11. $W < 0$. Il potenziale è pari e, grazie alle condizioni di raccordo e al contorno, non c'è degenerazione, e pertanto esistono solo soluzioni pari o dispari. In realtà esiste solo una soluzione pari, come sempre avviene per i potenziali a delta di Dirac. Posto $k = \sqrt{2\mu(-W)}/\hbar$, la soluzione è data da:

$$\psi(x) = \begin{cases} Ae^{kx} & x < -a \\ Be^{kx} + Ce^{-kx} & -a < x < 0 \\ Be^{-kx} + Ce^{kx} & 0 < x < a \\ Ae^{-kx} & a < x \end{cases}$$

con le condizioni di raccordo in $x = a$ e in $x = 0$:

$$\begin{cases} Ae^{-ka} = Be^{-ka} + Ce^{ka} \\ -kAe^{-ka} - (-kBe^{-ka} + kCe^{ka}) = \alpha Ae^{-ka} \quad \alpha = \lambda\mu/\hbar^2 \\ -kB + kC - (kB - kC) = -2\alpha(B+C) \end{cases}$$

Moltiplicate le equazioni per e^{ka}, e posto $= 0$ il determinante dei coefficienti delle incognite $\{A, B, C\}$, si ottiene l'equazione trascendente:

$$y(k) \equiv e^{2ka} = \frac{\alpha(\alpha+k)}{(\alpha-k)(\alpha+2k)} \equiv z(k).$$

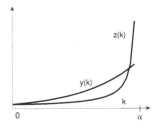

Le due funzioni si intersecano in $\bar{k} = 0$, a cui corrisponde l'autofunzione nulla. Inoltre, all'origine le due funzioni hanno tangente positiva la prima, nulla la seconda: pertanto si intersecano anche in un $\bar{k}$ con $0 < \bar{k} < \alpha$. Qesto è dunque l'autovalore non banale cercato, che è anche unico.

$W > 0$. In questo caso le soluzioni sono improprie, non sono né pari né dispari perché degeneri, e a noi interessano i coefficienti di riflessione e trasmissione. Per una singola δ di Dirac, il problema è gia stato risolto nel Problema 4.5:

$$\rho(k) = \frac{\mu\lambda}{-\mu\lambda + ik\hbar^2} \quad , \quad \tau(k) = \frac{ik\hbar^2}{-\mu\lambda + ik\hbar^2}.$$

Qui abbiamo a che fare con tre barriere in $x = -a$, $x = 0$ e $x = a$ con parametri $\lambda/2$, $-\lambda$ e $\lambda/2$, e con gli α corrispondenti. Per risolverlo, conviene applicare la tecnica della matrice di trasferimento, sviluppata nel 1.4. Posto:

$$\mathbf{W} = \begin{vmatrix} 1/\tau^* & -\rho^*/\tau^* \\ -\rho/\tau & 1/\tau \end{vmatrix} \quad , \quad \mathbf{T}_a = \begin{vmatrix} e^{ika} & 0 \\ 0 & e^{-ika} \end{vmatrix},$$

la soluzione al nostro problema è data da:

$$\begin{vmatrix} \tau_3 \\ 0 \end{vmatrix} = \mathbf{W}_{\lambda/2}\mathbf{T}_a\mathbf{W}_{-\lambda}\mathbf{T}_a\mathbf{W}_{\lambda/2} \begin{vmatrix} 1 \\ \rho_3 \end{vmatrix} = \gamma^{-6}\mathbf{M} \begin{vmatrix} 1 \\ \rho_3 \end{vmatrix},$$

con la matrice $\mathbf{M}$ data da

$$\mathbf{M} = \begin{vmatrix} \gamma-i & -i \\ i & \gamma+i \end{vmatrix} \begin{vmatrix} e^{ika} & 0 \\ 0 & e^{-ika} \end{vmatrix} \begin{vmatrix} \gamma+2i & 2i \\ -2i & \gamma-2i \end{vmatrix} \begin{vmatrix} e^{ika} & 0 \\ 0 & e^{-ika} \end{vmatrix} \begin{vmatrix} \gamma-i & -i \\ i & \gamma+i \end{vmatrix},$$

e il parametro γ:

$$\gamma = \frac{2k}{\alpha} = \frac{2k\hbar^2}{\mu\lambda}.$$

La matrice $\gamma^{-6}\mathbf{M}$ è pertanto del tipo:

$$\gamma^{-6}\mathbf{M} = \begin{vmatrix} \eta^* & \xi^* \\ \xi & \eta \end{vmatrix} \quad \text{con} \quad \eta^*\eta - \xi^*\xi = 1,$$

in quanto prodotto delle 3 matrici $\gamma^{-2}\mathbf{W}$ con le stesse caratteristiche, appartenenti cioè al gruppo $SU(1,1)$ delle matrici unimodulari (determinante uguale a 1) che conservano la forma $x^2 - y^2$, e delle due matrici di traslazione che conservano sia la forma con due $+$ che quella con un $+$ e un $-$. Sviluppati i prodotti matriciali, si ottiene:

$$\begin{cases} \eta = \gamma^{-6}\left[e^{-2ika}(\gamma+i)^2(\gamma-2i) - 4(\gamma+i) + e^{2ika}(\gamma+2i) \right] \\ \xi = i\gamma^{-6}\left[e^{-2ika}(\gamma+i)(\gamma-2i) - 2(2+\gamma^2) + e^{2ika}(\gamma-i)(\gamma+2i) \right]. \end{cases}$$

Con conti noiosi ma banali, si può controllare la relazione $\eta^*\eta - \xi^*\xi = 1$. Il sistema nelle τ_3 e ρ_3 invece si risolve semplicemente, ottenendo:

$$\begin{cases} \rho_3 = -\xi/\eta \\ \tau_3 = 1/\eta \end{cases} \qquad \text{con} \quad |\rho_3|^2 + |\tau_3|^2 = 1.$$

4.12. i) L'Hamiltoniana è periodica e ammette autofunzioni comuni all'operatore di traslazione, della forma cioè:

$$\psi_k(x+a) = e^{i\alpha a}\psi_k(x),$$

con α parametro di trlaslazione, che chiameremo *periodiche*. In particolare:

$$\psi_k(x) = \begin{cases} Ae^{ikx} + Be^{-ikx} & 0 \leq x \leq a \\ e^{i\alpha a}\left[Ae^{ik(x-a)} + Be^{-ik(x-a)}\right] & a \leq x \leq 2a. \end{cases}$$

A questa soluzione periodica imponiamo le condizioni al *contorno* nel punto $x = a$, dovute al potenziale a delta di Dirac. Posto $\beta = 2\mu\lambda/\hbar^2$:

$$\begin{cases} Ae^{ika} + Be^{-ika} = e^{i\alpha a}\left[A + B\right] \\ ike^{i\alpha a}\left[A - B\right] - ik\left[Ae^{ika} - Be^{-ika}\right] = \beta\left[Ae^{ika} + Be^{-ika}\right]. \end{cases}$$

Si tratta di un sistema lineare omogeneo in $\{A, B\}$, con la condizione di risolubilità:

$$\begin{vmatrix} e^{ika} - e^{i\alpha a} & e^{-ika} - e^{i\alpha a} \\ ik\left[e^{i\alpha a} - e^{ika}\right] - \beta e^{ika} & ik\left[e^{-ika} - e^{i\alpha a}\right] - \beta e^{-ika} \end{vmatrix} = 0.$$

Sviluppando il determinante e moltiplicando per $e^{-i\alpha a}$, si giunge alla equazione:

$$\cos ka + \frac{\beta}{2k}\sin ka = \cos\alpha a,$$

che definisce implicitamente gli autovalori k possibili, compatibilmente con i possibili autovalori $e^{i\alpha a}$ della traslazione. L'unico vincolo sul parametro α è che sia reale, per cui gli autovalori dell'Hamiltoniana devono solo soddisfare la diseguaglianza $|\cos ka + \beta/2k\sin ka| \leq 1$.

ii) Nel caso in cui: $\mu\lambda a/\hbar^2 = a\beta/2 = 1$, l'equazione da risolvere graficamente è data da:

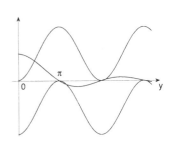

$$-(1 + \cos y) \leq \sin y/y \leq 1 - \cos y \quad \text{con} \quad y = ka.$$

Si tratta quindi di trovare quei tratti di sinusoide smorzata, compresi tra i due coseni traslati. I primi autovalori si hanno in corrispondenza alla prima intersezione, che si verifica facilmente soddisfare $\pi/4 < y_{min} < \pi/2$.

4.13. Si ha spettro discreto per $W < 0$, con autofunzione data da:

$$\psi(x) = \begin{cases} Ae^{kx} + Be^{-kx} & 0 < x < a \\ Ce^{-kx} & a < x, \end{cases}$$

soddisfacente le seguenti condizioni:

$$\begin{cases} A + B = 0 \\ Ae^{ka} + Be^{-ka} = Ce^{-ka} \\ -kCe^{-ka} - k[Ae^{ka} - Be^{-ka}] = -\beta Ce^{-ka} \end{cases} \qquad \text{con} \quad \beta = 2\mu\lambda/\hbar^2.$$

Si tratta di un sistema lineare omogeneo, le cui condizioni di risolubilità sono date dall'annullarsi del determinante dei coefficienti delle incognite. Si arriva così all'equazione trascendente cui devono soddisfare gli autovalori:

$$e^{-2ka} = 1 - k\hbar^2/\lambda\mu.$$

Confrontando le pendenze delle due curve si ha un autovalore non banale se la prima è inferiore alla seconda, cioè per $\hbar^2/2\lambda\mu < a$, altrimenti nessuno.

4.14. Lo stato legato del potenziale già stato valutato nel Problema 4.2. Esso è dato da:

$$u_W(x) = Ne^{-k|x|}, \quad N = \sqrt{k}, \quad k = \frac{\sqrt{-2\mu W}}{\hbar}, \quad W = -\mu\lambda^2/2\hbar^2.$$

La probabilità richiesta è data da:

$$P(|x| < x_0) = 2|N|^2 \int_0^{x_0} e^{-2kx} = (1 - e^{-2kx_0}).$$

La condizione $P = 1/2$ è soddisfatta da:

$$x_0 = (\hbar^2/2\mu\lambda) \log 2.$$

4.15. La funzione d'onda assegnata all'istante $t = 0$ è la seguente:

$$\psi(x; t = 0) = \begin{cases} \sqrt{2/a}\sin \pi x/a & -a < x < 0 \\ 0 & 0 < x. \end{cases}$$

i) Le autofunzioni dell'Hamiltoniana sono soluzioni dell'equazione:

$$\psi''(x) + k^2\psi(x) = 0 \quad \text{con} \quad k^2 = 2\mu W_k/\hbar^2,$$

con condizioni di annullamento in $x = -a$, e di continuità della funzione e discontinuità della derivata prima in $x = 0$:

$$\psi(-a) = 0, \quad \psi(0^-) = \psi(0^+), \quad \psi'(0^+) - \psi'(0^-) = \beta\psi(0) \quad \text{con} \quad \beta = \frac{2\mu\lambda}{\hbar^2}.$$

Le soluzioni soddisfacenti le prime due condizioni si esprimono facilmente esprimere così:

$$\psi_k(x) = N_k \begin{cases} \sin k(x+a) & -a < x < 0 \\ \sin k(x+a) + c_k \sin kx & 0 < x, \end{cases}$$

mentre la richiesta di discontinuità in $x = 0$ della derivata prima porta a:

$$k\cos ka + kc_k - k\cos ka = \beta \sin ka \implies c_k = \beta/k \sin ka.$$

Pertanto:

$$\psi_k(x) = N_k \begin{cases} \sin k(x+a) & -a < x < 0 \\ \sin k(x+a) + \beta/k \sin ka \sin kx & 0 < x. \end{cases}$$

Le autofunzioni oscillano all'infinito per ogni valore di k, per cui sono sempre improprie. Il parametro libero N_k può essere utilizzato per normalizzare alla δ di Dirac il prodotto scalare. Questo si può ottenere facilmente, in quanto le autofunzioni si estendono all'infinito solo nel semiasse positivo, dove si esprimono esplicitamente in termini di esponenziali:

$$\psi_{k+}(x) = \frac{1}{2i}N_k\left[\left(e^{ika}e^{ikx} - e^{-ika}e^{-ikx}\right) + \frac{\beta}{k}\sin ka\left(e^{ikx} - e^{-ikx}\right)\right] =$$

$$= \frac{1}{2i}N_k\left[A(k)e^{ikx} + B(k)e^{-ikx}\right],$$

con

$$A(k) = e^{ika} + \frac{\beta}{k}\sin ka, \quad B(k) = -e^{-ika} - \frac{\beta}{k}\sin ka.$$

Dobbiamo ora imporre la condizione di normalizzazione:

$$\delta(k - k') = \int_0^\infty dx\, \psi_{k'+}^*(x)\psi_{k+}(x) =$$

$$= \frac{\pi}{4}N_k^2\left\{\left[A^*(k')A(k) + B^*(k')A(k)\right]\delta(k-k') + \left[A^*(k')B(k) + B^*(k')A(k)\right]\delta(k+k')\right\},$$

dove abbiamo tenuto conto che:

$$\int_0^\infty dx\, e^{ikx} = \int_0^\infty dx\, e^{-ikx} = \pi\delta(x).$$

La seconda delta è nulla per la positività delle k, k', e dunque:

$$N_k = \frac{\pi}{4}\left(|A(k)|^2 + |B(k)|^2\right) = \left\{\pi/2\left[1 + (\beta/k\sin ka)^2 + \beta/k\sin 2ka\right]\right\}^{-1/2}.$$

ii) Sulle autofunzioni ora completamente individuate, si possono sviluppare la funzione d'onda al tempo iniziale e la sua evoluta temporale unitaria al tempo $t > 0$:

$$\psi(x; t = 0) = \int_{-\infty}^\infty dk f(k)\psi_k(x),$$

$$\psi(x; t) = \int_{-\infty}^\infty dk f(k)\exp[-iW_k t/\hbar]\psi_k(x),$$

tramite la funzione $f(k)$ data da:

$$f(k) = \int_{-a}^0 dx\, \psi_k^*(x)\psi(x; t = 0) = N_k\sqrt{\frac{2}{a}}\int_{-a}^0 dx\, \sin k(x+a)\sin\pi x/a =$$

$$= N_k\sqrt{\frac{2}{a}}\frac{1}{2}\left\{\frac{\sin\left[k(x+a) - \pi x/a\right]}{k - \pi/a} - \frac{\sin\left[k(x+a) + \pi x/a\right]}{k + \pi/a}\right\}\bigg|_{-a}^0 =$$

$$= N_k\frac{\pi}{a}\sqrt{\frac{2}{a}}\frac{\sin ka}{k^2 - (\pi/a)^2}.$$

Ovviamente, $f(k)$ riceve contributo solo dalla regione ove $\psi(x; t = 0) \neq 0$.

iii) Inserendo i vari fattori nell'integrando, il vettore di stato al tempo $t > 0$ può essere rappresentato da:

$$\psi(x, t) = \frac{\pi}{a}\sqrt{\frac{2}{a}}\int_{-\infty}^\infty dk N_k \exp[-iW_k t/\hbar]\frac{\sin ka}{k^2 - (\pi/a)^2}.$$

$$\cdot\begin{cases} \sin k(x+a) & -a < x < 0 \\ \sin k(x+a) + \dfrac{\beta}{k}\sin ka\sin kx & 0 < x. \end{cases}$$

Per $t \to \infty$, il fattore esponenziale $\exp[-iW_k t/\hbar]$ oscilla molto rapidamente al variare di $k \gg 0$, mentre il resto dell'integrando è una funzione liscia in k, per tutti i valori di x (notare che π/a non è un polo grazie allo zero del seno). Pertanto, per $k \gg 0$ l'integrale si annulla a causa delle oscillazioni, e la regione dominante nell'integrazione è $k \approx 0$; ma, in corrispondenza a questo valore, l'integrando si annulla. Si può concludere che, a tempi grandi, $t \to \infty$, $\psi(x; t) \to 0$ ovunque, pur rimanendo a quadrato sommabile perché trasformata unitaria di un dato iniziale analogo. Dunque, la particella *esce* praticamente dalla regione $-a < x < 0$ per invadere l'intero semiasse.

3.5 Perturbazioni indipendenti dal tempo

5.1. Si tratta dell'Hamiltoniana di buca infinita perturbata da $H' = x/aV_0$ con $V_0 = \overline{AB}$, per $0 < x < a$. Autofunzioni e autovalori imperturbati sono:

$$\psi_n^{(0)} = \sqrt{2/a}\sin\left(n\pi\frac{x}{a}\right), \quad W_n^{(0)} = \frac{n^2\pi^2\hbar^2}{2\mu a^2}.$$

Le correzioni al primo ordine si calcolano facilmente:

$$\langle\,\psi_1^{(0)}\,|\,H'\,|\,\psi_1^{(0)}\,\rangle = \langle\,\psi_2^{(0)}\,|\,H'\,|\,\psi_2^{(0)}\,\rangle = \langle\,\psi_3^{(0)}\,|\,H'\,|\,\psi_3^{(0)}\,\rangle = V_0/2 = \overline{AB}/2.$$

5.2. Sia $H = H_0 + H'$, con:

$$H_0 = \begin{vmatrix} w_1 & 0 & 0 \\ 0 & w_2 & 0 \\ 0 & 0 & w_3 \end{vmatrix} \qquad H' = \begin{vmatrix} 0 & 0 & a \\ 0 & 0 & b \\ a^* & b^* & 0 \end{vmatrix}.$$

Supponendo i tre autovalori imperturbati w_i diversi tra di loro, applichiamo la teoria delle perturbazioni dello spettro non degenere. Detti $u_i^{(0)}$ i tre autovettori corrispondenti (i tre ordinari versori), si controlla immediatamente che i tre valori di aspettazione della perturbazione su questi sono nulli, cioè:

$$(H')_{ii} = (u_i^{(0)}, H'u_i^{(0)}) = 0, \quad i = 1, 2, 3.$$

Quindi sono nulle le correzioni agli autovalori al primo ordine perturbativo. Per valutare invece le autofunzioni al primo ordine , utilizziamo la formula generale:

$$u_n^{(1)} \propto u_n^{(0)} + \sum_{r\neq n} h_{nr}^{(1)} u_r^{(0)} \quad \text{con} \quad h_{nr}^{(1)} = \frac{(H')_{rn}}{W_n^{(0)} - W_r^{(0)}} r \neq n.$$

Gli elementi di matrice, ovviamente non diagonali, sono dati da:

$$(H')_{12} = (H')_{21} = 0 \quad (H')_{13} = a \quad (H')_{31} = a^* \quad (H')_{23} = b \quad (H')_{32} = b^*.$$

Abbiamo infine:

$$u_1^{(1)} \propto u_1^{(0)} + \frac{a^*}{w_1 - w_3}\begin{vmatrix}0\\0\\1\end{vmatrix} = \begin{vmatrix}1\\0\\\dfrac{a^*}{w_1-w_3}\end{vmatrix}, \quad u_2^{(1)} \propto u_2^{(0)} + \frac{b^*}{w_2 - w_3}\begin{vmatrix}0\\0\\1\end{vmatrix} = \begin{vmatrix}0\\1\\\dfrac{b^*}{w_2-w_3}\end{vmatrix},$$

$$u_3^{(1)} \propto u_3^{(0)} + \frac{a}{w_3 - w_1} \begin{vmatrix} 1 \\ 0 \\ 0 \end{vmatrix} + \frac{b}{w_3 - w_2} \begin{vmatrix} 0 \\ 1 \\ 0 \end{vmatrix} = \begin{vmatrix} \dfrac{a}{w_3 - w_1} \\ \dfrac{b}{w_3 - w_2} \\ 1 \end{vmatrix}.$$

Al *primo ordine perturbativo*, i tre stati sono ortogonali e normalizzati. Le evidenti discrepanze sono del secondo ordine, la cui valutazione corretta implica il calcolo completo al secondo ordine della funzione d'onda.

5.3. Dalla trattazione generale dell'interazione spin-orbita (vedi A.17.3), segue che la correzione al primo ordine dovuta a questo effetto è data da:

$$W_{n,\ell}^{(1)} = \frac{1}{2} \left[j(j+1) - \ell(\ell+1) - 3/4 \right] \xi(n,\ell),$$

con

$$\xi(n,\ell) = \frac{\hbar^2}{2\mu^2 c^2} \int_0^\infty dr \, |y_{n\ell}(r)|^2 \frac{1}{r} \frac{dV(r)}{dr},$$

e $V(r)$ potenziale di interazione. Nel caso particolare del livello $2p$ dell'atomo di idrogeno, cioè relativo ai numeri quantici $n = 2$ e $\ell = 1$, l'autovalore dell'energia si separa in due livelli a seconda del valore di j totale, $j = \frac{1}{2}$ oppure $j = \frac{3}{2}$. La separazione tra di questi è data da:

$$\Delta W_{2,1}^{(1)} = \frac{1}{2} \left[\frac{3}{2} \frac{5}{2} - \frac{1}{2} \frac{3}{2} \right] \xi(2,1) = \frac{3}{2} \xi(2,1).$$

Per valutare $\xi(2,1)$ nel caso in esame, poniamo:

$$V(r) = -\frac{e^2}{r} \quad , \quad \frac{dV}{dr} = \frac{e^2}{r^2} \quad , \quad y_{2,1}(r) = \left(\frac{1}{r_0} \right)^{5/2} \frac{1}{2\sqrt{6}} r^2 e^{-r/2r_0},$$

essendo r_0 il raggio di Bohr. Quindi, utilizzando il valore dell'integrale gaussiano:

$$\xi(2,1) = \frac{\hbar^2}{2\mu^2 c^2} \left(\frac{1}{r_0} \right)^5 \frac{e^2}{24} \int_0^\infty dr \, r e^{-r/r_0} = \frac{\hbar^2 e^2}{48\mu^2 c^2 r_0^3}.$$

Raccogliendo i risultati precedenti, introducendo la definizione del raggio di Bohr e il valore dell'energia del livello imperturbato $W_2^{(0)}$, otteniamo il rapporto richiesto:

$$r_0 = \frac{\hbar^2}{e^2 \mu} \, , \quad W_2^{(0)} = -\frac{1}{4} \frac{e^2}{2r_0} = -\frac{1}{4} \frac{e^4 \mu}{2\hbar^2} \quad \Longrightarrow \quad \frac{\Delta W_{2,1}^{(1)}}{W_2^{(0)}} = -\left(\frac{e^2}{2\hbar c} \right)^2.$$

5.4. All'interno di una distribuzione superficiale di carica la forza è nulla, e quindi il potenziale costante; per continuità con l'esterno:

$$V(r) = \begin{cases} -Ze^2/\delta & r < \delta \\ -Ze^2/r & r > \delta, \end{cases}$$

e dunque l'Hamiltoniana può essere espressa come:

$$H = H_0 + H' \quad , \quad H_0 = \frac{\bar{P}^2}{2\mu} - \frac{Ze^2}{r} \quad , \quad H' = \left(\frac{Ze^2}{r} - \frac{Ze^2}{\delta}\right)\theta(\delta - r).$$

Per ipotesi $\delta \ll r_0$, e quindi la correzione è piccola perché diversa da zero solo in un raggio molto più piccolo del raggio di Bohr, dove le funzioni d'onda sono a loro volta sensibilmente diverse da zero. Possiamo allora applicare la teoria delle perturbazioni, in particolare quella per stati non degeneri, quale appunto lo stato fondamentale. Pertanto:

$$W_1^{(1)} = (\psi_0, H'\psi_0) = 4\frac{Z^3}{r_0^3}\int_0^\delta dr\, r^2 \exp[-2Zr/r_0]\left(\frac{Ze^2}{r} - \frac{Ze^2}{\delta}\right).$$

Poiché l'integrazione è limitata a $0 < r < \delta$ e $\delta \ll r_0$, possiamo approssimare l'esponenziale con il solo primo termine dello sviluppo:

$$W_1^{(1)} = 4\frac{e^2 Z^4}{r_0^3}\int_0^\delta dr\left(r - \frac{r^2}{\delta}\right) = \frac{2}{3}\frac{e^2 Z^4}{r_0^3}\delta^2.$$

Essendo $W_n^{(0)} = -Z^2 e^2/2r_0 n^2$, otteniamo infine:

$$\left|\frac{W_1^{(1)}}{W_1^{(0)} - W_2^{(0)}}\right| = \frac{\delta^2}{r_0^2}Z^2 \approx 6.33 \cdot 10^{-10},$$

con $Z = 1$ e $r_0 \approx 0.53 \cdot 10^{-8}cm$. Dunque, l'approssimazione è valida.

5.5. i) Gli autovalori esatti di H si ricavano annullando il determinante:

$$\det|H - W| = (w + W)[(w - W)(3w + W) + 2\chi^2] = 0 \implies$$

$$\implies \begin{cases} W_1 = -w + \sqrt{4w^2 + 2\chi^2} \approx w + \dfrac{\chi^2}{2w} \\[2mm] W_2 = -w \\[2mm] W_3 = -w - \sqrt{4w^2 + 2\chi^2} \approx -3w - \dfrac{\chi^2}{2w} \end{cases}$$

dove abbiamo numerato gli autovalori per ovvia convenienza, e ne abbiamo anche valutato lo sviluppo in serie sino al secondo ordine in χ per confrontarli con il calcolo perturbativo. Per procedere in questa direzione, poniamo $H = H_0 + H'$, con:

$$H_0 = \begin{vmatrix} w & 0 & 0 \\ 0 & -w & 0 \\ 0 & 0 & -3w \end{vmatrix} \qquad H' = \chi \begin{vmatrix} 0 & -i & 0 \\ i & 0 & i \\ 0 & -i & 0 \end{vmatrix}.$$

Gli autovalori imperturbati sono evidentemente $w, -w, -3w$, con autovettori dati dalla base ordinaria, le correzioni al primo ordine sono nulle, mentre al secondo ordine sono date da:

$$W_n^{(2)} = \sum_{k \neq n} \frac{\left| \langle W_n^{(0)} | H' | W_k^{(0)} \rangle \right|^2}{W_n^{(0)} - W_k^{(0)}}.$$

Sostituendo le grandezze imperturbate, si ottiene:

$$W_1^{(2)} = \frac{\chi^2}{2w}, \quad W_2^{(2)} = 0, \quad W_3^{(2)} = -\frac{\chi^2}{2w}.$$

Abbiamo cioè controllato che la teoria delle perturbazioni al secondo ordine fornisce il corretto sviluppo degli autovalori esatti nella medesima approssimazione.

ii) L'Hamiltoniana è una costante del moto per cui le probabilità possono essere calcolate al tempo $t = 0$. Gli autovettori di A e di H con autovalori 1 e $-w$, sono dati da:

$$| 1 \rangle_A = \frac{1}{\sqrt{2}} \begin{vmatrix} 1 \\ 0 \\ -1 \end{vmatrix}, \quad | -w \rangle_H = \left(4w^2 + 2\chi^2 \right)^{-1/2} \begin{vmatrix} i\chi \\ 2w \\ -i\chi \end{vmatrix},$$

e dunque la probabilità richiesta è data da:

$$P_{-w} = \left| {}_H \langle -w | 1 \rangle_A \right|^2 = \frac{\chi^2}{2w^2 + \chi^2}.$$

5.6. i) Consideriamo anzitutto l'Hamiltoniana *imperturbata*:

$$H_0 = \hat{a}^\dagger \hat{a} + \hat{a}^{\dagger 2} \hat{a}^2 = \hat{a}^\dagger \hat{a} + \hat{a}^\dagger (\hat{a}\hat{a}^\dagger + [\hat{a}^\dagger, \hat{a}])\hat{a} = \hat{a}^\dagger \hat{a} + \hat{a}^\dagger \hat{a} \hat{a}^\dagger \hat{a} - \hat{a}^\dagger \hat{a} = \hat{N}^2,$$

dunque, con le stesse autofunzioni di $\hat{N}$:

$$H_0 | n \rangle = n^2 | n \rangle.$$

Gli autovalori sono non-degeneri, e pertanto le correzioni al primo ordine sono:

$$W_n^{(1)} = \lambda \langle n | \hat{a}^{\dagger 2} \hat{a} + \hat{a}^\dagger \hat{a}^2 | n \rangle = 0,$$

come si ottiene facilmente osservando che i singoli addendi contengono un numero differente di creatori e distruttori. Al secondo ordine invece:

$$W_n^{(2)} = \lambda^2 \sum_{m \neq n} \frac{|\langle n | \hat{a}^{\dagger 2} \hat{a} + \hat{a}^\dagger \hat{a}^2 | m \rangle|^2}{n^2 - m^2} = \lambda^2 \sum_{m \neq n} \frac{|\langle n | \hat{a}^\dagger \widehat{N} + \widehat{N} \hat{a} | m \rangle|^2}{n^2 - m^2} =$$

$$= \lambda^2 \frac{[(n-1)\sqrt{n}]^2}{n^2 - (n-1)^2} + \lambda^2 \frac{[n\sqrt{n+1}]^2}{n^2 - (n+1)^2} = \lambda^2 \frac{4n^3 - n^2 - n}{1 - 4n^2}.$$

ii) Nel caso particolare di $\lambda = 1$, l'Hamiltoniana totale diventa:

$$H = \hat{a}^\dagger \hat{a} + \hat{a}^{\dagger 2} \hat{a} + \hat{a}^{\dagger 2} \hat{a}^2 + \hat{a}^\dagger \hat{a}^2 = (\hat{a}^\dagger + \hat{a}^{\dagger 2})(\hat{a} + \hat{a}^2) = \widehat{T}^\dagger \widehat{T},$$

e cerchiamo per questa lo stato fondamentale $| \oslash \rangle$, cioè quello con autovalore minimo, uguale a zero essendo H operatore non negativo:

$$H | \oslash \rangle = \widehat{T}^\dagger \widehat{T} | \oslash \rangle = 0 \implies \widehat{T} | \oslash \rangle = 0.$$

La seconda equazione si può in riscrivere in due modi differenti:

$$\begin{cases} (1 + \hat{a})\hat{a} | \oslash \rangle = 0 \implies \hat{a} | \oslash \rangle = 0 \\ \hat{a}(1 + \hat{a}) | \oslash \rangle = 0 \implies (1 + \hat{a}) | \oslash \rangle = 0, \end{cases}$$

e le due equazioni ammettono come soluzioni:

$$\begin{cases} | \oslash \rangle_1 = | 0 \rangle \\ | \oslash \rangle_2 = | \alpha = -1 \rangle_{\hat{a}} = \dfrac{1}{\sqrt{e}} \displaystyle\sum_{n=1}^\infty \frac{(-1)^n}{\sqrt{n!}} \sqrt{n} \, | n-1 \rangle. \end{cases}$$

Dunque, l'autovalore zero è degenere due volte, con autofunzioni date dallo stato fondamentale dell'oscillatore e dallo stato coerente di autovalore $\alpha = -1$, vedi 3.1.

5.7. i) Problema analogo al 5.4. In un punto r di una distribuzione omogenea di carica la forza è data solo dalla carica interna al punto. Integrando la forza si ottiene il potenziale in r, cui va imposta la continuità con l'esterno:

$$F(r < r_p) = -e^2 \left(\frac{r}{r_p} \right)^3 \frac{1}{r^2} e_r \implies V(r) = \begin{cases} \dfrac{e^2}{2 r_p} \left[\left(\dfrac{r}{r_p} \right)^2 - 3 \right] & r < r_p \\ \\ -e^2 / r & r > r_p, \end{cases}$$

essendo e_r il versore radiale. Da qui si ricava l'Hamiltoniana di perturbazione:

$$H' = \frac{e^2}{2 r_p} \left[\left(\frac{r}{r_p} \right)^2 - 3 + 2 \frac{r_p}{r} \right] \theta(r_p - r).$$

Poiché $r_p \ll r_0$, come in 5.4 possiamo applicare la teoria delle perturbazioni. Lo stato $2p$ è degenere, ma la perturbazione dipende solo da r e quindi è diagonale nel sottospazio di degenerazione, ovvero sono nulli i valori di aspettazione tra ℓ ed m diversi. Le correzioni sono pertanto date da:

$$\begin{cases} W_{1s}^{(1)} = (\psi_{100}, H'\psi_{100}), & \psi_{100} = 2r_0^{-3/2}e^{-r/r_0}Y_{00} \\ W_{2p}^{(1)} = (\psi_{21m}, H'\psi_{21m}), & \psi_{21m} = (2\sqrt{6})^{-1/2}r_0^{-3/2}r/r_0 e^{-r/2r_0}Y_{1m}. \end{cases}$$

Poiché $r \leq r_p \ll r_0$, gli esponenziali possono essere approssimati a 1, e così si ottiene:

$$\begin{cases} W_{1s}^{(1)} \approx 2e^2 r_p^2/5r_0^3 \\ W_{2p}^{(1)} \approx e^2 r_p^4/1120 r_0^5 \end{cases}$$

queste correzioni vanno infine confrontate con la distanza tra gli autovalori più vicini:

$$\begin{cases} W_{1s}^{(1)}/(W_1^{(0)} - W_2^{(0)}) = 16/15\,(r_p/r_0)^2 \approx 10^{-10} \\ W_{2p}^{(1)}/(W_2^{(0)} - W_3^{(0)}) = (72/5)/1120\,(r_p/r_0)^4 \approx 10^{-22}. \end{cases}$$

ii) Poiché r_0 è inversamente proporzionale alla massa, se il μ^- sostituisce l'elettrone il primo numero va moltiplicato per 210^2, il secondo per 210^4.

5.8. Le autofunzioni imperturbate sono quelle della buca infinita e cioè:

$$u_n^{(0)} = \begin{cases} \sqrt{1/a}\cos n\pi x/2a & n \text{ dispari} \\ \sqrt{1/a}\sin n\pi x/2a & n \text{ pari.} \end{cases}$$

Possiamo applicare la teoria delle perturbazioni per livelli non degeneri, per cui:

n dispari
$$W_{n(d)}^{(1)} = V_0 \int_{-a}^{a} dx \frac{1}{a}\cos\frac{\pi x}{2a}\cos^2\frac{n\pi x}{2a} =$$
$$= \frac{V_0}{a}\int_{-a}^{a} dx \cos\frac{\pi x}{2a}\left[\frac{1}{2} + \frac{1}{2}\cos\frac{n\pi x}{a}\right] = \frac{2V_0}{\pi}\left[1 + \frac{1}{4n^2 - 1}\right].$$

n pari
$$W_{n(p)}^{(1)} = V_0\int_{-a}^{a} dx \frac{1}{a}\cos\frac{\pi x}{2a}\left[1 - \cos^2\frac{n\pi x}{2a}\right] = \frac{2V_0}{\pi}\left[1 - \frac{1}{4n^2 - 1}\right].$$

Dunque:

$$W_1^{(1)} = \frac{8}{3}\frac{V_0}{\pi}, \quad W_2^{(1)} = \frac{28}{15}\frac{V_0}{\pi}, \quad W_3^{(1)} = \frac{72}{35}\frac{V_0}{\pi}, \quad W_4^{(1)} = \frac{124}{63}\frac{V_0}{\pi}.$$

5.9. Le soluzioni imperturbate sono valutate nel Problema 2.4, e sono date da:

$$\psi_n = \frac{1}{\sqrt{2\pi}}\, e^{in\varphi}\,, \quad W_n = \frac{\hbar^2}{2\mu\bar\rho^2}n^2 \quad n = 0, \pm 1, \pm 2, \ldots.$$

Lo stato fondamentale è non degenere, mentre sono degeneri di ordine 2 gli stati eccitati con $|n| \geq 1$. Gli elementi di matrice del potenziale sono dati da:

$$V_{n,m} = \int_0^{2\pi} d\varphi\, \frac{e^{-in\varphi}}{\sqrt{2\pi}} V_0 \cos 2\varphi\, \frac{e^{im\varphi}}{\sqrt{2\pi}} = \frac{V_0}{4\pi} \int_0^{2\pi} d\varphi\, e^{i(m-n)\varphi}(e^{i2\varphi} + e^{-i2\varphi}).$$

Data l'ortonormalità degli esponenziali:

$$V_{n,m} = \frac{V_0}{2}\left[\delta_{n,m+2} + \delta_{n,m-2}\right].$$

Lo stato fondamentale, non degenere con $n = 0$, non viene quindi corretto al primo ordine. Per quanto riguarda gli stati eccitati, dobbiamo diagonalizzare la matrice della perturbazione nel sottospazio di degenerazione individuato dagli stati $\pm n$. Per quanto visto prima, gli unici elementi di matrice diversi da zero sono quelli con $n - (-n) = \pm 2$, e quindi solo quelli con $n = \pm 1$. Dobbiamo allora diagonalizzare la matrice $V_{n,m}$ per i soli valori $n = m = \pm 1$:

$$\begin{vmatrix} V_{1,1} - W & V_{1,-1} \\ V_{-1,1} & V_{-1,-1} - W \end{vmatrix} = \begin{vmatrix} -W & V_0/2 \\ V_0/2 & -W \end{vmatrix} = 0 \quad \Longrightarrow \quad W_1^{(1,\pm)} = \pm \frac{V_0}{2}.$$

Dunque, al primo ordine viene corretto solo l'autovalore con $n^2 = 1$, e si risolve la degenerazione, mentre rimangono inalterati tutti gli altri, con $n = 0$ e con $|n| > 1$.

Per quanto riguarda invece le correzioni al secondo ordine allo stato fondamentale, applichiamo la formula generale:

$$W_n^{(2)} = \sum_{s \neq n} \frac{V_{n,s} V_{s,n}}{W_n^{(0)} - W_s^{(0)}},$$

che nel caso specifico porta ai valori:

$$W_0^{(2)} = \frac{V_{0,2} V_{2,0}}{W_0^{(0)} - W_2^{(0)}} + \frac{V_{0,-2} V_{-2,0}}{W_0^{(0)} - W_2^{(0)}} = -\mu\bar\rho^2 \frac{V_0^2}{4\hbar^2}.$$

5.10. Per un sistema interagente tramite il potenziale armonico, i livelli energetici (non degeneri) sono dati da $W_n^{(0)} = \hbar\omega(n + 1/2)$, per cui:

$$\Delta_1^{(0)} = W_1^{(0)} - W_0^{(0)} = \hbar\omega \quad, \quad \Delta_2^{(0)} = W_2^{(0)} - W_0^{(0)} = 2\hbar\omega \quad, \quad \Delta_2^{(0)}/\Delta_1^{(0)} = 2 \approx 1.96.$$

Se introduciamo una perturbazione anarmonica $H' = ax^3 + bx^4$, le correzioni al primo ordine perturbativo sono date da:

$$W_n^{(1)} = (\psi_n, H'\psi_n) = \int_{-\infty}^{\infty} dx\, \psi_n^*(x)(ax^3 + bx^4)\psi_n(x).$$

Poiché le autofunzioni dell'oscillatore armonico sono pari o dispari, $|\psi_n|^2$ è sempre pari e il termine in x^3 dà contributo nullo. Pertanto:

$$W_n^{(1)} = b\int_{-\infty}^{\infty} dx\, \psi_n^*(x)\, x^4\, \psi_n(x), \quad \psi_n(x) = N_n e^{-\xi^2/2} H_n(\xi) \quad \text{con} \quad \xi = \sqrt{\frac{\mu\omega}{\hbar}}\, x.$$

Per valutare l'integrale utilizziamo le formule di ricorrenza per i polinomi di Hermite:

$$\xi H_n(\xi) = \frac{1}{2} H_{n+1}(\xi) + n H_{n-1}(\xi),$$

da cui:

$$\xi^4 H_n(\xi) = \frac{1}{16} H_{n+4}(\xi) + \frac{1}{2}\left(n + \frac{3}{2}\right) H_{n+2}(\xi) + \frac{3}{2}\left(n^2 + n + \frac{1}{2}\right) H_n(\xi) +$$

$$+ n(n-1)(2n-1) H_{n-2}(\xi) + n(n-1)(n-2)(n-3) H_{n-4}(\xi).$$

Per l'ortonormalità delle ψ_n, si ha contributo solo dal termine con H_n e, tenendo conto delle relazioni tra x e ξ e che $K = \mu\omega^2$, otteniamo infine:

$$W_n^{(1)} = b\left(\frac{\hbar}{\mu\omega}\right)^2 \int_{-\infty}^{\infty} dx\, \psi_n^*(x)\left[\ldots + \frac{3}{2}\left(n^2 + n + \frac{1}{2}\right) + \ldots\right]\psi_n(x) =$$

$$= \frac{3}{2} b \frac{\hbar^2}{\mu K}\left(n^2 + n + \frac{1}{2}\right).$$

I livelli energetici corretti al primo ordine sono dunque:

$$W_0 = \frac{1}{2}\hbar\omega + \frac{3}{4} b \frac{\hbar^2}{\mu K} + \ldots, \quad W_1 = \frac{3}{2}\hbar\omega + \frac{15}{4} b \frac{\hbar^2}{\mu K} + \ldots, \quad W_2 = \frac{5}{2}\hbar\omega + \frac{39}{4} b \frac{\hbar^2}{\mu K} + \ldots.$$

Da questi possiamo ricavare le differenze Δ_1 e Δ_2:

$$\begin{cases} \Delta_1 = W_1 - W_0 = \hbar\omega + 3b\hbar^2/\mu K + \ldots \\ \Delta_2 = W_2 - W_0 = 2\hbar\omega + 9b\hbar^2/\mu K + \ldots. \end{cases}$$

Risolvendo rispetto a K e b:

$$\begin{cases} K = \dfrac{\mu}{\hbar^2}(3\Delta_1 - \Delta_2)^2 \\[2mm] b = -\dfrac{\mu}{3\hbar^2}(2\Delta_1 - \Delta_2)K. \end{cases}$$

Poiché $3\Delta_1 - \Delta_2 = \Delta_1(3 - \Delta_2/\Delta_1)$, e $2\Delta_1 - \Delta_2 = (3\Delta_1 - \Delta_2) - \Delta_1$, Inserendo il dato sperimentale $\Delta_2/\Delta_1 \approx 1.96$ in queste, e il tutto nelle espressioni precedenti, otteniamo infine:

$$K = \frac{\mu}{\hbar^2}(1.04)^2\Delta_1^2, \quad b = -\frac{\mu^2}{3\hbar^4}0.04(1.04)^2\Delta_1^3.$$

5.11. Il potenziale a delta di Dirac non è un potenziale 'piccolo', ma in realtà quello che occorre considerare sono i suoi valori di aspettazione sulle autofunzioni imperturbate. Vedremo che tali valori sono piccoli se è piccolo il parametro λ. Inoltre, il potenziale a delta introduce nella derivata della funzione d'onda una discontinuità proporzionale a λ, e quindi se λ è 'piccolo', anche la derivata rimane 'quasi continua'.

Affrontiamo il problema cominciando a studiare gli stati imperturbati e le loro degenerazioni.

Una particella libera in una scatola cubica di lato $2a$ può essere descritta dal prodotto della funzione di spin e di tre autofunzioni spaziali monodimensionali che si annullano agli estremi (vedi 1.1). Gli autovalori sono dati dalla somma dei tre autovalori relativi e sono:

$$W_{n_1,n_2,n_3} = \eta\left[n_1^2 + n_2^2 + n_3^2\right], \eta = \frac{\hbar^2\pi^2}{8\mu a^2}.$$

Nel caso di due particelle libere, le autofunzioni totali si possono fattorizzare in una funzione spaziale e in una di puro spin. Se le particelle sono fermioni identici di spin $1/2$, allora la funzione d'onda totale deve essere antisimmetrica e questo è ottenibile dal prodotto di funzioni spaziali pari per funzioni di spin dispari, o viceversa. Ovvero:

$$\psi^{tot}(\mathbf{x}_1, \mathbf{x}_2; \sigma_1, \sigma_2) = \frac{1}{\sqrt{2}}\left[\varphi_+(\mathbf{x}_1, \mathbf{x}_2)\chi_-(\sigma_1, \sigma_2) + \varphi_-(\mathbf{x}_1, \mathbf{x}_2)\chi_+(\sigma_1, \sigma_2)\right],$$

dove il $\pm$ si riferisce alla parità per scambio di particella. In particolare, le funzioni di spin antisimmetrica e simmetrica sono a spin totale zero e uno, rispettivamente. Per l'assenza di interazione, le funzioni spaziali possono essere fattorizzate con le funzioni a una particella, ottenendo da queste la parità voluta con una simmetrizzazione ($+$ o $-$), cioè:

$$\varphi_\pm(\mathbf{x}_1, \mathbf{x}_2) = \frac{1}{\sqrt{2}}\left[u_{\nu_1}(\mathbf{x}_1)u_{\nu_2}(\mathbf{x}_2) \pm u_{\nu_1}(\mathbf{x}_2)u_{\nu_2}(\mathbf{x}_1)\right],$$

dove abbiamo indicato con $\nu_i = \{n_1^{(i)}, n_2^{(i)}, n_3^{(i)}\}$ l'insieme dei numeri quantici necessari a individuare le autofunzioni di particella singola. Entrambe le autofunzioni $\varphi_\pm$ sono relative all'autovalore (imperturbato):

$$W_{\nu_1,\nu_2}^{(0)} = W_{\nu_1} + W_{\nu_2}.$$

Esaminiamo ora i due casi particolari richiesti, lo stato fondamentale e il primo stato eccitato. Il primo è relativo all'autovalore:

$$W_0^{(0)} = W_{1,1,1} + W_{1,1,1} = 6\eta,$$

con funzione d'onda spaziale simmetrica e dunque quella di spin antisimmetrica e cioè a spin totale zero:

$$\psi_0^{(0)} = u_1(\mathbf{x}_1)u_1(\mathbf{x}_2)\,\chi_{\sigma^{tot}=0}.$$

Lo stato fondamentale non è dunque degenere.

Il primo stato eccitato ha come autovalore:

$$W_1^{(0)} = W_{1,1,1} + W_{2,1,1} = 9\eta,$$

ed è degenere per diverse ragioni. Anzitutto perché è degenere tre volte l'autovalore $W_{2,1,1}$. È poi degenere a causa dei due stati possibili $\varphi_+\chi_-$ e $\varphi_-\chi_+$ e altre tre volte per le tre componenti dello spin 1 in χ_+. In totale: $d_1 = 3_{(\varphi_+\chi_-)} + 9_{(\varphi_-\chi_+)} = 12$.

Con l'introduzione della perturbazione $V = \lambda\delta(\mathbf{x}_1 - \mathbf{x}_2)$, il primo autovalore, non degenere, si modifica. Infatti:

$$W_0^{(1)} = \lambda \int d\mathbf{x}_1 d\mathbf{x}_2\,\psi_0^{(0)*}\delta(\mathbf{x}_1 - \mathbf{x}_2)\psi_0^{(0)} =$$

$$= \lambda \int d\mathbf{x}_1 d\mathbf{x}_2 u_1^*(\mathbf{x}_1)u_1^*(\mathbf{x}_2)\delta(\mathbf{x}_1 - \mathbf{x}_2)u_1(\mathbf{x}_1)u_1(\mathbf{x}_2) = \lambda \int d\mathbf{x}(|u_1(\mathbf{x})|^2)^2.$$

Per quanto riguarda il secondo autovalore, si deve applicare la teoria delle perturbazioni dei livelli degeneri, calcolando tutti gli elementi di matrice della perturbazione sugli stati imperturbati. Notiamo anzitutto che la prima degenerazione, quella del livello $W_{2,1,1}$ di una particella, non viene influenzato dalla nostra perturbazione. Infatti, dopo aver integrato sulla delta, rimane un singolo integrale (triplo) su funzioni del tipo (e ciclici):

$$\begin{cases} u_{111}^*(\mathbf{x})u_{211}^*(\mathbf{x})u_{111}(\mathbf{x})u_{211}(\mathbf{x}) = u_1^2(x)u_2^2(x)u_1^4(y)u_1^4(z) \\ u_{111}^*(\mathbf{x})u_{211}^*(\mathbf{x})u_{111}(\mathbf{x})u_{121}(\mathbf{x}) = u_1^3(x)u_2(x)u_1^3(y)u_2(y)u_1^4(z), \end{cases}$$

dove abbiamo tenuto conto che tutte le autofunzioni sono reali. Ma le u_1 e u_2 di particella singola monodimensionale sono pari e dispari, rispettivamente, perché coseni e seni. Pertanto, l'integrale dei secondi è nullo perché contenente un solo u_2 in una o l'altra variabile, e quello dei primi è indipendente dalla posizione dell'indice 2.

Inoltre, poiché la perturbazione non dipende dallo spin, per ortonormalità delle autofunzioni $\chi_\pm$, sono diversi da zero solo gli elementi di matrice tra le φ_+ o le φ_- tra di loro:

$$\int d\mathbf{x}_1 d\mathbf{x}_2\,\varphi_\pm(\mathbf{x}_1,\mathbf{x}_2)\delta(\mathbf{x}_1 - \mathbf{x}_2)\varphi_\pm(\mathbf{x}_1,\mathbf{x}_2).$$

Questo elemento di matrice è uguale a zero per funzioni spaziali antisimmetriche (a spin uno), dato che si annullano per $\mathbf{x}_1 = \mathbf{x}_2$. Quelle simmetriche (a spin zero) danno invece contributo diverso da zero, e quindi si risolve la degenerazione tra le $\varphi_+\chi_-$ e le $\varphi_-\chi_+$.

5.12. Consideriamo lo sviluppo in serie del potenziale per valori di $(x - x_0)$ piccoli, cioè:

$$V \approx -V_0 + \frac{V_0}{a^2}(x - x_0)^2,$$

a cui corrispondono gli autovalori dell'oscillatore armonico, ossia:

$$W_n = -V_0 + \hbar\omega(n + 1/2) = -V_0\left[1 - \frac{\hbar}{a}\sqrt{2/\mu V_0}(n + 1/2)\right].$$

Per l'affidabilità dell'approssimazione, dovremmo calcolare (perturbativamente) il contributo successivo diverso da zero, al quarto ordine in $(x - x_0)/a$. Più semplicemente, confrontiamo i primi due contributi già valutati e concludere che l'approssimazione è ragionevole per:

$$n \ll \frac{a}{\hbar}\sqrt{\mu V_0} \approx 200.$$

In realtà il potenziale di Morse è risolto esattamente nel Problema 1.21, con autovalori:

$$W_n = -V_0\left[1 - \frac{\hbar}{a}\frac{1}{\sqrt{2\mu V_0}}(n + 1/2)\right]^2 =$$

$$= -V_0\left[1 - \frac{\hbar}{a}\sqrt{\frac{2}{\mu V_0}}(n + 1/2) + \frac{\hbar^2}{a^2}\frac{1}{2\mu V_0}(n + 1/2)^2\right].$$

I primi due addendi sono uguali a quelli già valutati sopra, ma ora possiamo confrontare con quello successivo, ottenendo che il secondo è sufficiente se:

$$n \ll \frac{a}{\hbar}\sqrt{\mu V_0},$$

confermando i valori precedenti.

Notare che, se avessimo proseguito nello sviluppo del potenziale, i contributi sarebbero stati di ordine superiore in $1/a$ e quindi nell'unico parametro adimensionale $\hbar/a\sqrt{1/\mu V_0}$. Dunque, quanto trovato sviluppando il potenziale, rappresenta il valore esatto al primo ordine in questo parametro, come confermato dal valore esatto complessivo.

5.13. Posto:

$$H_0 = \begin{vmatrix} 0 & -i & 0 \\ i & 0 & -i \\ 0 & i & 0 \end{vmatrix} \qquad H' = \varepsilon\begin{vmatrix} 1 & 2 & -1 \\ 2 & 0 & 0 \\ -1 & 0 & 0 \end{vmatrix},$$

gli autovalori e gli autovettori di H_0 si ricavano nel modo usuale, oppure notando che l'operatore è proporzionale alla componente x dell'operatore di spin in tre dimensioni:

$$W^{(0)} = 0, \pm\sqrt{2}, \quad \psi^{(0)}_{\pm\sqrt{2}} = \frac{1}{2} \begin{vmatrix} 1 \\ \pm i\sqrt{2} \\ -1 \end{vmatrix}, \quad \psi^{(0)}_0 = \frac{1}{\sqrt{2}} \begin{vmatrix} 1 \\ 0 \\ 1 \end{vmatrix}.$$

I livelli non sono degeneri per cui le correzioni sono date da:

$$W^{(1)}_0 = \langle 0|H'|0 \rangle = -\frac{\varepsilon}{2}, \quad W^{(1)}_{\pm\sqrt{2}} = \langle \pm\sqrt{2}|H'|\pm\sqrt{2} \rangle = \frac{3}{4}\varepsilon.$$

5.14. L'Hamiltoniana può essere espressa nella forma:

$$H = H_0 + H', \quad H_0 = -g\mu_B B_0 \frac{1}{2}\sigma_z, \quad H' = -g\mu_B B_1 \frac{1}{2}\sigma_x, \quad \mu_B = \frac{e_0\hbar}{2\mu c},$$

con μ_B magnetone di Bohr e g rapporto giromagnetico della particella. Poiché $B_1 \ll B_0$, per ipotesi, possiamo trattare il problema perturbativamente a partire dalle autofunzioni e dagli autovalori non degeneri di H_0:

$$|\pm\rangle \quad, \quad W^{(0)}_\pm = \mp\frac{g\mu_B}{2}B_0.$$

Al primo ordine perturbativo:

$$W^{(1)}_\pm = \langle \pm| -g\mu_B B_1 \frac{1}{2}\sigma_x|\pm \rangle = 0.$$

Al secondo ordine:

$$W^{(2)}_+ = \frac{|\langle +|-g\mu_B B_1/2\sigma_x|- \rangle|^2}{W^{(0)}_{1/2} - W^{(0)}_{-1/2}} = \frac{|\langle +|-g\mu_B B_1/2\sigma_+|- \rangle|^2}{-2B_0 g\mu_B/2} = -\frac{g\mu_B B_1^2}{4B_0},$$

mentre:

$$W^{(2)}_- = \frac{g\mu_B B_1^2}{4B_0},$$

in quanto l'unica differenza rispetto all'altro caso è il segno del denominatore.

5.15. Le autofunzioni della particella libera nel segmento $[0,a]$ con condizioni periodiche al contorno sono date da:

$$\psi^{(0)}_n = \frac{1}{\sqrt{a}}e^{ik_n x}, \quad k_n = \frac{2\pi}{a}n, \quad n = 0, \pm 1, \pm 2, \dots$$

con autovalori:

$$W_n^{(0)} = \frac{2\pi^2 \hbar^2}{\mu a^2} n^2.$$

Tutti i livelli con $n^2 \geq 1$ sono degeneri due volte, e quindi dobbiamo diagonalizzare la perturbazione nel sottospazio bidimensionale di degenerazione:

$$V_{--} = V_{++} = \frac{V_0}{a} \int_0^a dx\, e^{-\lambda x} = \frac{V_0}{a} \frac{1}{\lambda}\left[1 - e^{-\lambda a}\right],$$

$$V_{+-} = V_{-+}^* = \frac{V_0}{a} \int_0^a dx\, e^{-\lambda x} e^{-i2k_n x} = \frac{V_0}{a} \frac{1}{\lambda + 2ik_n}\left[1 - e^{-\lambda a} e^{-i2k_n a}\right].$$

Nel caso richiesto con $a\lambda \gg 1$ i termini esponenziali possono essere messi a zero, e quindi la diagonalizzazione della matrice si ottiene risolvendo l'equazione:

$$\det \begin{vmatrix} V_{++} - W & V_{+-} \\ V_{-+} & V_{--} - W \end{vmatrix} = \left(\frac{V_0}{a\lambda} - W\right)^2 - \left(\frac{V_0}{a}\right)^2 \frac{1}{\lambda^2 + 4k_n^2} = 0,$$

da cui si ricavano infine le correzioni al primo stato eccitato, quello relativo a k_1:

$$W_1^{(1)} = \frac{V_0}{a\lambda} \left(1 \pm \frac{1}{\sqrt{1 + 16\pi^2/a^2\lambda^2}}\right).$$

5.16. A causa del campo elettrico generato dal dipolo elettrico $\boldsymbol{\varepsilon}$ del nucleo, l'elettrone acquista una energia supplementare pari a:

$$V = -e_0 \frac{\boldsymbol{\varepsilon} \cdot \hat{\mathbf{r}}}{r^2} = -e_0 \frac{\varepsilon \cos\theta}{r^2}$$

con $\hat{\mathbf{r}} = \mathbf{x}/r$ versore, $\mathbf{x}$ vettore posizione dell'elettrone ed r il suo modulo.

Lo stato fondamentale imperturbato è non degenere, per cui le correzioni sono:

$$W_1^{(1)} = \langle\, \psi_{100} \,|\, V \,|\, \psi_{100}\, \rangle \propto \langle\, Y_{00} \,|\cos\theta|\, Y_{00}\, \rangle = 0,$$

dato che $\cos\theta$ è dispari sulla misura $d\cos\theta$ sulla quale si integra.

Il secondo livello invece è degenere 4 volte, e dobbiamo valutare tutti gli elementi di matrice nel sottospazio di degenerazione a $n = 2$ fissato:

$$V_{ij} = \langle\, \psi_{2i} \,|\, V \,|\, \psi_{2j}\, \rangle, \quad \text{con } i/j \leftrightarrow \{l,m\} \equiv 1 \leftrightarrow \{0,0\}, 2 \leftrightarrow \{1,0\}, 3 \leftrightarrow \{1,1\}, 4 \leftrightarrow \{1,-1\}.$$

La matrice è hermitiana, e pertanto gli elementi indipendenti sono i quattro sulla diagonale principale e i sei sopra (o sotto) di essa. I diagonali sono nulli per la presenza, come prima, del termine dispari $\cos\theta$ in V. Gli altri sei sono ($\cos\theta \propto Y_{10}$):

$$\langle Y_{00}|Y_{10}|Y_{10}\rangle, \langle Y_{00}|Y_{10}|Y_{1\pm 1}\rangle, \langle Y_{10}|Y_{10}|Y_{1-1}\rangle, \langle Y_{11}|Y_{10}|Y_{10}\rangle, \langle Y_{11}|Y_{10}|Y_{1-1}\rangle.$$

Per conservazione della terza componente del momento angolare, sono tutti nulli, tranne $\langle\, Y_{00}|Y_{10}|Y_{10}\,\rangle$ che però, come altri, risulta moltiplicato per un integrale radiale nullo:

$$V_{12} = \langle\, \psi_{200}|V|\psi_{210}\,\rangle \propto \int_0^\infty dr\, e^{-r} r\left(1-\frac{1}{2}r\right) = \frac{1}{2}e^{-r}r^2\Big|_0^\infty = 0, \quad r_0 = 1.$$

Tutti i valori di aspettazione sono nulli, e quindi non ci sono correzioni al primo ordine.

5.17. i) L'Hamiltoniana completa si può riscrivere in termini degli operatori

$$\hat{a} = \frac{1}{\sqrt{2\mu\hbar\omega}}(\mu\omega\hat{x}+i\hat{p}), \quad \hat{a}^\dagger = \frac{1}{\sqrt{2\mu\hbar\omega}}(\mu\omega\hat{x}-i\hat{p}).$$

Essa diventa:

$$H = \hbar\omega(\hat{a}^\dagger\hat{a}+\frac{1}{2}) + \lambda\hat{a}^{\dagger 2}\hat{a}^2,$$

con le seguenti dimensioni dei parametri:

$$[\hbar] = [ET],\, [\omega] = [T^{-1}],\, [\lambda] = [E].$$

Vi sono dunque due espressioni con le dimensioni di una energia, ovvero λ e $\hbar\omega$, e una espressione adimensionale, ovvero $\hbar\omega/\lambda$. Pertanto, su basi puramente dimensionali, i livelli energetici saranno esprimibili come:

$$W_n = \hbar\omega F_n(\hbar\omega/\lambda) + \lambda G_n(\hbar\omega/\lambda),$$

con F_n e G_n funzioni arbitrarie dell'unica variabile adimensionale $\hbar\omega/\lambda$.

ii) Con un approccio perturbativo, le correzioni al primo e secondo ordine si possono ottenere valutando gli elementi di matrice:

$$\langle\, 0|\hat{a}^{\dagger 2}\hat{a}^2|0\,\rangle, \quad \langle\, n|\hat{a}^{\dagger 2}\hat{a}^2|0\,\rangle,$$

entrambi nulli, dato che $\hat{a}|0\,\rangle = 0$.

Il problema tuttavia ammette una soluzione esatta. Infatti:

$$\hat{a}^{\dagger 2}\hat{a}^2 = \hat{a}^\dagger\left([\hat{a}^\dagger,\hat{a}]+\hat{a}\hat{a}^\dagger\right)\hat{a} = -\hat{a}^\dagger\hat{a}+(\hat{a}^\dagger\hat{a})^2,$$

diagonale sugli stessi autostati dell'Hamiltoniana imperturbata. Gli autovalori sono dati da:

$$W_n = \hbar\omega(n+1/2) + \lambda(n^2-n).$$

Per lo stato fondamentale con $n=0$, non vi sono correzioni ad alcun ordine.

5.18. La differenza con il 5.16 sta nella perturbazione $\propto 1/r^\alpha$. Utilizziamo le stesse notazioni, indicando solo gli indici all'interno del sottospazio di degenerazione con

$n = 2$. Dobbiamo quindi calcolare nuovamente un solo termine:

$$A \equiv V_{12} = V_{21} = \langle \, \psi_{200} \, | \, V \, | \, \psi_{210} \, \rangle =$$

$$= \frac{\varepsilon}{4\sqrt{3}} \int_0^\infty dr \, e^{-r} \frac{r^3}{r^\alpha} \left(1 - \frac{1}{2} r \right) \cdot \int d\Omega Y_{00}(\theta, \varphi) \cos \theta \, Y_{10}(\theta, \varphi) =$$

$$= \frac{\varepsilon}{4\sqrt{3}} \frac{\alpha - 2}{2} \int_0^\infty dr \, e^{-r} r^{3-\alpha} \cdot \frac{1}{\sqrt{3}} \int d\Omega Y_{10} Y_{10} = \frac{\varepsilon(\alpha - 2)}{24} \Gamma(4 - \alpha) = A,$$

dove abbiamo sfruttato la forma della Gamma di Eulero (A-S 6.1), e il fatto che, per $\alpha \le 2$:

$$\int_0^\infty dr \, e^{-r} r^{4-\alpha} = (4 - \alpha) \int_0^\infty dr \, e^{-r} r^{3-\alpha}.$$

Per $\alpha = 2$ la Gamma è regolare e il suo coefficiente si annulla, ritrovando il risultato del 5.16.

Per $\alpha < 2$ dobbiamo invece risolvere il problema agli autovalori:

$$\det \begin{vmatrix} V_{11} - W & V_{12} & V_{13} & V_{14} \\ V_{21} & V_{22} - W & V_{23} & V_{24} \\ V_{31} & V_{32} & V_{33} - W & V_{34} \\ V_{41} & V_{42} & V_{43} & V_{44} - W \end{vmatrix} = \det \begin{vmatrix} -W & A & 0 & 0 \\ A & -W & 0 & 0 \\ 0 & 0 & -W & 0 \\ 0 & 0 & 0 & -W \end{vmatrix} = 0.$$

Cioè $(W^2 - A^2)W^2 = 0$, e quindi $W_2^{(1)} = 0, \pm A$.

Notiamo che, già come nel 5.16, con l'ordine scelto per gli stati entro lo spazio $n = 2$, la perturbazione $V \propto Y_{10} f(r)$ è diagonale a blocchi, cioè:

$$\langle V \rangle = \begin{vmatrix} \langle \, \psi_{2l0} \, | \, V \, | \, \psi_{2l'0} \, \rangle & 0 \\ 0 & \langle \, \psi_{21m} \, | \, V \, | \, \psi_{21m'} \, \rangle \end{vmatrix} \quad \text{con } \{l, l'\} = 0, 1 \text{ e } \{m, m'\} = \pm 1.$$

Il secondo blocco abbiamo già visto essere sempre nullo, e dunque in questo problema abbiamo di fatto valutato il primo blocco.

5.19. i) Data l'Hamiltoniana:

$$H = \frac{p^2}{2\mu} + \frac{1}{2} \mu \omega^2 x^2 + \lambda_1 x^3 + \lambda_2 x^4,$$

conviene utilizzare come unità di misura le quantità indipendenti $\hbar, \omega, \mu$, e tramite queste esprimere gli altri due parametri:

$$[\lambda_1] = [\hbar^{-1/2}][\omega^{5/2}][\mu^{3/2}], \quad [\lambda_2] = [\hbar^{-1}][\omega^3][\mu^2].$$

In termini delle tre unità scelte, l'energia è esprimibile solo tramite $\hbar\omega$; inoltre, vi sono solo due quantità adimensionali indipendenti, costruite con tutti i cinque parametri:

$$I_1 = \lambda_1 \left(\frac{\hbar}{\mu^3 \omega^5}\right)^{1/2}, \quad I_2 = \lambda_2 \frac{\hbar}{\mu^2 \omega^3} \implies W_n = \hbar \omega F_n(I_1, I_2),$$

con F_n funzione arbitraria. Ogni altra combinazione:

$$\lambda_1^\alpha \lambda_2^\beta \hbar^\gamma \omega^\delta \mu^\varepsilon = I_1^\alpha I_2^\beta \hbar^{\gamma'} \omega^{\delta'} \mu^{\varepsilon'},$$

per essere adimensionale deve avere $\gamma' = \delta' = \varepsilon' = 0$.

ii) Per il calcolo perturbativo, conviene passare agli usuali operatori di creazione e distruzione:

$$H_0 = \hbar \omega \left(\hat{a}^\dagger \hat{a} + \frac{1}{2}\right), \quad V = \lambda_1 \left(\frac{\hbar}{2\mu\omega}\right)^{3/2} (\hat{a} + \hat{a}^\dagger)^3 + \lambda_2 \left(\frac{\hbar}{2\mu\omega}\right)^2 (\hat{a} + \hat{a}^\dagger)^4.$$

Gli stati imperturbati sono non degeneri, per cui le correzioni al primo ordine sono date dai valori di aspettazione $\langle n|V|n\rangle$. Elementi di matrice diversi da zero sono solo quelli dei termini con tanti distruttori $\hat{a}$ quanti creatori $\hat{a}^\dagger$, e quindi delle solo potenze pari di $\hat{x}$. Il termine cubico pertanto non contribuisce, mentre quello quartico ha valore di aspettazione diverso da zero grazie ai termini con due $\hat{a}$ e due $\hat{a}^\dagger$, e cioè:

$$\langle n|\hat{a}^2\hat{a}^{\dagger 2} + \hat{a}\hat{a}^\dagger\hat{a}\hat{a}^\dagger + \hat{a}\hat{a}^{\dagger 2}\hat{a} + \hat{a}^\dagger\hat{a}\hat{a}^\dagger\hat{a} + \hat{a}^\dagger\hat{a}^2\hat{a}^\dagger + \hat{a}^{\dagger 2}\hat{a}^2|n\rangle =$$

$$= \langle n|6\hat{a}^\dagger\hat{a}\hat{a}^\dagger\hat{a} + 6\hat{a}^\dagger\hat{a} + 3|n\rangle = 6n^2 + 6n + 3,$$

dove abbiamo utilizzato la regola di commutazione $[\hat{a}, \hat{a}^\dagger] = 1$.

In conclusione, le correzioni al primo ordine sono date da:

$$W_n^{(1)} = \lambda_2 \left(\frac{\hbar}{2\mu\omega}\right)^2 (6n^2 + 6n + 3).$$

Si può procedere anche utilizzando la forma esplicita delle autofunzioni dell'oscillatore armonico nella rappresentazione delle x, ovvero i polinomi di Hermite. In tal caso il termine cubico del potenziale non dà contributo, per parità. Dobbiamo dunque valutare:

$$\langle u_n|V|u_n\rangle = \lambda_2 N_n^2 \int_0^\infty dx\, e^{-\xi^2} H_n(\xi) x^4 H_n(\xi) =$$

$$= \lambda_2 N_n^2 \left(\frac{\hbar}{\mu\omega}\right)^2 \int_0^\infty dx\, e^{-\xi^2} H_n(\xi)\xi^4 H_n(\xi) \quad \text{con} \quad \xi = \left(\frac{\mu\omega}{\hbar}\right)^{1/2} x,$$

dove N_n è il fattore di normalizzazione. Possiamo ora utilizzare la regola di ricorrenza tra i polinomi di Hermite:

$$\xi H_n(\xi) = \frac{1}{2} H_{n+1}(\xi) + n H_{n-1}(\xi),$$

iterandola quattro volte:

$$\xi^4 H_n(\xi) = \frac{1}{4}\left\{\frac{1}{4}H_{n+4} + \left(n+2+\frac{1}{2}\right)H_{n+2} + (n+2)(n+1)H_n\right\} +$$

$$+ (n+\frac{1}{2})\left\{\frac{1}{4}H_{n+2} + \left(n+\frac{1}{2}\right)H_n + n(n-1)H_{n-2}\right\} +$$

$$+ n(n-1)\left\{\frac{1}{4}H_n + \left(n-2+\frac{1}{2}\right)H_{n-2} + (n-2)(n-3)H_{n-4}\right\} =$$

$$= ... \frac{1}{4}(6n^2 + 6n + 3)H_n ...$$

L'unico termine che dà contributo diverso da zero nel prodotto scalare è quello proporzionale a $H_n(\xi)$ che, unitamente al fattore comune $\lambda_2(\hbar/\mu\omega)^2$, fornisce per le correzioni lo stesso risultato già trovato per via algebrica.

5.20. Poiché dall'espressione dell'Hamiltoniana possiamo scrivere:

$$\frac{\mathbf{p}^2}{2\mu} = H_0 + \frac{e^2}{r},$$

le correzioni relativistiche allo stato fondamentale dell'atomo di idrogeno vengono valutate facilmente:

$$W_1^{(1)} = \langle u_{100}|\frac{-\mathbf{p}^4}{8\mu^3 c^2}|u_{100}\rangle = -\frac{1}{2\mu c^2}\langle u_{100}|\left(H_0 + \frac{e^2}{r}\right)^2|u_{100}\rangle =$$

$$= -\frac{1}{2\mu c^2}\left[\left(W_1^{(0)}\right)^2 + 2e^2 W_1^{(0)}\langle u_{100}|\frac{1}{r}|u_{100}\rangle + e^4\langle u_{100}|\frac{1}{r^2}|u_{100}\rangle\right].$$

Essendo l'autostato fondamentale imperturbato:

$$u_{100} = \left(\frac{1}{r_0}\right)^{3/2} 2e^{-r/r_0}Y_{00} = \frac{1}{\sqrt{\pi}}\left(\frac{1}{r_0}\right)^{3/2}e^{-r/r_0},$$

i due valori di aspettazione rilevanti sono dati da:

$$\langle u_{100}|\frac{1}{r}|u_{100}\rangle = \frac{4}{r_0^3}\int_0^\infty dr\, r e^{-2r/r_0} = \frac{1}{r_0}, \quad \langle u_{100}|\frac{1}{r^2}|u_{100}\rangle = \frac{4}{r_0^3}\int_0^\infty dr\, e^{-2r/r_0} = \frac{2}{r_0^2},$$

e quindi:

$$W_1^{(1)} = -\frac{1}{2\mu c^2}\left[\left(W_1^{(0)}\right)^2 + 2e^2 W_1^{(0)}\frac{1}{r_0} + e^4\frac{2}{r_0^2}\right].$$

Sostituendo il valore esplicito dell'autovalore imperturbato:

$$W_1^{(0)} = -\frac{e^2}{2r_0},$$

otteniamo infine:

$$W_1^{(1)} = -\frac{5}{8}\frac{1}{\mu c^2}\frac{e^4}{r_0^2}.$$

Per valutare la correzione rispetto al valore imperturbato, utilizziamo l'espressione esplicita del raggio di Bohr $r_0 = \hbar^2/e^2\mu$:

$$\left|\frac{W_1^{(1)}}{W_1^{(0)}}\right| = \frac{5}{4}\frac{e^2}{\mu c^2 r_0} = \frac{5}{4}\left(\frac{e^2}{\hbar c}\right)^2.$$

Poiché:

$$\frac{e^2}{\hbar c} = \alpha \approx \frac{1}{137},$$

possiamo concludere che la correzione è 'piccola'.

5.21. i) Dati i quattro parametri $\{\hbar, \omega, \mu, \lambda\}$, esiste una sola combinazione adimensionale, a meno di sue potenze, e una sola con le dimensioni di un'energia, a meno di prodotti con quella adimensionale o sue potenze. Vedi 5.19. Posto:

$$\chi = \frac{\hbar\lambda}{\mu^2\omega^3}, \quad [\chi] = [cost], \quad [\hbar\omega] = [E].$$

Sulla base puramente dimensionale, l'autovalore dell'energia è dunque esprimibile come:

$$W_n = \hbar\omega\Phi_n(\chi),$$

con Φ_n funzione analitica.

Allo stesso risultato si può anche arrivare passando alla variabile adimensionale:

$$\xi^2 = \frac{\mu\omega}{\hbar}x^2, \quad [\xi] = [cost],$$

e quindi all'Hamiltoniana:

$$H = \hbar\omega\frac{1}{2}\left[-\frac{d^2}{d\xi^2} + \xi^2 + \chi\xi^4\right], \quad \chi \quad \text{come sopra.}$$

Sia ξ che χ sono adimensionali, e riotteniamo il risultato precedente.

ii) Per il secondo punto esprimiamo i valori di aspettazione in termini della funzione $\Phi_n(\chi)$. Per fare ciò sfruttiamo il fatto che data un'Hamiltoniana dipendente analiticamente da un parametro α, e dati i suoi autovettori $\psi_n(\alpha)$ e autovalori $W_n(\alpha)$, vale la proprietà:

$$\frac{\partial W_n(\alpha)}{\partial\alpha} = \left\langle \psi_n(\alpha) \left| \frac{\partial H(\alpha)}{\partial\alpha} \right| \psi_n(\alpha) \right\rangle.$$

Questa proprietà è nota come teorema di Feynman-Helmann, e si dimostra rapidamente:

$$\frac{\partial W_n(\alpha)}{\partial \alpha} = \frac{\partial}{\partial \alpha} \Big\langle \psi_n(\alpha) \, | \, H(\alpha) \, | \, \psi_n(\alpha) \Big\rangle =$$

$$= \Big\langle \frac{\partial \psi_n(\alpha)}{\partial \alpha} \, | \, H(\alpha) \, | \, \psi_n(\alpha) \Big\rangle +$$

$$+ \Big\langle \psi_n(\alpha) \, | \, H(\alpha) \, | \, \frac{\partial \psi_n(\alpha)}{\partial \alpha} \Big\rangle + \Big\langle \psi_n(\alpha) \, | \, \frac{\partial H(\alpha)}{\partial \alpha} \, | \, \psi_n(\alpha) \Big\rangle =$$

$$= W_n(\alpha) \frac{\partial}{\partial \alpha} \Big\langle \psi_n(\alpha) \, | \, \psi_n(\alpha) \Big\rangle + \Big\langle \psi_n(\alpha) \, | \, \frac{\partial H(\alpha)}{\partial \alpha} \, | \, \psi_n(\alpha) \Big\rangle =$$

$$= \Big\langle \psi_n(\alpha) \, | \, \frac{\partial H(\alpha)}{\partial \alpha} \, | \, \psi_n(\alpha) \Big\rangle,$$

dove si è tenuto conto che H è autoaggiunta, W_n reali e $||\psi_n|| = 1$.

Applichiamo ora questa proprietà alla nostra Hamiltoniana:

$$\langle n \, | \, x^2 \, | \, n \rangle = \frac{2}{\mu} \frac{\partial W_n}{\partial \omega^2} = \Big(\frac{\hbar}{\mu \omega} \Big) \Big(\Phi_n - 3\chi \frac{\partial \Phi_n}{\partial \chi} \Big).$$

$$\langle n \, | \, x^4 \, | \, n \rangle = \frac{\partial W_n}{\partial \lambda} = \hbar \omega \frac{\partial \Phi_n}{\partial \lambda} = \Big(\frac{\hbar}{\mu \omega} \Big)^2 \frac{\partial \Phi_n}{\partial \chi}.$$

$$\langle n \, | \, p^2 \, | \, n \rangle = 2\mu \Big(\langle n \, | \, H \, | \, n \rangle - \frac{1}{2} \mu \omega^2 \langle n \, | \, x^2 \, | \, n \rangle - \lambda \langle n \, | \, x^4 \, | \, n \rangle \Big) =$$

$$= \mu \hbar \omega \Big(\Phi_n + \chi \frac{\partial \Phi_n}{\partial \chi} \Big).$$

Ovviamente, quando si utilizza la variabile adimensionale χ, le dimensioni sono interamente assorbite nel coefficiente moltiplicativo. Per valutare l'ultimo valore di aspettazione, possiamo anche sfruttare la dipendenza esplicita di p^2 da $\hbar$ e dall'operatore derivata:

$$\langle n \, | \, p^2 \, | \, n \rangle = \langle n | -\hbar^2 \frac{d^2}{dx^2} \, | \, n \rangle = 2\mu(-\hbar^2) \frac{\partial W_n}{\partial(-\hbar^2)} = \mu \hbar \omega \Big(\Phi_n + \chi \frac{\partial \Phi_n}{\partial \chi} \Big).$$

iii) Per il calcolo perturbativo utilizziamo il distruttore $\hat{a}$ e il suo aggiunto $\hat{a}^\dagger$:

$$\hat{a} = (2\mu \hbar \omega)^{-1/2} (\mu \omega \hat{x} + i\hat{p}), \quad \hat{x} = (\hbar/2\mu \omega)^{1/2} (\hat{a} + \hat{a}^\dagger),$$

tramite i quali l'Hamiltoniana può essere espressa come:

$$H = \hbar \omega \big(\hat{a}^\dagger \hat{a} + 1/2 \big) + \gamma (\hat{a} + \hat{a}^\dagger)^4, \quad \gamma = \frac{\lambda \hbar^2}{4\mu^2 \omega^2} = \frac{1}{4} \hbar \omega \chi.$$

Il problema è analogo al 5.19 e quindi le correzioni al primo ordine sono date da:

$$W_n^{(1)} = \lambda \Big(\frac{\hbar}{2\mu \omega} \Big)^2 (6n^2 + 6n + 3) = \frac{1}{4} \chi \hbar \omega (6n^2 + 6n + 3).$$

Per valutare le correzioni al secondo ordine, occorre valutare tutti gli elementi di matrice non diagonali della perturbazione, ovvero

$$\langle n \mid (\hat{a} + \hat{a}^\dagger)^4 \mid k \rangle, \quad k \neq n.$$

Di questi, solo alcuni sono diversi da zero:

$$\langle n \mid \hat{a}^4 \mid n+4 \rangle = \sqrt{\frac{(n+4)!}{n!}},$$

$$\langle n \mid \hat{a}^3 \hat{a}^\dagger + \hat{a}^2 \hat{a}^\dagger \hat{a} + \hat{a} \hat{a}^\dagger \hat{a}^2 + \hat{a}^\dagger \hat{a}^3 \mid n+2 \rangle = 2(2n+3)\sqrt{(n+2)(n+1)},$$

e i loro aggiunti, quelli cioè con $k = n-4$ e $k = n-2$. Dobbiamo dunque valutare:

$$W_n^{(2)} = \sum_{k \neq n} \frac{|\langle n \mid V \mid k \rangle|^2}{W_n^{(0)} - W_k^{(0)}} =$$

$$= \frac{\lambda^2 \hbar^3}{16 \mu^4 \omega^5} \left[-\frac{1}{4} \frac{(n+4)!}{n!} - \frac{1}{2} 4(2n+3)^2 (n+2)(n+1) + \right.$$

$$\left. + \frac{1}{2} 4(2n-1)^2 n(n-1) + \frac{1}{4} \frac{n!}{(n-4)!} \right].$$

E infine:

$$W_n^{(2)} = -\frac{1}{8} \hbar \omega \left(34n^3 + 51n^2 + 59n + 21 \right) \chi^2.$$

Se però $n = 0, 1, 2, 3$, alcuni contributi si annullano e bisogna rivalutare il tutto.

Come si era già visto con l'utilizzo della variabile adimensionale ξ o dall'Hamiltoniana in funzione di creatori e distruttori, lo sviluppo perturbativo dell'energia in potenze di λ corrisponde allo sviluppo di Φ_n in serie di χ:

$$W_n = \hbar \omega \Phi_n(\chi) = W_n^{(0)} + W_n^{(1)} + W_n^{(2)} + \dots$$

Dalle espressioni precedenti per lo sviluppo di W_n, ricaviamo:

$$\Phi_n(\chi) = n + \frac{1}{2} + \frac{3}{4}(2n^2 + n + 1)\chi - \frac{1}{8}\left(34n^3 + 51n^2 + 59n + 21\right)\chi^2 + \dots \equiv$$

$$\equiv c_{n,0} + c_{n,1}\chi + c_{n,2}\chi^2 + \dots$$

Infine, con questa espressione, possiamo dare lo sviluppo in χ dei valori di aspettazione esaminati in precedenza, ricordando che il termine x^4 ha anche un coefficiente λ a fattore:

$$\langle n \mid x^2 \mid n \rangle = \frac{\hbar}{\mu \omega}\left(c_{n,0} - 2c_{n,1}\chi - 5c_{n,2}\chi^2 + \dots\right),$$

$$\langle n \mid x^4 \mid n \rangle = \left(\frac{\hbar}{\mu \omega}\right)^2 (c_{n,1} + 2c_{n,2}\chi + \dots),$$

$$\langle n \mid p^2 \mid n \rangle = \mu \hbar \omega \left(c_{n,0} + 2c_{n,1}\chi + 3c_{n,2}\chi^2 + \dots\right).$$

5.22. i) Supponendo tutto adimensionale, dividendo ad esempio le espressioni solite per $\hbar\omega$, e introducendo lo sviluppo:

$$| \psi \rangle = \sum_n c_n | n \rangle, \quad | \psi_\zeta \rangle = N \sum_{n=0}^{\infty} (\zeta^n/n!) | n \rangle,$$

otteniamo:

$$W_n^{(0)} = n, \, W_n^{(1)} = \lambda \langle n | \psi \rangle \langle \psi | n \rangle = \lambda |\langle n | \psi \rangle|^2 = \lambda |c_n|^2 = \lambda |\zeta^n/n!|^2 N^2$$

$$W_n^{(2)} = \lambda^2 \sum_{m \neq n} \frac{|\langle n | \psi \rangle \langle \psi | m \rangle|^2}{n-m} = \lambda^2 |c_n|^2 \sum_{m \neq n} \frac{|c_m|^2}{n-m} =$$

$$= \lambda^2 N^4 \left| \frac{\zeta^n}{n!} \right|^2 \sum_{m \neq n} \frac{|\zeta|^{2m}}{(m!)^2 (n-m)}.$$

Notare che abbiamo anche esplicitato il caso dello stato $| \psi_\zeta \rangle$ proposto, che, per inciso, non è uno stato coerente a causa del fattore $1/n!$ invece della sua radice quadrata.

ii) Per $|\lambda| \gg 1$, si potrebbe pensare che diventi dominante il secondo termine, con la parte armonica quale perturbazione. Poniamo:

$$H_0 = \lambda | \psi \rangle \langle \psi |,$$

con autofunzione $| \psi \rangle$ e autovalore λ. Le correzioni al primo ordine dovute al termine $\hat{a}^\dagger \hat{a}$ sono date da:

$$\langle \psi | \hat{a}^\dagger \hat{a} | \psi \rangle = \sum_n n |c_n|^2.$$

Notare che questo termine potrebbe anche divergere a seconda della natura di $| \psi \rangle$, e dunque non essere trascurabile neppure per $|\lambda|$ molto grande. Questo rientra nella problematica generale della teoria delle perturbazioni, che possono essere considerate 'piccole' solo in funzione delle correzioni che apportano al termine imperturbato. In particolare il termine armonico non può essere considerato in assoluto 'piccolo', a meno che non venga limitato di fatto al fondo della buca; ma questo è il caso dello stato $| \psi_\zeta \rangle$, con coefficienti $c_n = \zeta^n/n!$ che deprimono gli stati eccitati a grandi n:

$$| \psi_\zeta \rangle = N \sum_n \frac{\zeta^n}{n!} | n \rangle, \quad \hat{a}^\dagger \hat{a} | \psi_\zeta \rangle = N \sum_m \frac{\zeta^{m+1}}{m!} | m+1 \rangle, \quad \langle \psi_\zeta | \hat{a}^\dagger \hat{a} | \psi_\zeta \rangle = \zeta^2,$$

correzione 'piccola' rispetto all'autovalore imperturbato $\lambda \to \pm\infty$.

Più in generale, il comportamento in λ può essere studiato modificando l'equazione di Schrödinger nella forma di Lipmann-Schwinger omogenea:

$$H | \Phi \rangle = W | \Phi \rangle \implies (H_{osc} - W) | \Phi \rangle = -\lambda | \psi \rangle \langle \psi | \Phi \rangle,$$

da cui

$$| \Phi \rangle = -\lambda \frac{1}{H_{osc} - W} | \psi \rangle \langle \psi | \Phi \rangle.$$

Se moltiplichiamo ora a sinistra per $\langle \psi |$ e introduciamo la completezza $\sum_n | n \rangle \langle n |$ sia prima che dopo il risolvente $(H_{osc} - W)^{-1}$, e infine dividiamo per $\langle \psi | \Phi \rangle$, otteniamo:

$$\lambda^{-1} = \sum_n \frac{|\langle \psi | n \rangle|^2}{W - n} = \lambda^{-1}(W).$$

Questa è la costante d'accoppiamento in funzione dell'energia, invece della usuale funzione inversa, e la studiamo nel piano $\{W, \lambda^{-1}\}$, nell'ipotesi di buon comportamento dei c_n:

- per $W < 0$, la λ^{-1} non ha poli, è sempre negativa e tende a 0^- per $W \to -\infty$;
- per $W > 0$, λ^{-1} ammette poli per $W = n$, purché $c_n \neq 0$, ed è negativa per $W \to n^-$ e positiva per $W \to n^+$. In conseguenza, λ^{-1} ammette infiniti zeri per W compreso tra un intero e quello successivo, purché ψ abbia sviluppo su tutta la base $| n \rangle$. A sua volta, λ ha zeri negli interi non negativi, poli tra un intero e l'altro, ed è decrescente tra due poli successivi. Invertendo la relazione tra i due parametri, a ogni valore di λ corrispondono infiniti autovalori in W.

5.23. i) Le autofunzioni e gli autovalori imperturbati sono dati da:

$$u_n(x) = \sqrt{\frac{2}{a}} \sin \frac{n\pi x}{a}, \quad W_n = \frac{\hbar^2}{2\mu} \frac{n^2 \pi^2}{a^2}, \quad n = 1, 2, \ldots$$

Valutiamo su questi stati gli elementi di matrice del potenziale:

$$\begin{aligned}
V_{nm} &= \frac{2V_0}{a} \int_0^a dx \sin \frac{n\pi x}{a} \cos^2 \frac{\pi x}{a} \sin \frac{m\pi x}{a} = \\
&= \frac{V_0}{2} \delta_{nm} + \frac{V_0}{2a} \int_0^a dx \sin \frac{n\pi x}{a} \left[\sin \frac{(m+2)\pi x}{a} + \sin \frac{(m-2)\pi x}{a} \right] = \\
&= \frac{V_0}{2} \delta_{nm} + \frac{V_0}{4} \left[\delta_{n,m+2} \pm \delta_{n,\pm(m-2)} \right], \quad n, m = 1, 2, \ldots
\end{aligned}$$

Possiamo anche esprimere tale risultato nel modo seguente:

$$V_{nm} = \begin{cases} V_0/4 & \text{per } n = m = 1 \\ V_0/2 & \text{per } n = m \neq 1 \\ V_0/4 & \text{per } n = m \pm 2. \end{cases}$$

Quindi le correzioni al primo ordine sono:

$$W_n^{(1)} = \begin{cases} V_0/4 & \text{per } n = 1 \\ V_0/2 & \text{per } n \neq 1. \end{cases}$$

Al secondo ordine invece:

$$W_n^{(2)} = \sum_{m=n\pm 2} \frac{|V_{nm}|^2}{W_n^{(0)} - W_m^{(0)}} = \frac{V_0^2 \mu a^2}{8\pi^2 \hbar^2} \sum_{m=n\pm 2} \frac{1}{n^2 - m^2} =$$

$$= \frac{V_0^2 \mu a^2}{8\pi^2 \hbar^2} \begin{cases} -1/8 & \text{per } n = 1 \\ -1/12 & \text{per } n = 2 \\ 1/[2(n^2-1)] & \text{per } n > 2 \, . \end{cases}$$

ii) L'applicabilità del calcolo perturbativo è legata al rapporto tra i valori di aspettazione del potenziale e la differenza tra i livelli imperturbati:

$$V_{nm} \ll |W_n^{(0)} - W_{n\pm 1}^{(0)}| \implies V_0 \ll \frac{\hbar^2 \pi^2}{\mu a^2} n.$$

5.24. Scelti i campi paralleli all'asse z, il termine perturbativo si può esprimere come:

$$V = V_E + V_B = -e_0 E r \cos\theta + \frac{e_0}{2\mu c} B L_z.$$

Poiché il livello con $n = 2$ è quattro volte degenere con i quattro autostati:

$$u_1^{(0)} = u_{200}, \quad u_2^{(0)} = u_{211}, \quad u_3^{(0)} = u_{210}, \quad u_4^{(0)} = u_{21-1},$$

valutiamo tutti gli elementi di matrice della perturbazione:

$$\langle u_i^{(0)} | V | u_j^{(0)} \rangle = \langle u_i^{(0)} | V_E | u_j^{(0)} \rangle + \langle u_i^{(0)} | V_B | u_j^{(0)} \rangle.$$

Poiché $V_E \propto Y_{10}$, sono nulli tutti i suoi elementi di matrice con m diversi tra di loro:

$$\langle V_E \rangle_{12} = \langle V_E \rangle_{14} = \langle V_E \rangle_{23} = \langle V_E \rangle_{24} = \langle V_E \rangle_{34} = 0.$$

Inoltre, poiché $V_E \propto \cos\theta$, sono nulli tutti gli elementi di matrice diagonali, per parità:

$$\langle V_E \rangle_{11} = \langle V_E \rangle_{22} = \langle V_E \rangle_{33} = \langle V_E \rangle_{44} = 0.$$

Gli unici diversi da zero sono dunque:

$$\langle V_E \rangle_{13} = \langle V_E \rangle_{31} = -e_0 E \int d^3 x\, u_1^{(0)}(\mathbf{x}) r \cos\theta\, u_3^{(0)}(\mathbf{x}) =$$

$$= \frac{-e_0 E}{32\pi r_0^3} \int_0^{2\pi} \int_0^{\pi} d\theta \sin\theta \cos^2\theta \int_0^{\infty} dr\, r^3 \frac{r}{r_0}\left(2 - \frac{r}{r_0}\right) e^{-r/r_0} =$$

$$= -\frac{e_0 E r_0}{24} \int_0^{\infty} d\rho\, \rho^4 (2 - \rho) e^{-\rho} = 3 e_0 E r_0 = C_E,$$

dove abbiamo utilizzato due integrali esponenziali.

Il termine magnetico è invece diagonale sugli autostati imperturbati, poiché L_z commuta con H_0.

$$\langle V_B \rangle_{11} = \langle V_B \rangle_{33} = 0, \langle V_B \rangle_{22} = -\langle V_B \rangle_{44} = \frac{e_0 B\hbar}{2\mu c} = C_B.$$

Quindi:

$$\det\langle V - W \rangle_{ij} = \det \begin{vmatrix} -W & 0 & C_E & 0 \\ 0 & C_B - W & 0 & 0 \\ C_E & 0 & -W & 0 \\ 0 & 0 & 0 & -C_B - W \end{vmatrix} = (W^2 - C_B^2)(W^2 - C_E^2) = 0,$$

le cui soluzioni sono date da:

$$W = \pm C_E = \pm 3e_0 E r_0, \quad W = \pm C_B = \pm \frac{e_0 B\hbar}{2\mu c}.$$

La prima mescola i due stati u_{200} e u_{210}, fornendo la soluzione dell'effetto Stark, mentre la seconda corregge $u_{211}(+)$ e $u_{21-1}(-)$.

Poiché $[L_z, z] = 0$, le due correzioni dovute al campo elettrico e a quello magnetico sono indipendenti, e insieme risolvono completamente la degenerazione.

5.25. Per $r \ll a$, il potenziale può essere sviluppato nel modo seguente:

$$V(r) = V(r) = -\frac{V_0}{e^{r/a} - 1} = -\frac{aV_0}{r} + \frac{1}{2}V_0 - \frac{1}{12}V_0\frac{r}{a} + O\left(\left(\frac{r}{a}\right)^2\right).$$

A parte dunque il fattore costante $V_0/2$, il potenziale dato rappresenta la perturbazione a un atomo di idrogeno con raggio di Bohr pari a:

$$r_0 = \hbar^2/aV_0\mu.$$

Le funzioni d'onda imperturbate sono localizzate nell'interno di $r_n = r_0(n+1)^2$, vanno a zero molto rapidamente per $r > r_n$, e quindi ci si può limitare a valutare gli integrali all'interno dei raggi di Bohr. Pertanto, per tutti gli $r_n \ll a$, il calcolo perturbativo in r_0/a si calcola a partire dallo sviluppo in serie del potenziale, con termine dominante:

$$\int d_3\mathbf{r}\psi^*(\mathbf{r})\frac{r}{a}\psi(\mathbf{r}) \quad \text{con} \quad r < r_n \ll a.$$

Con i valori del problema $a^2V_0\mu/\hbar^2 \gg 1$, cioè $r_0 \ll a$, per n non troppo grande vale anche $r_n \ll a$; ma quest'ultima è anche la precedente condizione di applicabilità sia dello sviluppo del potenziale che del calcolo perturbativo. In conclusione:

$$W_{nlm}^{(1)} = \langle u_{nlm} | V_0\left(\frac{1}{2} - \frac{1}{12}\frac{r}{a}\right) | u_{nlm} \rangle = \frac{V_0}{2}\left\{1 - \frac{r_0}{12a}\left[3n^2 - l(l+1)\right]\right\}, \quad n = n_r + l + 1.$$

Lo spettro imperturbato è degenere, ma la perturbazione è diagonale nel sottospazio a n fissato al variare di $\{l, m\}$; si risolve la degenerazione accidentale in l, non quella in m.

5.26.   i) Conviene riscrivere l'Hamiltoniana con gli operatori di creazione e distruzione $\hat{a}$ e $\hat{a}^\dagger$:

$$H_0 = \hbar\left(\omega_1\widehat{N}_1 + \omega_2\widehat{N}_2 + \omega_{12}\right) = \hbar\left(\omega_1\hat{a}_1^\dagger\hat{a}_1 + \omega_2\hat{a}_2^\dagger\hat{a}_2 + \omega_{12}\right), \quad \omega_{12} = (\omega_1 + \omega_2)/2,$$

con autostati e autovalori:

$$H_0 \mid n_1 n_2 \rangle = \hbar(n_1\omega_1 + n_2\omega_2 + \omega_{12}) \mid n_1 n_2 \rangle.$$

Mentre la perturbazione H' assume la forma:

$$H' = \lambda x_1^2 x_2^2 = \lambda \frac{\hbar}{2\mu_1\omega_1}\frac{\hbar}{2\mu_2\omega_2}\left(\hat{a}_1 + \hat{a}_1^\dagger\right)^2\left(\hat{a}_2 + \hat{a}_2^\dagger\right)^2 =$$

$$= \lambda_{12}\left(\hat{a}_1^2 + \hat{a}_1^{\dagger 2} + 2\widehat{N}_1 + 1\right)\left(\hat{a}_2^2 + \hat{a}_2^{\dagger 2} + 2\widehat{N}_2 + 1\right), \lambda_{12} = \lambda\frac{\hbar^2}{4\mu_1\omega_1\mu_2\omega_2}.$$

Lo stato fondamentale $\mid 00 \rangle$ è comunque non degenere, qualsiasi siano le frequenze ω_1 e ω_2. Le correzioni a questo sono dunque date da:

$$W_0^{(1)} = \langle 00 \mid H' \mid 00 \rangle = \lambda_{12}\langle 00 \mid (2\widehat{N}_1 + 1)(2\widehat{N}_2 + 1) \mid 00 \rangle = \lambda_{12};$$

$$W_0^{(2)} = \lambda_{12}^2 \sum_{n_1, n_2 \neq 0} \frac{|\langle 00 \mid H' \mid n_1 n_2 \rangle|^2}{W_0^{(0)} - W_{n_1 n_2}^{(0)}} = \lambda_{12}^2 \sum_{n_1, n_2 \neq 0} \frac{|\langle 00 \mid (\hat{a}_1^2 + 1)(\hat{a}_2^2 + 1) \mid n_1 n_2 \rangle|^2}{W_0^{(0)} - W_{n_1 n_2}^{(0)}} =$$

$$= \lambda_{12}^2\left[\frac{|\langle 00 \mid \hat{a}_1^2\hat{a}_2^2 \mid 22 \rangle|^2}{W_0^{(0)} - W_{22}^{(0)}} + \frac{|\langle 00 \mid \hat{a}_1^2 \mid 20 \rangle|^2}{W_0^{(0)} - W_{20}^{(0)}} + \frac{|\langle 00 \mid \hat{a}_2^2 \mid 02 \rangle|^2}{W_0^{(0)} - W_{02}^{(0)}}\right] =$$

$$= -\frac{\lambda^2\hbar^3}{16\mu_1^2\omega_1^2\mu_2^2\omega_2^2}\left[\frac{2}{\omega_1 + \omega_2} + \frac{1}{\omega_1} + \frac{1}{\omega_2}\right].$$

ii) Per gli stati eccitati, alcuni possono rimanere ancora degeneri se ω_1 e ω_2 stanno tra di loro in rapporto razionale.

5.27.   i) L'Hamiltoniana del sistema è data da:

$$H = \frac{\mathbf{p}^2}{2\mu} + \frac{1}{2}Kr^2 + \frac{e_0}{2\mu c}\mathbf{B}\cdot\mathbf{L} + \frac{e_0^2}{8\mu c^2}(\mathbf{B}\wedge\mathbf{L})^2 \approx H_0 + \frac{e_0}{2\mu c}BL_z,$$

con campo magnetico B piccolo, e con H_0 Hamiltoniana dell'oscillatore armonico tridimensionale isotropo.

ii) Gli autovalori e autovettori di questa sono dati da (cfr. 3.6):

$$W_N^{(0)} = \hbar\sqrt{K/\mu}(N+3/2); \quad N = 2n+l, \quad n, l = 0, 1, 2\ldots,$$

$$\psi_{N^p}^{(0)} = \sum_{m=-l}^{l}\sum_{l=0,2}^{N^p} c_{lm}R_{Npl}(r)Y_{lm}(\theta,\varphi), \quad \psi_{N^d}^{(0)} = \sum_{m=-l}^{l}\sum_{l=1,2}^{N^d} c_{lm}R_{Ndl}(r)Y_{lm}(\theta,\varphi).$$

N^p e N^d stanno per N pari e dispari. Infine, la perturbazione L_z è diagonale sugli stati $R_{Nl}Y_{lm}$ e quindi lo spettro risulta semplicemente traslato:

$$W = \hbar\sqrt{K/\mu}\left(N+\frac{3}{2}\right) + \frac{e_0\hbar}{2\mu c}Bm.$$

Notare che, delle tre simmetrie evidenziate nel 3.6, abbiamo scelto quella polare proprio perché comune anche alla perturbazione.

5.28. Con i parametri $\hbar$ e ω posti uguali a uno, l'Hamiltoniana imperturbata si esprime nel seguente modo:

$$H_0 = (\hat{a}_1^\dagger\hat{a}_1 + \hat{a}_2^\dagger\hat{a}_2 + 1), \quad H_0 \mid n_1 n_2 \rangle = (n_1 + n_2 + 1) \mid n_1 n_2 \rangle,$$

con livelli evidentemente degeneri, a seconda del valore $n_1 + n_2$. Pertanto, dovremo valutare anche gli elementi di matrice non diagonali della perturbazione:

$$V = \lambda(\hat{a}_1^{\dagger 2}\hat{a}_2^2 + \hat{a}_2^{\dagger 2}\hat{a}_1^2).$$

- $W_0^{(0)} = 1$, stato fondamentale $\mid 00 \rangle$. Nessuna degenerazione né correzione al primo ordine.
- $W_1^{(0)} = 2$, primo stato eccitato con degenerazione 2, $\mid 10 \rangle$ e $\mid 01 \rangle$. Anche in questo caso non ci sono correzioni al primo ordine.
- $W_2^{(0)} = 3$, con degenerazione di ordine 3, $\mid 20 \rangle$, $\mid 02 \rangle$ e $\mid 11 \rangle$. Ricordando che:

$$\hat{a} \mid n \rangle = \sqrt{n} \mid n-1 \rangle, \quad \hat{a}^\dagger \mid n \rangle = \sqrt{n+1} \mid n+1 \rangle \implies$$

$$\implies V \mid 20 \rangle = 2\lambda \mid 02 \rangle, \quad V \mid 02 \rangle = 2\lambda \mid 20 \rangle, \quad V \mid 11 \rangle = 0,$$

e quindi:

$$V_{ij} = 2\lambda \begin{vmatrix} 0 & 1 & 0 \\ 1 & 0 & 0 \\ 0 & 0 & 0 \end{vmatrix},$$

che ammette come autovalori gli zeri del determinante:

$$\Delta W(\Delta W^2 - 4\lambda^2) = 0, \quad \Delta W = 0, \pm 2\lambda.$$

- $W_3^{(0)} = 4$, quattro volte degenere: $|30\rangle$, $|21\rangle$, $|12\rangle$ e $|03\rangle$. Quindi:

$$V|30\rangle = 2\sqrt{3}\lambda\,|12\rangle, \quad V|21\rangle = 2\sqrt{3}\lambda\,|03\rangle,$$

$$V|12\rangle = 2\sqrt{3}\lambda\,|30\rangle, \quad V|03\rangle = 2\sqrt{3}\lambda\,|21\rangle,$$

e la matrice da diagonalizzare:

$$V_{ij} = 2\sqrt{3}\lambda \begin{vmatrix} 0 & 1 & 0 & 0 \\ 1 & 0 & 0 & 0 \\ 0 & 0 & 0 & 1 \\ 0 & 0 & 1 & 0 \end{vmatrix}.$$

Le soluzioni sono date da $\Delta W = \pm 2\sqrt{3}\lambda$, entrambe degeneri due volte.

- $W_4^{(0)} = 5$, cinque volte degenere, con autovettori $|40\rangle$, $|31\rangle$, $|22\rangle$, $|13\rangle$ e $|04\rangle$. Da cui:

$$V|40\rangle = 2\sqrt{6}\lambda\,|22\rangle,\,V|31\rangle = 6\lambda\,|13\rangle, \quad V|22\rangle = 2\sqrt{6}\lambda(\,|40\rangle + |04\rangle),$$

$$V|13\rangle = 6\lambda\,|31\rangle, \quad V|04\rangle = 2\sqrt{6}\lambda\,|22\rangle.$$

La matrice da diagonalizzare è ora:

$$V_{ij} = 2\sqrt{6}\lambda \begin{vmatrix} 0 & 1 & 0 & 0 & 0 \\ 1 & 0 & 1 & 0 & 0 \\ 0 & 1 & 0 & 0 & 0 \\ 0 & 0 & 0 & 0 & \sqrt{3/2} \\ 0 & 0 & 0 & \sqrt{3/2} & 0 \end{vmatrix}.$$

Matrice a blocchi, il primo $\propto J_x$ per $l = 1$ e il secondo $\propto \sigma_x$; quindi con autovalori:

$$\Delta W = 0, \pm 4\sqrt{3}\lambda, \pm 6\lambda,$$

non degeneri, perché 5 distinti.

5.29. Lo stato fondamentale dell'atomo idrogenoide è dato da:

$$\psi_0 = \frac{1}{\sqrt{\pi}} \left(\frac{Z}{r_0}\right)^{3/2} e^{-Zr/r_0}.$$

Poniamo $e_0 = r_0 = 1$ e valutiamo i valori di aspettazione di l'energia potenziale e cinetica:

$$\langle U \rangle_0 = \langle \, \psi_0 \mid -\frac{Z}{r} \mid \psi_0 \, \rangle = 4\pi \frac{Z^3}{\pi} \int_0^\infty dr\, r^2 \frac{-Z}{r} e^{-2Zr} = -Z^2 \int_0^\infty d\rho\, \rho e^{-\rho} = -Z^2,$$

$$\langle T \rangle_0 = \langle \, \psi_0 \mid \frac{\mathbf{p}^2}{2} \mid \psi_0 \, \rangle = \frac{1}{2} \|\mathbf{p}\psi_0\|^2 = \int d_3\mathbf{x} \Big[\Big(\frac{\partial \psi}{\partial x}\Big)^2 + \Big(\frac{\partial \psi}{\partial y}\Big)^2 \Big(\frac{\partial \psi}{\partial z}\Big)^2 \Big] =$$

$$= \frac{Z^3}{2\pi}(-Z^2) \int d_3\mathbf{x} \Big[\Big(\frac{2x}{2r}\Big)^2 + \Big(\frac{2y}{2r}\Big)^2 + \Big(\frac{2z}{2r}\Big)^2 \Big] e^{-2Zr} =$$

$$= \frac{Z^2}{4} \int_0^\infty d\rho\, \rho^2 e^{-\rho} = \frac{Z^2}{2}$$

(integrali esponenziali in entrambi i casi). Ristabilendo infine le dimensionalità originali:

$$\langle U \rangle_0 = -\frac{e_0^2}{r_0} Z^2, \quad \langle T \rangle_0 = \frac{e_0^2}{2r_0} Z^2, \quad W_0^{(0)} = \langle U \rangle_0 + \langle T \rangle_0 = -\frac{e_0^2}{2r_0} Z^2.$$

La somma dei due termini dà ovviamente l'energia totale imperturbata.

Consideriamo ora quello che succede allo spettro dell'energia quando il potenziale $-Z/r$ passa a $-(Z+1)/r$, trattando questo problema come una perturbazione $V = -1/r$: al potenziale dell'atomo idrogenoide. Perturbazione che ci attendiamo piccola per Z grande. Dal valore di aspettazione del potenziale valutato prima, abbiamo che:

$$\langle \, \psi_0 \mid -\frac{1}{r} \mid \psi_0 \, \rangle = -Z.$$

Quindi, l'energia dello stato fondamentale valutato perturbativamente fornisce:

$$W_0 = -\frac{Z^2}{2} - Z + ...,$$

da confrontare con il valore esatto, immediatamente deducibile dai calcoli precedenti:

$$W_0^{ex} = -\frac{1}{2}(Z+1)^2 = -\frac{Z^2}{2} - Z - \frac{1}{2}.$$

Avremmo dunque un errore pari a $-1/2$ da confrontare con termini $O(Z)$, per cui l'approssimazione perturbativa è accettabile per grandi Z, come previsto.

5.30. Lo stato fondamentale dell'oscillatore armonico è non degenere ed è dato da:

$$W_0^{(0)} = \frac{3}{2}\hbar\omega, \psi_0^{(0)}(\mathbf{x}) = \Big(\frac{\alpha}{\sqrt{\pi}}\Big)^{3/2} \exp[-\alpha^2(x^2 + y^2 + z^2)/2]; \quad \alpha = \sqrt{\frac{\mu\omega}{\hbar}}.$$

Il primo stato eccitato ha autovalore:

$$W_1^{(0)} = \frac{5}{2}\hbar\omega,$$

è degenere 3 volte, e si può esprimere sulla base delle funzioni fattorizzate:

$$\psi_1^{(0)}(\mathbf{x}) = A\,u_1(x)u_0(y)u_0(z) + B\,u_0(x)u_1(y)u_0(z) + C\,u_0(x)u_0(y)u_1(z).$$

I tre autostati sono mutuamente ortogonali per l'ortogonalità dei singoli fattori, la cui espressione esplicita è la seguente:

$$u_0(x) = \sqrt{\frac{\alpha}{\sqrt{\pi}}}\exp[-\alpha^2 x^2/2], \quad u_1(x) = \sqrt{\frac{2\alpha^3}{\sqrt{\pi}}}\,x\exp[-\alpha^2 x^2/2].$$

Poiché la perturbazione dipende solo dalla variabile r, conviene esprimere tutto in coordinate polari, e il primo stato eccitato diventa:

$$\psi_1^{(0)}(r,\theta,\varphi) = \frac{\sqrt{2\alpha^5}}{\pi^{3/4}}\exp[-\alpha^2 r^2/2]\,r\Big[A\sin\theta\cos\varphi + B\sin\theta\sin\varphi + C\cos\theta\Big].$$

Avendo la parte radiale comune, i tre stati sono ortogonali per l'ortogonalità della parte angolare, e quindi sono anche ortogonali sul potenziale perturbativo che dipende solo da r; ovvero, la matrice di perturbazione è diagonale sui tre stati scelti, e quindi le correzioni perturbative ai livelli energetici sono date al primo ordine direttamente dagli elementi di matrice diagonali. Inoltre, essendo la perturbazione invariante per rotazione, i tre elementi di matrice sono uguali tra di loro. Di questo ci si può convincere anche nelle coordinate x, y, z: si passa infatti da un elemento di matrice all'altro scambiando tra di loro una coppia di coordinate, ad esempio $x \longleftrightarrow y$, notando che il potenziale non cambia.

Per il calcolo esplicito, conviene esprimere il potenziale assegnato nel modo seguente:

$$V = \frac{1}{2}\mu\omega^2\mathbf{x}^2 + H', \quad H' = \Theta(a - |\mathbf{x}|)(V_0 - \frac{1}{2}\mu\omega^2\mathbf{x}^2),$$

con Θ funzione di Heaviside, e scegliere per lo stato eccitato la terza funzione, quella con $u_1(z)$. Valutiamo quindi:

$$W_0^{(1)} = \frac{\alpha^3}{\pi^{3/2}}\int_0^{2\pi}d\varphi\int_{-\pi}^{\pi}d\cos\theta\int_0^a dr\,r^2\exp[-\alpha^2 r^2]\Big[V_0 - \frac{1}{2}\mu\omega^2 r^2\Big],$$

$$W_1^{(1)} = \frac{2\alpha^5}{\pi^{3/2}}\int_0^{2\pi}d\varphi\int_{-\pi}^{\pi}d\cos\theta\,\cos^2\theta\int_0^a dr\,r^4\exp[-\alpha^2 r^2]\Big[V_0 - \frac{1}{2}\mu\omega^2 r^2\Big].$$

Gli integrali angolari sono immediati, mentre per quelli sulla coordinata radiale possiamo sfruttare il fatto che, essendo per ipotesi $a\alpha \ll 1$, l'integrale è esteso a una regione entro la quale è sempre $r^2\alpha^2 \ll 1$ e quindi $\exp[-\alpha^2 r^2] \approx 1$. Così facendo le funzioni integrande diventano semplici polinomi. Si ottiene finalmente:

$$W_0^{(1)} = \frac{4(a\alpha)^3}{\sqrt{\pi}}\Big[\frac{V_0}{3} - \frac{\hbar\omega}{10}(a\alpha)^2\Big].$$

$$W_1^{(1)} = \frac{8}{3} \frac{(a\alpha)^5}{\sqrt{\pi}} \left[\frac{V_0}{5} - \frac{\hbar\omega}{14} (a\alpha)^2 \right].$$

Il primo stato eccitato viene corretto ma non viene risolta la degenerazione.

5.31. Il problema è del tutto analogo al 5.25. Dobbiamo valutare sia lo sviluppo in serie del potenziale che l'ambito di applicabilità della teoria delle perturbazioni.

Sviluppando il potenziale in serie di potenze di $1/\rho$, si ottiene:

$$V(r) = -\frac{\gamma}{r} + \frac{\gamma}{\rho} - \frac{\gamma}{2\rho^2} r + \frac{\gamma}{6\rho^3} r^2 + \dots$$

A parte dunque il termine costante γ/ρ, lo spettro può essere valutato perturbativamente a partire dal termine idrogenoide $-\gamma/r$ considerando come perturbazione $H'(r) = -(\gamma/2\rho^2) r$, purché siano trascurabili i termini successivi; in particolare che dei due valori di aspettazione:

$$\langle nlm \mid \frac{r}{2\rho^2} \mid nlm \rangle, \langle nlm \mid \frac{r^2}{6\rho^3} \mid nlm \rangle,$$

il secondo sia trascurabile rispetto al primo. Inoltre occorre, come al solito, che tutti gli elementi di matrice, anche quelli non diagonali, siano trascurabili rispetto alla spaziatura dei livelli imperturbati. Queste naturalmente non sono condizioni sufficienti per la convergenza delle serie. Usualmente si ha a che fare con serie asintotiche, non convergenti, per le quali le condizioni prima enunciate garantiscono la validità dell'approssimazione almeno per parametri di sviluppo molto piccoli.

Torniamo ora ai nostri due elementi di matrice, e osserviamo che nell'integrazione su r possiamo limitarci al volume $r < r_{n-1}$, con $r_{n-1} = \hbar^2 n^2 / \gamma\mu$, raggio di Bohr del livello n-esimo, poiché per valori superiori le funzioni d'onda decrescono esponenzialmente. Se in tutto questo volume di integrazione, cioè $\forall r < r_{n-1}$, avviene che $r/\rho \ll 1$, allora

$$\langle nlm \mid \frac{r}{2\rho^2} \mid nlm \rangle \ll \langle nlm \mid \frac{r^2}{6\rho^3} \mid nlm \rangle.$$

Questa diseguaglianza è dunque soddisfatta se:

$$\frac{r_{n-1}}{\rho} \ll 1, \quad \Longrightarrow \quad \frac{\gamma\mu\rho}{\hbar^2} \gg n^2.$$

Nel caso dello stato fondamentale $n = 1$, queste condizioni sono soddisfatte dai dati del problema. Comunque, per tutti gli n che soddisfano la diseguaglianza, possiamo valutare i valori di aspettazione del solo primo termine del potenziale, sfruttando la relazione già utilizzata nel 5.25:

$$\langle nlm \mid r \mid nlm \rangle = \frac{1}{2} \left[3n^2 - l(l+1) \right] r_0, \quad n = n_r + l + 1.$$

In conclusione, abbiamo che:

$$W_{nl} = -\frac{\gamma}{2r_n} + \frac{\gamma}{\rho}\left\{1 - \frac{1}{4}\frac{r_0}{\rho}\left[3n_r^2 + 6n_r(l+1) + (l+1)(2l+3)\right] + O\left(\left(\frac{r_0}{\rho}\right)^2\right)\right\}.$$

Si tratta di uno sviluppo in serie in r_0/ρ, che può essere troncato al primo ordine se $r_0/\rho \ll 1$, come avevamo già visto prima.

Controlliamo infine che la correzione ora valutata sia piccola rispetto alla spaziatura dei livelli imperturbati, data da:

$$W_{n+1}^{(0)} - W_n^{(0)} = \frac{\gamma}{2r_0}\frac{2n+1}{n^2(n+1)^2}.$$

Per n piccoli dunque, la condizione necessaria affinché gli sviluppi perturbativi siano leciti è data da:

$$\frac{\gamma r_0}{\rho^2} \ll \frac{\gamma}{r_0} \implies \frac{r_0}{\rho} \ll 1,$$

che è sempre la stessa condizione trovata in precedenza.

Il fatto che le tre condizioni di applicabilità possano venire soddisfatte simultaneamente non è di certo casuale. Il potenziale di Yukawa infatti rappresenta una correzione a quello Coulombiano per quanto riguarda il comportamento all'infinito, mentre vicino all'origine i due potenziali hanno comportamenti simili. Il concetto di *vicino* all'origine è legato in realtà alle due unità di lunghezza presenti nel problema: il range ρ del potenziale, e il raggio di Bohr r_n entro il quale si hanno i contributi dominanti negli integrali. Se dunque $r_{n-1}/\rho \ll 1$, il potenziale è circa quello idrogenoide nel volume rilevante per il livello n-esimo, e i calcoli perturbativi sono del tutto giustificati.

5.32. Per quanto riguarda la parte imperturbata, confronta con il Problema 2.4, Hamiltoniana, autostati e autovalori sono dati da:

$$H = -\frac{\hbar^2}{2I}\frac{d^2}{d\varphi^2}, \quad \psi_m = \frac{1}{\sqrt{2\pi}}e^{im\varphi}, \quad W_m^{(0)} = \frac{\hbar^2 m^2}{2I}, \quad m = 0, \pm 1, \pm 2, \ldots$$

Il livello fondamentale è non degenere, e quelli eccitati sono degeneri due volte.

In presenza di campo elettrico si ha una perturbazione pari a:

$$V = -\mathbf{d}\cdot\mathbf{E} = -dE\cos\varphi.$$

Al primo ordine dobbiamo valutare i suoi elementi di matrice per $m = m' = 0$, oppure nel sottospazio di degenerazione, bidimensionale e individuato dai numeri quantici $m, m' = \pm n$, con $n = 1, 2, \ldots$ fissato. Notare che il potenziale è proporzionale a $\cos\varphi = 1/2\left[e^{i\varphi} + e^{-i\varphi}\right]$, e quindi agisce come alzatore o abbassatore di una unità di m. Pertanto:

$$V_{mm'} \propto \langle m \mid \cos\varphi \mid m' \rangle = 0 \quad \text{per} \quad m - m' = \{0, \pm 2n\} \neq \pm 1.$$

Questo vale anche per $m = m' = 0$, e dunque le correzioni al primo ordine sono nulle sia per lo stato fondamentale che per gli stati eccitati.

Al secondo ordine perturbativo, dobbiamo valutare gli elementi di matrice non diagonali del potenziale, che si ottengono ricordando l'osservazione precedente sul coseno come semisomma di un innalzatore e di un abbassatore:

$$V_{mk} = -\frac{dE}{2}\delta_{k,m\pm1}.$$

a) Stato fondamentale. Essendo questo non degenere, il calcolo è diretto:

$$W_0^{(2)} = -\frac{V_{0,1}V_{1,0}}{W_1^{(0)}} - \frac{V_{0,-1}V_{-1,0}}{W_{-1}^{(0)}} = -\frac{d^2E^2I}{\hbar^2}.$$

b) Stati eccitati. Sono degeneri, e tali rimangono dopo le correzioni al primo ordine, tutte nulle; quindi, i calcoli al secondo ordine vanno sviluppati a partire da opportuni stati all'interno del sottospazio di degenerazione. Come nel caso più familiare del primo ordine, questi stati sono quelli che diagonalizzano la matrice di perturbazione, questa volta però quella del secondo ordine. Dobbiamo cioè risolvere l'equazione agli autovalori:

$$\left| \sum_{k\neq m,m'} \frac{V_{mk}V_{km'}}{W_m^{(0)} - W_k^{(0)}} - W\delta_{mm'} \right| = 0, \quad m,m' = \pm n,$$

con $W_s^{(0)} = W_{-s}^{(0)}$. Gli autovalori W forniscono le correzioni cercate.

b1) Primo stato eccitato. Dobbiamo diagonalizzare la matrice vista prima, nel caso di $m,m' = \pm1$. Il termine diagonale $V_{1,k}V_{k,1} \neq 0$ sia per $k = 0$ che per $k = 2$, mentre quelli non diagonali $V_{1,k}V_{k,-1}$ e i trasposti sono $\neq 0$ solo per $k = 0$. Con rapidi calcoli:

$$\begin{vmatrix} A/3 - W & A/2 \\ A/2 & A/3 - W \end{vmatrix} = 0 \quad \text{con} \quad A = \frac{d^2E^2I}{\hbar^2},$$

da cui si ricavano le due correzioni:

$$W_1^{(2-)} = -\frac{1}{6}\frac{d^2E^2I}{\hbar^2} \quad \text{e} \quad W_1^{(2+)} = \frac{5}{6}\frac{d^2E^2I}{\hbar^2}.$$

b2) Stati eccitati con $|m| > 1$. Agli elementi diagonali contribuiscono due termini diversi da zero: $V_{m,m-1}V_{m-1,m}$ e $V_{m,m+1}V_{m+1,m}$, mentre quelli non diagonali sono tutti nulli: $V_{m,k}V_{k,-m} = V_{-m,k}V_{k,m} = 0$. Dunque, la correzione al secondo ordine è data da:

$$W_n^{(2)} = \frac{d^2E^2I}{2\hbar^2}\left(\frac{1}{n^2 - (n+1)^2} + \frac{1}{n^2 - (n-1)^2} \right) = \frac{d^2E^2I}{(4n^2 - 1)\hbar^2},$$

ma la degenerazione non viene risolta.

5.33. Con lo scambio $p \longleftrightarrow q$, l'Hamiltoniana assegnata diventa:

$$H = \frac{1}{2}\mu\omega^2 p^2 + \frac{q^2}{2\mu} + \lambda q^4,$$

e quindi la stessa Hamiltoniana del 5.21 con massa M, frequenza Ω e medesimo parametro perturbativo λ, pur di operare le sostituzioni:

$$\mu\omega^2 = \frac{1}{M}, \quad \frac{1}{\mu} = M\Omega^2 \Longrightarrow \Omega = \omega, \quad M = \frac{1}{\mu\omega^2}.$$

Si ottengono quindi gli stessi risultati del 5.21, in funzione dei due parametri, energia elementare w e parametro adimensionale χ:

$$w = \hbar\Omega = \hbar\omega \quad \text{e} \quad \chi = \frac{\hbar\lambda}{M^2\Omega^3} = \lambda\mu^2\hbar\omega.$$

5.34. Gli autovettori e gli autovalori della buca infinita in $0 < x < a$ sono dati da:

$$u_n^{(0)} = \sqrt{\frac{2}{a}}\sin\frac{\pi(n+1)x}{a}, \quad W_n^{(0)} = \frac{\hbar^2\pi^2(n+1)^2}{2\mu a^2}, \quad n = 0, 1, 2, \ldots$$

I livelli sono non degeneri e possiamo valutare direttamente le correzioni. Nel primo caso, quello della barriera triangolare dentro la buca:

$$\begin{aligned}
1) \quad W_n^{(1)} &= \langle u_n^{(0)} \mid V_1 \mid u_n^{(0)} \rangle = \frac{2}{a}\frac{V_0}{a}\int_0^a dx\,(a - |2x - a|)\sin^2\frac{\pi(n+1)}{a}x = \\
&= \frac{V_0}{2}\left[1 - \int_0^1 dy\,y\cos[\pi(n+1)y] - \int_1^2 dy\,(2-y)\cos[\pi(n+1)y]\right] = \\
&= V_0\left[\frac{1}{2} + \frac{1 + (-)^n}{\pi^2(n+1)^2}\right].
\end{aligned}$$

Nel caso del secondo potenziale, la barriera quadrata dentro la buca:

$$\begin{aligned}
2) \quad W_n^{(1)} &= \langle u_n^{(0)} \mid V_2 \mid u_n^{(0)} \rangle = \frac{2V_0}{a}\int_b^{a-b} dx\,\sin^2\frac{\pi(n+1)}{a}x = \\
&= \frac{V_0}{a}\left[a - 2b + \frac{a}{\pi(n+1)}\sin\pi(n+1)\frac{2b}{a}\right].
\end{aligned}$$

In entrambi i casi le correzioni sono dell'ordine di V_0, e pertanto il metodo è applicabile se tale valore è molto minore della spaziatura tra i livelli, e quindi se:

$$V_0 \ll |W_{n+1}^{(0)} - W_n^{(0)}| \approx n\frac{\hbar^2\pi^2}{\mu a^2}.$$

5.35. Autovalori e autofunzioni imperturbati sono quelli del 2.4, e sono dati da:

$$W_n^{(0)} = \frac{\hbar^2 n^2}{2\mu\overline{\rho}^2} \mid n \rangle \equiv \Phi_n = \frac{1}{\sqrt{2\pi}}e^{in\varphi} \quad n = 0, \pm 1, \pm 2, \ldots.$$

Anche il potenziale è esprimibile convenientemente in termini di esponenziali:

$$V = \lambda \sin\varphi \cos\varphi = \frac{\lambda}{4i}(e^{i2\varphi} - e^{-i2\varphi}) \implies V \mid n \rangle = \frac{\lambda}{4i}(\mid n+2 \rangle - \mid n-2 \rangle).$$

Il primo livello con $n = 0$ è non degenere e le correzioni sono date da:

$$W_0^{(1)} = \langle 0 \mid V \mid 0 \rangle = 0$$

mentre al secondo ordine gli unici elementi di matrice diversi da zero sono dati da $\langle \pm 2 \mid V \mid 0 \rangle = \mp i\lambda/4$, e quindi:

$$W_0^{(2)} = \sum_{n=\pm 2} \frac{\mid \langle n \mid V \mid 0 \rangle \mid^2}{W_0^{(0)} - W_n^{(0)}} = -\frac{\lambda^2 \mu \overline{\rho}^2}{16\hbar^2}.$$

Gli altri due livelli relativi a $n = \pm 1$ sono degeneri tra di loro e occorre quindi diagonalizzare la matrice di perturbazione:

$$\begin{vmatrix} \langle +1 \mid V \mid +1 \rangle & \langle +1 \mid V \mid -1 \rangle \\ \langle -1 \mid V \mid +1 \rangle & \langle -1 \mid V \mid -1 \rangle \end{vmatrix} = \begin{vmatrix} 0 & -i\lambda/4 \\ i\lambda/4 & 0 \end{vmatrix} \implies W_{1,\pm}^{(1)} = \pm \frac{\lambda}{4}.$$

Per le correzioni al secondo ordine, bisogna partire dalla risoluzione della degenerazione operata dalla perturbazione al primo ordine. Infatti, nel limite $\lambda \to 0$ ma all'ordine $O(\lambda)$, gli stati sono ora ben individuati come autostati della matrice sopra calcolata. Si tratta chiaramente di una matrice proporzionale alla σ_y di Pauli, con autostati:

$$\psi_\pm = \frac{1}{\sqrt{2}} \begin{vmatrix} 1 \\ \pm i \end{vmatrix},$$

cui corrispondono gli autostati dell'Hamiltoniana al primo ordine:

$$\Phi_{\pm 1}^{(1)} = \frac{1}{\sqrt{2}}(\Phi_1 \pm i\Phi_{-1}) = \frac{1}{\sqrt{4\pi}}\left(e^{i\varphi} \pm ie^{-i\varphi} \right),$$

con autovalori:

$$W_{1,\pm} = \frac{\hbar^2}{2\mu\overline{\rho}^2} \pm \frac{\lambda}{4} + \dots.$$

A questo punto possiamo finalmente valutare le correzioni al secondo ordine

$$W_{1,\pm}^{(2)} = \frac{1}{2} \sum_{n \neq \pm 1} \frac{\mid \langle \Phi_1 \pm i\Phi_{-1} \mid V \mid n \rangle \mid^2}{W_{1,\pm}^{(1)} - W_n} =$$

$$= \frac{1}{2} \mid \lambda/4i \mid^2 \sum_{n \neq \pm 1} \frac{\mid \langle \Phi_1 \pm i\Phi_{-1} \mid \Phi_{n+2} - \Phi_{n-2} \rangle \mid^2}{W_{1,\pm}^{(1)} - W_n}.$$

Ovviamente, alla somma contribuiscono solo gli stati con $n = \pm 3$. Pertanto:

$$W_{1,\pm}^{(2)} = \frac{\lambda^2}{32} \left\{ \frac{1}{(\hbar^2/2\mu\bar{\rho}^2)\left[1 - (-3)^2\right] \pm \lambda/4} + \frac{1}{(\hbar^2/2\mu\bar{\rho}^2)\left[1 - (3)^2\right] \pm \lambda/4} \right\} =$$

$$= \frac{\lambda^2}{16} \frac{1}{-(8\hbar^2/2\mu\bar{\rho}^2) \pm \lambda/4} \approx -\frac{\mu\bar{\rho}^2\lambda^2}{64\hbar^2}.$$

L'ultima approssimazione è valutata per $\lambda \ll W_1 - W_2$. In conclusione:

$$W_{1,\pm} = \frac{\hbar^2}{2\mu\bar{\rho}^2} \pm \frac{\lambda}{4} - \frac{\mu\bar{\rho}^2\lambda^2}{64\hbar^2} + ...$$

5.36. Un elettrone confinato in un cubo di lato a, con un vertice nell'origine e le facce parallele agli assi, è descritto da autofunzioni e autovalori:

$$\psi_{lmn}(x,y,z) = \sqrt{\frac{8}{a^3}} \sin\frac{l\pi x}{a} \sin\frac{m\pi y}{a} \sin\frac{n\pi z}{a}, \quad W_{lmn} = \frac{\hbar^2\pi^2}{2\mu a^2}(l^2 + m^2 + n^2).$$

L'energia data nel problema corrisponde quindi ai numeri quantici $\{211\}$, con ordine qualsiasi e quindi con degenerazione 3, in relazione a $\{lmn\} = \{211\}, \{121\}, \{112\}$.

i) Dobbiamo pertanto diagonalizzare la perturbazione $H' = -e_0 E z$ in questo sottospazio tridimensionale. Gli elementi di matrice non diagonali della perturbazione, in pratica di z, sono nulli per ortogonalità dei fattori in x e in y:

$$\langle 211 | z | 112 \rangle = \langle 211 | z | 121 \rangle = \langle 121 | z | 112 \rangle = 0,$$

insieme ai loro trasposti. Per quanto invece riguarda i termini diagonali:

$$\langle 211 | z | 211 \rangle = \langle 121 | z | 121 \rangle = \langle 1 | z | 1 \rangle =$$

$$= \frac{2}{a} \int_0^a dz\, z \sin^2\frac{\pi z}{a} = \frac{2a}{\pi^2} \int_0^\pi dx\, x \sin^2 x = \frac{a}{2};$$

$$\langle 112 | z | 112 \rangle = \langle 2 | z | 2 \rangle = \frac{2}{a} \int_0^a dz\, z \sin^2\frac{2\pi z}{a} = \frac{a}{2\pi^2} \int_0^{2\pi} dx\, x \sin^2 x = \frac{a}{2}.$$

In conclusione, il livello rimane degenere 3 volte con energie traslate di un termine aggiuntivo pari a $-e_0 E a/2$.

ii) Nel caso invece della perturbazione proporzionale a xy, calcoliamo i nuovi elementi di matrice. Quelli diagonali sono semplicemente i quadrati dei termini appena valutati:

$$\begin{cases} \langle 211 | xy | 211 \rangle = \langle 2 | x | 2 \rangle\langle 1 | y | 1 \rangle = a^2/4 \\ \langle 121 | xy | 121 \rangle = \langle 1 | x | 1 \rangle\langle 2 | y | 2 \rangle = a^2/4 \\ \langle 112 | xy | 112 \rangle = \langle 1 | x | 1 \rangle\langle 1 | y | 1 \rangle = a^2/4. \end{cases}$$

Per quanto riguarda i termini non diagonali invece:

$$\langle 211 \mid xy \mid 121 \rangle = \langle 2 \mid x \mid 1 \rangle \langle 1 \mid y \mid 2 \rangle = \frac{4}{a^2} \left| \int_0^a dx \, x \sin \frac{2\pi x}{a} \sin \frac{\pi x}{a} \right|^2 = \left(\frac{16a}{9\pi^2} \right)^2,$$

mentre gli altri due sono nulli per ortogonalità degli stati in z:

$$\langle 211 \mid xy \mid 112 \rangle = \langle 121 \mid xy \mid 112 \rangle = 0.$$

Teniamo ora conto dei coefficienti, introducendo i parametri:

$$A = -e_0 E \frac{a^2}{4}, \quad B = -e_0 E \left(\frac{16a}{9\pi^2} \right)^2,$$

e diagonalizziamo infine la matrice della perturbazione nello spazio di degenerazione, valutando gli zeri del determinante:

$$\det \begin{vmatrix} A-W & B & 0 \\ B & A-W & 0 \\ 0 & 0 & A-W \end{vmatrix} = (A-W) \left[(A-W)^2 - B^2 \right] = 0.$$

Si ottengono così tre soluzioni, con piena risoluzione della degenerazione:

$$W_{211}^{(1),0} = -e_0 E \frac{a^2}{4} \quad W_{211}^{(1),\pm} = -e_0 E \frac{a^2}{4} \left[1 \pm 4 \left(\frac{16}{9\pi^2} \right)^2 \right].$$

5.37. Rinviando al 2.16 per tutte le notazioni, ricordiamo che gli autovalori dell'atomo di idrogeno sono degeneri in $\{l, m\}$, ma la perturbazione $\approx L_z/r^2$ commuta con L^2 e L_z ed è dunque diagonale sui relativi indici. Pertanto i valori di aspettazione forniscono direttamente le correzioni al primo ordine perturbativo in B. Posto $\omega = e_0 B / 2\mu c$:

$$W_{nlm}^{(1)} = \left\langle nlm \mid \omega r_0^2 \frac{L_z}{r^2} \mid nlm \right\rangle = r_0^2 \hbar \omega m \left\langle nl \mid \frac{1}{r^2} \mid nl \right\rangle.$$

Per calcolare i valori di aspettazione di $1/r^2$ possiamo fare ricorso al teorema di Feynman-Helmann sugli autovalori di un operatore autoaggiunto dipendente da un parametro λ:

$$\left\langle n\lambda \mid \frac{\partial H(\lambda)}{\partial \lambda} \mid n\lambda \right\rangle = \frac{\partial}{\partial \lambda} \langle n\lambda \mid H(\lambda) \mid n\lambda \rangle = \frac{\partial}{\partial \lambda} W_n(\lambda).$$

Ora:

$$W_{n_r}(l) = \left\langle n_r l \mid \frac{1}{2\mu} \left\{ \left[p_r^2 + \hbar^2 \frac{l(l+1)}{r^2} \right] - \frac{e_0^2}{r} \right\} \mid n_r l \right\rangle = -\frac{\mu e_0^4}{2\hbar^2} \frac{1}{(n_r + l + 1)^2},$$

con

$$p_r = -i\hbar \frac{1}{r} \frac{\partial}{\partial r} r.$$

Poiché:

$$\frac{1}{r^2} = \frac{2\mu}{\hbar^2} \frac{1}{2l+1} \frac{\partial H_H(l)}{\partial l},$$

con H_H Hamiltoniana dell'atomo di idrogeno, possiamo eseguire i calcoli precedenti, ricordando $r_0 = \hbar^2/e_0^2\mu$, e concludere finalmente:

$$W_{nlm}^{(1)} = (r_0^2 \hbar \omega m) \left(\frac{2\mu}{\hbar^2} \frac{1}{2l+1} \right) \left(2\frac{\mu e_0^4}{2\hbar^2} \frac{1}{(n_r+l+1)^3} \right) = \frac{m}{(l+1/2)n^3} \hbar\omega,$$

come già trovato nel 2.16 sviluppando in serie il risultato esatto.

5.38. Partiamo dalla soluzione esatta del termine di primo ordine nel campo magnetico, vedi 2.16, e consideriamo l'Hamiltoniana H_0' perturbata da H_2. Lo spettro è non degenere, per cui:

$$\langle u_{n_r\lambda m} \mid H_2 \mid u_{n_r\lambda m} \rangle = \alpha \Big\langle u_{n_r\lambda m} \mid \frac{\sin^2\theta}{r^2} \mid u_{n_r\lambda m} \Big\rangle =$$

$$= \alpha \Big\langle R_{n_r\lambda} \mid \frac{1}{r^2} \mid R_{n_r\lambda} \Big\rangle \langle Y_{lm} \mid \sin^2\theta \mid Y_{lm} \rangle, \quad \alpha = \frac{1}{2}\mu\omega^2 r_0^4.$$

Il secondo valore di aspettazione dipende dall'armonica sferica, ed è funzione di $\{l,m\}$:

$$\langle Y_{lm} \mid \sin^2\theta \mid Y_{lm} \rangle = f(l,m).$$

Il primo invece può essere ottenuto come nel 5.37 tramite la formula di Feynman-Helmann, applicata ora però a H_0':

$$\Big\langle R_{n_r\lambda} \mid \frac{1}{r^2} \mid R_{n_r\lambda} \Big\rangle = \frac{\mu}{\hbar^2} \frac{1}{\lambda+1/2} \Big\langle R_{n_r\lambda} \mid \frac{\partial H_0'}{\partial\lambda} \mid R_{n_r\lambda} \Big\rangle =$$

$$= \frac{\mu}{\hbar^2} \frac{1}{\lambda+1/2} \frac{\partial}{\partial\lambda} W_{n_r\lambda} = \frac{1}{r_0^2} \frac{1}{\lambda+1/2} \frac{1}{(n_r+\lambda+1)^3}, \quad r_0 = \frac{\hbar^2}{\mu e^2}.$$

Ovvero, quanto fatto prima ma con $l \to \lambda$. Raccogliendo i vari contributi:

$$W_{n_r\lambda m}^{(1)} = \frac{1}{2}\mu\omega^2 r_0^2 \frac{1}{\lambda+1/2} \frac{1}{(n_r+\lambda+1)^3} f(l,m).$$

5.39. Richiamiamo le usuali definizioni per il singolo oscillatore:

$$\omega = \sqrt{K/\mu}, W_{n_i} = (n_i+1/2)\hbar\omega, \quad x_i = \sqrt{\hbar/2\mu\omega}(\hat{a}_i+\hat{a}_i^\dagger), \quad [\hat{a}_i,\hat{a}_i^\dagger] = 1, \quad i=1,2,3.$$

i) Lo stato fondamentale è non degenere e, al primo ordine delle perturbazioni:

$$W_0^{(1)} = \langle\, 000\, |\, (\lambda K/2)xy\, |\, 000\, \rangle = 0,$$

per parità (dispari) della perturbazione. Al secondo ordine invece:

$$W_0^{(2)} = \sum_{n_1 n_2 n_3 \neq 000} \frac{|\langle\, 000\, |\, (\lambda K/2)xy\, |\, n_1 n_2 n_3\, \rangle|^2}{W_{000}^{(0)} - W_{n_1 n_2 n_3}^{(0)}}.$$

Poiché:

$$\frac{\lambda K}{2}\langle\, 000\, |\, xy\, |\, n_1 n_2 n_3\, \rangle =$$
$$= \frac{\lambda K}{2}\frac{\hbar}{2\mu\omega}\langle 0\, |\, \hat{a}_x + \hat{a}_x^\dagger\, |\, n_1\rangle_x \langle 0\, |\, \hat{a}_y + \hat{a}_y^\dagger\, |\, n_2\rangle_y \langle 0\, |\, n_3\rangle_z = \frac{\lambda}{4}\hbar\omega\delta_{1,n_1}\delta_{1,n_2}\delta_{0,n_3},$$

otteniamo:

$$W_0^{(2)} = \left(\frac{1}{4}\lambda\hbar\omega\right)^2 \frac{1}{(-2)\hbar\omega} = -\frac{\lambda^2}{32}\hbar\omega.$$

ii) Per quanto invece riguarda il primo stato eccitato, esso è degenere tre volte:

$$W_1^{(0)} = \frac{5}{2}\hbar\omega, \quad |100\,\rangle, |010\,\rangle, |001\,\rangle.$$

I valori di aspettazione della perturbazione in questo sottospazio sono i seguenti:

$$\langle\, 100\, |\, (\lambda K/2)xy\, |\, 010\, \rangle = \lambda/4\hbar\omega\langle\, 1\, |\, \hat{a}_x^\dagger\, |\, 0\, \rangle_x \langle\, 0\, |\, \hat{a}_y\, |\, 1\, \rangle_y = \lambda/4\hbar\omega$$

$$\langle\, 010\, |\, (\lambda K/2)xy\, |\, 100\, \rangle = \lambda/4\hbar\omega\langle\, 0\, |\, \hat{a}_x\, |\, 1\, \rangle_x \langle\, 1\, |\, \hat{a}_y^\dagger\, |\, 0\, \rangle_y = \lambda/4\hbar\omega,$$

e tutti gli altri nulli. La diagonalizzazione della matrice di perturbazione:

$$\frac{\lambda}{4}\hbar\omega \begin{vmatrix} 0 & 1 & 0 \\ 1 & 0 & 0 \\ 0 & 0 & 0 \end{vmatrix},$$

porta agli autovalori 0 e $\pm\lambda\hbar\omega/4$. Dunque, gli autovalori corretti al primo ordine sono:

$$W_1^{(1)+} = (5/2 + \lambda/4)\hbar\omega, \quad W_1^{(1)0} = 5/2\hbar\omega, \quad W_1^{(1)-} = (5/2 - \lambda/4)\hbar\omega.$$

5.40. Gli operatori $\hat{a}$ e $\hat{a}^\dagger$ sono combinazioni lineari di $\hat{x}$ e $\hat{p}$ e quindi, come questi, sono dispari per trasformazione di parità. Se si considerano le due Hamiltoniane $H^\pm = H_0 \pm \lambda H_1$, vale ovviamente $\widehat{P}H^\pm\widehat{P} = H^\mp$, cioè la parità $\widehat{P}$ agendo su $H^\pm$ scambia di fatto $\lambda \leftrightarrow -\lambda$. Indichiamo ora con gli stessi indici $\pm$ i relativi autovalori e autovettori:

$$H^{\pm}\psi_n^{\pm} = W_n^{\pm}\psi_n^{\pm} \implies \hat{P}H^{\pm}\hat{P}\hat{P}\psi_n^{\pm} = W_n^{\pm}\hat{P}\psi_n^{\pm},$$

e quindi:

$$H^{\mp}\psi_n^{\mp} = W_n^{\pm}\psi_n^{\mp}.$$

Questo significa che $W_n^{\pm} = W_n(\pm\lambda)$ sono autovalori di $H^{\pm}$ ma anche di $H^{\mp}$, e quindi sono funzioni solo di λ^2. La correzione del primo ordine è nulla, mentre al secondo ordine:

$$W_n^{(2)} = \lambda^2 \sum_{k\neq n} \frac{|\langle k | \hat{a}^{\dagger 2}\hat{a} + \hat{a}^{\dagger}\hat{a}^2 | n \rangle|^2}{n-k} =$$

$$= \lambda^2 \sum_{k\neq n} \frac{|\langle k | \{n\sqrt{n+1} | n+1 \rangle + (n-1)\sqrt{n} | n-1 \rangle\}|^2}{n-k} = (-3n^2+n)\lambda^2,$$

e infine:

$$W_n = n + (-3n^2+n)\lambda^2 + O(\lambda^4).$$

5.41. Per l'esistenza del potenziale V_{sc}, controlliamo che sia:

$$\nabla \times \mathbf{E} = 0 \quad \text{con} \quad \mathbf{E} = \alpha\left\{\frac{xz}{r^3}, \frac{yz}{r^3}, -\frac{x^2+y^2}{r^3}\right\} \implies$$

$$\implies (\nabla \times \mathbf{E})_x = \frac{\partial E_y}{\partial z} - \frac{\partial E_z}{\partial y} = \frac{y}{r^3} + yz\frac{\partial}{\partial z}\left(\frac{1}{r^3}\right) + 2\frac{y}{r^3} + (x^2+y^2)\frac{\partial}{\partial y}\left(\frac{1}{r^3}\right) =$$

$$= 3\frac{y}{r^3} - \frac{3}{r^4}\left[yz\frac{\partial r}{\partial z} + (x^2+y^2)\frac{\partial r}{\partial y}\right] = 0, \quad \alpha = 1.$$

Per simmetria in $\{x,y\}$ anche la seconda componente è nulla. Per la terza:

$$(\nabla \times \mathbf{E})_z = \frac{\partial E_y}{\partial x} - \frac{\partial E_x}{\partial y} = yz\frac{\partial}{\partial x}\left(\frac{1}{r^3}\right) - xz\frac{\partial}{\partial y}\left(\frac{1}{r^3}\right) = z\left(y\frac{\partial}{\partial x} - x\frac{\partial}{\partial y}\right)\frac{1}{r^3} = 0.$$

Esiste dunque un potenziale V_{sc} tale che $E_i = -\partial V_{sc}/\partial x_i$. Integrando l'equazione in x e poi derivando per y e per z, si trova:

$$\frac{\partial V_{sc}}{\partial x} = -\frac{xz}{r^3} \implies \begin{cases} V_{sc}(x,y,z) = -\int dx\, zx/r^3 = z/r + G(y,z) \\ E_y = -\partial V_{sc}/\partial y = zy/r^3 + \partial G/\partial y \\ E_z = -\partial V_{sc}/\partial z = -(x^2+y^2)/r^3 + \partial G/\partial z. \end{cases}$$

Pertanto, la funzione $G(y,z)$ è una costante che possiamo porre uguale a zero, il potenziale scalare $V_{sc} = z/r = \cos\theta$ e l'energia potenziale $V = -e_0\cos\theta$. Quest'ultima è simmetrica attorno all'asse z, e quindi la componente del momento angolare lungo z è costante del moto.

Per lo stato fondamentale, la correzione è nulla al primo ordine, ovverossia $\langle 100 \mid \cos\theta \mid 100 \rangle = 0$, per parità. Per il secondo ordine occorre valutare gli elementi di matrice non diagonali:

$$\langle\, 100 \mid \cos\theta \mid nlm \,\rangle = \langle\, 00 \mid \cos\theta \mid lm \,\rangle \int_0^\infty dr\, r^2 R_{10}(r) R_{nl}(r).$$

La parte angolare dell'integrale si calcola facilmente ricordando l'espressione esplicita della Y_{10}:

$$c_{00,lm} = \int d\Omega\, Y_{00} \cos\theta\, Y_{lm} = \sqrt{\frac{1}{3}} \int d\Omega\, Y_{10} Y_{lm} = \sqrt{\frac{1}{3}}\, \delta_{l1} \delta_{m0}\,.$$

Resta da calcolare l'integrale sulle funzioni radiali, che ci limitiamo ad indicare. Utilizzando unità atomiche ($\mu = e_0 = \hbar = 1$) la correzione è perciò data da:

$$W_1^{(2)} = -\frac{1}{3}\alpha^2 \sum_{n \geq 2} \frac{c_{10,n1}^2}{1 - n^{-2}}\,, \qquad c_{10,n1} = \int_0^\infty dr\, r^2 R_{10} R_{n1}\,.$$

Notare che le due funzioni radiali non sono ortogonali perché relative a due diversi valori di l, e quindi soluzioni di due equazione di Schrödinger con parametri differenti.

Per la correzione del primo livello eccitato, degenere, si deve diagonalizzare la matrice $\langle\, 2lm \mid \cos\theta \mid 2l'm' \,\rangle$ con $l, l' = 0, 1$. Tutti gli elementi di matrice sono nulli tranne quelli per cui $m = m'$, $|l - l'| = 1$. Ne segue che gli unici elementi di matrice non nulli sono $\langle 200 \mid \cos\theta \mid 210 \rangle$ e il suo simmetrico, che valgono entrambi $\sqrt{1/3}\, c_{20,21}$.

Il primo livello eccitato viene perciò risolto in un tripletto con:

$$W_2^{(1)} = 0, \pm\alpha \frac{1}{\sqrt{3}} c_{20,21}\,, \qquad c_{20,21} = \int_0^\infty dr\, r^2 R_{20}(r) R_{21}(r)\,.$$

5.42. Con il solito cambio di variabili e le nuove costanti α e β:

$$x = \alpha(\hat{a}_x + \hat{a}_x^\dagger)\,, \quad \alpha = \sqrt{\hbar/2\mu\omega}\,, \quad \beta = \alpha^6/\hbar\omega\,,$$

possiamo riscrivere la perturbazione all'oscillatore isotropo:

$$H' = \lambda\alpha^3 (\hat{a}_x + \hat{a}_x^\dagger)(\hat{a}_y + \hat{a}_y^\dagger)(\hat{a}_z + \hat{a}_z^\dagger) + \lambda^2\beta(\hat{a}_x + \hat{a}_x^\dagger)^2(\hat{a}_y + \hat{a}_y^\dagger)^2(\hat{a}_z + \hat{a}_z^\dagger)^2.$$

Lo stato fondamentale $\mid 000 \rangle$ è non degenere e possiamo valutare direttamente le correzioni. Al primo ordine perturbativo contribuisce solo il termine quadratico, dando così contributi all'ordine λ^2. Al secondo ordine contribuiscono entrambi, ma a noi interessa solo il contributo in λ^2, e quindi quello proveniente dal termine lineare in λ.

$$\langle\, 000 \mid H' \mid 000 \,\rangle = \lambda^2\beta\left[\langle\, 0 \mid (\hat{a}+\hat{a}^\dagger)^2 \mid 0 \,\rangle\right]^3 = \lambda^2\beta$$

$$\sum_{n_i\neq 0}\frac{|\,\langle\, 000 \mid H' \mid n_x n_y n_z \,\rangle|^2}{W_0^{(0)}-W_N^{(0)}} = \lambda^2\alpha^6\frac{|\,\langle\, 000 \mid \hat{a}_x\hat{a}_y\hat{a}_z \mid 111 \,\rangle|^2}{-3\hbar\omega} = -\frac{\lambda^2\alpha^6}{3\hbar\omega},$$

con $N = n_x + n_y + n_z$. L'energia dello stato fondamentale è così data da:

$$W_0 = \frac{3}{2}\hbar\omega + \frac{1}{12}\lambda^2\frac{\hbar^2}{\mu^3\omega^4} + O(\lambda^4).$$

Notare che il singolo stato $\mid n_x n_y n_z \,\rangle$ contribuisce o al termine in λ o a quello in λ^2.

5.43.   Introducendo la variabile adimensionale $\xi = \sqrt{\mu\omega/\hbar}\,x$, l'Hamiltoniana diviene

$$\frac{1}{\hbar\omega}H = -\frac{1}{2}\frac{d^2}{d\xi^2} + \frac{1}{2}\xi^2 + \varepsilon\cos(\alpha\xi), \quad \varepsilon = V_0/\hbar\omega, \quad \alpha = \sqrt{\omega'/\omega}.$$

Essendo $\varepsilon \ll 1$ e definendo ulteriormente $\eta = \varepsilon\hbar\omega$, la correzione al primo ordine degli autovalori dell'Hamiltoniana imperturbata è data da:

$$W_n^{(1)} = \eta\langle\, n \mid \cos(\alpha\xi) \mid n \,\rangle.$$

Tenendo conto che $\sin(\alpha\xi)$ ha valore d'aspettazione nullo per parità, sommando i due valori di aspettazione e ponendo $\xi = (\hat{a}+\hat{a}^\dagger)/\sqrt{2}$:

$$W_n^{(1)} = \eta\langle\, n \mid \exp[i\alpha\xi] \mid n \,\rangle = \eta\langle\, 0 \mid \frac{\hat{a}^n}{\sqrt{n!}}\exp[i\alpha(\hat{a}+\hat{a}^\dagger)/\sqrt{2}]\frac{\hat{a}^{\dagger n}}{\sqrt{n!}} \mid 0 \,\rangle.$$

L'esponenziale si può fattorizzare con la formula di Baker-Hausdorff, facilmente dimostrabile con sviluppi in serie e commutazioni, valida per due operatori $\widehat{A}$ e $\widehat{B}$:

$$\exp\left(\widehat{A}\right)\exp\left(\widehat{B}\right) = \exp\left(\widehat{A}+\widehat{B}+\frac{1}{2}[\widehat{A},\widehat{B}]\right).$$

Nel nostro caso $\widehat{A} = \beta\hat{a}$ e $\widehat{B} = \beta\hat{a}^\dagger$, con $\beta = i\alpha/\sqrt{2}$ e $[\widehat{A},\widehat{B}] = \beta^2$, e quindi:

$$\exp[\beta(\hat{a}+\hat{a}^\dagger)] = \exp(-\beta^2/2)\exp(\beta\hat{a})\exp(\beta\hat{a}^\dagger).$$

Si ottiene così

$$W_n^{(1)} = \eta\frac{\exp(-\beta^2/2)}{n!}\langle\, 0 \mid \hat{a}^n\exp(\beta\hat{a})\exp(\beta\hat{a}^\dagger)\hat{a}^{\dagger n} \mid 0 \,\rangle =$$

$$= \eta \frac{\exp(-\beta^2/2)}{n!} \sum_{m,k=0}^{\infty} \frac{\beta^{m+k}}{\sqrt{m!k!}} \langle m \mid \hat{a}^n \hat{a}^{\dagger n} \mid k \rangle =$$

$$= \eta \frac{\exp(-\beta^2/2)}{n!} \sum_{m=0}^{\infty} \frac{\beta^{2m}}{m!} \langle m \mid \hat{a}^n \hat{a}^{\dagger n} \mid m \rangle =$$

$$= \eta \frac{\exp(\alpha^2/4)}{n!} \sum_{m=0}^{\infty} \frac{1}{m!} (m+n)(m+n-1)\cdots(m+1) \left(-\alpha^2/2\right)^m.$$

Una forma più compatta si può ricavare dalla relazione:

$$(m+j)x^m \equiv x^{-(j-1)} \frac{d}{dx} x^j \, x^m,$$

applicandola successivamente alla formula precedente. Si ottiene:

$$\sum_{m=0}^{\infty} \frac{1}{m!} (m+n)(m+n-1)\cdots(m+1)x^m =$$

$$= x^{-(n-1)} \frac{d}{dx} x^n \sum_{m=0}^{\infty} \frac{1}{m!} (m+n-1)(m+n-2)\cdots(m+1)x^m =$$

$$= \left(n + x\frac{d}{dx}\right) \sum_{m=0}^{\infty} \frac{1}{m!} (m+n-1)(m+n-2)\cdots(m+1)x^m = \ldots =$$

$$= \left(n + x\frac{d}{dx}\right)\left(n-1 + x\frac{d}{dx}\right)\cdots\left(1 + x\frac{d}{dx}\right)e^x = \frac{d^n}{dx^n} x^n e^x.$$

Per dimostrare l'ultima eguaglianza, conviene procedere a ritroso:

$$\frac{d^n}{dx^n} x^n = \frac{d^{n-1}}{dx^{n-1}}\left(\left[\frac{d}{dx}, x^n\right] + x^n \frac{d}{dx}\right) = \frac{d^{n-1}}{dx^{n-1}}\left(n + x\frac{d}{dx}\right) =$$

$$= \frac{d^{n-2}}{dx^{n-2}}\left(n-1 + x\frac{d}{dx}\right)\left(n + x\frac{d}{dx}\right) = \ldots =$$

$$= \left(1 + x\frac{d}{dx}\right)\cdots\left(n-1 + x\frac{d}{dx}\right)\left(n + x\frac{d}{dx}\right).$$

Raccogliendo quanto trovato sinora:

$$W_n^{(1)} = \eta \frac{e^{\alpha^2/4}}{n!} \frac{d^n}{dx^n} x^n e^x \Big|_{x=-\alpha^2/2}.$$

A questa possiamo ora applicare la formula di Rodrigues sui polinomi di Laguerre:

$$L_n(y) = e^y \frac{d^n}{dy^n} y^n e^{-y},$$

ottenendo finalmente:

$$W_n^{(1)} = \eta \frac{e^{\alpha^2/4}}{n!} \frac{d^n}{dx^n} x^n e^x \Big|_{x=-\alpha^2/2} = \eta \frac{e^{\alpha^2/4}}{n!} \frac{d^n}{dy^n} y^n e^{-y} \Big|_{y=\alpha^2/2} = \eta e^{-\alpha^2/4} L_n(\alpha^2/2).$$

Per V_0 fisso e $\omega' \to \infty$, cioè η fisso e $\alpha \to \infty$, si trova che la correzione ai livelli tende rapidamente a zero; ciò è dovuto al fatto che in questo limite il potenziale di perturbazione oscilla sempre più rapidamente, e il suo effetto tende a mediarsi a zero. Se invece anche $\omega' \to 0$, possiamo sviluppare in serie il coseno, ottenendo:

$$\frac{1}{\hbar\omega} H \approx -\frac{1}{2}\left(\frac{d}{d\xi}\right)^2 + \frac{1}{2}\xi^2 + \varepsilon\left(1 - \frac{1}{2}\frac{\omega'}{\omega}\xi^2\right)$$

e raccogliendo il nuovo termine quadratico, si trova un oscillatore armonico traslato, con frequenza $\tilde{\omega} = \sqrt{1 - \varepsilon\omega'/\omega}$. Lo spettro è dato perciò dalla formula approssimata

$$\frac{1}{\hbar\omega}W_n \approx \varepsilon + (n+1/2)\sqrt{1 - \varepsilon\omega'/\omega} \quad \text{ovvero} \quad W_n^{(1)} \approx \left[1 - (n+1/2)\frac{1}{2}\alpha^2\right]\eta.$$

Questo valore coincide (evidentemente) con lo sviluppo in serie al primo ordine in α^2 del $W_n^{(1)}$ trovato sopra in funzione dei polinomi di Laguerre, pur di ricordare la relazione:

$$L_n(x) = \sum_{k=0}^{n} \frac{(-)^k n!}{(k!)^2(n-k)!} x^k = 1 - nx + O(x^2),$$

e di non dimenticare lo sviluppo dell'esponenziale.

5.44. Possiamo sviluppare in serie (formale) l'Hamiltoniana:

$$H = \frac{p^2}{2\mu} + \frac{1}{2}K\alpha^2 x^2 - \frac{1}{24}K\alpha^4 x^4 + \dots = H_0 + V_4 + \dots.$$

La serie formale è convergente ma, procedendo con il metodo perturbativo, le serie sugli autovalori saranno al più asintotiche, visto che in nessun caso un potenziale quartico può essere ritenuto "piccolo" rispetto a quello quadratico. Tuttavia, come sempre, possiamo valutare le condizioni sotto le quali le correzioni introdotte dalla perturbazione sono trascurabili rispetto alle spaziature dei livelli armonici. Ovvero, se:

$$\left|W_n^{(1)}\right| \ll \left|W_n^{(0)} - W_{n\pm1}^{(0)}\right| = \hbar\omega, \quad \omega^2 = \frac{K\alpha^2}{\mu}.$$

Poiché i livelli non sono degeneri, la correzione $W_n^{(1)}$ si valuta direttamente (vedi 5.19):

$$W_n^{(1)} = -\frac{K\alpha^4}{24}\frac{\hbar^2}{4\mu^2\omega^2}\langle n | (\hat{a}+\hat{a}^\dagger)^4 | n \rangle = -\frac{\alpha^2\hbar^2}{16\mu}(n^2+n+1/2).$$

Pertanto, l'approssimazione quartica del potenziale è valida se:

$$\frac{\alpha^2 \hbar^2}{16\mu}(n^2 + n + 1/2)\frac{1}{\hbar\omega} \ll 1 \quad \Longrightarrow \quad \frac{\hbar\alpha}{\sqrt{\mu K}} \ll 32.$$

L'ultima diseguaglianza è valida per lo stato fondamentale con $n = 0$, mentre per gli stati a grandi n i limiti sono più stringenti, coerentemente col fatto che x^4 è una piccola perturbazione di x^2 solo nel fondo della buca.

5.45. I termini quadratici possono essere raccolti:

$$H = \frac{p^2}{2\mu} + \frac{1}{2}\mu\Omega^2 x^2 + Fx,$$

con:

$$\Omega^2 = \omega^2 + \frac{2G}{\mu} \quad \Longrightarrow \quad \Omega = \omega\sqrt{1 + 2G/(\mu\omega^2)} = \omega + \frac{G}{\mu\omega} + \dots$$

Essendo lo spettro armonico non degenere, la perturbazione lineare agisce solo al secondo ordine:

$$W_n^{(2)} = \frac{\hbar}{2\mu\omega}F^2 \sum_{m \neq n} \frac{|\langle m | \hat{a} + \hat{a}^\dagger | n \rangle|^2}{\hbar\omega(n - m)} = -\frac{F^2}{2\mu\omega^2}.$$

Essendo $F^2 = O(\hbar\omega G)$, questa va a correggere ulteriormente lo spettro armonico:

$$W_n = \left(n + \frac{1}{2}\right)\left(\hbar\omega + \hbar\frac{G}{\mu\omega}\right) - \frac{F^2}{2\mu\omega^2} + \dots =$$
$$= \left(n + \frac{1}{2}\right)\hbar\omega + \frac{1}{2\mu\omega^2}\left[(2n + 1)\hbar\omega G - F^2\right] + \dots$$

Infine, il valore dato è esatto, dato che il termine Fx può essere assorbito in quello quadratico con una traslazione nell'energia. Vedi 5.48.

5.46. Controlliamo la commutazione tra i due termini dell'Hamiltoniana:

$$\left[\hat{a}_1^\dagger \hat{a}_1 + \hat{a}_2^\dagger \hat{a}_2, \hat{a}_1^{\dagger 2}\hat{a}_2 + \hat{a}_2^\dagger \hat{a}_1^2\right] = \hat{a}_1^{\dagger 2}\hat{a}_2 - \hat{a}_2^\dagger \hat{a}_1^2 \neq 0.$$

Procediamo quindi con il metodo perturbativo.

Gli autostati imperturbati sono gli stessi del 5.28, e sono ovviamente quelli a ugual numero complessivo di oscillatori, ovvero $| N - n, n \rangle$ con $n = 0, 1, \dots, N$, degeneri tra di loro. Dobbiamo pertanto diagonalizzare la perturbazione nel sotto-spazio $\mathcal{H}_N$ di degenerazione. Poiché però la perturbazione altera il numero degli oscillatori, tutti i suoi elementi di matrice sono nulli in questo sottospazio. Non vi sono correzioni al primo ordine, gli stati rimangono degeneri, e quindi dobbiamo diagonalizzare la matrice del secondo ordine:

$$A_{m'm}^{(N)} = \sum_{k \neq m,m'} \frac{V_{m'k}^{(N)} V_{km}^{(N)}}{W_m^{(0)} - W_k^{(0)}},$$

$$V_{km}^{(N)} = \langle N-k,k \mid V \mid N-m,m \rangle, \quad m',m = 1,2,...,N, \quad W_m^{(0)} = W_{m'}^{(0)}.$$

A questo proposito, vedi il 5.32.

Dimostriamo che la matrice $A_{m'm}^{(N)}$ risulta già diagonale in $\mathcal{H}_N$; per fare ciò, valutiamo l'azione del potenziale sugli stati:

$$\left(\hat{a}_1^{\dagger 2} \hat{a}_1 + \hat{a}_2^{\dagger} \hat{a}_1^2 \right) \mid N-m,m \rangle = \sqrt{(N-m+1)(N-m+2)m} \mid N-m+2,m-1 \rangle +$$

$$+ \sqrt{(N-m)(N-m-1)(m+1)} \mid N-m-2,m+1 \rangle.$$

Questo termine deve essere proiettato sullo stato $\langle N-k,k \mid$ a generare $V_{km}^{(N)}$, che va poi moltiplicato per $V_{m'k}^{(N)}$.

- Per $m \neq m'$ ma con N uguale in entrambi gli stati esterni, affinché $V_{m'k}^{(N)} V_{km}^{(N)} \neq 0$, i singoli indici di occupazione devono essere uguali *in croce*, cioè $n_1 + 2 = n_1' - 2$ e $n_2 - 1 = n_2' + 1$:

$$N-m+2 = N-m'-2, m-1 = m'+1 \implies m = m'+4, \quad m = m'+2.$$

Le due relazioni sono incompatibili, e quindi gli elementi di matrice non diagonali sono tutti nulli, e la matrice nel suo complesso è diagonale.

- Sulla diagonale principale, con $m = m'$, si leggono direttamente le correzioni perturbative al secondo ordine.

$N = 0$ nessuna correzione $\implies W_0 = 0 + ...$

$N = 1$ $\langle 1,0 \mid A_{00}^{(1)} \mid 1,0 \rangle = 0 \implies W_{1,1} = 1 + ...$

$\langle 0,1 \mid A_{11}^{(1)} \mid 0,1 \rangle = 2 \implies W_{1,2} = 1 - 2\lambda^2 + ...$

$N = 2$ $\langle 2,0 \mid A_{00}^{(2)} \mid 2,0 \rangle = -2 \implies W_{2,1} = 2 + 2\lambda^2 + ...$

$\langle 1,1 \mid A_{11}^{(2)} \mid 1,1 \rangle = -6 \implies W_{2,2} = 2 + 6\lambda^2 + ...$

$\langle 0,2 \mid A_{22}^{(2)} \mid 0,2 \rangle = -4 \implies W_{2,3} = 2 + 4\lambda^2 + ...$

$N = 3$ $\langle 3,0 \mid A_{00}^{(3)} \mid 3,0 \rangle = -6 \implies W_{3,1} = 3 + 6\lambda^2 + ...$

$\langle 2,1 \mid A_{11}^{(3)} \mid 2,1 \rangle = 8 \implies W_{3,2} = 3 - 8\lambda^2 + ...$

$\langle 1,2 \mid A_{22}^{(3)} \mid 1,2 \rangle = 12 \implies W_{3,3} = 3 - 12\lambda^2 + ...$

$\langle 0,3 \mid A_{33}^{(3)} \mid 0,3 \rangle = 6 \implies W_{3,4} = 3 - 6\lambda^2 + ...$

5.47. Notare le unità di misura $\hbar = \mu = \omega = 1$. I primi due livelli imperturbati sono rappresentati dai seguenti autovalori e autovettori:

$$W_0 = 1, \quad \psi_{00}(x,y) = \frac{1}{\sqrt{\pi}} \exp\left\{ -\frac{1}{2}(x^2 + y^2) \right\}$$

$$W_1 = 2, \quad \begin{cases} \psi_{10}(x,y) = \sqrt{\frac{2}{\pi}} x \exp\left\{ -\frac{1}{2}(x^2 + y^2) \right\} \\ \psi_{01}(x,y) = \sqrt{\frac{2}{\pi}} y \exp\left\{ -\frac{1}{2}(x^2 + y^2) \right\}. \end{cases}$$

Il primo autovalore è non degenere, e la correzione è data da:

$$V_{00} = \langle \psi_{00} \mid V \mid \psi_{00} \rangle = 0 \quad \text{per parità.}$$

Il secondo autovalore è degenere due volte e occorre diagonalizzare la perturbazione nel sottospazio di degenerazione:

$$V_{11} = V_{22} = 0 \quad \text{per parità.}$$

$$V_{12} = V_{21} = \frac{\lambda}{\pi} \int_{-\infty}^{\infty} \int_{-\infty}^{\infty} dx\, dy\, xy \exp\left\{ -(x^2 + y^2) \right\} xy(x^2 + y^2) =$$

$$= \frac{\lambda}{\pi} \int_0^{2\pi} d\varphi \cos^2\varphi \sin^2\varphi \int_0^{\infty} d\rho\, \rho^7 \exp[-\rho^2] =$$

$$= \frac{\lambda}{\pi} \frac{1}{8} \left(\varphi - \frac{1}{4}\sin 4\varphi \right) \Big|_0^{2\pi} \frac{1}{2} \int_0^{\infty} dr\, r^3 e^{-r} = \frac{\lambda}{\pi} \frac{\pi}{4} \frac{3!}{2} = \frac{3}{4}\lambda.$$

Dobbiamo dunque risolvere l'equazione:

$$\begin{vmatrix} -W & 3\lambda/4 \\ 3\lambda/4 & -W \end{vmatrix} = 0,$$

che fornisce le energie corrette al primo ordine:

$$W_1^{(1)} = 2 \pm \frac{3}{4}\lambda + ...$$

Nelle unità scelte, l'approssimazione è valida per $\lambda \ll \Delta W = 1$. Ristabilendo le variabili dimensionali, la perturbazione si scrive:

$$H_1 = \frac{1}{2}\eta xy(x^2 + y^2), \quad \text{con} \quad \eta = \lambda \frac{\mu^2 \omega^3}{\hbar}, \quad \eta \ll \frac{\mu^2 \omega^3}{\hbar}.$$

5.48. Vedi il 5.45. L'Hamiltoniana è data da:

$$H = -\frac{\hbar^2}{2\mu}\frac{d^2}{dx^2} + \frac{1}{2}Kx^2 - eEx.$$

Con le usuali definizioni:

$$\omega = \sqrt{K/\mu}, \quad \alpha = \sqrt{\hbar/2\mu\omega}, \quad x = \alpha(\hat{a}+\hat{a}^\dagger),$$

i valori d'aspettazione della perturbazione sugli stati imperturbati sono dati da:

$$\langle m \mid x \mid n \rangle = \alpha \left(\sqrt{n}\delta_{n-1,m} + \sqrt{n+1}\delta_{n+1,m} \right).$$

Al primo ordine perturbativo la correzione è nulla, mentre al secondo ordine si ottiene:

$$W_n^{(2)} = \sum_{m\neq n} \frac{|\langle m \mid -eEx \mid n \rangle|^2}{W_n^{(0)} - W_m^{(0)}} = (eE\alpha)^2 \sum_{m\neq n} \frac{|\langle m \mid \hat{a}+\hat{a}^\dagger \mid n \rangle|^2}{\hbar\omega(n-m)} = -\frac{e^2E^2}{2\mu\omega^2}.$$

Il problema si può risolvere in modo esatto, completando il quadrato nel potenziale:

$$V = \frac{1}{2}Kx^2 - eEx = \frac{1}{2}K\left(x - \frac{eE}{K}\right)^2 - \frac{e^2E^2}{2K}.$$

Si tratta cioè di un oscillatore con forza di richiamo $-Kx$ ed energia traslata di una quantità quadratica nel parametro perturbativo eE. D'altra parte, lo sviluppo perturbativo al secondo ordine contiene tutti i contributi a quell'ordine nel parametro, e quindi fornisce il risultato esatto, come si vede confrontando con la formula precedente.

5.49. Al primo ordine perturbativo le correzioni sono nulle, perché il potenziale è dispari. Al secondo ordine, occorre valutare gli elementi di matrice non diagonali, a partire da quelli del termine lineare.

$$\langle m \mid x \mid n \rangle = \langle m \mid 1/\sqrt{2}(\hat{a}+\hat{a}^\dagger) \mid n \rangle = \sqrt{n+1/2}\delta_{m,n+1} + \sqrt{n/2}\delta_{m,n-1}.$$

Da questi valori si ricavano gli elementi di matrice tra lo stato fondamentale e gli altri stati:

$$\langle m \mid x^3 \mid 0 \rangle = \sum_{k,l} \langle m \mid x \mid k \rangle\langle k \mid x \mid l \rangle\langle l \mid x \mid 0 \rangle.$$

I termini diversi da zero sono quelli con: $\{l=1,k=0,m=1\}$, $\{l=1,k=2,m=1\}$ e $\{l=1,k=2,m=3\}$, che valgono: $3/(2\sqrt{2})$ i primi due, e $\sqrt{3}/2$ il terzo. Notando che manca l'usuale $1/2$ dell'accoppiamento armonico, gli autovalori imperturbati sono $W_m^{(0)} = 2m+1$, e pertanto le correzioni al secondo ordine sono date da:

$$W_0^{(2)} = \lambda^2 \sum_{m=1,3} \frac{|\langle 0 | x^3 | m \rangle|^2}{W_0^{(0)} - W_m^{(0)}} = \lambda^2 \left\{ \frac{1}{1-3}\frac{9}{8} + \frac{1}{1-7}\frac{3}{4} \right\} = -\frac{11}{16}\lambda^2.$$

5.50. i) Assumendo energia potenziale zero alla posizione di equilibrio e per spostamenti di piccoli angoli θ dalla verticale, possiamo scrivere:

$$V = \mu ga(1 - \cos\theta) \approx \frac{1}{2}\mu ga\theta^2 - \frac{1}{24}\mu ga\theta^4 + \dots$$

All'ordine più basso in θ si tratta di un oscillatore armonico, con:

$$W_n = (n+1/2)\hbar\omega, \quad \psi_0 = \sqrt{\frac{\alpha}{\pi^{1/2}}} \exp\left(-\alpha^2 x^2/2\right),$$

dove $\omega = \sqrt{g/a}$, $x = a\theta$, $\alpha = \sqrt{\mu\omega/\hbar}$, e ψ_0 lo stato fondamentale.

ii) L'approssimazione successiva contribuisce all'energia minima con la correzione seguente:

$$W_0^{(1)} = -\frac{1}{24}\frac{\mu g}{a^3}\langle \psi_0 | x^4 | \psi_0 \rangle = -\frac{1}{24}\frac{\mu g}{a^3}\frac{\alpha}{\sqrt\pi}\int_{-\infty}^{\infty} dx\, x^4 \exp\left(-\alpha^2 x^2\right) = -\frac{\hbar^2}{32\mu a^2}.$$

Nell'ultima formula, l'integrale è gaussiano.

5.51. La correzione all'energia è data da:

$$W_0^{(1)} = \langle 0 | H' | 0 \rangle = \lambda\sqrt{\frac{\mu\omega}{\pi\hbar}}\int_{-\infty}^{\infty} dx\frac{\exp[-\mu\omega x^2/\hbar]}{x^2+a^2} =$$

$$= \frac{\lambda}{\sqrt\pi x_0}\int_{-\infty}^{\infty} dx\frac{\exp[-x^2/x_0^2]}{x^2+a^2} = \frac{\lambda}{\sqrt\pi x_0}\frac{1}{a}\int_{-\infty}^{\infty} dy\,\exp[-(y/\beta)^2]\frac{1}{y^2+1},$$

dove abbiamo posto:

$$x_0 = \sqrt{\hbar/\mu\omega}, \quad y = x/a, \quad \beta = \sqrt{\hbar/\mu\omega a^2} = x_0/a.$$

Per la presenza dell'esponenziale, l'integrale si estende a valori $y \lesssim \beta$.

i) Per $a \ll \sqrt{\hbar/\mu\omega}$, $1 \ll \beta$, e per $y \approx \beta$ l'integrando è depresso dal termine $\approx y^{-2}$. Dunque, il contributo principale all'integrale viene da $y \ll \beta$, dove l'esponenziale è ≈ 1:

$$W_0^{(1)} \approx \frac{\lambda}{\sqrt\pi x_0}\frac{1}{a}\int_{-\infty}^{\infty} dy\,\frac{1}{y^2+1} = \frac{\lambda}{\sqrt\pi x_0}\frac{1}{a}\arctan y\Big|_{-\infty}^{\infty} = \frac{\lambda}{a}\sqrt{\frac{\pi\mu\omega}{\hbar}}.$$

ii) Per $\sqrt{\hbar/\mu\omega} \ll a$, solo in corrispondenza di $y \ll 1$ l'esponenziale è sensibilmente diverso da 0. Ma in questo caso il denominatore è ≈ 1. Dunque:

$$W_0^{(1)} \approx \frac{\lambda}{\sqrt{\pi}x_0}\frac{1}{a}\int_{-\infty}^{\infty} dy \, \exp[-(y/\beta)^2] = \frac{\lambda}{\sqrt{\pi}x_0}\frac{1}{a}\sqrt{\pi}\beta = \frac{\lambda}{a^2}.$$

5.52. i) L'equazione di Schrödinger per la particella monodimensionale:

$$\left(-\frac{\hbar^2}{2\mu}\frac{d^2}{dx^2} - \frac{K}{x}\right)\psi(x) = W\psi(x), \quad x > 0, \quad \psi(0) = 0,$$

è formalmente identica all'equazione radiale dell'atomo di idrogeno per la funzione $y_{nl}(r) = rR_{nl}(r)$ nel caso $l = 0$, con le medesime condizioni di annullamento all'origine. Autofunzioni ed autovalori sono noti e sono dati da:

$$W_0^{(0)} = -\frac{\mu K^2}{2\hbar^2}, \quad \psi_0(x) = \frac{2}{r_0^{3/2}}xe^{-x/r_0}, \quad \text{con} \quad r_0 = \frac{\hbar^2}{\mu K}.$$

ii) Se si applica un campo elettrico E nella direzione x, si introduce un potenziale perturbativo $V' = -qEx$, e una correzione all'energia dello stato fondamentale data, al primo ordine perturbativo, da:

$$W_0^{(1)} = \langle \psi_0 \mid H' \mid \psi_0 \rangle = -\frac{4}{r_0^3}qE\int_0^{\infty} dx \, x^3 e^{-2x/r_0} = -\frac{3}{2}qEr_0 = -\frac{3qE\hbar^2}{2\mu K}.$$

5.53. i) Le soluzioni imperturbate sono valutate nel Problema 2.4, e sono date da:

$$\psi_n^{(0)} = \frac{e^{in\varphi}}{\sqrt{2\pi}}, \quad W_n^{(0)} = w_0 n^2, \quad w_0 = \frac{\hbar^2}{2\mu\bar{\rho}^2} \quad n = 0, \pm 1, \pm 2, \dots.$$

ii) Le correzioni all'energia sono valutate nel 5.9, e qui ci occupiamo delle autofunzioni. Lo stato fondamentale è non degenere, mentre sono degeneri di ordine 2 gli stati eccitati con $\mid n \mid \geq 1$. Gli elementi di matrice della perturbazione sono:

$$V_{m,n} = \int_{-\pi}^{\pi} d\varphi \, \frac{e^{-im\varphi}}{\sqrt{2\pi}}V_0\cos 2\varphi \frac{e^{in\varphi}}{\sqrt{2\pi}} = \frac{V_0}{2}[\delta_{m,n+2} + \delta_{m,n-2}].$$

Tranne il caso $n = \pm 1$ con $V_{\pm 1,\mp 1} = V_0/2$, che trattiamo a parte, nei sottospazi di degenerazione $n \neq \pm 1$ tutti gli elementi di matrice sono nulli, e dunque il primo ordine perturbativo non modifica l'autovalore e non risolve la degenerazione. Questo comporta che le funzioni all'ordine zero, da cui iniziare lo sviluppo perturbativo, possono essere scelte arbitrariamente entro il sottospazio $\mathscr{H}_n$, ad esempio le due $\psi_n^{(0)}$, e procedere da ciascuna come nel caso non degenere. Pertanto, le correzioni al primo ordine alle funzioni d'onda sono date da:

$$\psi_{n\neq\pm1}^{(1)} = \sum_{m\neq n} \frac{V_{m,n}}{W_n^{(0)}-W_m^{(0)}}\psi_m^{(0)} = \sum_{m\neq\pm n}\frac{V_0}{2}\left[\frac{\delta_{m,n+2}+\delta_{m,n-2}}{W_n^{(0)}-W_m^{(0)}}\right]\frac{1}{\sqrt{2\pi}}e^{im\varphi} =$$

$$= \frac{V_0}{2w_0}\left[\frac{-1}{4(n+1)}\frac{e^{i(n+2)\varphi}}{\sqrt{2\pi}}+\frac{1}{4(n-1)}\frac{e^{i(n-2)\varphi}}{\sqrt{2\pi}}\right].$$

Notare che nella sommatoria abbiamo escluso anche il caso $m = -n$, in quanto $V_{m,-m} = 0$, sempre per $m \neq \pm1$. In conclusione:

$$W_{n\neq\pm1} = w_0 n^2 + 0 + ...$$

$$\psi_{n\neq\pm1} = \psi_n^{(0)} + \frac{V_0}{2w_0}\left[\frac{-1}{4(n+1)}\psi_{n+2}^{(0)}+\frac{1}{4(n-1)}\psi_{n-2}^{(0)}\right]+...$$

Al primo ordine perturbativo, le due autofunzioni corrispondenti a $n = \pm s$, rimangono degeneri ma ortogonali tra loro, grazie all'ortogonalità dell'ordine zero. Si ha infatti:

$$\psi_{-n\neq\pm1} = \psi_n^{(0)} + \frac{V_0}{2w_0}\left[\frac{-1}{4(n+1)}\psi_{-n-2}^{(0)}+\frac{1}{4(n-1)}\psi_{-n+2}^{(0)}\right]+...$$

I due stati risultano sviluppati su autofunzioni imperturbate ortogonali a coppie, benché a coppie degeneri.

Per lo stato con $n = \pm1$ invece, occorre prima diagonalizzare la perturbazione nel sottospazio di degenerazione. La matrice è nota essendo uguale alla σ_x di Pauli, diagonale nella base

$$\chi_{\pm1} = \frac{1}{\sqrt{2}}\begin{vmatrix}1\\\pm1\end{vmatrix},$$

con autovalori pari a ±1. I nuovi stati imperturbati diventano ora:

$$\psi_{\pm1}^{(0)} = \frac{1}{\sqrt{2}}\left[\frac{e^{i\varphi}}{\sqrt{2\pi}}\pm\frac{e^{-i\varphi}}{\sqrt{2\pi}}\right]=\frac{1}{\sqrt{\pi}}\begin{cases}\cos\varphi\\i\sin\varphi\end{cases}.$$

Pertanto, per $n = \pm1$, gli elementi di matrice della perturbazione vanno valutati su questi stati imperturbati. Questi devono essere utilizzati per valutare la correzione agli stati, dove si deve sommare su $m \neq n$. Limitiamoci dunque a valutare questi elementi di matrice:

$$V_{m\neq\pm1,\pm1} = \int_{-\pi}^{\pi}d\varphi\,\frac{e^{-im\varphi}}{\sqrt{2\pi}}V_0\cos2\varphi\frac{1}{\sqrt{2}}\left[\frac{e^{i\varphi}}{\sqrt{2\pi}}\pm\frac{e^{-i\varphi}}{\sqrt{2\pi}}\right]=\frac{V_0}{2\sqrt{2}}[\delta_{3,m}\pm\delta_{3,-m}],$$

da cui si ottiene:

$$\psi_{\pm 1}^{(1)} = \frac{-1}{8} \frac{V_0}{2\sqrt{2}w_0} \left[\frac{e^{i3\varphi}}{\sqrt{2\pi}} \pm \frac{e^{-i3\varphi}}{\sqrt{2\pi}} \right].$$

Infine, degenerazione risolta e stati all'ordine zero scelti opportunamente:

$$W_{\pm 1} = w_0 \pm \frac{V_0}{2} + ..., \quad \psi_{\pm 1} = \frac{1}{\sqrt{\pi}} \begin{cases} \cos \varphi - \dfrac{V_0}{16w_0} \cos 3\varphi + ... \\ \\ \sin \varphi - \dfrac{V_0}{16w_0} \sin 3\varphi + ... \end{cases}$$

Abbiamo omesso la i davanti al seno, perché assorbibile nel fattore di fase. Notare che il potenziale è pari in $[-\pi, \pi]$, e gli stati non degeneri devono essere pari o dispari. Poiché coseno e seno di un numero dispari di angoli si sviluppa in potenze dispari di coseni e seni, rispettivamente pari e dispari, il risultato ottenuto è coerente con i requisiti di parità.

5.54. L'Hamiltoniana imperturbata del sistema è data da:

$$H = -\frac{\hbar^2}{2\mu} \left(\nabla_1^2 + \nabla_2^2 \right) - \frac{Ze^2}{r_1} - \frac{Ze^2}{r_2}.$$

Con separazione delle variabili, lo stato fondamentale risulta essere:

$$\Phi(\mathbf{r}_1, \mathbf{r}_2) = \psi_{100}(\mathbf{r}_1) \psi_{100}(\mathbf{r}_2) \psi_{100}(\mathbf{r}) = \sqrt{\frac{Z^3}{\pi r_0^3}} e^{-Zr/r_0}.$$

Questo stato è accettabile sia per bosoni indistinguibili a spin zero, perché si tratta di una funzione simmetrica, sia per particelle distinguibili.

Se ora consideriamo la repulsione tra i due elettroni come perturbazione al primo ordine, dobbiamo valutarne il valore di aspettazione sullo stato fondamentale, essendo questo non degenere,

$$\Delta W = \langle H' \rangle = J_{100;100} = e^2 \int \int d_3\mathbf{r}_1 d_3\mathbf{r}_2 \frac{|\psi_{100}(\mathbf{r}_1)|^2 |\psi_{100}(\mathbf{r}_2)|^2}{|\mathbf{r}_1 - \mathbf{r}_2|} =$$

$$= e^2 \left(\frac{Z^3}{\pi r_0^3} \right)^2 \int \int \frac{d_3\mathbf{r}_1 d_3\mathbf{r}_2}{|\mathbf{r}_1 - \mathbf{r}_2|} \exp[-2Z(r_1 + r_2)/r_0] = e^2 \left(\frac{Z^3}{\pi r_0^3} \right)^2 \frac{20\pi^2}{(2Z/r_0)^5} = \frac{5Ze^2}{8r_0}.$$

Si tratta dell'integrale diretto, valutato in A.13. L'energia dello stato fondamentale imperturbato è pari a due volte quella di un singolo elettrone:

$$W_0^{(0)} = -\frac{e^2 Z^2}{r_0},$$

cui si aggiunge la correzione perturbativa:

$$W_0 = -\frac{e^2 Z^2}{r_0} + \frac{5Ze^2}{8r_0} + \dots = -\frac{11e^2}{4r_0} + \dots$$

valutato per l'Elio a $Z = 2$.

Per quanto riguarda l'energia di ionizzazione di uno dei due elettroni, questa è data dalla differenza tra l'energia dello stato finale e quella dello stato iniziale: lo stato finale è costituito da un elettrone (più il nucleo), e quello iniziale è quello valutato sopra.

$$W_I = -\frac{e^2 Z^2}{2r_0} - \left(-\frac{e^2 Z^2}{r_0} + \frac{5Ze^2}{8r_0} \right) = \frac{3e^2}{4r_0} = 1.5 w_0,$$

valutata per l'Elio, e con $w_0 = e^2/2r_0$.

5.55. Il primo stato eccitato è degenere 3 volte, e lo indichiamo con le usuali notazioni:

$$| \psi_1 \rangle = | 100 \rangle, \quad | \psi_2 \rangle = | 010 \rangle, \quad | \psi_3 \rangle = | 001 \rangle.$$

Per gli elementi di matrice della perturbazione nel sottospazio di degenerazione, utilizziamo la relazione elementare che si ricava facilmente con l'aiuto di creatori e distruttori:

$$\langle n \mid x \mid n+1 \rangle = \sqrt{n+1}\sqrt{\hbar/2\mu\omega}.$$

Si ottiene:

$$V_{11} = \lambda \langle 100 \mid xy \mid 100 \rangle = \lambda \langle 1 \mid x \mid 1 \rangle \langle 0 \mid y \mid 0 \rangle = 0 = V_{22} = V_{33}$$
$$V_{12} = \lambda \langle 100 \mid xy \mid 010 \rangle = \lambda \langle 1 \mid x \mid 0 \rangle \langle 0 \mid y \mid 1 \rangle = \lambda \hbar/2\mu\omega = V_{21}$$
$$V_{13} = \lambda \langle 100 \mid xy \mid 001 \rangle = \lambda \langle 1 \mid x \mid 0 \rangle \langle 0 \mid y \mid 0 \rangle = 0 = V_{31}$$
$$V_{23} = \lambda \langle 010 \mid xy \mid 001 \rangle = \lambda \langle 0 \mid x \mid 0 \rangle \langle 1 \mid y \mid 0 \rangle = 0 = V_{32}.$$

La matrice della perturbazione è così data da:

$$V_{ij} = \frac{\lambda \hbar}{2\mu\omega} \begin{vmatrix} 0 & 1 & 0 \\ 1 & 0 & 0 \\ 0 & 0 & 0 \end{vmatrix},$$

con autovalori e autovettori facilmente deducibili da quelli di σ_x. Tenuto conto anche dell'autovalore imperturbato, le quantità richieste sono:

$$W_{1,0} = \frac{5}{2}\hbar\omega + 0 + \dots \qquad \psi_{1,0} = | 001 \rangle$$
$$W_{1,\pm} = \frac{5}{2}\hbar\omega \pm \frac{\lambda\hbar}{2\mu\omega} + \dots \qquad \psi_{1,\pm} = \frac{1}{\sqrt{2}}(| 100 \rangle \pm | 010 \rangle).$$

5.56. Per il singolo oscillatore valgono le formule solite:

$$W_{n_i} = (n_i + 1/2)\hbar\omega, \quad x_i = \sqrt{\hbar/2\mu\omega}(\hat{a}_i + \hat{a}_i^\dagger), \quad [\hat{a}_i, \hat{a}_i^\dagger] = 1, \quad i = 1, 2.$$

Il primo stato eccitato è degenere due volte, con autovalore e autostati:

$$W_1^{(0)} = 2\hbar\omega, \; | \, 10 \, \rangle, \; | \, 01 \, \rangle.$$

i) Con $\mu = 1$, i valori di aspettazione della perturbazione in questo sottospazio sono i seguenti:

$$\lambda\langle \, 10 \, | \, xy \, | \, 01 \, \rangle = \lambda \frac{\hbar}{2\omega}{}_x \langle \, 1 \, | \, \hat{a}_x^\dagger \, | \, 0 \, \rangle_x {}_y\langle \, 0 \, | \, \hat{a}_y \, | \, 1 \, \rangle_y = \lambda \frac{\hbar}{2\omega}$$

$$\lambda\langle \, 01 \, | \, xy \, | \, 10 \, \rangle = \lambda \frac{\hbar}{2\omega}{}_x \langle \, 0 \, | \, \hat{a}_x \, | \, 1 \, \rangle_x {}_y\langle \, 1 \, | \, \hat{a}_y^\dagger \, | \, 0 \, \rangle_y = \lambda \frac{\hbar}{2\omega},$$

e tutti gli altri nulli. La diagonalizzazione della matrice di perturbazione:

$$\lambda \frac{\hbar}{2\omega} \begin{vmatrix} 0 & 1 \\ 1 & 0 \end{vmatrix},$$

porta agli autovalori $\pm\lambda\hbar/2\omega$. Dunque, gli autovalori corretti al primo ordine sono:

$$W_1^{(0)} \implies W_{1,\pm}^{(1)} = 2\hbar\omega \pm \lambda \frac{\hbar}{2\omega}.$$

Le autofunzioni all'ordine zero, quelle cioè cui tendono le soluzioni perturbate quando $\lambda \to 0$, sono quelle che diagonalizzano la matrice vista sopra:

$$\psi_\pm^{(0)} = \frac{1}{\sqrt{2}}(\, | \, 10 \, \rangle \pm | \, 01 \, \rangle).$$

ii) Il problema è risolubile esattamente, come fatto nel 3.3, in quanto la forma quadratica dell'Hamiltoniana è diagonalizzabile tramite una rotazione degli assi:

$$\frac{1}{2}(p_x^2 + p_y^2) + \frac{1}{2}\omega^2(x^2 + y^2) + \lambda xy = \frac{1}{2}(\pi_+^2 + \pi_-^2 + \Omega_+^2\xi_+^2 + \Omega_-^2\xi_-^2).$$

Si tratta della somma di due oscillatori non interagenti, con autovalori:

$$W_{n_+ n_-} = \left(n_+ + \frac{1}{2}\right)\hbar\Omega_+ + \left(n_- + \frac{1}{2}\right)\hbar\Omega_-, \quad \Omega_\pm^2 = \omega^2 \pm \lambda.$$

I valori esatti sono allora:

$$W_{00} = \frac{1}{2}\hbar(\Omega_+ + \Omega_-) = \frac{1}{2}\hbar(\sqrt{\omega^2 + \lambda} + \sqrt{\omega^2 - \lambda}) \approx \hbar\omega.$$

$$W_{10} = \frac{3}{2}\hbar\sqrt{\omega^2 + \lambda} + \frac{1}{2}\hbar\sqrt{\omega^2 - \lambda} \approx 2\hbar\omega + \lambda\frac{\hbar}{2\omega},$$

$$W_{01} = \frac{1}{2}\hbar\sqrt{\omega^2 + \lambda} + \frac{3}{2}\hbar\sqrt{\omega^2 - \lambda} \approx 2\hbar\omega - \lambda\frac{\hbar}{2\omega},$$

dove abbiamo sviluppato fino al primo ordine ritrovando i dati perturbativi.

*5.57. i) Come nel 5.56, poniamo per il singolo oscillatore:

$$W_{n_i} = (n_i + 1/2)\hbar\omega, \quad x_i = \sqrt{\hbar/2\mu\omega}(\hat{a}_i + \hat{a}_i^\dagger), \quad [\hat{a}_i, \hat{a}_i^\dagger] = 1, \quad i = 1, 2.$$

Il secondo stato eccitato è degenere tre volte, con autovalore e autostati:

$$W_2^{(0)} = 3\hbar\omega, \quad |20\rangle, \quad |11\rangle, \quad |02\rangle.$$

I valori di aspettazione della perturbazione in questo sottospazio sono i seguenti:

$$\lambda\langle 20 | xy | 11\rangle = \lambda\langle 11 | xy | 20\rangle =$$
$$\lambda\langle 11 | xy | 02\rangle = \lambda\langle 02 | xy | 11\rangle = \lambda\frac{\hbar}{\sqrt{2}\mu\omega}$$

e tutti gli altri nulli (vedi 5.56). La matrice di perturbazione:

$$\lambda\frac{\hbar}{\mu\omega}\frac{1}{\sqrt{2}}\begin{vmatrix} 0 & 1 & 0 \\ 1 & 0 & 1 \\ 0 & 1 & 0 \end{vmatrix} \implies W_2^{(1)} = 0, \pm\frac{\lambda\hbar}{\mu\omega}.$$

Notare che la matrice è proporzionale a J_x per $l = 1$. Le autofunzioni all'ordine zero, quelle cioè cui tendono le soluzioni perturbate quando $\lambda \to 0$, sono quelle che diagonalizzano la matrice vista sopra:

$$\psi_{2,\pm1}^{(0)} = 1/2(|20\rangle \pm \sqrt{2}|11\rangle + |02\rangle).$$
$$\psi_{2,0}^{(0)} = 1/\sqrt{2}(|20\rangle - |02\rangle).$$

ii) Il problema si diagonalizza esattamente, come fatto nel 3.3 e nel 5.56, in due oscillatori non interagenti con autovalori:

$$W_{n_+n_-} = \left(n_+ + \frac{1}{2}\right)\hbar\Omega_+ + \left(n_- + \frac{1}{2}\right)\hbar\Omega_-, \quad \Omega_\pm^2 = \omega^2 \pm \lambda.$$

I valori esatti sono allora:

$$W_{00} = \frac{1}{2}\hbar\left(\Omega_+ + \Omega_-\right) = \frac{1}{2}\hbar\left(\sqrt{\omega^2 + \lambda} + \sqrt{\omega^2 - \lambda}\right) \approx \hbar\omega.$$

$$W_{20} = \frac{5}{2}\hbar\sqrt{\omega^2 + \lambda} + \frac{1}{2}\hbar\sqrt{\omega^2 - \lambda} \approx 3\hbar\omega + \lambda\frac{\hbar}{\omega},$$

$$W_{11} = \frac{3}{2}\hbar\sqrt{\omega^2 + \lambda} + \frac{3}{2}\hbar\sqrt{\omega^2 - \lambda} \approx 3\hbar\omega,$$

$$W_{02} = \frac{1}{2}\hbar\sqrt{\omega^2 + \lambda} + \frac{5}{2}\hbar\sqrt{\omega^2 - \lambda} \approx 3\hbar\omega - \lambda\frac{\hbar}{\omega},$$

dove abbiamo sviluppato fino al primo ordine ritrovando i dati perturbativi.

5.58. Autovettori e autovalori imperturbati sono i seguenti:

$$u_n^{(0)} = \sqrt{2/a}\sin\left(n\pi\frac{x}{a}\right), \quad W_n^{(0)} = \frac{n^2\pi^2\hbar^2}{2\mu a^2}, \quad n = 1, 2, \ldots.$$

In $a/2$ queste funzioni sono nulle se n è pari, e annullano la delta, e diverse da zero per n dispari. Quindi, i valori di aspettazione del potenziale a delta sono:

$$V'_{nm} = \frac{2\lambda}{a}\sin\frac{n\pi}{2}\sin\frac{m\pi}{2} = \begin{cases} (-)^{(n+m-2)/2}2\lambda/a & n, m \text{ dispari} \\ 0 & n \text{ e/o } m \text{ pari.} \end{cases}$$

Le correzioni a stati con n pari sono nulle sia al primo che al secondo ordine, in accordo con la soluzione esatta del 4.6, se pure relativa all'intervallo $-a < x < a$.

Calcoliamo le correzioni ai livelli con n dispari. Al primo ordine sono date da:

$$W_{2k+1}^{(1)} = V'_{2k+1,2k+1} = (-)^{2k}2\lambda/a = 2\lambda/a, \quad k = 0, 1, 2, \ldots$$

Per il secondo ordine dobbiamo calcolare:

$$W_{2k+1}^{(2)} = \sum_{p \neq k} \frac{\left|V'_{2k+1,2p+1}\right|^2}{W_{2k+1}^{(0)} - W_{2p+1}^{(0)}} = \frac{8\mu\lambda^2}{\pi^2\hbar^2}\sum_{p \neq k} \frac{1}{(2k+1)^2 - (2p+1)^2}, \quad k = 0, 1, 2, \ldots$$

Per la sommatoria, utilizziamo il suggerimento del testo:

$$\sum_{p \neq k} \frac{1}{(2k+1)^2 - (2p+1)^2} = \frac{1}{4(2k+1)}\sum_{p \neq k}\left\{\frac{1}{p+k+1} - \frac{1}{p-k}\right\} =$$

$$= \frac{1}{4(2k+1)}\left[-\frac{1}{(3k+1)-k}\right] = -\frac{1}{4(2k+1)^2} = -\frac{1}{4n^2}.$$

Tutti gli addendi si cancellano a due a due salvo quello indicato, relativo a $p = 3k+1$ nel secondo addendo. Indichiamo con p_1 e p_2 gli indici dei primi e dei secondi addendi. Per $p_2 \leq 2k$, i secondi si cancellano tra loro: quelli con $0 \leq p_2 \leq k-1$ con quelli con $k+1 \leq p_2 \leq 2k$. Per $p_2 = 2k+1+q$, con $q = 0,1,2,...$, i secondi si cancellano con i primi con $p_1 = q$, tutti tranne quello con $p_2 = 3k+1$, cioè $q = k$ che però non è permesso perché comporta $p_1 = k$. Dunque:

$$W_n^{(2)} = \begin{cases} -\dfrac{2\mu\lambda^2}{\pi^2\hbar^2 n^2} & \text{n dispari} \\[3mm] 0 & \text{n pari.} \end{cases}$$

Il procedimento al primo ordine è valido, se questo è piccolo rispetto alla spaziatura:

$$\frac{2\lambda}{a} \ll \frac{\pi^2\hbar^2}{2\mu a^2}[(n+1)^2 - n^2] \implies \lambda a \ll \frac{\pi^2\hbar^2}{2\mu}n.$$

Al secondo ordine, questo deve essere piccolo rispetto al primo:

$$\frac{2\mu\lambda^2}{\pi^2\hbar^2 n^2} \ll \frac{2\lambda}{a} \implies \lambda a \ll \frac{\pi^2\hbar^2}{\mu}n^2,$$

condizione soddisfatta se è soddisfatta quella al primo ordine.

5.59. i) I dati richiesti sono stati valutati nel 5.7, escluso $W_{2s}^{(1)}$, assumendo che il raggio del protone sia piccolo rispetto al raggio di Bohr dell'elettrone. Analogamente, nel caso attuale noi assumiamo che il raggio del nucleo Z sia piccolo rispetto al raggio di Bohr del muone, ipotesi che però commenteremo nel punto iii).

$$W_{1s}^{(1)} \approx \frac{2e^2 r_N^2}{5(r_0^\mu)^3}, \quad W_{2s}^{(1)} \approx \frac{e^2 r_N^2}{20(r_0^\mu)^3}, \quad W_{2p}^{(1)} \approx \frac{e^2 r_N^4}{1120(r_0^\mu)^5}, \quad r_N \ll r_0^\mu.$$

Il calcolo di $W_{2s}^{(1)}$ è del tutto analogo a quello di $W_{1s}^{(1)}$, grazie a due osservazioni:

a) la correzione H' dipende solo da r, e quindi l'integrazione su $d\Omega$ agisce solo sulle armoniche sferiche, normalizzate a 1.

b) La seconda autofunzione radiale, R_{20}, differisce dalla prima, R_{10}, solo per un fattore numerico e per $(1 - Zr/r_0^\mu)$ che, nell'ipotesi di cui sopra $r \approx r_N \ll r_0^\mu$, si riduce all'unità come in R_{10}. Quindi rimane solo il fattore numerico, e quindi $W_{2s}^{(1)} = (2\sqrt{2})^{-2}W_{1s}^{(1)}$.

ii) Rispetto al secondo valore, il terzo è dell'ordine $(50)^{-1}O[(r_N/r_0^\mu)^2] \ll 1$, e quindi può essere trascurato rispetto al primo. Pertanto:

$$W_{2s} - W_{2p} \approx W_{2s} = \frac{e^2 r_N^2}{20(r_0^\mu)^3},$$

inserito $r_0^\mu = m_e/m_\mu r_0^e \approx 200^{-1} \cdot 0.5 \cdot 10^{-8} cm$, si può risalire alle dimensioni del nucleo, $r_N \approx 10^{-13} cm$.

iii) L'atomo mesico di numero atomico Z è costituito da un ordinario atomo nel quale un mesone μ ha sostituito uno degli elettroni. Inizialmente il muone è catturato su un'orbita eccitata simile a quella dell'elettrone espulso, per poi scendere rapidamente ai livelli più bassi per emissione a cascata di raggi X, o di altri elettroni per effetto Auger. A causa della sua massa elevata, $m_\mu \approx 206 m_e$, il suo raggio di Bohr è molto più piccolo di quello degli elettroni, ovvero le sue orbite sono molto più vicine al nucleo di quelle di tutti gli elettroni, e quindi risente in modo accentuato della distribuzione di volume della carica nucleare e molto poco della carica elettronica, per lo più esterna all'orbita del μ.

La correzione di volume è dunque necessaria, ma occorre rivedere il calcolo, basato sull'ipotesi $Z r_N \ll r_0^\mu$. Rispetto all'atomo di idrogeno, ora è diminuito il raggio di Bohr, e sono aumentati sia Z che r_N e, ad esempio, gli esponenziali delle funzioni d'onda non possono essere posti uguali a 1. In effetti, i dati sperimentali sono diversi da quelli calcolati, e sono minori per $l = 0$ e maggiori per $l = 1, 2$.

5.60. Il livello $n = 2$ è degenere 4 volte in corrispondenza ai valori del momento angolare $l = 0$, $m = 0$; $l = 1$, $m = -1, 0, 1$. In corrispondenza a questi 4 valori, dobbiamo valutare la seguente matrice:

$$H'_{l'm';lm} = \int d\Omega dr \, r^2 R_{2l'}(r) R_{2l}(r) f(r) r^2 \sin^2\theta \sin\varphi \cos\varphi Y_{l'm'}(\Omega) Y_{lm}(\Omega).$$

Di tutti questi elementi, sono nulli per motivi di parità quelli contenenti gli integrali:

$$\int_0^{2\pi} d\varphi \sin\varphi \cos\varphi = 0 \int_0^{2\pi} d\varphi \sin\varphi \cos\varphi e^{\pm i\varphi} = 0.$$

Gli unici integrali in φ diversi da zero sono quelli contenenti il fattore $e^{\pm 2i\varphi}$, e quindi $H'_{1,1;1,-1}$ e $H'_{1,-1;1,1}$:

$$H'_{1,1;1,-1} = \frac{3}{8\pi} \int dr \, r^4 R_{21}^2(r) f(r) \int_0^\pi d\theta \sin^5\theta \int_0^{2\pi} d\varphi \sin\varphi \cos\varphi e^{-2i\varphi} =$$

$$= \frac{3}{8\pi} \int dr \, r^4 R_{21}^2(r) f(r) \left[2\frac{4!!}{5!!} \right] \left[-i\frac{\pi}{2} \right] = -iC,$$

$$H'_{1,-1;1,1} = iC, \quad \text{essendo} \quad C = \frac{1}{5} \int dr \, r^4 R_{21}^2(r) f(r).$$

Dobbiamo quindi valutare gli zeri del determinante:

$$\det[H' - WI] = \det \begin{vmatrix} -W & 0 & 0 & 0 \\ 0 & -W & 0 & iC \\ 0 & 0 & -W & 0 \\ 0 & -iC & 0 & -W \end{vmatrix} = W^2(W^2 - C^2) = 0.$$

Abbiamo quindi la correzione $W_2^{(1),0} = 0$ due volte degenere, e le due $W_2^{(1),\pm} = \pm C$ non degeneri. Complessivamente, il livello $n = 2$, degenere quattro volte, si separa in tre livelli, di cui uno degenere due volte.

5.61. i) L'Hamiltoniana classica del rotatore è data da:

$$H = \frac{M^2}{2I},$$

e, assumendo la quantizzazione canonica, l'espressione precedente fornisce anche l'energia quantistica. Le autofunzioni dell'operatore L^2 sono le armoniche sferiche, con gli usuali autovalori:

$$\psi_{lm} = R(r)Y_{lm}(\theta, \varphi)W_l = \frac{\hbar^2 l(l+1)}{2I},$$

dove $R(r)$ è un'arbitraria funzione della sola r, che possiamo pensare normalizzata, e gli autovalori, salvo il primo, sono degeneri.

ii) Scegliamo l'asse delle z diretto come il campo elettrico, e introduciamo la perturbazione:

$$H' = -\mathbf{d} \cdot \mathbf{E} = -d\frac{\mathbf{r}}{r} \cdot \mathbf{E} = -dE\cos\theta.$$

Dobbiamo ora calcolare i valori di aspettazione di H' sullo stato fondamentale, non degenere. Al primo ordine si ottiene zero, in quanto $\cos\theta$ è dispari, mentre per il secondo ordine possiamo osservare che:

$$H' = -dE\cos\theta = -dE\sqrt{\frac{4\pi}{3}}Y_{10},$$

e quindi che l'unico elemento di matrice diverso da zero è :

$$\langle\, Y_{00} \mid H' \mid Y_{10}\,\rangle = -dE\frac{1}{\sqrt{4\pi}}\sqrt{\frac{4\pi}{3}}\langle\, Y_{10} \mid Y_{10}\,\rangle = -dE\frac{1}{\sqrt{3}}.$$

Questa espressione va elevata al quadrata e divisa per $W_0^{(0)} - W_1^{(0)} = -2\hbar^2/2I = -\hbar^2/I$, portando così al risultato richiesto:

$$W_0 = W_0^{(0)} + W_0^{(1)} + W_0^{(2)} + \dots = W_0^{(2)} = -\frac{d^2E^2I}{3\hbar^2}.$$

5.62. Gli stati dell'oscillatore armonico sono non degeneri, per cui la prima correzione è data da:

$$W_0^{(1)} = \frac{1}{2}\varepsilon\langle\, 0 \mid x^2 \mid 0\,\rangle = \frac{1}{2}\varepsilon\frac{\hbar}{2\mu\omega}\langle\, 0 \mid \hat{a}\hat{a}^\dagger \mid 0\,\rangle = \frac{1}{4}\frac{\varepsilon}{K}\hbar\omega.$$

Il secondo ordine contribuisce tramite:

$$W_0^{(2)} = \sum_{s \neq 0} \frac{\left| H_{0,s}^{(1)} \right|^2}{W_0^{(0)} - W_s^{(0)}},$$

con:

$$H_{0,s}^{(1)} = \frac{1}{2}\varepsilon\langle\, s \mid x^2 \mid 0\,\rangle = \varepsilon \frac{\hbar}{4\mu\omega}\langle\, s \mid (\hat{a}+\hat{a}^\dagger)(\hat{a}+\hat{a}^\dagger) \mid 0\,\rangle = \varepsilon\frac{\hbar}{2\sqrt{2}\mu\omega}\delta_{s0}.$$

E quindi:

$$W_0^{(2)} = -\left(\varepsilon\frac{\hbar}{2\sqrt{2}\mu\omega}\right)^2 \frac{1}{2\hbar\omega} = -\frac{1}{16}\varepsilon^2\frac{\hbar}{\mu^2\omega^3} = -\frac{1}{16}\left(\frac{\varepsilon}{K}\right)^2 \hbar\omega.$$

Il problema è risolubile esattamente perché si tratta in effetti di un potenziale armonico di costante $K' = K + \varepsilon$, con energia dello stato fondamentale:

$$W_0 = \frac{1}{2}\hbar\omega' = \frac{1}{2}\hbar\left(\frac{K+\varepsilon}{\mu}\right)^{1/2} = \frac{1}{2}\hbar\left(\omega^2 + \frac{\varepsilon}{\mu}\right)^{1/2} =$$

$$= \hbar\omega\left\{\frac{1}{2} + \frac{1}{4}\frac{\varepsilon}{K} - \frac{1}{16}\left(\frac{\varepsilon}{K}\right)^2 + O\left[\left(\frac{\varepsilon}{K}\right)^3\right]\right\}.$$

I primi due termini correttivi sono uguali, come saranno uguali anche tutti quelli successivi.

5.63. Nel Problema 5.4 era stato calcolata perturbativamente la correzione da apportare all'energia dello stato fondamentale dell'atomo idrogenoide:

$$W_1^{(1)} = \frac{2}{3}\frac{e^2 Z^4}{r_0^3}\delta^2,$$

essendo $W_1^{(0)} = -Z^2 e^2/2r_0$ l'energia imperturbata, ovvero quella totale nel caso di nucleo puntiforme.

i) Se vogliamo interpretare la perturbazione come dovuta a una carica aggiuntiva, cioè al potenziale:

$$\widetilde{V} = (Z+\zeta)\frac{e^2}{r} = Z\left(1 + \frac{\zeta}{Z}\right)\frac{e^2}{r} = V + V_\zeta,$$

possiamo procedere confrontando il risultato perturbativo con l'autovalore esatto della nuova Hamiltoniana:

$$W_1^{(0)} + W_1^{(1)} \approx \widetilde{W}_1 \quad \Longrightarrow \quad W_1^{(0)} + W_1^{(1)} \approx \frac{(Z+\zeta)^2}{Z^2}W_1^{(0)},$$

e quindi:

$$1 + \frac{\zeta}{Z} = \sqrt{1 + \frac{W_1^{(1)}}{W_1^{(0)}}} = 1 + \frac{1}{2}\frac{W_1^{(1)}}{W_1^{(0)}} + \dots.$$

Nel caso del rapporto piccolo, abbiamo finalmente:

$$\frac{\zeta}{Z} \approx \frac{1}{2}\frac{W_1^{(1)}}{W_1^{(0)}} = -\frac{2}{3}\frac{\delta^2}{r_0^2/Z^2} \approx -2.5 \cdot 10^{-10}$$

dove abbiamo posto $Z = 1$, il raggio di Bohr $r_0 = 0.53 \cdot 10^{-8}$, e il valore di δ assegnato.

Alternativamente, possiamo pensare al potenziale dovuto alla carica aggiuntiva come a sua volta a una perturbazione, e quindi valutare la correzione al livello energetico, data da:

$$\langle u_{100} \mid V_\zeta \mid u_{100} \rangle = W_1^{(1)} = -\zeta e^2 \frac{Z}{r_0} \approx \frac{2}{3}\frac{e^2 Z^4}{r_0^3}\delta^2,$$

e quindi il primo risultato perturbativo.

ii) Nel caso dell'atomo mesico del piombo, le correzioni da apportare ai precedenti calcoli sono relative al raggio di Bohr del mesone nel campo generato dalla carica Ze:

$$r_{\mu-Pb} = \frac{r_0}{Z}\frac{m_e}{m_\mu} \approx \frac{r_0}{82 \cdot 207}$$

e alle dimensioni del nucleo di piombo circa proporzionale a quello dell'idrogeno tramite il fattore $A^{1/3} \approx 5.9$, essendo $A = 208$ il numero di massa. Quindi:

$$\frac{W_1^{(1)}}{W_1^{(0)}}\bigg|_{\mu-Pb} = -\frac{4}{3}\frac{\delta_{Pb}^2}{r_{\mu-Pb}^2} = -\frac{4}{3}\frac{\delta^2}{r_0^2}A^{2/3}(82 \cdot 207)^2 \approx$$

$$\approx -5 \cdot 10^{-10} \cdot 5.9^2 \cdot (82 \cdot 207)^2 = O(1).$$

Evidentemente, in tali condizioni la teoria perturbativa non è applicabile. Vedi gli analoghi commenti nel 5.59.

3.6 Calcolo Variazionale

6.1. Le funzioni di prova devono appartenere al dominio di autoaggiuntezza dell'Hamiltoniana, e quindi annullarsi (o essere periodiche) agli estremi. Solo ψ_2 soddisfa le condizioni di annullamento.

6.2. Valutiamo anzitutto l'integrale seguente, che verrà utile sia per normalizzare le funzioni d'onda, sia per valutare i valori di aspettazione:

$$\int_{-\infty}^{\infty} \frac{dx}{(\xi + x^2)^{n+1}} = -\frac{1}{n}\frac{d}{d\xi}\int_{-\infty}^{\infty} \frac{dx}{(\xi + x^2)^n} = \frac{(-)^n}{n!}\frac{d^n}{d\xi^n}\frac{1}{\sqrt{\xi}}\arctan\frac{x}{\sqrt{\xi}}\Big|_{-\infty}^{+\infty} =$$

$$= \frac{(-)^n}{n!}\frac{d^n}{d\xi^n}\frac{\pi}{\sqrt{\xi}} = \frac{\pi(2n-1)!!}{2^n n! \xi^{n+1/2}}.$$

i) Utilizzando la formula precedente:

$$\|\psi_1\|^2 = A^2 \int_{-\infty}^{+\infty} dx \frac{1}{\left(1 + x^2/a^2\right)^2} = A^2 \frac{\pi a}{2} = 1 \implies A = \sqrt{\frac{2}{\pi a}}.$$

Sullo stato ora normalizzato, possiamo valutare i valori di aspettazione dell'Hamiltoniana:

$$\langle\, \psi_1\, |\, H\, |\, \psi_1\, \rangle = \langle T \rangle_1 + \langle V \rangle_1,$$

con:

$$\langle T \rangle_1 = \frac{1}{2\mu}\langle\, \psi_1\, |\, \hat{p}^2\, |\, \psi_1\, \rangle = \frac{1}{2\mu}\|\hat{p}\psi_1\|^2 = \frac{\hbar^2}{2\mu}\int_{-\infty}^{+\infty} dx \left|\frac{d\psi_1}{dx}\right|^2 =$$

$$= \frac{\hbar^2}{2\mu}A^2 \int_{-\infty}^{+\infty} dx \left|\frac{-2x/a^2}{(1 + x^2/a^2)^2}\right|^2 = \frac{\hbar^2}{2\mu}A^2 4a^4 \int_{-\infty}^{+\infty} dx \frac{x^2}{(a^2 + x^2)^4}.$$

Per valutare l'ultimo integrale, sommiamo e sottraiamo a^2 al numeratore:

$$\frac{x^2}{(a^2 + x^2)^4} = \frac{1}{(a^2 + x^2)^3} - \frac{a^2}{(a^2 + x^2)^4},$$

e ci riconduciamo agli integrali sopra classificati, con $n = 2, 3$. Si ottiene infine:

$$\langle T \rangle_1 = \frac{\hbar^2}{4\mu a^2}.$$

Per quanto riguarda la parte potenziale:

$$\langle V \rangle_1 = \frac{K}{2}A^2 a^4 \int_{-\infty}^{+\infty} dx \frac{x^2}{(a^2 + x^2)^2} = \frac{K}{2}a^2,$$

che si ottiene scomponendo l'integrale come visto sopra. Pertanto:

$$W_1(a) = \langle H \rangle_1 = \frac{\hbar^2}{4\mu a^2} + \frac{K}{2}a^2.$$

Imponendo le condizioni di minimo (stazionarietà):

$$\frac{d}{d(a^2)}W_1(a) = 0 \quad \Longrightarrow \quad \bar{a}^2 = \frac{\hbar}{\sqrt{2K\mu}}, \quad \overline{W}_1(\bar{a}) = \frac{1}{\sqrt{2}}\hbar\omega \approx 0.71\hbar\omega, \quad \omega = \sqrt{K/\mu}.$$

Il valore appena trovato è da confrontare con il valore esatto $W_1^{ex} = 1/2\hbar\omega < \overline{W}_1(\bar{a})$.

ii) Dobbiamo ora ripetere tutta la procedura con la seconda funzione di prova:

$$||\psi_2||^2 = B^2 \int_{-\infty}^{+\infty} dx \frac{1}{\left(1+x^2/b^2\right)^4} = B^2 \frac{5\pi b}{16} = 1 \quad \Longrightarrow \quad B = \sqrt{\frac{16}{5\pi b}}.$$

La parte cinetica è data da:

$$\langle T \rangle_2 = \frac{\hbar^2}{2\mu}B^2 \int_{-\infty}^{+\infty} dx \left|\frac{-4x/b^2}{(1+x^2/b^2)^3}\right|^2 = \frac{\hbar^2}{2\mu}B^2 16b^8 \int_{-\infty}^{+\infty} dx \frac{x^2}{(b^2+x^2)^6}.$$

Anche l'ultimo integrando può essere scomposto aggiungendo e togliendo b^2 al numeratore, e utilizzando gli integrali iniziali. Si ottiene:

$$\langle T \rangle_2 = \frac{7\hbar^2}{10\mu b^2}, \quad \langle V \rangle_2 = \frac{K}{2}B^2 b^8 \int_{-\infty}^{+\infty} dx \frac{x^2}{(b^2+x^2)^4} = \frac{K}{10}b^2.$$

Pertanto:

$$W_2(b) = \frac{7\hbar^2}{10\mu b^2} + \frac{K}{10}b^2,$$

da cui:

$$\frac{d}{d(b^2)}W_2(b) = 0 \quad \Longrightarrow \quad \bar{b}^2 = \hbar\sqrt{\frac{7}{K\mu}} \quad \Longrightarrow \quad \overline{W}_2(\bar{b}) = \frac{\sqrt{7}}{5}\hbar\omega \approx 0.53\hbar\omega,$$

che rappresenta un ulteriore miglioramento verso il valore esatto $0.5\hbar\omega$.

iii) Consideriamo la funzione di prova e l'autofunzione esatta:

$$\psi_3 = C\left(1+x^2/c^2\right)^{-d^2}, \quad u_0(x) = \sqrt{\frac{\alpha}{\sqrt{\pi}}}e^{-\alpha^2 x^2/2} \quad \text{con} \quad \alpha = \left(\frac{\mu K}{\hbar^2}\right)^{1/4}.$$

Grazie al limite suggerito nel testo:

$$e^{-x} = \lim_{\xi \to \infty}\left(1+x/\xi\right)^{-\xi}:$$

$$\lim_{\xi \to \infty}\left(1+\frac{x^2}{2\xi/\alpha^2}\right)^{-\xi} = \lim_{\xi \to \infty}\left(1+\frac{\alpha^2 x^2/2}{\xi}\right)^{-\xi} = \exp[-\alpha^2 x^2/2],$$

e ponendo $c^2 = 2d^2/\alpha^2$, nel limite $d^2 = \xi \to \infty$, la funzione di prova tende a quella esatta e l'errore tende a zero. Da questa analisi si comprende anche il motivo per cui la funzione di prova ψ_2 esaminata precedentemente desse un risultato migliore della ψ_1.

6.3. Normalizziamo le funzioni di prova, riportando gli integrali della A.12 per comodità :

$$I_n^{(1)} = \int_0^\infty dx \, x^n e^{-\sigma x} = \frac{n!}{\sigma^{n+1}}$$

$$I_{2n}^{(2)} = \int_0^\infty dx \, x^{2n} e^{-\sigma x^2} = \frac{(2n-1)!!}{2(2\sigma)^n} \sqrt{\frac{\pi}{\sigma}} \quad I_{2n+1}^{(2)} = \int_0^\infty dx \, x^{2n+1} e^{-\sigma x^2} = \frac{n!}{2\sigma^{n+1}}.$$

Da questi si ottiene:

$$||\psi_1||^2 = A^2 \int_0^\infty dz \, z^2 e^{-2\alpha z} = \frac{A^2}{4\alpha^3} = 1 \quad \Longrightarrow \quad A = 2\alpha^{3/2}.$$

$$||\psi_2||^2 = B^2 \int_0^\infty dz \, z^2 e^{-\beta z^2} = \frac{B^2}{4} \left(\frac{\pi}{\beta^3} \right)^{1/2} = 1 \quad \Longrightarrow \quad B = 2 \left(\frac{\beta^3}{\pi} \right)^{1/4}.$$

Dobbiamo valutare il valore d'aspettazione dell'Hamiltoniana sugli stati di prova:

$$W_{1,2} = \langle \, \psi_{1,2} \, | \, H \, | \, \psi_{1,2} \, \rangle = \langle \, \psi_{1,2} \, | \, T \, | \, \psi_{1,2} \, \rangle + \langle \, \psi_{1,2} \, | \, V \, | \, \psi_{1,2} \, \rangle = \langle T \rangle_{1,2} + \langle V \rangle_{1,2},$$

con:

$$\langle T \rangle_{1,2} = \frac{1}{2\mu} \langle \, \psi_{1,2} \, | \, \hat{p}^2 \, | \, \psi_{1,2} \, \rangle = \frac{1}{2\mu} \langle \, \hat{p}\psi_{1,2} \, | \, \hat{p}\psi_{1,2} \, \rangle = \frac{\hbar^2}{2\mu} \left|\left| \frac{d}{dz} \psi_{1,2} \right|\right|^2.$$

Con la prima funzione di prova:

$$\langle T \rangle_1 = \frac{2\hbar^2 \alpha^3}{\mu} \left|\left| \frac{d}{dz} z e^{-\alpha z} \right|\right|^2 =$$

$$= \frac{2\hbar^2 \alpha^3}{\mu} \int_0^\infty dz \left[e^{-2\alpha z} + \alpha^2 z^2 e^{-2\alpha z} - 2\alpha z e^{-2\alpha z} \right] = \frac{\hbar^2}{2\mu} \alpha^2.$$

$$\langle V \rangle_1 = \langle \, \psi_1 \, | \, \mu g z \, | \, \psi_1 \, \rangle = 4\mu g \alpha^3 \int_0^\infty dz \, z^3 e^{-2\alpha z} = \frac{3\mu g}{2\alpha}.$$

Raccogliendo i risultati precedenti:

$$W_1 = \frac{\hbar^2}{2\mu} \alpha^2 + \frac{3\mu g}{2\alpha}.$$

Possiamo ora valutare il minimo di questa espressione, annullandone la derivata:

$$\frac{d}{d\alpha} W_1 = \frac{\hbar^2}{\mu} \alpha - \frac{3\mu g}{2\alpha^2} = 0 \quad \Longrightarrow \quad \bar{\alpha} = \left(\frac{3\mu^2 g}{2\hbar^2} \right)^{1/3}.$$

Sostituito questo valore nella espressione precedente, si trova:

$$\overline{W}_1 = W_1(\bar{\alpha}) = \frac{\hbar^2}{2\mu}\left(\frac{3\mu^2 g}{2\hbar^2}\right)^{2/3} + \frac{3\mu g}{2}\left(\frac{3\mu^2 g}{2\hbar^2}\right)^{-1/3} = \left(\frac{243}{16}\right)^{1/3}\left(\frac{\mu g^2\hbar^2}{2}\right)^{1/3} \approx$$

$$\approx 2.476\left(\frac{\mu g^2\hbar^2}{2}\right)^{1/3} \equiv 2.476 w_0.$$

Consideriamo ora la seconda funzione di prova:

$$\langle T\rangle_2 = \frac{\hbar^2}{2\mu}\frac{4}{\sqrt{\pi}}\beta^{3/2}\left\|\frac{d}{dx}xe^{-\beta x^2/2}\right\|^2 =$$

$$= \frac{2\hbar^2\beta^{3/2}}{\mu\sqrt{\pi}}\int_0^\infty dx\left[e^{-\beta x^2} + \beta^2 x^4 e^{-\beta x^2} - 2\beta x^2 e^{-\beta x^2}\right] = \frac{3\hbar^2}{4\mu}\beta,$$

$$\langle V\rangle_2 = \langle\psi_2\,|\,\mu g x\,|\,\psi_2\rangle = 4\mu g\frac{\beta^{3/2}}{\sqrt{\pi}}\int_0^\infty dx\,x^3 e^{-\beta x^2} = \frac{2\mu g}{\sqrt{\pi\beta}}.$$

Raccogliendo i risultati precedenti:

$$W_2 = \frac{3}{4}\frac{\hbar^2}{\mu}\beta + \frac{2\mu g}{\sqrt{\pi\beta}}.$$

Possiamo ora valutare il minimo di questa espressione, annullandone la derivata:

$$\frac{d}{d\beta}W_2 = \frac{3}{4}\frac{\hbar^2}{\mu} - \frac{\mu g}{\sqrt{\pi\beta^3}} = 0 \quad\Longrightarrow\quad \bar{\beta} = \left(\frac{4\mu^2 g}{3\hbar^2\sqrt{\pi}}\right)^{2/3}.$$

Sostituito questo valore nella espressione precedente, si trova:

$$\overline{W}_2 = W_2(\bar{\beta}) = \left(\frac{81}{2\pi}\right)^{1/3}\left(\frac{\mu g^2\hbar^2}{2}\right)^{1/3} \approx 2.345 w_0.$$

Possiamo ora confrontare i risultati ora ottenuti con quello esatto del Problema 1.15:

$$\overline{W}_1 = 2.476 w_0\,, \quad \overline{W}_2 = 2.345 w_0\,, \quad W_{ex} = 2.338 w_0.$$

Si potrebbe anche utilizzare una funzione di prova con il comportamento corretto all'infinito, che si ricava direttamente dall'equazione di Airy ed è del tipo $\approx \exp[-\gamma x^{3/2}]$.

Notiamo infine che, essendo il potenziale omogeneo di primo ordine, vale il teorema del viriale $2\overline{T}_{1,2} = \overline{V}_{1,2}$.

6.4. i) Normalizziamo lo stato, scegliendo l'asse z diretto come il vettore **a**.

$$\|\psi\|^2 = \frac{4\pi}{3}a^2 I_4^{(2)} = \frac{4\pi}{3}a^2\frac{3}{32\alpha^4}\sqrt{\frac{\pi}{2\alpha^2}} = 1 \quad\Longrightarrow\quad a^2 = \frac{8\sqrt{2}}{\pi^{3/2}}\alpha^5.$$

Valutiamo sugli stati normalizzati il valore di aspettazione del termine cinetico:

$$
\langle \psi \mid T \mid \psi \rangle = \frac{\hbar^2}{2\mu} \int d_3\mathbf{r} \left| \frac{\partial}{\partial \mathbf{r}} \psi \right|^2 =
$$

$$
= \frac{\hbar^2}{2\mu} \int d_3\mathbf{r} \sum_i \left[a_i - \mathbf{a} \cdot \mathbf{r} 2\alpha^2 r_i \right]^2 e^{-2\alpha^2 r^2} =
$$

$$
= \frac{\hbar^2}{2\mu} a^2 2\pi \int_0^\infty dr \int_{-1}^{+1} d\cos\theta \left[1 - 4\cos^2\theta \alpha^2 r^2 + 4\cos^2\theta \alpha^4 r^4 \right] r^2 e^{-2\alpha^2 r^2} =
$$

$$
= \frac{\hbar^2 a^2 2\pi}{\mu} \left[1 - \frac{4}{3}\alpha^2 \frac{3}{4\alpha^2} + \frac{4}{3}\alpha^4 \frac{5\cdot 3}{4\cdot 4\alpha^4} \right] I_2^{(2)} = \frac{5\hbar^2\alpha^2}{2\mu}.
$$

Per il termine potenziale:

$$
\langle \psi \mid V \mid \psi \rangle = -e^2 \int d\Omega \int dr\, r a^2 r^2 \cos^2\theta e^{-2\alpha^2 r^2} = -\frac{e^2 a^2 4\pi}{3} I_3^{(2)} = -\frac{e^2}{\sqrt{\pi}} \frac{4\sqrt{2}}{3}\alpha.
$$

Le condizioni di minimo sono date da:

$$
\frac{d}{d\alpha} W(\alpha) = \frac{d}{d\alpha} \left[T(\alpha) + V(\alpha) \right] = \frac{5\hbar^2\alpha}{\mu} - \frac{e^2 4\sqrt{2}}{3\sqrt{\pi}} = 0,
$$

da cui:

$$
\bar\alpha = \frac{4\sqrt{2}}{15\sqrt{\pi}} \frac{e^2\mu}{\hbar^2} \implies \overline{W}(\bar\alpha) = -\frac{16}{3\cdot 15} \frac{e^4\mu}{\pi\hbar^2} \approx -0.113 \frac{e^4\mu}{\hbar^2}.
$$

ii) Confrontiamo con il valore esatto:

$$
W_{n=2} = -\frac{1}{8} \frac{e^4\mu}{\hbar^2} \approx -0.125 \frac{e^4\mu}{\hbar^2} < \overline{W}(\bar\alpha).
$$

La scelta della funzione di prova è appropriata. È di momento angolare $l = 1$ dato che contiene le funzioni trigonometriche al primo ordine; coseno o seno è irrilevante, in quanto dipende dall'orientazione del vettore $\mathbf{a}$ rispetto all'asse z. Inoltre, ha comportamento all'origine $\approx r = r^l \big|_{l=1}$, e non ha nodi. Caratteristiche condivise con l'autofunzione esatta con $l = 1$ e numero quantico radiale $n_r = 0$, cioè appunto lo stato $2p$.

6.5. La normalizzazione porta a:

$$
1 = ||\psi||^2 = C^2 2\pi \int_0^\infty d\rho\, \rho \exp(-2\alpha\rho) = \frac{\pi C^2}{2\alpha^2}.
$$

I valori di aspettazione sono dati da:

$$\langle T \rangle = \langle\, \psi \mid \frac{\hat{\mathbf{p}}^2}{2\mu} \mid \psi\, \rangle = \frac{1}{2\mu}\langle\, \psi \mid \hat{p}_x^2 + \hat{p}_y^2 \mid \psi\, \rangle = \frac{1}{2\mu}\left\{\|\hat{p}_x\psi\|^2 + \|\hat{p}_y\psi\|^2\right\} =$$

$$= \frac{\hbar^2}{2\mu}\int d_2\mathbf{x}\left(\left|\frac{d}{dx}\psi\right|^2 + \left|\frac{d}{dy}\psi\right|^2\right) = \frac{\hbar^2\alpha^2}{2\mu}\int d_2\mathbf{x}\,\frac{x^2+y^2}{\rho^2}\|\psi\|^2 = \frac{\hbar^2\alpha^2}{2\mu};$$

$$\langle V \rangle = \pi K C^2 \int_0^\infty d\rho\,\rho^3 e^{-2\alpha\rho} = \frac{3}{4}\frac{K}{\alpha^2}.$$

E quindi

$$\frac{d\overline{W}}{d\alpha} = \frac{d}{d\alpha}[\langle T \rangle + \langle V \rangle] = \frac{\hbar^2}{\mu}\alpha - \frac{3}{2}\frac{K}{\alpha^3} = 0 \quad \Longrightarrow \quad \overline{W}(\bar{\alpha}) = \sqrt{3/2}\,\hbar\omega \approx 1.22\hbar\omega,$$

maggiore del valore esatto $W_{ex} = \hbar\omega$. Notare che si tratta di un oscillatore armonico bidimensionale.

6.6. Per la ricerca del primo stato eccitato è più conveniente la ψ_1 perché dispari, e quindi ortogonale allo stato fondamentale che è pari. Normalizziamo la funzione:

$$1 = \|\psi_1\|^2 = A^2\int_{-\infty}^{+\infty}dx\,x^2 e^{-2\alpha|x|} = 2A^2\int_0^\infty dx\,x^2 e^{-2\alpha x} = \frac{A^2}{2\alpha^3}.$$

Valutiamo ora i valori di aspettazione:

$$\langle\, \psi_1 \mid H \mid \psi_1\, \rangle = \langle\, \psi_1 \mid \frac{\hat{p}^2}{2\mu} \mid \psi_1\, \rangle + \frac{1}{2}K\langle\, \psi_1 \mid x^2 \mid \psi_1\, \rangle = \langle T \rangle_1 + \langle V \rangle_1.$$

$$\langle T \rangle_1 = \frac{\hbar^2}{2\mu}\int_{-\infty}^{+\infty}dx\left|\frac{d\psi_1}{dx}\right|^2 = \frac{\alpha^3\hbar^2}{\mu}\int_{-\infty}^{+\infty}dx\left(e^{-\alpha|x|} - \alpha|x|e^{-\alpha|x|}\right)^2 =$$

$$= \frac{\alpha^3\hbar^2}{\mu}\int_{-\infty}^{+\infty}dx\left[e^{-2\alpha|x|} + \alpha^2 x^2 e^{-2\alpha|x|} - 2\alpha|x|e^{-2\alpha|x|}\right] = \frac{\alpha^2\hbar^2}{2\mu}.$$

$$\langle V \rangle_1 = K\alpha^3\int_{-\infty}^{+\infty}dx\,x^4 e^{-2\alpha|x|} = 2K\alpha^3\int_0^\infty dx\,x^4 e^{-2\alpha x} = \frac{3}{2}\frac{K}{\alpha^2}.$$

Pertanto:

$$W_1(\alpha) = \langle T \rangle_1 + \langle V \rangle_1 = \frac{\alpha^2\hbar^2}{2\mu} + \frac{3}{2}\frac{K}{\alpha^2},$$

$$\frac{d\overline{W}_1}{d\alpha} = \alpha\frac{\hbar^2}{\mu} - \frac{3K}{\alpha^3} = 0 \quad \Longrightarrow \quad \bar{\alpha} = (3\mu K/\hbar^2)^{1/4} \quad \Longrightarrow \quad \overline{W}_1(\bar{\alpha}) = \sqrt{3}\,\hbar\omega.$$

Questo valore approssimato è pari a $1.73\hbar\omega$, da confrontare con il valore esatto $1.5\hbar\omega$.

6.7. La funzione di prova è analoga a quella del Problema 6.4, e come quella è una buona funzione di prova per lo stato con $l = 1$ e $n_r = 0$.

$$I_n^{(1)} = \int_0^\infty dx\, x^n e^{-2\alpha x} = \frac{n!}{(2\alpha)^{n+1}} \quad \Longrightarrow \quad ||\psi||^2 = a^2 \frac{4}{3\pi} \int_0^\infty dr\, r^4 e^{-2\alpha r} = \frac{a^2}{\alpha^5}\pi = 1.$$

Per il calcolo dell'energia cinetica e potenziale, utilizziamo coordinate polari, con l'asse z parallelo ad $\mathbf{a}$, come nel 6.4:

$$\langle\, \psi \mid T \mid \psi\, \rangle = \frac{\hbar^2}{2\mu}\int d_3\mathbf{r}\left|\frac{\partial}{\partial \mathbf{r}}\psi\right|^2 =$$

$$= \frac{\hbar^2}{2\mu}\int d_3(\mathbf{r})\sum_i \left[a_i - \mathbf{a}\cdot\mathbf{r}\alpha\frac{r_i}{r}\right]^2 e^{-2\alpha r} =$$

$$= \frac{\hbar^2}{2\mu}a^2 2\pi\int_0^\infty dr\int_{-1}^{+1}d\cos\theta\left[1 - 2\cos^2\theta\,\alpha r + \cos^2\theta\,\alpha^2 r^2\right]r^2 e^{-2\alpha r} =$$

$$= \frac{\pi\hbar^2}{\mu}a^2\left[2I_2^{(1)} - \frac{4}{3}\alpha I_3^{(1)} + \frac{2}{3}\alpha^2 I_4^{(1)}\right] = \frac{\pi\hbar^2}{2\mu}\frac{a^2}{\alpha^3} = \frac{\hbar^2\alpha^2}{2\mu}.$$

Per l'energia potenziale otteniamo:

$$\langle\, \psi \mid V \mid \psi\, \rangle = a^2\frac{1}{2}\mu\omega^2\frac{4\pi}{3}I_6^{(1)} = \frac{15\mu\omega^2}{4\alpha^2}.$$

Minimizzando $W(\alpha) = \langle T\rangle + \langle V\rangle$, rispetto al paramentro variazionale α, si ottiene:

$$\bar{\alpha}^2 = \sqrt{\frac{15}{2}\frac{\mu\omega}{\hbar}} \quad \Longrightarrow \quad \overline{W}(\bar{\alpha}) = \sqrt{\frac{15}{2}}\hbar\omega \approx 2.74\hbar\omega.$$

Da confrontare con il valore esatto $W_{l=1,n_r=0}^{(ex)} = 2.5\hbar\omega$. Vedi il 3.6 per l'oscillatore armonico in coordinate polari.

6.8. i) Lo spettro dell'energia è puramente discreto. Ogni autovalore è del tipo

$$W_n = w c_n$$

dove w è la scala di energia del problema, e si esprime tramite i parametri del problema:

$$w = \lambda^\alpha\left(\hbar^2/2\mu\right)^\beta.$$

Tenendo conto che $[\lambda] = [W][L^{-2k}]$, e risolvendo il sistema in α e β, si ottiene:

$$\alpha = (k+1)^{-1}, \quad \beta = k\alpha \quad \Longrightarrow \quad W_n = \left[\lambda\left(\hbar^2/2\mu\right)^k\right]^{1/(k+1)}c_n \quad n = 1,2,\ldots$$

da cui segue immediatamente l'andamento asintotico in λ di tutti gli stati legati.

ii) Valutiamo ora lo stato fondamentale mediante il metodo variazionale. Scegliamo come funzione di prova $\psi(x) = N \exp\{-x^2/4\sigma\}$:

$$||\psi||^2 = N^2 \int_{-\infty}^{\infty} dr\, e^{-x^2/2\sigma} = N^2 \sqrt{2\pi\sigma} \implies N^2 = (2\pi\sigma)^{-1/2}.$$

Da qui si ricava:

$$\langle \psi \mid H \mid \psi \rangle = N^2 \int_{-\infty}^{\infty} dx \frac{\hbar^2}{2\mu} \left| \frac{d}{dx} \psi(x) \right|^2 + \lambda \langle x^{2k} \rangle_\psi =$$

$$= N^2 \frac{\hbar^2}{2\mu} \frac{1}{4\sigma^2} I_2^{(2)} + \lambda N^2 I_{2k}^{(2)} = \frac{A}{\sigma} + B\sigma^k$$

$$\text{con} \quad A = \frac{1}{4}\frac{\hbar^2}{2\mu}, B = \lambda(2k-1)!!.$$

Il valore ottimale di σ si ottiene imponendo che $d\langle H \rangle/d\sigma = 0$. Esso vale:

$$\bar{\sigma} = \left(\frac{A}{kB} \right)^{1/(k+1)} \implies \overline{W}(\bar{\sigma}) = \left[\lambda \left(\frac{\hbar^2}{2\mu} \right)^k \right]^{1/(k+1)} \left[\frac{(2k-1)!!}{(4k)^k} \right]^{1/(k+1)} (k+1).$$

Il fattore dimensionale è stato valutato all'inizio ed è il medesimo per tutti gli stati legati. Ovviamente, il calcolo variazionale serve a valutare, per eccesso, il coefficiente numerico c_1 relativo allo stato fondamentale. Nel caso banale $k = 1$, l'Hamiltoniana è quella dell'oscillatore armonico, e la funzione di prova è quella esatta dello stato fondamentale. Infatti, posto:

$$k = 1, \quad \lambda = \frac{1}{2}\mu\omega^2 \implies \overline{W}(\bar{\sigma}) = \frac{1}{2}\hbar\omega, \quad \frac{1}{4\sigma} = \frac{1}{2}\sqrt{\frac{\mu K}{\hbar^2}} = \frac{\alpha^2}{2},$$

cioè appunto i parametri esatti dell'oscillatore.

6.9. Essendo il potenziale a simmetria sferica, anche lo stato fondamentale gode di questa proprietà, e non dipende dalle variabili angolari; inoltre non ha nodi, è diverso da zero all'origine, e decresce esponenzialmente all'infinito. Quindi, sembra opportuna una funzione di prova del tipo:

$$\psi = e^{-\alpha r} \quad r^2 = x^2 + y^2 + z^2,$$

con α parametro variazionale. Essendo:

$$H = \frac{p^2}{2\mu} + V(r) = \frac{1}{2\mu}\left(-\hbar^2 \frac{1}{r^2}\frac{\partial}{\partial r} r^2 \frac{\partial}{\partial r} + \frac{1}{r^2}L^2 \right) + \lambda r,$$

occorre valutare:

$$\langle \psi \mid H \mid \psi \rangle = -\frac{\hbar^2}{2\mu} \int_0^\infty dr\, r^2 e^{-\alpha r} \frac{1}{r^2} \frac{d}{dr} r^2 \frac{d}{dr} e^{-\alpha r} + \lambda \int_0^\infty dr r^3 e^{-2\alpha r} =$$

$$= -\frac{\hbar^2}{2\mu} \alpha \int_0^\infty dr\, r^2 \left(\alpha - \frac{2}{r} \right) e^{-2\alpha r} + \frac{\lambda 3!}{(2\alpha)^4} = \frac{\hbar^2}{8\mu\alpha} + \frac{3\lambda}{8\alpha^4}.$$

$$\langle \psi \mid \psi \rangle = \int_0^\infty dr\, r^2 e^{-2\alpha r} = \frac{1}{4\alpha^3}.$$

Da queste due espressioni segue:

$$W(\alpha) = \frac{\langle \psi \mid H \mid \psi \rangle}{\langle \psi \mid \psi \rangle} = \frac{\hbar^2}{2\mu} \alpha^2 + \frac{3}{2} \frac{\lambda}{\alpha}, \quad \frac{d}{d\alpha} W(\alpha) = \frac{\hbar^2}{\mu} \alpha - \frac{3}{2} \frac{\lambda}{\alpha^2} = 0,$$

e quindi il valore ottimale: $\bar{\alpha} = \left(3\mu\lambda/2\hbar^2 \right)^{1/3}$. Sostituendo questo valore in $W(\alpha)$, si ottiene il valore approssimato cercato:

$$\overline{W} = \frac{\hbar^2}{2\mu} \frac{\bar{\alpha}^3}{\bar{\alpha}} + \frac{3}{2} \frac{\lambda}{\bar{\alpha}} = \frac{9}{4} \frac{\lambda}{\bar{\alpha}} = \left(\frac{3}{2} \right)^{5/3} \left(\frac{\lambda^2 \hbar^2}{\mu} \right)^{1/3}.$$

Si può naturalmente trattare il problema facendo riferimento alla sola equazione radiale nella $y(r) = R(r)/r$ che, nel caso dello stato fondamentale a $l = 0$, è uguale all'equazione del problema monodimensionale 6.7: il calcolo variazionale risulta identico a quello appena svolto. Infatti, la parte radiale del termine cinetico tridimensionale sopra utilizzata si può scrivere nel modo seguente:

$$-\hbar^2 \frac{1}{r^2} \frac{d}{dr} r^2 \frac{d}{dr} = \left(-i\hbar \frac{1}{r} \frac{d}{dr} r \right)^2 = P_r^2,$$

e il suo valore di aspettazione diventa:

$$\langle R(r) \mid P_r^2 \mid R(r) \rangle = \int_0^\infty dr r^2 \left| P_r \frac{y(r)}{r} \right|^2 = \hbar^2 \int_0^\infty dr \left| \frac{d}{dr} y(r) \right|^2,$$

ovvero il valore di aspettazione del termine cinetico monodimensionale.

6.10. i) Per la normalizzazione del primo stato:

$$1 = ||\psi_1||^2 = \int d_3\mathbf{r} |\psi_1(\mathbf{r})|^2 = 4\pi |A|^2 \int_0^\infty dr\, r^2 e^{-2\alpha^2 r^2},$$

da cui:

$$|A|^2 = \left[\frac{2\alpha^2}{\pi} \right]^{3/2}.$$

Il valore d'aspettazione del termine cinetico è dato da:

$$\langle\,\psi_1\mid T\mid\psi_1\,\rangle=\frac{\hbar^2}{2\mu}\int d_3\mathbf{r}\left|\frac{\partial}{\partial\mathbf{r}}\psi_1\right|^2=\frac{\hbar^2}{2\mu}|A|^2\int d_3\mathbf{r}\sum_i\left[-2\alpha^2 r_i\right]^2 e^{-2\alpha^2 r^2}=$$

$$=\frac{\hbar^2}{2\mu}|A|^2 16\pi\alpha^4\int_0^\infty dr\,r^4 e^{-2\alpha^2 r^2}=3\alpha^2\frac{\hbar^2}{2\mu}.$$

Il termine potenziale:

$$\langle\,\psi_1\mid V\mid\psi_1\,\rangle=-e^2 4\pi|A|^2\int_0^\infty dr\,re^{-2\alpha^2 r^2}=-\sqrt{8/\pi}e^2\alpha.$$

Le condizioni di minimo sono date da:

$$\frac{d}{d\alpha}W(\alpha)=\frac{d}{d\alpha}\left[T(\alpha)+V(\alpha)\right]=0.$$

Da cui:

$$\overline{W}_1(\bar{\alpha})=-\frac{2}{3\pi}\frac{e^4}{\hbar^2/2\mu}\approx-0.85w_0\,,\quad w_0=\frac{e^4\mu}{2\hbar^2}.$$

Ripetendo i calcoli per la seconda autofunzione:

$$|B|^2=\frac{15}{2\pi\beta^5}\,,\quad T_2=\frac{10}{\beta^2}\frac{\hbar^2}{2\mu}\,,\quad V_2=-\frac{5e^2}{2\beta}.$$

Da cui:

$$\overline{W}_2(\bar{\beta})=-\frac{5}{32}\frac{e^4}{\hbar^2/2\mu}\approx-0.62w_0.$$

ii) Si, perché sia ψ_1 che ψ_2 sono nel dominio dell'Hamiltoniana e non hanno nodi.

iii) Poiché l'autovalore esatto $W_{ex}=-w_0$ è minore o uguale di ogni valore di aspettazione, e $\overline{W}_1<\overline{W}_2$, il primo rappresenta una migliore approssimazione.

iv) Da considerazioni asintotiche, si sa che il comportamento dell'autofunzione esatta è di tipo esponenziale. Il comportamento della prima funzione di prova risulta pertanto più simile a questo, seppure esponenziale in r^2 invece che in r.

6.11. Lo stato fondamentale cercato è in onda s, per cui scegliamo come funzione di prova lo stato fondamentale dell'atomo d'idrogeno $\psi(r)=(\sigma^3/8\pi)^{1/2}\exp[-\sigma r/2]$, anch'esso in onda s, utilizzando σ come parametro variazionale:

$$W(\sigma)=\int d\mathbf{r}\psi^* H\psi=\int d\mathbf{r}\psi^*\left[-\frac{\hbar^2}{2\mu}\frac{1}{r^2}\frac{\partial}{\partial r}r^2\frac{\partial}{\partial r}+V(r)\right]\psi=$$

$$=\frac{\sigma^3}{8\pi}4\pi\int_0^\infty dr\,r^2 e^{-\sigma r/2}\left[-\frac{\hbar^2}{2\mu}\frac{1}{r^2}\frac{d}{dr}r^2\frac{d}{dr}-\frac{\lambda}{r^{3/2}}\right]e^{-\sigma r/2}=$$

$$= \frac{\sigma^3}{2} \int_0^\infty dr \left[\frac{\hbar^2}{2\mu} \left(\sigma r - \frac{\sigma^2 r^2}{4} \right) - \lambda r^{1/2} \right] e^{-\sigma r} = \frac{\sigma^3}{2} \left[\frac{\hbar^2}{2\mu} \frac{1}{2\sigma} - \frac{\sqrt{\pi}\lambda}{2\sigma^{3/2}} \right] =$$

$$= \frac{\hbar^2}{2\mu} \frac{\sigma^2}{4} - \frac{\sqrt{\pi}\lambda}{4} \sigma^{3/2}.$$

Annullando la derivata di questa espressione:

$$0 = \frac{d}{d\sigma} W(\sigma) = \frac{\hbar^2}{2\mu} \frac{\sigma}{2} - \frac{3\sqrt{\pi}}{8} \lambda \sigma^{1/2},$$

si ottengono due soluzioni:

$$\sigma = 0 \quad \text{e} \quad \sigma^{1/2} = \frac{3\sqrt{\pi}\lambda}{4\hbar^2/2\mu}.$$

La prima è da scartare perché comporta ψ costante e quindi $\psi = 0$ dato che si deve annullare all'infinito, mentre la seconda porta al valore dell'energia cercato:

$$\overline{W} = -\frac{27}{1024} \frac{\pi^2 \lambda^4}{(\hbar^2/2\mu)^3}.$$

Come nel 6.9 si poteva eseguire il calcolo solo sulla equazione radiale nella variabile $y(r) = R(r)/r$.

6.12. Anzitutto riportiamo le soluzioni esatte per il successivo confronto:

$$\psi_n = \sqrt{2/a} \sin \left(n\pi \frac{x}{a} \right), \quad W_n = \frac{n^2 \pi^2 \hbar^2}{2\mu a^2} = n^2 \, w_1.$$

Ricordiamo che il principio di Riesz prevede di variare le funzioni di prova tra tutte quelle appartenenti al dominio di definizione dell'operatore, non necessariamente in funzione di un qualche parametro variazionale. Pertanto, dobbiamo valutare i valori di aspettazione dell'energia sugli stati normalizzati. Gli stati assegnati sono naturalmente intesi nulli al di fuori dell'intervallo $0 < x < a$, ed essendo il potenziale nullo all'interno, abbiamo $\langle V \rangle = 0$. Quindi:

$$\overline{W} = \langle H \rangle = \langle T \rangle = \frac{\hbar^2}{2\mu} \int_0^a dx \left| \frac{d\psi(x)}{dx} \right|^2.$$

1)
$$A^2 = \left[\int_0^a dx \, x^2(x^2 - 2ax + a^2) \right]^{-1} = \frac{30}{a^5}$$

$$\overline{W}_1 = A^2 \frac{\hbar^2}{2\mu} \int_0^a dx(2x - a)^2 = \frac{\hbar^2}{2\mu} \frac{10}{a^2} = 1.013 \, w_1.$$

2)
$$B^2 = \left[\int_0^a dx \sin^4 \frac{\pi x}{a} \right]^{-1} = \frac{8}{3a}$$

$$\overline{W}_2 = B^2 \frac{\hbar^2}{2\mu} \int_0^a dx \frac{4\pi^2}{a^2} \sin^2\left(\frac{\pi x}{a}\right) \cos^2\left(\frac{\pi x}{a}\right) = \frac{\hbar^2}{2\mu} \frac{4}{3} \frac{\pi^2}{a^2} = 1.333 w_0.$$

3)
$$C^2 = \left[\int_0^{a/2} dx\, x^2 + \int_{a/2}^a dx (a-x)^2\right]^{-1} = \frac{12}{a^3}$$

$$\overline{W}_3 = C^2 \frac{\hbar^2}{2\mu} \left[\int_0^{a/2} dx + \int_{a/2}^a dx\right] = \frac{\hbar^2}{2\mu} \frac{12}{a^2} = 1.216 w_0.$$

In quest'ultimo caso, volendo fare agire la derivata seconda sulla destra:

$$\overline{W}_3 = -C^2 \frac{\hbar^2}{2\mu} \int_0^a dx\, \psi_3(x) \frac{d^2}{dx^2} \psi_3(x) =$$

$$= -C^2 \frac{\hbar^2}{2\mu} \int_0^a dx\, \psi_3(x) \frac{d}{dx}[\theta(a/2-x) - \theta(x-a/2)] =$$

$$= C^2 \frac{\hbar^2}{2\mu} 2 \int_0^a dx\, \psi_3(x) \delta(x-a/2) = \frac{\hbar^2}{2\mu} \frac{12}{a^2}, \quad \text{come sopra.}$$

iii) Le tre funzioni si annullano in $x = 0$ e $x = a$. Le prime due appartengono al dominio di definizione dell'Hamiltoniana come operatore autoaggiunto in uno spazio di Hilbert separabile (vedi Problema 4.2), mentre la terza soddisfa tale requisito se si allarga lo spazio ai funzionali, ad esempio alla delta di Dirac. Quindi, vedi A.16.3, tutte e tre hanno valori di aspettazione superiori all'autovalore esatto. L'autofunzione esatta è assolutamente continua e si annulla agli estremi, ma non può avere anche le derivate prime nulle, altrimenti sarebbe ovunque nulla per il teorema di Cauchy-Kovalevskaya; pertanto, agli estremi deve avere zeri del primo ordine, annullarsi cioè come $\pm x$ e $\pm(x - a)$. Delle tre funzioni di prova, la prima si annulla come x ed è regolare, la seconda si annulla come x^2 e la terza ha la derivata discontinua. Era dunque da attendersi che la prima desse un risultato migliore.

*6.13. Le normalizzazioni sono state già valutate nel 6.2, e sono, rispettivamente:

$$A = \sqrt{2/\pi a}, \quad B = \sqrt{16/5\pi b}.$$

Sempre nel 6.2 si trovano i valori di aspettazione della parte cinetica:

$$\langle T \rangle_1 = \frac{1}{2\mu} \langle \psi_1 | \hat{p}^2 | \psi_1 \rangle = \frac{\hbar^2}{4\mu a^2}, \quad \langle T \rangle_2 = \frac{1}{2\mu} \langle \psi_2 | \hat{p}^2 | \psi_2 \rangle = \frac{7\hbar^2}{10\mu b^2}.$$

Per quanto riguarda la parte potenziale:

$$\langle V \rangle_1 = -\lambda A^2 a^4 \int_{-\infty}^{+\infty} dx \frac{\delta(x)}{(a^2 + x^2)^2} = -\lambda \frac{2}{\pi a},$$

$$\langle V \rangle_2 = -\lambda B^2 b^8 \int_{-\infty}^{+\infty} dx \frac{\delta(x)}{(b^2 + x^2)^4} = -\lambda \frac{16}{5\pi b}.$$

Nei due casi, si ha pertanto la seguente situazione:

$$\overline{W}_1(a) = \frac{\hbar^2}{4\mu a^2} - \lambda\frac{2}{\pi a}, \quad \overline{W}_1(\bar{a}) = \min_a \overline{W}_1(a) = -\frac{4\mu\lambda^2}{\pi^2\hbar^2} \approx 0.81 w_0$$

$$\overline{W}_2(b) = \frac{7\hbar^2}{10\mu b^2} - \lambda\frac{16}{5\pi b}, \quad \overline{W}_2(\bar{b}) = \min_a \overline{W}_2(b) = -\frac{256\mu\lambda^2}{70\pi^2\hbar^2} \approx 0.74 w_0,$$

essendo $w_0 = -\mu\lambda^2/2\hbar^2$ il valore esatto, già trovato in 4.2. Notare che sono minori di uno i rapporti con w_0 in quanto questo è negativo.

6.14. Le autofunzioni della buca infinita si devono annullare agli estremi, e sono alternativamente pari e dispari, con un numero crescente di zeri interni, a partire dallo stato fondamentale, pari e senza zeri interni. Il primo stato eccitato è dispari e deve dunque annullarsi anche al centro, e un polinomio che si annulla in tre punti reali deve essere almeno di terzo grado. Dunque:

$$\psi(x) = Ax(x+a)(x-a), \quad A^2 = \frac{105}{16a^7}.$$

Questa è una funzione dispari, appartenente cioè a uno spazio ortogonale allo stato fondamentale, che è pari. Pertanto, il valore di aspettazione dell'energia sul nostro stato di prova sarà maggiore dell'autovalore minimo nel nuovo sottospazio, cioè del primo eccitato.

Il valore di aspettazione dell'energia si ottiene da:

$$\overline{W}_1 = \langle\,\psi\,|\,-\frac{\hbar^2}{2\mu}\frac{d^2}{dx^2}\,|\,\psi\,\rangle = A^2\frac{\hbar^2}{2\mu}\int_{-a}^{a}dx\left[\frac{d}{dx}\left(x^3-a^2x\right)\right]^2 = \frac{8}{5}A^2\frac{\hbar^2}{2\mu}a^5 = \frac{21}{2a^2}\frac{\hbar^2}{2\mu}.$$

Confrontando col valore esatto:

$$W_{1,ex} = \frac{\pi^2}{a^2}\frac{\hbar^2}{2\mu}, \quad \frac{\overline{W}_1}{W_{1,ex}} = \frac{21}{2\pi^2} \approx 1.06,$$

correttamente maggiore di uno.

6.15. Con il metodo di Riesz, noi valutiamo $\langle W \rangle = \langle\,\psi\,|\,H\,|\,\psi\,\rangle$, e questo valore è sicuramente $W_0 < \langle W \rangle$, con W_0 autovalore fondamentale. Se però H non avesse stati legati e tutto lo spettro fosse continuo con $0 < W$, allora sarebbe anche $0 < \langle W \rangle$. Dunque, la condizione $W_0 < \langle W \rangle < 0$ garantisce che esista almeno uno stato legato con valore di aspettazione dell'energia minore di zero.

Non è necessario normalizzare le autofunzioni in quanto dobbiamo solo controllare il segno dei valori di aspettazione.

$$\langle T \rangle_{1,2} = \frac{1}{2\mu}\langle\,\psi_{1,2}\,|\,\hat{p}^2\,|\,\psi_{1,2}\,\rangle = \frac{1}{2\mu}\langle\,\hat{p}\psi_{1,2}\,|\,\hat{p}\psi_{1,2}\,\rangle = \frac{\hbar^2}{2\mu}\left\|\frac{d}{dx}\psi_{1,2}\right\|^2.$$

Con la prima funzione di prova:

$$\langle T \rangle_1 = \frac{\hbar^2}{2\mu} |A|^2 \left\| \frac{d}{dx} x e^{-\alpha x} \right\|^2 =$$

$$= \frac{\hbar^2}{2\mu} |A|^2 \int_0^\infty dx \left[e^{-2\alpha x} + \alpha^2 x^2 e^{-2\alpha x} - 2\alpha x e^{-2\alpha x} \right] = \frac{\hbar^2}{2\mu} \frac{1}{4\alpha} |A|^2.$$

$$\langle V \rangle_1 = -\lambda a^2 |A|^2 e^{-2\alpha a}$$

Pertanto, la condizione che sia $\langle W \rangle_1 < 0$, si traduce in

$$\frac{\hbar^2}{2\mu} \frac{1}{4\alpha} - \lambda a_1^2 e^{-2\alpha a_1} < 0 \implies a_1 > \frac{e^\xi}{2\lambda \xi} \frac{\hbar^2}{2\mu} \geq \frac{e}{2\lambda} \frac{\hbar^2}{2\mu}, \quad \xi = 2\alpha a_1.$$

Analogamente:

$$\langle T \rangle_2 = \frac{\hbar^2}{2\mu} |B|^2 \left\| \frac{d}{dx} x e^{-\beta x^2/2} \right\|^2 =$$

$$= \frac{\hbar^2}{2\mu} |B|^2 \int_0^\infty dx \left[e^{-\beta x^2} + \beta^2 x^4 e^{-\beta x} - 2\beta x^2 e^{-\beta x} \right] = \frac{\hbar^2}{2\mu} |B|^2 \frac{3}{8} \sqrt{\frac{\pi}{\beta}}.$$

$$\langle V \rangle_2 = -\lambda a^2 |B|^2 e^{-\beta a^2}.$$

E quindi:

$$\frac{\hbar^2}{2\mu} \frac{3}{8} \sqrt{\frac{\pi}{\beta}} - \lambda a_2^2 e^{-\beta a_2^2} < 0 \implies a_2 > \frac{\hbar^2}{2\mu} \frac{e^{\xi^2}}{\xi} \frac{3\sqrt{\pi}}{8\lambda} \geq \frac{3\sqrt{2e\pi}}{8\lambda} \frac{\hbar^2}{2\mu}, \quad \xi^2 = \beta a_2^2.$$

Questi risultati vanno confrontati col valore esatto trovato nel 4.13:

$$a_{ex} > \frac{1}{\lambda} \frac{\hbar^2}{2\mu} \quad a_1 > 1.36 \frac{1}{\lambda} \frac{\hbar^2}{2\mu} \quad a_2 > 1.55 \frac{1}{\lambda} \frac{\hbar^2}{2\mu}.$$

Come prevedibile, la prima funzione di prova fornisce un valore migliore, avendo un comportamento asintotico più vicino a quello esatto.

6.16. i) Le autofunzioni sono il prodotto di quelle monodimensionali in x per quelle in y, e gli autovalori la somma relativa:

$$\psi_N(x,y) = \psi_{n_x}(x) \psi_{n_y}(y), \quad W_N = \hbar \omega (N+1), \quad N = n_x + n_y.$$

Dato N, a questo corrispondono tutti gli $n_x = 0, 1, ..., N$, e gli n_y complementari a questi rispetto a N; ovvero $N+1$ valori, e questa è la degenerazione del livello N.

ii) La funzione d'onda si normalizza con $|N|^2 = 2\alpha^2/\pi$. Per i valori di aspettazione di energia cinetica (vedi 2.2), potenziale e totale, otteniamo:

$$\overline{T} = \frac{1}{2\mu}\langle\,\psi\,|\,\hat{\mathbf{p}}^2\,|\,\psi\,\rangle =$$

$$= -\frac{\hbar^2}{2\mu}2\pi\int_0^\infty d\rho\,\rho\,\psi^*(\rho)\left(\frac{1}{\rho}\frac{d}{d\rho}\rho\frac{d}{d\rho}\right)\psi(\rho) =$$

$$= \frac{\hbar^2}{2\mu}2\pi\int_0^\infty d\rho\left(\frac{d}{d\rho}\psi(\rho)\right)^*\rho\frac{d}{d\rho}\psi(\rho) =$$

$$= \frac{\hbar^2}{2\mu}2\pi\int d\rho\,\rho\left|\frac{d}{d\rho}\psi(\rho)\right|^2 = \frac{\hbar^2}{2\mu}\alpha^2,$$

$$\overline{V} = \frac{1}{2}K\overline{\rho^2} = \frac{3}{4}\frac{K}{\alpha^2}, \quad \overline{W} = \frac{\hbar^2}{2\mu}\alpha^2 + \frac{3}{4}\frac{K}{\alpha^2}.$$

Minimizzando quest'ultimo valore:

$$\overline{\alpha}^2 = \sqrt{3/4}\sqrt{K\hbar^2/2\mu}, \quad W_0 \approx \min\overline{W} = \sqrt{3/2}\hbar\omega \approx 1.22\hbar\omega.$$

iii) Il valore esatto è $W_0 = \hbar\omega$, e l'errore deriva dal comportamento asintotico, esponenziale in ρ invece che in ρ_2.

3.7 Evoluzione temporale

7.1. La funzione d'onda assegnata è una gaussiana centrata all'origine di cui si conosce esattamente l'evoluzione libera (vedi A.1):

$$\psi(x,t) = \sqrt{\frac{1}{\sqrt{2\pi}\sigma\,[1 + i(\hbar/2\sigma^2\mu)t]}}\,\exp\left[-\frac{x^2}{4\sigma^2\,[1 + i(\hbar/2\sigma^2\mu)t]}\right].$$

I valori medi valutati su questa funzione d'onda si ottengono calcolando gli integrali sul modulo quadro della funzione stessa:

$$|\psi(x,t)|^2 = \frac{1}{\sqrt{2\pi}\sigma\,[1 + (\hbar^2/4\sigma^4\mu^2)t^2]}\,\exp\left[-\frac{x^2}{2\sigma^2\,[1 + (\hbar^2/4\sigma^4\mu^2)t^2]}\right].$$

Questa espressione è ancora il quadrato di una gaussiana reale, nella quale la semiampiezza, ovvero lo scarto quadratico medio, si legge direttamente:

$$\Delta x_t = \sigma\sqrt{1 + (\hbar^2/4\sigma^4\mu^2)t^2},$$

da cui:

$$t = \frac{2\mu\sigma^2}{\hbar}\sqrt{(\Delta x_t/\sigma)^2 - 1}.$$

Sostituendo i valori numerici, ricaviamo il tempo necessario a una particella mo-nodimensionale libera, inizialmente confinata in un segmento pari al raggio di Bohr dell'elettrone, per raggiungere le dimensioni di $1cm$. Poiché $\Delta x_t \gg \sigma$, vale $t \approx 2\mu\sigma\Delta x_t/\hbar$, da cui, in cgs:

$$t_{el} \approx \frac{2 \cdot 0.9 \; 10^{-27} \cdot 0.53 \; 10^{-8}}{1.05 \cdot 10^{-27}} s \approx 0.9 \; 10^{-8} s, \quad t_{10^{-3}g} \approx 10^{16} s \; .$$

Il secondo valore è dell'ordine dell'età dell'universo.

7.2. i) Si trova facilmente che:

$$[H,A] \neq 0; \quad [H,B] \neq 0; \quad [H,C] \neq 0.$$

L'unica costante del moto tra le quattro è dunque H.

ii) Le autofunzioni di C e di $H \propto \sigma_x$ sono date rispettivamente da:

$$\psi_c^C = \begin{vmatrix} 1 \\ 0 \end{vmatrix} \quad \psi_0^C = \begin{vmatrix} 0 \\ 1 \end{vmatrix}; \quad \psi_{\pm w}^H = \frac{1}{\sqrt{2}} \begin{vmatrix} 1 \\ \pm 1 \end{vmatrix} \; .$$

Esprimiamo lo stato iniziale, autofunzione di C, tramite le autofunzioni di H:

$$\psi(0) = \psi_0^C = \begin{vmatrix} 0 \\ 1 \end{vmatrix} = \frac{1}{\sqrt{2}} \left[\psi_w^H - \psi_{-w}^H \right] \; .$$

Data la linearità dell'operatore *evoluzione temporale*, e la sua semplice espressione per un'Hamiltoniana indipendente dal tempo, otteniamo al tempo t:

$$\psi(t) = \frac{1}{\sqrt{2}} \left(e^{-i/\hbar wt} \psi_w^H - e^{i/\hbar wt} \psi_{-w}^H \right) = \begin{vmatrix} -i\sin(wt/\hbar) \\ \cos(wt/\hbar) \end{vmatrix} \; .$$

Risolvendo il problema agli autovalori per A si ottiene $\alpha_{\pm} = \pm a\sqrt{2}$ e per gli autovettori corrispondenti:

$$\psi_{\pm}^A = \frac{1}{\sqrt{2(2 \pm \sqrt{2})}} \begin{vmatrix} 1 \\ (1 \pm \sqrt{2}) \end{vmatrix} \; .$$

La probabilità che al tempo t una misura di A dia l'uno o l'altro degli autovalori è data dal prodotto scalare delle corrispondenti autofunzioni di A con la funzione d'onda al tempo t:

$$P^A_{\pm a\sqrt{2}} = \left| \left(\psi^A_\pm, \psi(t) \right) \right|^2 = \left| \frac{1}{\sqrt{2(2 \pm \sqrt{2})}} \{ -i\sin(wt/\hbar) + (1 \pm \sqrt{2})\cos(wt/\hbar) \} \right|^2 =$$

$$= \frac{1}{2(2 \pm \sqrt{2})} \left[1 + 2(1 \pm \sqrt{2})\cos^2(wt/\hbar) \right].$$

Controllare che la somma delle due probabilità sia uguale a 1.

iii) Ciascuno dei quattro operatori rappresenta singolarmente un sistema completo di osservabili dato che i relativi autovalori sono tutti non-degeneri. Tre qualsiasi di essi rappresentano dunque tre diversi sistemi completi di osservabili.

7.3. i) $[A, B] = 0$ e quindi A e B sono compatibili.

ii) Risolviamo anzitutto il problema agli autovalori per A, B e H, notando che B è diagonale e A e H sono diagonali a blocchi con le sottomatrici proporzionali alle σ di Pauli. Quindi:

$$\psi^A_{-a} = N_{-a} \begin{vmatrix} i\xi \\ \xi \\ \xi' \end{vmatrix}, \quad \psi^B_b = N_b \begin{vmatrix} \eta \\ \eta' \\ 0 \end{vmatrix},$$

con ξ, ξ', η, η' arbitrari. Il vettore comune ai due autospazi è definito chiaramente da $\xi' = 0$ e quindi:

$$\psi(0) = \psi_{\alpha=-a,\beta=b} = \frac{1}{\sqrt{2}} \begin{vmatrix} i \\ 1 \\ 0 \end{vmatrix}.$$

Le autofunzioni dell'Hamiltoniana si deducono altrettanto semplicemente e sono:

$$\psi^H_0 = \begin{vmatrix} 1 \\ 0 \\ 0 \end{vmatrix} \quad \psi^H_{\pm w} = \frac{1}{\sqrt{2}} \begin{vmatrix} 0 \\ 1 \\ \pm 1 \end{vmatrix}.$$

Se sviluppiamo lo stato iniziale sulla base di queste autofunzioni otteniamo:

$$\psi(0) = \frac{i}{\sqrt{2}} \psi^H_0 + \frac{1}{2} \psi^H_w + \frac{1}{2} \psi^H_{-w},$$

e il suo evoluto temporale:

$$\psi(t) = \frac{i}{\sqrt{2}} \psi^H_0 + \frac{1}{2} e^{-i/\hbar wt} \psi^H_w + \frac{1}{2} e^{i/\hbar wt} \psi^H_{-w} = \frac{1}{\sqrt{2}} \begin{vmatrix} i \\ \cos(wt/\hbar) \\ i\sin(wt/\hbar) \end{vmatrix}.$$

7.4. i) L'Hamiltoniana di una particella di momento magnetico $\mu_0 \boldsymbol{\sigma}$ immersa in un campo magnetico è data da:

$$H = \frac{\mathbf{p}^2}{2\mu} - \mu_0 \mathbf{B} \cdot \boldsymbol{\sigma} = \begin{vmatrix} H_0 - \mu_0 B(z) & 0 \\ 0 & H_0 + \mu_0 B(z) \end{vmatrix}.$$

Poiché l'operatore è diagonale nello spazio di spin, l'equazione di Pauli si disaccoppia in due equazioni di Schrödinger:

$$\left(H_0 - \mu_0 B(z) \right) \psi_1(t) = i\hbar \frac{\partial \psi_1(t)}{\partial t}, \qquad \psi_1(0) = a\varphi(\mathbf{x})$$
$$\left(H_0 + \mu_0 B(z) \right) \psi_2(t) = i\hbar \frac{\partial \psi_2(t)}{\partial t}, \qquad \psi_2(0) = b\varphi(\mathbf{x}) \qquad \chi_\sigma = \begin{vmatrix} a \\ b \end{vmatrix}.$$

ii) Dal teorema di Ehrenfest ricaviamo le *equazioni di Newton* disaccoppiate

$$\frac{d^2}{dt^2} \langle \mathbf{x} \rangle_i = -\frac{1}{\mu} \langle \frac{\partial V}{\partial \mathbf{x}} \rangle_i \quad \text{con} \quad \langle O \rangle_i = \langle \, \psi_i(t) \mid \hat{O} \mid \psi_i(t) \, \rangle, \qquad i = 1, 2.$$

Da queste si ottiene:

$$\frac{d^2}{dt^2} \langle x \rangle_i = 0, \qquad \frac{d^2}{dt^2} \langle y \rangle_i = 0$$

$$\frac{d^2}{dt^2} \langle z \rangle_1 = \frac{\mu_0}{\mu} \langle \frac{\partial B(z)}{\partial z} \rangle_1 \approx \frac{\mu_0}{\mu} \frac{\partial B(\langle z \rangle_1)}{\partial \langle z \rangle_1}$$

$$\frac{d^2}{dt^2} \langle z \rangle_2 = -\frac{\mu_0}{\mu} \langle \frac{\partial B(z)}{\partial z} \rangle_2 \approx -\frac{\mu_0}{\mu} \frac{\partial B(\langle z \rangle_2)}{\partial \langle z \rangle_2}.$$

Le due equazioni sono uguali salvo il segno, ed essendo i dati iniziali uguali, i due fasci si separano fin dall'istante iniziale, seguendo traiettorie classiche.

7.5.   Nella funzione assegnata si riconosce la sovrapposizione di due autostati dell'oscillatore:

$$\psi_0(x) = \psi(x; 0) = \left(\frac{\mu\omega}{16\pi\hbar} \right)^{1/4} e^{-\xi^2/2} (\sqrt{2}\xi - \sqrt{3}) = \frac{1}{2} \left[u_1(\xi) - \sqrt{3} u_0(\xi) \right].$$

Detti W_0 e W_1 i due primi autovalori, al tempo t la funzione di stato diventa:

$$\psi(\xi; t) = \frac{1}{2} \left[u_1(\xi) e^{-i/\hbar W_1 t} - \sqrt{3} u_0(\xi) e^{-i/\hbar W_0 t} \right].$$

Per calcolare il valore d'aspettazione della posizione, ricordiamo che:

$$\xi u_n(\xi) = \sqrt{(n+1)/2} \, u_{n+1}(\xi) + \sqrt{n/2} \, u_{n-1}(\xi),$$

che si può ottenere dalle regole di ricorrenza dei polinomi di Hermite, oppure dall'espressione di ξ in termini di creatori e distruttori. Quindi:

$$\langle x \rangle_t = \int_{-\infty}^{\infty} dx\, x |\psi(x;t)|^2 = \sqrt{\hbar/\mu\omega} \int_{-\infty}^{\infty} dx\, \psi^*(\xi;t)\xi\,\psi(\xi;t) =$$

$$= \frac{1}{4}\sqrt{\hbar/\mu\omega} \int_{-\infty}^{\infty} dx \left[u_1(\xi)e^{-i/\hbar W_1 t} - \sqrt{3}u_0(\xi)e^{-i/\hbar W_0 t} \right]^* \cdot$$

$$\cdot \left[\left(u_2(\xi) + \sqrt{1/2}\,u_0(\xi) \right) e^{-i/\hbar W_1 t} - \sqrt{3/2}\,u_1(\xi)e^{-i/\hbar W_0 t} \right] =$$

$$= -\sqrt{3/8}\sqrt{\hbar/\mu\omega}\cos\frac{W_0 - W_1}{\hbar}t = -\sqrt{3/8}\sqrt{\hbar/\mu\omega}\cos\omega t.$$

Nell'ultimo passaggio abbiamo sfruttato l'ortonormalità delle autofunzioni dell'oscillatore.

Il valore di aspettazione dell'energia non dipende dal tempo, e si valuta sullo stato iniziale:

$$\langle W \rangle = \frac{3}{4}W_0 + \frac{1}{4}W_1 = \frac{3}{4}\hbar\omega.$$

7.6. Autovalori e autofunzioni si calcolano direttamente, oppure notando che A è proporzionale alla rappresentazione tridimensionale di J_x, mentre B e H lo sono a σ_x e σ_y, rispettivamente, nei sottospazi bidimensionali. Quindi:

$$\psi_0^A = \frac{1}{\sqrt{2}}\begin{vmatrix} 1 \\ 0 \\ -1 \end{vmatrix}, \quad \psi_{\pm a\sqrt{2}}^A = \frac{1}{2}\begin{vmatrix} 1 \\ \pm\sqrt{2} \\ 1 \end{vmatrix}; \quad \psi_b^B = N_b\begin{vmatrix} \xi \\ \xi' \\ -\xi' \end{vmatrix}, \quad \psi_{-b}^B = \frac{1}{\sqrt{2}}\begin{vmatrix} 0 \\ 1 \\ 1 \end{vmatrix};$$

$$\psi_{3c}^C = N_{3c}\begin{vmatrix} 0 \\ \eta \\ \eta' \end{vmatrix}; \quad \psi_{\pm w_1}^H = \frac{1}{\sqrt{2}}\begin{vmatrix} 1 \\ \mp i \\ 0 \end{vmatrix}, \quad \psi_{w_2}^H = \begin{vmatrix} 0 \\ 0 \\ 1 \end{vmatrix},$$

con $\beta = b$ e $\gamma = 3c$ degeneri due volte, e $\{\xi, \xi'\}$ e $\{\eta, \eta'\}$ arbitrari.

Se ora sviluppiamo lo stato iniziale sugli autovettori di H, troviamo:

$$\psi(0) = \psi_{a\sqrt{2}}^A = \frac{1 + i\sqrt{2}}{2\sqrt{2}}\psi_{w_1}^H + \frac{1 - i\sqrt{2}}{2\sqrt{2}}\psi_{-w_1}^H + \frac{1}{2}\psi_{w_2}^H,$$

e al tempo t:

$$\psi(t) = e^{-i/\hbar w_1 t}\frac{1+i\sqrt{2}}{4}\begin{vmatrix}1\\-i\\0\end{vmatrix} + e^{i/\hbar w_1 t}\frac{1-i\sqrt{2}}{4}\begin{vmatrix}1\\i\\0\end{vmatrix} + e^{-i/\hbar w_2 t}\frac{1}{2}\begin{vmatrix}0\\0\\1\end{vmatrix} =$$

$$= \frac{1}{2}\begin{vmatrix}\cos(w_1 t/\hbar) + \sqrt{2}\sin(w_1 t/\hbar)\\ \sqrt{2}\cos(w_1 t/\hbar) - \sin(w_1 t/\hbar)\\ e^{-i/\hbar w_2 t}\end{vmatrix}.$$

i) Poiché l'autovalore massimo di B è degenere due volte, la probabilità di trovarlo in una misura al tempo t è data dalla somma delle probabilità di trovarlo in uno dei due autostati. È però più conveniente valutare la situazione complementare:

$$P_b = 1 - P_{-b} = 1 - \left|\left(\psi^B_{-b}, \psi(t)\right)\right|^2 = 1 - \frac{1}{8}\left| \sqrt{2}\cos\left(\frac{w_1}{\hbar}t\right) - \sin\left(\frac{w_1}{\hbar}t\right) + \right.$$

$$\left. + \cos\left(\frac{w_2}{\hbar}t\right) - i\sin\left(\frac{w_2}{\hbar}t\right)\right|^2 =$$

$$= 1 - \frac{1}{8}\left\{1 + \left[\sqrt{2}\cos\left(\frac{w_1}{\hbar}t\right) - \sin\left(\frac{w_1}{\hbar}t\right)\right]^2 + 2\cos\left(\frac{w_2}{\hbar}t\right) \cdot\right.$$

$$\left. \cdot \left[\sqrt{2}\cos\left(\frac{w_1}{\hbar}t\right) - \sin\left(\frac{w_1}{\hbar}t\right)\right]\right\}.$$

ii) Per valutare la probabilità di trovare contemporaneamente gli autovalori massimi di B e C, dobbiamo proiettare lo stato al tempo t sull'autovettore comune, dato da:

$$\psi^{B/C}_{b/3c} = \frac{1}{\sqrt{2}}\begin{vmatrix}0\\1\\-1\end{vmatrix}.$$

Questo differisce da ψ^B_{-b} solo nel segno della terza componente, per cui la probabilità cercata si ottiene da P_{-b}, cambiando segno al termine $\exp(-1/\hbar w_2\, t)$, e quindi a $\cos(w_2 t/\hbar)$:

$$P_{b,3c} = 1/8\left\{1 + \left[\sqrt{2}\cos\left(\frac{w_1}{\hbar}t\right) - \sin\left(\frac{w_1}{\hbar}t\right)\right]^2 - 2\cos\left(\frac{w_2}{\hbar}t\right) \cdot\right.$$

$$\left. \cdot \left[\sqrt{2}\cos\left(\frac{w_1}{\hbar}t\right) - \sin\left(\frac{w_1}{\hbar}t\right)\right]\right\}.$$

7.7. Con campi magnetici uniformi ma non costanti, cioè non dipendenti dalla posizione ma dipendenti dal tempo, l'Hamiltoniana del sistema è data da:

$$H = H(\mathbf{x}) + H(\boldsymbol{\sigma}, t) = H(\mathbf{x}) - \mu_0\mathbf{B}(t)\cdot\boldsymbol{\sigma},$$

e il problema è separabile nelle variabili di posizione e di spin-tempo. Posto:

$$\psi(\mathbf{x}, \boldsymbol{\sigma}; t) = X(\mathbf{x})\Sigma(\boldsymbol{\sigma}; t),$$

l'equazione di Schrödinger si separa nel modo seguente:

$$\begin{cases} (H(\boldsymbol{\sigma}) + \alpha)\Sigma_\alpha(\boldsymbol{\sigma}; t) = i\hbar \dfrac{\partial}{\partial t}\Sigma_\alpha(\boldsymbol{\sigma}; t) \\ H(\mathbf{x})X_\alpha(\mathbf{x}) = \alpha X_\alpha(\mathbf{x}), \end{cases}$$

con α costante di separazione. Se ora poniamo:

$$\Sigma_\alpha(\boldsymbol{\sigma}; t) = \exp[-i/\hbar \alpha t]\Omega_\alpha(\boldsymbol{\sigma}; t),$$

e sostituiamo nella prima equazione, otteniamo che la funzione $\Omega_\alpha(\boldsymbol{\sigma}; t)$ soddisfa:

$$H(\boldsymbol{\sigma})\Omega(\boldsymbol{\sigma}; t) = i\hbar \frac{\partial}{\partial t}\Omega(\boldsymbol{\sigma}; t),$$

e non dipende da α. Esistono quindi soluzioni particolari della forma

$$\psi_\alpha(\mathbf{x}, \boldsymbol{\sigma}; t) = X_\alpha(\mathbf{x})\exp[-i/\hbar \alpha t]\Omega(\boldsymbol{\sigma}; t),$$

mentre la soluzione generale è data da una qualsiasi combinazione di queste, dato che l'equazione è lineare e non dipende dal parametro α, quindi:

$$\psi(\mathbf{x}, \boldsymbol{\sigma}; t) = \sum_\alpha c_\alpha X_\alpha(\mathbf{x})\exp[-i/\hbar \alpha t]\Omega(\boldsymbol{\sigma}; t) = \Phi(\mathbf{x}; t)\Omega(\boldsymbol{\sigma}; t),$$

cui vanno imposte le condizioni iniziali:

$$\psi_0 = \psi(\mathbf{x}, \boldsymbol{\sigma}; t = 0) = \Phi(\mathbf{x}; 0)\Omega(\boldsymbol{\sigma}; 0).$$

Nel nostro caso, la funzione spaziale evolve con un'Hamiltoniana libera, mentre quella di spin è soggetta al campo magnetico uniforme assegnato, e quindi evolve secondo l'equazione di Pauli, a partire dallo stato iniziale costituito dall'autostato di $\hat{s}_x$ con autovalore $\hbar/2$:

$$H\Omega(t) = i\hbar \frac{d\Omega(t)}{dt}, \Omega(t) = \begin{vmatrix} \Omega_1(t) \\ \Omega_2(t) \end{vmatrix} \quad \text{con} \quad \Omega(0) = \omega_+^x = \frac{1}{\sqrt{2}}\begin{vmatrix} 1 \\ 1 \end{vmatrix},$$

e con l'Hamiltoniana data da:

$$H = -\mu_0 \mathbf{B} \cdot \boldsymbol{\sigma} = -\mu_0 B_0(1 - e^{-t})\sigma_z.$$

Abbiamo dunque l'equazione:

$$-\mu_0 B_0(1 - e^{-t}) \begin{vmatrix} \Omega_1(t) \\ -\Omega_2(t) \end{vmatrix} = i\hbar \begin{vmatrix} d\Omega_1(t)/dt \\ d\Omega_2(t)/dt \end{vmatrix}$$

che si disaccoppia in due equazioni di Schrödinger

$$-\mu_0 B_0(1 - e^{-t})\Omega_1(t) = i\hbar \frac{d\Omega_1(t)}{dt} \qquad , \qquad \Omega_1(0) = \frac{1}{\sqrt{2}}$$

$$\mu_0 B_0(1 - e^{-t})\Omega_2(t) = i\hbar \frac{d\Omega_2(t)}{dt} \qquad , \qquad \Omega_2(0) = \frac{1}{\sqrt{2}}.$$

Si ottiene facilmente:

$$\Omega_1(t) = c_+ \exp\left[i\mu_0 B_0/\hbar(t + e^{-t})\right]$$

$$\Omega_2(t) = c_- \exp\left[-i\mu_0 B_0/\hbar(t + e^{-t})\right]$$

con le costanti di integrazione date da:

$$c_\pm = \frac{1}{\sqrt{2}} \exp\left(\mp i\mu_0 B_0/\hbar\right).$$

La soluzione al tempo t è dunque data da:

$$\Omega(t) = \frac{1}{\sqrt{2}} \begin{vmatrix} \exp\left[i\mu_0 B_0/\hbar(t + e^{-t} - 1)\right] \\ \exp\left[-i\mu_0 B_0/\hbar(t + e^{-t} - 1)\right] \end{vmatrix}.$$

Posto:

$$\alpha(t) = 2\mu_0 B_0/\hbar \left(t + e^{-t} - 1\right),$$

i valori di aspettazione delle tre componenti dello spin in funzione del tempo sono dati da:

$$\langle \hat{s}_x \rangle = \frac{\hbar}{4} Tr(\Omega^\dagger \sigma_x \Omega) = \frac{\hbar}{4} \left(\exp[-i\alpha(t)] + \exp[i\alpha(t)]\right) = \frac{\hbar}{2} \cos\alpha(t)$$

$$\langle \hat{s}_y \rangle = \frac{\hbar}{4} Tr(\Omega^\dagger \sigma_y \Omega) = \frac{i\hbar}{4} \left(-\exp[-i\alpha(t)] + \exp[i\alpha(t)]\right) = -\frac{\hbar}{2} \sin\alpha(t)$$

$$\langle \hat{s}_z \rangle = 0.$$

Infine, poiché per $t \to \infty$, $\alpha(t) \approx 2\mu_0 B_0 t/\hbar$, nello stesso limite otteniamo:

$$\langle \hat{s}_x \rangle \underset{t\to\infty}{\approx} \frac{\hbar}{2} \cos(2\mu_0 B_0 t/\hbar), \qquad \langle \hat{s}_y \rangle \underset{t\to\infty}{\approx} -\frac{\hbar}{2} \sin(2\mu_0 B_0 t/\hbar).$$

7.8. Come nel 7.7, risolviamo solo la parte di spin tenendo conto che ora il dato iniziale è autofunzione dello spin $\hat{s}_z$ con autovalore $\hbar/2$, e che l'Hamiltoniana è non diagonale:

$$H(\boldsymbol{\sigma}) = -\mu_B \mathbf{B} \cdot \boldsymbol{\sigma} = -\mu_B(B_0\sigma_z + B_1\sigma_x) = -\mu_B \begin{vmatrix} B_0 & B_1 \\ B_1 & -B_0 \end{vmatrix},$$

con autovalori e autofunzioni dati da:

$$W_\pm = \pm\mu_B\beta\,, \quad \beta = \sqrt{B_0^2 + B_1^2}\,, \quad \varphi_\pm = N_\pm \begin{vmatrix} 1 \\ \alpha_\pm \end{vmatrix}, \quad \alpha_\pm = \frac{\pm\beta - B_0}{B_1}.$$

Le soluzioni cercate dell'equazione di Pauli sono pertanto della forma:

$$\Omega(\boldsymbol{\sigma};t) = c_+ \begin{vmatrix} 1 \\ \alpha_+ \end{vmatrix} e^{i\gamma t} + c_- \begin{vmatrix} 1 \\ \alpha_- \end{vmatrix} e^{-i\gamma t}\,, \quad \gamma = \mu_B\beta/\hbar \quad \text{con} \quad \Omega(\boldsymbol{\sigma};0) = \begin{vmatrix} 1 \\ 0 \end{vmatrix}.$$

Imponendo ora le condizioni iniziali, si ottiene:

$$c_\pm = (\beta \pm B_0)/2\beta,$$

che definiscono infine la soluzione al tempo t:

$$\Omega(\boldsymbol{\sigma};t) = \frac{1}{\beta} \begin{vmatrix} \beta\cos\gamma t + iB_0\sin\gamma t \\ iB_1\sin\gamma t \end{vmatrix}.$$

Controllare che lo stato sia correttamente normalizzato. La probabilità di spin-flip è infine:

$$P(t)_{+\to-} = \frac{B_1^2}{B_0^2 + B_1^2} \sin^2\left[\frac{\mu_B}{\hbar}\sqrt{B_0^2 + B_1^2}\,t\right].$$

7.9. Gli operatori di momento angolare nella rappresentazione tridimensionale

$$\hat{s}_x = \frac{\hbar}{\sqrt{2}} \begin{vmatrix} 0 & 1 & 0 \\ 1 & 0 & 1 \\ 0 & 1 & 0 \end{vmatrix}, \quad \hat{s}_y = \frac{\hbar}{\sqrt{2}} \begin{vmatrix} 0 & -i & 0 \\ i & 0 & -i \\ 0 & i & 0 \end{vmatrix}, \quad \hat{s}_z = \hbar \begin{vmatrix} 1 & 0 & 0 \\ 0 & 0 & 0 \\ 0 & 0 & -1 \end{vmatrix},$$

hanno autovalori uguali $\pm\hbar, 0$, e autovettori:

$$|\chi_{\pm 1}^x\rangle = \frac{1}{2}\begin{vmatrix} 1 \\ \pm\sqrt{2} \\ 1 \end{vmatrix}, \ |\chi_0^x\rangle = \frac{1}{\sqrt{2}}\begin{vmatrix} 1 \\ 0 \\ -1 \end{vmatrix}, \ |\chi_{\pm 1}^y\rangle = \frac{1}{2}\begin{vmatrix} 1 \\ \pm i\sqrt{2} \\ -1 \end{vmatrix}, \ |\chi_0^y\rangle = \frac{1}{\sqrt{2}}\begin{vmatrix} 1 \\ 0 \\ 1 \end{vmatrix},$$

mentre per $\hat{s}_z$, diagonale, gli autovettori sono dati dalla base canonica.

Tenuto conto che lo stato iniziale è autostato di $\hat{s}_x$, e che l'Hamiltoniana di evoluzione è $H = \tau \hat{s}_y$ (notare $[\tau] = [T^{-1}]$), lo stato al tempo $t > 0$ è dato da:

$$| \psi(t) \rangle = e^{-i\tau t} | \chi_+^y \rangle \langle \chi_+^y | \chi_+^x \rangle + e^{i\tau t} | \chi_-^y \rangle \langle \chi_-^y | \chi_+^x \rangle + | \chi_0^y \rangle \langle \chi_0^y | \chi_+^x \rangle.$$

Per avere la probabilità di trovare $+\hbar$ in una misura di $\hat{s}_z$ al tempo $t > 0$, dobbiamo proiettare lo stato $| \psi(t) \rangle$ sulla autofunzione corrispondente, che ha diversa da zero solo la prima componente. Quindi:

$$\langle \chi_+^z | \psi(t) \rangle = e^{-i\tau t} \frac{1}{2} \langle \chi_+^y | \chi_+^x \rangle + e^{i\tau t} \frac{1}{2} \langle \chi_-^y | \chi_+^x \rangle + \frac{1}{\sqrt{2}} \langle \chi_0^y | \chi_+^x \rangle =$$

$$= \frac{1}{8} \left(-2i e^{-i\tau t} + 2i e^{i\tau t} \right) + \frac{1}{4} 2 = \frac{1}{2} (1 - \sin \tau t),$$

e infine la probabilità è data da:

$$P_{s_z = \hbar}(t) = \frac{1}{4} (1 - 2\sin \tau t + \sin^2 \tau t).$$

7.10. L'Hamiltoniana è data da:

$$H = -\boldsymbol{\mu}_0 \cdot \mathbf{B} = -\frac{\hbar}{2} g B \sin \omega t \, \sigma_z,$$

ed essendo σ_z diagonale, l'equazione di Pauli si disaccoppia:

$$\begin{cases} i \dfrac{d\psi_1(t)}{dt} = -\dfrac{1}{2} g B \sin \omega t \, \psi_1(t) \\[2mm] i \dfrac{d\psi_2(t)}{dt} = \dfrac{1}{2} g B \sin \omega t \, \psi_2(t), \end{cases}$$

e si risolve tenendo conto dello stato iniziale, autostato di σ_x con autovalore ± 1:

$$\psi_\pm(0) = \begin{vmatrix} \psi_1(0) \\ \psi_2(0) \end{vmatrix} = \frac{1}{\sqrt{2}} \begin{vmatrix} 1 \\ \pm 1 \end{vmatrix} \implies \psi_\pm(t) = \frac{1}{\sqrt{2}} \begin{vmatrix} \exp[igB/2\omega(1 - \cos \omega t)] \\ \pm \exp[-igB/2\omega(1 - \cos \omega t)] \end{vmatrix}.$$

Possiamo ora valutare le diverse probabilità, moltiplicando scalarmente lo stato al tempo t per gli autovettori $\chi_\pm^x$ di spin. Per la permanenza o inversione di spin nel caso di misure di σ_x, posto $\alpha(t) = gB/2\omega(1 - \cos \omega t)$, si ottiene:

$$\begin{cases} P_{\pm \to \pm}^x(t) = \left| (\chi_\pm^x, \psi_\pm(t)) \right|^2 = \frac{1}{4} \left| \overline{1 \;\; \pm 1} \begin{vmatrix} e^{i\alpha(t)} \\ \pm e^{-i\alpha(t)} \end{vmatrix} \right|^2 = \cos^2 \alpha(t) \\[5mm] P_{\pm \to \mp}^x(t) = \left| (\chi_\mp^x, \psi_\pm(t)) \right|^2 = \frac{1}{4} \left| \overline{1 \;\; \mp 1} \begin{vmatrix} e^{i\alpha(t)} \\ \pm e^{-i\alpha(t)} \end{vmatrix} \right|^2 = \sin^2 \alpha(t). \end{cases}$$

Ovviamente, le due espressioni si possono compendiare in una sola, che tenga conto della permanenza o del cambio di segno tramite il prodotto dei due autovalori iniziale e finale, $\sigma_x^{in} \cdot \sigma_x^{fin} = \pm$. Nel caso di una misura finale di σ_y:

$$P_{(\sigma_x^{in} \cdot \sigma_y^{fin} = \pm)}(t) = \frac{1}{4} \left| \overline{1 \mp i} \left| \begin{array}{c} e^{i\alpha(t)} \\ e^{-i\alpha(t)} \end{array} \right| \right|^2 = \frac{1}{2}[1 \mp \sin 2\alpha(t)].$$

Per quanto riguarda invece σ_z, essa è costante del moto e le probabilità relative sono $1/2$ per entrambi gli autovalori $\pm 1/2$.

7.11. i) Riducendoci alle sole variabili di spin e con **B** diretto come l'asse z:

$$H = -\mu B \sigma_z, \quad U(t) = e^{i\omega t \sigma_z}, \quad \omega = \mu B/\hbar.$$

Quindi, in rappresentazione di Heisenberg:

$$\hat{s}_x(t) = \frac{\hbar}{2} e^{-i\omega t \sigma_z} \sigma_x e^{i\omega t \sigma_z} =$$

$$= \frac{\hbar}{2} \left\{ \sigma_x - i\omega t \left[\sigma_z, \sigma_x \right] + \frac{(-i\omega t)^2}{2!} \left[\sigma_z, \left[\sigma_z, \sigma_x \right] \right] + \frac{(-i\omega t)^3}{3!} \left[\sigma_z, \left[\sigma_z, \left[\sigma_z, \sigma_x \right] \right] \right] + ... \right\}.$$

Dalle regole di commutazione tra le matrici di Pauli, segue che σ_z commutato con σ_x dà $2i\sigma_y$, commutato ancora con questo dà $-2i\sigma_x$, commutato... ecc., ecc...., dà alla fine:

$$\hat{s}_x(t) = \frac{\hbar}{2} \left\{ \sigma_x + (-i\omega t)2i\sigma_y + \frac{(-i\omega t)^2}{2!}(-)(2i)^2\sigma_x + \frac{(-i\omega t)^3}{3!}(-)(2i)^3\sigma_y + ... \right\} =$$

$$= \hat{s}_x \cos 2\omega t + \hat{s}_y \sin 2\omega t.$$

Analogamente,

$$\hat{s}_y(t) = \hat{s}_y \cos 2\omega t - \hat{s}_x \sin 2\omega t,$$

mentre $\hat{s}_z$ rimane inalterato perché costante del moto.

ii) Possiamo anche affrontare lo stesso problema risolvendo direttamente le equazioni di Heisenberg, osservando che l'Hamiltoniana non dipende esplicitamente dal tempo, e quindi rimane costante anche in rappresentazione di Heisenberg. Pertanto:

$$\begin{cases} d\hat{s}_x(t)/dt = i/\hbar \left[H(t), \hat{s}_x(t) \right] = 2\omega \hat{s}_y(t) \\ d\hat{s}_y(t)/dt = i/\hbar \left[H(t), \hat{s}_y(t) \right] = -2\omega \hat{s}_x(t) \\ d\hat{s}_z(t)/dt = 0. \end{cases}$$

Passando ora agli operatori di creazione e distruzione $\hat{s}_\pm(t) = \hat{s}_x(t) \pm i\hat{s}_y(t)$:

$$\frac{d}{dt}\hat{s}_\pm(t) = \mp 2i\omega \hat{s}_\pm(t) \implies \hat{s}_\pm(t) = \exp[\mp 2i\omega t]\hat{s}_\pm(0) = \exp[\mp 2i\omega t]\frac{\hbar}{2}(\sigma_x \pm \sigma_y),$$

ovvero:

$$\hat{s}_x(t) \pm i\hat{s}_y(t) = [\hat{s}_x \cos 2\omega t + \hat{s}_y \sin 2\omega t] \pm i[\hat{s}_y \cos 2\omega t - \hat{s}_x \sin 2\omega t].$$

Eguagliando i termini reali e quelli immaginari, si ottiene il risultato precedente.

7.12. i) Il pacchetto rimane centrato attorno al suo valor medio $x_0 = (p_0/\mu)t$ e, arrivato sulla barriera, per $W < V_0$ viene riflesso, salvo una breve penetrazione al di là della barriera; per $W > V_0$ invece, il pacchetto viene in parte riflesso e in parte trasmesso con velocità inferiore, in relazione alla energia efficace $W - V_0$.

ii) Per la trattazione analitica, risolviamo l'equazione agli autovalori:

Per $0 < W < V_0$, una soluzione è data da:

$$\begin{cases} u_- = e^{ikx} + Ae^{-ikx} & x < 0, \quad k = \sqrt{2\mu W}/\hbar \\ u_+ = Be^{-\bar{k}x} & x > 0, \quad \bar{k} = \sqrt{2\mu(V_0 - W)}/\hbar, \end{cases}$$

mentre un'altra indipendente potrebbe essere la u^*, oppure quella con due componenti a destra e una a sinistra. Le condizioni di raccordo all'origine di funzione e derivata prima portano ai valori:

$$\begin{cases} A = (ik + \bar{k})/(ik - \bar{k}) \\ B = 2ik/(ik - \bar{k}). \end{cases}$$

Notare $A^2 = 1$, cioè onda incidente e onda riflessa di uguale peso.

Per $V_0 < W$, una soluzione è data da:

$$\begin{cases} u_- = e^{ikx} + Ae^{-ikx} & x < 0, \quad k = \sqrt{2\mu W}/\hbar, k_0 = \sqrt{2\mu V_0}/\hbar \\ u_+ = Be^{i\chi x} & x > 0, \quad \chi = \sqrt{2\mu(W - V_0)}/\hbar = \sqrt{k^2 - k_0^2}. \end{cases}$$

Le condizioni di raccordo si ricavano dalle precedenti con la sostituzione $-\bar{k} \to i\chi$:

$$\begin{cases} A = (k - \chi)/(k + \chi) \\ B = 2k/(k + \chi) \end{cases} \qquad A^2 + B^2 = 1.$$

La soluzione dell'equazione completa di Schrödinger è data da:

$$\begin{cases} \psi_{in}(x,t) = \\ \dfrac{1}{\sqrt{2\pi\hbar}} \displaystyle\int_0^\infty dk\, c(k) \left\{ \exp\left[i\left(kx - \dfrac{\hbar k^2}{2\mu}t\right)\right] + A(k)\exp\left[-i\left(kx + \dfrac{\hbar k^2}{2\mu}t\right)\right] \right\} & x < 0 \\[4mm] \psi_{tr}(x,t) = \dfrac{1}{\sqrt{2\pi\hbar}} \displaystyle\int_0^\infty dk\, c(k) B(k) \exp\left[i\left(\chi x - \dfrac{\hbar\chi^2}{2\mu}t\right)\right] & x > 0. \end{cases}$$

iii) Per ipotesi, $c(k)$ è una funzione piccata attorno a un valore $p_0 > 0$, il che comporta che l'integrando deve essere valutato per $k \approx p_0$. Inoltre, per il principio della fase stazionaria, le ψ sono sensibilmente diverse da zero a grandi x e t solo se esistono dei valori di k per i quali la fase dell'integrando è stazionaria, quindi per:

$$\begin{cases} x \pm \dfrac{\hbar k}{\mu} t = 0 \Big|_{k=p_0} & \implies \quad x = \pm \dfrac{\hbar}{\mu} p_0 \, t \qquad x < 0 \\[4mm] x - \dfrac{\hbar \chi}{\mu} t = 0 \Big|_{k=p_0} & \implies \quad x = \dfrac{\hbar}{\mu} \sqrt{p_0^2 - k_0^2} \, t \quad x > 0. \end{cases}$$

A destra della barriera il baricentro del pacchetto si muove con velocità ridotta.

Il principio della fase stazionaria si illustra in modo intuitivo: per grandi x e t, piccole variazioni di k nell'integrale fanno oscillare molto rapidamente gli esponenziali. Essendo moltiplicati per la funzione $c(k)$ regolare, l'effetto complessivo è nullo, a meno che gli esponenziali abbiano fase complessivamente stazionaria. Per la dimostrazione formale si può fare riferimento ai comportamenti asintotici delle trasformate di Fourier.

7.13. Notare che il potenziale assegnato è uguale a quello di 1.15 e 6.3, ma di segno opposto. Quelli erano attrattivi, questo repulsivo.

Dobbiamo valutare al tempo t:

$$\Delta p = \sqrt{\langle \hat{p}^2 \rangle - \langle \hat{p} \rangle^2}.$$

Conviene utilizzare il teorema di Ehrenfest:

$$\frac{d\langle A \rangle}{dt} = \frac{1}{i\hbar} \langle [A, H] \rangle.$$

Dal primo commutatore

$$[\hat{p}, H] = -\alpha [\hat{p}, \hat{x}] = i\hbar \alpha,$$

si ottiene:

$$\frac{d\langle \hat{p} \rangle}{dt} = \alpha \implies \langle \hat{p} \rangle = \alpha t + p_0;$$

mentre dal seguente

$$[\hat{p}^2, H] = -\alpha [\hat{p}^2, \hat{x}] = i2\hbar \alpha \hat{p},$$

si ottiene:

$$\frac{d\langle \hat{p}^2 \rangle}{dt} = 2\alpha \langle \hat{p} \rangle = 2\alpha^2 t + 2\alpha p_0 \implies \langle \hat{p}^2 \rangle = \alpha^2 t^2 + 2\alpha p_0 t + cost.$$

Raccogliendo le precedenti espressioni:

$$\Delta p(t) = \sqrt{\alpha^2 t^2 + 2\alpha p_0 t + cost - \left(\alpha t + p_0\right)^2} = \sqrt{cost - p_0^2} = cost.$$

7.14. L'Hamiltoniana si scrive:

$$H = -\mu\boldsymbol{\sigma}\cdot\mathbf{B} = -\hbar\omega_0 \begin{vmatrix} 0 & \exp[i\omega t] \\ \exp[-i\omega t] & 0 \end{vmatrix} - \hbar\omega_1\sigma_z, \quad \omega_0 = \mu B_0/\hbar\omega_1 = \mu B_1/\hbar.$$

Se poniamo ora:

$$\psi(t) = \begin{vmatrix} a(t) \\ b(t) \end{vmatrix},$$

l'equazione di Schrödinger $i\hbar d/dt\,\psi(t) = H\psi(t)$ diventa:

$$\begin{cases} \dot{a}(t) = i\omega_1 a(t) + i\omega_0 \exp[i\omega t] b(t) \\ \dot{b}(t) = -i\omega_1 b(t) + i\omega_0 \exp[-i\omega t] a(t). \end{cases}$$

Con il cambio di incognite suggerito:

$$\begin{cases} a(t) = \alpha(t)\exp[i\omega_1 t] \\ b(t) = \beta(t)\exp[-i\omega_1 t], \end{cases}$$

il sistema diventa:

$$\begin{cases} \dot{\alpha}(t) = i\omega_0 \exp[i2\Omega t]\beta(t) \\ \dot{\beta}(t) = i\omega_0 \exp[-i2\Omega t]\alpha(t) \end{cases} \quad \Omega = -\omega_1 + \frac{\omega}{2}.$$

Di queste, cerchiamo una soluzione esponenziale:

$$\begin{cases} \alpha(t) = N_\alpha \exp[i\Omega_\alpha t] \\ \beta(t) = N_\beta \exp[i\Omega_\beta t]. \end{cases}$$

Sostituita nel sistema precedente, si ottiene:

$$\Omega_\alpha - \Omega_\beta = 2\Omega \begin{cases} \Omega_\alpha N_\alpha - \omega_0 N_\beta = 0 \\ -\omega_0 N_\alpha + \Omega_\beta N_\beta = 0 \end{cases}$$

dove la prima deriva dall'annullamento dell'esponente. Il restante sistema, visto nelle incognite $\{N_\alpha, N_\beta\}$, ha soluzione se si annulla il determinante:

$$\Omega_\alpha \Omega_\beta - \omega_0^2 = 0.$$

Da questa e da quella precedentemente trovata (somma e prodotto degli zeri di un polinomio di secondo grado), si trova infine:

$$\Omega_{\alpha\pm} = \Omega \pm \Omega_0, \ \ \Omega_{\beta\pm} = -\Omega \pm \Omega_0 \ \text{con} \ \Omega_0 = \sqrt{\Omega^2 + \omega_0^2} = \sqrt{(\omega/2 - \omega_1)^2 + \omega_0^2}.$$

Le soluzioni esponenziali (ad esempio) per la funzione β sono allora:

$$\beta(t) = N_{\beta+} \exp[i\Omega_{\beta+}t] + N_{\beta-} \exp[i\Omega_{\beta-}t],$$

mentre per la α utilizziamo l'equazione differenziale:

$$\alpha(t) = \frac{\dot{\beta}(t)}{i\omega_0} \exp[i2\Omega t] =$$

$$= \frac{1}{\omega_0} \left(N_{\beta+}\Omega_{\beta+} \exp[i(\Omega_{\beta+} + 2\Omega)t] + N_{\beta-}\Omega_{\beta-} \exp[i(\Omega_{\beta-} + 2\Omega)t] \right).$$

Possiamo ora imporre le condizioni iniziali sulla funzione d'onda $\psi(t)$, imponendo che sia a spin in su, ovvero:

$$\begin{cases} a(0) = \alpha(0) = 1 \\ b(0) = \beta(0) = 0 \end{cases} \quad \begin{cases} \frac{1}{\omega_0} (N_{\beta+}\Omega_{\beta+} + N_{\beta-}\Omega_{\beta-}) = 1 \\ N_{\beta+} + N_{\beta-} = 0. \end{cases}$$

Il sistema ha soluzione:

$$N_{\beta+} = -N_{\beta-} = \frac{\omega_0}{\Omega_{\beta+} - \Omega_{\beta-}} = \frac{\omega_0}{2\Omega_0}.$$

Dobbiamo infine calcolare la probabilità di trovare al tempo t lo spin capovolto, e questa è data da $|b(t)|^2$, essendo:

$$b(t) = \beta(t) \exp[-i\omega_1 t] = \exp[-i\omega_1 t] N_{\beta+} \left(\exp[i\Omega_{\beta+}t] - \exp[i\Omega_{\beta-}t] \right).$$

Ricordando che:

$$-\omega_1 + \Omega_{\beta\pm} = -\omega_1 - \Omega \pm \Omega_0 = -\omega/2 \pm \Omega_0,$$

otteniamo:

$$b(t) = N_{\beta+} \exp[-i\omega/2t] \left(\exp[i\Omega_0 t] - \exp[-i\Omega_0 t] \right).$$

Sostituendo tutte le espressioni trovate prima:

$$P_{\uparrow \to \downarrow}(t) = \left(\frac{\omega_0}{\Omega_0}\right)^2 \sin^2(\Omega_0 t),$$

con, ricordiamo:

$$\Omega_0 = \sqrt{(\omega/2 - \omega_1)^2 + \omega_0^2}, \quad \omega_0 = \mu B_0/\hbar, \quad \omega_1 = \mu B_1/\hbar.$$

Nel caso che:

$$|B_0/B_1| \ll 1 \text{ e anche } \omega \ll \omega_1, \text{ ovvero } \Omega_0 \approx \omega_1, \text{ allora } |\omega_0/\Omega_0| \approx |B_0/B_1|,$$

e la probabilità di spin-flip è data da:

$$P_{\uparrow \to \downarrow} \approx (B_0/B_1)^2 \sin^2(\omega_1 t) \ll 1.$$

Se invece ω assume il valore risonante $\omega \approx 2\omega_1$, e quindi $\Omega_0 = \omega_0$:

$$P_{\uparrow \to \downarrow} \approx \sin^2(\omega_0 t).$$

7.15. Con l'Hamiltoniana data:

$$H = -\hbar \omega_0 \begin{vmatrix} 0 & e^{i\omega t} \\ e^{-i\omega t} & 0 \end{vmatrix} - \hbar \omega_1 \sigma_z, \quad \omega_0 = \mu B_0/\hbar, \quad \omega_1 = \mu B_1/\hbar,$$

l'equazione di Pauli sulla funzione d'onda

$$\psi(t) = \begin{vmatrix} a(t) \\ b(t) \end{vmatrix}$$

si scrive:

$$i \begin{vmatrix} \dot{a}(t) \\ \dot{b}(t) \end{vmatrix} = -\omega_0 \begin{vmatrix} 0 & e^{i\omega t} \\ e^{-i\omega t} & 0 \end{vmatrix} \begin{vmatrix} a(t) \\ b(t) \end{vmatrix} - \omega_1 \begin{vmatrix} 1 & 0 \\ 0 & -1 \end{vmatrix} \begin{vmatrix} a(t) \\ b(t) \end{vmatrix}.$$

Se poniamo:

$$\begin{cases} a(t) = e^{i\omega/2 t} \alpha(t) \\ b(t) = e^{-i\omega/2 t} \beta(t), \end{cases}$$

l'equazioni diventa:

$$i \begin{vmatrix} \dot{\alpha}(t) \\ \dot{\beta}(t) \end{vmatrix} = \begin{vmatrix} \Omega & \omega_0 \\ \omega_0 & -\Omega \end{vmatrix} \begin{vmatrix} \alpha(t) \\ \beta(t) \end{vmatrix} \quad \Omega = -\omega_1 + \frac{\omega}{2}.$$

Cioè un'ordinaria equazione di Schrödinger con Hamiltoniana $\widetilde{H}$ indipendente dal tempo:

$$\widetilde{H} = \begin{vmatrix} \Omega & \omega_0 \\ \omega_0 & -\Omega \end{vmatrix}.$$

La soluzione al tempo t si ottiene pertanto sviluppando lo stato iniziale sulle autofunzioni di $\widetilde{H}$, e moltiplicando per gli esponenziali nel tempo. Occorre pertanto risolvere il problema agli autovalori per $\widetilde{H}$. Si ottiene:

$$\tilde{w}_{\pm} = \pm \Omega_0, \quad \Omega_0 = \sqrt{(\omega_1 - \omega/2)^2 + \omega_0^2}$$

$$\psi_{\pm} = \sqrt{\frac{\omega_0}{2\Omega_0}} \begin{vmatrix} \pm\sqrt{\dfrac{\Omega_0 \pm \Omega}{\omega_0}} \\[2mm] \sqrt{\dfrac{\omega_0}{\Omega_0 \pm \Omega}} \end{vmatrix} = \begin{vmatrix} \pm x \\ y \end{vmatrix}.$$

Sviluppando sulle autofunzioni trovate, la funzione d'onda al tempo t è data da:

$$\begin{vmatrix} \alpha(t) \\ \beta(t) \end{vmatrix} = \exp(-i\tilde{w}t) \begin{vmatrix} x \\ y \end{vmatrix} \overline{\begin{vmatrix} x & y \end{vmatrix}} \begin{vmatrix} \alpha_0 \\ \beta_0 \end{vmatrix} + \exp(i\tilde{w}t) \begin{vmatrix} -x \\ y \end{vmatrix} \overline{\begin{vmatrix} -x & y \end{vmatrix}} \begin{vmatrix} \alpha_0 \\ \beta_0 \end{vmatrix}.$$

Noi dobbiamo valutare l'ampiezza di probabilià di spin-flip, ovvero valutare:

$$b(t) = e^{-i\omega/2t} \beta(t) \quad \text{da} \quad \begin{vmatrix} \alpha_0 \\ \beta_0 \end{vmatrix} = \begin{vmatrix} 1 \\ 0 \end{vmatrix}.$$

Si ottiene:

$$\beta(t) = -\frac{\omega_0}{2\Omega_0} 2i \sin \tilde{w}t,$$

e quindi:

$$P_{\uparrow \rightarrow \downarrow} = |b(t)|^2 = \frac{\omega_0^2}{(\omega_1 - \omega/2)^2 + \omega_0^2} \sin^2 \left(\sqrt{(\omega_1 - \omega/2)^2 + \omega_0^2}\, t \right).$$

7.16. Per risolvere il 7.14 possiamo anche utilizzare la rappresentazione di interazione piuttosto che quella usuale di Schrödinger, grazie al fatto che l'Hamiltoniana è la somma di una parte risolubile e di un'altra dipendente dal tempo:

$$\widehat{H} = \widehat{H}_0 + \widehat{H}_1(t).$$

Indichiamo con i pedici I e S le osservabili e gli stati nelle due rappresentazioni, e scegliamo di far evolvere gli operatori con $\widehat{H}_0$ e gli stati con $\widehat{H}_1$, ovvero:

$$\langle \psi_S(t) \mid \widehat{O}_S \mid \psi_S(t) \rangle = \langle \psi_0 \mid \widehat{U}^\dagger(t)\widehat{O}_S\widehat{U}(t) \mid \psi_0 \rangle =$$

$$= \langle \psi_0 \mid \widehat{W}^\dagger(t)\widehat{V}^\dagger(t)\widehat{O}_S\widehat{V}(t)\widehat{W}(t) \mid \psi_0 \rangle = \langle \psi_I(t) \mid \widehat{O}_I(t) \mid \psi_I(t) \rangle,$$

cioè con:

$$\psi_I(t) = \widehat{W}(t)\psi_0, \quad \widehat{O}_I(t) = \widehat{V}^\dagger(t)\widehat{O}_S\widehat{V}(t), \quad \psi_S(t) = \widehat{U}(t)\psi_0 = \widehat{V}(t)\psi_I(t),$$

$$\begin{cases} i\hbar\dfrac{d\widehat{V}(t)}{dt} = \widehat{H}_0\widehat{V}(t) \\[2mm] i\hbar\dfrac{d\widehat{W}(t)}{dt} = \widehat{H}_{1,I}\widehat{W}(t). \end{cases}$$

Poiché $\widehat{H}_0 = -\hbar\omega_1\,\sigma_z$ non dipende dal tempo:

$$\begin{cases} \widehat{V}(t) = e^{-i\widehat{H}_0/\hbar t} = e^{i\omega_1\sigma_z t} \\[2mm] \psi_S(t) = e^{-i\widehat{H}_0/\hbar t}\,\psi_I(t) = e^{i\omega_1\sigma_z t}\,\psi_I(t). \end{cases}$$

Per risolvere la seconda equazione in $W(t)$, dobbiamo prima determinare

$$\widehat{H}_{1,I} = \widehat{V}^\dagger(t)\widehat{H}_1\widehat{V}(t) = -\hbar\omega_0 e^{-i\omega_1\sigma_z t}\begin{vmatrix} 0 & e^{i\omega t} \\ e^{-i\omega t} & 0 \end{vmatrix}e^{i\omega_1\sigma_z t}.$$

Conviene sviluppare $\widehat{H}_1$ con proiettori non ortogonali sugli autostati di σ_z:

$$\begin{vmatrix} 0 & e^{i\omega t} \\ e^{-i\omega t} & 0 \end{vmatrix} = e^{i\omega t}\begin{vmatrix} 1 \\ 0 \end{vmatrix}\overline{\begin{matrix} 1 & 0 \end{matrix}} + e^{-i\omega t}\begin{vmatrix} 0 \\ 1 \end{vmatrix}\overline{\begin{matrix} 1 & 0 \end{matrix}} =$$

$$= e^{i\omega t}\mid +\rangle\langle -\mid + e^{-i\omega t}\mid -\rangle\langle +\mid,$$

e quindi:

$$\widehat{H}_{1,I} = -\hbar\omega_0\Big(e^{i\omega t}e^{-i\omega_1 t}\mid +\rangle\langle -\mid e^{-i\omega_1 t} + e^{-i\omega t}e^{i\omega_1 t}\mid -\rangle\langle +\mid e^{i\omega_1 t}\Big) =$$

$$= -\hbar\omega_0\begin{vmatrix} 0 & e^{i(\omega-2\omega_1)t} \\ e^{-i(\omega-2\omega_1)t} & 0 \end{vmatrix}.$$

Possiamo ora scrivere l'equazione cui soddisfa la ψ_I:

$$\psi_I(t) = \begin{vmatrix} c(t) \\ d(t) \end{vmatrix} \implies \begin{cases} \dot{c}(t) = i\omega_0 e^{-2ivt}d(t) \\[2mm] \dot{d}(t) = i\omega_0 e^{+2ivt}c(t) \end{cases} \qquad v = \omega_1 - \omega/2.$$

Le soluzioni possono essere cercate della forma esponenziale:

$$\begin{cases} c(t) = Ce^{i\Gamma t} \\ d(t) = De^{i\tilde{\Gamma}t}, \end{cases}$$

che, sostituita nelle equazioni differenziali, porta alla cancellazione della dipendenza temporale e alla condizione:

$$\begin{cases} \Gamma C - \omega_0 D = 0 \\ \omega_0 C - \tilde{\Gamma} D = 0. \end{cases}$$

Da queste si ricava una condizione di compatibilità, da aggiungere a quella sugli esponenziali nel tempo:

$$\begin{cases} -\Gamma\tilde{\Gamma} + \omega_0^2 = 0 \\ 2v + \Gamma - \tilde{\Gamma} = 0. \end{cases}$$

Si ottiene:

$$\begin{cases} \Gamma_\pm = -v \pm \sqrt{v^2 + \omega_0^2} \\ \tilde{\Gamma}_\pm = v \pm \sqrt{v^2 + \omega_0^2}, \end{cases}$$

e quindi la soluzione generale:

$$\begin{cases} c(t) = C_+ e^{i\Gamma_+ t} + C_- e^{i\Gamma_- t} \\ d(t) = D_+ e^{i\tilde{\Gamma}_+ t} + D_- e^{i\tilde{\Gamma}_- t}. \end{cases}$$

Dobbiamo ora imporre le condizioni iniziali: $\psi_I(0) = \psi_0$ in quanto $W(0) = 1$. Cominciamo con $d(0) = 0$, da cui:

$$d(t) = D\left(e^{i\tilde{\Gamma}_+ t} - e^{i\tilde{\Gamma}_- t}\right) = De^{ivt}2i\sin\left(\sqrt{(\omega_1 - \omega/2)^2 + \omega_0^2}\,t\right).$$

Questa funzione reinserita nel sistema, porta a:

$$c(t) = \frac{D}{\omega_0}\left(\tilde{\Gamma}_+ e^{i\Gamma_+ t} - \tilde{\Gamma}_- e^{i\Gamma_- t}\right).$$

Imposta la condizione iniziale $c(0) = 1$, si ricava D e quindi:

$$d(t) = \frac{i\omega_0}{\sqrt{(\omega_1 - \omega/2)^2 + \omega_0^2}}e^{i(\omega_1 - \omega/2)t}\sin\left(\sqrt{(\omega_1 - \omega/2)^2 + \omega_0^2}\,t\right).$$

Per le probabilità dobbiamo risalire alla funzione d'onda di Schrödinger:

$$\psi_S(t) = \widehat{V}(t)\psi_I(t) \implies \left| \begin{matrix} a(t) \\ b(t) \end{matrix} \right| = \left| \begin{matrix} e^{i\omega_1 t} c(t) \\ e^{-i\omega_1 t} d(t) \end{matrix} \right|$$

e da qui si ricava la solita forma di $b(t)$ già trovata prima.

7.17. Stabiliamo le relazioni rilevanti in rappresentazione di Schrödinger e di Heisenberg, utilizzando il lemma di Baker-Hausdorff come nel 7.11:

$$\hat{x}(t) = e^{i\hat{H}t/\hbar}\hat{x}e^{-i\hat{H}t/\hbar} = \hat{x} + \frac{it}{\hbar}[\hat{H},\hat{x}] + \frac{1}{2!}\left(\frac{it}{\hbar}\right)^2 [\hat{H},[\hat{H},\hat{x}]] + ... =$$

$$= \hat{x} + \frac{t}{\mu}\hat{p} - \frac{1}{2!}t^2\omega^2\hat{x} - \frac{1}{3!}\frac{t^3\omega^2}{\mu}\hat{p} + ... =$$

e analogo per la $\hat{p}(t)$, per cui:

$$\hat{x}(t) = \hat{x}\cos\omega t + \frac{\hat{p}}{\mu\omega}\sin\omega t, \quad \hat{p}(t) = -\mu\omega\hat{x}\sin\omega t + \hat{p}\cos\omega t.$$

Confronta con l'evoluzione delle $\hat{a}(t)$ e $\hat{a}^\dagger(t)$ nel 7.30. Dalla prima di queste si ricava:

$$\Delta^2 x_t = \langle\,\psi(t)\,|\,\hat{x}^2\,|\,\psi(t)\,\rangle - (\langle\,\psi(t)\,|\,\hat{x}\,|\,\psi(t)\,\rangle)^2 =$$

$$= \langle\,\psi(0)\,|\,e^{i\hat{H}t/\hbar}\,\hat{x}^2\,e^{-i\hat{H}t/\hbar}\,|\,\psi(0)\,\rangle - (\langle\,\psi(0)\,|\,e^{i\hat{H}t/\hbar}\,\hat{x}\,e^{-i\hat{H}t/\hbar}\,|\,\psi(0)\,\rangle)^2 =$$

$$= \langle\,\psi_0\,|\,\hat{x}^2(t)\,|\,\psi_0\,\rangle - (\langle\,\psi_0\,|\,\hat{x}(t)\,|\,\psi_0\,\rangle)^2 =$$

$$= \langle\,\psi_0\,|\,[\hat{x}\cos\omega t + (\mu\omega)^{-1}\hat{p}\sin\omega t]^2\,|\,\psi_0\,\rangle - (\langle\,\psi_0\,|\,\hat{x}\,|\,\psi_0\,\rangle)^2\cos^2\omega t.$$

Nella formula precedente abbiamo usato le notazioni $\hat{x}$ e $\hat{x}(t)$ per la posizione in rappresentazione di Schrödinger e di Heisenberg, rispettivamente; inoltre $\psi(t)$ è la funzione d'onda di Schrödinger, mentre

$$\psi_0 = \psi(0) = N\exp\left[-\beta^2(x-x_0)^2/2\right]$$

rappresenta la funzione d'onda sia di Heisenberg che di Schrödinger al tempo iniziale. Infine, poiché la ψ_0 è reale e $\hat{p} = -i\hbar d/dx$, il valore di aspettazione $\langle\hat{p}\rangle_0$ sarebbe immaginario, pur essendo $\hat{p}$ autoaggiunto; dunque $\langle\hat{p}\rangle_0 = 0$. Svolgendo il quadrato:

$$\Delta^2 x_t = \langle\hat{x}^2\rangle_0\cos^2\omega t + (\mu\omega)^{-2}\langle\hat{p}^2\rangle_0\sin^2\omega t +$$

$$+ \frac{1}{\mu\omega}\cos\omega t\sin\omega t\langle\hat{x}\hat{p} + \hat{p}\hat{x}\rangle_0 - (\langle\hat{x}\rangle_0)^2\cos^2\omega t.$$

Il termine misto $\langle\,\hat{x}\hat{p}+\hat{p}\hat{x}\,\rangle_0$ è nullo, come sopra per $\langle\hat{p}\rangle_0$. Per quanto riguarda gli altri contributi, sono valori di aspettazione di posizione e momento, e loro quadrati, su una gaussiana (reale) centrata in x_0 (vedi A.1):

$$\langle\hat{x}\rangle_0 = \hat{x}_0 \qquad \langle\hat{x}^2\rangle_0 - \langle\hat{x}\rangle_0^2 = 1/2\beta^2$$

$$\langle\hat{p}\rangle_0 = 0 \qquad \langle\hat{p}^2\rangle_0 - \langle\hat{p}\rangle_0^2 = \hbar^2\beta^2/2.$$

Quindi:

$$\Delta^2 x_t = [\frac{1}{2\beta^2} + x_0^2]\cos^2\omega t + \frac{\hbar^2\beta^2}{2\mu^2\omega^2}\sin^2\omega t - x_0^2\cos^2\omega t =$$

$$= \frac{1}{2\beta^2}\cos^2\omega t + \frac{\beta^2}{2\alpha^4}\sin^2\omega t, \quad \alpha = \sqrt{\mu\omega/\hbar}.$$

Analogamente, essendo:

$$\hat{p}(t) = -\mu\omega\hat{x}\sin\omega t + \hat{p}\cos\omega t,$$

come dato in precedenza, troviamo:

$$\Delta^2 p_t = \mu^2\omega^2[\frac{1}{2\beta^2}\sin^2\omega t + \frac{\beta^2}{2\alpha^4}\cos^2\omega t].$$

Le indeterminazioni sono pertanto espresse da:

$$\Delta x_t = \frac{1}{\sqrt{2}\beta}\sqrt{\cos^2\omega t + \frac{\beta^4}{\alpha^4}\sin^2\omega t} \quad , \quad \Delta p_t = \frac{\mu\omega}{\sqrt{2}\beta}\sqrt{\sin^2\omega t + \frac{\beta^4}{\alpha^4}\cos^2\omega t}.$$

Notare che al tempo $t = 0$:

$$\Delta x = 1/\sqrt{2}\beta, \quad \Delta p = \hbar\beta/\sqrt{2} \implies \Delta x\Delta p = \hbar/2,$$

cioè il minimo, essendo il tutto valutato su una gaussiana reale. Si può controllare che, per $t > 0$ vale $\Delta x_t\Delta p_t > \hbar/2$.

7.18. Ricordiamo le autofunzioni e gli autovalori dalla buca infinita in $0 < x < a$:

$$\psi_n(x) = \sqrt{2/a}\sin\frac{\pi(n+1)x}{a}, \quad W_n = \frac{\hbar^2}{2\mu}\frac{\pi^2}{a^2}(n+1)^2, \quad n = 0, 1, 2, \ldots$$

Lo stato iniziale si decompone facilmente su questa base:

$$\psi(x,0) = A\sin^3\frac{\pi x}{a} = \frac{1}{\sqrt{10}}[3\psi_0 - \psi_2] \implies$$

$$\implies \psi(x,t) = \frac{1}{\sqrt{10}}e^{-iW_0 t/\hbar}\left[3\psi_0 - e^{-i8W_0 t/\hbar}\psi_2\right].$$

Dunque, per tutti i valori di t per i quali il secondo esponenziale è multiplo di 2π, cioè:

$$\tau_s = 2\pi s \frac{\hbar}{8W_0} = \frac{\mu a^2}{2\pi \hbar} s, \quad s = 1, 2, \ldots,$$

il vettore di stato ripassa per il valore iniziale.

7.19. Il problema è separabile in coordinate cartesiane, e per quanto riguarda x e y rappresenta una particella libera con dato iniziale gaussiano centrato nell'origine e con velocità iniziale nulla. L'indeterminazione relativa alle due variabili è data dal quadrato di quanto riportato nel 7.1:

$$\Delta x_t \Delta y_t = \sigma^2 \left(1 + \frac{\hbar^2}{4\sigma^4 \mu^2} t^2 \right).$$

Consideriamo ora il restante problema relativo all'Hamiltoniana:

$$\widehat{H}_z = \frac{\hat{p}^2}{2\mu} + \mu \hat{z}, \hat{p} = \hat{p}_z$$

che tratteremo in rappresentazione di Heisenberg, indicata con l'indice H, lasciando senza indice gli operatori in rappresentazione di Schrödinger:

$$\Delta z_t = \langle \, \psi(t) \mid \left(\hat{z} - \langle \hat{z} \rangle_t \right)^2 \mid \psi(t) \, \rangle = \langle \, \psi_0 \mid [\hat{z}_H(t) - z(t)]^2 \mid \psi_0 \, \rangle,$$

con:

$$z(t) = \langle \hat{z} \rangle_t = \langle \hat{z}_H(t) \rangle_0.$$

Valutiamo dunque $\hat{z}_H(t) = \hat{z}(t)$, tramite le equazioni di Heisenberg:

$$\begin{cases} \dfrac{d}{dt} \hat{p}_H(t) = -\dfrac{i}{\hbar} [\hat{p}_H, \widehat{H}_H] = -\mu g \\ \dfrac{d}{dt} \hat{z}_H(t) = \dfrac{1}{\mu} \hat{p}_H(t). \end{cases}$$

La soluzione del sistema è data da:

$$\begin{cases} \hat{p}_H(t) = -\mu g t + \hat{p} \\ \hat{z}_H(t) = -\dfrac{1}{2} g t^2 + \dfrac{t}{\mu} \hat{p} + \hat{z}. \end{cases}$$

Possiamo ora valutare il valore di aspettazione dell'operatore posizione:

$$z(t) = \langle \hat{z}(t) \rangle_0 = -\frac{1}{2} g t^2 + \frac{t}{\mu} \langle \hat{p} \rangle_0 + \langle \, \hat{z} \, \rangle_0 = -\frac{1}{2} g t^2 + \frac{t}{\mu} \langle \hat{p} \rangle_0.$$

Inserendo questa espressione nella formula per $\Delta_t z$:

$$(\Delta z_t)^2 = \langle \, (\hat{z}_H(t) - z(t))^2 \, \rangle_0 = \langle \, \left[\frac{t}{\mu}(\hat{p} - \langle \hat{p} \rangle_0) + \hat{z} \right]^2 \, \rangle_0 =$$

$$= \frac{t^2}{\mu^2} \langle \, (\hat{p} - \langle \hat{p} \rangle_0)^2 \, \rangle_0 + \langle \hat{z}^2 \rangle_0 + \frac{2t}{\mu} \langle \, (\hat{p} - \langle \hat{p} \rangle_0)\hat{z} \, \rangle_0.$$

L'ultimo addendo è nullo perché $\langle \hat{z} \rangle_0 = z_0 = 0$ e perché $\langle \hat{p}\hat{z} \rangle_0$ è immaginario puro. I primi due addendi invece sono non nulli e rappresentano gli usuali scarti quadratici di momento e posizione di Schrödinger sulla gaussiana iniziale, rispettivamente uguali a $\hbar^2/4\sigma^2$ e σ^2. Pertanto:

$$(\Delta z_t)^2 = \frac{\hbar^2}{4\sigma^2\mu^2}t^2 + \sigma^2 = \sigma^2\left(1 + \frac{\hbar^2}{4\sigma^4\mu^2}t^2\right),$$

uguale ancora al valore libero. In conclusione:

$$\Delta x_t \Delta y_t \Delta z_t = \left[\sigma^2\left(1 + \frac{\hbar^2}{4\sigma^4\mu^2}t^2\right)\right]^{3/2}.$$

7.20. i) Autovettori e autovalori della buca infinita sono dati da:

$$\varphi_n = \sqrt{2/a}\sin\frac{n\pi x}{a}, \quad W_n = \frac{n^2\pi^2\hbar^2}{2\mu a^2}, \quad n = 1, 2, \dots$$

Su questa base, lo stato iniziale è facilmente sviluppabile:

$$\psi_0 = \frac{2}{\sqrt{5}}\varphi_1 + \frac{1}{\sqrt{5}}\varphi_2.$$

Tale stato, al tempo $t > 0$ evolverà in:

$$\psi(x,t) = \frac{2\sqrt{2}}{\sqrt{5a}}\left[\exp\left(-i\frac{\pi^2\hbar}{2\mu a^2}t\right)\sin\frac{\pi x}{a} + \frac{1}{2}\exp\left(-i\frac{2\pi^2\hbar}{\mu a^2}t\right)\sin\frac{2\pi x}{a}\right] =$$

$$= \sqrt{\frac{8}{5a}}\left[\exp\left(-i\frac{\pi^2\hbar}{2\mu a^2}t\right) + \exp\left(-i\frac{2\pi^2\hbar}{\mu a^2}t\right)\cos\frac{\pi x}{a}\right]\sin\frac{\pi x}{a}.$$

ii) L'energia media del sistema al tempo $t = 0$ è data da:

$$\langle \, \psi_0 \mid H \mid \psi_0 \, \rangle = \sum_n |c_n|^2 W_n = \frac{4}{5}W_1 + \frac{1}{5}W_2 = \frac{4}{5}\frac{\pi^2\hbar^2}{\mu a^2},$$

e questo valore rimane costante nel tempo.

iii) La probabilità di trovare la particella nella prima metà della buca al tempo t è data da:

$$P(0 \le x \le a/2; t) = \int_0^{a/2} dx |\psi(x,t)|^2 =$$

$$= \frac{8}{5a} \int_0^{a/2} dx \sin^2 \frac{\pi x}{a} \left[1 + \cos^2 \frac{\pi x}{a} + 2\cos \frac{\pi x}{a} \cos \frac{3\pi^2 \hbar}{2\mu a^2} t \right] =$$

$$= \frac{1}{2} + \frac{16}{15\pi} \cos \frac{3\pi^2 \hbar}{2\mu a^2} t.$$

7.21. i) Dalla rappresentazione tridimensionale dello spin, l'Hamiltoniana si scrive:

$$H = A\hat{s}_x + B\hat{s}_y = \frac{\hbar}{\sqrt{2}} \begin{vmatrix} 0 & C & 0 \\ C^* & 0 & C \\ 0 & C^* & 0 \end{vmatrix}, \quad C = A - iB.$$

Gli autovalori e gli autovettori sono desumibili da quelli di s_y e sono dati da:

$$W = 0, \pm\hbar|C|, \quad \psi_0 = \frac{1}{\sqrt{2}} \begin{vmatrix} -C/|C| \\ 0 \\ C^*/|C| \end{vmatrix}, \quad \psi_\pm = \frac{1}{2} \begin{vmatrix} \pm C/|C| \\ \sqrt{2} \\ \pm C^*/|C| \end{vmatrix}.$$

ii) Lo stato iniziale si può sviluppare su questi autostati, e il suo evoluto temporale è dato da:

$$\psi(t) = \frac{1}{2} \left[e^{-i/\hbar W_+ t} \psi_+ - e^{-i/\hbar W_- t} \psi_- - \sqrt{2} e^{-i/\hbar W_0 t} \psi_0 \right] =$$

$$= \frac{1}{2} \begin{vmatrix} (C/|C|)(\cos|C|t + 1) \\ -i\sqrt{2} \sin|C|t \\ (C^*/|C|)(\cos|C|t - 1) \end{vmatrix}.$$

Da qui possiamo calcolare il valore di aspettazione di s_z al tempo t:

$$\langle \psi(t) | s_z | \psi(t) \rangle = \hbar \cos|C|t.$$

7.22. Nel Problema 11.30 sono valutati i coefficienti dello sviluppo all'istante iniziale, ai quali dobbiamo solo aggiungere l'evoluzione temporale. Dunque:

$$\psi(x,t) = \frac{8\sqrt{30}}{\pi^3 \sqrt{a}} \sum_{m=0}^{\infty} \frac{1}{(2m+1)^3} \sin\left[\frac{\pi x}{a}(2m+1) \right] \exp\left\{ -\frac{i\hbar}{2\mu} \left[\frac{\pi}{a}(2m+1) \right]^2 t \right\}.$$

7.23. Occorre ripetere i calcoli del 11.30 per quanto riguarda normalizzazione e coefficienti dello sviluppo, e quindi aggiungere l'evoluzione come nel 7.22

$$N^2\|\psi(0)\|^2 = N^2 \int_0^a dx \left(\frac{a}{2} - \left|\frac{a}{2} - x\right|\right)^2 = N^2 \frac{1}{12} a^3 \implies N = 2\sqrt{\frac{3}{a^3}}.$$

Per quanto riguarda i coefficienti, con integrazioni elementari, si trova:

$$c_n = (\psi_n, \psi(0)) = \frac{2\sqrt{6}}{a^2} \left[\int_0^{a/2} dx\, x \sin\frac{\pi x}{a}(n+1) + \int_{a/2}^a dx\,(a-x)\sin\frac{\pi x}{a}(n+1)\right] =$$

$$= \frac{4\sqrt{6}}{\pi^2(n+1)^2} \begin{cases} (-)^m & n = 2m \\ 0 & n = 2m+1 \end{cases} \quad m = 0, 1, 2, \ldots.$$

E così infine, al tempo t:

$$\psi(t) = \frac{8\sqrt{3}}{\sqrt{a}\pi^2} \sum_{m=0}^{\infty} (-)^m \frac{1}{(2m+1)^2} \sin\left[\frac{\pi x}{a}(2m+1)\right] \exp\left\{-\frac{i\hbar}{2\mu}\left[\frac{\pi}{a}(2m+1)\right]^2 t\right\}.$$

7.24. i) Per quanto riguarda l'energia:

$$\overline{W} = \langle\, \psi_0 \mid H \mid \psi_0 \,\rangle = \frac{1}{10}\left[4W_1 + W_2 + 2W_2 + 3W_2\right] = \frac{11}{20}W_1 = 0.55 W_1 \approx$$

$$\approx -0.55 \cdot 13.5\, eV \approx -7.47\, eV.$$

ii) La probabilità relativa all'energia non dipende dal tempo, essendo essa una costante del moto. Valutata a $t = 0$:

$$P_{l=1, m=1} = \frac{1}{5}.$$

iii) La probabilità di trovare a $t = 0$ l'elettrone entro una distanza $\bar{r}$ dal protone è data da:

$$P_{r \le \bar{r}} = \int d\Omega \int_0^{\bar{r}} dr\, r^2 |\psi|^2 = \frac{1}{10}\int_0^{\bar{r}} dr\, \left[4R_{1,0}^2(r) + 6R_{2,1}^2(r)\right]$$

dove l'integrazione angolare si effettua immediatamente per l'ortogonalità delle armoniche sferiche. Se l'integrale fosse esteso da zero a infinito, essendo le R normalizzate, darebbe come risultato 1. Dovendo invece valutare l'integrale solo su valori di r molto più piccoli del raggio di Bohr, possiamo approssimare gli esponenziali che esprimono le funzioni radiali:

$$R_{1,0}^2(r) = \frac{4}{r_0^3}e^{-2r/r_0} \approx \frac{4}{r_0^3}\left(1 - \frac{2r}{r_0}\right), \quad R_{2,1}^2(r) = \frac{r^2}{24r_0^5}e^{-r/r_0} \approx \frac{r^2}{24r_0^5}\left(1 - \frac{r}{r_0}\right).$$

Sostituendo nell'integrale:

$$P_{r<\bar{r}\ll r_0} \approx \frac{1}{10}\int_0^{\bar{r}}dr\, r^2\left[\frac{16}{r_0^3}\left(1-\frac{2r}{r_0}\right)+\frac{r^2}{4r_0^5}\left(1-\frac{r}{r_0}\right)\right]=$$

$$=\frac{8}{5}\left(\frac{\bar{r}}{r_0}\right)^3\left[\frac{1}{3}-\frac{1}{2}\frac{\bar{r}}{r_0}\right]-\frac{1}{40}\left(\frac{\bar{r}}{r_0}\right)^5\left[\frac{1}{5}-\frac{1}{6}\frac{\bar{r}}{r_0}\right]\approx$$

$$\approx\frac{8}{15}\left(\frac{\bar{r}}{r_0}\right)^3\approx\frac{8}{15}\left(\frac{1}{0.53}\cdot10^{-2}\right)^3\approx3.6\cdot10^{-6},$$

dove abbiamo trascurato i contributi di ordine superiore a $(\bar{r}/r_0)^3$.

iv) Infine, la funzione d'onda al tempo t è data da:

$$\psi(\mathbf{r},t)=\frac{1}{\sqrt{10}}\left[2e^{-i/\hbar W_1 t}\psi_{100}+e^{-i/\hbar W_2 t}\left(\psi_{210}+\sqrt{2}\psi_{211}+\sqrt{3}\psi_{21-1}\right)\right].$$

7.25. Diagonalizziamo l'Hamiltoniana con i nuovi operatori:

$$\hat{A}=\sigma\hat{a}+\tau\hat{a}^\dagger \quad\text{e}\quad \hat{A}^\dagger=\sigma^*\hat{a}^\dagger+\tau^*\hat{a}$$

$$\widehat{H}=\hat{a}^\dagger\hat{a}+\lambda(\hat{a}^2+\hat{a}^{\dagger2})=\hat{A}^\dagger\hat{A}+\delta=(|\sigma|^2+|\tau|^2)\hat{a}^\dagger\hat{a}+\sigma\tau^*\hat{a}^2+\sigma^*\tau\hat{a}^{\dagger2}+|\tau|^2+\delta.$$

Segue che deve essere $\delta=-|\tau|^2$ e $\sigma\tau^*=\sigma^*\tau=\lambda$ reale, e quindi σ e τ con la stessa fase che rimane però arbitraria, come sempre in espressioni del tipo $\hat{A}^\dagger\hat{A}$. Quindi, senza perdita di generalità, assumiamo σ e τ reali, con:

$$\begin{cases}\sigma^2+\tau^2=1\\ \sigma\tau=\lambda\end{cases}\quad\begin{cases}\sigma=\frac{1}{2}\left[\sqrt{1+2\lambda}+\sqrt{1-2\lambda}\right]\\ \tau=\frac{1}{2}\left[\sqrt{1+2\lambda}-\sqrt{1-2\lambda}\right].\end{cases}$$

L'Hamiltoniana non è diagonalizzabile per $2\lambda>1$: rimane autoaggiunta ma senza le caratteristiche tipiche dell'oscillatore, in particolare l'esistenza di un set completo di stati legati, come vedremo utilizzando variabili canoniche.

Al contrario, per $2\lambda<1$ lo spettro è quello dell'oscillatore armonico scalato, cioè proporzionale al valore del commutatore tra i nuovi operatori, e traslato:

$$[\hat{A},\hat{A}^\dagger]=(\sigma^2-\tau^2),\quad[\hat{a},\hat{a}^\dagger]=\sqrt{1-4\lambda^2}\implies$$

$$\implies W_n=n\sqrt{1-4\lambda^2}-\tau^2=(n+1/2)\sqrt{1-4\lambda^2}-1/2.$$

Si può anche procedere in coordinate canoniche, definendo:

$$\hat{a}=\frac{1}{\sqrt{2}}(\hat{x}+i\hat{p}),\quad\hat{a}^\dagger=\frac{1}{\sqrt{2}}(\hat{x}-i\hat{p}),\quad[\hat{x},\hat{p}]=i,$$

l'Hamiltoniana diventa:

$$\widehat{H} = (1 - 2\lambda) \left[\frac{1}{2}\hat{p}^2 + \frac{1 + 2\lambda}{1 - 2\lambda} \frac{1}{2}\hat{x}^2 \right] - \frac{1}{2}.$$

Da qui si vede che se $2\lambda > 1$, il potenziale diventa repulsivo e non ci sono stati legati. Altrimenti, lo spettro è quello armonico scalato e traslato, già trovato prima.

Per l'evoluzione temporale utilizziamo la rappresentazione di Heisenberg, sfruttando il fatto che lo stato iniziale e il suo evoluto temporale sono definiti da:

$$\hat{a} \, | \, 0 \, \rangle = 0 \quad \Longrightarrow \quad U(t)\hat{a}U^\dagger(t)U(t) \, | \, 0 \, \rangle = \hat{a}_H(t) \, | \, \psi_0(t) \, \rangle = 0,$$

con $| \, \psi_0(t) \, \rangle$ evoluto temporale di Schrödinger dello stato $| \, 0 \, \rangle$. Valutiamo quindi i creatori e distruttori in rappresentazione di Heisenberg:

$$\begin{cases} i\dfrac{d}{dt}\hat{a}_H(t) = [\hat{a}_H, \widehat{H}] = \hat{a}_H(t) + 2\lambda\hat{a}_H^\dagger(t) \\[2mm] i\dfrac{d}{dt}\hat{a}_H^\dagger(t) = [\hat{a}_H^\dagger, \widehat{H}] = -\hat{a}_H^\dagger(t) - 2\lambda\hat{a}_H(t), \end{cases}$$

che in termini matriciali si scrive:

$$i\frac{d}{dt}\mathbf{\hat{a}}_H(t) = \mathbf{M}\mathbf{\hat{a}}_H(t) \quad \text{con} \quad \mathbf{\hat{a}}_H(t) = \begin{vmatrix} \hat{a}_H(t) \\ \hat{a}_H^\dagger(t) \end{vmatrix}, \quad \mathbf{M} = \begin{vmatrix} 1 & 2\lambda \\ -2\lambda & -1 \end{vmatrix}.$$

La soluzione è quindi data da:

$$\mathbf{\hat{a}}_H(t) = e^{-i\mathbf{M}t}\mathbf{\hat{a}}_H(0) = e^{-i\mathbf{M}t}\begin{vmatrix} \hat{a} \\ \hat{a}^\dagger \end{vmatrix}.$$

L'esponenziale di $\mathbf{M}$ si può valutare esplicitamente, vedi 9.12 e 9.25, dato che:

$$\mathbf{M}^2 = (1 - 4\lambda^2)\begin{vmatrix} 1 & 0 \\ 0 & 1 \end{vmatrix} = \gamma, \quad \mathbf{I}\gamma = 1 - 4\lambda^2, \quad 2\lambda < 1;$$

$$e^{-i\mathbf{M}t} = \sum_{n=0}^{\infty} \frac{(-i)^{2n}}{2n!}(\mathbf{M})^{2n}t^{2n} + \mathbf{M}\sum_{m=0}^{\infty} \frac{(-i)^{2m+1}}{(2m+1)!}(\mathbf{M})^{2m}t^{2m+1} =$$

$$= \sum_{n=0}^{\infty} \frac{(-)^n}{2n!}(\gamma t)^{2n}\mathbf{I} - \frac{i}{\gamma}\mathbf{M}\sum_{m=0}^{\infty} \frac{(-)^m}{(2m+1)!}(\gamma t)^{2m+1}\mathbf{I} =$$

$$= \cos\gamma t\,\mathbf{I} - \frac{i}{\gamma}\sin\gamma t\,\mathbf{M}.$$

Da qui segue che gli operatori in rappresentazione di Heisenberg sono espressi da:

$$\begin{cases} \hat{a}_H(t) = \left[\cos\gamma t - \dfrac{i}{\gamma}\sin\gamma t\right]\hat{a} - \dfrac{2i\lambda}{\gamma}\sin\gamma t\,\hat{a}^\dagger \\[2mm] \hat{a}_H^\dagger(t) = \dfrac{2i\lambda}{\gamma}\sin\gamma t\,\hat{a} + \left[\cos\gamma t + \dfrac{i}{\gamma}\sin\gamma t\right]\hat{a}^\dagger. \end{cases}$$

Tramite questi, possiamo esprimere lo stato al tempo t come soddisfacente l'equazione:

$$\hat{a}_H(t)\mid\psi_0(t)\,\rangle = \left[C(t)\hat{a} + D(t)\hat{a}^\dagger\right]\mid\psi_0(t)\,\rangle = 0,$$

$$C(t) = \cos\gamma t - \frac{i}{\gamma}\sin\gamma t, \, D(t) = -\frac{2i\lambda}{\gamma}\sin\gamma t.$$

Possiamo ora sviluppare lo stato al tempo t sugli autostati dell'oscillatore imperturbato, e poiché si tratta dell'evoluto temporale di $\mid 0\,\rangle$ tramite l'Hamiltoniana H che non cambia la parità dello stato, lo sviluppo può essere limitato agli stati $\mid 2n\,\rangle$:

$$\hat{a}_H(t)\mid\psi_0(t)\,\rangle = \left[C(t)\hat{a} + D(t)\hat{a}^\dagger\right]\sum_n c_{2n}(t)\mid 2n\,\rangle =$$

$$= C(t)\sum_n c_{2n}(t)\sqrt{2n}\mid 2n-1\,\rangle + D(t)\sum_m c_{2m}(t)\sqrt{2m+1}\mid 2m+1\,\rangle = 0.$$

Da qui si ricava la regola di ricorrenza sui coefficienti:

$$c_{2n}(t) = -\frac{D(t)}{C(t)}\sqrt{\frac{2n-1}{2n}} \qquad c_{2n-2}(t) = \left(-\frac{D(t)}{C(t)}\right)^n\sqrt{\frac{(2n-1)!!}{(2n)!!}}\ c_0.$$

Completiamo l'esercizio controllando che lo stato sia normalizzabile:

$$\|\psi_0(t)\|^2 = \sum_n |c_{2n}(t)|^2 = \sum_n \left(\frac{4\lambda^2\sin^2\gamma t}{\gamma^2\cos^2\gamma t + \sin^2\gamma t}\right)^n\frac{(2n-1)!!}{(2n)!!}c_0^2.$$

Valutiamo separatamente i due fattori:

$$\frac{4\lambda^2\sin^2\gamma t}{\gamma^2\cos^2\gamma t + \sin^2\gamma t} = \frac{4\lambda^2(1-\cos^2\gamma t)}{1-4\lambda^2\cos^2\gamma t} = 1 - \frac{1-4\lambda^2}{1-4\lambda^2\cos^2\gamma t} < 1,$$

dove l'ultima diseguaglianza deriva da:

$$0 < 1-4\lambda^2 < \frac{1-4\lambda^2}{1-4\lambda^2\cos^2\gamma t} < 1, \quad 2\lambda < 1.$$

Per quanto riguarda i fattoriali, possiamo valutarne il comportamento asintotico a grandi n tramite la formula di Stirling $n! \underset{n \to \infty}{\approx} \sqrt{2\pi n}\, n^n e^{-n}$:

$$\frac{(2n-1)!!}{(2n)!!} = \frac{(2n)!!(2n-1)!!}{((2n)!!)^2} = \frac{(2n)!}{(2^n n!)^2} \underset{n \to \infty}{\approx} \frac{\sqrt{2\pi 2n}(2n)^{2n} e^{-2n}}{(2^n \sqrt{2\pi n}\, n^n e^{-n})^2} = \frac{1}{\sqrt{\pi n}}.$$

La serie quindi converge più velocemente di una serie di potenze.

7.26. Consideriamo anzitutto lo stato iniziale. Dalla rappresentazione tridimensionale dei momenti angolari, abbiamo che l'autovettore di L_x con autovalore $\hbar$ è dato da:

$$\psi_{l_x=\hbar} = \frac{1}{2}\begin{vmatrix} 1 \\ \sqrt{2} \\ 1 \end{vmatrix} = \frac{1}{2}\psi_{l_z=\hbar} + \frac{1}{\sqrt{2}}\psi_{l_z=0} + \frac{1}{2}\psi_{l_z=-\hbar},$$

e quindi:

$$Y(\theta,\varphi) = \frac{1}{2}\left(Y_{1,1} + \sqrt{2}Y_{1,0} + Y_{1,-1}\right).$$

Nell'ipotesi di campo magnetico sufficientemente debole da poter trascurare i contributi quadratici, e sufficientemente intenso da poter trascurare l'interazione spin-orbita, grazie all'effetto Paschen-Back possiamo considerare l'Hamiltoniana:

$$H = \frac{p^2}{2\mu} - \frac{e_0^2}{r} + \frac{e_0 B}{2\mu c}L_z = H_0 + \omega_L L_z, \qquad \omega_L = \frac{e_0 B}{2\mu c},$$

come se trattassimo elettroni senza spin. L'evoluto temporale è infine dato da:

$$\psi(t) = e^{-itH/\hbar}R_{21}(r)Y(\theta,\varphi) = e^{-it\,W_{n=2}/\hbar}R_{21}(r)\frac{1}{2}\left[e^{-i\omega_L t}Y_{1,1} + \sqrt{2}Y_{1,0} + e^{i\omega_L t}Y_{1,-1}\right].$$

Su questo, il valore di aspettazione di L_x, che commuta con $R_{21}(r)$, si ottiene sfruttando l'azione di innalzatori e abbassatori sugli autostati di L_z:

$$L_+ Y_{1,0} = \hbar\sqrt{2}Y_{1,1}, \quad L_+ Y_{1,-1} = \hbar\sqrt{2}Y_{1,0}, \quad L_- Y_{1,1} = \hbar\sqrt{2}Y_{1,0}, \quad L_- Y_{1,0} = \hbar\sqrt{2}Y_{1,-1},$$

e quindi:

$$\langle \psi(t) \mid L_x \mid \psi(t) \rangle = \frac{1}{2}\langle \psi(t) \mid L_+ + L_- \mid \psi(t) \rangle =$$

$$= \frac{\hbar\sqrt{2}}{8}\langle e^{-i\omega_L t}Y_{1,1} + \sqrt{2}Y_{1,0} + e^{i\omega_L t}Y_{1,-1} \mid e^{-i\omega_L t}Y_{1,0} + \sqrt{2}(Y_{1,1}+Y_{1,-1}) + e^{i\omega_L t}Y_{1,0}\rangle =$$

$$= \hbar\cos\omega_L t.$$

7.27. Entro il condensatore, le particelle evolvono con l'Hamiltoniana con campo elettrico:

$$H = H_0 + H_1, \quad H_1 = -e_0 E z = -e_0 E r \cos\theta.$$

Dovremmo pertanto sviluppare lo stato iniziale $2s$ sulle autofunzioni di H, e poi farle evolvere con gli usuali esponenziali $\exp[-i/\hbar W_n t]$. Questa Hamiltoniana però non è risolubile esattamente ma, nell'ipotesi di campo debole, possiamo affrontare il problema al primo ordine perturbativo, secondo l'usuale procedimento per la valutazione dell'effetto Stark (vedi 5.24). In particolare, dobbiamo diagonalizzare la perturbazione sugli stati con $n = 2$ e $l = 0, 1$. Quelli con $m = \pm 1$ non variano l'autovalore, mentre quelli con $m = 0$ si mescolano; le autofunzioni all'ordine zero e gli autovalori al primo ordine sono dati da:

$$u_{2,\pm}^{(0)} = \frac{1}{\sqrt{2}}(u_{200} \pm u_{210}), \quad W_{2,\pm} = W_2^{(0)} + W_{2,\pm}^{(1)} + \ldots = -\frac{1}{4}\frac{e_0^2}{r_0} \pm 3e_0 E r_0 + \ldots$$

Su questi autostati approssimati possiamo ora sviluppare lo stato iniziale $2s$

$$u_{200} = \frac{1}{\sqrt{2}}(u_{2,+}^{(0)} + u_{2,-}^{(0)}),$$

e di questo valutare immediatamente l'evoluto temporale:

$$\psi(t) = e^{-iHt/\hbar}u_{200} = e^{-iW_2^{(0)}t/\hbar}\frac{1}{\sqrt{2}}\left(e^{-i3e_0Er_0t/\hbar}u_{2,+}^{(0)} + e^{i3e_0Er_0t/\hbar}u_{2,-}^{(0)}\right) =$$

$$= e^{-iW_2^{(0)}t/\hbar}[\cos(3e_0Er_0t/\hbar)u_{200} + i\sin(3e_0Er_0t/\hbar)u_{210}],$$

con un fattore di fase comune che non influisce sulle probabilità. Questa formula è valida durante la permanenza del fascio tra i due piatti, e cioè per $t < a/v$.

All'uscita del condensatore, l'Hamiltoniana è quella imperturbata H_0, e le probabilità relative ai suoi autovalori e a quelli delle altre costanti del moto, L^2 e L_z, non mutano più nel tempo:

$$P_{200}\left(t > \frac{a}{v}\right) = \cos^2\left(\frac{3e_0Er_0}{\hbar}\frac{a}{v}\right), \quad P_{210}\left(t > \frac{a}{v}\right) = \sin^2\left(\frac{3e_0Er_0}{\hbar}\frac{a}{v}\right).$$

7.28. L'Hamiltoniana del sistema (vedi 7.26) è data da:

$$H = \frac{p^2}{2\mu} - \frac{e_0^2}{r} + \frac{e_0B}{2\mu c}L_z = H_0 + \omega_L L_z, \quad \omega_L = \frac{e_0B}{2\mu c}.$$

Per affrontare il problema nel formalismo di Heisenberg, ricordiamo che:

$$\langle \psi(t) \mid L_x \mid \psi(t) \rangle = \langle \psi_0 \mid L_x(t) \mid \psi_0 \rangle \quad \text{con} \quad L_x(t) = e^{-iHt/\hbar}L_x e^{iHt/\hbar}.$$

L'evoluto temporale dell'operatore si può ottenere dalla commutazione iterata di L_x con l'Hamiltoniana. La parte imperturbata dell'atomo d'idrogeno commuta, per cui rimane solo il contributo dell'esponenziale di L_z:

$$L_x(t) = e^{-i\omega_L L_z t/\hbar}L_x e^{i\omega_L L_z t/\hbar} =$$

$$=L_x+\frac{i\omega_L t}{\hbar}[L_x,L_z]+\frac{1}{2}\left(\frac{i\omega_L t}{\hbar}\right)^2[L_z,[L_x,L_z]]+\frac{1}{3!}\left(\frac{i\omega_L t}{\hbar}\right)^3[L_z,[L_z,[L_x,L_z]]].....=$$

$$=L_x\sum_{n=0}^{\infty}\frac{1}{2n!}\left(\omega_L t\right)^{2n}+L_y\sum_{n=0}^{\infty}\frac{1}{(2n+1)!}\left(\omega_L t\right)^{2n+1}=L_x\cos\omega_L t+L_y\sin\omega_L t.$$

Al tempo t, il valore di aspettazione sullo stato iniziale, autostato di L_x, è dato da:

$$\langle\,\psi_0\,|\,L_x\cos\omega_L t+L_y\sin\omega_L t\,|\,\psi_0\,\rangle=\hbar\cos\omega_L t,$$

come già ottenuto nel 7.26. Notare che $|\,\psi_0\,\rangle$ appartiene alla base che diagonalizza L_x, sulla quale L_y e L_z agiscono tramite innalzatori e abbassatori.

Valutiamo ora l'intensità del campo magnetico al di sopra della quale lo spin-orbita è trascurabile. Dalla trattazione usuale, il suo contributo risulta essere dell'ordine α^2 di quello fondamentale:

$$\Delta W_{\text{s-o}}\approx\alpha^2 w_0\,,\quad\alpha\approx\frac{1}{137}\,,\quad w_0\approx 13.6\;eV.$$

Il contributo del campo al primo ordine è invece dato da $\omega_L\hbar$, e quindi la condizione richiesta è soddisfatta se:

$$\omega_L\hbar=\frac{e_0 B\hbar}{2\mu c}\gg\alpha^2 w_0\implies B\gg\frac{\alpha^2 w_0}{\mu_B}\approx\frac{0.7\cdot 10^{-3}\;\text{eV}}{0.6\cdot 10^{-8}\;\text{eVgauss}^{-1}}\approx 10^5\text{gauss},$$

con $\mu_B=$ magnetone di Bohr.

7.29. Considerando la sola parte di spin, l'equazione di Schrödinger è data da:

$$i\hbar\frac{d}{dt}\psi(t)=H\psi(t),$$

con la Hamiltoniana nella zona II:

$$H=-\boldsymbol{\mu}\cdot\mathbf{B}=-\mu_n B\sigma_x\,,\quad\psi(t)=\begin{vmatrix}a(t)\\b(t)\end{vmatrix},$$

e inoltre $\mu_n=-1.9103\mu_N$, momento magnetico anomalo del neutrone, essendo $\mu_N=e_0\hbar/2m_p c$ il magnetone nucleare e m_p la massa del protone. L'equazione di Schrödinger si riscrive:

$$\frac{d}{dt}\psi(t)=-i\omega\sigma_x\psi(t)\,,\quad\omega=\mu_n B/\hbar,$$

dando luogo al sistema:

$$\begin{cases}\dot{a}(t)=-i\omega b(t)\\\dot{b}(t)=-i\omega a(t).\end{cases}$$

Per sostituzione, possiamo trasformarlo in due equazioni di secondo grado disaccoppiate, tipo oscillatore. Imponendo le condizioni iniziali, $a(0) = 1$ e $b(0) = 0$, possiamo scrivere la soluzione normalizzata:

$$\psi(t) = \begin{vmatrix} \cos \omega t \\ -i \sin \omega t \end{vmatrix}.$$

Valutiamo ora la polarizzazione:

$$\mathbf{P} = \langle\, \psi \mid \boldsymbol{\sigma} \mid \psi \,\rangle = \langle\, \psi \mid \sigma_x \mathbf{e}_x + \sigma_y \mathbf{e}_y + \sigma_z \mathbf{e}_z \mid \psi \,\rangle =$$

$$= -\sin 2\omega t \mathbf{e}_y + \cos 2\omega t \mathbf{e}_z.$$

Quindi lo spin giace nel piano $\{y,z\}$ e precede attorno a $\mathbf{e}_x$ con velocità angolare 2ω. Questo era del tutto prevedibile, dato che nella zona II lo spin al tempo $t = 0$ è diretto lungo z e il campo magnetico lungo x.

7.30. Con le usuali definizioni, possiamo riscrivere l'Hamiltoniana:

$$\widehat{H} = \widehat{H}_0 + \widehat{H}_1(t), \quad \widehat{H}_0 = \hbar\omega(\hat{a}^\dagger \hat{a} + 1/2), \quad \widehat{H}_1(t) = -\sqrt{\hbar/2\mu\omega}\, f(t)(\hat{a}^\dagger + \hat{a}).$$

Nella rappresentazione di interazione, posto l'operatore di evoluzione temporale di Schrödiner $\widehat{U}(t) = \widehat{V}(t)\widehat{W}(t)$, con $\widehat{V}(t)$ evolutore degli operatori e $\widehat{W}(t)$ degli stati, definiamo $\widehat{V}(t)$ tramite $\widehat{H}_0$, e $\widehat{W}(t)$ tramite $\widehat{H}_1(t)$. Poiché $\widehat{H}_0$ non dipende dal tempo, essoè dato da:

$$\begin{cases} \widehat{V}(t) = \exp\left(-i\widehat{H}_0 t/\hbar\right) \\ \psi^I(t) = \widehat{W}(t)\psi(0), \quad i\hbar\dfrac{d}{dt}\widehat{W}(t) = \widehat{H}_1^I(t)\widehat{W}(t). \end{cases}$$

D'altra parte, l'Hamiltoniana $\widehat{H}_1^I(t)$ in rappresentazione di interazione è data da:

$$\widehat{H}_1^I(t) = V^\dagger(t)\widehat{H}_1 V(t) = -\sqrt{\hbar/2\mu\omega}\, f(t)\exp\left(iH_0 t/\hbar\right)\left(\hat{a}^\dagger + \hat{a}\right)\exp\left(-iH_0 t/\hbar\right) =$$

$$= -\sqrt{\hbar/2\mu\omega}\, f(t)\left(\exp\left(i\omega t\right)\hat{a}^\dagger + \exp\left(-i\omega t\right)\hat{a}\right).$$

Confronta nel 7.17 con l'evoluzione alla Heisenberg delle $\hat{x}(t)$ e $\hat{p}(t)$ secondo l'Hamiltoniana dell'oscillatore armonico H_0. Se introduciamo la quantità:

$$K(t) = \sqrt{1/2\mu\omega\hbar}\int_0^t ds\, f(s)\exp\left(i\omega s\right), \quad K(0) = 0,$$

e teniamo conto della precedente forma di $H_1^I(t)$, l'operatore di evoluzione $\widehat{W}(t)$ soddisfa l'equazione:

$$\frac{d}{dt}\widehat{W}(t) = i\left(\frac{dK(t)}{dt}\hat{a}^\dagger + \frac{dK^*(t)}{dt}\hat{a}\right)\widehat{W}(t).$$

Il fattore entro parentesi non è integrabile in modo semplice, perché $\hat{a}^\dagger$ e $\hat{a}$ non commutano, per cui conviene cercare di eliminare uno dei due operatori, assorbendolo nell'incognita. Introduciamo perciò il nuovo operatore:

$$\widetilde{\mathscr{W}}(t) = \exp\left[-iK(t)\hat{a}^\dagger\right]\widehat{W}(t),$$

che soddisfa l'equazione:

$$\frac{d}{dt}\widetilde{\mathscr{W}}(t) = -i\frac{dK}{dt}\hat{a}^\dagger\exp\left(-iK\hat{a}^\dagger\right)\widehat{W} + \exp\left(-iK\hat{a}^\dagger\right)i\left(\frac{dK}{dt}\hat{a}^\dagger + \frac{dK^*}{dt}\hat{a}\right)\widehat{W} =$$

$$= i\frac{dK^*(t)}{dt}\exp\left[-iK(t)\hat{a}^\dagger\right]\hat{a}\widehat{W}(t).$$

Commutiamo ora i due fattori in parentesi, sfruttando la relazione $\left[\hat{a},\hat{a}^\dagger\right]=1$:

$$\exp\left(\alpha\hat{a}^\dagger\right)\hat{a} = \hat{a}\exp\left(\alpha\hat{a}^\dagger\right) + \left[\exp\left(\alpha\hat{a}^\dagger\right),\hat{a}\right] = \left(\hat{a}-\alpha\right)\exp\left(\alpha\hat{a}^\dagger\right).$$

Tale formula si può ricavare iterativamente, sviluppando l'esponenziale, oppure notando che il commutatore tra $\hat{a}^\dagger$ e $\hat{a}$ è il medesimo che tra x e p (a parte fattori numerici) e quindi si può ottenere derivando la funzione a valori operatoriali, rispetto all'operatore. Pertanto, sostituendo quanto trovato nell'equazione per la $\widetilde{\mathscr{W}}$, si ottiene:

$$\frac{d}{dt}\widetilde{\mathscr{W}}(t) = i\frac{dK^*(t)}{dt}\left[\hat{a}+iK(t)\right]\widetilde{\mathscr{W}}(t).$$

Questa equazione può ora essere risolta esplicitamente:

$$\widetilde{\mathscr{W}}(t) = \exp\left[iK^*(t)\hat{a}\right]\exp\left[-F(t)\right], \quad F(t) = \int_0^t ds\, K(s)\frac{dK^*(s)}{ds},$$

da cui l'operatore di evoluzione degli stati in rappresentazione di interazione:

$$\widehat{W}(t) = \exp\left[iK(t)\hat{a}^\dagger\right]\exp\left[iK^*(t)\hat{a}\right]\exp\left[-F(t)\right],$$

e infine l'evoluzione dello stato in rappresentazione di Schrödinger:

$$\psi(t) = \widehat{V}(t)\psi^I(t) = \exp\left(-iH_0 t/\hbar\right)\psi^I(t) =$$
$$= \exp\left(-iH_0 t/\hbar\right)\exp\left[iK(t)\hat{a}^\dagger\right]\exp\left[iK^*(t)\hat{a}\right]\exp\left[-F(t)\right]\psi_0.$$

Da qui possiamo ricavare le probabilità richieste:

$$P_{n\to m}(t) = |\langle m\mid\widehat{U}(t)\mid n\rangle|^2 = |\langle m\mid\widehat{V}(t)\widehat{W}(t)\mid n\rangle|^2 =$$
$$= \left|\langle m\mid\exp\left[-iW_m t/\hbar\right]\exp\left[iK(t)\hat{a}^\dagger\right]\exp\left[iK^*(t)\hat{a}\right]\exp\left[-F(t)\right]\mid n\rangle\right|^2 =$$
$$= \exp\left[-|K(t)|^2\right]\left|\langle m\mid\exp\left[iK(t)\hat{a}^\dagger\right]\exp\left[iK^*(t)\hat{a}\right]\mid n\rangle\right|^2.$$

Nell'ultimo passaggio abbiamo fatto uso della seguente eguaglianza:

$$\left| \exp\left[-F(t)\right] \right|^2 = \exp\left\{ -\left[F(t) + F^*(t)\right] \right\} = \exp\left\{ -\int_0^t ds \left[K(s)\frac{dK^*}{ds} + K^*(s)\frac{dK}{ds} \right] \right\} =$$

$$= \exp\left[-\int_0^t ds \frac{d}{ds}|K(s)|^2 \right] = \exp\left[-|K(t)|^2\right].$$

In alcuni casi particolari, le espressioni si semplificano in quanto l'esponenziale con gli abbassatori contribuisce solo con i primi termini dello sviluppo. Ad esempio a partire dallo stato iniziale dato dallo stato fondamentale o dal primo eccitato:

$$P_{0\to m}(t) = \exp\left[-|K(t)|^2\right]\left| \langle m | \frac{[iK(t)]^m}{m!}\hat{a}^{\dagger m} | 0 \rangle \right|^2 = \exp\left[-|K(t)|^2\right]\frac{|K(t)|^{2m}}{m!}.$$

Con un conto analogo:

$$P_{1\to m}(t) = \exp\left[-|K(t)|^2\right]\left| \langle m|\frac{[iK(t)]^{m-1}}{(m-1)!}\hat{a}^{\dagger m-1}|1\rangle + \langle m|\frac{[iK(t)]^m}{m!}\hat{a}^{\dagger m}iK^*(t)\hat{a}|1\rangle \right|^2 =$$

$$= \exp\left[-|K(t)|^2\right]\frac{|K(t)|^{2(m-1)}}{(m-1)!}\left[1 - \frac{|K(t)|^2}{m} \right]^2.$$

7.31. I due operatori sono analoghi agli operatori di spin nella rappresentazione con $s = 1$, $A \approx \hat{s}_z$ e $H \approx \hat{s}_x$. Gli autostati di H sono:

$$|\pm w\rangle_H = \frac{1}{2}\begin{vmatrix} 1 \\ \pm\sqrt{2} \\ 1 \end{vmatrix}, \quad |0\rangle_H = \frac{1}{\sqrt{2}}\begin{vmatrix} 1 \\ 0 \\ -1 \end{vmatrix}.$$

Lo stato iniziale si sviluppa facilmente sulla base di questi stati:

$$|\psi(0)\rangle = |\alpha\rangle_A = \begin{vmatrix} 1 \\ 0 \\ 0 \end{vmatrix} = \frac{1}{2}|w\rangle_H + \frac{1}{\sqrt{2}}|0\rangle_H + \frac{1}{2}|-w\rangle_H,$$

e il suo evoluto temporale è dato da:

$$|\psi(t)\rangle = e^{-i/\hbar wt}\frac{1}{2}|w\rangle_H + \frac{1}{\sqrt{2}}|0\rangle_H + e^{i/\hbar wt}\frac{1}{2}|-w\rangle_H = \begin{vmatrix} \cos^2\frac{wt}{2\hbar} \\ -\frac{i}{\sqrt{2}}\sin\frac{wt}{\hbar} \\ -\sin^2\frac{wt}{2\hbar} \end{vmatrix}.$$

È opportuno controllare la normalizzazione a uno dello stato $\mid \psi(t)\,\rangle$. Proiettando questo stato sullo stato iniziale e quadrando, si ottiene la probabilità richiesta:

$$P(\{t = t, \alpha\}; \{t = 0, \alpha\}) = \cos^4 \frac{wt}{2\hbar}.$$

Se ad un istante intermedio $0 < \tau < t$ si esegue una misura dell'energia, da quell'istante in poi lo stato non evolve e le probabilità possono essere valutate all'istante τ. La probabilità totale è data dalla somma delle singole probabilità su ciascun autostato W_i dell'Hamiltoniana:

$$P(\{t = t, \alpha\}; \{t = \tau, W_i\}; \{t = 0, \alpha\}) = \sum_{i=1,3} \left| \langle \alpha \mid W_i \rangle \langle W_i \mid e^{-1Ht/\hbar} \mid \alpha \rangle \right|^2 =$$

$$= \sum_{i=1,3} |\langle \alpha \mid W_i \rangle|^2 |\langle W_i \mid \alpha \rangle|^2 = \frac{1}{8} + \frac{1}{4} = \frac{3}{8}.$$

Notare che facendo agire l'evoluzione a sinistra si ottiene un fattore di fase.

7.32. In descrizione di Heisenberg, l'operatore di annichilazione evolve secondo:

$$i\frac{d\hat{a}(t)}{dt} = [\hat{a}(t), \widehat{H}] = \omega(t)\,\hat{a}(t) + \lambda(t), \quad \hat{a}(0) = \hat{a}_s = \hat{a}.$$

La soluzione generale dell'omogenea associata è data da:

$$\hat{a}_0(t) = \Omega(t)\hat{A}, \quad \Omega(t) = \exp\{-i \int_0^t ds\, \omega(s)\},$$

con $\hat{A}$ operatore costante. Una soluzione particolare dell'equazione completa si può cercare tra le funzioni ordinarie $f(t)\Omega(t)$, ovviamente a meno dell'operatore identità. Sostituendo nell'equazione di Heisenberg:

$$i\frac{df(t)}{dt}\Omega(t) + if(t)\frac{d\Omega(t)}{dt} = \omega(t)f(t)\Omega(t) + \lambda(t) \implies$$

$$\frac{df(t)}{dt} = -f(t)\frac{1}{\Omega(t)}\frac{d\Omega(t)}{dt} - i\omega(t)f(t) - i\lambda(t)\Omega^{-1}(t) \implies \frac{df(t)}{dt} = -i\lambda(t)\Omega^{-1}(t),$$

da cui:

$$f(t) = -i \int_0^t ds\lambda(s)\,\Omega^*(s).$$

Sommando la soluzione generale dell'omogenea con quella particolare della completa, e imponendo le condizioni iniziali, otteniamo infine:

$$\hat{a}(t) = \Omega(t)[\hat{a} + f(t)].$$

Calcoliamo ora i valori di aspettazione al tempo t di operatori rilevanti sullo stato iniziale costituito dallo stato coerente $|z\rangle$, con $\hat{a}|z\rangle = z|z\rangle$:

$$\langle z\,|\,\hat{a}(t)+\hat{a}^\dagger(t)\,|\,z\rangle = \langle z\,|\,\Omega(t)[\hat{a}+f(t)]\,|\,z\rangle + c.c. = 2Re\{\Omega(t)[z+f(t)]\}$$

$$\langle z\,|\,\hat{a}^\dagger(t)a(t)\,|\,z\rangle = \langle z\,|\,\Omega^*(t)[\hat{a}+f(t)]^\dagger\Omega(t)[\hat{a}+f(t)]\,|\,z\rangle = |z+f(t)|^2 .$$

da cui si ricavano i valori medi richiesti:

$$\langle z\,|\,\hat{x}\,|\,z\rangle = \sqrt{2}Re\{\Omega(t)[z+f(t)]\}$$

$$\langle z\,|\,\widehat{H}\,|\,z\rangle = \omega(t)|z+f(t)|^2 + 2\lambda(t)Re\{\Omega(t)[z+f(t)]\}.$$

7.33. Gli stati fondamentali delle buche infinite di larghezza a e $2a$ sono dati da:

$$\begin{cases} \psi_0^a = \sqrt{\dfrac{2}{a}}\cos\dfrac{\pi}{a}x & -\dfrac{a}{2} < x < \dfrac{a}{2} \\[2mm] \psi_0^{2a} = \dfrac{1}{\sqrt{a}}\cos\dfrac{\pi}{2a}x & -a < x < a. \end{cases}$$

i) In caso di una transizione istantanea, vedi più avanti, la probabilità richiesta è data dal modulo quadrato del prodotto scalare tra le due funzioni d'onda:

$$P_{a\to 2a} = \left|\langle\,\psi_0^a\,|\,\psi_0^{2a}\,\rangle\right|^2 = \left|\frac{\sqrt{2}}{a}\int_{-a/2}^{+a/2}dx\cos\frac{\pi}{a}x\cos\frac{\pi}{2a}x\right|^2 = \left|\frac{8}{3}\frac{1}{\pi}\right|^2 = \frac{64}{9\pi^2} \approx 0.72.$$

Notare l'integrale tra $\pm a/2$, dato che la funzione d'onda iniziale è nulla al di fuori di questo intervallo.

ii) L'Hamiltoniana che agisce tra $t=0$ e $t>0$ non dipende dal tempo; pertanto, il valor medio dell'energia a $t>0$ può essere valutato sullo stato iniziale:

$$\overline{W}^{2a}(t) = \langle\,\psi_0^a\,|\,H^{2a}\,|\,\psi_0^a\,\rangle = \int_{-a/2}^{+a/2}\left|\frac{d}{dx}\psi_0^a(x)\right|^2 dx = \langle\,\psi_0^a\,|\,H^a\,|\,\psi_0^a\,\rangle = W_0^a = \frac{\hbar^2}{2\mu}\frac{\pi^2}{a^2}.$$

Come prima, notare l'integrale tra $\pm a/2$.

Ipotizzare un cambio istantaneo di Hamiltoniana, cioè molto veloce rispetto ai tempi caratteristici del sistema, equivale a ipotizzare che lo stato iniziale del nuovo sistema sia lo stesso in cui si trovava appena prima del cambio. Questo è un particolare tipo di Hamiltoniana dipendente dal tempo, schematizzabile con una dipendenza a gradino. Se la dipendenza dal tempo è di natura differente, in particolare lenta rispetto ai tempi del sistema, allora lo stato evolve anche durante l'evoluzione dell'Hamiltoniana, secondo un'equazione di Schrödinger con Hamiltoniana dipendente dal tempo. Confronta con 8.9.

7.34. L'Hamiltoniana è data da:

$$H = -\boldsymbol{\mu}\cdot\mathbf{B} = \hbar\omega\sigma_x, \qquad \omega = \frac{e_0 B}{2m_e c}.$$

L'equazione di Pauli per il sistema diventa:

$$i\hbar \frac{d}{dt} \begin{vmatrix} \psi_1(t) \\ \psi_2(t) \end{vmatrix} = \hbar\omega \begin{vmatrix} 0 & 1 \\ 1 & 0 \end{vmatrix} \begin{vmatrix} \psi_1(t) \\ \psi_2(t) \end{vmatrix}.$$

Ovvero:

$$\begin{cases} id\psi_1(t)/dt = \omega\psi_2(t) \\ id\psi_2(t)/dt = \omega\psi_1(t) \end{cases} \implies \frac{d^2\psi_1(t)}{dt^2} + \omega^2\psi_1(t) = 0,$$

che ammette la soluzione generale:

$$\begin{cases} i\psi_1 = ae^{i\omega t} + be^{-i\omega t} \\ i\psi_2 = -ae^{i\omega t} + be^{-i\omega t} \end{cases} \quad \text{con} \quad \psi_{t=0} = \begin{vmatrix} 1 \\ 0 \end{vmatrix},$$

da cui si ricava $a = b = 1/2$, con un irrilevante fattore moltiplicativo i, e quindi:

$$\psi(t) = \frac{1}{2} \begin{vmatrix} e^{i\omega t} + e^{-i\omega t} \\ -e^{i\omega t} + e^{-i\omega t} \end{vmatrix} = \begin{vmatrix} \cos\omega t \\ -i\sin\omega t \end{vmatrix}.$$

La probabilità di trovare al tempo τ lo spin in giù, si ottiene proiettando sull'auto-stato corrispondente, e cioè:

$$P(\sigma_z = -1; t = \tau) = \sin^2\omega\tau = \frac{1}{2}(1 - \cos 2\omega\tau).$$

Questo valore è uguale a 1 se:

$$\cos 2\omega\tau = -1,$$

ovvero, per

$$\tau = (2n+1)\frac{m_e c\pi}{e_0 B}.$$

7.35. i) La condizione di normalizzazione è data da:

$$1 = ||\psi(x,0)||^2 = |N|^2 \sum_{n=0} (1/2)^n = 2|N|^2,$$

da cui, assumendo N reale, $N = 1/\sqrt{2}$.

ii) Il valore d'aspettazione dell'energia è dato da:

$$\langle H \rangle = \langle \, \psi \mid H \mid \psi \, \rangle = \frac{1}{2} \sum_{n=0}^{\infty} \left(\frac{1}{2}\right)^n \left(n + \frac{1}{2}\right) \hbar\omega = \left(\sum_{n=0}^{\infty} \frac{n}{2^{n+1}} + \frac{1}{2}\right) \hbar\omega.$$

Per valutare la sommatoria possiamo sfruttare la derivata:

$$\sum_{n=0}^{\infty} \frac{n}{x^{n+1}} = -\frac{d}{dx} \sum_{n=0}^{\infty} \frac{1}{x^n} = \frac{d}{dx} \frac{x}{1-x} = \frac{1}{(1-x)^2} \quad \Longrightarrow \quad \sum_{n=0}^{\infty} \frac{n}{2^{n+1}} = 1,$$

da cui infine, $\langle H \rangle = 3/2\hbar\omega$.

iii) La funzione d'onda al tempo $t > 0$ è data da:

$$\psi(x,t) = \sum_{n=0}^{\infty} \left(1/\sqrt{2}\right)^{n+1} e^{-i\omega(n+1/2)t} \psi_n(x).$$

iv) Da questa segue la densità di probabilità:

$$|\psi(x,t)|^2 = \sum_{m,n=0}^{\infty} \left(1/\sqrt{2}\right)^{m+n+2} e^{-i\omega(n-m)t} \psi_n(x) \psi_m^*(x).$$

I singoli termini della somma hanno periodo $(2\pi/\omega|n-m|)$, tutti sottomultipli del periodo massimo $\tau = 2\pi/\omega$. Questo dunque è il periodo dell'intera densità di probabilità.

7.36. Si può sviluppare lo stato iniziale sulla base degli autostati dell'Hamiltoniana, cioè di σ_x, e quindi applicare l'operatore unitario di evoluzione temporale. Oppure sviluppare l'operatore di evoluzione in serie di σ_x, ricordando che $\sigma_x^2 = 1$, e applicarlo direttamente allo stato iniziale, come nel 7.25. Qui risolviamo direttamente l'equazione del moto di Pauli, come fatto precedentemente nel 7.29 e 7.34. Posto $\omega = e_0 B/2m_e c$, la soluzione generale è data da:

$$\begin{cases} i\psi_1 = ae^{i\omega t} + be^{-i\omega t} \\ i\psi_2 = -ae^{i\omega t} + be^{-i\omega t} \end{cases} \qquad \text{con} \quad \psi_{t=0} = \begin{vmatrix} 0 \\ 1 \end{vmatrix}.$$

Le condizioni iniziali comportano $b = -a = 1/2$, e quindi:

$$\psi(t) = \begin{vmatrix} -i\sin\omega t \\ \cos\omega t \end{vmatrix}.$$

Per ottenere le probabilità richieste, occorre moltiplicare scalarmente lo stato al tempo τ per gli autostati relativi:

$$\psi_{\sigma_z=1} = \begin{vmatrix} 1 \\ 0 \end{vmatrix}, \quad \psi_{\sigma_x=1} = \frac{1}{\sqrt{2}} \begin{vmatrix} 1 \\ 1 \end{vmatrix},$$

$$P(\sigma_z = 1; t = \tau) = \sin^2 \omega\tau \quad P(\sigma_x = 1; t = \tau) = \frac{1}{2}\left(\sin^2 \omega\tau + \cos^2 \omega\tau\right) = \frac{1}{2}.$$

Notare che nel caso della σ_x la probabilità è costante, perché l'osservabile è costante del moto, e vale $1/2$ per simmetria rispetto al dato iniziale.

7.37. i) Poiché il fattore $1/2\sqrt{2}$ è uguale al rapporto tra le normalizzazioni dei due polinomi di Hermite u_2 e u_0, vedi A.2, possiamo scrivere:

$$\psi(x,0) = \cos\beta u_0(x) + \sin\beta u_2(x),$$

normalizzata a 1 se intendiamo con u_n gli autostati normalizzati dell'oscillatore. Da qui:

$$\psi(x,t) = \cos\beta e^{-iW_0 t/\hbar} u_0(x) + \sin\beta e^{-iW_2 t/\hbar} u_2(x),$$

Con, ovviamente, $W_n = (n + 1/2)\hbar\omega$.

ii) I possibili risultati di una misura dell'energia sono W_0 e W_2, con probabilità $\cos^2 \beta$ e $\sin^2 \beta$, rispettivamente.

iii) Il valore di aspettazione $\langle x \rangle = 0$ ad ogni tempo, perché la funzione d'onda ha parità definita, e x è dispari.

7.38. Utilizzando il punto e virgola in $| m_1; m_2 \rangle$ per separare le terze componenti nella rappresentazione del prodotto diretto dei due spin, e la virgola in $| j, m \rangle$ nella rappresentazione dello spin totale, i tre stati indicati si esprimono nel modo seguente:

$$\psi_1 = | 1/2; 1/2 \rangle = | 1,1 \rangle \quad \psi_2 = | 1/2; -1/2 \rangle = \frac{1}{\sqrt{2}}[\, | 1,0 \rangle + | 0,0 \rangle]$$

$$\psi_3 = \frac{1}{\sqrt{2}}[\, | 1/2; 1/2 \rangle + |-1/2; 1/2 \rangle] = \frac{1}{\sqrt{2}}\left\{ | 1,1 \rangle + \frac{1}{\sqrt{2}}[\, | 1,0 \rangle + | 0,0 \rangle]\right\}.$$

Le tre probabilità richieste sono dunque:

$$P_{\uparrow_z;\uparrow_z}(2\hbar^2) = 1, \quad P_{\uparrow_z;\downarrow_z}(2\hbar^2) = \frac{1}{2}, \quad P_{\uparrow_x;\uparrow_z}(2\hbar^2) = \frac{3}{4}.$$

L'Hamiltoniana si rappresenta in termini dei quadrati dei singoli operatori:

$$H = \frac{\omega}{\hbar}\mathbf{S}_1 \cdot \mathbf{S}_2 = \frac{\omega}{2\hbar}\left(S^2 - S_1^2 - S_2^2\right) = \frac{\omega}{2\hbar}\left(S^2 - \frac{3}{2}\hbar^2\right).$$

Suoi autostati sono gli autostati del momento angolare totale, con:

$$\begin{cases} H \mid 1,0 \rangle = \omega/4\hbar \mid 1,0 \rangle \\ H \mid 0,0 \rangle = -3\omega/4\hbar \mid 0,0 \rangle. \end{cases}$$

Pertanto, applicando l'evolutore temporale allo stato iniziale:

$$\psi_2(t) = U(t)\psi_2 = \frac{1}{\sqrt{2}} \left[e^{-i\omega t/4} \mid 1,0 \rangle - e^{i3\omega t/4} \mid 0,0 \rangle \right].$$

Se ora ritorniamo alla base dei due spin:

$$\psi_2(t) = \frac{1}{2} \left[e^{-i\omega t/4} \{ \mid 1/2; -1/2 \rangle + \mid -1/2; 1/2 \rangle \} \right] +$$

$$+ \frac{1}{2} \left[e^{i3\omega t/4} \{ \mid 1/2; -1/2 \rangle - \mid -1/2; 1/2 \rangle \} \right].$$

La probabilità di trovare la particella 1 nell'autostato $\hbar/2$ di S_{1z} è dunque data da:

$$P(s_{1z} = \hbar/2; t) = \left| \frac{1}{2} e^{i\omega t/4} \left(e^{i\omega t/2} + e^{-i\omega t/2} \right) \right|^2 = \cos^2(\omega t/2).$$

Mentre il valore di aspettazione di S_{1z}:

$$\langle \psi_2(t) \mid S_{1z} \mid \psi_2(t) \rangle = \frac{\hbar}{2} \left[\frac{1}{4} \left| e^{-i\omega t/4} + e^{i3\omega t/4} \right|^2 - \frac{1}{4} \left| e^{-i\omega t/4} - e^{i3\omega t/4} \right|^2 \right] = \frac{\hbar}{2} \cos(\omega t).$$

7.39. L'Hamiltoniana del sistema è data da:

$$H = -\boldsymbol{\mu} \cdot \mathbf{B} = -\mu_B B \sigma_z, \quad \mu_B = \frac{e_0 \hbar}{2 m_e c}.$$

All'istante $t = 0$, dopo la prima misura, la funzione d'onda sarà:

$$\psi_{\pm}^0 = \frac{1}{\sqrt{2}} \begin{vmatrix} 1 \\ \pm 1 \end{vmatrix},$$

a secondo del risultato della misura. La successiva evoluzione temporale è data da:

$$\psi_{\pm}(t) = \exp[i\mu_B B \sigma_z t/\hbar] \psi_{\pm}^0 =$$

$$= \cos(\beta t)\psi_{\pm}^0 + i\sin(\beta t)\sigma_z \psi_{\pm}^0 = \cos(\beta t)\psi_{\pm}^0 + i\sin(\beta t)\psi_{\mp}^0, \quad \beta = \mu_B B/\hbar.$$

Come sempre, abbiamo sviluppato in serie l'esponenziale e tenuto conto che:

$$\sigma_z^2 = 1, \quad \sigma_z \psi_{\pm}^0 = \psi_{\mp}^0.$$

A tempi successivi dunque, si ha probabilità $\cos^2(\beta t)$ di permanenza del segno dello spin, e $\sin^2(\beta t)$ della sua inversione.

i) Con N misure a intervalli regolari di tempo τ, le configurazioni ottenibili si distinguono per n permanenze ed $N - n$ inversioni di segno, con probabilità:

$$P_n = \cos^{2n}(\beta\tau)\sin^{2(N-n)}(\beta\tau).$$

ii) Se $\beta\tau = \pi + r\pi$, $\sin(\beta\tau) = 0$, e quindi si hanno solo permanenze. Se invece $\beta\tau = \pi/2 + r\pi$, $\cos(\beta\tau) = 0$, e quindi si ha inversione dello spin (spin-flip) a ogni misura. Queste sono le configurazioni deterministiche cercate.

*7.40. Come ricavato nel 2.4, autovalori e autovettori del rotatore piano sono:

$$W_n = \frac{\hbar^2}{2\mu\lambda^2}n^2, \quad \Phi(\varphi) = \frac{1}{\sqrt{2\pi}}e^{in\varphi}, \quad n = 0, \pm 1, \pm 2, \ldots$$

Su questa base, il dato iniziale:

$$\Psi(\varphi; t = 0) = N\sin^2(\varphi) = N\frac{1}{2}[1 - \cos(2\varphi)],$$

riceve contributo dai numeri quantici $n = 0$ e da $n = \pm 2$, questi ultimi relativi allo stesso autovalore $W_{\pm 2} = 2\hbar^2/\mu\lambda^2$. Inoltre, le normalizzazioni degli autostati non vengono modificate dallo sviluppo temporale, e quindi si possono omettere. Dunque:

$$\Psi(\varphi; t) = N\frac{1}{2}\left[1 - \exp\left(-i\frac{2\hbar}{\mu\lambda^2}t\right)\cos(2\varphi)\right].$$

Il tempo necessario a tornare alla posizione iniziale è dato da: $\tau = \pi\mu\lambda^2/\hbar$.

7.41. Nel caso tridimensionale possiamo fare riferimento all'equazione completa, e imporre il vincolo $r = cost = \lambda$:

$$H = \frac{1}{2\mu\lambda^2}\mathbf{L}^2,$$

dove $\mathbf{L}$ è il momento angolare, il cui quadrato ha come autofunzioni le armoniche sferiche:

$$\mathbf{L}^2 Y_{lm}(\theta, \varphi) = \hbar^2 l(l+1)Y_{lm}(\theta, \varphi).$$

Come nel 7.40, possiamo sviluppare sulle armoniche sferiche lo stato iniziale. Poiché questo contiene solo il $\cos^2(\theta)$, le uniche armoniche che danno contributo sono:

$$Y_{00} \propto 1, \quad Y_{20} \propto (3\cos^2\theta - 1).$$

Poiché:

$$\Psi(\theta, \varphi; t = 0) = N\cos^2\theta = \frac{N}{3}[1 + (3\cos^2\theta - 1)],$$

e le normalizzazioni sono inutili, al tempo t si avrà :

$$\Psi(\theta,\varphi;t) = \frac{N}{3}\left[1 + \exp\left(-i\frac{3\hbar}{\mu\lambda^2}t\right)(3\cos^2\theta - 1)\right],$$

con periodo $\tau = 2\pi\mu\lambda^2/3\hbar$.

7.42. L'evoluzione temporale della funzione d'onda assegnata:

$$\psi(x;0) = N\exp\left[-\frac{\alpha^2}{2}(x - x_0)^2 + ip_0x/\hbar\right],$$

si può esprimere sulla base delle autofunzioni ψ_n dell'oscillatore:

$$\psi(x;t) = \sum_{n=0}^{\infty} c_n \exp[-iW_nt/\hbar]\,\psi_n(x),$$

$$\psi_n(x) = N_n\exp\left[-\frac{\alpha^2}{2}x^2\right]H_n(\alpha x), \quad N_n = \sqrt{\frac{\alpha}{\sqrt{\pi}2^n n!}},$$

con H_n polinomi di Hermite, N_n la loro normalizzazione. I coefficienti c_n dello sviluppo si calcolano come al solito dal prodotto scalare:

$$c_n = \int dx\,\psi(x;0)\,\psi_n^*(x) = NN_n\int_{-\infty}^{\infty} dx H_n(\alpha x)\exp\left[-\frac{\alpha^2}{2}x^2 - \frac{\alpha^2}{2}(x - x_0)^2 + \frac{ip_0x}{\hbar}\right] =$$

$$= NN_n\alpha^{-1}\exp\left[-\zeta_0^2/2\right]\int_{-\infty}^{\infty} d\zeta H_n(\zeta)\exp\left[-\zeta^2 + 2\zeta A\right],$$

con

$$\zeta = \alpha x, \quad \zeta_0 = \alpha x_0, \quad A = \frac{1}{2}\left(\zeta_0 + \frac{ip_0}{\alpha\hbar}\right).$$

L'ultimo passaggio è stato fatto in vista del calcolo successivo, dove utilizziamo la funzione generatrice dei polinomi di Hermite:

$$\exp\left[-u^2 + 2\zeta u\right] = \sum_{n=0}^{\infty} \frac{u^n}{n!}H_n(\zeta).$$

Infatti, se moltiplichiamo questa per $\exp\left[-\zeta^2 + 2\zeta A\right]$, e integriamo su ζ, a destra dell'uguale compare uno sviluppo in serie di potenze con i coefficienti c_n cercati, ovvero:

$$\int_{-\infty}^{\infty} d\zeta\exp\left[-u^2 - \zeta^2 + 2\zeta u + 2\zeta A\right] = \sum_{n=0}^{\infty} \frac{u^n}{n!}\int_{-\infty}^{\infty} d\zeta H_n(\zeta)\exp\left[-\zeta^2 + 2\zeta A\right] =$$

$$= \alpha\exp\left[\zeta_0^2/2\right]\sum_{n=0}^{\infty}(NN_n)^{-1}c_n\frac{u^n}{n!}.$$

La parte sinistra invece diventa:

$$\int_{-\infty}^{\infty} d\zeta \exp\left[-u^2 - \zeta^2 + 2\zeta u + 2\zeta A\right] =$$

$$= \int_{-\infty}^{\infty} d\zeta \exp\left\{-\left[\zeta^2 - 2\zeta(u+A) + u^2 + (A^2 + 2uA - A^2 - 2uA)\right]\right\} =$$

$$= \int_{-\infty}^{\infty} d\zeta \exp\left\{-\left[(\zeta - (u+A))^2\right] + \left[A^2 + 2uA\right]\right\} =$$

$$= \sqrt{\pi} \exp\left[A^2 + 2uA\right] = \sqrt{\pi} \exp\left[A^2\right] \sum_{0}^{\infty} \frac{1}{n!}(2A)^n u^n.$$

Eguagliando le due espressioni:

$$\sqrt{\pi} \exp\left[A^2\right] \sum_{0}^{\infty} \frac{1}{n!}(2A)^n u^n = \alpha \exp\left[\zeta_0^2/2\right] \sum_{n=0}^{\infty} (NN_n)^{-1} c_n \frac{u^n}{n!},$$

otteniamo finalmente i coefficienti:

$$c_n = \sqrt{\pi}\alpha^{-1} NN_n \exp\left[A^2 - \zeta_0^2/2\right] (2A)^n.$$

Raccogliendo i vari risultati parziali sinora ottenuti, l'espressione esplicita della funzione d'onda al tempo t è pertanto data da:

$$\psi(x;t) = \sum_{n=0}^{\infty} c_n \exp[-iW_n t/\hbar]\psi_n(x) =$$

$$= \sum_{n=0}^{\infty} c_n \exp[-iW_n t/\hbar] N_n \exp\left[-\frac{\alpha^2}{2}x^2\right] H_n(\alpha x) =$$

$$= \sqrt{\pi}\alpha^{-1} N \exp\left[-\frac{\alpha^2}{2}x^2 + A^2 - \frac{\alpha^2}{2}x_0^2\right] \sum_{n=0}^{\infty} N_n^2 (2A)^n \exp[-iW_n t/\hbar] H_n(\alpha x) =$$

$$= (\alpha^2/\pi)^{1/4} \exp\left[-\frac{\alpha^2}{2}x^2 + A^2 - \frac{\alpha^2}{2}x_0^2\right] \sum_{n=0}^{\infty} \frac{(2A)^n}{2^n n!} H_n(\alpha x) \exp\left[-i\omega(n+1/2)t\right],$$

dove abbiamo anche esplicitato gli autovalori dell'energia W_n. La somma in n che coinvolge i polinomi di Hermite è della forma che porta alla funzione generatrice nella variabile $u = Ae^{-i\omega}$, tenendo conto che $e^{i\omega n} = (e^{i\omega})^n$:

$$\psi(x;t) = (\alpha^2/\pi)^{1/4} \exp\left[-\frac{\alpha^2}{2}x^2 + A^2 - \frac{\alpha^2}{2}x_0^2\right] \exp\left[-A^2 e^{-2i\omega t} + 2\alpha x A e^{-i\omega t} - i\frac{\omega t}{2}\right].$$

Da qui, con qualche calcolo, si può ricavare la densità di probabilità:

$$|\psi(x;t)|^2 = (\alpha^2/\pi)^{1/2} \exp\left[-\alpha^2 x^2 - \alpha^2 x_0^2 + 2\mathbb{R}\left\{\left[A^2(e^{i\omega t} - e^{-i\omega t}) + 2\alpha x A\right]e^{-i\omega t}\right\}\right] =$$

$$= (\alpha^2/\pi)^{1/2} \exp\left[-\alpha^2 x^2 - \alpha^2 x_0^2 + \right.$$

$$+ 2\mathbb{R}\left\{\left[\frac{1}{4}\left(\alpha x_0 + i\frac{p_0}{\alpha\hbar}\right)^2 i2\sin\omega t + \alpha x\left(\alpha x_0 + i\frac{p_0}{\alpha\hbar}\right)\right](\cos\omega t - i\sin\omega t)\right\}\right] =$$

$$= (\alpha^2/\pi)^{1/2}\exp\left[-\alpha^2 x^2 - \alpha^2 x_0^2 - 2\frac{p_0 x_0}{\hbar}\sin\omega t\cos\omega t + 2\alpha^2 xx_0\cos\omega t + \right.$$

$$\left. + \omega t\alpha^2 x_0^2\sin^2 - \frac{p_0^2}{\alpha^2\hbar^2}\sin^2\omega t + \frac{p_0 x}{\hbar}2\sin\omega t\right].$$

Ponendo $\sin^2\omega t = 1 - \cos^2\omega t$ nel primo addendo, e ricordando che $\alpha^2\hbar = \mu\omega$, possiamo esprimere tutto come:

$$|\psi(x;t)|^2 = (\alpha^2/\pi)^{1/2}\exp\left[-\alpha^2\left(x - x_0\cos\omega t - \frac{p_0}{\mu\omega}\sin\omega t\right)^2\right].$$

Si tratta di una gaussiana, come gaussiana modulata era la funzione d'onda iniziale. Da qui si ricava facilmente che la particella si muove con le seguenti leggi:

$$x_0(t) = \overline{x(t)} = x_0\cos\omega t + \frac{p_0}{\mu\omega}\sin\omega t$$

$$\overline{p(t)} = p_0\cos\omega t - \mu\omega x_0\sin\omega t,$$

e con le seguenti indeterminazioni, o scarti quadratici medi:

$$\overline{\Delta^2 x(t)} = \frac{1}{2\alpha^2}, \quad \overline{\Delta^2 p(t)} = \frac{\hbar^2\alpha^2}{2}, \quad \Delta x(t)\cdot\Delta p(t) = \frac{\hbar}{2}.$$

3.8 Perturbazioni dipendenti dal tempo

8.1. Conviene considerare la buca infinita pari, con $-a < x < a$. Gli autostati sono dati da:

$$u_n(x) = \frac{1}{\sqrt{a}}\sin\frac{n\pi x}{2a}, \quad n \text{ pari}; u_n(x) = \frac{1}{\sqrt{a}}\cos\frac{n\pi x}{2a}, \quad n \text{ dispari}.$$

Dalla teoria generale delle perturbazioni dipendenti dal tempo si ottengono le ampiezze di probabilità di transizione da uno stato u_n a uno stato u_m, con $m \neq n$:

$$c_{m,n}(t) = -\frac{i}{\hbar}\int_0^t dt'[H_1(t')]_{mn}e^{i/\hbar(W_m - W_n)t'} \quad \text{con} \quad c_{m,n}(0) = 0 \quad \text{ma} \quad c_{n,n}(0) = 1.$$

Essendo la perturbazione dispari, i suoi valori d'aspettazione:

$$[H_1(t')]_{mn} \propto \int_{-a}^{a} dx\, u_m^*(x)xu_n(x)$$

sono differenti da zero solo se le autofunzioni hanno parità opposta. Quindi, al primo ordine perturbativo, sono permesse solo le transizioni tra stati con $(n - m)$ dispari.

Notiamo invece che se la perturbazione fosse stata proporzionale a un termine x^2, le transizioni possibili sarebbero state quelle tra stati della stessa parità, questa volta però a tutti gli ordini. Infatti, l'equazione di Schrödinger sui coefficienti ha la forma generale seguente:

$$i\hbar \frac{dc_k(t)}{dt} = \sum_r [H_1(t')]_{kr} e^{i/\hbar (W_k - W_r)t'} c_r(t).$$

Se all'istante iniziale c'è un unico coefficiente diverso da zero, diciamo c_n come nel caso attuale, nel tempo dt successivo col potenziale pari si andranno sviluppando solo i termini della stessa parità. E così anche in tutto il tempo futuro. Col potenziale dispari invece, pur partendo con parità definita, gli stati con parità opposta si eccitano immediatamente dopo.

8.2. Nell'approssimazione di dipolo elettrico, la probabilità di transizione nell'unità di tempo da un livello a un altro è data da:

$$\Pi_{n \to m} \propto \frac{2\pi}{\hbar^2} \left| \boldsymbol{\varepsilon} \cdot \mathbf{D}_{mn} \right|^2, \quad \mathbf{D}_{mn} = e\mathbf{x}_{mn} = e\langle u_m \mid \mathbf{x} \mid u_n \rangle.$$

Si può anche affrontare un problema monodimensionale, ipotizzando un campo elettrico orientato nella direzione delle x, mediando quindi sulle due altre direzioni non interessate dalla perturbazione. Nel caso di un oscillatore armonico con autofunzioni:

$$u_n(\xi) = N_n H_n(\xi) e^{-\xi^2/2} \quad \text{con} \quad \xi = \left(\frac{\mu K}{\hbar^2} \right)^{1/4} x,$$

e H_n gli usuali polinomi di Hermite, dobbiamo valutare:

$$\langle u_m \mid x \mid u_n \rangle \propto \langle u_m \mid \xi \mid u_n \rangle.$$

Per i polinomi di Hermite vale la regola di ricorrenza:

$$\xi H_n = \frac{1}{2} H_{n+1} - n H_{n-1}.$$

per cui:

$$\Pi_{n \to m} \propto \langle u_m \mid \xi \mid u_n \rangle = a_n \langle u_m \mid u_{n+1} \rangle + b_n \langle u_m \mid u_{n-1} \rangle,$$

dove a_n e b_n tengono conto dei diversi coefficienti di normalizzazione delle funzioni di Hermite. Si ricavano quindi le regole di selezione per le transizioni di dipolo, date da $\Delta m = \pm 1$.

8.3. L'Hamiltoniana del sistema si può esprimere nel modo usuale:

$$H = H_0 + H_1(t); \quad H_0 = \frac{p^2}{2\mu} + \frac{1}{2} K x^2, \quad H_1(t) = -F_0 x \cos(2\pi \bar{\nu} t).$$

All'istante $t = 0$ il sistema si trova nello stato fondamentale dell'oscillatore armonico e dobbiamo valutare le probabilità di transizione a stati eccitati, a partire dalle ampiezze:

$$c_{k0}(t) = -\frac{i}{\hbar} \int_0^t dt' [H_1(t')]_{k0} e^{i/\hbar(W_k^{(0)} - W_0^{(0)})t'}, \quad k > 0,$$

con

$$[H_1(t)]_{k0} = -F_0 \cos(2\pi\bar{\nu}t) \int_{-\infty}^{\infty} dx\, u_k^*(x) x u_0(x),$$

e autovalori e autovettori dell'oscillatore armonico dati da

$$W_k^{(0)} = (k + 1/2)h\nu, \quad u_k = N_k e^{-\alpha^2 x^2/2} H_k(\alpha x),$$

con H_k i polinomi di Hermite di grado k e

$$\alpha = \left(\frac{\mu K}{\hbar^2}\right)^{1/4}, \quad N_k = \left(\frac{\alpha}{\pi^{1/2} 2^k k!}\right)^{1/2}.$$

Per calcolare il valore di aspettazione di x sulle autofunzioni, consideriamo le espressioni esplicite:

$$xu_0(x) = \frac{1}{\alpha}(\alpha x) u_0(x) = \frac{1}{\alpha} \xi N_0 e^{-\xi^2/2} = \frac{N_0}{2\alpha N_1} N_1 H_1(\xi) e^{-\xi^2/2} = \frac{N_0}{2\alpha N_1} u_1(x).$$

Pertanto,

$$[H_1(t)]_{k0} = -F_0 \cos(2\pi\bar{\nu}t) \frac{1}{\sqrt{2}\alpha} \delta_{k1}.$$

L'unico coefficiente diverso da zero è dunque $c_{10}(t)$, dato da:

$$c_{10}(t) = \frac{iF_0}{\sqrt{2}\alpha\hbar} \int_0^t dt' \cos(2\pi\bar{\nu}t') \exp(i2\pi\nu t') =$$

$$= \frac{iF_0}{2\sqrt{2}\pi\hbar\alpha} \left[\exp[i\pi(\nu + \bar{\nu})t] \frac{\sin\pi(\nu + \bar{\nu})t}{\nu + \bar{\nu}} + \exp[i\pi(\nu - \bar{\nu})t] \frac{\sin\pi(\nu - \bar{\nu})t}{\nu - \bar{\nu}} \right].$$

Infine, la probabilità di transizione $u_0 \rightarrow u_1$ è data da:

$$P_{0\rightarrow 1}(t) = |c_1(t)|^2 =$$

$$= \frac{F_0^2}{8\pi^2\hbar^2\alpha^2} \left[\frac{\sin^2\pi(\nu + \bar{\nu})t}{(\nu + \bar{\nu})^2} + \frac{\sin^2\pi(\nu - \bar{\nu})t}{(\nu - \bar{\nu})^2} + \frac{\cos^2(2\pi\bar{\nu}t) - \cos(2\pi\nu t)\cos(2\pi\bar{\nu}t)}{\nu^2 - \bar{\nu}^2} \right].$$

8.4. Per valutare le ampiezze di probabilità per la transizione $0 \to n$, dobbiamo calcolare:

$$[H_1(t)]_{n0} = \lambda \sin \tilde{\omega}t \langle u_n | q | u_0 \rangle = \lambda \sin \tilde{\omega}t \langle u_n | \frac{1}{\sqrt{2}}(a + \hat{a}^\dagger) | u_0 \rangle =$$

$$= \frac{\lambda}{\sqrt{2}} \sin \tilde{\omega}t \langle u_n | u_1 \rangle = \frac{\lambda}{\sqrt{2}} \sin \tilde{\omega}t \, \delta_{n1},$$

con le unità di misura $\mu = \omega = \hbar = 1$. Pertanto, tutti i coefficienti $c_{n \neq 1} = 0$, mentre:

$$c_{10}(t) = -i \frac{\lambda}{\sqrt{2}} \int_0^t ds \exp(is) \sin \tilde{\omega}s = \frac{\lambda}{2\sqrt{2}} \left[\exp(i\tilde{\omega}_- t) \frac{\sin \tilde{\omega}_- t}{\tilde{\omega}_-} - \exp(i\tilde{\omega}_+ t) \frac{\sin \tilde{\omega}_+ t}{\tilde{\omega}_+} \right]$$

con $\tilde{\omega}_\pm = (1 \pm \tilde{\omega})/2$.

i) La probabilità della transizione è data dal modulo quadro del coefficiente:

$$P_{0\to1}(t) = |c_{10}(t)|^2 = \frac{1}{8}\lambda^2 \left\{ \frac{\sin^2 \tilde{\omega}_- t}{\tilde{\omega}_-^2} + \frac{\sin^2 \tilde{\omega}_+ t}{\tilde{\omega}_+^2} - 2\cos \tilde{\omega}t \frac{\sin \tilde{\omega}_+ t \sin \tilde{\omega}_- t}{\tilde{\omega}_+ \tilde{\omega}_-} \right\}.$$

ii) Se la perturbazione viene spenta al tempo τ, per tutti i tempi $t > \tau$ la probabilità rimane costante al valore $P_{0\to1}(\tau)$. Se $\tau = 2\pi/\tilde{\omega}$, allora:

$$\cos \tilde{\omega}\tau = 1, \quad \tilde{\omega}_\pm \tau = \pi/\tilde{\omega} \pm \pi, \quad \sin \tilde{\omega}_\pm \tau = -\sin(\pi/\tilde{\omega}),$$

e quindi:

$$P_{0\to1}(\tau) = 2\lambda^2 \left(\frac{\tilde{\omega}}{1 - \tilde{\omega}^2} \right)^2 \sin^2(\pi/\tilde{\omega}).$$

iii) Confrontiamo ora con il calcolo esatto del 7.30, valutato ovviamente al primo ordine perturbativo. Avevamo ottenuto, per $H_1 = -xf(t)$:

$$P_{0\to m}(t) = \exp(-|K(t)|^2)\frac{|K(t)|^{2m}}{m!} \quad \text{con} \quad K(t) = \sqrt{1/2\mu\omega\hbar} \int_0^t ds \exp(i\omega s)f(s).$$

Nel caso attuale, con perturbazione $f(s) = \lambda \sin \tilde{\omega}s$ piccola, e per $m = 1$:

$$P_{0\to1}(t) \approx |K(t)|^2 \quad \text{con} \quad K(t) = \frac{\lambda}{\sqrt{2}} \int_0^t ds \, \exp(is) \sin \tilde{\omega}s,$$

dove abbiamo nuovamente inserito $\mu = \omega = \hbar = 1$, come nell'attuale problema. Come si vede, $K(t) = -ic_{10}(t)$ prima calcolato, e dunque le due espressioni di $P_{0\to1}(t)$ sono uguali.

8.5. Nell'intervallo di tempo $0 < t < T$, l'Hamiltoniana si può esprimere come:

$$H = \frac{p^2}{2\mu} + \frac{1}{2}\mu(\omega + \delta\omega)^2 q^2 = H_0 + \frac{1}{2}\mu(2\omega + \delta\omega)\delta\omega q^2 = H_0 + H'$$

dove H_0 è l'Hamiltoniana dell'oscillatore di frequenza ω. Per $t < 0$ e $T < t$, l'Hamiltoniana è data dal solo termine H_0.

Valutiamo anzitutto i valori di aspettazione dell'operatore H':

$$\langle n \mid H' \mid 0 \rangle = \mu(\omega + \tfrac{1}{2}\delta\omega)\delta\omega\langle n \mid q^2 \mid 0 \rangle = \frac{\hbar}{2}\left(1 + \frac{1}{2}\frac{\delta\omega}{\omega}\right)\delta\omega\langle n \mid (\hat{a}+\hat{a}^\dagger)^2 \mid 0 \rangle,$$

che è diverso da zero solo per $n = 0$ e per $n = 2$. Le transizioni dallo stato iniziale ad altri livelli sono quindi permesse solo per $n = 2$, con un contributo:

$$\langle 2 \mid \hat{a}^{\dagger 2} \mid 0 \rangle = \sqrt{2}.$$

Per quanto riguarda la parte temporale, i coefficienti dello sviluppo al tempo $t > T$ si ottengono integrando i valori di aspettazione $[H']_{20}$ tra zero e T, ottenendo così complessivamente:

$$c_{0\to2}(t > T) = \langle 2 \mid H' \mid 0 \rangle \frac{1}{W_2 - W_0}\left\{1 - \exp[i(W_2 - W_0)T/\hbar]\right\}.$$

Da cui la probabilità corrispondente:

$$P_{0\to2}(t > T) = \frac{1}{2}\left[1 + \frac{1}{2}\frac{\delta\omega}{\omega}\right]^2 \left(\frac{\delta\omega}{\omega}\right)^2 \sin^2(\omega T).$$

8.6. Il campo elettrico assegnato, debole, produce una perturbazione:

$$\mathbf{E}(t) = A\exp[-(t/\tau)^2]\hat{\mathbf{z}} \implies H_1(t) = qA\exp[-(t/\tau)^2]z.$$

Dobbiamo così valutare gli elementi di matrice di z tra lo stato fondamentale dell'oscillatore armonico tridimensionale isotropo e i suoi stati eccitati:

$$\langle n_x n_y n_z \mid z \mid 000 \rangle = \delta_{n_x 0}\delta_{n_y 0}\langle n_z = 1 \mid z \mid n_z = 0 \rangle = \delta_{n_x 0}\delta_{n_y 0}\left(\frac{\hbar}{2\mu\omega}\right)^{1/2},$$

con $\omega = \sqrt{K/\mu}$ e anche $\omega = (W_1 - W_0)/\hbar$.

L'unica probabilità di transizione è quella verso lo stato $\mid 001 \rangle$ ed è data da:

$$P_{0\to1}(t) = \frac{q^2 A^2}{2\hbar\mu\omega}\left|\int_{-\infty}^{+\infty} dt \exp[-(t/\tau)^2]\exp(i\omega t)\right|^2.$$

Completato il quadrato nell'esponenziale, ci si riduce a un integrale di Eulero-Poisson, ovvero alla trasformata di Fourier di una gaussiana, vedi A.12. Si ottiene infine:

$$P_{0\to1}(t) = \frac{q^2 A^2 \tau^2}{2\hbar\mu\omega}\pi\exp(-\omega^2\tau^2/2).$$

8.7. L'atomo di idrogeno è perturbato da una Hamiltoniana della forma:

$$H_1(t) = -eE_0 e^{-t/\tau} z = -eE_0 e^{-t/\tau} r\cos\theta,$$

dove abbiamo scelto l'asse z parallelo al vettore $\mathbf{E}_0$, grazie alla simmetria centrale del problema imperturbato. Le ampiezze di probabilità sono date da:

$$c_{k0}(t) = -\frac{i}{\hbar}\int_0^t dt'\,[H_1(t')]_{k0}\exp[i(W_k - W_0)t'/\hbar] =$$

$$= \frac{ieE_0}{\hbar}\int_0^t dt'\exp[-(1/\tau - i\Delta W_{k0}/\hbar)t']I_l^{(\Omega)}I_n^{(r)},$$

$$\text{con } I_l^{(\Omega)} = \int_{4\pi} d\Omega\cos\theta Y_{lm}(\theta,\varphi)Y_{00}(\theta,\varphi),\, I_n^{(r)} = \int_0^\infty dr\, r^2 R_{nl}^*(r)rR_{10}(r).$$

Abbiamo indicato con ΔW le differenze di energia, k il set completo di numeri quantici $\{n,l,m\}$, e con $k=0$ la terna relativa allo stato fondamentale $\{1,0,0\}$. Per $t \gg \tau$ l'integrale temporale è dato da:

$$\int_0^\infty dt\exp[-(1/\tau - i\Delta W_{k0}/\hbar)t'] = \frac{\tau}{1 - i\tau\Delta W_{k0}/\hbar}.$$

Poiché $Y_{00}\cos\theta = \sqrt{1/3}Y_{10}$, l'integrale in Ω è diverso da zero per $m=0$ e per $l=1$, con $I_1^{(\Omega)} = \sqrt{1/3}$. Il primo coefficiente perturbativo non nullo è dunque per $l=1$ e $n=2$.

Da qui, l'integrale spaziale rilevante:

$$I_2^{(r)} = \int_0^\infty dr R_{21}^*(r)r^3 R_{10}(r) = \frac{1}{\sqrt{6}}r_0\int_0^\infty d\tilde{r}\,\tilde{r}^4\exp(-3/2\tilde{r}) = \frac{1}{\sqrt{6}}r_0 4!(2/3)^5,\quad \tilde{r}=r/r_0.$$

L'ampiezza di transizione richiesta per $t \gg \tau$ è dunque data da:

$$c_{210,100}(t) = \frac{ieE_0}{\hbar}\frac{2^7\sqrt{2}}{3^5}r_0\frac{\tau}{1 - i\tau\Delta W_{k0}/\hbar}.$$

8.8. i) Posto $\omega_k = W_k^{(0)}/\hbar$ e $\omega_{kn} = (W_k^{(0)} - W_n^{(0)})/\hbar$, sviluppiamo lo stato al tempo t sulle autofunzioni imperturbate:

$$\psi(t) = \sum_k c_{kn}(t)\psi_k^{(0)}\exp(-i\omega_k t)\quad\text{con}\quad c_{nn}(t) \approx c_{nn}^{(0)} = 1.$$

Nel primo caso, di accensione istantanea, valutiamo per parti l'integrale temporale:

$$c_{kn}(t) = -\frac{i}{\hbar}\int_{-t_0}^t dt'\,[H_1(t')]_{kn}\exp(i\omega_{kn}t') =$$

$$= -\frac{1}{\hbar\omega_{kn}}[H_1(t')]_{kn}\exp(i\omega_{kn}t')\Big|_{-t_0}^t + \frac{1}{\hbar\omega_{kn}}\int_{-t_0}^t dt' \left\{\frac{\partial}{\partial t'}[H_1(t')]_{kn}\right\}\exp(i\omega_{kn}t') =$$

$$= -\frac{[\widehat{V}_0]_{kn}}{\hbar\omega_{kn}}\left[\exp(i\omega_{kn}t) - \int_{-t_0}^t dt'\,\delta(t')\exp(i\omega_{kn}t')\right] = \frac{[\widehat{V}_0]_{kn}}{\hbar\omega_{kn}} - \frac{[\widehat{V}_0]_{kn}}{\hbar\omega_{kn}}\exp(i\omega_{kn}t).$$

Abbiamo tenuto conto che la derivata della θ di Heaviside è la δ di Dirac e che il potenziale perturbativo è nullo per tempi negativi. Inseriamo questi coefficienti nella espressione di partenza:

$$\psi(t) = \sum_k c_{kn}(t)\,\psi_k^{(0)}\exp(-i\omega_k t) =$$

$$= \left[\psi_n^{(0)} - \sum_{k\neq n}\frac{[\widehat{V}_0]_{kn}}{\hbar\omega_{kn}}\psi_k^{(0)}\right]\exp(-i\omega_n t) + \sum_{k\neq n}\frac{[\widehat{V}_0]_{kn}}{\hbar\omega_{kn}}\psi_k^{(0)}\exp(-i\omega_k t).$$

Come si vede, il termine tra parentesi quadre a destra rappresenta una correzione allo stato iniziale: quella indotta dalla perturbazione $\widehat{V}_0$ indipendente dal tempo, valutata al primo ordine. La probabilità di transizione richiesta, dallo stato n allo stato k, si ricava dal secondo addendo, e quindi dal primo contributo della formula precedente:

$$P_{n\to k}(t) = |[\widehat{V}_0]_{kn}|^2/\hbar^2\omega_{kn}^2.$$

Il secondo contributo al valore di $c_{kn}(t)$ valutato sopra, moltiplicato per $\psi_k^{(0)}$ e sommato su tutti i k, definisce invece la correzione alla funzione d'onda dell'$n-$esimo stato stazionario.

Notiamo che, il più delle volte, non teniamo conto delle possibili conseguenze dell'accensione istantanea della perturbazione, nell'ipotesi che il processo sia troppo rapido perché la funzione d'onda iniziale si modifichi. In questo caso avevamo l'espressione esplicita a gradino di Heaviside, e abbiamo interpretato il risultato nell'ipotesi di $\widehat{V}_0$ piccolo, tale cioè da giustificare lo sviluppo perturbativo delle autofunzioni, ma anche la possibilità che i dati iniziali si adattino alla nuova situazione. Notiamo infine che la probabilità trovata è quella che si otterrebbe proiettando sullo stato ψ_k lo stato iniziale ψ_n corretto perturbativamente, cioè quello tra parentesi quadre.

ii) La valutazione del secondo caso è immediata (notare le diverse dimensioni di $\widehat{V}_0$ e $\widehat{V}_0'$):

$$P_{n\to k}(t) = |[\widehat{V}_0']_{kn}|^2/\hbar^2.$$

iii) Entrambe le formule sono applicabili per tempi $t = \tau$ finiti, purché piccoli rispetto alle scale dei tempi del problema, ovvero $\omega_{kn}\tau \ll 1$.

8.9. Gli autostati della buca infinita sono dati da:

$$u(x) = \sqrt{2/a}\sin\frac{n\pi x}{a}, \quad n = 1, 2, \dots, \quad W_n^{(0)} = \frac{\hbar^2}{2\mu}\frac{\pi^2}{a^2}n^2.$$

La parte temporale del problema è analoga a quella del 8.8, ma non si specifica la natura alla Heaviside della perturbazione, e quindi ipotizziamo come al solito che lo stato iniziale non si modifichi. Siamo in presenza di una perturbazione agente solo per un tempo τ, e costante entro questo intervallo temporale. Dalla teoria generale, segue che la probabilità di transizione dallo stato iniziale con $n = 1$ a quello finale con n generico, è uguale a:

$$P_{1 \to n} = \left| [H_1]_{n1} \frac{1 - e^{i\omega_{n1}\tau}}{\hbar \omega_{n1}} \right|^2 = \left[\frac{2[H_1]_{n1}}{\hbar \omega_{n1}} \sin \frac{\omega_{n1}\tau}{2} \right]^2, \qquad \omega_{n1} = \frac{W_n^{(0)} - W_1^{(0)}}{\hbar}$$

$$[H_1]_{n1} = \int_{a/2-b}^{a/2+b} dx \, u_n^* V_0 u_1 = \frac{2V_0}{a} \int_{a/2-b}^{a/2+b} dx \sin \frac{n\pi x}{a} \sin \frac{\pi x}{a}.$$

Essendo $b \ll a$, $10^{-12} cm$ contro $1\text{Å} = 10^{-8} cm$, si può applicare il teorema del valor medio con $x \approx a/2$ e $\Delta x = 2b$, ottenendo:

$$[H_1]_{n1} \approx \frac{4bV_0}{a} \sin \frac{n\pi}{2}.$$

Pertanto:

$$[H_1]_{21} = [H_1]_{41} = 0, \qquad [H_1]_{31} = \frac{2 \cdot 10^{-12} \cdot 10^4}{10^{-8}} = 2 \, eV.$$

Gli altri parametri sono:

$$\hbar \omega_{31} = W_3^{(0)} - W_1^{(0)} = 4\pi^2 \frac{\hbar^2}{\mu a^2} \approx 4\pi^2 \frac{6.58^2 \cdot 10^{-32} \, eV^2 s^2}{0.511 \cdot 10^6 \, eV/c^2 \cdot 10^{-16} cm^2} \approx 300 \, eV.$$

$$\omega_{31}\tau \approx 300 \, eV \frac{\tau}{\hbar} \approx 300 \frac{5 \cdot 10^{-18}}{6.58 \cdot 10^{-16}} \approx 2.28, \qquad \sin^2 \frac{\omega_{31}\tau}{2} \approx 0.826.$$

Raccogliendo tutto:

$$P_{1 \to 3} = \frac{16 \, eV^2}{\hbar^2 \omega_{31}^2} \sin^2 \frac{\omega_{31}\tau}{2} \approx \frac{16}{300^2} 0.826 \approx 1.47 \cdot 10^{-4}.$$

8.10. In una buca quadrata infinita tra $\pm a/2$, autovettori e autovalori dell'energia sono dati da:

$$u_n(x) = \sqrt{2/a} \, \sin \left[n \frac{\pi}{a} \left(\frac{a}{2} + x \right) \right], \qquad W_n^{(0)} = \frac{\hbar^2}{2\mu} \frac{\pi^2}{a^2} n^2, \qquad n = 1, 2, \dots$$

i) Il campo elettrico uniforme E diretto come l'asse x deriva da un potenziale $-Ex$. Alla particella di carica $-e_0$ aggiunge un'energia potenziale pari a $H' = e_0 Ex$, che trattiamo come perturbazione. Pertanto, le transizioni tra i livelli n_1 e n_2 hanno probabilità proporzionale a:

$$\langle n_2 \mid H' \mid n_1 \rangle = \frac{2}{a} \int_{-a/2}^{a/2} dx \, e_0 E x \sin\left[n_2 \frac{\pi}{a} \left(\frac{a}{2} + x \right) \right] \sin\left[n_1 \frac{\pi}{a} \left(\frac{a}{2} + x \right) \right] =$$

$$= \frac{e_0 E}{a} \int_{-a/2}^{a/2} dx \, x \left\{ \cos\left[\frac{n_2 - n_1}{a} \pi \left(\frac{a}{2} + x \right) \right] - \cos\left[\frac{n_2 + n_1}{a} \pi \left(\frac{a}{2} + x \right) \right] \right\} =$$

$$= \frac{e_0 E}{a} \left\{ \frac{a^2 [(-)^{n_2 - n_1} - 1]}{(n_2 - n_1)^2 \pi^2} - \frac{a^2 [(-)^{n_2 + n_1} - 1]}{(n_2 + n_1)^2 \pi^2} \right\} =$$

$$= \frac{4 e_0 E a}{\pi^2} \frac{n_2 n_1}{(n_2^2 - n_1^2)^2} [(-)^{n_2 + n_1} - 1] \equiv [H']_{n_2 n_1}.$$

Definita la frequenza:

$$\omega_{n_2 n_1} = \frac{1}{\hbar} (W_{n_2}^{(0)} - W_{n_1}^{(0)}) = \frac{\hbar \pi^2}{2\mu a^2} (n_2^2 - n_1^2),$$

l'ampiezza di transizione è data dal coefficiente:

$$c_{n_2 n_1}(t) = \frac{1}{i\hbar} \int_0^\tau dt \, [H']_{n_2 n_1} \exp(i \omega_{n_2 n_1} t) = \frac{1}{\hbar} [H']_{n_2 n_1} [1 - \exp(i \omega_{n_2 n_1} \tau)] \frac{1}{\omega_{n_2 n_1}}.$$

Inserendo ora tutte le espressioni calcolate prima per in caso $n_1 = 1$ e $n_2 = 2$:

$$\omega_{21} = \frac{3\hbar \pi^2}{2\mu a^2}, \quad [H']_{21} = -\frac{16 e_0 E a}{9\pi^2},$$

le probabilità richieste sono date da:

$$P_{1 \to 2} = |c_{21}(t)|^2 = \left(\frac{16 a^2}{9\pi^2} \right)^3 \left[\frac{e_0 E \mu}{\hbar^2 \pi} \sin\left(\frac{3\hbar \pi^2}{4\mu a^2} \tau \right) \right]^2 \approx \left(\frac{16 e_0 E a}{9\pi^2 \hbar} \tau \right)^2,$$

per $\tau \ll \hbar/(W_1 - W_2)$. Per la $P_{1 \to 3}$, vale $[H']_{31} = 0$, e quindi $P_{1 \to 3} = 0$, come per tutte le transizione senza cambio di parità, per la presenza del termine dispari x.

ii) Una volta spenta la perturbazione per $t > \tau$, l'energia di partenza torna ad essere costante del moto, e quindi le probabilità non dipendono dal tempo.

iii) Le condizioni di validità dell'approssimazione sono le usuali: piccola perturbazione, e breve periodo durante il quale questa agisce.

8.11. La scatola cubica descrive particelle libere con funzioni d'onda che si annullano sulle facce, e quindi con autofunzioni e autovalori:

$$\psi_{lmn}(x,y,z) = a^{-3/2} \sin\frac{l\pi x}{2a} \sin\frac{m\pi y}{2a} \sin\frac{n\pi z}{2a} = |lmn\rangle, \quad W_{lmn}^{(0)} = (l^2 + m^2 + n^2) \frac{\pi^2 \hbar^2}{8\mu a^2}.$$

Con queste notazioni, lo stato iniziale è dato da $|111\rangle$, mentre il primo livello eccitato (a $t = \infty$ e cioè a campo elettrico nuovamente nullo) è degenere tre volte, e corrisponde a $|211\rangle$, $|121\rangle$ e $|112\rangle$. Scegliendo l'asse x diretto come il campo elettrico, il potenziale perturbativo si scrive:

$$V(t) = e_0 E_0 x e^{-\alpha t},$$

e di questo dobbiamo valutare gli elementi di matrice tra lo stato iniziale (fondamentale) e quelli verso cui dobbiamo valutare le probabilità di transizione.

$$\begin{cases} \langle 211 \mid x \mid 111 \rangle = \dfrac{1}{a} \int_0^{2a} dx\, x \sin \dfrac{\pi x}{2a} \sin \dfrac{\pi x}{a} = -\dfrac{32a}{9\pi^2}, \\[2ex] \langle 121 \mid x \mid 111 \rangle = \langle 112 \mid x \mid 111 \rangle = 0, \end{cases}$$

dove la seconda riga si ottiene da considerazioni di parità.

L'unica transizione consentita avviene con probabilità:

$$P = \hbar^{-2} \left| \int_0^\infty dt \langle 211 \mid V(t) \mid 111 \rangle \exp[(-\alpha + i\Delta W^{(0)}/\hbar)t] \right|^2 =$$

$$= \left(\frac{32a e_0 E_0}{9\pi^2} \right)^2 \frac{1}{\alpha^2 \hbar^2 + (\Delta W^{(0)})^2},$$

con

$$\Delta W^{(0)} = W_{211}^{(0)} - W_{111}^{(0)} = (6-3)\frac{\pi^2 \hbar^2}{8\mu a^2} = \frac{3\pi^2 \hbar^2}{8\mu a^2}.$$

8.12. i) Il problema stazionario imperturbato è risolto nel 3.6. I primi 3 autovalori sono:

$$W_0^{(0)} = 3/2\hbar\omega, \quad W_1^{(0)} = 5/2\hbar\omega, \quad W_2^{(0)} = 7/2\hbar\omega.$$

ii) Scegliendo l'asse z rivolto come il campo $\mathbf{B}$, la perturbazione assume la forma:

$$H' = -\mu_B L_z \quad \text{con} \quad \mu_B = e_0 B/2\mu c.$$

Conviene utilizzare coordinate polari, oppure cilindriche. Sempre dal 3.6, nel primo caso si ha:

$$\psi_{nlm}(\mathbf{x}) = Y_{lm}(\theta, \varphi) R_{nl}(r), \quad W_{Pol} = (N_{Pol} + 3/2)\hbar\omega, \quad N_{Pol} = 2n + l, \quad n, l = 0, 1, \ldots,$$

da cui:

$$W_{nlm}^{(1)} = W_{nl}^{(0)} - \mu_B m\hbar + \ldots.$$

Il campo magnetico risolve la degenerazione in m, ma poiché gli autovalori imperturbati dipendono da $N_{Pol} = 2n + l$, la degenerazione in $\{n, l\}$ rimane; degenerazione sempre presente salvo nei due primi livelli con $N_{Pol} = 0 = 0 + 0$ e $N_{Pol} = 1 = 0 + 1$.

Per il terzo livello $W^{(0)}_{N_{Pol}=2}$ si ottiene:

$$W^{(1)}_{100} = 0, \quad W^{(1)}_{022} = -2\mu_B\hbar, \quad W^{(1)}_{02-2} = 2\mu_B\hbar,$$
$$W^{(1)}_{020} = 0, \quad W^{(1)}_{021} = -\mu_B\hbar, \quad W^{(1)}_{02-1} = \mu_B\hbar.$$

In coordinate cilindriche:

$$\psi_{n_z|m|n}(\mathbf{x}) = u_{n_z}(z)\Phi_{|m|}(\varphi)R_{n|m|}(\rho), \quad W_{Cil} = (N_{Cil} + 3/2)\hbar\omega, \quad N_{Cil} = n_z + 2n + |m|.$$

Lo spettro imperturbato è lo stesso e così pure le correzioni. Cambiano le autofunzioni in presenza di degenerazione, e gli indici delle $W^{(1)}$.

iii) La perturbazione $H' = Ax\cos\Omega t$ dipende dal tempo, ma anche da x, per cui conviene risolvere il problema imperturbato in coordinate cartesiane, e calcolare così:

$$\langle n'_x n'_y n'_z \mid H'(x,t) \mid n_x n_y n_z \rangle = A\cos\Omega t\, \delta_{n'_y,n_y}\delta_{n'_z,n_z}\langle n'_x \mid x \mid n_x \rangle =$$

$$= A\cos\omega t\, \delta_{n'_y,n_y}\delta_{n'_z,n_z}\alpha\left(\sqrt{(n_x+1)/2}\,\delta_{n'_x,n_x+1} + \sqrt{n_x/2}\,\delta_{n'_x,n_x-1}\right),$$

dove $\alpha = \sqrt{\hbar/2\mu\omega}$. Le transizioni sono permesse per $\Delta n_x = \pm 1$, $\Delta n_y = \Delta n_z = 0$.

iv) Nel passaggio dallo stato fondamentale al primo eccitato, l'unica transizione consentita è $\psi_{000} \to \psi_{100}$ con probabilità:

$$P_{0\to 1} = \frac{1}{\hbar^2}\left|\int_0^t dt' H'_{10}(x,t')e^{i\Omega t'}\right|^2 = \frac{A^2\alpha^2}{2\hbar^2}\left|\int_0^t dt'\cos\omega t'\, e^{i\Omega t'}\right|^2.$$

L'integrale si valuta facilmente:

$$I(\omega,\Omega) = \frac{1}{2i}\left(\frac{\exp[i(\omega+\Omega)t]-1}{\omega+\Omega} + \frac{\exp[i(\omega-\Omega)t]-1}{\omega-\Omega}\right).$$

v) Per frequenze ω e Ω grandi, l'unico termine che contribuisce è il secondo per $\Omega \approx \omega$:

$$P_{0\to 1} \approx \frac{A^2\alpha^2}{8\hbar^2}\frac{\sin^2[(\omega-\Omega)t/2]}{[(\omega-\Omega)t/2]^2}.$$

Dalle usuali rappresentazioni della delta di Dirac, si ottiene anche che, per t grande:

$$P_{0\to 1} \approx \frac{A^2\alpha^2\pi t}{4\hbar^2}\delta(\omega-\Omega).$$

8.13. Procediamo come nel 8.7, dove è già calcolata la parte spaziale. L'atomo di idrogeno è perturbato da un potenziale della forma:

$$H_1(t) = e_0 E_0 \frac{\tau}{t^2+\tau^2}z = e_0 E_0 \frac{\tau}{t^2+\tau^2}r\cos\theta,$$

dove abbiamo scelto l'asse z parallelo al vettore $\mathbf{E}$, grazie alla simmetria centrale del problema imperturbato. Le ampiezze di probabilità sono date da:

$$c_{k0} = -\frac{i}{\hbar} \int_{-\infty}^{\infty} dt\, [H_1(t)]_{k0} \exp[i(W_k - W_0)t/\hbar] =$$

$$= -i\frac{e_0 E_0 \tau}{\hbar} \int_{-\infty}^{\infty} dt\, \frac{\exp(i\Delta W_{k0}t/\hbar)}{t^2 + \tau^2} \cdot$$

$$\cdot \int_{4\pi} d\Omega \cos\theta\, Y_{lm}(\theta, \varphi) Y_{00}(\theta, \varphi) \int_0^{\infty} dr\, r^3 R_{nl}^*(r) R_{10}(r),$$

dove abbiamo indicato con ΔW_{k0} le differenze di energia, k il set completo di numeri quantici $\{n, l, m\}$, e con $k = 0$ la terna relativa allo stato fondamentale $\{1, 0, 0\}$. L'integrale in Ω è diverso da zero per $m = 0$ e per l dispari: il primo coefficiente non nullo è dunque per $l = 1$ e $n = 2$, e questo è proprio lo stato $2p$ oggetto del problema attuale. Poiché $Y_{00}\cos\theta = 1/\sqrt{3}Y_{10}$, l'integrale in Ω vale $1/\sqrt{3}$, mentre quello in r, vedi 8.7:

$$\int_0^{\infty} dr\, R_{21}^*(r) r^3 R_{10}(r) = \frac{1}{\sqrt{6}} r_0 \int_0^{\infty} d\tilde{r}\, \tilde{r}^4 e^{-3/2\tilde{r}} = \frac{1}{\sqrt{6}} r_0 4! (2/3)^5, \quad \tilde{r} = r/r_0.$$

Per la parte temporale, posto $\omega = W_{k0}/\hbar > 0$, essa è data da:

$$\int_{-\infty}^{\infty} dt\, \frac{e^{i\omega t}}{t^2 + \tau^2} = \int_{-\infty}^{\infty} dt\, \frac{e^{i\omega t}}{(t + i\tau)(t - i\tau)} = \lim_{t \to i\tau} 2i\pi \frac{e^{i\omega t}}{t + i\tau} = 2i\pi \frac{e^{-\omega\tau}}{2i\tau}.$$

Per la valutazione dell'integrale, abbiamo chiuso il percorso nel semipiano superiore grazie alla positività di ω. Raccogliendo i vari fattori, la probabilità richiesta è data da:

$$P_{10 \to 2p} = \frac{2^{15}}{3^{10}} \pi^2 \frac{(e_0 E_0 r_0)^2}{\hbar^2} e^{-2\omega\tau}.$$

8.14. Le perturbazioni sono del tipo $H_1(t) = -xV_0 F(t)$, in parte trattate nel 8.6. L'ampiezza di probabilità di transizione è data da:

$$c_{k0}(t) = \frac{i}{\hbar} V_0 F(t) c_k \quad \text{con} \quad c_k = \frac{2}{a} \int_0^a dx\, x \sin\frac{(k+1)\pi x}{a} \sin\frac{\pi x}{a} =$$

$$= \frac{1}{a}\left[\frac{\cos(k\pi x/a)}{(k\pi/a)^2} + \frac{x\sin(k\pi x/a)}{k\pi/a} - \frac{\cos((k+2)\pi x/a)}{((k+2)\pi/a)^2} - \frac{x\sin((k+2)\pi x/a)}{(k+2)\pi/a}\right]_0^a =$$

$$= \begin{cases} 0 & k \text{ pari} \neq 0 \\ \dfrac{8a}{\pi^2} \dfrac{k+1}{k^2(k+2)^2} & k \text{ dispari.} \end{cases}$$

Posto $\omega_{k0} = k(k+2)\omega_0$, $\omega_0 = (\hbar\pi^2/2\mu a^2)$, valutiamo ora le parti temporali:

i) $F_a(\tau) = \displaystyle\int_{-\infty}^{\infty} dt \exp[i\omega_{k0}t - t^2/\tau^2] = \sqrt{\pi}\,\tau \exp[-\omega_{k0}^2\tau^2/4]$;

ii) $F_b(\tau) = \displaystyle\int_{-\infty}^{\infty} dt \exp[i\omega_{k0}t - |t|/\tau] = 2\tau(1+\omega_{k0}^2\tau^2)^{-1}$;

iii) $F_c(\tau) = \displaystyle\int_{-\infty}^{\infty} dt \exp[i\omega_{k0}t]\frac{1}{1+(t/\tau)^2} = \pi\tau \exp[-\omega_{k0}\tau]$.

Gli integrali si trovano in A.12. Raccogliendo tutto, le probabilità sono date da:

$$P_{0\to k} = \begin{cases} 0 & k \text{ pari} \neq 0 \\[2mm] \dfrac{64a^2(k+1)^2 V_0^2}{\pi^4 k^4 (k+2)^4 \hbar^2} F_i^2(\tau) & k \text{ dispari con } i = a,\,b,\,c. \end{cases}$$

Per la validità del metodo perturbativo, si richiede in generale che i valori d'aspettazione del potenziale siano piccoli rispetto alla spaziatura di quelli imperturbati. Inoltre, in caso di tempi t grandi, si richiede anche che la perturbazione decresca rapidamente rispetto all'unità di misura naturale del sistema imperturbato; nel caso presente, il tempo τ di abbattimento deve essere piccolo rispetto al tempo caratteristico $1/\omega_0$. E quindi:

$$\frac{\langle V\rangle}{\hbar\omega_0} \ll 1, \quad \tau\omega_0 \ll 1 \quad \Longrightarrow \quad \frac{\langle V\rangle}{\hbar}\tau = \frac{V_0 a}{\pi^2 \hbar}\tau \ll 1.$$

Da ciò segue che la probabilità $P_{0\to k}$ è piccola.

8.15. Il rotatore piano ha autofunzioni e autovalori dati da:

$$\Phi_n^{(0)}(\varphi) = \frac{1}{\sqrt{2\pi}}e^{in\varphi}, \quad W_n^{(0)} = \frac{\hbar^2}{2\mu\lambda^2}n^2, \quad n = 0, \pm 1, \pm 2, \ldots$$

Sfruttando la relazione $\cos\varphi = (e^{i\varphi} + e^{-i\varphi})/2$, e l'ortonormalità tra autostati, si ottiene:

$$V_{kn}(t) = -\frac{dE(t)}{2}\delta_{k,n\pm 1}.$$

Al primo ordine, l'ampiezza di probabilità risulta essere:

$$c_{n\to k}^{(1)} = -i\frac{d}{2\hbar}\int_0^{\infty} dt'\, E(t') \exp[i\omega_{kn}^{(0)}t'] = -i\frac{d}{2\hbar}\int_0^{\infty} dt'\, E_0 \exp[(i\omega_{kn}^{(0)} - 1/\tau)t'].$$

con

$$\omega_{kn}^{(0)} = (W_k^{(0)} - W_n^{(0)})/\hbar = (k^2 - n^2)\omega_0, \quad \omega_0 = \frac{\hbar}{2\mu\lambda^2},$$

e la probabilità:

$$P_{0\to\pm 1}^{(1)} = \frac{d^2 E_0^2}{4\hbar^2}\frac{\tau^2}{(1+\omega_0^2\tau^2)}.$$

Al secondo ordine:

$$c_{kn}^{(2)} = -\frac{1}{\hbar^2} \sum_m \int_0^\infty dt' V_{km}(t') \exp[i\omega_{km}^{(0)}t'] \int_0^{t'} dt'' V(t'')_{mn} \exp[i\omega_{mn}^{(0)}t''].$$

Per quanto visto sopra, gli unici elementi diversi da zero a partire dallo stato $|0\rangle$ sono:

$$\langle 2 \text{ oppure } 0 | V | 1 \rangle\langle 1 | V | 0 \rangle, \quad \langle -2 \text{ oppure } 0 | V | -1 \rangle\langle -1 | V | 0 \rangle.$$

Le transizioni $0 \to 0$ sono permanenze, per cui abbiamo solo $0 \to \pm 2$, proibite a primo ordine; esse hanno ampiezza uguale, sia per la forma di V, sia per la degenerazione di $W_{\pm n}^{(0)}$:

$$c_{\pm 2,0}^{(2)}(t \to \infty) = -\frac{d^2 E_0^2}{4\hbar^2} \int_0^\infty dt' \exp[(i3\omega_0 - 1/\tau)t'] \int_0^{t'} dt'' \exp[(i\omega_0 - 1/\tau)t''] =$$

$$= -\frac{d^2 E_0^2}{4\hbar^2} \frac{1}{(i3\omega_0 - 1/\tau)(i4\omega_0 - 2/\tau)},$$

e la probabilità di transizione:

$$P_{0 \to \pm 2}^{(2)} = |c_{\pm 2,0}^{(2)}|^2 = \frac{d^4 E_0^4}{64\hbar^4} \frac{\tau^4}{(1 + 9\omega_0^2\tau^2)(1 + 4\omega_0^2\tau^2)}.$$

Per la validità del metodo perturbativo, procediamo come nel 8.14. Dalle due condizioni:

$$\frac{dE_0}{\hbar\omega_0} \ll 1, \quad \tau\omega_0 \ll 1 \implies dE_0 \frac{\tau}{\hbar} \ll 1,$$

cioè segue che la probabilità $P^{(1)}$ è piccola. Al secondo ordine, occorre che il contributo aggiuntivo sia più piccolo del precedente. Confrontando i due termini:

$$P_{0 \to \pm 2}^{(2)} = P_{0 \to \pm 1}^{(1)} P_{0 \to \pm 1}^{(1)} \frac{(1 + \omega_0^2\tau^2)^2}{4(1 + 9\omega_0^2\tau^2)(1 + 4\omega_0^2\tau^2)} = \left[P_{0 \to \pm 1}^{(1)}\right]^2 \left[1/4 + O(\omega_0^2\tau^2)\right].$$

Quindi, il secondo termine è un infinitesimo di un ordine superiore a quello del primo.

3.9 Momento angolare e spin

9.1. La funzione d'onda assegnata può essere espressa in coordinate polari nel modo seguente:

$$\psi = N(x + y + 2z)e^{-\alpha r} = N(\sin\theta\cos\varphi + \sin\theta\sin\varphi + 2\cos\theta)re^{-\alpha r} =$$

$$= NR(r)\left\{1/2\sin\theta[e^{i\varphi}(1 - i) + e^{-i\varphi}(1 + i)] + 2\cos\theta\right\}.$$

Possiamo riesprimere la funzione d'onda tramite le armoniche sferiche:

$$\psi = \widetilde{R}(r)\frac{1}{\sqrt{6}}\left[\frac{-1+i}{\sqrt{2}}Y_{11}(\theta,\varphi) + \frac{1+i}{\sqrt{2}}Y_{1-1}(\theta,\varphi) + 2Y_{10}(\theta,\varphi)\right],$$

con la funzione $\widetilde{R}(r)$ è normalizzata a uno, essendo normalizzata a uno separatamente la parte angolare. Si ricavano pertanto le tre probabilità:

$$P_{11} = \frac{1}{6}, \quad P_{1-1} = \frac{1}{6}, \quad P_{10} = \frac{2}{3}.$$

9.2. Valutiamo anzitutto il commutatore tra l'Hamiltoniana e il momento angolare totale. Possiamo porre:

$$H = \frac{\mathbf{p}^2}{2\mu} + a(x^2 + y^2) + bz^2 = \frac{\mathbf{p}^2}{2\mu} + ar^2 + (b-a)z^2 = H_{osc} + (b-a)z^2,$$

dove H_{osc} è un operatore che commuta con L^2. Pertanto:

$$[H, L^2] = (b-a)[z^2, L^2].$$

Il commutatore è diverso da zero, e quindi energia e momento angolare sono osservabili compatibili solo se $b - a = 0$. Abbiamo pertanto i tre casi:

i) Se $a \neq b$ la seconda misura di H darà un valore non necessariamente uguale al primo.

ii) Se $a = b$ si troverà il medesimo valore.

iii) Se $a = b$ ma eseguo solo una misura di L^2, a causa della degenerazione dello spettro di L^2, lo stato si troverà in una miscela di autostati di H. Per le degenerazioni dell'oscillatore armonico tridimensionale, confronta con il Problema 3.6.

9.3. Esprimiamo la funzione d'onda in coordinate polari:

$$\psi = Nxye^{-r} = Nr^2e^{-r}\sin^2\theta\cos\varphi\sin\varphi = R(r)\sin^2\theta\frac{e^{2i\varphi} - e^{-2i\varphi}}{4i} =$$

$$= \widetilde{R}(r)\frac{1}{\sqrt{2}}[Y_{22}(\theta,\varphi) - Y_{2-2}(\theta,\varphi)],$$

con $\widetilde{R}(r)$ normalizzato a uno.

i) Lo stato ψ è dunque autostato di L^2 con autovalore $6\hbar^2(l = 2)$, mentre vi è probabilità $1/2$ di trovare per L_z gli autovalori $\pm 2\hbar$.

ii) In un potenziale centrale, L^2 e L_z sono costanti del moto per cui le probabilità non variano.

9.4. Introducendo l'operatore di Spin totale $\mathbf{S} = \mathbf{S}_1 + \mathbf{S}_2$, l'Hamiltoniana diventa:

$$H = \frac{\alpha}{2}\left[\mathbf{S}^2 - \mathbf{S}_1^2 - \mathbf{S}_2^2\right] + \beta S_z.$$

i) $s_1 = s_2 = 1/2$. Si può avere $\{s = 0, s_z = 0\}$ oppure $\{s = 1,\ s_z = 1, 0, -1\}$, cui corrispondono gli autovalori:

$$W_{00} = -\frac{3}{4}\alpha\hbar^2, \quad W_{1s_z} = \frac{1}{4}\alpha\hbar^2 + \beta\hbar s_z.$$

ii) $s_1 = 1/2, s_2 = 3/2$. Si può avere $\{s = 1, s_z = 1, 0, -1\}$ oppure $\{s = 2, s_z = 2, 1, 0, -1, -2\}$, cui corrispondono gli autovalori:

$$W_{1s_z} = -\frac{5}{4}\alpha\hbar^2 + \beta\hbar s_z, \quad W_{2s_z} = \frac{3}{4}\alpha\hbar^2 + \beta\hbar s_z.$$

L'Hamiltoniana trattata è nota come modello di Heisenberg con campo magnetico.

9.5. Lo stato $\psi(1,2) = \chi_+(1)\chi_-(2)$ è evidentemente autostato della terza componente dello spin totale con autovalore zero, ma non è autostato del quadrato dello spin totale. È dunque una combinazione lineare degli stati χ_{00} e χ_{10}, dove gli indici si riferiscono allo spin totale e alla sua terza componente. I coefficienti dello sviluppo si possono leggere nelle tabelle dei coefficienti di Clebsch-Gordan, oppure in questo caso si possono ricavare con semplici argomenti di simmetria. Infatti, le autofunzioni di spin totale sono a loro volta combinazioni lineari dei prodotti di funzioni di particella singola; inoltre, all'interno della medesima rappresentazione, cioè per il medesimo valore dello spin totale, si passa da uno stato all'altro tramite gli operatori di innalzamento e abbassamento $S_\pm = S_{1\pm} \pm S_{2\pm}$, che sono simmetrici per scambio di particelle $1 \leftrightarrow 2$, e che pertanto non alterano la simmetria delle funzioni cui sono applicati. Poiché $\chi_+\chi_+$ e $\chi_-\chi_-$ appartengono evidentemente alla rappresentazione con $s = 1$, anche lo stato χ_{10} deve avere la stessa simmetria di quelli, e deve dunque essere simmetrico; lo stato χ_{00} sarà allora antisimmetrico:

$$\chi_{10} = \frac{1}{\sqrt{2}}\left[\chi_+(1)\chi_-(2) + \chi_-(1)\chi_+(2)\right], \quad \chi_{00} = \frac{1}{\sqrt{2}}\left[\chi_+(1)\chi_-(2) - \chi_-(1)\chi_+(2)\right].$$

Invertendo la relazione:

$$\chi_\pm(1)\chi_\mp(2) = \frac{1}{\sqrt{2}}[\chi_{10} \pm \chi_{00}].$$

I risultati della misura dello spin totale sono 0 e $2\hbar^2$, entrambi con probabilità $1/2$.

9.6. La funzione:

$$\psi = Nz\exp[-\alpha(x^2 + y^2 + z^2)] = Nre^{-\alpha r^2}\cos\theta,$$

risulta fattorizzata in una funzione della sola r e una della sola θ, ed è su questa che agiscono gli operatori di momento angolare, le cui espressioni esplicite sono le seguenti (vedi A.3):

$$L_z = -i\hbar \frac{\partial}{\partial \varphi}, \quad \mathbf{L}^2 = -\hbar^2 \Big[\frac{1}{\sin \theta} \frac{\partial}{\partial \theta} \Big(\sin \theta \frac{\partial}{\partial \theta} \Big) + \frac{1}{\sin^2 \theta} \frac{\partial^2}{\partial \varphi^2} \Big],$$

$$L_\pm = \hbar e^{\pm i\varphi} \Big(\pm \frac{\partial}{\partial \theta} + i \cot \theta \frac{\partial}{\partial \varphi} \Big).$$

Poiché:

$$L_z \cos \theta = 0, \quad \mathbf{L}^2 \cos \theta = -\hbar^2 \frac{1}{\sin \theta} \frac{\partial}{\partial \theta} \Big(\sin \theta \frac{\partial}{\partial \theta} \Big) \cos \theta = 2\hbar^2 \cos \theta,$$

e, come detto prima, questi operatori non agiscono sulle funzioni di r, possiamo concludere che la funzione ψ è autostato di L^2 relativo all'autovalore $l = 1$ e di L_z relativo a $m = 0$. La possiamo pertanto indicare come ψ_{10}. Le altre autofunzioni relative a $l = 1$, si ottengono da questa tramite gli operatori di innalzamento e abbassamento, utilizzando la relazione generale:

$$J_\pm \, | \, j, m \, \rangle = \hbar \sqrt{(j \mp m)(j \pm m + 1)} \, | \, j, m \pm 1 \, \rangle.$$

Ovvero:

$$\psi_{1,\pm 1} = \frac{1}{\hbar \sqrt{2}} L_\pm \psi_{1,0} = \frac{1}{\sqrt{2}} e^{\pm i\varphi} (\pm \partial / \partial \theta) \psi(r, \theta, \varphi) =$$

$$= \frac{N}{\sqrt{2}} r e^{-\alpha r^2} e^{\pm i\varphi} (\mp \sin \theta) = \widetilde{N} r e^{-\alpha r^2} Y_{1 \pm 1}(\theta, \varphi).$$

La costante $\widetilde{N}$ normalizza a uno la funzione di r.

9.7. La componente lungo l'asse θ dell'operatore vettore di spin è data da:

$$S_\theta = S_z \cos \theta + S_x \sin \theta.$$

Gli autovalori di S_θ sono naturalmente $\pm \hbar / 2$, con autostati dati dall'equazione:

$$\begin{vmatrix} \cos \theta & \sin \theta \\ \sin \theta & -\cos \theta \end{vmatrix} \begin{vmatrix} a \\ b \end{vmatrix} = \pm \begin{vmatrix} a \\ b \end{vmatrix}.$$

Assumendo gli autostati normalizzati a 1, possiamo porre $a = \cos \alpha$ e $b = \sin \alpha$, ottenendo:

$$\begin{vmatrix} \cos(\theta - \alpha) \\ \sin(\theta - \alpha) \end{vmatrix} = \pm \begin{vmatrix} \cos(\alpha) \\ \sin(\alpha) \end{vmatrix}.$$

Si ricava immediatamente che:

$$\psi_+ = \begin{vmatrix} \cos(\theta/2) \\ \sin(\theta/2) \end{vmatrix}, \quad \psi_- = \begin{vmatrix} -\sin(\theta/2) \\ \cos(\theta/2) \end{vmatrix}, \quad \varphi_0 = \begin{vmatrix} 1 \\ 0 \end{vmatrix},$$

dove abbiamo riportato esplicitamente anche lo stato iniziale φ_0, autostato di S_z con autovalore $\hbar/2$. Proiettando scalarmente lo stato φ_0 sugli altri due e quadrando, troviamo le probabilità richieste:

$$P_{(s_\theta=\hbar/2)} = \cos^2(\theta/2), \quad P_{(s_\theta=-\hbar/2)} = \sin^2(\theta/2).$$

Chiaramente, trovato il primo valore, il secondo è il complementare di questo a uno.

9.8. Poiché $L_z = -i\hbar \partial/\partial \varphi$, con autofunzioni proporzionali a $e^{\pm i\varphi}$ e autovalori $\pm\hbar$, si ottiene:

$$\psi = f(r,\theta)\cos\varphi = f(r,\theta)\frac{1}{2}(e^{i\varphi} + e^{-i\varphi}) = \frac{1}{\sqrt{2}}(u_+ + u_-).$$

con $u_\pm(r,\theta,\varphi)$ autofunzioni di L_z con autovalori $\pm\hbar$, e probabilità $1/2$.

9.9. Dalle relazioni:

$$S_x = \frac{1}{2}(S_+ + S_-), \quad S_y = \frac{1}{2i}(S_+ - S_-),$$

segue facilmente che:

$$\langle\, 1,m \mid S_x \mid 1,m \,\rangle = \langle\, 1,m \mid S_y \mid 1,m \,\rangle = 0.$$

Inoltre:

$$\langle\, 1,m \mid S_x^2 \mid 1,m \,\rangle = \frac{1}{4}\langle\, 1,m \mid S_+S_- + S_-S_+ \mid 1,m \,\rangle =$$

$$= \frac{\hbar^2}{4}\Big[(s+m)(s-m+1) + (s-m)(s+m+1)\Big]_{s=1} = \frac{\hbar^2}{2}(2-m^2),$$

con $m = 1, 0, -1$. Per simmetria, i valori di aspettazione di S_y^2 sono uguali a questi.

9.10. È immediato riconoscere lo sviluppo dello stato iniziale sulle armoniche sferiche:

$$\psi(0) = N\sin 2\theta \sin\varphi = N2\sin\theta\cos\theta\sin\varphi \propto Y_{2,1}(\theta,\varphi) + Y_{2,-1}(\theta,\varphi).$$

I due addendi sono separatamente autostati dell'Hamiltoniana $H = \mathbf{L}^2/2I + aL_z$:

$$HY_{2,1} = \left(\frac{6\hbar^2}{2I} + a\hbar\right)Y_{2,1}, \quad HY_{2,-1} = \left(\frac{6\hbar^2}{2I} - a\hbar\right)Y_{2,-1}.$$

La funzione d'onda al tempo t può pertanto essere espressa tramite l'operatore di evoluzione:

$$\psi(t) = \exp(-i/\hbar Ht)\psi(0) \propto \exp[-i/\hbar(3\hbar^2/I + a\hbar)t]Y_{2,1} +$$

$$+ \exp[-i/\hbar(3\hbar^2/I - a\hbar)t]Y_{2,-1} =$$

$$= \exp(-i3\hbar t/I)\left\{ \exp(-iat)Y_{2,1} + \exp(iat)Y_{2,-1} \right\} \propto$$

$$\propto \exp(-i3\hbar t/I)\sin 2\theta \sin(\varphi - at).$$

Inserita la normalizzazione N, si ottiene il risultato richiesto.

9.11. Per semplicità , poniamo $| \pm \rangle_i = | 1/2, \pm 1/2 \rangle_i$, e consideriamo stati prodotto diretto, cominciando tra stati con ugual segno $| \pm \rangle_1 | \pm \rangle_2$:

$$S_z | \pm \rangle_1 | \pm \rangle_2 = (S_{1z} + S_{2z}) | \pm \rangle_1 | \pm \rangle_2 = \pm\hbar | \pm \rangle_1 | \pm \rangle_2.$$

$$\mathbf{S}^2 | \pm \rangle_1 | \pm \rangle_2 = \left[S_z^2 + \frac{1}{2}(S_+S_- + S_-S_+) \right] | \pm \rangle_1 | \pm \rangle_2 =$$

$$= \left[\hbar^2 + \frac{1}{2}(S_+S_- + S_-S_+) \right] | \pm \rangle_1 | \pm \rangle_2.$$

Nell'espressione precedente abbiamo introdotto i soliti operatori:

$$S_\pm = S_x \pm iS_y = S_{1\pm} + S_{2\pm}, \quad S_{i\pm} | \pm \rangle_i = 0, \quad S_{i\pm} | \mp \rangle_i = \hbar | \pm \rangle_i.$$

Da qui si vede che:

$$S_- | - \rangle_1 | - \rangle_2 = 0, \quad S_+ | + \rangle_1 | + \rangle_2 = 0,$$

e che, dei due addendi S_+S_- e S_-S_+, uno si annulla, l'uno o l'altro a seconda del segno dello stato, e che i due contributi non nulli sono uguali tra loro. Ad esempio:

$$S_+S_- | + \rangle_1 | + \rangle_2 = (S_{1+} + S_{2+})(S_{1-} + S_{2-}) | + \rangle_1 | + \rangle_2 =$$

$$= \hbar(S_{1+} + S_{2+})\left(| - \rangle_1 | + \rangle_2 + | + \rangle_1 | - \rangle_2 \right) = 2\hbar^2 | + \rangle_1 | + \rangle_2,$$

e l'altro è uguale. Raccogliendo tutto:

$$\mathbf{S}^2 | \pm \rangle_1 | \pm \rangle_2 = 2\hbar^2 | \pm \rangle_1 | \pm \rangle_2.$$

Gli stati $| \pm \rangle_1 | \pm \rangle_2$ sono dunque autostati di S_z e di $\mathbf{S}^2$, con autovalori $\pm\hbar$ e a $2\hbar^2$.
Valutiamo ora i nostri operatori sugli stati 'misti', e in particolare sugli stati:

$$| \pm \rangle_s \equiv \frac{1}{\sqrt{2}}(| + \rangle_1 | - \rangle_2 \pm | - \rangle_1 | + \rangle_2) \implies S_z | \pm \rangle_s = 0,$$

dove il $\pm$ in $|\pm\rangle_s$ non fa riferimento a un autovalore ma al segno della combinazione. Per quanto riguarda $\mathbf{S}^2$, esplicitiamo sia gli operatori che gli stati:

$$\mathbf{S}^2 \mid \pm \rangle_s = \left[S_z^2 + \frac{1}{2}(S_+S_- + S_-S_+) \right] \mid \pm \rangle_s =$$

$$= \frac{1}{2\sqrt{2}} \left[\left(S_{1+} + S_{2+} \right)\left(S_{1-} + S_{2-} \right) + \left(S_{1-} + S_{2-} \right)\left(S_{1+} + S_{2+} \right) \right] \cdot$$

$$\cdot \left(\mid + \rangle_1 \mid - \rangle_2 \pm \mid - \rangle_1 \mid + \rangle_2 \right) =$$

$$= \frac{1}{2\sqrt{2}} \left[\left(S_{1+}S_{1-} + S_{2+}S_{1-} + S_{1-}S_{2+} + S_{2-}S_{2+} \right) \mid + \rangle_1 \mid - \rangle_2 \pm \right.$$

$$\left. \pm \left(S_{1+}S_{2-} + S_{2+}S_{2-} + S_{1-}S_{1+} + S_{2-}S_{1+} \right) \mid - \rangle_1 \mid + \rangle_2 \right].$$

Gli altri addendi si sommano a zero. Proseguendo nel calcolo esplicito:

$$\mathbf{S}^2 \mid \pm \rangle_s = \frac{\hbar^2}{2\sqrt{2}} \left[\left(\mid + \rangle_1 \mid - \rangle_2 \pm \mid + \rangle_1 \mid - \rangle_2 \right) + \right.$$

$$+ \left(\mid - \rangle_1 \mid + \rangle_2 \pm \mid - \rangle_1 \mid + \rangle_2 \right) +$$

$$+ \left(\mid - \rangle_1 \mid + \rangle_2 \pm \mid - \rangle_1 \mid + \rangle_2 \right) +$$

$$\left. + \left(\mid + \rangle_1 \mid - \rangle_2 \pm \mid + \rangle_1 \mid - \rangle_2 \right) \right].$$

In conclusione:

$$\mathbf{S}^2 \mid + \rangle_s = \frac{2\hbar^2}{\sqrt{2}} \left(\mid + \rangle_1 \mid - \rangle_2 + \mid - \rangle_1 \mid + \rangle_2 \right) = 2\hbar^2 \mid + \rangle_s, \quad \mathbf{S}^2 \mid - \rangle_s = 0.$$

Dunque, $\mid \pm \rangle_s$ sono autostati di $\mathbf{S}^2$ con autovalori $2\hbar^2$ e 0, rispettivamente.

Più rapidamente, ma con qualche conoscenza in più, partiamo da:

$$S_z \mid \pm \rangle_1 \mid \pm \rangle_2 = \pm \hbar \mid \pm \rangle_1 \mid \pm \rangle_2, \quad S_\pm \mid \pm \rangle_1 \mid \pm \rangle_2 = 0.$$

$\mid \pm \rangle_1 \mid \pm \rangle_2$ sono dunque gli stati di peso massimo e minimo $\mid 1/\pm 1 \rangle_S$. Lo stato $\mid 1/0 \rangle_S$ si ottiene dall'uno o dall'altro con abbassatore o innalzatore. Questi operatori sono simmetrici nelle due particelle, e quindi la simmetria degli stati di partenza viene preservata. Dunque, $\mid 1/0 \rangle_S$ è simmetrico, e il suo ortogonale $\mid 0/0 \rangle_S$ antisimmetrico:

$$\mid 1/0 \rangle_S = \frac{1}{\sqrt{2}} \left(\mid + \rangle_1 \mid - \rangle_2 + \mid - \rangle_1 \mid + \rangle_2 \right)$$

$$\mid 0/0 \rangle_S = \frac{1}{\sqrt{2}} \left(\mid + \rangle_1 \mid - \rangle_2 - \mid - \rangle_1 \mid + \rangle_2 \right).$$

9.12. Esplicitiamo lo stato assegnato, utilizzando le matrici di Pauli $\mathbf{S} = \hbar/2\boldsymbol{\sigma}$. Gli autovalori delle componenti delle $\boldsymbol{\sigma}$ lungo una direzione qualsiasi sono sempre

± 1, dato che si passa dall'una all'altra con una rotazione d'assi, ovvero con una trasformazione unitaria che non altera lo spettro. Le autofunzioni di σ_x, σ_y e σ_z sono note:

$$\psi_\pm^{(x)} = \frac{1}{\sqrt{2}}\begin{vmatrix} 1 \\ \pm 1 \end{vmatrix}, \quad \psi_\pm^{(y)} = \frac{1}{\sqrt{2}}\begin{vmatrix} 1 \\ \pm i \end{vmatrix}, \quad \psi_+^{(z)} = \begin{vmatrix} 1 \\ 0 \end{vmatrix}, \quad \psi_-^{(z)} = \begin{vmatrix} 0 \\ 1 \end{vmatrix}.$$

Invece la componente dello spin lungo l'asse $\mathbf{r}$ è data da:

$$\boldsymbol{\sigma} \cdot \mathbf{r} = \sigma_x l + \sigma_y m + \sigma_z n = \begin{vmatrix} n & l - im \\ l + im & -n \end{vmatrix}, \quad l^2 + m^2 + n^2 = 1,$$

con autovalori ± 1, e autovettori dati da:

$$\begin{vmatrix} n & l - im \\ l + im & -n \end{vmatrix}\begin{vmatrix} a \\ b \end{vmatrix} = \pm \begin{vmatrix} a \\ b \end{vmatrix}.$$

Le soluzioni normalizzate di questa equazione sono date da:

$$\psi_\pm^{(r)} = \sqrt{(1 \pm n)/2}\begin{vmatrix} 1 \\ \dfrac{l + im}{n \pm 1} \end{vmatrix}.$$

Alternativamente, ruotiamo l'asse z fino a portarlo nella direzione $\mathbf{r}$, ovvero:

$$\psi_\pm^{(r)} = \mathscr{R}_\varphi \mathscr{R}_\theta \psi_\pm^{(z)} = \exp(-i/\hbar \varphi S_z)\exp(-i/\hbar \theta S_y)\psi_\pm^{(z)} =$$
$$= \exp[-i(\varphi/2)\sigma_z]\exp[-i(\theta/2)\sigma_y]\psi_\pm^{(z)}.$$

Gli operatori di rotazione si sviluppano in serie, notando che $\sigma_x^2 = \sigma_y^2 = \sigma_z^2 = I$ con I matrice unità, e che da tutte le potenze dispari si può raccogliere una singola σ_i, lasciando solo potenze pari e cioè matrici unità. Esplicitando lo sviluppo:

$$\psi_\pm^{(r)} = \begin{vmatrix} e^{-i\varphi/2} & 0 \\ 0 & e^{i\varphi/2} \end{vmatrix}\left\{\begin{vmatrix} 1 & 0 \\ 0 & 1 \end{vmatrix}\cos(\theta/2) - i\begin{vmatrix} 0 & -i \\ i & 0 \end{vmatrix}\sin(\theta/2)\right\}\begin{vmatrix} 1 \\ 0 \end{vmatrix}_+ \left\{\text{oppure} \begin{vmatrix} 0 \\ 1 \end{vmatrix}_-\right\} =$$

$$= \begin{vmatrix} e^{-i\varphi/2}\cos(\theta/2) \\ e^{i\varphi/2}\sin(\theta/2) \end{vmatrix}_+ \left\{\text{oppure} \begin{vmatrix} -e^{-i\varphi/2}\sin(\theta/2) \\ e^{i\varphi/2}\cos(\theta/2) \end{vmatrix}_-\right\}.$$

Controlliamo infine che le due forme trovate coincidano, richiamando le relazioni tra i coseni direttori degli angoli α, β, γ e gli angoli polari θ, φ:

$$l = \cos\alpha = \sin\theta\cos\varphi, \quad m = \cos\beta = \sin\theta\sin\varphi, \quad n = \cos\gamma = \cos\theta.$$

Da qui:

$$\sqrt{(1\pm n)/2}\begin{vmatrix}1\\l+im\\n\pm1\end{vmatrix}=\frac{1}{\sqrt{2}}\begin{vmatrix}\pm\sqrt{1\pm\cos\theta]}\\e^{i\varphi}\sin\theta\\\dfrac{}{\sqrt{1\pm\cos\theta}}\end{vmatrix}=$$

$$=\begin{vmatrix}\cos(\theta/2)\\e^{i\varphi}\sin\theta\\2\cos(\theta/2)\end{vmatrix}_+\left\{\text{oppure}\begin{vmatrix}-\sin(\theta/2)\\e^{i\varphi}\sin\theta\\2\sin(\theta/2)\end{vmatrix}_-\right\}=$$

$$=\begin{vmatrix}e^{-i\varphi/2}\cos(\theta/2)\\e^{i\varphi/2}\sin(\theta/2)\end{vmatrix}_+\left\{\text{oppure}\begin{vmatrix}-e^{-i\varphi/2}\sin(\theta/2)\\e^{i\varphi/2}\cos(\theta/2)\end{vmatrix}_-\right\}.$$

Nell'ultima relazione abbiamo raccolto e tralasciato un fattore $e^{i\varphi/2}$ in fronte a tutto, in quanto di modulo 1 e quindi riassorbibile nella normalizzazione.

Possiamo ora rispondere alle domande del problema.

i) All'istante $t=0$ la particella si trova nello stato $\psi_+^{(z)}$ e, proiettando scalarmente questo stato sugli altri, otteniamo le varie ampiezze di probabilità:

$$P_+(x)=P_+(y)=\frac{1}{2}, \quad P_+(r)=\frac{1+n}{2}.$$

ii) $\langle\psi_0|\sigma_x|\psi_0\rangle=\langle\psi_0|\sigma_y|\psi_0\rangle=0, \quad \langle\psi_0|\sigma_r|\psi_0\rangle=n.$

iii) $\langle\left(\sigma_x-\langle\sigma_x\rangle\right)^2\rangle_0=\langle\sigma_x^2\rangle_0=1, \quad \langle\left(\sigma_y-\langle\sigma_y\rangle\right)^2\rangle_0=\langle\sigma_y^2\rangle_0=1.$

iv) Poiché la particella è libera, l'Hamiltoniana commuta con lo spin che risulta una costante del moto, con probabilità e valori di aspettazione indipendenti dal tempo.

9.13. Ci si può ridurre alla composizione di due spin totali, con $S=n/2$ e con $S=(N-n)/2$. Infatti, lo stato assegnato può essere espresso come:

$$|\psi\rangle=\left|\frac{n}{2}/\frac{n}{2}\right\rangle\left|\frac{N-n}{2}/-\frac{N-n}{2}\right\rangle,$$

con le ovvie identificazioni:

$$\left|\frac{n}{2}/\frac{n}{2}\right\rangle=|+\rangle_1|+\rangle_2\cdots|+\rangle_n, \quad \left|\frac{N-n}{2}/-\frac{N-n}{2}\right\rangle=|-\rangle_{n+1}|-\rangle_{n+2}\cdots|-\rangle_N.$$

Il primo è uno stato di peso massimo e il secondo di peso minimo, e per questi è immediata l'attribuzione alla rappresentazione. In modo analogo possiamo dividere lo spin totale nella somma dei due operatori di spin:

$$\mathbf{S}_T=\mathbf{S}_n+\mathbf{S}_{N-n}, \quad \mathbf{S}_n=\mathbf{S}_1+\mathbf{S}_2+\cdots+\mathbf{S}_n, \quad \mathbf{S}_{N-n}=\mathbf{S}_{n+1}+\mathbf{S}_{n+2}+\cdots+\mathbf{S}_N.$$

Pertanto:

$$\langle \psi \mid S_T^2 \mid \psi \rangle = \langle \psi \mid S_n^2 + S_{N-n}^2 + 2S_n \cdot S_{N-n} \mid \psi \rangle =$$

$$= \frac{n}{2}\left(\frac{n}{2}+1\right) + \frac{N-n}{2}\left(\frac{N-n}{2}+1\right) - 2\frac{n}{2}\frac{N-n}{2} = \frac{1}{4}\left(N^2 - 4nN + 2N + 4n^2\right).$$

Notare che, svolgendo il prodotto scalare tra i due operatori di spin, l'unico contributo diverso da zero proviene dalle componenti z degli operatori, diagonali sugli stati. Le componenti x e y invece danno contributi nulli in quanto contengono innalzatori e abbassatori.

9.14. Dati N spinori, se n di questi hanno lo spin in su e i restanti $N-n$ hanno lo spin in giù, la terza componente dello spin totale ha evidentemente autovalore:

$$S_z = \frac{1}{2}n - \frac{1}{2}(N-n) = n - N/2.$$

La degenerazione di questo autovalore è data dal numero di modi distinti in cui posso selezionare gli n spinori con spin in su. Quindi:

$$d_{S_z} = \binom{N}{n} = \binom{N}{S_z + N/2}.$$

9.15. Gli stati assegnati sono evidentemente autostati di J_z (totale) con autovalore zero. Per dimostrare che sono autostati anche di J^2 con autovalore zero, è sufficiente dimostrare che sono stati di peso massimo, oppure, equivalentemente, di peso minimo, cioè:

$$J_\pm \psi = 0.$$

In caso contrario, si otterrebbe un autostato di J_z con autovalore ± 1, che avrebbe perciò spin totale > 0. Consideriamo ad esempio l'effetto dell'abbassatore:

$$J_- \psi = (J_{1-} + J_{2-}) \frac{1}{\sqrt{2j+1}} \sum_{m_j=-j}^{j} (-)^{s_j} \mid j, m_j \rangle_1 \mid j, -m_j \rangle_2 =$$

$$= \frac{\hbar}{\sqrt{2j+1}} \left\{ \sum_{m_j=-j+1}^{j} (-)^{s_j} \sqrt{(j+m_j)(j-m_j+1)} \mid j, m_j - 1 \rangle_1 \mid j, -m_j \rangle_2 + \right.$$

$$\left. + \sum_{m_j=-j}^{j-1} (-)^{s_j} \sqrt{(j-m_j)(j+m_j+1)} \mid j, m_j \rangle_1 \mid j, -m_j - 1 \rangle_2 \right\}.$$

Notare che il primo termine della prima sommatoria e l'ultimo della seconda sono stati omessi, perché annullati da J_{1-} e J_{2-}, rispettivamente. Nella seconda operiamo la sostituzione $(m_j + 1) \to n_j$, e quindi anche $s_j \to (s_j - 1)$, ottenendo:

$$J_- \psi \propto \sum_{m_j=-j+1}^{j} (-)^{s_j} \sqrt{(j+m_j)(j-m_j+1)} \mid j, m_j - 1 \rangle_1 \mid j, -m_j \rangle_2 +$$

$$+ \sum_{n_j=-j+1}^{j} (-)^{s_j-1}\sqrt{(j-n_j+1)(j+n_j)}\ |\ j,n_j-1\ \rangle_1\ |\ j,-n_j\ \rangle_2 = 0.$$

Pertanto, lo stato ψ con autovalore nullo di J_z è un peso minimo, e dunque anche l'autovalore di J^2 è nullo.

9.16. Possiamo partire dalle autofunzioni di peso massimo (o minimo) relative al momento angolare totale massimo (pedice T), cioè $j=2$, e ottenere gli altri stati di questa rappresentazione tramite l'abbassatore (l'innalzatore):

$$|\ 2/2\ \rangle_T = |\ 1,1\ \rangle_1\ |\ 1,1\ \rangle_2;$$

$$|\ 2/1\ \rangle_T = \frac{1}{2\hbar}J_-\ |\ 2/2\ \rangle_T =$$

$$= \frac{1}{2\hbar}\Big(J_{1-}+J_{2-}\Big)\ |\ 1,1\ \rangle_1\ |\ 1,1\ \rangle_2 = \frac{1}{\sqrt{2}}\Big\{\ |\ 1,0\ \rangle_1\ |\ 1,1\ \rangle_2 + |\ 1,1\ \rangle_1\ |\ 1,0\ \rangle_2\Big\};$$

$$|\ 2/0\ \rangle_T = \frac{1}{\hbar\sqrt{6}}J_-\ |\ 2/1\ \rangle_T =$$

$$= \frac{1}{\hbar\sqrt{6}}\Big(J_{1-}+J_{2-}\Big)\frac{1}{\sqrt{2}}\Big\{\ |\ 1,0\ \rangle_1\ |\ 1,1\ \rangle_2 + |\ 1,1\ \rangle_1\ |\ 1,0\ \rangle_2\Big\} =$$

$$\frac{1}{\sqrt{6}}\Big\{\ |\ 1,-1\ \rangle_1\ |\ 1,1\ \rangle_2 + |\ 1,1\ \rangle_1\ |\ 1,-1\ \rangle_2 + 2\ |\ 1,0\ \rangle_1\ |\ 1,0\ \rangle_2\Big\}.$$

Gli ultimi due stati della rappresentazione sono il peso minimo e quello ottenuto da questo tramite l'innalzatore. Essi sono:

$$|\ 2/2\ \rangle_T = |\ 1,-1\ \rangle_1\ |\ 1,-1\ \rangle_2;$$

$$|\ 2/-1\ \rangle_T = \frac{1}{\sqrt{2}}\Big\{\ |\ 1,0\ \rangle_1\ |\ 1,-1\ \rangle_2 + |\ 1,-1\ \rangle_1\ |\ 1,0\ \rangle_2\Big\}.$$

Gli stati della rappresentazione con $j=1$ si ricavano dallo stato di peso massimo che si ottiene per ortogonalità con l'unico altro stato avente $j_z = 1$, cioè lo stato $|\ 2,1\ \rangle_T$ trovato prima:

$$|\ 1/1\ \rangle_T = \frac{1}{\sqrt{2}}\Big\{\ |\ 1,0\ \rangle_1\ |\ 1,1\ \rangle_2 - |\ 1,1\ \rangle_1\ |\ 1,0\ \rangle_2\Big\};$$

$$|\ 1/0\ \rangle_T = \frac{1}{2\hbar}J_-\ |\ 1/1\ \rangle_T = \frac{1}{2\hbar}\Big(J_{1-}+J_{2-}\Big)\frac{1}{\sqrt{2}}\Big\{\ |\ 1,0\ \rangle_1\ |\ 1,1\ \rangle_2 - |\ 1,1\ \rangle_1\ |\ 1,0\ \rangle_2\Big\} =$$

$$= \frac{1}{\sqrt{2}}\Big\{\ |\ 1,-1\ \rangle_1\ |\ 1,1\ \rangle_2 - |\ 1,1\ \rangle_1\ |\ 1/-1\ \rangle_2\Big\}.$$

Lo stato di peso minimo si può trovare in modo analogo a quello di peso massimo:

$$| \, 1/-1 \, \rangle_T = \frac{1}{\sqrt{2}} \Big\{ \, | \, 1,0 \, \rangle_1 \, | \, 1,-1 \, \rangle_2 - | \, 1,-1 \, \rangle_1 \, | \, 1,0 \, \rangle_2 \Big\}.$$

Infine, per ortogonalità con i due stati con $j_z = 0$ trovati in precedenza, otteniamo:

$$| \, 0/0 \, \rangle_T = \frac{1}{\sqrt{3}} \Big\{ \, | \, 1,-1 \, \rangle_1 \, | \, 1,1 \, \rangle_2 + | \, 1,1 \, \rangle_1 \, | \, 1,-1 \, \rangle_2 - | \, 1,0 \, \rangle_1 \, | \, 1,0 \, \rangle_2 \Big\}.$$

9.17. L'autostato di peso massimo:

$$| \, j/j \, \rangle_T = | \, j_1 + j_2 - 1/j_1 + j_2 - 1 \, \rangle_T,$$

è combinazione lineare di soli due stati prodotto diretto:

$$| \, j_1 + j_2 - 1/j_1 + j_2 - 1 \, \rangle_T = \alpha \, | \, j_1, j_1 \, \rangle_1 \, | \, j_2, j_2 - 1 \, \rangle_2 + \beta \, | \, j_1, j_1 - 1 \, \rangle_1 \, | \, j_2, j_2 \, \rangle_2,$$

con α e β coefficienti di Clebsch-Gordan, consultabili in ogni libro sull'argomento. Noi invece li valutiamo direttamente per ortogonalità con l'unico altro stato con il medesimo autovalore di j_z, relativo però al j totale massimo, $j_{Tmax} = j_1 + j_2$:

$$| \, j_1 + j_2/j_1 + j_2 - 1 \, \rangle_T = \frac{1}{\hbar} \frac{1}{\sqrt{2(j_1 + j_2)}} \big(J_{1-} + J_{2-} \big) \, | \, j_1, j_1 \, \rangle_1 \, | \, j_2, j_2 \, \rangle_2 =$$

$$= \frac{1}{\sqrt{j_1 + j_2}} \Big\{ \sqrt{j_1} \, | \, j_1, j_1 - 1 \, \rangle_1 \, | \, j_2, j_2 \, \rangle_2 + \sqrt{j_2} \, | \, j_1, j_1 \, \rangle_1 \, | \, j_2, j_2 - 1 \, \rangle_2 \Big\}.$$

Per ortogonalità con questo stato, troviamo:

$$| \, j_1 + j_2 - 1/j_1 + j_2 - 1 \, \rangle_T =$$

$$= \frac{1}{\sqrt{j_1 + j_2}} \Big\{ -\sqrt{j_2} \, | \, j_1, j_1 - 1 \, \rangle_1 \, | \, j_2, j_2 \, \rangle_2 + \sqrt{j_1} \, | \, j_1, j_1 \, \rangle_1 \, | \, j_2, j_2 - 1 \, \rangle_2 \Big\}.$$

Quindi la probabilità richiesta, di trovare $m_1 = j_1$ è data da:

$$P_{m=j_1} = \frac{j_1}{j_1 + j_2}.$$

Notiamo che, imponendo l'ortogonalità degli stati, $| \, j_1 + j_2 - 1/j_1 + j_2 - 1 \, \rangle_T$ non ha fase fissata. Questo è un fatto del tutto generale, in quanto tutte le rappresentazioni sono determinate a meno di una fase comune, ovvero a meno della fase del peso massimo.

9.18. Le autofunzioni di s_r sono date da, vedi 9.12:

$$\psi_{\pm}^{(r)} = \sqrt{\frac{(1 \pm n)}{2}} \begin{vmatrix} 1 \\ \dfrac{l + im}{n \pm 1} \end{vmatrix}, \quad l^2 + m^2 + n^2 = 1,$$

e le probabilità richieste da:

$$|\langle \psi \mid \psi_{\pm}^{(r)} \rangle|^2 = \frac{1 \pm n}{2} \left| \sin \alpha - i \frac{l + im}{n \pm 1} \cos \alpha \right|^2 =$$

$$= \frac{1}{2} \left[(1 \pm n) \sin^2 \alpha + (1 \mp n) \cos^2 \alpha \pm m \sin 2\alpha \right].$$

È immediato controllare che la somma delle due probabilità è uguale a 1.

9.19. Possiamo leggere i coefficienti di Clebsch-Gordan dalle tabelle:

$$| 1/2/1/2 \rangle_T = \frac{\sqrt{2}}{\sqrt{3}} | 1,1 \rangle_1 | 1/2, -1/2 \rangle_2 - \frac{1}{\sqrt{3}} | 1,0 \rangle_1 | 1/2, 1/2 \rangle_2,$$

dove, come al solito, si intendono diagonalizzate le componenti z dei momenti angolari. In mancanza di tabelle, si può valutare lo stato $| 3/2/1/2 \rangle_T$ con l'applicazione di un abbassatore allo stato di peso massimo, e poi per ortogonalità ricavare quello richiesto.

i) Si ottiene quindi immediatamente ($\hbar = 1$):

$$P(s_{2z} = 1/2) = \frac{1}{3}, \quad P(s_{2z} = -1/2) = \frac{2}{3}.$$

Per quanto riguarda invece le probabilità relative all'osservabile S_{2y}, occorre sviluppare gli stati $|\ \rangle_2$ sulla base dei suoi autostati:

$$| 1/2, -1/2 \rangle_2 = \frac{-i}{\sqrt{2}} \left(| 1/2, s_y = 1/2 \rangle_2 - | 1/2, s_y = -1/2 \rangle_2 \right),$$

$$| 1/2, 1/2 \rangle_2 = \frac{1}{\sqrt{2}} \left\{ | 1/2, s_y = 1/2 \rangle_2 + | 1/2, s_y = -1/2 \rangle_2 \right\}.$$

Inserendo questo sviluppo nell'espressione precedente di $| 1/2/1/2 \rangle_T$, otteniamo:

$$P(s_{2y} = 1/2) = P(s_{2y} = -1/2) = \frac{1}{3} + \frac{1}{2 \cdot 3} = \frac{1}{2}.$$

ii) Per la seconda domanda, se con la prima misura è stato ottenuto il valore $s_{2y} = 1/2$, e vogliamo conoscere i possibili risultati di una successiva misura su S_{1y}, occorre prima proiettare su $| 1/2, s_{2y} = 1/2 \rangle_2$ lo stato iniziale $| 1/2/1/2 \rangle_T$, ovvero partire dallo sviluppo iniziale di quest'ultimo, esprimere entrambi gli stati $|\ \rangle_2$

sulla base degli autostati di S_y e quindi raccogliere solo la componente $s_{2y} = 1/2$, ottenendo il nuovo stato iniziale (normalizzato) dopo la misura:

$$| \psi_0 \rangle = \left(-i\frac{\sqrt{2}}{\sqrt{3}} | 1,1 \rangle_1 - \frac{1}{\sqrt{3}} | 1,0 \rangle_1 \right) | 1/2, s_{2y} = 1/2 \rangle_2.$$

Sviluppare ora gli stati $| \ \rangle_1$ sugli autostati di S_{1y}, dati da, vedi A.14:

$$| 1, s_y = \pm 1 \rangle = \frac{1}{2} \begin{vmatrix} 1 \\ \pm i\sqrt{2} \\ -1 \end{vmatrix}, \quad | 1, s_y = 0 \rangle = \frac{1}{\sqrt{2}} \begin{vmatrix} 1 \\ 0 \\ -1 \end{vmatrix},$$

ottenendo infine:

$$| \psi_0 \rangle = \left\{ \sqrt{\frac{2}{3}} \frac{1}{2} \left[| 1, s_y = 1 \rangle_1 - | 1, s_y = -1 \rangle_1 - i\sqrt{2} | 1, s_y = 0 \rangle_1 \right] - \right.$$

$$\left. - \frac{1}{\sqrt{3}} \frac{1}{\sqrt{2}} \left[| 1, s_y = 1 \rangle_1 + | 1, s_y = -1 \rangle_1 \right] \right\} | 1/2, s_y = 1/2 \rangle_2.$$

Da qui si ricavano le probabilità richieste:

$$P(s_{1y} = 1) = P(s_{1y} = 0) = P(s_{1y} = -1) = \frac{1}{3}.$$

9.20. La terza componente del momento angolare è data dall'operatore:

$$L_z = -i\hbar \frac{\partial}{\partial \varphi} = -i\hbar \left(x \frac{\partial}{\partial y} - y \frac{\partial}{\partial x} \right),$$

che sappiamo commutare sia con $\mathbf{p}^2$ che con $\mathbf{r}^2$. Pertanto $[L_z, H_{osc}] = 0$ e dunque L_z è una costante del moto con valori di aspettazione indipendenti dal tempo. Possiamo allora valutarli sullo stato iniziale, utilizzando l'espressione cartesiana dell'operatore, dato che lo stato non ha alcuna simmetria polare:

$$\langle \psi | L_z | \psi \rangle = \langle X(x)Y(y)Z(z) | \hat{x}\hat{p}_y - \hat{y}\hat{p}_x | X(x)Y(y)Z(z) \rangle = \langle \hat{x} \rangle_X \langle \hat{p}_y \rangle_Y - \langle \hat{x} \rangle_Y \langle \hat{p}_x \rangle_X.$$

I valori medi di posizione e impulso di una gaussiana si leggono direttamente, e dunque:

$$\langle L_z \rangle = \hbar(x_0 k_2 - y_0 k_1).$$

9.21. La funzione d'onda all'istante iniziale è una semplice somma di armoniche sferiche:

$$\psi(0) = \frac{1}{\sqrt{2}}(Y_{11} + Y_{1-1}) \quad \text{con} \quad Y_{1\pm 1}(\theta, \varphi) = \mp \frac{\sqrt{3}}{\sqrt{8\pi}} \sin\theta\, e^{\pm i\varphi}.$$

Su queste funzioni l'Hamiltoniana è diagonale, poiché:

$$H = \lambda\,(L_+ L_-)^2 = \lambda\,(L^2 - L_z^2 + \hbar L_z)^2,$$

e i suoi autovalori sono dati da:

$$HY_{11} = 4\lambda\hbar^4 Y_{11} \quad \text{e da} \quad HY_{1-1} = 0.$$

Pertanto, la funzione d'onda al tempo t è data da:

$$\psi(t) = \frac{1}{\sqrt{2}}\left[\exp(-i4\lambda\hbar^3 t)Y_{11} + Y_{1-1}\right].$$

Dalla espressione esplicita delle armoniche sferiche, si ricava che la funzione d'onda richiesta viene raggiunta quando l'esponenziale raggiunge il valore -1, e cioè a $t = \pi/4\lambda\hbar^3$. Infatti:

$$\psi(t = \pi/4\lambda\hbar^3) = \frac{1}{\sqrt{2}}\left(e^{-i\pi}Y_{11} + Y_{1-1}\right) = A\sin\theta\cos\varphi.$$

9.22. La funzione d'onda assegnata si riconosce essere autofunzione dei momenti angolari e dell'Hamiltoniana libera, vedi A.4 e A.5. Precisamente:

$$\psi(r, \theta, \varphi) = N\cos\theta\,\frac{d}{dr}\frac{\sin kr}{r} = N'Y_{10}(\theta, \varphi)R_{k,1}(r0)\,, \quad W_k = \frac{k^2\hbar^2}{2\mu}.$$

Dunque:

$$\langle L_z \rangle = 0\,, \quad \langle L^2 \rangle = 2\hbar^2\,, \quad \left\langle \frac{\mathbf{p}^2}{2\mu} \right\rangle = \frac{\hbar^2 k^2}{2\mu}.$$

9.23. Poiché i due momenti magnetici sono diversi, $\mu_e \neq \mu_p$, non possiamo definire un momento magnetico totale, ovvero l'operatore $\mathbf{O} = \mu_e \boldsymbol{\sigma}_e + \mu_p \boldsymbol{\sigma}_p$ non ha le caratteristiche di un momento angolare, a causa dei termini μ_e^2 e μ_p^2 che compaiono nel commutatore. Dobbiamo pertanto risolvere il problema nello spazio prodotto diretto $\mathscr{H}_e \otimes \mathscr{H}_p$. In questo spazio quadridimensionale, una base è data dal prodotto diretto delle basi $|\pm\rangle_e \otimes |\pm\rangle_p$, di cui possiamo dare la seguente rappresentazione:

$$|+\rangle_e \otimes |+\rangle_p = \begin{vmatrix} 1 \\ 0 \end{vmatrix}_e \otimes \begin{vmatrix} 1 \\ 0 \end{vmatrix}_p = \begin{vmatrix} 1 \\ 0 \\ 0 \\ 0 \end{vmatrix}, \quad |+\rangle_e \otimes |-\rangle_p = \begin{vmatrix} 1 \\ 0 \end{vmatrix}_e \otimes \begin{vmatrix} 0 \\ 1 \end{vmatrix}_p = \begin{vmatrix} 0 \\ 1 \\ 0 \\ 0 \end{vmatrix},$$

$$|-\rangle_e \otimes |+\rangle_p = \begin{vmatrix} 0 \\ 1 \end{vmatrix}_e \otimes \begin{vmatrix} 1 \\ 0 \end{vmatrix}_p = \begin{vmatrix} 0 \\ 0 \\ 1 \\ 0 \end{vmatrix}, \quad |-\rangle_e \otimes |-\rangle_p = \begin{vmatrix} 0 \\ 1 \end{vmatrix}_e \otimes \begin{vmatrix} 0 \\ 1 \end{vmatrix}_p = \begin{vmatrix} 0 \\ 0 \\ 0 \\ 1 \end{vmatrix}.$$

Notare l'ordine scelto: il secondo vettore per le componenti del primo. In modo analogo, gli operatori hanno la rappresentazione:

$$S_{ez} = \sigma_{ez} \otimes I_p = \begin{vmatrix} I & 0 \\ 0 & -I \end{vmatrix}, \quad I = \begin{vmatrix} 1 & 0 \\ 0 & 1 \end{vmatrix},$$

$$S_{e+} = \sigma_{e+} \otimes I_p = \begin{vmatrix} 0 & I \\ 0 & 0 \end{vmatrix}, \quad S_{e-} = \sigma_{e-} \otimes I_p = \begin{vmatrix} 0 & 0 \\ I & 0 \end{vmatrix},$$

$$S_{pi} = I_e \otimes \sigma_{pi} = \begin{vmatrix} \sigma_i & 0 \\ 0 & \sigma_i \end{vmatrix}$$

dove le σ_i sono le matrici di Pauli bidimensionali. Pertanto, posto $\tilde{\mu}_{e,p} = \mu_{e,p}B$:

$$H_\sigma = \tilde{\mu}_e \sigma_{ez} \otimes I_p + \tilde{\mu}_p I_e \otimes \sigma_{pz} + \gamma \sigma_{ez} \otimes \sigma_{pz} + 2\gamma \left[\sigma_{e+} \otimes \sigma_{p-} + \sigma_{e-} \otimes \sigma_{p+} \right] =$$

$$= \tilde{\mu}_e \begin{vmatrix} I & 0 \\ 0 & -I \end{vmatrix} + \tilde{\mu}_p \begin{vmatrix} \sigma_z & 0 \\ 0 & \sigma_z \end{vmatrix} + \gamma \begin{vmatrix} \sigma_z & 0 \\ 0 & -\sigma_z \end{vmatrix} + 2\gamma \begin{vmatrix} 0 & \sigma_- \\ \sigma_+ & 0 \end{vmatrix} =$$

$$= \begin{vmatrix} \tilde{\mu}_e + \tilde{\mu}_p + \gamma & 0 & 0 & 0 \\ 0 & \tilde{\mu}_e - \tilde{\mu}_p - \gamma & 2\gamma & 0 \\ 0 & 2\gamma & -\tilde{\mu}_e + \tilde{\mu}_p - \gamma & 0 \\ 0 & 0 & 0 & -\tilde{\mu}_e - \tilde{\mu}_p + \gamma \end{vmatrix}.$$

La matrice è diagonale a blocchi, e l'equazione agli autovalori si risolve facilmente. Posto $A = \sqrt{(\tilde{\mu}_e - \tilde{\mu}_p)^2 + 4\gamma^2}$, gli autovalori sono:

$$W_{\sigma 1} = \tilde{\mu}_e + \tilde{\mu}_p + \gamma, \quad W_{\sigma \pm} = -\gamma \pm A, \quad W_{\sigma 4} = -\tilde{\mu}_e - \tilde{\mu}_p + \gamma,$$

cui corrispondono le autofunzioni:

$$\psi_1 = \begin{vmatrix} 1 \\ 0 \\ 0 \\ 0 \end{vmatrix}, \quad \psi_\pm = \sqrt{\frac{\gamma}{A}} \begin{vmatrix} 0 \\ \pm\sqrt{\left[A \pm (\tilde{\mu}_e - \tilde{\mu}_p)\right]/2\gamma} \\ \sqrt{2\gamma/\left[A \pm (\tilde{\mu}_e - \tilde{\mu}_p)\right]} \\ 0 \end{vmatrix}, \quad \psi_4 = \begin{vmatrix} 0 \\ 0 \\ 0 \\ 1 \end{vmatrix}.$$

Controllare che $\psi_\pm$ sia normalizzato.

Alternativamente, possiamo sviluppare gli stati sulla base prodotto diretto e fare agire su questa il prodotto diretto degli operatori:

$$\left[\sigma_{ei} \otimes \sigma_{pj}\right]\left[\,|\pm\rangle_e \otimes |\pm\rangle_p\right] = \left[\sigma_i \,|\pm\rangle\right]_e \otimes \left[\sigma_j \,|\pm\rangle\right]_p.$$

L'equazione si riscrive:

$$H_\sigma \sum_{ij=\pm} c_{ij} \,|i\rangle_e \,|j\rangle_p = W_\sigma \sum_{ij=\pm} c_{ij} \,|i\rangle_e \,|j\rangle_p \implies$$

$$c_{++}\left(\tilde{\mu}_e + \tilde{\mu}_p + \gamma\right) |+\rangle_e |+\rangle_p + c_{+-}\left[\left(\tilde{\mu}_e - \tilde{\mu}_p - \gamma\right) |+\rangle_e |-\rangle_p + 2\gamma |-\rangle_e |+\rangle_p\right] +$$

$$+ c_{-+}\left[\left(-\tilde{\mu}_e + \tilde{\mu}_p - \gamma\right) |-\rangle_e |+\rangle_p + 2\gamma |+\rangle_e |-\rangle_p\right] +$$

$$+ c_{--}\left(-\tilde{\mu}_e - \tilde{\mu}_p + \gamma\right) |-\rangle_e |-\rangle_p =$$

$$= W_\sigma\left(c_{++} |+\rangle_e |+\rangle_p + c_{+-} |+\rangle_e |-\rangle_p + c_{-+} |-\rangle_e |+\rangle_p + c_{--} |-\rangle_e |-\rangle_p\right).$$

Proiettando sugli stati, si ottiene un'equazione matriciale identica alla precedente.

9.24. Gli otto stati prodotto diretto sono i seguenti:

$$|+++\rangle, \ |++-\rangle, \ |+-+\rangle, \ |+--\rangle, \ |-++\rangle, \ |-+-\rangle, \ |+-+\rangle, \ |---\rangle.$$

Il prodotto diretto delle tre rappresentazioni bidimensionali a spin $1/2$ può essere decomposto nella somma diretta di rappresentazioni invarianti e irriducibili dello spin totale, ad esempio:

$$\frac{1}{2} \otimes \frac{1}{2} \otimes \frac{1}{2} = (0 \oplus 1) \otimes \frac{1}{2} = \frac{1}{2} \oplus \frac{1}{2} \oplus \frac{3}{2}.$$

Il prodotto diretto tra rappresentazioni è distributivo rispetto alla somma ma non gode della proprietà associativa. Il contenuto finale in termini di dimensionalità delle rappresentazioni è sempre il medesimo, ma le singole rappresentazioni hanno una composizione diversa a seconda della via seguita. L'origine di questa ambiguità sta nella degenerazione degli stati con $s = 1/2$, mentre gli stati con $s = 3/2$ non sono degeneri e sono determinati in modo univoco. Iniziamo dunque da questi, con le ovvie identificazioni dei pesi minimi e massimi, e con l'applicazione a questi degli abbassatori o innalzatori.

$$\left| \frac{3}{2}, \frac{3}{2} \right\rangle = |+++\rangle, \quad \left| \frac{3}{2}, \frac{1}{2} \right\rangle = \frac{1}{\sqrt{3}} \left(|++-\rangle + |+-+\rangle + |-++\rangle \right),$$

$$\left| \frac{3}{2}, -\frac{1}{2} \right\rangle = \frac{1}{\sqrt{3}} \left(|--+\rangle + |-+-\rangle + |+--\rangle \right), \quad \left| \frac{3}{2}, -\frac{3}{2} \right\rangle = |---\rangle.$$

Come si vede, tutti simmetrici.

Per le rappresentazioni con $s = 1/2$, si può procedere come indicato precedentemente: riduciamo il prodotto diretto delle prime due rappresentazioni ottenendo $0_{12} \oplus 1_{12}$, e quindi moltiplichiamo la 0_{12} per la $1/2_3$ della terza particella, ottenendo così una $s = 1/2$ in modo univoco:

$$\left| \frac{1}{2}, \frac{1}{2} \right\rangle^{(a1)} = \frac{1}{\sqrt{2}} \left(|+-\rangle_{\{1,2\}} - |-+\rangle_{\{1,2\}} \right) |+\rangle_3 =$$

$$= \frac{1}{\sqrt{2}} \left(|+-+\rangle - |-++\rangle \right)$$

$$\left| \frac{1}{2}, -\frac{1}{2} \right\rangle^{(a1)} = \frac{1}{\sqrt{2}} \left(|+-\rangle_{\{1,2\}} - |-+\rangle_{\{1,2\}} \right) |-\rangle_3 =$$

$$= \frac{1}{\sqrt{2}} \left(|+--\rangle - |-+-\rangle \right).$$

Per ortogonalità con questa e con la $3/2$, si ottiene l'altra $1/2$, quella che proviene dalla riduzione di $1_{12} \otimes 1/2_3$:

$$\left| \frac{1}{2}, \frac{1}{2} \right\rangle^{(a2)} = \frac{1}{\sqrt{6}} \left(2|++-\rangle - |+-+\rangle - |-++\rangle \right)$$

$$\left| \frac{1}{2}, -\frac{1}{2} \right\rangle^{(a2)} = \frac{1}{\sqrt{6}} \left(2|--+\rangle - |-+-\rangle - |+--\rangle \right).$$

Alternativamente, si può iniziare riducendo prima il prodotto della coppia $\{2, 3\}$:

$$\left| \frac{1}{2}, \frac{1}{2} \right\rangle^{(b1)} = |+\rangle_1 \frac{1}{\sqrt{2}} \left(|+-\rangle_{\{2,3\}} - |-+\rangle_{\{2,3\}} \right) =$$

$$= \frac{1}{\sqrt{2}} \left(|++-\rangle - |+-+\rangle \right)$$

$$\left| \frac{1}{2}, -\frac{1}{2} \right\rangle^{(b1)} = |-\rangle_1 \frac{1}{\sqrt{2}} \left(|+-\rangle_{\{2,3\}} - |-+\rangle_{\{2,3\}} \right) =$$

$$= \frac{1}{\sqrt{2}} \left(|-+-\rangle - |--+\rangle \right).$$

Come nel caso precedente, si trova la $1/2^{(b2)}$ per ortogonalità. Le due rappresentazioni, $1/2^{(a1)}$ e $1/2^{(b1)}$ sono ortogonali alla $s = 3/2$, ma non sono ortogonali tra di loro, benché linearmente indipendenti. È invece linearmente dipendente da queste due quella ottenuta riducendo per primo il prodotto $\{1,3\}$, in quanto esistono solo due rappresentazioni indipendenti con $s = 1/2$.

9.25. Dell'operatore di rotazione si può dare lo sviluppo in serie:

$$R_y(\beta) = \exp(-i\beta S_y) = \sum_{m=0}^{\infty} \frac{(-i\beta)^{2m+1}}{(2m+1)!} S_y^{2m+1} + \sum_{n=0}^{\infty} \frac{(-i\beta)^{2n}}{(2n)!} S_y^{2n}.$$

Per spin $1/2$ ($\hbar = 1$):

$$S_y = \frac{1}{2}\sigma_y = \frac{1}{2}\begin{vmatrix} 0 & -i \\ i & 0 \end{vmatrix}, \quad \text{con} \quad \sigma_y^2 = I,$$

dove ovviamente I è la matrice unità. Quindi:

$$R_y^{(1/2)}(\beta) = \sum_{m=0}^{\infty} \frac{(-i\beta/2)^{2m+1}}{(2m+1)!} \sigma_y + \sum_{n=0}^{\infty} \frac{(-i\beta/2)^{2n}}{(2n)!} I =$$

$$= -i\sin\frac{\beta}{2}\sigma_y + \cos\frac{\beta}{2}I = \begin{vmatrix} \cos(\beta/2) & -\sin(\beta/2) \\ \sin(\beta/2) & \cos(\beta/2) \end{vmatrix}.$$

Nel caso invece di $s = 1$:

$$S_y = \frac{1}{\sqrt{2}}\begin{vmatrix} 0 & -i & 0 \\ i & 0 & -i \\ 0 & i & 0 \end{vmatrix}, \quad S_y^2 = \frac{1}{2}\begin{vmatrix} 1 & 0 & -1 \\ 0 & 2 & 0 \\ -1 & 0 & 1 \end{vmatrix}, \quad S_y^3 = S_y, \quad (S_y^2)^2 = S_y^2.$$

E anche:

$$S_y^{2m+1} = S_y S_y^{2m} = S_y^3 S_y^{2m} = S_y S_y^{2m+2} = S_y(S_y^2)^{m+1} = S_y(S_y^2) = S_y, \quad m = 0, 1, 2, \ldots$$

$$S_y^{2n} = S_y^2, \quad n = 1, 2 \ldots, \quad S_y^0 = I = S_y^2 - S_y^2 + I.$$

Pertanto, dalla prima sommatoria si estrae S_y presente in tutti gli addendi; dalla seconda ricaviamo S_y^2, presente in ogni addendo salvo il primo, con $n = 0$, ove si pone $(S_y^2)^0 \equiv I = S_y^2 - S_y^2 + I$. Quindi:

$$R_y^{(1)}(\beta) = S_y \sum_{m=0}^{\infty} \frac{(-i\beta)^{2m+1}}{(2m+1)!} + S_y^2 \sum_{n=0}^{\infty} \frac{(-i\beta)^{2n}}{(2n)!} - S_y^2 + I =$$

$$= S_y^2(\cos\beta - 1) + I + S_y(-i\sin\beta) = \frac{1}{2}\begin{vmatrix} 1+\cos\beta & -\sqrt{2}\sin\beta & 1-\cos\beta \\ \sqrt{2}\sin\beta & 2\cos\beta & -\sqrt{2}\sin\beta \\ 1-\cos\beta & \sqrt{2}\sin\beta & 1+\cos\beta \end{vmatrix}.$$

Si può ottenere lo stesso risultato sfruttando lo sviluppo spettrale, ricordando che S_y ha autovalori ± 1 e 0, con autovettori:

$$| \pm 1 \rangle = \frac{1}{2}\begin{vmatrix} 1 \\ \pm i\sqrt{2} \\ -1 \end{vmatrix}, \quad | 0 \rangle = \frac{1}{\sqrt{2}}\begin{vmatrix} 1 \\ 0 \\ 1 \end{vmatrix} \implies$$

$$\implies R_y^{(1)}(\beta) = \exp(-i\beta S_y) = \exp(-i\beta)\,| 1 \rangle\langle 1 | + \exp(i\beta)|-1\rangle\langle -1 | + | 0 \rangle\langle 0 | =$$

$$= \exp(-i\beta)\frac{1}{4}\begin{vmatrix} 1 & -i\sqrt{2} & -1 \\ i\sqrt{2} & 2 & -i\sqrt{2} \\ -1 & i\sqrt{2} & 1 \end{vmatrix} + \exp(-i\beta)\frac{1}{4}\begin{vmatrix} 1 & i\sqrt{2} & -1 \\ -i\sqrt{2} & 2 & i\sqrt{2} \\ -1 & -i\sqrt{2} & 1 \end{vmatrix} + \frac{1}{2}\begin{vmatrix} 1 & 0 & 1 \\ 0 & 0 & 0 \\ 1 & 0 & 1 \end{vmatrix}.$$

Da qui si ottiene la stessa matrice trovata sopra.

9.26. Sviluppando lo stato $| 0/0 \rangle$ sulla base degli stati prodotto diretto e applicando a questo l'operatore $L_+ = L_{1+} + L_{2+}$, otteniamo:

$$0 = L_+ | 0/0 \rangle = (L_{1+} + L_{2+}) \sum_{m=-l}^{l} c_m | l,m;l,-m \rangle =$$

$$= \sum_{m=-l}^{l} c_m \left(\sqrt{(l-m)(l+m+1)}\, | l,m+1;l,-m \rangle + \right.$$

$$\left. + \sqrt{(l+m)(l-m+1)}\, | l,m;l,-m+1 \rangle \right) =$$

$$= \sum_{m=-l}^{l} \sqrt{(l-m)(l+m+1)}\left(c_m + c_{m+1} \right) | l,m+1;l,-m \rangle = 0.$$

Dall'ortogonalità degli stati prodotto diretto segue che $c_m = -c_{m+1}$, e dunque, a meno di un fattore di fase, lo sviluppo richiesto è dato da:

$$| 0/0 \rangle = \frac{1}{\sqrt{2l+1}} \sum_{m=-l}^{l} (-)^m | l,m;l,-m \rangle.$$

9.27. Per la simmetria cilindrica della funzione d'onda attorno all'asse z, le indeterminazioni di L_x e L_y sono uguali, per cui ne valutiamo una delle due ($\hbar = 1$):

$$\Delta^2 L_x = \langle \psi | L_x^2 | \psi \rangle - \langle \psi | L_x | \psi \rangle^2 =$$

$$= \frac{1}{4}\langle \psi \mid L_+{}^2 + L_-{}^2 + L_+L_- + L_-L_+ \mid \psi \rangle - \frac{1}{4}\Big|\langle \psi \mid L_+ + L_- \mid \psi \rangle\Big|^2 =$$

$$= \frac{1}{4}\Big\{ \langle L_-\psi \mid L_+\psi \rangle + \langle L_+\psi \mid L_-\psi \rangle + \langle L_-\psi \mid L_-\psi \rangle + \langle L_+\psi \mid L_+\psi \rangle \Big\} -$$

$$- \Big|\langle \psi \mid i\sin\varphi \frac{\partial}{\partial\theta} \mid \psi \rangle\Big|^2.$$

La funzione d'onda non dipende da φ, per cui nei primi quattro addendi gli operatori $L_\pm$ non contribuiscono con la derivata rispetto a φ. Inoltre, nel primo e nel secondo addendo occorre integrare su $\exp(\pm 2i\varphi)$, mentre nel quinto su $\sin\varphi$, anch'esso riconducibile a esponenziali. Tutti questi integrali sono nulli, ad esempio per ortogonalità con l'autofunzione con $m = 0$. Rimangono quindi da valutare solo il terzo e quarto integrale:

$$\Delta^2 L_x = \frac{1}{4}\Big\{ \langle L_-\psi \mid L_-\psi \rangle + \langle L_+\psi \mid L_+\psi \rangle \Big\} = \frac{1}{2}\langle \frac{\partial\psi}{\partial\theta} \mid \frac{\partial\psi}{\partial\theta} \rangle =$$

$$= \frac{1}{2}n^2 N^2 \int_0^{2\pi} d\varphi \int_0^\infty dr\, r^2 \mid f(r) \mid^2 \int_{-1}^1 d\cos\theta \sin^2\theta (\cos\theta)^{2n-2}.$$

Posto $\sin^2\theta = 1 - \cos^2\theta$, il termine $\cos^2\theta$ e il coefficiente N^2 ristabiliscono la normalizzazione a 1 della funzione d'onda; per il primo contributo, sempre tenendo conto di N^2, notiamo che:

$$\int_{-1}^1 dz\, z^{2n} = \frac{2}{2n+1} \quad e \quad \int_{-1}^1 dz\, z^{2n-2} = \frac{2}{2n-1}.$$

Pertanto:

$$\Delta^2 L_x = \frac{1}{2}n^2 \left(\frac{2n+1}{2n-1} - 1\right) = \frac{1}{2}n^2 \frac{2}{2n-1} \approx \frac{1}{2}n, \quad \text{per} \quad n \longrightarrow \infty.$$

Per quanto riguarda l'indeterminazione sulla collimazione angolare, conviene valutare lo scarto quadratico medio della osservabile $\sin\theta$:

$$\Delta^2 \sin\theta = \langle \psi \mid \sin^2\theta \mid \psi \rangle - \langle \psi \mid \sin\theta \mid \psi \rangle^2.$$

Il secondo termine è nullo per parità. Per il primo, procedendo come sopra:

$$\langle \psi \mid \sin^2\theta \mid \psi \rangle = 1 - \langle \psi \mid \cos^2\theta \mid \psi \rangle =$$

$$= 1 - N^2 \int_0^{2\pi} d\varphi \int_0^\infty dr\, r^2 \mid f(r) \mid^2 \int_{-1}^{+1} dz\, z^{2n+2} = 1 - \frac{2n+1}{2n+3} \longrightarrow 0 \quad \text{per} \quad n \longrightarrow \infty.$$

Dunque, nel limite di grandi n si ha collimazione perfetta.

9.28. La funzione d'onda assegnata si può sviluppare sulle armoniche sferiche:

$$\psi = \sqrt{\frac{5}{14}} \left[Y_{10} + \frac{i}{\sqrt{2}} \left(Y_{11} + Y_{1-1} \right) + i\sqrt{\frac{2}{5}} \left(Y_{21} + Y_{2-1} \right) \right] g(r).$$

i) La normalizzazione si ottiene da quella sulle armoniche sferiche, dato che la $g(r)$ è già supposta normalizzata. I possibili risultati di una misura ($\hbar = 1$) sono:

$$m = 0, \pm 1 \quad l = 1, 2.$$

ii) Le varie probabilità sono le seguenti:

$$P_{m=0} = \frac{5}{14}, \quad P_{m=1} = P_{m=-1} = \frac{5}{14} \left(\frac{1}{2} + \frac{2}{5} \right) = \frac{9}{28},$$

$$P_{l=1} = \frac{5}{14} \left(1 + \frac{1}{2} + \frac{1}{2} \right) = \frac{5}{7}, \quad P_{l=2} = \frac{5}{14} \left(\frac{2}{5} + \frac{2}{5} \right) = \frac{2}{7}.$$

iii) I valori di aspettazione:

$$\langle \psi | L_z | \psi \rangle = 0, \quad \langle \psi | L^2 | \psi \rangle = \frac{22}{7}.$$

9.29. i) Esprimiamo l'Hamiltoniana nel sistema dello spin totale $\boldsymbol{\sigma} = \boldsymbol{\sigma}_1 + \boldsymbol{\sigma}_2$:

$$H = -\beta \left(\sigma_{1x}\sigma_{2x} + \sigma_{1y}\sigma_{2y} \right) = -\frac{1}{2}\beta \left[\boldsymbol{\sigma}^2 - \boldsymbol{\sigma}_1^2 - \boldsymbol{\sigma}_2^2 - 2\sigma_{1z}\sigma_{2z} \right] = -\frac{1}{2}\beta \left[\boldsymbol{\sigma}^2 - \sigma_z^2 - 4 \right].$$

Gli autostati sono classificabili con gli autovalori simultanei di $\boldsymbol{\sigma}^2$ e σ_z:

$$| 2, 2 \rangle, \ | 2, 0 \rangle, \ | 2, -2 \rangle, \ | 0, 0 \rangle.$$

Ricordare che $\mathbf{S} = \hbar/2\boldsymbol{\sigma}$, che $[\sigma_x, \sigma_y] = 2i\sigma_z$ e che gli autovalori di $\boldsymbol{\sigma}^2$ sono dati da $\sigma(\sigma + 2)$ con σ intero. Quindi, gli autovalori dell'energia sono:

$$W_{11} = 0, \quad W_{10} = -2\beta, \quad W_{1-1} = 0, \quad W_{00} = 2\beta.$$

Ci sono dunque 3 livelli di energia: $\pm 2\beta$ non degeneri, e 0 degenere 2 volte.

ii) Se si accende un campo magnetico lungo z di intensità B, all'Hamiltoniana occorre aggiungere il termine $-(qB/\mu c)S_z$, diagonale sugli stati precedenti. Pertanto:

$$\widetilde{W}_{11} = -\frac{qB}{\mu c}\hbar, \quad \widetilde{W}_{10} = -2\beta, \quad \widetilde{W}_{1-1} = \frac{qB}{\mu c}\hbar, \quad \widetilde{W}_{00} = 2\beta.$$

La degenerazione è risolta.

9.30. i) L'Hamiltoniana si esprime tramite lo spin totale $\mathbf{S} = \mathbf{S}_1 + \mathbf{S}_2 + \mathbf{S}_3$:

$$H = \alpha(\mathbf{S}_1 \cdot \mathbf{S}_2 + \mathbf{S}_2 \cdot \mathbf{S}_3 + \mathbf{S}_3 \cdot \mathbf{S}_1) = \frac{1}{2}\alpha\left(\mathbf{S}^2 - \mathbf{S}_1^2 - \mathbf{S}_2^2 - \mathbf{S}_3^2\right) = \frac{1}{2}\alpha\hbar^2\left(s(s+1) - \frac{9}{4}\right).$$

La composizione di tre spin si può effettuare per gradi: il prodotto diretto dei primi due dà spin totale 0 e $\hbar$. Componendo il terzo $\hbar/2$ con questi due si ottengono due spin totali $\hbar/2$ indipendenti, e uno spin $3\hbar/2$. L'unica variabile dell'Hamiltoniana è lo spin totale e quindi:

$$W_{1/2}^{(0)} = \frac{1}{2}\alpha\hbar^2\left(\frac{3}{4} - \frac{9}{4}\right) = -\frac{3}{4}\alpha\hbar^2, \quad W_{3/2}^{(0)} = \frac{1}{2}\alpha\hbar^2\left(\frac{15}{4} - \frac{9}{4}\right) = \frac{3}{4}\alpha\hbar^2.$$

La dimensione dello spazio prodotto diretto è $2 \times 2 \times 2$, e ci sono quattro stati con $s = 3\hbar/2$ e altrettanti con $s = \hbar/2$.

ii) l'Hamiltoniana contiene un termine aggiuntivo

$$H = \frac{1}{2}\alpha\hbar^2\left(s(s+1) - \frac{9}{4}\right) - g\,\omega_L s_z, \quad \omega_L = qB/2\mu c,$$

avendo indicato con ω_L la frequenza di Larmor e con g il fattore giromagnetico delle particelle. Lo spettro diventa perciò

$$W_{1/2,\pm 1/2}^{(1)} = -\frac{3}{4}\alpha\hbar^2 \pm \frac{1}{2}g\hbar\omega_L,$$

$$W_{3/2,\pm 3/2}^{(1)} = \frac{3}{4}\alpha\hbar^2 \pm \frac{3}{2}g\hbar\omega_L,$$

$$W_{3/2,\pm 1/2}^{(1)} = \frac{3}{4}\alpha\hbar^2 \pm \frac{1}{2}g\hbar\omega_L.$$

I primi con degenerazione residua di ordine 2, I secondi non degeneri. Il valore minimo del campo per avere autoenergia nulla, è quello per cui

$$\omega_L = \frac{\alpha\hbar}{2g} \quad \text{cioè} \quad B = \frac{\alpha\hbar\mu c}{qg}.$$

9.31. Se la somma che definisce l'Hamiltoniana si interpreta come somma su i e su j indipendentemente, si ha:

$$H = -\alpha\left(\sum_i \mathbf{S}_i\right)^2 = -\alpha\left(2\sum_{i<j}\mathbf{S}_i \cdot \mathbf{S}_j + \sum_i \mathbf{S}_i^2\right).$$

Se invece ci si restringe a $i < j$, la differenza è costituita da un fattore 2 e dal termine additivo costante uguale a $3\hbar^2$. Nel primo caso, H è data dal momento totale quadratico della somma di quattro spin $1/2$:

$$\frac{1}{2} \otimes \frac{1}{2} \otimes \frac{1}{2} \otimes \frac{1}{2} = \left(\frac{1}{2} \otimes \frac{1}{2}\right) \otimes \left(\frac{1}{2} \otimes \frac{1}{2}\right) = (0 \oplus 1) \otimes (0 \oplus 1) = 0 \oplus 1 \oplus 1 \oplus (0 \oplus 1 \oplus 2).$$

Lo spazio 16-dimensionale si riduce a due spazi monodimensionali (spin 0), tre tridimensionali (spin 1) e uno pentadimensionale (spin 2). Pertanto, gli autovalori dell'energia nei due casi sono:

$$W = -\alpha\hbar^2 s(s+1) \quad \text{oppure} \quad W' = -\alpha\hbar^2 [s(s+1) - 3]/2, \quad s = 0, 1, 2.$$

9.32. Detti $\{l_i, m_i, n_i\}$, $i = 1, 2$, i coseni direttori dei due versori $\mathbf{n}_1$ e $\mathbf{n}_2$, possiamo scrivere, vedi 9.12:

$$(\mathbf{n}_1 \cdot \mathbf{S}_1)(\mathbf{n}_2 \cdot \mathbf{S}_2) \frac{1}{\sqrt{2}} (\,|+;-\rangle - |-;+\rangle) =$$

$$= \frac{\hbar^2}{4} \left(\begin{vmatrix} n_1 & l_1 - im_1 \\ l_1 + im_1 & -n_1 \end{vmatrix} \otimes \begin{vmatrix} n_2 & l_2 - im_2 \\ l_2 + im_2 & -n_2 \end{vmatrix} \right) \frac{1}{\sqrt{2}} \left(\begin{vmatrix} 1 \\ 0 \end{vmatrix} \otimes \begin{vmatrix} 0 \\ 1 \end{vmatrix} - \begin{vmatrix} 0 \\ 1 \end{vmatrix} \otimes \begin{vmatrix} 1 \\ 0 \end{vmatrix} \right) =$$

$$= \frac{\hbar^2}{4} \frac{1}{\sqrt{2}} \left(\begin{vmatrix} n_1 \\ l_1 + im_1 \end{vmatrix} \otimes \begin{vmatrix} l_2 - im_2 \\ -n_2 \end{vmatrix} - \begin{vmatrix} l_1 - im_1 \\ -n_1 \end{vmatrix} \otimes \begin{vmatrix} n_2 \\ l_2 + im_2 \end{vmatrix} \right).$$

Moltiplicando scalarmente a sinistra per $\langle \psi |$, si ottiene

$$\frac{\hbar^2}{8} \left(\begin{vmatrix} 1 \\ 0 \end{vmatrix} \otimes \begin{vmatrix} 0 \\ 1 \end{vmatrix} - \begin{vmatrix} 0 \\ 1 \end{vmatrix} \otimes \begin{vmatrix} 1 \\ 0 \end{vmatrix} \right)^{\dagger} \left(\begin{vmatrix} n_1 \\ l_1 + im_1 \end{vmatrix} \otimes \begin{vmatrix} l_2 - im_2 \\ -n_2 \end{vmatrix} - \begin{vmatrix} l_1 - im_1 \\ -n_1 \end{vmatrix} \otimes \begin{vmatrix} n_2 \\ l_2 + im_2 \end{vmatrix} \right) =$$

$$= \frac{\hbar^2}{8} [(n_1 - n_2) - (l_1 - im_1 + l_2 + im_2) - (l_1 + im_1 + l_2 - im_2) + (-n_1 + n_2)] =$$

$$= -\frac{\hbar^2}{4}(l_1 + l_2).$$

In forma più compatta, sostituendo $+$ e $-$ con gli indici matriciali 1 e 2 otteniamo:

$$\langle \psi | (\mathbf{n}_1 \cdot \mathbf{S}_1)(\mathbf{n}_2 \cdot \mathbf{S}_2) | \psi \rangle =$$

$$= \left[(\mathbf{n}_1 \cdot \mathbf{S}_1)\big|_{11} + (\mathbf{n}_2 \cdot \mathbf{S}_2)\big|_{22} \right] + \left[(\mathbf{n}_1 \cdot \mathbf{S}_1)\big|_{22} + (\mathbf{n}_2 \cdot \mathbf{S}_2)\big|_{11} \right] +$$

$$- \left[(\mathbf{n}_1 \cdot \mathbf{S}_1)\big|_{12} + (\mathbf{n}_2 \cdot \mathbf{S}_2)\big|_{21} \right] - \left[(\mathbf{n}_1 \cdot \mathbf{S}_1)\big|_{21} + (\mathbf{n}_2 \cdot \mathbf{S}_2)\big|_{12} \right],$$

dove abbiamo indicato con $\big|_{ij}$ gli elementi di matrice dati nel 9.12. Il risultato è il medesimo.

9.33. La funzione assegnata era già stata sviluppata nel 9.1:

$$\psi(r,\theta,\varphi) = N(\sin\theta\cos\varphi + \sin\theta\sin\varphi + 2\cos\theta)re^{-\alpha r} =$$

$$= R(r)\frac{1}{\sqrt{6}}\left[\frac{-1+i}{\sqrt{2}}Y_{11}(\theta,\varphi) + \frac{i+1}{\sqrt{2}}Y_{1-1}(\theta,\varphi) + 2Y_{10}(\theta,\varphi)\right],$$

con $R(r)$ normalizzata a 1.

i) Tutte e tre le componenti sono relative a $l = 1$, e quindi il valore di aspettazione del momento angolare totale è pari a $\langle L^2 \rangle = 2\hbar^2$. Il valore d'aspettazione della terza componente è dato da:

$$\langle L_z \rangle = \langle \psi \mid L_z \mid \psi \rangle = \frac{1}{6}\hbar - \frac{1}{6}\hbar = 0.$$

ii) La probabilità di trovare la particella nell'angolo solido $d\Omega$ individuato dagli angoli θ e φ è data da:

$$P(\theta,\varphi;d\Omega) = \int dr\, r^2 \mid \psi(r,\theta,\varphi) \mid^2 d\Omega = \frac{1}{8\pi}(\sin\theta\cos\varphi + \sin\theta\sin\varphi + 2\cos\theta)^2 d\Omega,$$

dove abbiamo sfruttato la normalizzazione della $R(r)$ e il valore di N, ricavato, ad esempio, dal fattore $1/\sqrt{8\pi}$ che intercorre tra $2Y_{10}/\sqrt{6}$ e $2\cos\theta$.

9.34. L'Hamiltoniana totale è data da $H = H_r + H_{so}$ con i due operatori commutanti tra di loro. La base comune è costituita dalle autofunzioni del set completo di osservabili $\{H_r, \mathbf{J}^2, J_z, \mathbf{L}^2, \mathbf{S}^2\}$, con $\mathbf{J} = \mathbf{L} + \mathbf{S}$, momento angolare totale, e:

$$H_{so} = \beta\mathbf{L}\cdot\mathbf{S} = \frac{1}{2}\beta\left(\mathbf{J}^2 - \mathbf{L}^2 - \mathbf{S}^2\right).$$

Poiché $2 \otimes 1 = 1 \oplus 2 \oplus 3$, il contributo aggiuntivo dovuto a questo termine è dato da:

$$W_{so} = \frac{1}{2}\hbar^2\beta[j(j+1) - l(l+1) - s(s+1)] = \begin{cases} 2\beta\hbar^2 & j = 3\, d_j = 7 \\ -\beta\hbar^2 & j = 2\, d_j = 5 \\ -3\beta\hbar^2 & j = 1\, d_j = 3. \end{cases}$$

9.35. Il sistema si trova nello stato:

$$\mid +_{1z}; +_{2x} \rangle = \mid + \rangle_{1z}\frac{1}{\sqrt{2}}(\mid + \rangle_{2z} + \mid - \rangle_{2z}) = \frac{1}{\sqrt{2}}(\mid +_{1z}; +_{2z} \rangle + \mid +_{1z}; -_{2z} \rangle),$$

mentre lo stato a spin totale $s = 0$ è dato da:

$$\mid 0 \rangle_T = \frac{1}{\sqrt{2}}(\mid +_{1z}; -_{2z} \rangle - \mid -_{1z}; +_{2z} \rangle).$$

Nel prodotto scalare tra il primo e il secondo stato, l'unico termine diverso da zero è quello tra il secondo addendo del primo stato e il primo del secondo, e dunque la probabilità di trovare $s = 0$:

$$\left| {}_T \langle\, 0 \mid +_{1z}; +_{2x} \,\rangle \right|^2 = \frac{1}{4}.$$

9.36. i) L'operatore σ ha la rappresentazione esplicita:

$$\sigma = a\sigma_y + b\sigma_z = \begin{vmatrix} b & -ia \\ ia & -b \end{vmatrix},$$

e autovalori $s_\pm$ dati dall'equazione secolare:

$$-b^2 + s^2 - a^2 = 0 \implies$$

$$\implies s_\pm = \pm\Sigma \quad \text{con} \quad \Sigma = \sqrt{a^2 + b^2}.$$

Gli autovettori di σ, si trovano risolvendo il sistema:

$$\begin{vmatrix} b & -ia \\ ia & -b \end{vmatrix} \begin{vmatrix} \alpha_\pm \\ \beta_\pm \end{vmatrix} = s_\pm \begin{vmatrix} \alpha_\pm \\ \beta_\pm \end{vmatrix}.$$

Si trova facilmente la relazione:

$$\frac{\alpha_\pm}{\beta_\pm} = \frac{ia}{b \mp \Sigma} = \frac{b \pm \Sigma}{ia},$$

e infine gli autostati normalizzati:

$$\chi_\pm = \begin{vmatrix} \alpha_\pm \\ \beta_\pm \end{vmatrix} = \frac{1}{\sqrt{a^2 + (b \mp \Sigma)^2}} \begin{vmatrix} ia \\ b \mp \Sigma \end{vmatrix}.$$

ii) Per le probabilità, moltiplichiamo scalarmente l'autostato con $s_y = 1$ con gli autostati di σ:

$$P_\pm = \left| \langle\, s_y = 1 \mid \chi_\pm \,\rangle \right|^2 = \frac{1}{2} \left| \begin{vmatrix} i & 1 \end{vmatrix} \begin{vmatrix} \alpha_\pm \\ \beta_\pm \end{vmatrix} \right|^2 = \frac{(b \mp \Sigma - a)^2}{2[a^2 + (b \mp \Sigma)^2]}.$$

9.37. Dalla teoria generale della composizione di momenti angolari, il momento angolare totale può essere $j = l \pm 1/2$, e lo stato con $m = l - 1/2$ può appartenere ad entrambi. Otteniamo $\mid l+1/2 / l-1/2 \,\rangle$ applicando l'abbassatore $J_- = L_- + S_-$

al peso massimo, e ricaviamo l'altro stato per ortogonalità e normalizzazione:

$$
\begin{aligned}
|\, l+1/2/l-1/2 \,\rangle &= (2l+1)^{-1/2}J_- \,|\, l+1/2/l+1/2 \,\rangle = \\
&= (2l+1)^{-1/2}(L_- + S_-) \,|\, l,l;1/2,1/2 \,\rangle = \\
&= \sqrt{\frac{2l}{2l+1}} \,|\, l,l-1;1/2,1/2 \,\rangle + \frac{1}{\sqrt{2l+1}} \,|\, l,l;1/2,-1/2 \,\rangle.
\end{aligned}
$$

Il secondo stato richiesto è ortonormale a questo e, a meno del fattore di fase, è dato da:

$$
|\, l-1/2/l-1/2 \,\rangle = -\frac{1}{\sqrt{2l+1}} \,|\, l,l-1;1/2,1/2 \,\rangle + \sqrt{\frac{2l}{2l+1}} \,|\, l,l;1/2,-1/2 \,\rangle.
$$

9.38. Per lo stato $2p_{1/2}$, scegliendo l'asse z rivolto come la terza componente del momento angolare totale, la relazione tra momento angolare totale e le due componenti, momento angolare orbitale e spin, è la seguente:

$$
|\, j/m \,\rangle = |\, 1/2/1/2 \,\rangle = \sqrt{2/3} \,|\, 1;1 \,\rangle \,|\, 1/2;-1/2 \,\rangle - \sqrt{1/3} \,|\, 1;0 \,\rangle \,|\, 1/2;1/2 \,\rangle,
$$

$$
|\, j/m \,\rangle = |\, 1/2/-1/2 \,\rangle = -\sqrt{2/3} \,|\, 1;-1 \,\rangle \,|\, 1/2;1/2 \,\rangle + \sqrt{1/3} \,|\, 1;0 \,\rangle \,|\, 1/2;-1/2 \,\rangle,
$$

e la probabilità richiesta è $P_\downarrow = 2/3$. È ovvio che entrambi i casi $j_z = \pm 1/2$ debbano dare lo stesso risultato, grazie all'invarianza rotazionale del sistema fisico e del quesito posto.

In coordinate polari, l'integrazione sulla coordinata radiale è $= 1$. Inoltre il prodotto scalare sullo spin fornisce una delta di Kroneker e quindi l'assenza di prodotti misti di funzioni angolari. La densità di probabilità, sia per spin paralleli che antiparalleli, è data da:

$$
P(\theta, \varphi) = \frac{1}{3}\left(2Y_{11}^* Y_{11} + Y_{10}^* Y_{10}\right) = \frac{1}{3}\left(2\frac{3}{8\pi}\sin^2\theta + \frac{3}{4\pi}\cos^2\theta\right) = \frac{1}{4\pi}.
$$

Anche tale risultato deriva dall'invarianza rotazionale $P(\theta, \varphi) = cost$, e dalla normalizzazione a 1 dell'integrale sull'angolo solido.

9.39. Conviene esprimere L_x tramite un commutatore:

$$
\langle L_x \rangle = \langle\, l,m \,|\, L_x \,|\, l,m \,\rangle = 1/i\hbar\langle\, l,m \,|\, L_y L_z - L_z L_y \,|\, l,m \,\rangle =
$$

$$
= m/i(\langle\, l,m \,|\, L_y \,|\, l,m \,\rangle - \langle\, l,m \,|\, L_y \,|\, l,m \,\rangle) = 0.
$$

Per quanto riguarda L_x^2, sfruttiamo la sua simmetria con L_y^2:

$$
\langle L_x^2 \rangle = \langle\, l,m \,|\, L_x^2 \,|\, l,m \,\rangle = \langle\, l,m \,|\, L_y^2 \,|\, l,m \,\rangle =
$$

$$
= 1/2\langle\, l,m \,|\, \mathbf{L}^2 - L_z^2 \,|\, l,m \,\rangle = 1/2\hbar^2[l(l+1) - m^2].
$$

Si può anche utilizzare l'espressione di L_x in funzione di $L_\pm$.

9.40. i) Lo stato iniziale è $| \, 3/2, 3/2 \, \rangle_T$, dove i valori sono spin totale e sua terza componente, e si riferisce alla Ω^-. Lo spin dello stato finale è dato da: $| \, 1/2, \sigma_z \, \rangle_\sigma \, | \, 0,0 \, \rangle_\sigma = | \, 1/2 / \sigma_z \, \rangle_\sigma$ dove il termine a sinistra riguarda gli spin di Λ e K^-, e quello a destra lo spin totale; la parte orbitale è data a sua volta da $Y_{lm}(\theta, \varphi) = | \, l, m \, \rangle_l$, trattando il decadimento nel centro di massa, ed essendo le coordinate quelle del moto relativo, con asse z diretto come $\sigma_{z, \Omega}$. Quindi:

$$| \, 3/2, 3/2 \, \rangle_t \quad \Longrightarrow \quad | \, l, m \, \rangle_l \, | \, 1/2 / \sigma_z \, \rangle.$$

Per conservazione del momento angolare e della sua terza componente, deve essere $l = 1, 2$ e $m = 3/2 - \sigma_z$. Così senza vincoli sulla parità, lo stato finale può essere in onda p, con $l = 1$ e necessariamente $\{m = 1, \sigma_z = 1/2\}$; oppure essere in onda d, con momento orbitale $l = 2$ e con la sua terza componente combinazione lineare di $\{m = 2, \sigma_z = -1/2\}$ e $\{m = 1, \sigma_z = 1/2\}$. Cioè:

$$| \, 3/2, 3/2 \, \rangle_T \Longrightarrow \begin{cases} | \, 1,1 \, \rangle_l \, | \, 1/2/1/2 \, \rangle_\sigma \\[2mm] \sqrt{4/5} \, | \, 2,2 \, \rangle_l \, | \, 1/2/-1/2 \, \rangle_\sigma - \sqrt{1/5} \, | \, 2,1 \, \rangle_l \, | \, 1/2/1/2 \, \rangle_\sigma \end{cases}$$

con i corretti coefficienti di Clebsch-Gordan. Nelle coordinate questi diventano:

$$\psi_p = \begin{vmatrix} Y_{11}(\theta, \varphi) \\ 0 \end{vmatrix}, \quad \psi_d = \begin{vmatrix} -\sqrt{1/5} Y_{21}(\theta, \varphi) \\ \sqrt{4/5} Y_{22}(\theta, \varphi) \end{vmatrix}.$$

La funzione d'onda finale è una combinazione arbitraria delle due onde p e d:

$$\psi_f = c_p \psi_p + c_d \psi_d = \begin{vmatrix} c_p Y_{11}(\theta, \varphi) - c_d \sqrt{1/5} Y_{21}(\theta, \varphi) \\ c_d \sqrt{4/5} Y_{22}(\theta, \varphi) \end{vmatrix}, \quad | \, c_p \, |^2 + | \, c_d \, |^2 = 1.$$

La distribuzione di probabilità è dunque data da:

$$| \, \psi_f \, |^2 = \frac{3}{8\pi} \sin^2 \theta \left(| \, c_p \, |^2 + | \, c_d \, |^2 - 2 \mathrm{Re} c_p^* c_d \cos \theta \right) = \frac{3}{8\pi} \sin^2 \theta \, (1 + \alpha \cos \theta),$$

con $\alpha = -2 \mathrm{Re}(c_p^* c_d)$. Questa è la più generale forma della distribuzione angolare dei mesoni K^- che, essendo carichi, lasciano tracce e si individuano più facilmente.

ii) Se nel decadimento venisse conservata la parità, lo stato finale sarebbe a parità positiva, come la Ω^-, e quindi: $(-1)^l P_\Lambda P_K = 1$. Essendo $P_\Lambda = +$ e $P_K = -$, deve essere $l = 1$. Segue che $\psi_f = \psi_p$, vista prima:

$$| \, \psi_f \, |^2 = \frac{3}{8\pi} \sin^2 \theta.$$

Gli esperimenti indicano la prima distribuzione.

9.41. Per le tre sezioni d'urto, possiamo scrivere le proporzionalità:

$$\sigma_a \propto |\langle \pi^+ p \,|\, H \,|\, \pi^+ p \rangle|^2 = |\langle \psi_{3/2,3/2} \,|\, H \,|\, \psi_{3/2,3/2} \rangle|^2 = |H_3|^2,$$

$$\sigma_b \propto |\langle \pi^- p \,|\, H \,|\, \pi^- p \rangle|^2 =$$

$$= \left|\langle \sqrt{1/3}\,\psi_{3/2,-1/2} - \sqrt{2/3}\,\psi_{1/2,-1/2} \,|\, H \,|\, \sqrt{1/3}\,\psi_{3/2,-1/2} - \sqrt{2/3}\,\psi_{1/2,-1/2} \rangle\right|^2 =$$

$$= |1/3 H_3 + 2/3 H_1|^2,$$

$$\sigma_c \propto |\langle \pi^0 n \,|\, H \,|\, \pi^- p \rangle|^2 =$$

$$= \left|\langle \sqrt{2/3}\,\psi_{3/2,-1/2} + \sqrt{1/3}\,\psi_{1/2,-1/2} \,|\, H \,|\, \sqrt{1/3}\,\psi_{3/2,-1/2} - \sqrt{2/3}\,\psi_{1/2,-1/2} \rangle\right|^2 =$$

$$= |\sqrt{2}/3 H_3 - \sqrt{2}/3 H_1|^2.$$

Per i coefficienti di Clebsch-Gordan vedi A.15.

Se la reazione avviene all'energia di una risonanza, quel canale domina nella sezione d'urto, per cui domina $I = 3/2$ all'energia della Δ e $I = 1/2$ all'energia della N^*. E dunque:

$$\sigma_a^\Delta : \sigma_b^\Delta : \sigma_c^\Delta = 9 : 1 : 2,$$

$$\sigma_a^{N^*} : \sigma_b^{N^*} : \sigma_c^{N^*} = 0 : 4 : 2.$$

*9.42. Dalla A.14 ricordiamo l'espressione degli autostati di L_x:

$$|0\rangle_x = \frac{1}{\sqrt{2}} \begin{vmatrix} 1 \\ 0 \\ -1 \end{vmatrix}, \quad |\pm\rangle_x = \frac{1}{2} \begin{vmatrix} 1 \\ \pm\sqrt{2} \\ 1 \end{vmatrix},$$

da cui si ricava immediatamente lo sviluppo di questi sugli autostati di L_z, assunta diagonale.

i) Il fascio con $m = 1$ si separa in tre componenti di intensità relativa $1/4, 1/2, 1/4$.

ii) Il fascio con $m = -1$ si comporta come il precedente, mentre quello con $m = 0$ si separa in due componenti con uguale intensità $1/2, 1/2$.

iii) La risposta è negativa perché la seconda misura su L_z ha disturbato la prima su L_x, dato che i due operatori non commutano. Se facessimo una terza misura di L_x, il fascio si dividerebbe ancora nelle tre componenti, come dopo la seconda.

9.43. i) L'Hamiltoniana richiesta è la seguente:

$$H = \frac{\mathbf{p}^2}{2\mu} + V_{sc}(r) + \frac{1}{2\mu^2 c^2}\frac{1}{r}\frac{dV_{sc}}{dr}\mathbf{S}\cdot\mathbf{L} = \frac{\mathbf{p}^2}{2\mu} + \frac{1}{2}qKr^2 + H_1, \quad H_1 = \frac{qK}{2\mu^2 c^2}\mathbf{S}\cdot\mathbf{L}.$$

ii) In questo caso la perturbazione H_1 commuta con H_0, in quanto H_1 contiene solo operatori di spin, e operatori di momento angolare che commutano con termini quadratici in $\hat{x}$ e $\hat{p}$. Si possono quindi diagonalizzare contemporaneamente sulla base del momento angolare totale. Per fare ciò, dobbiamo considerare le autofunzioni dell'oscillatore armonico in coordinate polari, come riportato nel 3.6:

$$\psi_{nlm,s} = R_{nl}(r)Y_{lm}(\theta,\varphi)\chi_s, \quad W_N = \hbar\omega(N+3/2), \quad N = 2n+l, \quad \omega = \sqrt{qK/\mu}.$$

Passiamo ora alla base del momento angolare totale: $\psi_{nlm,s} \Longrightarrow \psi_{nlj,j_z}$, i cui elementi risultano autovettori dell'Hamiltoniana totale, con autovalori:

$$W_{nlj} = \hbar\omega(2n+l+3/2) + \frac{qK\hbar^2}{4\mu^2 c^2}\left[j(j+1) - l(l+1) - 3/4\right],$$

con:

$$n = 0,1,2..., \quad l = 0,1,2,..., \quad j = l \pm 1/2, \quad j = 1/2 \quad \text{per} \quad l = 0.$$

3.10 Molte particelle

10.1. i) L'energia imperturbata dell'elio mesico è data da:

$$W_{n_e,n_\mu} = -\frac{Z^2}{n_e^2}w_0^e - \frac{Z^2}{n_\mu^2}w_0^\mu = -\frac{m_e Z^2 e^4}{2\hbar^2 n_e^2} - \frac{m_\mu^r Z^2 e^4}{2\hbar^2 n_\mu^2},$$

con $Z = 2$ e m_μ^r massa ridotta del μ:

$$m_\mu^r = \frac{m_\mu M_E}{m_\mu + M_E}.$$

ii) L'utilizzo della massa ridotta rappresenta una prima correzione dovuta alla massa del μ non trascurabile rispetto a quella del nucleo di elio M_E. Un'altra correzione che si può apportare consiste nel tenere conto che il raggio di Bohr del muone è circa 200 volte più piccolo di quello dell'elettrone, e quindi, almeno per bassi momenti angolari e $n_\mu \approx 1$, scherma una delle cariche nucleari ai fini dell'interazione con l'elettrone:

$$W_{n_e,n_\mu} = -\frac{m_e(Z-1)^2 e^4}{2\hbar^2 n_e^2} - \frac{m_\mu^r Z^2 e^4}{2\hbar^2 n_\mu^2} \quad \text{con} \quad Z = 2.$$

Notare inoltre che la funzione d'onda non deve essere antisimmetrica come nel caso dell'elio, in quanto elettrone e muone non sono particelle identiche. Per lo stesso motivo, non esiste neppure la degenerazione di scambio.

iii) Per quanto riguarda gli stati eccitati, con $n_e > 1$ e/o $n_\mu > 1$, si deve notare che l'energia dello stato fondamentale dello ione privato dell'elettrone ($n_e = \infty, n_\mu = 1$)

è inferiore a quella del primo stato eccitato del solo muone ($n_e = 1, n_\mu = 2$):

$$W_{\infty,1} = -\frac{2m_\mu^r e^4}{\hbar^2}, \quad W_{1,2} = -\frac{m_e e^4}{2\hbar^2} - \frac{m_\mu^r e^4}{2\hbar^2} \implies$$

$$\implies W_{\infty,1} = W_{1,2} - \left(\frac{3}{2}m_\mu^r - \frac{m_e}{2}\right)\frac{e^4}{\hbar^2} < W_{1,2}.$$

Pertanto,

$$W_{1,1} < W_{2,1} < \ldots < W_{\infty,1} < W_{1,2},$$

e quindi gli stati eccitati del solo muone decadono preferibilmente nello ione muonico con $n_\mu = 1$, ionizzando l'elettrone ed emettendo un fotone.

10.2. Il problema è separabile nelle coordinate del baricentro e in quelle relative:

$$X = \frac{1}{M}(\mu_1 x_1 + \mu_2 x_2), \quad M = \mu_1 + \mu_2, \quad x = x_1 - x_2.$$

Il baricentro si muove libero e quindi la funzione d'onda nella variabile X sarà un pacchetto d'onde. Nella variabile relativa x il sistema rappresenta una particella di massa ridotta $1/\mu = 1/\mu_1 + 1/\mu_2$ immerso in una buca infinita con $-a < x < a$. Gli autovalori e gli autovettori sono dati da:

$$W_n = \frac{\pi^2 \hbar^2}{8\mu a^2} n^2, \quad u_n(x) = \begin{cases} \dfrac{1}{\sqrt{a}} \cos\left(\dfrac{n\pi x}{2a}\right) & n \text{ dispari} \\[2mm] \dfrac{1}{\sqrt{a}} \sin\left(\dfrac{n\pi x}{2a}\right) & n \text{ pari}. \end{cases}$$

Nel caso di particelle identiche, con $\mu_1 = \mu_2$, le funzioni d'onda devono avere simmetria definita per lo scambio delle due particelle. Poiché $x = x_1 - x_2$ cambia segno per lo scambio $x_1 \longleftrightarrow x_2$, segue che la funzione d'onda $\phi_n(x)$ deve avere parità definita. Nel caso di fermioni, la parità deve essere negativa, e quindi solo i seni sono accettabili e n deve essere pari; nel caso di bosoni, solo i coseni sono autofunzioni e n deve essere dispari.

10.3. L'Hamiltoniana è separabile nelle variabili spaziali e in quelle di spin. La parte spaziale è ancora separabile nelle coordinate del baricentro $\mathbf{X}$ e in quelle relative $\mathbf{x}$. In queste ultime l'Hamiltoniana è quella di un oscillatore armonico tridimensionale isotropo, le cui soluzioni sono raccolte nel Problema 3.6. Per le considerazioni di simmetria che dobbiamo affrontare, conviene separare l'oscillatore nelle tre coordinate spaziali. Esprimiamo pertanto le autofunzioni nel modo seguente:

$$\Psi_N(\mathbf{x}_1, \mathbf{x}_2; \mathbf{S}_1, \mathbf{S}_2) = \Phi(\mathbf{X}) u_{n_x}(x) u_{n_y}(y) u_{n_z}(z) \Sigma(\mathbf{S}_i), \quad N = n_x + n_y + n_z.$$

$\Phi(\mathbf{X})$ rappresenta il moto del baricentro, le u_n sono le usuali autofunzioni dell'oscillatore armonico monodimensinale e Σ è la funzione delle sole variabili di spin. L'Hamiltoniana di spin è diagonalizzabile nella rappresentazione dello spin totale, in quanto può essere espressa come:

$$H(\mathbf{S}_i) = V_0 \mathbf{S}_1 \cdot \mathbf{S}_2 = \frac{1}{2} V_0 \left[(\mathbf{S}_1 + \mathbf{S}_2)^2 - \mathbf{S}_1^2 - \mathbf{S}_2^2 \right] = H(\mathbf{S}).$$

Le autofunzioni sono quella di singoletto, χ_0 con $s = 0$, e le tre di tripletto, χ_1 con $s = 1$. La prima è una combinazione antisimmetrica dei due spin componenti, mentre le seconde tre sono simmetriche. Gli autovalori sono dati da:

$$H(\mathbf{S})\chi_0 = -\frac{3}{4} V_0 \hbar^2 \chi_0,$$

$$H(\mathbf{S})\chi_1 = \frac{1}{4} V_0 \hbar^2 \chi_1.$$

Poiché il sistema è composto da due fermioni identici, la funzione d'onda complessiva deve essere antisimmetrica per lo scambio delle due particelle. La coordinata $\mathbf{X}$ del baricentro è invariante sotto questo scambio, mentre le coordinate relative $\mathbf{x}$ cambiano segno, e di conseguenza ciascuna autofunzione dell'oscillatore cambia o meno il suo segno a seconda della sua parità. La funzione d'onda di spin sarà dunque di tripletto (simmetrica) o di singoletto, a seconda della parità della funzione d'onda nella coordinata relativa. Notare che, ad esempio, N pari si ottiene con tre n_i pari oppure con due dispari, e quindi la parità della funzione spaziale è quella di N.

$$\Psi_N(\mathbf{x}_1, \mathbf{x}_2; \mathbf{S}_1, \mathbf{S}_2) = \Phi(\mathbf{X}) u_{n_x}(x) u_{n_y}(y) u_{n_z}(z) \begin{cases} \chi_0 & \text{per } N = 2n \\ \chi_1 & \text{per } N = 2n+1 \end{cases},$$

con autovalori:

$$W = \frac{P^2}{2M} + \hbar\omega\left(N + \frac{3}{2}\right) + \begin{cases} -3/4 V_0 \hbar^2 & \text{per } N = 2n \\ 1/4 V_0 \hbar^2 & \text{per } N = 2n+1 \end{cases}.$$

10.4. Trascurando la repulsione coulombiana, lo stato fondamentale dell'atomo (ione) a due elettroni è formato da entrambi gli elettroni nello stato fondamentale dell'atomo (ione) idrogenoide, con funzione di spin di singoletto χ_0:

$$\psi_{1^1S} = u_1(\mathbf{x}_1) u_1(\mathbf{x}_2) \chi_0, W_1^{(0)} = -2Z^2 w_0.$$

La perturbazione repulsiva dipende solo dalle variabili spaziali, per cui vale:

$$W_1^{(1)} = \langle \psi_{1^1S} | H' | \psi_{1^1S} \rangle =$$

$$J_{1;1} = J_{100;100} = e^2 \int d\mathbf{x}_1 \int d\mathbf{x}_2 \frac{1}{|\mathbf{x}_1 - \mathbf{x}_2|} |u_{100}(\mathbf{x}_1)|^2 |u_{100}(\mathbf{x}_2)|^2 = \frac{5}{4} Z w_0.$$

L'integrale si trova valutato in A.13. Quindi l'energia dello stato fondamentale, corretto con la repulsione coulombiana è pari a:

$$W_1 = \left(-2Z^2 + \frac{5}{4}Z\right)w_0 + \ldots \approx$$

$$\approx \begin{cases} -(11/2)w_0 = -74.8\,eV, \; \exp = -78.99\,eV & He \quad Z=2 \\ -(57/4)w_0 = -193.8\,eV, \; \exp = -198.08\,eV & Li^+ \quad Z=3. \end{cases}$$

I potenziali di ionizzazione sono dati dalla differenza tra l'energia finale di un singolo elettrone in un potenziale idrogenoide e l'energia appena calcolata:

$$I = W_1^\infty - W_1 = \left(Z^2 - \frac{5}{4}Z\right)w_0 + \ldots \approx$$

$$\approx \begin{cases} (3/2)w_0 = 20.4\,eV, \; \exp = 24.5\,eV & He \quad Z=2 \\ (21/4)w_0 = 71.4\,eV, \; \exp = 75.6\,eV & Li^+ \quad Z=3. \end{cases}$$

Gli stati eccitati $2\,^1S$ e $2\,^3S$ sono invece dati da:

$$\psi_{2^1S} = \frac{1}{\sqrt{2}}\left[u_1(\mathbf{x}_1)u_2(\mathbf{x}_2) + u_1(\mathbf{x}_2)u_2(\mathbf{x}_1)\right]\chi_0 = u_{1;2}^+\chi_0$$

$$\psi_{2^3S} = \frac{1}{\sqrt{2}}\left[u_1(\mathbf{x}_1)u_2(\mathbf{x}_2) - u_1(\mathbf{x}_2)u_2(\mathbf{x}_1)\right]\chi_1 = u_{1;2}^-\chi_1,$$

con $u_1(\mathbf{x}) = u_{100}(\mathbf{x})$, e $u_2(\mathbf{x}) = u_{200}(\mathbf{x})$. Infatti, la funzione d'onda totale deve essere totalmente antisimmetrica nello scambio delle due particelle, e le funzioni d'onda di spin χ_0 e χ_1 sono antisimmetrica e simmetrica, rispettivamente. In entrambi i casi l'energia imperturbata, senza cioè la repulsione coulombiana, è data da:

$$W_{2\pm}^{(0)} = -\left(1 + \frac{1}{4}\right)Z^2 w_0 = -\frac{5}{4}Z^2 w_0.$$

L'energia è dunque degenere, ma l'interazione dipende solo dalle coordinate spaziali ed è quindi diagonale nello spazio di spin, ovvero nello spazio di degenerazione. Le correzioni perturbative sono allora date dagli elementi di matrice diagonali:

$$W_{2\pm}^{(1)} = \langle u_{1;2}^\pm | H' | u_{1;2}^\pm \rangle = J_{1;2} \pm K_{1;2},$$

con gli integrali J e K dati da:

$$J_{1;2} = J_{100;200} = e^2 \int d\mathbf{x}_1 \int d\mathbf{x}_2 \frac{1}{|\mathbf{x}_1 - \mathbf{x}_2|} |u_{100}(\mathbf{x}_1)|^2 |u_{200}(\mathbf{x}_2)|^2$$

$$K_{1;2} = K_{100;200} = e^2 \int d\mathbf{x}_1 \int d\mathbf{x}_2 \frac{1}{|\mathbf{x}_1 - \mathbf{x}_2|} u_{100}^*(\mathbf{x}_1)u_{200}^*(\mathbf{x}_2)u_{100}(\mathbf{x}_2)u_{200}(\mathbf{x}_1).$$

Questi sono dati nel testo, e dunque:

$$W_{2\pm} = W_2^{(0)} + \left(\frac{34}{81} \pm \frac{32}{729}\right) Z w_0 + \dots$$

Pertanto, l'energie di legame di atomi, o ioni, eliogenoidi corrette perturbativamente, e i potenziali di ionizzazione ricavati come sopra, sono dati da:

$$W_{2^1S} \approx \left(-\frac{5}{4}Z^2 + \frac{338}{729}Z\right) w_0 =$$

$$= -\frac{2969}{729} w_0 = -55.4\,eV, \exp = -58.4\,eV \quad He \quad Z=2$$

$$W_{2^3S} \approx \left(-\frac{5}{4}Z^2 + \frac{274}{729}Z\right) w_0 =$$

$$= \begin{cases} -\dfrac{3097}{729} w_0 = -57.8\,eV, \exp = -59.2\,eV \quad He \quad Z=2 \\[2mm] -\dfrac{9839}{972} w_0 = -137.7\,eV, \exp = -138.7\,eV \quad Li^+ \quad Z=3 \end{cases}$$

$$I_{2^1S} \approx \left(\frac{1}{4}Z^2 - \frac{338}{729}Z\right) w_0 = \frac{53}{729} w_0 = 1.0\,eV, \exp = 4.0\,eV \quad He \quad Z=2$$

$$I_{2^3S} \approx \left(\frac{1}{4}Z^2 - \frac{274}{729}Z\right) w_0 = \begin{cases} \dfrac{181}{729} w_0 = 3.4\,eV, \exp = 4.8\,eV \quad He \quad Z=2 \\[2mm] \dfrac{1091}{972} w_0 = 15.3\,eV, \exp = 16.5\,eV \quad Li^+ \quad Z=3. \end{cases}$$

Le discrepanze sono talvolta notevoli, e dipendono da una non corretta ipotesi sull'Hamiltoniana imperturbata. Infatti, per stati eccitati, il primo elettrone si trova più vicino al nucleo e, nel caso di Z piccolo, ne scherma sensibilmente la carica. Quindi, l'elettrone eccitato è soggetto a un potenziale inferiore. Tenendo conto di ciò, l'accordo con i dati sperimentali migliora.

Tornando ai nostri conti, ricordiamo che abbiamo trattato il caso degli stati eccitati $2\,{}^1S$ e $2\,{}^3S$, tra di loro degeneri rispetto all'Hamiltoniana imperturbata. In realtà, degeneri con questi ci sono anche gli stati $2\,{}^1P$ e $2\,{}^3P$, dove S e P si riferiscono all'autovalore del momento angolare totale L^2. Essi contenengono i prodotti di due funzioni a una particella del tipo $u_{100}u_{200}$ e $u_{100}u_{21m}$, e sono autostati del momento angolare totale, con $l=0$ e $l=1$. Ma il momento angolare totale $\mathbf{L}$ commuta considerando come perturbazione, che quindi risulta diagonale su quegli autostati. Dunque, la perturbazione dei livelli degeneri si riduce al calcolo separato per gli stati S e P, come sopra.

Tutto ciò è vero però per il primo stato eccitato; quello successivo, ad esempio, riceve contributi da termini del tipo $u_{21m}u_{21m'}$, che non sono più autostati del momento totale, visto che $1 \otimes 1 = 0 \oplus 1 \oplus 2$. Gli stati a momento angolare totale definito sono allora combinazioni lineari di determinanti di Slater.

Infine, controlliamo in modo esplicito la commutazione tra momento angolare e perturbazione:

$$\left[L_{1x} + L_{2x}, |\mathbf{x}_1 - \mathbf{x}_2|\right] = \left[y_1 \frac{\partial}{\partial z_1} - z_1 \frac{\partial}{\partial y_1} + y_2 \frac{\partial}{\partial z_2} - z_2 \frac{\partial}{\partial y_2}, |\mathbf{x}_1 - \mathbf{x}_2|\right] =$$

$$= |\mathbf{x}_1 - \mathbf{x}_2|^{-1} \Big(y_1(z_1 - z_2) - z_1(y_1 - y_2) + y_2(z_2 - z_1) - z_2(y_2 - y_1) \Big) = 0.$$

10.5. i) Per il principio di esclusione di Pauli, le funzioni d'onda a una particella, con le quali è possibile esprimere lo stato a tre elettroni $(1s)^2 2s$, sono caratterizzate dai seguenti insiemi di numeri quantici $\{nlm; \sigma\}$:

$$\alpha_{1+} = \{100; 1/2\}, \quad \alpha_{1-} = \{100; -1/2\}, \quad \alpha_{2\pm} = \{200; \pm 1/2\}.$$

La funzione d'onda totale è antisimmetrizzata ed è combinazione lineare delle due $\Psi_\pm$ relative a $\alpha_{3\pm}$. Esse sono esprimibili tramite il determinante di Slater:

$$\Psi_\pm = \frac{1}{\sqrt{3!}} \begin{vmatrix} \psi_{1+}(1) & \psi_{1-}(1) & \psi_{2\pm}(1) \\ \psi_{1+}(2) & \psi_{1-}(2) & \psi_{2\pm}(2) \\ \psi_{1+}(3) & \psi_{1-}(3) & \psi_{2\pm}(3) \end{vmatrix} \qquad \begin{array}{l} \psi_{1+} = u_{100}\chi_{+1/2} \\[4pt] \psi_{1-} = u_{100}\chi_{-1/2} \\[4pt] \psi_{2\pm} = u_{200}\chi_{\pm 1/2}. \end{array}$$

ii) Nelle funzioni d'onda a una particella $\psi_j(i)$, abbiamo indicato le coordinate r_i, θ_i, φ_i, σ_i con il solo indice i. La degenerazione dei due stati $\Psi_\pm$ è dovuta esclusivamente allo spin e poiché la repulsione coulombiana non dipende da esso, la perturbazione è diagonale nel sottospazio di degenerazione e possiamo così applicare la teoria delle perturbazioni degli stati non degeneri. Ancora per l'indipendenza della perturbazione dallo spin abbiamo che: $\langle \Psi_+ | V | \Psi_+ \rangle = \langle \Psi_- | V | \Psi_- \rangle$. Inoltre, la repulsione coulombiana è la somma di tre interazioni a due corpi, e poiché queste sono identiche tra di loro e la funzione d'onda Ψ_+ è antisimmetrica, otteniamo:

$$\langle \Psi_+ | V | \Psi_+ \rangle = \langle \Psi_+ | V_{12} + V_{23} + V_{13} | \Psi_+ \rangle = 3\langle \Psi_+ | V_{12} | \Psi_+ \rangle.$$

Avendo scelto V_{12}, che non dipende dalla coordinata (3), sviluppiamo i determinanti di Slater di bra e ket secondo l'ultima riga. Integrando sulla coordinata (3) e sfruttando la ortonormalità delle $\psi_{i\pm}(3)$ tra di loro, rimangono solo tre termini:

$$\langle \Psi_+ | V | \Psi_+ \rangle = \frac{3}{3!} \Big\{ \langle \psi_{1-}(1)\psi_{2+}(2) - \psi_{1-}(2)\psi_{2+}(1) | V_{12} | \psi_{1-}(1)\psi_{2+}(2) +$$

$$- \psi_{1-}(2)\psi_{2+}(1) \rangle + \langle \psi_{1+}(1)\psi_{2+}(2) +$$

$$- \psi_{1+}(2)\psi_{2+}(1) | V_{12} | \psi_{1+}(1)\psi_{2+}(2) - \psi_{1+}(2)\psi_{2+}(1) \rangle +$$

$$+ \langle \psi_{1+}(1)\psi_{1-}(2) - \psi_{1+}(2)\psi_{1-}(1) | V_{12} | \psi_{1+}(1)\psi_{1-}(2) +$$

$$- \psi_{1+}(2)\psi_{1-}(1) \rangle \Big\}.$$

Sommiamo sullo spin e sfruttiamo l'ortonormalità delle autofunzioni su questa variabile:

$$\sum_{\sigma_i} \psi_{1+}(i)\psi_{1-}(i) = \sum_{\sigma_i} \psi_{2+}(i)\psi_{1-}(i) = 0$$

$$\sum_{\sigma_i} \psi_{1+}(i)\psi_{2+}(i) = u_1(i)u_2(i); \quad u_j(i) = u_{n_j l_j m_j}(r_i, \theta_i, \varphi_i).$$

In conclusione, l'integrale da valutare per le correzioni al primo ordine è il seguente:

$$\langle \Psi_+ \mid V \mid \Psi_+ \rangle = \frac{e^2}{2} \int d\mathbf{x}_1 \int d\mathbf{x}_2 \frac{1}{|\mathbf{x}_1 - \mathbf{x}_2|} \cdot$$

$$\cdot \left\{ 2u_1^2(1)u_2^2(2) + 2u_1^2(2)u_2^2(1) - 2u_1(1)u_2(2)u_1(2)u_2(1) + 2u_1^2(1)u_1^2(2) \right\} =$$

$$= 2J_{100;200} - K_{100;200} + J_{100;100}.$$

Come visto sopra, grazie alla indipendenza di V_{12} dalla coordinata (3), e alla ortonormalità delle $\psi_{i\pm}(3)$ tra di loro, questo problema a tre corpi dipende dagli stessi integrali in due variabili del 10.4. Teniamo tuttavia presente che il loro valore numerico dipende da Z, che in questo caso dovrebbe essere $Z = 3$, oppure meglio un valore inferiore che tenga conto dello schermo della carica nucleare da parte degli elettroni interni. Vedi 10.4, 10.10 e 10.11.

10.6. L'Hamiltoniana è separabile nelle coordinate di spin e in quelle spaziali. La parte spaziale è separabile nelle coordinate di singola particella, e per ciascuna di queste nelle coordinate cartesiane. Per ogni singola coordinata spaziale, le autofunzioni e i relativi autovalori sono quelli della buca infinita in $[-a,a]$, riportate in 1.1. Pertanto, le autofunzioni fattorizzate sono del tipo:

$$\Psi(\mathbf{x}_1, \mathbf{x}_2; \mathbf{S}_1, \mathbf{S}_2) = u_{n_{1x}n_{1y}n_{1z}}(\mathbf{x}_1) u_{n_{2x}n_{2y}n_{2z}}(\mathbf{x}_2) \Sigma(\mathbf{S}).$$

i) Nel caso dello stato fondamentale, tutti i numeri quantici spaziali sono uguali a 1, e quindi le funzioni d'onda spaziali nelle due coordinate $\mathbf{x}_1$ e $\mathbf{x}_2$ sono uguali. Di conseguenza, la funzione d'onda di spin deve essere antisimmetrica, e cioè a spin totale zero. Lo stato fondamentale è quindi esprimibile come:

$$\Psi_0 = u_{111}(\mathbf{x}_1)u_{111}(\mathbf{x}_2)\frac{1}{\sqrt{2}}\left[\chi_+(1)\chi_-(2) - \chi_-(1)\chi_+(2)\right],$$

ed è relativo all'autovalore:

$$W_0^{(0)} = W_0(1) + W_0(2) = \frac{3}{2}\frac{\pi^2\hbar^2}{a^2 2\mu}.$$

La probabilità che si trovi una particella in un intorno di $\mathbf{x}$ e l'altra di $\mathbf{y}$ è data da:

$$P(\mathbf{x},\mathbf{y})d\mathbf{x}d\mathbf{y} = \sum_{spin} |\Psi(\mathbf{x},\mathbf{y};\mathbf{S}_1,\mathbf{S}_2)|^2 d\mathbf{x}d\mathbf{y} = |u_{111}(\mathbf{x})u_{111}(\mathbf{y})|^2 d\mathbf{x}d\mathbf{y}.$$

Nell'ultimo passaggio abbiamo sfruttato il fatto che la somma sugli spin corrisponde alla norma degli stati (di spin). Da qui, la probabilità di trovarne una qualunque delle due in **x** si ottiene sommando sulla coordinata libera, cioè su **y**:

$$P(\mathbf{x})d\mathbf{x} = \int P(\mathbf{x},\mathbf{y})d\mathbf{y} = |u_{111}(\mathbf{x})|^2 d\mathbf{x}.$$

ii) Se all'Hamiltoniana spaziale si aggiunge il termine di interazione tra gli spin, $V = A\mathbf{S}_1 \cdot \mathbf{S}_2$, poiché tale termine è diagonale nello spin totale, le autofunzioni rimangono quelle viste prima, mentre all'energia si aggiunge il contributo derivante dallo spin. In conclusione, ricordando che lo spin totale è nullo:

$$W_0 = \frac{3}{2}\frac{\pi^2\hbar^2}{a^2 2\mu} - \frac{3}{4}A\hbar^2 + \dots.$$

10.7. Non vi sono termini di spin nell'Hamiltoniana, per cui le energie dipendono solo dalla parte spaziale (vedi 10.6). Quelle di particella singola sono date da:

$$W_{n_{1x}n_{1y}n_{1z}} = \frac{\pi^2\hbar^2}{8\mu a^2}\left[n_{1x}^2 + n_{1y}^2 + n_{1z}^2\right],$$

mentre l'energia totale delle tre particelle è data da:

$$W_T = W_{n_{1x}n_{1y}n_{1z}} + W_{n_{2x}n_{2y}n_{2z}} + W_{n_{3x}n_{3y}n_{3z}}.$$

Lo stato fondamentale del sistema si può esprimere antisimmetrizzando il prodotto delle funzioni di singola particella, ovvero tramite il determinante di Slater:

$$\Psi_{0\pm} = \sum_P \varepsilon_P \psi_{111+}(1)\psi_{111-}(2)\psi_{112\pm}(3) \text{con} \psi_{ijk\pm} = u_{ijk}\chi_\pm,$$

dove P sono le sei permutazioni e ε_P è il loro segno. A causa dell'antisimmetrizzazione, non vi possono essere due funzioni di particella singola uguali fra di loro, per cui i due stati u_{111} devono essere completati con funzioni d'onda di spin diverse, una con χ_+ e l'altra con χ_-, mentre il terzo stato deve differire per i numeri quantici spaziali e quindi può avere sia spin $1/2$ che spin $-1/2$. Lo stato è degenere due volte in relazione a questi due valori dello spin, e tre volte per la permutazione di $\{u_{112}, u_{121}, u_{211}\}$; quindi in tutto, degenerazione $d_0 = 6$. Questa è la stessa struttura discussa nel Problema 10.5 relativo all'atomo di Litio, pur di sostituire le ψ dell'atomo di idrogeno con quelle della scatola.

Il primo stato eccitato è dato da due combinazioni differenti, mentre il secondo da una sola:

$$\Psi_{1\pm} = \sum_P \varepsilon_P \psi_{112+}(1)\psi_{112-}(2)\psi_{111\pm}(3), \Psi'_{1\pm} = \sum_P \varepsilon_P \psi_{111+}(1)\psi_{111-}(2)\psi_{122\pm}(3),$$

$$\Psi_{2\pm} = \sum_P \varepsilon_P \psi_{111+}(1)\psi_{111-}(2)\psi_{113\pm}(3).$$

La prima ha degenerazione 2 per lo spin $\pm$ di (3), e 9 per la tripla degenerazione dei due u_{112}. La seconda ha degenerazione 6, 2 per lo spin di (3) e 3 per quella di u_{122}. Quindi, $d_1 = 18 + 6 = 24$. La terza è degenere 6 volte, 2 per lo spin e 3 per u_{113}.

Gli autovalori sono:

$$W_0 = \frac{\pi^2 \hbar^2}{8\mu a^2}\left[2(1+1+1)+(1+1+4)\right] = \frac{3}{2}\frac{\pi^2 \hbar^2}{\mu a^2};$$

$$W_1 = \frac{\pi^2 \hbar^2}{8\mu a^2}\left[2(1+1+4)+(1+1+1)\right] = \frac{15}{8}\frac{\pi^2 \hbar^2}{\mu a^2};$$

$$W_1' = \frac{\pi^2 \hbar^2}{8\mu a^2}\left[2(1+1+1)+(1+4+4)\right] = \frac{15}{8}\frac{\pi^2 \hbar^2}{\mu a^2} = W_1;$$

$$W_2 = \frac{\pi^2 \hbar^2}{8\mu a^2}\left[2(1+1+1)+(1+1+9)\right] = \frac{17}{8}\frac{\pi^2 \hbar^2}{\mu a^2}.$$

Il salto energetico tra i due stati è dato da:

$$\Delta_{10} = W_1 - W_0 = \left(\frac{15}{8} - \frac{3}{2}\right)\frac{\pi^2 \hbar^2}{\mu a^2} = \frac{3}{8}\frac{\pi^2 \hbar^2}{\mu a^2} \approx \frac{3}{8}\frac{9.87 \cdot 1.1 \cdot 10^{-54}}{10.8 \cdot 10^{-28} \cdot 10^{-16}} erg \approx \frac{3}{8}10^{-10} erg.$$

$$\Delta_{21} = W_2 - W_1 = \left(\frac{17}{8} - \frac{15}{8}\right)\frac{\pi^2 \hbar^2}{\mu a^2} = \frac{1}{4}\frac{\pi^2 \hbar^2}{\mu a^2} \approx \frac{1}{4}10^{-10} erg.$$

10.8. Definiamo gli insiemi di numeri quantici $\{n, l, m; \sigma\}$:

$$\alpha_1 = \{100; 1/2\}, \quad \alpha_2 = \{100; -1/2\}, \quad \alpha_3 = \{200; +1/2\}, \quad \alpha_4 = \{200; -1/2\},$$

$$\alpha_{5i} = \{2, 1, \{1, 0, -1\}, \pm 1/2\}, \quad i = 1 - 6.$$

Vi sono dunque 6 stati degeneri in energia a seconda della terza componente del momento angolare e della componente dello spin in α_{5i}. L'energia è data da:

$$W_B^{(0)} = -\left(2 + 3\frac{1}{4}\right)Z^2 w_0 = -\frac{11}{4}Z^2 w_0.$$

Le funzioni d'onda possono essere espresse tramite il seguente determinante di Slater:

$$\Psi_{Bi}^{(0)} = \frac{1}{\sqrt{5!}}\begin{vmatrix} \psi_{\alpha_1}(1) & \psi_{\alpha_2}(1) & \psi_{\alpha_3}(1) & \psi_{\alpha_4}(1) & \psi_{\alpha_{5i}}(1) \\ \psi_{\alpha_1}(2) & \psi_{\alpha_2}(2) & \psi_{\alpha_3}(2) & \psi_{\alpha_4}(2) & \psi_{\alpha_{5i}}(2) \\ \psi_{\alpha_1}(3) & \psi_{\alpha_2}(3) & \psi_{\alpha_3}(3) & \psi_{\alpha_4}(3) & \psi_{\alpha_{5i}}(3) \\ \psi_{\alpha_1}(4) & \psi_{\alpha_2}(4) & \psi_{\alpha_3}(4) & \psi_{\alpha_4}(4) & \psi_{\alpha_{5i}}(4) \\ \psi_{\alpha_1}(5) & \psi_{\alpha_2}(5) & \psi_{\alpha_3}(5) & \psi_{\alpha_4}(5) & \psi_{\alpha_{5i}}(5) \end{vmatrix}.$$

Lo stato più generale è una combinazione con coefficienti arbitrari dei 6 stati $\Psi_{Bi}^{(0)}$.

10.9. i) Per bosoni, la funzione d'onda totale deve essere totalmente simmetrica nello scambio delle particelle, ed essendo simmetrica la parte spaziale (la funzione ϕ è la medesima per le tre coordinate), altrettanto deve esserlo la parte spinoriale. Questa è ottenuta dal prodotto simmetrizzato e normalizzato $\chi_{\{ijk\}}$ delle funzioni d'onda di singolo spin χ_1, χ_2 e χ_3, corrispondenti alla terza componente uguale a $-1, 0$ e 1, rispettivamente. Gli stati sono:

- Indici uguali: χ_{111}, χ_{222} e χ_{333}; sono già simmetrizzati e sono 3.
- Due indici uguali e uno diverso: $\chi_{\{122\}} = \sqrt{1/3}\left(\chi_1\chi_2\chi_2 + \chi_2\chi_1\chi_2 + \chi_2\chi_2\chi_1\right)$, e gli analoghi $\chi_{\{133\}}, \chi_{\{211\}}, \chi_{\{233\}}, \chi_{\{311\}}, \chi_{\{322\}}$: in tutto 6 stati.
- Indici diversi: $\chi_{\{123\}} = \sqrt{1/6}\,(\chi_1\chi_2\chi_3 + \chi_1\chi_3\chi_2 + \chi_2\chi_1\chi_3 + \chi_2\chi_3\chi_1 + \chi_3\chi_1\chi_2 + \chi_3\chi_2\chi_1)$.

Complessivamente, abbiamo $3 + 6 + 1 = 10$ stati simmetrici, appartenenti a diverse rappresentazioni di spin totale, che otteniamo per riduzione del prodotto diretto:

$$1 \otimes 1 \otimes 1 = (0 \oplus 1 \oplus 2) \otimes 1 = 1 \oplus (0 \oplus 1 \oplus 2) \oplus (1 \oplus 2 \oplus 3) = 0 \oplus 1 \oplus 1 \oplus 1 \oplus 2 \oplus 2 \oplus 3.$$

ii) Come mostrato costruttivamente nel 9.24, le rappresentazioni della stessa dimensionalità non sono uguali tra loro, e dipendono dalle modalità di riduzione del prodotto diretto; quella appena vista, dice solo che vi sono tre rappresentazioni con $s = 1$ e due con $s = 2$, ma non necessariamente quelle indicate dall'ordine della riduzione adottata. Le sole univocamente determinate sono la $s = 0$, totalmente antisimmetrica, e la $s = 3$, totalmente simmetrica, mentre le altre sono a simmetria mista. Ricordiamo infine che la natura della simmetria è condivisa da tutti gli stati della rappresentazione, dato che si passa dall'uno all'altro tramite abbassatori o innalzatori, che non modificano la simmetria. La rappresentazione a spin 3, totalmente simmetrica, ha dimensione 7, per cui i restanti tre stati devono provenire da una delle rappresentazioni a spin 1. Non possono infatti essere gli stati a spin 2, perché sono 5, né lo stato $|0/0\rangle$, perché antisimmetrico. Vi sono tre rappresentazioni con $s = 1$, ma una sola sarà quella simmetrica.

iii) Riportiamo gli stati della rappresentazione $s = 3$, che si ottengono tramite innalzatori o abbassatori dallo stato di peso massimo o di peso minimo, univocamente identificati:

$$|3/3\rangle = \chi_{333}, \quad |3/2\rangle = \chi_{\{332\}},$$

$$|3/1\rangle = \frac{1}{\sqrt{5}}\left(2\chi_{\{322\}} + \chi_{\{331\}}\right), \quad |3/0\rangle = \frac{1}{\sqrt{5}}\left(2\chi_{222} + \chi_{\{123\}}\right),$$

$$|3/-1\rangle = \frac{1}{\sqrt{5}}\left(2\chi_{\{122\}} + \chi_{\{311\}}\right), \quad |3/-2\rangle = \chi_{\{112\}}, \quad |3/-3\rangle = \chi_{111}.$$

Gli stati della rappresentazione simmetrica con $s = 1$ si ricavano da questi per ortogonalità:

$$|1/1\rangle = \frac{1}{\sqrt{5}}\left(\chi_{\{322\}} - 2\chi_{\{331\}}\right), \quad |1/0\rangle = \frac{1}{\sqrt{5}}\left(\chi_{222} - 2\chi_{\{123\}}\right),$$

$$|1/-1\rangle = \frac{1}{\sqrt{5}}\left(\chi_{\{122\}} - 2\chi_{\{311\}}\right).$$

iv) Nel caso di tre fermioni identici a spin $1/2$, la funzione data non è ammissibile. Infatti, essendo la parte spaziale simmetrica, quella spinoriale deve essere antisimmetrica, ma questo non è ottenibile dato che essa è costituita dal prodotto di tre variabili dicotomiche.

10.10. Per calcolare le correzioni perturbative dovute alla repulsione coulombiana nel caso dell'atomo di Litio, occorre valutare gli integrali del Problema 10.5. Questi, grazie alle varie simmetrie e ortogonalità ivi sfruttate, sono i medesimi integrali che si trovano nei calcoli perturbativi per l'atomo di Elio pur di sostituire $Z = 2$ con il valore attuale $Z = 3$. Ricordiamo che lo spettro dell'atomo di idrogeno è dato da

$$W_n^H = -\frac{Z^2}{n^2}w_0, \quad w_0 = \frac{e^2}{2r_0} = \frac{e^4\mu}{\hbar^2} = 13.6\,eV.$$

Da cui segue che l'energia imperturbata (senza repulsione coulombiana) dello stato fondamentale dell'atomo di Litio è data da:

$$W_{Li}^{(0)} = -Z^2 w_0\left(1 + 1 + \frac{1}{4}\right) = -\frac{81}{4}w_0 \approx -275.4\,eV.$$

Le correzioni si trovano nel 10.5, espresse formalmente da $\langle\,\Psi_+\mid V\mid\Psi_+\,\rangle$:

$$W_{Li}^{(1)} = \langle\,\Psi_+\mid V\mid\Psi_+\,\rangle = 2J_{100;200}^{Z=3} - K_{100;200}^{Z=3} + J_{100;100}^{Z=3},$$

mentre i singoli integrali sono dati nel 10.4 e valutati in Appendice:

$$J_{100;100}^{Z=3} = \frac{5}{4}Zw_0, \quad J_{100;200}^{Z=3} = \frac{34}{81}Zw_0, \quad K_{100;200}^{Z=3} = \frac{32}{729}Zw_0.$$

Dunque, l'energia dello stato fondamentale del Litio corretta al primo ordine perturbativo con la repulsione coulombiana è data da:

$$W_{Li} = \left(-\frac{9}{4}Z^2 + \frac{5965}{2916}Z\right)w_0 + \ldots \approx -14.11\,w_0 + \ldots \approx -191.90\,eV + \ldots.$$

Da confrontare con il valore sperimentale $W_{Li}^{exp} \approx -203.4\,eV$.

10.11. Anzitutto, adattiamo l'Hamiltoniana di partenza in modo tale da rendere più semplici i calcoli successivi (le somme vanno da 1 a 3):

$$H = \sum_i \frac{\mathbf{p}_i^2}{2\mu} - \sum_i \frac{Ze^2}{r_i} + \sum_{i<j}\frac{e^2}{|\mathbf{x}_i - \mathbf{x}_j|} =$$

$$= \sum_i\left(\frac{\mathbf{p}_i^2}{2\mu} - \frac{\zeta e^2}{r_i}\right) + \frac{Z-\zeta}{\zeta}\sum_i\left(-\frac{\zeta e^2}{r_i}\right) + \sum_{i<j}\frac{e^2}{|\mathbf{x}_i - \mathbf{x}_j|}.$$

Per la prima parte dell'Hamiltoniana vale:

$$\left(\frac{\mathbf{p}_i^2}{2\mu} - \frac{\zeta e^2}{r_i}\right) u_{1,2}^\zeta(\mathbf{x}_i) = W_{1,2}^\zeta u_{1,2}^\zeta(\mathbf{x}_i), \quad i = 1,2,3,$$

con $W_1^\zeta = -\zeta^2 w_0$ e $W_2^\zeta = -\zeta^2 w_0/4$, con $w_0 = \mu e^4/2\hbar^2$, e quindi:

$$\sum_i \left(\frac{\mathbf{p}_i^2}{2\mu} - \frac{\zeta e^2}{r_i}\right) \psi^\zeta(\mathbf{x}_1, \mathbf{x}_2, \mathbf{x}_3) = (2W_1^\zeta + W_2^\zeta)\psi^\zeta(\mathbf{x}_1, \mathbf{x}_2, \mathbf{x}_3) = -\frac{9}{4}\zeta^2 w_0 \psi^\zeta(\mathbf{x}_1, \mathbf{x}_2, \mathbf{x}_3)$$

essendo $\psi^\zeta(\mathbf{x}_1, \mathbf{x}_2, \mathbf{x}_3) = u_1^\zeta(\mathbf{x}_1)u_1^\zeta(\mathbf{x}_2)u_2^\zeta(\mathbf{x}_3)\chi$. Notare che il vettore di spin χ non ha alcuna influenza, essendo le interazioni indipendenti dallo spin. Per applicare il principio variazionale di Riesz, occorre valutare:

$$\langle \psi^\zeta | H | \psi^\zeta \rangle = \langle \sum_i \left(\frac{\mathbf{p}_i^2}{2\mu} - \frac{\zeta e^2}{r_i}\right)\rangle_\zeta + \frac{Z-\zeta}{\zeta}\sum_i \langle -\frac{\zeta e^2}{r_i}\rangle_\zeta + \sum_{i<j}\langle \frac{e^2}{|\mathbf{x}_i - \mathbf{x}_j|}\rangle_\zeta.$$

Il primo termine è dato semplicemente da:

$$\langle \sum_i H_i^0 \rangle_\zeta = -\frac{9}{4}\zeta^2 w_0.$$

Nel secondo addendo, gli integrali sulle funzioni $u(\mathbf{x}_j)$ con $j \neq i$ danno conto delle normalizzazioni; quello ancora da calcolare è di tipo standard, ma si può ricavare anche dal teorema del viriale:

$$\langle u_n^\zeta(\mathbf{x}_i) \mid -\frac{\zeta e^2}{r_i} \mid u_n^\zeta(\mathbf{x}_i)\rangle = 2W_n^\zeta, \quad n = 1,2.$$

Pertanto:

$$\frac{Z-\zeta}{\zeta}\sum_i \langle -\frac{\zeta e^2}{r_i}\rangle_\zeta = \frac{Z-\zeta}{\zeta}2(2W_1^\zeta + W_2^\zeta) = -\frac{9}{2}(Z-\zeta)\zeta w_0.$$

Per quanto riguarda l'ultimo termine:

$$\sum_{i<j}\langle \frac{e^2}{|\mathbf{x}_i - \mathbf{x}_j|}\rangle_\zeta = \langle \frac{e^2}{|\mathbf{x}_1 - \mathbf{x}_2|}\rangle_\zeta + \langle \frac{e^2}{|\mathbf{x}_1 - \mathbf{x}_3|}\rangle_\zeta + \langle \frac{e^2}{|\mathbf{x}_2 - \mathbf{x}_3|}\rangle_\zeta.$$

D'altra parte, vedi 10.4:

$$\langle \frac{e^2}{|\mathbf{x}_1 - \mathbf{x}_2|}\rangle_\zeta = \langle u_1^\zeta(\mathbf{x}_1)u_1^\zeta(\mathbf{x}_2) \mid \frac{e^2}{|\mathbf{x}_1 - \mathbf{x}_2|} \mid u_1^\zeta(\mathbf{x}_1)u_1^\zeta(\mathbf{x}_2)\rangle = J_{100;100}^Z\Big|_{Z=\zeta} = \frac{5}{4}\zeta w_0,$$

mentre

$$\langle \frac{e^2}{|\mathbf{x}_1 - \mathbf{x}_3|} \rangle_\zeta = \langle \frac{e^2}{|\mathbf{x}_2 - \mathbf{x}_3|} \rangle_\zeta = \langle u_1^\zeta(\mathbf{x}_1)u_2^\zeta(\mathbf{x}_3) \mid \frac{e^2}{|\mathbf{x}_1 - \mathbf{x}_3|} \mid u_1^\zeta(\mathbf{x}_1)u_2^\zeta(\mathbf{x}_3) \rangle =$$

$$= J_{100;200}^\zeta = \frac{34}{81}\, \zeta\, w_0.$$

Raccogliendo i tre addendi:

$$\sum_{i<j}\langle \frac{e^2}{|\mathbf{x}_i - \mathbf{x}_j|} \rangle_\zeta = 2J_{100;200}^\zeta + J_{100;100}^\zeta = \frac{677}{324}\, \zeta\, w_0 \approx 2.089\, \zeta\, w_0,$$

e quindi:

$$\langle \psi^\zeta | H | \psi^\zeta \rangle = \left[-\frac{9}{4}\zeta^2 - \frac{9}{2}(Z - \zeta)\,\zeta + \frac{677}{324}\,\zeta \right] w_0 = \frac{9}{4}\left[\zeta^2 - 5.07\,\zeta \right] w_0,$$

che abbiamo valutato per $Z = 3$. Il minimo del valore di aspettazione si ottiene per: $\zeta_{min} = 2.536$ e l'energia variazionale:

$$W_{var} = -\frac{9}{4}(2.536)^2 w_0 = -14.47\, w_0 \approx -196.75\, eV.$$

Come nel calcolo perturbativo del 10.10, questo valore rappresenta un deciso miglioramento rispetto al valore imperturbato $-275.4\ eV$, se confrontato con quello sperimentale $-203.4\ eV$. Il dato variazionale è sicuramente per eccesso, ed è leggermente migliore di quello perturbativo perché il parametro variazionale ζ può tenere conto del parziale schermo della carica nucleare da perte degli elettroni interni, come già discusso nel 10.4.

10.12. Se vogliamo utilizzare delle funzioni di prova del tipo impiegato nel Problema 10.11 ma con le corrette proprietà di antisimmetrizzazione, queste sono date ovviamente dalle funzioni utilizzate nel Problema 10.5, con la sola differenza che tutte le autofunzioni spaziali dell'atomo di idrogeno dipendono dal parametro variazionale ζ.

$$\Psi_\pm^\zeta = \frac{1}{\sqrt{3!}} \begin{vmatrix} \psi_{1+}^\zeta(1) & \psi_{1-}^\zeta(1) & \psi_{2\pm}^\zeta(1) \\ \psi_{1+}^\zeta(2) & \psi_{1-}^\zeta(2) & \psi_{2\pm}^\zeta(2) \\ \psi_{1+}^\zeta(3) & \psi_{1-}^\zeta(3) & \psi_{2\pm}^\zeta(3) \end{vmatrix} \qquad \begin{aligned} \psi_{1+}^\zeta &= u_{100}^\zeta \chi_{+1/2} \\ \psi_{1-}^\zeta &= u_{100}^\zeta \chi_{-1/2} \\ \psi_{2\pm}^\zeta &= u_{200}^\zeta \chi_{\pm1/2}. \end{aligned}$$

Nel calcolo di $\langle \Psi^\zeta | H | \Psi^\zeta \rangle$, i primi due termini, $\langle \sum_i H_i^0 \rangle_\zeta$ e $\langle \sum_i -\zeta e^2/r_i \rangle_\zeta$, danno lo stesso contributo valutato nel 10.11. Per il primo è ovvio, dato che gli H_i^0 sono diagonali sulle ψ_i, mentre per il secondo notiamo che gli ulteriori valori di aspettazione tra le funzioni permutate negli indici, danno contributo nullo per ortogonalità tra le funzioni spaziali o di spin. Ad esempio:

$$\langle u_{100}^{\zeta}(1)\chi_+(1)u_{100}^{\zeta}(2)\chi_-(2)u_{200}^{\zeta}(3)\chi_+(3)|\frac{1}{r_1}|u_{200}^{\zeta}(1)\chi_+(1)u_{100}^{\zeta}(2)\cdot$$

$$\cdot\chi_-(2)u_{100}^{\zeta}(3)\chi_+(3)\rangle =$$

$$= \langle u_{100}^{\zeta}(1)\chi_+(1)u_{100}^{\zeta}(2)\chi_-(2)u_{200}^{\zeta}(3)\chi_+(3)|\frac{1}{r_1}|u_{100}^{\zeta}(1)\chi_-(1)u_{100}^{\zeta}(2)\cdot$$

$$\cdot\chi_+(2)u_{200}^{\zeta}(3)\chi_+(3)\rangle =$$

$$= \langle u_{100}^{\zeta}(1)\chi_+(1)u_{100}^{\zeta}(2)\chi_-(2)u_{200}^{\zeta}(3)\chi_+(3)|\frac{1}{r_1}|u_{100}^{\zeta}(1)\chi_+(1)u_{200}^{\zeta}(2)\cdot$$

$$\cdot\chi_+(2)u_{100}^{\zeta}(3)\chi_-(3)\rangle = 0.$$

Infine, il termine di repulsione coulombiana è analogo a quello valutato nel 10.5, ovvero:

$$\sum_{i<j}\langle\frac{e^2}{|\mathbf{x}_i-\mathbf{x}_j|}\rangle_\zeta = 2J_{100;200}^{\zeta}-K_{100;200}^{\zeta}+J_{100;100}^{\zeta} = \frac{5965}{2916}\zeta\,w_0 \approx 2.046\,\zeta\,w_0,$$

e quindi:

$$\langle\Psi^{\zeta}|H|\Psi^{\zeta}\rangle = \left[-\frac{9}{4}\zeta^2-\frac{9}{2}\zeta(Z-\zeta)+\frac{5965}{2916}\zeta\right]w_0 = \frac{9}{4}\left[\zeta^2-5.09\,\zeta\right]w_0,$$

con $Z=3$. Il minimo si trova in: $\zeta_{min}=2.545$ e l'energia variazionale:

$$W_{var} = -\frac{9}{4}2.545\,w_0 = -14.58\,w_0 \approx -198.26\,eV.$$

Come si vede, il miglioramento (verso il valore minimo) introdotto dalla funzione d'onda correttamente antisimmetrizzata è piccolo, $-198.26\,eV$ rispetto a $-196.75\,eV$, confermando il fatto che il principio di Pauli era già implicito nelle funzioni di prova del 10.11.

10.13. La funzione d'onda di due bosoni identici si può rappresentare separando le variabili:

$$\psi(\mathbf{x}_1,\mathbf{x}_2;S_1,S_2) = \Phi(\mathbf{X})\phi_L(\mathbf{x})\chi_S(S_1,S_2),\mathbf{X} = \frac{1}{2}(\mathbf{x}_1+\mathbf{x}_2),\mathbf{x}=\mathbf{x}_1-\mathbf{x}_2.$$

La funzione d'onda deve essere simmetrica nello scambio delle due particelle. Sotto tale scambio, $\mathbf{X}$ non muta, mentre la coordinata relativa $\mathbf{x}\to-\mathbf{x}$, e pertanto vale $\phi_L(-\mathbf{x})=(-)^L\phi_L(\mathbf{x})$. A sua volta, la funzione d'onda di spin totale è simmetrica per tutti i valori $S=2s,2s-2,2s-4,...$, mentre è antisimmetrica per tutti gli valori $S=2s-1,2s-3,2s-5,...$, come provato nel Problema 9.28. Ricordiamo che, trattandosi di bosoni, $s=n$ intero e quindi possiamo concludere che la parità della funzione d'onda complessiva è data da $(-)^{L+S}$, ovvero L e S devono essere entrambi pari o entrambi dispari.

10.14. i) La probabilità di trovare una particella in un intorno di r_1 e l'altra in un intorno di r_2, con $r_1 \neq r_2$, è data dalla probabilità di trovare la 1 in r_1 e la 2 in r_2, più la probabilità di trovare la 1 in r_2 e la 2 in r_1:

$$P(x_1 = r_1, x_2 = r_2)dV_1 dV_2 = |\psi(r_1, r_2)|^2 dV_1 dV_2 + |\psi(r_2, r_1)|^2 dV_1 dV_2 =$$
$$= 2|\psi(r_1, r_2)|^2 dV_1 dV_2.$$

Nell'ultimo passaggio abbiamo evidentemente sfruttato la simmetria della funzione d'onda dei bosoni. Notare che abbiamo sommato sulle due probabilità come nel caso di particelle differenti, poiché, quando si introduce il postulato di simmetria, la connessione originaria tra probabilità e funzione d'onda non viene modificata.

ii) Naturalmente, se $x_1 = x_2 = r$, la probabilità è una sola:

$$P(x_1 = r, x_2 = r)dV dV = |\psi(r, r)|^2 dV dV.$$

Quanto ora trovato è coerente con la normalizzazione della funzione d'onda, ovvero con la probabilità di trovare le due particelle in un posto qualsiasi:

$$1 = P_{tot} = \int \int d x_1 d x_2 |\psi(x_1, x_2)|^2.$$

In tale espressione infatti ritroviamo la somma sui due ordinamenti per $x_1 \neq x_2$, e un solo termine quando $x_1 = x_2$.

iii) La probabilità di trovare entrambe nello stesso volume finito V è data da:

$$P_{V,V} = \int_V d x_1 \int_V d x_2 |\psi(x_1, x_2)|^2.$$

iv) La probabilità di trovarne una in V e l'altra nel complementare CV, è data da:

$$P_{V,CV} = 2 \int_V d x_1 \int_{CV} d x_2 |\psi(x_1, x_2)|^2.$$

10.15. La funzione d'onda totale deve essere totalmente simmetrica per $s = 0, 1$ e totalmente antisimmetrica per $s = 1/2$. Se il potenziale non dipende dagli spin, essa si può fattorizzare nel prodotto di una funzione spaziale per una autofunzione dello spin totale S, $\psi = u^{\pm}(x_1, x_2)\chi_s$, dove $u^{\pm}$ indica la funzione simmetrica (+) o antisimmetrica (-) nello scambio $1 \leftrightarrow 2$. Se $s = 0$, anche $S = 0$: $\chi_0 = 1$ e $u = u^+$. Se $s = 1$, allora $S = 0, 1, 2$: χ_0 e χ_2 simmetriche e $u = u^+$, oppure χ_1 antisimmetrica e $u = u^-$. Se $s = 1/2$, allora $S = 0, 1$ con χ_0 antisimmetrica e $u = u^+$, oppure χ_1 simmetrica e $u = u^-$.

i) $V(r) = K/2(r_1 - r_2)^2$. Conviene passare alla coordinata relativa $r = r_1 - r_2$. Abbiamo così a che fare con un singolo oscillatore armonico tridimensionale isotropo, che risolviamo in coordinate polari, con autofunzioni $u_{nlm}(\mathbf{r})$ e spettro $W_N = [N + 3/2]\hbar\omega$, con $N = 2(n-1) + l$. Vedi 3.6. Lo scambio di particelle 1↔2 corrisponde all'operazione di parità $\mathbf{r} \to -\mathbf{r}$, con la funzione d'onda che cambia o meno di segno a seconda di l. Lo stato fondamentale W_0 corrisponde a u_{100}, è non degenere e ha funzione d'onda spaziale pari. Il primo stato eccitato W_1 corrisponde a u_{11m}, è 3 volte degenere e ha funzione d'onda spaziale dispari. Questo stato non è permesso per particelle a spin zero, che devono avere funzioni d'onda completamente simmetriche: per spin zero, il primo stato eccitato è W_2, che corrisponde a u_{12m} e a u_{200}, entrambe pari, con degenerazione uguale a $5 + 1 = 6$. A parte questo caso, la degenerazione complessiva si ottiene moltiplicando quella spaziale per quella di spin. Riassumendo:

W_0	a)	$s = 0$	u_{100}^+	$d_0(W_0) = 1$
	b)	$s = 1/2$	$u_{100}^+\chi_0^-$	$d_{1/2}(W_0) = 1$
	c)	$s = 1$	$u_{100}^+\chi_0^+, u_{100}^+\chi_2^+$	$d_1(W_0) = 6$
W_1	a)	$s = 0$	non permesso	
	b)	$s = 1/2$	$u_{11m}^-\chi_1^+$	$d_{1/2}(W_1) = 9$
	c)	$s = 1$	$u_{11m}^-\chi_1^-$	$d_1(W_1) = 9$
W_2	a)	$s = 0$	u_{12m}^+, u_{200}^+	$d_0(W_2) = 6.$

ii) $V(\mathbf{r}) = K/2(\mathbf{r}_1^2 + \mathbf{r}_2^2)$. Conviene separare la parte spaziale nelle coordinate di singola particella. Le autofunzioni sono date dal prodotto delle autofunzioni dell'oscillatore armonico, eventualmente simmetrizzate o antisimmetrizzate se diverse tra loro:

$$U_{N_1 N_2}^{\pm} = \frac{1}{\sqrt{2}}\left[u_{n_{1x}n_{1y}n_{1z}}(\mathbf{r}_1)u_{n_{2x}n_{2y}n_{2z}}(\mathbf{r}_2) \pm u_{n_{1x}n_{1y}n_{1z}}(\mathbf{r}_2)u_{n_{2x}n_{2y}n_{2z}}(\mathbf{r}_1)\right].$$

L'energia di questi stati è data da:

$$W_N = (N+3)\hbar\omega, \quad N = N_1 + N_2, \quad N_1 = n_{1x} + n_{1y} + n_{1z}, \quad N_2 = n_{2x} + n_{2y} + n_{2z},$$

con degenerazione pari alle combinazioni possibili di sei interi a somma N.

Lo stato fondamentale a $N = 0$ corrisponde a tutti gli $n_i = 0$. Le due funzioni spaziali sono uguali e quella complessiva è simmetrica e non degenere. Il primo stato eccitato $N = 1$ si ottiene da $N_{1(2)} = 1$ e $N_{2(1)} = 0$, e porta a U^+ o U^-, cioè alla combinazione simmetrica o antisimmetrica in 1↔2. A sua volta, la funzione u_i con $N_i = 1$ è degenere 3 volte a seconda che l'intero uguale a 1 sia n_x, n_y oppure n_z. Riassumendo:

W_0	a)	$s = 0$	U_{00}	$d_0(W_0) = 1$
	b)	$s = 1/2$	$U_{00}\chi_0^-$	$d_{1/2}(W_0) = 1$
	c)	$s = 1$	$U_{00}\chi_0^+, U_{00}\chi_2^+$	$d_1(W_0) = 6$
W_1	a)	$s = 0$	U_{10}^+	$d_0(W_1) = 3$
	b)	$s = 1/2$	$U_{10}^+\chi_0^-, U_{10}^-\chi_1^+$	$d_{1/2}(W_1) = 12$
	c)	$s = 1$	$U_{10}^+\chi_0^+, U_{10}^+\chi_2^+, U_{10}^-\chi_1^-$	$d_1(W_1) = 27$

iii) Se si applica un campo magnetico costante e uniforme diretto lungo l'asse z, questo si accoppia ai momenti angolari, aggiungendo all'Hamiltoniana totale il termine:

$$H^{(1)} = -\mu_B B(\widehat{L}_z + 2\widehat{S}_z), \quad \mu_B = q/2\mu c,$$

diagonale sugli stati precedentemente elencati. Notiamo che in entrambi i potenziali lo spin interviene sempre come spin totale tramite le autofunzioni χ. Per quanto riguarda invece il momento angolare, col primo potenziale si tratta del solo momento angolare relativo che compare esplicitamente nelle autofunzioni u_{nlm}, mentre col secondo potenziale dobbiamo tenere conto del momento angolare totale delle due particelle; attenzione però che, nel secondo caso, il problema è stato risolto non in coordinate polari, ma separando prima le variabili di singola particella e poi separando le tre coordinate cartesiane. Se tuttavia confrontiamo le soluzioni dell'oscillatore armonico nei due sistemi di coordinate, come nel Problema 3.6, a $N_{Cart} = n_x + n_y + n_z$ corrisponde $N_{Pol} = 2(n-1) + l$, e quindi a $N_{Cart} = 1$ corrisponde univocamente $l = 1$. Pertanto, le nostre funzioni $U_{10}^{\pm}$ sono anche combinazioni di una funzione d'onda con $l = 1$ e di una con $l = 0$, e quindi sono complessivamente di momento angolare totale $L = 1$. Notiamo inoltre che la degenerazione in coordinate cartesiane dovuta a un $n_i = 1$ è uguale a 3, come in coordinate polari con $l = 1$ per $m = 1, 0, -1$.

10.16. L'Hamiltoniana imperturbata è separabile nelle variabili di particella e le autofunzioni sono date dal prodotto delle autofunzioni di particella singola $\psi_{ijk}(\mathbf{r}_n) = \psi_i(x_n)\psi_j(y_n)\psi_k(z_n)$, con eventuali simmetrizzazioni.

i) Per particelle differenti, lo stato a minima energia è dato dal prodotto degli stati fondamentali:

$$\psi_0(\mathbf{r}_1, \mathbf{r}_2) = \begin{cases} \dfrac{8}{abc} \sin\dfrac{\pi x_1}{a} \sin\dfrac{\pi y_1}{b} \sin\dfrac{\pi z_1}{c} \sin\dfrac{\pi x_2}{a} \sin\dfrac{\pi y_2}{b} \sin\dfrac{\pi z_2}{c} & \text{nella scatola} \\ 0 & \text{altrove,} \end{cases}$$

con autovalore:

$$W_0 = \frac{\hbar^2 \pi^2}{\mu}\left(\frac{1}{a^2} + \frac{1}{b^2} + \frac{1}{c^2}\right).$$

Al primo ordine perturbativo:

$$W_0^{(1)} = \int d_3\mathbf{r}_1 d_3\mathbf{r}_2 \psi_0^*(\mathbf{r}_1, \mathbf{r}_2)\lambda\delta(\mathbf{r}_1 - \mathbf{r}_2)\psi_0(\mathbf{r}_1, \mathbf{r}_2) = \lambda \int d_3\mathbf{r}|\psi_0(\mathbf{r}, \mathbf{r})|^2 =$$

$$= \lambda\left(\frac{8}{abc}\right)^2 \int_0^a dx \int_0^b dy \int_0^c dz \left(\sin\frac{\pi x}{a}\sin\frac{\pi y}{b}\sin\frac{\pi z}{c}\right)^4 = \lambda\left(\frac{8}{abc}\right)^2\left(\frac{3}{8}\right)^3 abc =$$

$$= \frac{27\lambda}{8abc}.$$

Pertanto:

$$W_0 = \frac{\hbar^2 \pi^2}{\mu} \left(\frac{1}{a^2} + \frac{1}{b^2} + \frac{1}{c^2} \right) + \frac{27\lambda}{8abc} + \ldots.$$

ii) Per particelle a spin zero la funzione d'onda deve essere totalmente simmetrica, e dunque la $\psi_0(\mathbf{r}_1, \mathbf{r}_2)$ che abbiamo valutato nel caso precedente rimane valida.

iii) Per particelle a spin 1/2 la funzione d'onda deve essere totalmente antisimmetrica, ed essendo nel nostro problema gli spin paralleli, deve essere antisimmetrica la funzione spaziale. Tenendo conto che: $1/a^2 < 1/b^2 < 1/c^2$, lo stato di energia minima è dato da:

$$\psi_0(\mathbf{r}_1, \mathbf{r}_2) = \frac{1}{\sqrt{2}} [\psi_{211}(\mathbf{r}_1)\psi_{111}(\mathbf{r}_2) - \psi_{211}(\mathbf{r}_2)\psi_{111}(\mathbf{r}_1)].$$

Con ψ_{111} e ψ_{211} stato fondamentele e primo stato eccitato di particella singola. L'autovalore corrispondente è dato da:

$$W_0^{1/2} = \frac{\hbar^2 \pi^2}{\mu} \left(\frac{5}{2a^2} + \frac{1}{b^2} + \frac{1}{c^2} \right).$$

La correzione perturbativa è data da:

$$\int d_3\mathbf{r}_1 d_3\mathbf{r}_2 \, \psi_0^*(\mathbf{r}_1, \mathbf{r}_2) A\delta(\mathbf{r}_1 - \mathbf{r}_2)\psi_0(\mathbf{r}_1, \mathbf{r}_2) = 0,$$

per l'antisimmetria della funzione d'onda. E dunque al primo ordine perturbativo la correzione all'energia è nulla.

10.17. Con le nuove variabili del centro di massa, l'energia potenziale e quella cinetica assumono la forma:

$$V = \frac{K}{2} \left(\frac{3}{2} r_1^2 + 2r_2^2 \right), \quad T = -\frac{\hbar^2}{2\mu} \left(\frac{1}{3} \frac{\partial^2}{\partial R^2} + 2 \frac{\partial^2}{\partial r_1^2} + \frac{3}{2} \frac{\partial^2}{\partial r_2^2} \right).$$

Con la sostituzione:

$$\psi(x_1, x_2, x_3) = Y_1(r_1)Y_2(r_2)Y(R),$$

l'equazione di Schrödinger si separa nelle tre equazioni:

$$\begin{cases} -\dfrac{\hbar^2}{\mu} \dfrac{\partial^2 Y_1(r_1)}{\partial r_1^2} + \dfrac{3}{4} K r_1^2 Y_1(r_1) = W_1 Y_1(r_1) \\[2ex] -\dfrac{3\hbar^2}{4\mu} \dfrac{\partial^2 Y_2(r_2)}{\partial r_2^2} + K r_2^2 Y_2(r_2) = W_2 Y_2(r_2) \qquad W = W_1 + W_2 + W_3 \\[2ex] -\dfrac{\hbar^2}{6\mu} \dfrac{\partial^2 Y(R)}{\partial R^2} = W_3 Y(R). \end{cases}$$

La terza equazione è di una particella libera a massa 3μ, e ha come soluzione:

$$Y(R) = \frac{1}{\sqrt{2\pi}} \exp\left[i\sqrt{6\mu W_3/\hbar^2}\, R\right].$$

La prima e seconda equazione descrivono due oscillatori armonici, rispettivamente di massa $\mu_1 = \mu/2$ e $\mu_2 = 2\mu/3$ e costante elastica $K_1 = 3K/2$ e $K_2 = 2K$, cioè entrambi con frequenza $\omega = \sqrt{K_i/\mu_i} = \sqrt{3K/\mu}$. L'energia totale è pertanto:

$$W = W_3 + (N+1)\hbar\omega, \qquad \omega = \sqrt{3K/\mu}, \qquad N = n_1 + n_2 = 0, 1, 2, \ldots$$

Lo stato fondamentale è caratterizzato da $N = 0$ ed è dato da:

$$\psi_0(r_1, r_2, R) = Y_{1,0}(r_1) Y_{2,0}(r_2) Y(R) =$$

$$= \left(\frac{1}{3\pi^2}\right)^{1/4} \alpha \exp\left[\frac{-\alpha^2}{2}\left(\frac{1}{2}r_1^2 + \frac{2}{3}r_2^2\right)\right] Y(R), \qquad \alpha = \sqrt{\mu\omega/\hbar}.$$

La $Y_{i,n}(r_i)$ è l'n-esima autofunzione dell'i-esimo oscillatore, essendo $i = 1, 2$ e $n = 0, 1, 2, \ldots$

10.18. Se le particelle del problema precedente sono identiche, dobbiamo esaminare i due casi:

i) Bosoni di spin zero. Non c'è dipendenza dallo spin, e quindi la funzione d'onda deve essere totalmente simmetrica nello scambio delle variabili spaziali $\{x_1, x_2, x_3\}$. La Y soddisfa questa richiesta perché dipende dalla variabile R simmetrica. Per quanto riguarda la parte in r_1 e r_2, controlliamo direttamente:

$$3r_1^2 + 4r_2^2 = 3(x_1 - x_2)^2 + (x_1 + x_2 - 2x_3)^2 = 4\left(x_1^2 + x_2^2 + x_3^2 - x_1x_2 - x_2x_3 - x_3x_1\right),$$

ovvero una forma simmetrica. La $\psi_0(r_1, r_2, R)$ vista prima è dunque lo stato fondamentale.

ii) Fermioni a spin 1/2. La funzione d'onda deve essere antisimmetrica nello scambio di due particelle e, essendo il potenziale indipendente dallo spin, può essere espressa come prodotto di una parte spaziale e di una parte di spin. Quest'ultima, a sua volta, può essere espressa come prodotto di tre funzioni a spin $1/2$, e non può essere completamente antisimmetrica, perché gli stati differenti tra di loro sono solo due. Di conseguenza la funzione spaziale non può essere completamente simmetrica, come abbiamo visto essere lo stato a minima energia $\psi_0(r_1, r_2, R)$ trovato prima. Dobbiamo quindi prendere in esame stati a energia superiore.

Consideriamo dunque il primo stato eccitato con $N = 1$, due volte degenere:

$$\psi_1^{(1)}(x_1, x_2, x_3) = Y_{1,1}(r_1) Y_{2,0}(r_2) Y(R), \qquad \psi_1^{(1')}(x_1, x_2, x_3) = Y_{1,0}(r_1) Y_{2,1}(r_2) Y(R).$$

Questi due stati hanno lo stesso fattore esponenziale visto nel 10.17, e sono moltiplicati rispettivamente per r_1 e r_2, derivanti dal primo stato eccitato dell'oscillatore tridimensionale monodimensionale; di questi, $r_1 = x_1 - x_2$ è antisimmetrico per lo scambio $1 \leftrightarrow 2$, mentre $r_2 = (x_1 + x_2)/2 - x_3$ non gode di nessuna semplice proprietà. Conviene allora cercare nuove variabili, rispetto alle quali siano evidenti le simmetria delle autofunzioni. Ad esempio, avremmo potuto fin dall'inizio utilizzare le coordinate ottenute dalle prime permutando ciclicamente le x_i:

$$r_1' = x_2 - x_3, \quad r_2' = \frac{x_2 + x_3}{2} - x_1, \quad R' = \frac{x_1 + x_2 + x_3}{3} = R,$$

$$r_1'' = x_3 - x_1, \quad r_2'' = \frac{x_3 + x_1}{2} - x_2, \quad R'' = \frac{x_1 + x_2 + x_3}{3} = R,$$

ed esprimere lo stato eccitato tramite queste:

$$\begin{cases} \psi_1^{(1)}(x_1, x_2, x_3) = Y_{1,1}(r_1) Y_{2,0}(r_2) Y(R) = (x_1 - x_2) F_+(x_1, x_2, x_3) \\ \psi_1^{(2)}(x_1, x_2, x_3) = Y_{1,1}(r_1') Y_{2,0}(r_2') Y(R) = (x_2 - x_3) F_+(x_1, x_2, x_3) \\ \psi_1^{(3)}(x_1, x_2, x_3) = Y_{1,1}(r_1'') Y_{2,0}(r_2'') Y(R) = (x_3 - x_1) F_+(x_1, x_2, x_3). \end{cases}$$

La funzione F_+ è il prodotto di $Y(R)$, dipendente da R simmetrica, e del fattore esponenziale visto alla fine del 10.17, dipendente anch'esso da una variabile simmetrica. F_+ è dunque simmetrica.

Notare che in ciascuna riga abbiamo riportato una sola delle due autofunzioni degeneri, ad esempio $\psi_1^{(1)}$ e non $\psi_1^{(1')}$, perché ne esistono solo due linearmente indipendenti, ad esempio le prime due righe. Tenendo però conto anche dello spin, si può sviluppare su tutte e tre. Ad esempio lo stato con terza componente dello spin totale $1/2$:

$$\Psi_1(\{x_i; \sigma_i\}) \propto \psi_1^{(1)} \begin{vmatrix}1\\0\end{vmatrix}_1 \begin{vmatrix}1\\0\end{vmatrix}_2 \begin{vmatrix}0\\1\end{vmatrix}_3 + \psi_1^{(2)} \begin{vmatrix}0\\1\end{vmatrix}_1 \begin{vmatrix}1\\0\end{vmatrix}_2 \begin{vmatrix}1\\0\end{vmatrix}_3 + \psi_1^{(3)} \begin{vmatrix}1\\0\end{vmatrix}_1 \begin{vmatrix}0\\1\end{vmatrix}_2 \begin{vmatrix}1\\0\end{vmatrix}_3 \propto$$

$$\propto F_+(x_1, x_2, x_3) \left[(x_1 - x_2) \begin{vmatrix}1\\0\end{vmatrix}_1 \begin{vmatrix}1\\0\end{vmatrix}_2 \begin{vmatrix}0\\1\end{vmatrix}_3 + (x_2 - x_3) \begin{vmatrix}0\\1\end{vmatrix}_1 \begin{vmatrix}1\\0\end{vmatrix}_2 \begin{vmatrix}1\\0\end{vmatrix}_3 + \right.$$

$$\left. + (x_3 - x_1) \begin{vmatrix}1\\0\end{vmatrix}_1 \begin{vmatrix}0\\1\end{vmatrix}_2 \begin{vmatrix}1\\0\end{vmatrix}_3 \right].$$

Questa funzione è ora antisimmetrica nello scambio di due particelle. Ad esempio, per $1 \leftrightarrow 2$ il primo addendo cambia segno, mentre il secondo e il terzo si scambiano tra di loro sia la parte di spin che la parte spaziale cambiata di segno. È una funzione accettabile per spinori, e dunque la minima energia per questo sistema si ottiene con $N = 1$ e vale $W = W_3 + 2\hbar\omega$.

10.19. Nel Problema 3.6 sono valutati gli autostati di un singolo oscillatore armonico tridimensionale che, in coordinate cartesiane, possono essere caratterizzati da tre numeri interi $(n_1 n_2 n_3)$, con autovalori $W_N = (N + 3/2)\hbar\omega$, per $N = n_1 + n_2 + n_3$, e degenerazione d_N. I primi tre sono:

$$N = 0 \quad (000) \quad d_0 = 1; \quad N = 1 \quad (100) \quad d_1 = 3; \quad N = 2 \quad (200), (110) \quad d_2 = 6.$$

Le degenerazioni si riferiscono alla posizione dei numeri entro la terna.

Nel caso di due particelle non interagenti tra di loro, gli autovalori sono pari alla somma degli autovalori, e gli autostati il prodotto degli autostati. Se le particelle hanno spin, poiché non vi è interazione di spin, le autofunzioni totali sono esprimibili come prodotto delle autofunzioni spaziali e delle autofunzioni di spin. Se le particelle sono identiche, le autofunzioni sono simmetriche o antisimmetriche nello scambio delle particelle, a seconda che siano a spin intero o semintero.

i) Spin $s = 1/2$, quindi funzioni antisimmetriche che si possono ottenere da funzioni spaziali simmetriche e di spin antisimmetriche con spin totale $S = 0$, o viceversa con spin totale $S = 1$.

I) $N = 0$. Entrambe le particelle nello stato (000): (000)(000). La funzione d'onda spaziale è una sola, simmetrica, quella di spin è una sola, antisimmetrica. Dunque, $d_0 = 1$.

II) $N = 1$. Una particella in (000) e una in (100): (000)(100), oppure (100)(000). Da questi due stati si può fare una combinazione simmetrica e una antisimmetrica, da moltiplicare per un singoletto antisimmetrico a $S = 0$ la prima, e per un tripletto simmetrico a $= 1$ la seconda. Quindi $1 + 3 = 4$ stati, in ciascuno dei quali il numero quantico $n_i = 1$ può apparire in 3 posizioni. Dunque, $d_1 = 3 \times (1 + 3) = 12$.

III) $N = 2$. Questo caso può essere ottenuto con le seguenti combinazioni:

$$(200)(000), \quad (110)(000), \quad (100)(010), \quad (100)(100),$$

di cui le prime tre sono in realtà coppie ottenute scambiando le particelle. Ciascuna di queste 3 coppie si può mettere in forma simmetrica o antisimmetrica, moltiplicata la prima per la funzione di singoletto, la seconda per quella di tripletto; gli indici n_i possono apparire in tre posizioni diverse. Quindi, ogni coppia dà origine a 12 stati. L'ultimo stato infine è singolo, simmetrico, con spin a 1 componente, e 3 posizioni dell'indice n_i. Dunque, $d_2 = 3 \times (3 \times 4 + 1) = 39$.

ii) Spin $s = 1$, quindi funzioni totali simmetriche. Due funzioni di spin sono simmetriche, quelle a $S = 0, 2$, complessivamente con $1 + 5 = 6$ componenti, e quella antisimmetrica a $S = 1$, con 3 componenti.

I) $N = 0$. Funzioni simmetriche sia spaziali che di spin. Dunque, $d_0 = 6$.

II) $N = 1$. Ogni funzione spaziale ha degenerazione 3 per la posizione dell'1, e può essere simmetrica o antisimmetrica. La prima moltiplicata per una parte di spin simmetrica a 6 componenti ($S = 0, 2$), la seconda per una antisimmetrica a tre componenti ($S = 1$). Dunque, $d_1 = 3 \times (6 + 3) = 27$.

III) $N = 2$. Confronta la casistica vista per lo spin $1/2$. I primi tre possono essere accoppiati sia alle 6 funzioni di spin simmetriche, che alle 3 antisimmetriche; l'ultimo invece alle sole 6 componenti pari dello spin totale. Dunque, $d_2 = 3 \times [3 \times (6 + 3) + 6] = 99$.

Riassumendo:

$$d_0^{(1/2)} = 1, \quad d_1^{(1/2)} = 12, \quad d_2^{(1/2)} = 39, \quad d_0^{(1)} = 6, \quad d_1^{(1)} = 27, \quad d_2^{(1)} = 99.$$

10.20. Consideriamo i numeri quantici atomici in coordinate polari $(nlm; s_z)$.

i) Lo stato $2s2p$ è rappresentato dai numeri quantici: $(200; \pm 1/2)$
$(21\{10-1\}; \pm 1/2)$. Gli stati a una particella sono differenti perché appartenenti a shell diverse, con $l_1 \neq l_2$, e quindi possono essere tutti antisimmetrizzati. Dunque, $d_{2s2p} = 2_{2s} \times 6_{2p} = 12$.

Consideriamo ora i numeri quantici totali L_j^{2S+1}. Essendo per i singoli stati $l_1 = 0$ e $l_2 = 1$, $s_1 = s_2 = 1/2$, il momento angolare e lo spin totali sono dati da: $L = 1$ e $S = 0, 1$.

I tre stati con $L = 1$ si ottengono da singole particelle in stati spaziali differenti, $2s$ e $2p$, che possono essere combinati in funzioni sia simmetriche che antisimmetriche, le prime moltiplicate per l'unica funzione di spin 0, antisimmetrica, la seconda per le tre funzioni di spin 1, simmetriche.

Dunque, $d_{L=1;S=0,1} = 3_L \times (1+3)_S = 12$, come prima.

Se infine consideriamo i momenti totali j, questi possono derivare da:

$$j_{tot} = j_{2s} \otimes j_{2p} = \frac{1}{2} \otimes \left(\frac{1}{2} \oplus \frac{3}{2} \right) = 0 \oplus 1 \oplus 1 \oplus 2.$$

Dunque, $d_{j_{tot}} = 1 + 3 + 3 + 5 = 12$.

ii) Nella configurazione $2p3p$ ciascun elettrone può essere in uno degli stati $3_l \times 2_s = 6$, ed essendo tutti diversi grazie a $n = 2$ o $n = 3$, tutti i primi 6 possono essere combinati con tutti i secondi 6 a formare funzioni antisimetriche. Dunque, $d_{2p3p} = 6_{2p} \times 6_{3p} = 36$.

Nella rappresentazione L_j^{2S+1}, il momento angolare totale è $L = 0, 1, 2$ ma, come sopra, in tutte queste rappresentazioni gli stati possono essere simmetrizzati o anti-simmetrizzati rispetto a $\{n_1, n_2\}$, e pertanto possono essere moltiplicati per tutti gli stati di spin totale. Dunque, $d_{L=0,1,2;S=0,1} = 9_L \times 4_S = 36$.

Infine, se valutiamo i momenti angolari totali:

$$j_{tot} = j_{2p} \otimes j_{3p} = \left(1 \otimes \frac{1}{2} \right) \otimes \left(1 \otimes \frac{1}{2} \right) = \left(\frac{1}{2} \oplus \frac{3}{2} \right) \otimes \left(\frac{1}{2} \oplus \frac{3}{2} \right) =$$

$$= \left[\frac{1}{2} \otimes \left(\frac{1}{2} \otimes \frac{3}{2} \right) \right] \oplus \left[\frac{3}{2} \otimes \left(\frac{1}{2} \otimes \frac{3}{2} \right) \right] =$$

$$= [(0 \oplus 1) \oplus (1 \oplus 2)] \oplus [(1 \oplus 2) \oplus (0 \oplus 1 \oplus 2 \oplus 3)].$$

Dunque, $d_{j_{tot}} = 1 + 3 + 3 + 5 + 3 + 5 + 1 + 3 + 5 + 7 = 36$, come visto sopra.

Riassumendo:

$$d_{2s2p} = 12, \quad d_{2p3p} = 36.$$

10.21. Premettiamo che non si può definire lo spin in una sola dimensione, ma qui si tratta ovviamente della dimensione residua, dopo aver fattorizzato o mediato le altre due. Le funzioni d'onda e gli autovalori di singola particella sono dati da:

$$\psi(x) = \sqrt{\frac{1}{a}}\sin\frac{n\pi x}{2a}, \quad W_n = n^2 w_0, \quad w_0 = \frac{\pi^2 \hbar^2}{8\mu a^2}.$$

a) Quindi, per due particelle, si ha:

$$\psi(x_1,x_2) = \frac{1}{a}\sin\frac{n_1\pi x_1}{2a}\sin\frac{n_2\pi x_2}{2a}, \quad W_{n_1 n_2} = (n_1^2 + n_2^2)w_0,$$

e i primi quattro valori dell'energia dati, in unità di w_0, da:

$$W_{11} = 2 \quad W_{12} = W_{21} = 5 \quad W_{22} = 8 \quad W_{31} = W_{13} = 10.$$

b) i) Per due particelle identiche a spin 1/2, la funzione d'onda totale deve essere antisimmetrica, prodotto di una funzione spaziale simmetrica e di spin antisimmetrica, o viceversa. Se $n_1 = n_2$ la funzione spaziale è simmetrica, e dunque quella di spin deve essere antisimmetrica, a spin totale zero, e quindi con degenerazione 1. Se $n_1 \neq n_2$ la funzione spaziale può essere simmetrica o antisimmetrica, e quella di spin antisimmetrica o simmetrica, con degenerazione totale 1+3=4.

b) ii) Se le particelle sono a spin 1/2 ma non sono identiche per al presenza di un numero quantico non osservato, allora non ci sono restrizioni, e la degenerazione totale è pari a 4 se $n_1 = n_2$ e invece a $2 \times 4 = 8$ se $n_1 \neq n_2$.

b) iii) Se le particelle sono identiche con spin 1, la funzione d'onda totale deve essere il prodotto di due funzioni simmetriche, una spaziale e 6=5+1 spinoriali, in corrispondenza a $S = 0,2$; oppure due antisimmetriche, una spaziale e 3 spinoriali, in corrispondenza a $S = 1$. Se $n_1 = n_2$ c'è solo il primo caso, cioè degenerazione 6. S $n_1 \neq n_2$ ci sono entrambi i casi, e quindi 6+3=9.

La tabella riassuntiva è la seguente:

W	2	5	8	10
d_W	$d_2 = \{1,4,6\};$	$d_5 = \{4,8,9\};$	$d_8 = \{1,4,6\};$	$d_{10} = \{4,8,9\}.$

L'energia W è data in unità di w_0, e le tre degenerazioni si riferiscono ai tre casi $\{i, ii, iii\}$.

3.11 Argomenti vari

11.1. Precisando le due affermazioni, ci si può convincere che esse non sono contraddittorie.

i) Per ogni $k = 1, 2, \ldots$ fissato, i polinomi generalizzati di Laguerre di grado m, $L_m^k(\rho)$, si ottengono dal processo di ortogonalizzazione di Schmidt dei monomi ρ^n

in $\mathscr{L}^2_{\rho \in [0,\infty)}$ sulla misura $\rho^k e^{-\rho} \, d\rho$, e formano dunque un set ortogonale completo in *questo* spazio con *questa* misura. Ovvero, per ogni $k = 1,2,...$, le funzioni $\phi_m^k(\rho) = \rho^{k/2} e^{-\rho/2} L_m^k(\rho)$, al variare di n, formano un set ortogonale completo in $\mathscr{L}^2_{\rho \in [0,\infty)}$ sulla misura di Lebesgue $d\rho$.

ii) La parte radiale delle autofunzioni proprie dell'idrogeno si esprime nel modo seguente:

$$\frac{R_{nl}(r)}{r} = y_{nl}(r) = N_{nl} \, (2k_n r)^{l+1} e^{-k_n r} L_{n-l-1}^{2l+1}(2k_n r).$$

Queste, per ogni $l = 0,1,2,...$ e al variare di $n = l+1, l+2, ...$, *non* costituiscono un insieme completo in $\mathscr{L}^2_{r \in [0,\infty)}$ sulla misura dr, in quanto manca lo spettro continuo. Più precisamente, per ogni l fissato intero positivo o nullo, la parte radiale dell'equazione di Schrödinger, condizioni al contorno incluse, è un'equazione agli autovalori per un operatore autoaggiunto, che possiede pertanto un insieme ortonormale completo di autofunzioni *proprie* e *improprie*. Da semplici analisi qualitative si deduce che, per ogni l fissato, esistono sia le autofunzioni proprie $y_{nl}(r)$ che quelle improprie $y_{\nu l}(r)$, non a quadrato sommabili, relative allo spettro continuo, individuate dal parametro continuo ν.

La non completezza delle $\{y_{nl}\}$ comporta che la relazione:

$$(f, y_{nl}) = \int_0^\infty dr f^*(r) y_{nl}(r) = 0, \quad l \quad \text{fissato} \quad \forall n = l+1, l+2, ...,$$

può essere soddisfatta da funzioni $f(r)$ non identicamente nulle.

Posto ora $k = 2l+1$ e $m = n - k + l = n - l - 1$:

$$y_{nl}(r) \propto r^{l+1} e^{-k_n r} L_{n-l-1}^{2l+1}(2k_n r) = r^{1/2} \phi_m^k(2k_n r),$$

la relazione di ortogonalità si può scrivere:

$$(f, y_{nl}) \propto \int_0^\infty dr \, r^{1/2} f^*(r) \phi_m^k(2k_n r) \propto \int_0^\infty d\rho \rho^{1/2} f^* \left(\frac{\rho}{2k_n}\right) \phi_m^k(\rho) = (\widetilde{f}_n, \phi_m^k) = 0$$

$$k \quad \text{fissato} \quad \forall m = 0,1,2,..., \quad n = m + \frac{k+1}{2}.$$

Qui dunque non abbiamo a che fare con una singola funzione $\widetilde{f}$ ortogonale a tutto l'insieme completo $\{\varphi_m^k\}$, bensì con infinite funzioni $\widetilde{f}_n(\rho) = \rho^{1/2} f(\rho/2k_n)$, con $n = n(m, k)$, ciascuna ortogonale al rispettivo vettore $\varphi_{n-(k+1)/2}^k$. Ma da qui *non* segue $f \equiv 0$.

11.2. Il problema fisico e l'autoaggiuntezza della derivata seconda impongono l'annullamento delle funzioni. Gli autovettori e gli autovalori sono i seguenti:

$$u_n(x) = \sqrt{\frac{2}{a}} \sin \frac{n\pi x}{a}, \quad W_n = n^2 \frac{\pi^2}{2\mu a^2} \hbar^2.$$

Il valore medio della posizione e la sua indeterminazione su questi autostati sono dati da:

$$\langle x \rangle_n = \frac{2}{a} \int_0^a dx\, x \sin^2 \frac{n\pi x}{a} = \frac{2}{a} \int_0^a dx\, x \left(\frac{1}{2} - \frac{1}{2}\cos \frac{2n\pi x}{a} \right) = \frac{a}{2},$$

$$\Delta_n^2 x = \langle u_n \mid (x - \langle x \rangle_n)^2 \mid u_n \rangle = \frac{2}{a} \int_0^a dx \left(x - \frac{a}{2} \right)^2 \sin^2 \frac{n\pi x}{a} = \frac{a^2}{12} - \frac{a^2}{2(n\pi)^2}.$$

11.3. Le seguenti matrici formano insieme un set completo di osservabili. Separatamente invece hanno spettro degenere.

$$A = \begin{vmatrix} -1 & 0 & 0 \\ 0 & 1 & 0 \\ 0 & 0 & 1 \end{vmatrix} \qquad B = \begin{vmatrix} 1 & 0 & 0 \\ 0 & 1 & 0 \\ 0 & 0 & -1 \end{vmatrix}.$$

11.4. Determiniamo anzitutto gli autovalori di A, osservando che la matrice ha una struttura diagonale a blocchi (σ_x e σ_y), per cui il calcolo si semplifica:

$$\det |A - \alpha| = \det \begin{vmatrix} A^{(1)} - \alpha & 0 \\ 0 & A^{(2)} - \alpha \end{vmatrix} = (\alpha^2 - a^2)(\alpha^2 - a^2) = 0.$$

Gli autovalori sono dati da $\alpha_\pm = \pm a$, ciascuno degenere due volte, con autovettori:

$$\psi_\pm^{(1)} = \frac{1}{\sqrt{2}} \begin{vmatrix} 1 \\ \pm 1 \\ 0 \\ 0 \end{vmatrix} \qquad \psi_\pm^{(2)} = \frac{1}{\sqrt{2}} \begin{vmatrix} 0 \\ 0 \\ 1 \\ \pm i \end{vmatrix},$$

dove l'apice (1) o (2) rimanda all'autovettore del blocco $A^{(1)}$ o $A^{(2)}$. Le probabilità richieste sono date dalla somma dei moduli quadrati dei prodotti scalari tra la funzione d'onda e i due stati degeneri:

$$P_+ = |(\psi, \psi_+^{(1)})|^2 + |(\psi, \psi_+^{(2)})|^2 = \left| \frac{1}{\sqrt{2}} \right|^2 + \left| \frac{1+i}{2\sqrt{2}} \right|^2 = \frac{3}{4}$$

$$P_- = |(\psi, \psi_-^{(1)})|^2 + |(\psi, \psi_-^{(2)})|^2 = 0 + \left| \frac{1-i}{2\sqrt{2}} \right|^2 = \frac{1}{4}.$$

11.5. L'ipotesi di una variazione non piccola e istantanea dell'Hamiltoniana, comporta che lo stato rimanga inalterato nella transizione. Vedi 8.8.

Posto $\alpha = (\mu K/\hbar^2)^{1/4}$, all'istante iniziale la funzione d'onda è data da:

$$u_0(x) = N_0 \exp(-\alpha^2 x^2/2), \quad N_n = \sqrt{\alpha/2^n n! \sqrt{\pi}}.$$

Per $t > 0$, essendo $K' = 2K$ le autofunzioni dell'oscillatore sono quelle di prima, caratterizzate però dalla nuova costante $\alpha' = 2^{1/4}\alpha$. Pertanto, le ampiezze di probabilità sono:

$$c_n = (u'_n, u_0) = N_0 N'_n \int_{-\infty}^{\infty} dx \, H_n(\alpha' x) \exp(-\alpha'^2 x^2/2) \exp(-\alpha^2 x^2/2) =$$

$$= \frac{1}{2^{1/8}} N'_0 N'_n \frac{1}{\sqrt{b}} \int_{-\infty}^{\infty} dy \, H_n\left(\frac{\alpha' y}{\sqrt{b}}\right) \exp(-\alpha'^2 y^2),$$

con $b = \left(1 + \sqrt{2}\right)/\left(2\sqrt{2}\right)$ e $y = \sqrt{b} x$. Per valutare i vari coefficienti possiamo sfruttare le proprietà di ortonormalità delle u_n. Si ottiene così immediatamente:

$$\text{i)} \quad c_0 = \frac{1}{2^{1/8}} \frac{1}{\sqrt{b}} = \frac{2^{5/8}}{(1+\sqrt{2})^{1/2}}, \quad \text{ii)} \quad c_1 = 0.$$

iii) Per c_2, osserviamo che:

$$H_2\left(\frac{\alpha' y}{\sqrt{b}}\right) = \frac{1}{b}[4\alpha'^2 y^2 - 2 + (2 - 2b)] = \frac{1}{b} H_2(\alpha' y) + \frac{2 - 2b}{b} H_0(\alpha' y),$$

e solo H_0 contribuisce all'integrale:

$$c_2 = \frac{1}{2^{1/8}} \frac{N'_2}{N'_0} \frac{1}{\sqrt{b}} \frac{2 - 2b}{b} = \frac{2^{1/8}}{\left(1 + \sqrt{2}\right)^{5/2}}.$$

Infine otteniamo:

$$P_0 = \frac{2^{5/4}}{1 + \sqrt{2}} \quad , \quad P_1 = 0 \quad , \quad P_2 = \frac{2^{1/4}}{\left(1 + \sqrt{2}\right)^5}.$$

11.6. La funzione d'onda si sviluppa facilmente sulla base delle autofunzioni dell'energia:

$$\psi(x) = N x^2 \exp[-\mu \omega x^2/2\hbar] = \left(c_2^2 + c_0^2\right)^{-1/2} (c_2 u_2 + c_0 u_0),$$

$$c_2 = \frac{1}{2 N_2} \quad , \quad c_0 = \frac{1}{N_0} \quad , \quad N_n = \sqrt{\sqrt{\mu\omega/\pi\hbar}/2^n n!}.$$

Pertanto:

$$\langle\,\psi\,|\,H\,|\,\psi\,\rangle = \frac{5c_2^2/2 + c_0^2/2}{c_2^2 + c_0^2}h\nu = \frac{5N_0^2/8N_2^2 + 1/2}{N_0^2/4N_2^2 + 1}h\nu = \frac{11}{6}h\nu.$$

11.7. L'uguaglianza non è valida. Infatti, la funzione data è una gaussiana in x con indeterminazione finita $\Delta x = \left(a\sqrt{2}\right)^{-1}$. L'indeterminazione su p è pertanto diversa da zero:

$$\langle\hat{p}^2\rangle - \langle\hat{p}\rangle^2 = \Delta^2 p \neq 0.$$

11.8. Poiché $\left[\hat{\varphi}, \widehat{M}_z\right] = i\hbar$, come per le osservabili posizione e momento, l'applicazione *disinvolta* del principio d'indeterminazione di Heisenberg porterebbe a dire che:

$$\Delta\varphi\Delta M_z \geq \hbar/2.$$

Se però la si applica agli autostati di $\widehat{M}_z$, cioè $\Phi_m(\varphi) = 1/\sqrt{2\pi}\exp(im\varphi)$, si ottiene:

$$\Delta_m\varphi\Delta_m M_z = \Delta_m\varphi \cdot 0 \geq \hbar/2,$$

dato che sugli autostati lo scarto è sempre nullo, cioè $\Delta_m M_z = 0$. La relazione è sicuramente errata, anche nel caso dell'uguale, dato che $\Delta_m\varphi$ è finita. Ma allora, in che cosa consiste l'errore? L'errore consiste nel trattare il termine $i\hbar$, cui è eguagliato il commutatore, come fosse un numero moltiplicato per l'operatore identità, e quindi con dominio in tutto lo spazio di Hilbert $\mathcal{H}$. In realtà, la diseguaglianza da cui abbiamo iniziato è definita solo sugli stati appartenenti al dominio del commutatore.

Più precisamente, il principio di indeterminazione di Heisenberg si esprime formalmente così:

$$\Delta_\Phi A\Delta_\Phi B \geq \frac{1}{2}\,|\,\langle\,\Phi\,|\,\left[\hat{A}, \hat{B}\right]\,|\,\Phi\,\rangle\,|,$$

dove non ci si può dimenticare del vettore Φ sul quale si calcolano i valori di aspettazione. Ovvero, la diseguaglianza è valida se lo stato Φ appartiene ai domini di $\hat{A}$, di $\hat{B}$, di $\hat{A}\hat{B}$ e di $\hat{B}\hat{A}$. Nel caso di $\hat{\varphi}$ e di $M_z = -i\hbar\partial/\partial\varphi$, occorre in particolare che Φ appartenga al dominio di $\widehat{M}_z\hat{\varphi}$, e poiché il dominio di $\widehat{M}_z$ è costituito dalle funzioni periodiche, occorre che:

$$\varphi\Phi(\varphi)|_{\varphi=0} = \varphi\Phi(\varphi)|_{\varphi=2\pi} \quad \text{cioè} \quad \Phi(0) = \Phi(2\pi) = 0.$$

Questa è una condizione molto restrittiva sulle funzioni $\Phi(\varphi)$, in particolare non soddisfatta dalle autofunzioni di $\widehat{M}_z$. Dunque, la diseguaglianza di Heisenberg non è applicabile a questi stati.

Per ottenere un conveniente principio di indeterminazione, conviene utilizzare in luogo dell'operatore $\hat{\varphi}$ una funzione periodica dello stesso, ad esempio $\sin\hat{\varphi}$ per il quale vale:

$$[\sin\hat\varphi, \widehat{M_z}] = i\hbar\cos\hat\varphi \implies \Delta\sin\varphi\Delta M_z \geq \frac{1}{2}\hbar \mid \langle\cos\hat\varphi\rangle\mid,$$

che è ora applicabile anche alle autofunzioni di $\widehat{M_z}$, in quanto appartenenti al dominio dei quattro operatori coinvolti. In tal caso si ottiene:

$$\Delta_m\sin\varphi\Delta_m M_z = 0 = \langle\cos\hat\varphi\rangle_m,$$

ed effettivamente, sugli autostati di $\widehat{M_z}$ l'operatore $\cos\hat\varphi$ ha valore di aspettazione nullo.

11.9. Lo stato fondamentale dell'atomo di idrogeno è dato da:

$$\psi(\mathbf{x}) = \pi^{-1/2}r_0^{-3/2}e^{-r/r_0},$$

e l'ampiezza di probabilità nel momento è data dalla sua proiezione sulle onde piane, vale a dire dalla trasformata di Fourier della $\psi(\mathbf{x})$:

$$\tilde\psi(\mathbf{p}) = \frac{1}{(2\pi\hbar)^{3/2}}\int d_3\mathbf{x}e^{-i\mathbf{p}\cdot\mathbf{x}/\hbar}\psi(\mathbf{x}) = \frac{1}{\sqrt\pi(hr_0)^{3/2}}\int d\Omega\int_0^\infty dr\, r^2 e^{-ipr\cos\theta/\hbar}e^{-r/r_0} =$$

$$= \frac{2\sqrt\pi}{(hr_0)^{3/2}}\frac{i\hbar}{p}\int_0^\infty dr\, r\left[e^{-\alpha r} - e^{-\alpha^* r}\right] = \frac{2\sqrt\pi}{(hr_0)^{3/2}}\frac{i\hbar}{p}\left[(\alpha)^{-2} - (\alpha^*)^{-2}\right],$$

dove $\alpha = 1/r_0 + ip/\hbar$ e l'integrale è il solito esponenziale. In conclusione:

$$\tilde\psi(\mathbf{p}) = \frac{2^{3/2}}{\pi}\frac{\hbar^{5/2}r_0^{3/2}}{\left(\hbar^2 + r_0^2 p^2\right)^2} \implies P(p, p+dp) = |\tilde\psi(p)|^2 4\pi p^2 dp.$$

Notare che la funzione dipende solo dal modulo p per l'isotropia della funzione d'onda, e per ottenere la probabilità in p abbiamo integrato sulla parte angolare.

11.10. Essendo $H = p^2/2\mu + Kx^2/2 + \chi x^3$, dal teorema di Ehrenfest si ottiene:

$$\begin{cases} \dfrac{d}{dt}\langle x\rangle = \left\langle\dfrac{\partial H}{\partial p}\right\rangle = \dfrac{1}{\mu}\langle p\rangle \\[3mm] \dfrac{d}{dt}\langle p\rangle = -\left\langle\dfrac{\partial H}{\partial x}\right\rangle = -K\langle x\rangle - 3\chi\langle x^2\rangle \end{cases},$$

e da queste:

$$\mu\frac{d^2}{dt^2}\langle x\rangle = \frac{d}{dt}\langle p\rangle = -K\langle x\rangle - 3\chi\langle x^2\rangle = -K\langle x\rangle - 3\chi\langle x\rangle^2 + 3\chi\Delta^2 x.$$

La forma delle equazioni classiche di Newton contiene la sola variabile $\langle x\rangle$, e questo in generale è possibile solo per $\chi = 0$, dato che $\Delta x = 0$ solo per funzioni lineari.

11.11. La funzione data rappresenta la sovrapposizione di autofunzioni improprie dell'energia $u_\pm(x) = 1/\sqrt{2\pi\hbar}\exp[\pm ipx/\hbar]$, entrambe relative all'autovalore $W = p^2/2\mu$. Poiché l'energia è costante del moto, la distribuzione di probabilità è indipendente dal tempo e possiamo pertanto valutarla sullo stato iniziale $\psi(x,0)$, per il quale i coefficienti dello sviluppo sono dati da:

$$c(p) = \sqrt{\beta/\sqrt{\pi}}\exp[-\frac{1}{2}\beta^2(p - p_0)^2].$$

Da qui si ottiene la probabilità richiesta:

$$P(W)dW = \left(\left|c(\sqrt{2\mu W})\right|^2 + \left|c(-\sqrt{2\mu W})\right|^2\right)\sqrt{\frac{\mu}{2W}}dW,$$

dove abbiamo tenuto conto che $dp = \sqrt{\mu/2W}dW$.

11.12. i) Essendo tutti gli operatori indipendenti dal tempo, un'osservabile è costante del moto se l'operatore corrispondente commuta con l'Hamiltoniana:

$$[H,C] = i[H,[A,B]] = -i\{[B,[H,A]] + [A,[B,H]]\} = 0,$$

per l'identità di Jacobi e per le ipotesi sulle regole di commutazione degli operatori.
ii) Come realizzazione concreta di tali operatori possiamo scegliere ($\hbar = 1$):

$$H = \frac{1}{2}\hat{p}^2, \quad A = \hat{p}, \quad B = -\hat{x} \quad \text{con} \quad [\hat{x},\hat{p}] = i \implies$$

$$[H,A] = [\hat{p}^2/2,\hat{p}] = 0, \quad [A,B] = [\hat{p},-\hat{x}] = i, \quad [H,B] = [\hat{p}^2/2,-\hat{x}] = i\hat{p} = iA.$$

Un'altra scelta è data da: $H = 1/2\,\hat{x}^2\,A = \hat{x},\,B = \hat{p}$, come si controlla facilmente.

11.13. Gli operatori di posizione sono sei, tre per particella, e altrettanti di momento lineare:

$$\hat{x}_k^i, \quad \hat{p}_k^i = -i\hbar\frac{\partial}{\partial x_k^i}, \quad k = 1,2, \quad i = 1,2,3.$$

Per semplificare le notazioni successive, indichiamo con $\hat{x}$ e $\hat{p} = -i\partial/\partial x$ una di queste coppie, e con il vettore pentadimensionale $\boldsymbol{\xi}$ le altre cinque variabili. Allora:

$$\langle\hat{p}\rangle = -i\hbar\int d_5\boldsymbol{\xi}\int_{-\infty}^{+\infty}dx\,\Psi^*(\boldsymbol{\xi},x)\frac{\partial}{\partial x}\Psi(\boldsymbol{\xi},x) =$$

$$= -i\hbar\int d_5\boldsymbol{\xi}\left\{\left|\Psi(\boldsymbol{\xi},x)\right|^2\Big|_{x=-\infty}^{x=+\infty} - \int_{-\infty}^{+\infty}dx\left(\frac{\partial}{\partial x}\Psi^*(\boldsymbol{\xi},x)\right)\Psi(\boldsymbol{\xi},x)\right\} = 0.$$

L'espressione è nulla, in quanto il primo integrando è nullo, e il secondo integrale è uguale e opposto a quello di partenza, dato che la funzione d'onda è reale. Più direttamente:

$$\langle \hat{p} \rangle = -i\hbar \left\langle \Psi \frac{\partial}{\partial x} \Psi \right\rangle = -i\hbar c,$$

cioè un valore immaginario, dato che il parametro c è reale in quanto valore di aspettazione di un operatore reale su stati reali; ma questo è impossibile per l'autoaggiuntezza di $\hat{p}$. Dunque, il suo valore di aspettazione è necessariamente nullo.

Ancora più semplicemente, ricordiamo, che nelle gaussiane modulate, il fattore modulante, cioè il coefficiente dell'esponente immaginario, è proporzionale al valor medio dell'impulso. In questo caso il fattore modulante è nullo, e quindi è nullo l'impulso medio.

Per quanto riguarda il momento angolare, possiamo ripetere i due primi calcoli, indicando uno generico dei sei operatori con:

$$\widehat{L_z} = \hat{x}\hat{p}_y - \hat{y}\hat{p}_x = -i\hbar \frac{\partial}{\partial \varphi},$$

e con il vettore quadri-dimensionale $\boldsymbol{\zeta}$ le restanti variabili. Pertanto:

$$\langle \widehat{L_z} \rangle = \langle \hat{x}\hat{p}_y - \hat{y}\hat{p}_x \rangle = -i\hbar \int d_4 \boldsymbol{\zeta}$$

$$\left\{ \int_{-\infty}^{+\infty} dx\, x \int_{-\infty}^{+\infty} dy\, \Psi^*(\boldsymbol{\zeta}, x, y) \frac{\partial}{\partial y} \Psi(\boldsymbol{\zeta}, x, y) - \int_{-\infty}^{+\infty} dy\, y \int_{-\infty}^{+\infty} dx\, \Psi^*(\boldsymbol{\zeta}, x, y) \frac{\partial}{\partial x} \Psi(\boldsymbol{\zeta}, x, y) \right\}.$$

Possiamo ora integrare per parti come nel caso precedente, e sfruttare l'annullamento all'infinito della funzione assegnata. Si ottiene: $\langle \widehat{L_z} \rangle = 0$. Oppure:

$$\langle \widehat{L_z} \rangle = -i\hbar \left\langle \Psi \frac{\partial}{\partial \varphi} \Psi \right\rangle = -i\hbar d,$$

con d reale perché valore di aspettazione di un operatore reale su funzioni reali. A sinistra abbiamo una quantità complessivamente reale, e quindi il tutto deve essere nullo.

11.14. Se lo stato iniziale dell'atomo di idrogeno non ha proiezione sugli stati dello spettro discreto, rimarrà non legato in ogni istante futuro, essendo l'energia una costante del moto e pertanto con distribuzioni di probabilità indipendenti dal tempo. Il problema è dunque soddisfatto da una somma arbitraria di stati del continuo. Questi sono esprimibili nel modo seguente (vedi A.6):

$$u_{\nu lm}(r, \theta, \phi) = R_{\nu l}(r) Y_{lm}(\theta, \phi) =$$

$$= N \frac{1}{r}(kr)^{l+1} \exp^{-ikr} M\left(l+1+i\frac{Z}{ka_0}; 2l+2; 2ikr\right) Y_{lm}(\theta, \phi),$$

con l'energia $v = \hbar^2 k^2 / 2\mu$, M funzione ipergeometrica confluente, Y_{lm} l'armonica sferica e N una costante di normalizzazione. Pertanto, lo stato iniziale:

$$\psi(r, \theta, \phi) = \sum_{l=0}^{\infty} \sum_{m=-l}^{l} \int_0^{\infty} dk c_{lm}(k) R_{kl}(r) Y_{lm}(\theta, \phi),$$

con $c_{lm}(k)$ arbitraria a somma quadrata uguale a uno, rappresenta una funzione d'onda che mai nel futuro avrà proiezione diversa da zero sugli stati del discreto.

11.15. Lo stato inziale ha momento angolare totale $j = 1$, in quanto il pione ha spin zero, il deutone spin 1 e la reazione è supposta avvenire in onda s, dopo la cattura mesica. Lo stato finale è composto da due neutroni e deve essere descritto da una funzione totalmente antisimmetrica che, fattorizzando le variabili spaziali e di spin, può essere di due tipi:

$$\psi_{2n} = \begin{cases} u_A^{l=1,3,\cdots}(\mathbf{x}) & \chi_S^{s=1} \\ u_S^{l=0,2,\cdots}(\mathbf{x}) & \chi_A^{s=0}. \end{cases}$$

Per conservazione del momento angolare totale, la transizione può avvenire solo verso il primo tipo di stato finale, in quanto il secondo ha momento totale pari. In particolare verso lo stato:

$$\psi_{2n} = u^{l=1}(\mathbf{x}) \quad \chi^{s=1},$$

unico con una componente a $j_{tot} = 1$, contenuta nella decomposizione del prodotto diretto $1 \otimes 1 = 0 \oplus 1 \oplus 2$. Questo stato ha parità $(-)$, a causa del momento orbitale $l = 1$, mentre la parità intrinseca dei nucleoni non influenza né lo stato iniziale né quello finale, in quanto in coppia e della medesima parità $(+)$. Anche lo stato iniziale allora deve essere a parità negativa, ed essendo in onda s è necessariamente il pione a possedere parità intrinseca negativa.

11.16. Sugli operatori x e p soddisfacenti $[x, p] = i\hbar$, operiamo la più semplice trasformazione canonica, per ottenere operatori adimensionali:

$$x = \alpha X, \quad p = \beta P \quad \text{con} \quad [X, P] = i \implies \beta = \frac{\hbar}{\alpha}.$$

L'Hamiltoniana diventa:

$$H = \frac{\hbar^2}{\mu \alpha^2} \left\{ \frac{P^2}{2} + \frac{1}{2} \frac{\mu^2 \omega^2 \alpha^4}{\hbar^2} X^2 + \frac{1}{4} \frac{\lambda \mu \alpha^6}{\hbar^2} X^4 \right\}.$$

Scegliendo α in modo da eliminare i parametri che moltiplicano il termine X^4, cioè:

$$\frac{\lambda \mu \alpha^6}{\hbar^2} = 1, \quad \alpha^2 = \left(\frac{\hbar^2}{\lambda \mu} \right)^{1/3},$$

otteniamo infine:

$$H = \left(\frac{\lambda \hbar^4}{\mu^2} \right)^{1/3} \left\{ \frac{P^2}{2} + \frac{1}{2} \left(\frac{\omega^3 \mu^2}{\lambda \hbar} \right)^{2/3} X^2 + \frac{1}{4} X^4 \right\}.$$

Gli autovalori possono essere ora espressi tramite i due unici parametri presenti:

$$W = \left(\frac{\lambda \hbar^4}{\mu^2} \right)^{1/3} F \left(\frac{\omega^3 \mu^2}{\lambda \hbar} \right).$$

Si può anche procedere con considerazioni puramente dimensionali, tenendo conto che l'Hamiltoniana di partenza dipende dai 4 parametri $\hbar, \mu, \omega, \lambda$, tra i quali deve sussistere una relazione, e dai quali è possibile estrarre una sola variabile adimensionale. Si ottiene:

$$\left[\frac{\lambda \hbar}{\mu^2} \right] = \left[T^{-3} \right] = \left[\omega^3 \right],$$

e quindi:

$$\left[\hbar \omega \right] = \left[\left(\frac{\lambda \hbar^4}{\mu^2} \right)^{1/3} \right] = \left[W \right] \quad \text{e} \quad \left[\frac{\omega^3 \mu^2}{\lambda \hbar} \right] = \left[c \right],$$

con c parametro adimensionale. Da queste relazioni segue l'espressione dell'energia trovata precedentemente.

11.17. Dalle regole di commutazione elementari segue che:

$$\left[A, \mathbf{p}^2 \right] = \sum_j \left[A, p_j^2 \right] = \sum_j \left\{ p_j \left[A, p_j \right] + \left[A, p_j \right] p_j \right\} = i\hbar 2 \mathbf{p}^2.$$

E analogamente:

$$\left[A, \mathbf{x}^2 \right] = -i\hbar 2 \mathbf{x}^2.$$

Da quest'ultima si ricava:

$$\left[A, \left(\mathbf{x}^2 \right)^n \right] = \sum_{l=0}^{n-1} \left(\mathbf{x}^2 \right)^l \left[A, \mathbf{x}^2 \right] \left(\mathbf{x}^2 \right)^{n-l-1} = -i\hbar 2 n \left(\mathbf{x}^2 \right)^n.$$

Inoltre, data una funzione regolare $f\left(\mathbf{x}^2 \right)$, sviluppandola in serie si ottiene:

$$\left[A, f\left(\mathbf{x}^2 \right) \right] = \sum_0^\infty f_n \left[A, \left(\mathbf{x}^2 \right)^n \right] = -i\hbar \sum_0^\infty f_n 2 n \left(\mathbf{x}^2 \right)^n = -i\hbar 2 \mathbf{x}^2 \left(\frac{d}{d\mathbf{x}^2} f\left(\mathbf{x}^2 \right) \right),$$

e quindi in particolare:

$$\left[A, \left(\mathbf{x}^2 \right)^N \right] = -i\hbar 2 N \left(\mathbf{x}^2 \right)^N.$$

Possiamo ora sfruttare queste regole di commutazione per valutare quanto richiesto.
Sviluppando il commutatore:

$$\langle\, W \mid [A,H] \mid W \,\rangle = \langle\, W \mid AH - HA \mid W \,\rangle = W\langle A\rangle - W\langle A\rangle = 0,$$

e dai commutatori di A con la parte cinetica e quella potenziale, si ottiene:

$$i\hbar\langle\, W \mid \frac{\mathbf{p}^2}{2\mu} \mid W \,\rangle - i\hbar N\langle\, W \mid V(\mathbf{x}^2) \mid W \,\rangle = 0.$$

Inoltre:

$$\langle\, W \mid H \mid W \,\rangle = \langle\, W \mid \frac{\mathbf{p}^2}{2\mu} \mid W \,\rangle + \langle\, W \mid V(\mathbf{x}^2) \mid W \,\rangle = W,$$

e da queste:

$$\langle\, W \mid \frac{\mathbf{p}^2}{2\mu} \mid W \,\rangle = \frac{N}{1+N}W, \quad \langle\, W \mid V(\mathbf{x}^2) \mid W \,\rangle = \frac{W}{1+N}.$$

Infine, una realizzazione esplicita dell'operatore A è data da:

$$A = \frac{1}{2}\left(\mathbf{x}\cdot\mathbf{p} + \mathbf{p}\cdot\mathbf{x}\right),$$

come si può facilmente controllare.

11.18. Con le solite definizioni:

$$\hat{x} = \frac{1}{\sqrt{2}}(\hat{a} + \hat{a}^\dagger), \quad \hat{p} = \frac{-i}{\sqrt{2}}(\hat{a} - \hat{a}^\dagger), \quad \widehat{N} = \hat{a}^\dagger\hat{a},$$

e qualche passaggio algebrico, l'operatore $\widehat{K}$ assume la forma:

$$\widehat{K} = \frac{1}{8}\left[(\hat{a} - \hat{a}^\dagger)^4 + (\hat{a} + \hat{a}^\dagger)^4\right] =$$

$$= \frac{1}{4}\left[\hat{a}^{\dagger 4} + \hat{a}^4 + \hat{a}^{\dagger 2}\hat{a}^2 + \hat{a}^\dagger\hat{a}\hat{a}^\dagger\hat{a} + \hat{a}^\dagger\hat{a}^2\hat{a}^\dagger + \hat{a}\hat{a}^\dagger\hat{a}\hat{a}^\dagger + \hat{a}\hat{a}^{\dagger 2}\hat{a} + \hat{a}^2\hat{a}^{\dagger 2}\right] =$$

$$= \frac{1}{4}\left[\hat{a}^{\dagger 4} + \hat{a}^4\right] + \frac{3}{4}\left[(\widehat{N} + 1)^2 + \widehat{N}^2\right].$$

I suoi valori di aspettazione si ricavano da quelli di $\widehat{N}$, diagonale, e da:

$$\begin{cases} \hat{a}^4 \mid n \,\rangle = \sqrt{n(n-1)(n-2)(n-3)} \mid n-4 \,\rangle \\ \hat{a}^{\dagger 4} \mid n \,\rangle = \sqrt{(n+1)(n+2)(n+3)(n+4)} \mid n+4 \,\rangle. \end{cases}$$

$$k_{nm} = \begin{vmatrix} k_{00} & 0 & 0 & 0 & k_{04} & \cdots \\ 0 & k_{11} & 0 & 0 & 0 & \cdots \\ 0 & 0 & k_{22} & 0 & 0 & \cdots \\ 0 & 0 & 0 & k_{33} & 0 & \cdots \\ k_{40} & 0 & 0 & 0 & k_{44} & \cdots \\ \cdots & \cdots & \cdots & \cdots & \cdots & \cdots \end{vmatrix}$$

La matrice $k_{nm} = \langle\, n \mid \widehat{K} \mid m \,\rangle$ è diversa da zero sulla diagonale principale e sulle due diagonali passanti per k_{04} e per k_{40}. Gli autovalori si ottengono dalla diagonalizzazione di questa matrice infinito-dimensionale. Nel sottospazio dei primi 5 stati $\mid n \rangle$, il problema è è facilmente risolubile:

$$\det(\widehat{K} - \chi I) = (k_{11} - \chi)(k_{22} - \chi)(k_{33} - \chi)\left[(k_{00} - \chi)(k_{44} - \chi) - k_{04}k_{40}\right] = 0.$$

Le soluzioni sono:

$$\begin{cases} \chi_1 = k_{11} = \dfrac{15}{4}, \quad \chi_2 = k_{22} = \dfrac{39}{4}, \quad \chi_3 = k_{33} = \dfrac{75}{4} \\[2mm] \chi^2 - (k_{00} + k_{44})\chi - k_{04}k_{40} = 0, \end{cases}$$

e dall'ultima, con i valori:

$$k_{00} = \frac{3}{4}, \quad k_{44} = \frac{123}{4}, \quad k_{04} = k_{40} = \frac{1}{2}\sqrt{6},$$

si ottengono gli altri due autovalori:

$$\chi_{\pm} = \frac{63}{4} \pm \frac{1}{4}\sqrt{3993}.$$

11.19. Se su di uno stato ψ l'energia cinetica ha valore di aspettazione nullo, allora ψ è autostato dell'impulso con autovalore nullo. Infatti:

$$\langle\, \psi \mid T \mid \psi \,\rangle = \langle\, \psi \mid \frac{p^2}{2\mu} \mid \psi \,\rangle = 0 \implies \|p\psi\| = 0 \quad \text{ovvero} \quad p\psi = 0.$$

Su questo stato dunque avremmo $\Delta p = 0$, il che è assurdo dato che $\Delta x \cdot \Delta p \geq \hbar/2$, e in un volume finito l'indeterminazione sulla posizione è finita. È opportuno notare che in una buca infinita, con condizioni di annullamento sulle pareti, l'operatore impulso non è autoaggiunto ma solo simmetrico; tuttavia, essendo $\mathscr{D}_{p^2} \subset \mathscr{D}_p$, i calcoli precedenti sono leciti.

Per valutare la pressione media esercitata sulle pareti di un parallelepipedo di lati a_1, a_2, a_3, ricordiamo che l'espressione classica è data da:

$$P = \frac{\mu}{3V}\overline{v}^2 = \frac{2}{3V}\overline{T},$$

dove V è il volume del contenitore e $\bar{v}$ e $\bar{T}$ sono i valori medi della velocità e dell'energia cinetica della particella. Nel nostro caso:

$$\langle\, \psi \mid T \mid \psi\, \rangle = \frac{1}{2\mu} \sum_{i=1}^{3} \left|\left| p_i\psi \right|\right|^2,$$

di cui valutiamo un addendo sullo stato fondamentale di una buca simmetrica in $[-a, +a]$:

$$\left|\left| p_x\psi \right|\right|^2 = \frac{\hbar^2}{a} \int_{-a}^{+a} \left| \frac{d}{dx} \cos\frac{\pi x}{2a} \right|^2 = \frac{\hbar^2\pi^2}{4a^2}.$$

Inserendo questa espressione nelle formule precedenti (lati a_1, a_2, a_3), si ottiene:

$$P = \frac{\hbar^2\pi^2}{12\mu V} \left(\frac{1}{a_1^2} + \frac{1}{a_2^2} + \frac{1}{a_3^2} \right).$$

11.20. La risposta è negativa. Infatti, l'operatore C proposto ha spettro non degenere, e quindi tutti i suoi autostati dovrebbero essere anche autostati di A e B, con i quali commuta. Ma allora A e B avrebbero in cumune un set completo di autovettori, quelli appunto di C, e quindi dovrebbero commutare, contrariamente all'ipotesi.

11.21. Si può dimostrare l'asserto in due modi:

$$\langle\, n \mid F \mid n\, \rangle = \langle\, n \mid -\frac{\partial V}{\partial x} \mid n\, \rangle = -\frac{i}{\hbar}\langle\, n \mid [\hat{p}, H] \mid n\, \rangle = -\frac{i}{\hbar}\langle\, n \mid \hat{p}H - H\hat{p} \mid n\, \rangle = 0.$$

Oppure con il teorema di Ehrenfest:

$$\begin{cases} d\langle\hat{x}\rangle/dt = \langle\hat{p}\rangle/\mu \\ d\langle\hat{p}\rangle/dt = -\langle\partial V/\partial x\rangle, \end{cases}$$

con i valori di aspettazione calcolati sulle soluzioni dell'Equazione di Schrödinger completa. Sugli stati stazionari si ottiene:

$$\langle\hat{p}\rangle = \langle\, e^{-iW_n t/\hbar} u_n \mid \hat{p} \mid e^{-iW_n t/\hbar} u_n\, \rangle = \langle\, u_n \mid \hat{p} \mid u_n\, \rangle,$$

e questo valore di aspettazione non dipende dal tempo. Quindi la sua derivata è nulla e, dal teorema di Ehrenfest, anche il valore di aspettazione della forza è nullo.

11.22. L'energia una costante del moto, e gli autovalori e le probabilità relative sono indipendenti dal tempo. Quindi, in ogni istante la probabilità di trovare lo stato fondamentale è data da:

$$P_0 = \left| \langle\, u_0 \mid \psi(t=0)\, \rangle \right|^2.$$

Autovettori e autovalori sono quelli della buca quadrata, e questi ultimi si possono determinare graficamente. Si ha:

$$\begin{cases} u_I(x) = Be^{kx} & x < -a \\ u_{II}(x) = C\cos\bar{k}x + D\sin\bar{k}x & -a < x < a \\ u_{III}(x) = Ee^{-kx} & a < x \end{cases} \qquad \begin{aligned} & k^2 = 2\mu|W|/\hbar^2 \quad W < 0 \\ & \bar{k}^2 = 2\mu|W+V_0|/\hbar^2 \end{aligned}$$

Le condizioni di continuità della funzione e della sua derivata in $\pm a$, oltre alla normalizzazione, determinano l'autovalore W e i coefficienti B, C, D, E. L'ampiezza di probabilità è data da:

$$\langle u \mid \psi_0 \rangle = \int_{-\infty}^{-a} dx\, u_I^*(x)\psi_0(x) + \int_{-a}^{a} dx\, u_{II}^*(x)\psi_0(x) + \int_{a}^{\infty} dx\, u_{III}^*(x)\psi_0(x).$$

La parte dominante delle integrazioni deriva dalla regione $x \approx x_0$, in quanto la ψ_0 decresce rapidamente altrove. Se $x_0 \approx a$ l'integrale dominante è quello all'interno della buca, e sarà sensibile ai dettagli dell'autofunzione. Se invece $x_0 \gg a$ $(x_0 \ll a)$, sarà sufficiente integrare nella terza (prima) zona, ove tutti i comportamenti sono esponenzialmente decrescenti, più o meno velocemente a seconda dell'autovalore. Inoltre, poiché i contibuti all'integrale vengono solo da $x \approx x_0$, possiamo estenderlo a $(-\infty, +\infty)$, semplificando il calcolo senza alterare di molto il risultato. Ovvero, per $x_0 \gg a$:

$$\langle u \mid \psi_0 \rangle \approx \int_{a}^{\infty} dx\, u_{III}^*(x)\psi_0(x) \approx AE \int_{-\infty}^{+\infty} dx\, \exp\left[-(x-x_0)^2/4\sigma - (k+ik_0)x\right] =$$

$$= AE \int_{-\infty}^{+\infty} dy\, \exp\left(-y^2/4\sigma - \chi y - \chi x_0\right) =$$

$$= AE \exp\left(-\chi x_0 + \sigma\chi^2\right) \int_{-\infty}^{+\infty} dy\, \exp\left[-\left(\frac{y}{2\sqrt{\sigma}} + \chi\sqrt{\sigma}\right)^2\right],$$

dove abbiamo posto $y = x - x_0$ e $\chi = k - ik_0$, e completato il quadrato nell'esponente. L'integrale gaussiano vale $2\sqrt{\pi}\sqrt{\sigma}$, e infine si ottiene:

$$P_{x_0 \gg a} \approx A^2 E^2 4\pi\sigma \exp[2\sigma(k^2 - k_0^2) - 2kx_0].$$

11.23. Valutiamo anzitutto il commutatore tra Hamiltoniana e onda piana:

$$[\hat{p}_j, f(\mathbf{x})] = -i\hbar\frac{\partial f(\mathbf{x})}{\partial x_j} \implies [H, e^{i\mathbf{x}\cdot\mathbf{k}}] = \frac{1}{2\mu}\sum_{i=1}^{3}[\hat{p}_i^2, e^{i\mathbf{x}\cdot\mathbf{k}}] = \frac{\hbar}{2\mu}\left(\mathbf{k}\cdot\hat{\mathbf{p}}e^{i\mathbf{x}\cdot\mathbf{k}} + e^{i\mathbf{x}\cdot\mathbf{k}}\mathbf{k}\cdot\hat{\mathbf{p}}\right).$$

Da questo possiamo ora ricavare il doppio commutatore:

$$\left[\left[H,e^{i\mathbf{x}\cdot\mathbf{k}}\right],e^{-i\mathbf{x}\cdot\mathbf{k}}\right] = \frac{\hbar}{2\mu}\sum_{i=1}^{3}k_i\left(\left[\hat{p}_i e^{i\mathbf{x}\cdot\mathbf{k}},e^{-i\mathbf{x}\cdot\mathbf{k}}\right] + \left[e^{i\mathbf{x}\cdot\mathbf{k}}\hat{p}_i,e^{-i\mathbf{x}\cdot\mathbf{k}}\right]\right) = -\frac{\hbar^2}{\mu}k^2.$$

Per quanto riguarda il primo sviluppo:

$$S = \sum_m (W_n - W_m)\,|\,\langle\,n\,|\,e^{i\mathbf{x}\cdot\mathbf{k}}\,|\,m\,\rangle|^2 = \sum_m (W_n - W_m)\langle\,n\,|\,e^{i\mathbf{x}\cdot\mathbf{k}}\,|\,m\,\rangle\langle\,m\,|\,e^{-i\mathbf{x}\cdot\mathbf{k}}\,|\,n\,\rangle =$$

$$= \sum_m \langle\,n\,|\,\left[H,e^{i\mathbf{x}\cdot\mathbf{k}}\right]\,|\,m\,\rangle\langle\,m\,|\,e^{-i\mathbf{x}\cdot\mathbf{k}}\,|\,n\,\rangle = \langle\,n\,|\,\left[H,e^{i\mathbf{x}\cdot\mathbf{k}}\right]e^{-i\mathbf{x}\cdot\mathbf{k}}\,|\,n\,\rangle.$$

Le Hamiltoniane come la nostra sono reali, per cui anche le autofunzioni possono essere scelte reali, a meno naturalmente di un fattore di fase. Infatti:

$$H(\psi_R + i\psi_I) = W(\psi_R + i\psi_I) \implies \begin{cases} H\psi_R = W\psi_R \\ \\ H\psi_I = W\psi_I, \end{cases}$$

con ψ_R e ψ_I reali e uguali in assenza di degenerazione.

Pertanto, la nostra somma di partenza non muta se invertiamo l'ordine delle autofunzioni nei prodotti scalari e, ripetendo lo stesso calcolo di S sviluppato sopra:

$$S = \sum_m (W_n - W_m)\,|\,\langle\,m\,|\,e^{i\mathbf{x}\cdot\mathbf{k}}\,|\,n\,\rangle|^2 = -\langle\,n\,|\,e^{-i\mathbf{x}\cdot\mathbf{k}}\left[H,e^{i\mathbf{x}\cdot\mathbf{k}}\right]\,|\,n\,\rangle.$$

Sommando le due espressioni trovate, otteniamo infine:

$$S = \sum_m (W_n - W_m)\,|\,\langle\,n\,|\,e^{i\mathbf{x}\cdot\mathbf{k}}\,|\,m\,\rangle|^2 = \frac{1}{2}\langle\,n\,|\,\left[\left[H,e^{i\mathbf{x}\cdot\mathbf{k}}\right],e^{-i\mathbf{x}\cdot\mathbf{k}}\right]\,|\,n\,\rangle = -\frac{\hbar^2}{2\mu}k^2.$$

11.24. Siano $2a$ la distanza tra le due fenditure, L la distanza tra il piano delle fenditure e lo schermo, l la distanza di un punto dello schermo dall'asse centrale, e infine x e X le distanze del punto dello schermo dalle fenditure, cioè i due cammini possibili. Valgono le relazioni:

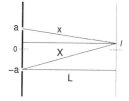

$$\begin{cases} x = \sqrt{L^2 + (a-l)^2} \approx L\left(1 + (a-l)^2/2L^2\right) \\ \\ X = \sqrt{L^2 + (a+l)^2} \approx L\left(1 + (a+l)^2/2L^2\right). \end{cases}$$

I massimi interferenziali si hanno nel punto centrale, quando i due cammini sono uguali, e nei punti ove la differenza dei cammini è un multiplo della lunghezza d'onda, in particolare nei due punti più vicini, simmetrici rispetto all'asse, per i quali vale:

$$\lambda \approx X - x \approx 2al/L.$$

Per valutare l'energia (non relativistica) degli elettroni che producono l'interferenza, applichiamo la relazione di De Broglie, con $2a = 1mm$, $L = 1m$, e $l = d = 0.15\mu m$:

$$W = \frac{p^2}{2\mu} \approx \frac{1}{2\mu}\left(\frac{h}{\lambda}\right)^2 = \frac{1}{2\mu}\left(\frac{hL}{2ad}\right)^2 \approx$$

$$\approx \frac{1}{2 \cdot 0.91 \cdot 10^{-27}}\left(\frac{6.63 \cdot 10^{-27} \cdot 10^2}{10^{-1} \cdot 1.5 \cdot 10^{-5}}\right)^2 \frac{1}{1.6 \cdot 10^{-12}} \; eV \approx 67 \; eV.$$

11.25. Il rotatore libero è risolto nel 2.4. L'Hamiltoniana totale e le perturbazioni allo stato fondamentale, vedi 5.32, sono le seguenti:

$$H = H_0 + H' = -\frac{\hbar^2}{2I}\frac{\partial^2}{\partial\phi^2} + \mathbf{d}\cdot\mathbf{E}, \quad W_0^{(1)} = 0, \quad W_0^{(2)} = -\frac{d^2 E^2 I}{\hbar^2}.$$

Per quanto riguarda la polarizzabilità , possiamo scrivere:

$$p_E = \frac{\partial\langle\mathbf{d}\rangle}{\partial\mathbf{E}} = \frac{\partial\langle\mathbf{d}\cdot\mathbf{E}/E\rangle}{\partial E},$$

per la definizione di derivata direzionale. Attenzione che il valore di aspettazione è sullo stato esatto, o almeno approssimato, e non su quello imperturbato $|n\rangle$. Quindi:

$$\frac{\partial\langle\mathbf{d}\rangle}{\partial\mathbf{E}} = \frac{1}{E}\left\langle -\frac{\partial H'}{\partial E}\right\rangle = -\frac{1}{E}\left\langle \frac{\partial}{\partial E}\left(H + \frac{\hbar^2}{2I}\frac{\partial^2}{\partial\varphi^2}\right)\right\rangle =$$

$$= -\frac{1}{E}\left\langle \frac{\partial}{\partial E}H\right\rangle = -\frac{1}{E}\frac{\partial}{\partial E}\langle H\rangle = \frac{1}{E}\frac{\partial}{\partial E}\frac{d^2 E^2 I}{\hbar^2} = 2\frac{d^2 I}{\hbar^2}.$$

Nell'ultima riga abbiamo utilizzato il teorema di Feynman-Helmann.

11.26. Descriviamo l'atomo tramite il modello di Bohr senza repulsione coulombiana, tenendo però conto del principio di esclusione di Pauli. Ovvero:

$$W_n = -\frac{1}{2}\frac{Ze_0^2}{r_n}, \quad r_n = \frac{\hbar^2}{e_0^2\mu Z}n^2,$$

con $2n^2$ elettroni che stanno sul livello n-esimo a pari energia e dunque in media sulla stessa superficie sferica. Supponendo i livelli pieni, gli Z elettroni si distribuiscono su N superfici, e quella esterna di raggio r_N individua le dimensioni dell'atomo. Deve valere:

$$Z = 2\sum_{n=1}^{N} n^2 = \frac{N(N+1)(2N+1)}{3} \approx \frac{2}{3}N^3.$$

Se abbiamo a che fare con molti elettroni, anche $N \gg 1$ e quindi:

$$N \approx (3Z/2)^{1/3} \implies r_N \approx (3/2)^{2/3} r_0 Z^{-1/3}.$$

11.27. Se gli elettroni avessero spin intero, lo stato fondamentale sarebbe esprimibile come prodotto degli stati fondamentali di particella singola. Il raggio di un tale atomo sarebbe pari a quello dell'atomo idrogenoide con Z protoni:

$$\langle r \rangle^Z = \int_0^\infty dr\, r^3 |R_{10}^Z(r)|^2 = 4 \int_0^\infty dr\, r^3 \left(\frac{Z}{r_0}\right)^3 \exp\left[-(2Z/r_0)r\right] = \frac{3}{2}\frac{r_0}{Z}.$$

Se invece si considera il modello fisico dell'elettrone con spin $1/2$, occorre considerare funzioni d'onda antisimmetriche, e il conseguente principio di esclusione di Pauli. Anche il raggio dell'atomo deve essere definito con cautela, tramite un operatore nello spazio $\mathbb{R}_3^Z$, simmetrico rispetto allo scambio delle particelle; la media aritmetica oppure geometrica dei raggi di singola particella sono scelte possibili.

Più semplicemente conviene procedere tramite un modello semplificato, ad esempio quello a shell. In questo caso, le dimensioni dell'atomo sono determinate dall'elettrone più esterno. Se $\{n,l,m,s\}$ sono i suoi numeri quantici, il raggio medio dipende solo da $\{n,l\}$, cioè dalla funzione radiale $R_{nl}(r)$. D'altra parte, per il principio di Pauli, l'autostato $R_{nl}(r)$ è occupato ed è stabile se e solo se sono occupati tutti i livelli precedenti. Pertanto, ciascuna shell interna p, con $p < n$, contiene $2p^2$ elettroni, mentre quella più esterna $\{n,l\}$ può essere incompleta, con $l \leq n-1$. Supponendo però che tutti gli elettroni di momento angolare $i \leq l$ siano presenti, deve essere verificata la relazione:

$$Z = 2\sum_{p=1}^{n-1} p^2 + 2\sum_{i=0}^{l}(2i+1) = 2\left[\frac{(n-1)n(2n-1)}{6} + (l+1)^2\right] \implies Z \approx n^3.$$

i) Per $l = n-1$, cioè tutte le shell complete, si ottiene la stessa relazione trovata nel 11.26 dove, trascurando la repulsione coulombiana si era trovato:

$$\langle r \rangle^Z \approx Z^{-1/3} r_0.$$

In un modello realistico non si può tuttavia trascurare la repulsione tra gli elettroni e, nel modello a shell, il raggio medio dell'elettrone più esterno si stima nel modo seguente:

$$\langle r \rangle_{nl}^{\{Z,\widetilde{Z}\}} = \int_0^\infty dr\, r^3 |R_{nl}^{\widetilde{Z}}(r)|^2 = \frac{r_0}{\widetilde{Z}}\frac{1}{2}\left[3n^2(Z) - l(l+1)\right].$$

Per il calcolo dell'integrale, vedere A.6. Il parametro $\widetilde{Z}$ tiene conto che in questo modello di strati interni uno all'altro, quelli più interni schermano in parte la carica dei protoni, mentre Z rimane legato al numero quantico n, come visto sopra ($Z \approx n^3$).

ii) Il caso estremo è quello dei metalli alcalini, caratterizzati da shell complete e un solo elettrone aggiuntivo. In questo caso, le shell interne sono particolarmente compatte attorno al nucleo e schermano $Z-1$ cariche del nucleo. L'elettrone esterno è il primo con numero quantico n, e la sua funzione d'onda è quella dell'idrogeno con $Z_H = \tilde{Z} = 1$ e $l = 0$. Pertanto:

$$\langle r \rangle_{n0}^{\{Z,\tilde{Z}\}} = \frac{3}{2} \frac{r_0}{\tilde{Z}} n^2(Z) \approx Z^{2/3} r_0 , \quad \text{per} \quad Z \gg 1,$$

cioè una crescita con Z.

iii) L'ultimo caso è quello di schermaggio solo parziale, in cui anche $\tilde{Z}$ cresce come Z^α con $\alpha < 1$. In tal caso si avrebbe:

$$\langle r \rangle_{nl}^{\{Z,\tilde{Z}\}} \approx \frac{r_0}{Z^\alpha} n^2(Z) \approx Z^{2/3-\alpha} r_0 .$$

Sperimentalmente, per grandi Z si hanno sempre schermaggi elevati, e si riscontra sempre una leggera crescita, in media più lenta di quella teorica dei metalli alcalini.

11.28. All'istante iniziale l'oscillatore armonico è nello stato fondamentale:

$$u_0(x) = \frac{\sqrt{\sigma}}{\pi^{1/4}} e^{-\sigma^2 x^2/2}, \quad \sigma = \sqrt{\frac{\mu\omega}{\hbar}} = \left(\frac{\mu K}{\hbar^2} \right)^{1/4}.$$

Se immerso in un campo elettrico uniforme, esso è soggetto all'Hamiltoniana:

$$H = \frac{p^2}{2\mu} + \frac{1}{2}Kx^2 - qEx.$$

Completando il quadrato nella x, essa diventa quella traslata dell'oscillatore armonico traslato, con autofunzioni (vedi 3.4):

$$\tilde{u}_n(y) = u_n(x-\alpha) = \sqrt{\sigma} \left(2^n n! \sqrt{\pi} \right)^{-1/2} e^{-\sigma^2(x-\alpha)^2/2} H_n[\sigma(x-\alpha)], \quad \alpha = \frac{qE}{K}.$$

La probabilità di transizione $u_0 \to \tilde{u}_n$ è data dal prodotto scalare tra le due funzioni d'onda. Per valutarlo, conviene sfruttare la formula di Rodrigues per i polinomi di Hermite:

$$H_n(y) = (-)^n e^{y^2} \frac{d^n}{dy^n} e^{-y^2},$$

grazie alla quale l'ampiezza di probabilità si calcola integrando per parti il prodotto scalare:

$$c_{0 \to n} = \int_{-\infty}^{+\infty} dx \, u_0(x) u_n(x-\alpha) =$$

$$= \frac{(-)^n \sigma}{\sqrt{2^n n! \sqrt{\pi}}} \int_{-\infty}^{+\infty} dx \, e^{-\sigma^2 x^2/2} e^{\sigma^2(x-\alpha)^2/2} \frac{d^n}{d(\sigma x)^n} e^{-\sigma^2(x-\alpha)^2} =$$

$$= \frac{(-)^n}{\sqrt{2^n n! \sqrt{\pi}}} e^{-\sigma^2 \alpha^2/2} \int_{-\infty}^{+\infty} dz \, e^{-\alpha\sigma z} \frac{d^n}{dz^n} e^{-z^2 + 2\alpha\sigma z} =$$

$$
= \frac{(-)^n}{\sqrt{2^n n!}\sqrt{\pi}} e^{-\sigma^2\alpha^2/2} \left\{ \left[\ldots - \ldots + \ldots \right]_{-\infty}^{\infty} + (-)^n \int_{-\infty}^{+\infty} dz \left(\frac{d^n}{dz^n} e^{-\alpha\sigma z} \right) e^{-z^2 + 2\alpha\sigma z} \right\} =
$$

$$
= \frac{1}{\sqrt{2^n n!}\sqrt{\pi}} e^{-\sigma^2\alpha^2/2} (-\alpha\sigma)^n \int_{-\infty}^{+\infty} dz\, e^{-z^2 + \alpha\sigma z} =
$$

$$
= \frac{(-)^n}{\sqrt{2^n n!}\sqrt{\pi}} e^{-\sigma^2\alpha^2/2} (\alpha\sigma)^n e^{\sigma^2\alpha^2/4} \int_{-\infty}^{+\infty} dz\, e^{-(z-\alpha\sigma/2)^2} = \frac{1}{\sqrt{2^n n!}} (\alpha\sigma)^n e^{-\sigma^2\alpha^2/4}.
$$

Infine, la probabilità è data da:

$$
P_{0\to n} = \frac{1}{2^n n!} (\alpha\sigma)^{2n} e^{-\sigma^2\alpha^2/2}.
$$

11.29. L'equazione per gli autovalori è la seguente:

$$
\det|\mathbf{H} - \eta| = (W_0^2 - \eta^2)^2 + 3\varepsilon^2(W_0^2 - \eta^2) + \varepsilon^4 = 0.
$$

Poiché l'incognita effettiva è rappresentata da $(W_0^2 - \eta^2)$, gli autovalori η compaiono sempre a coppie di valori opposti.

Anche nel secondo caso, con $\mathbf{V} = |v_{ij}|$ arbitraria, lo spettro ha la stessa caratteristica. Infatti, nello sviluppo del determinante, il fattore $(W_0 + \eta)$, oppure $(W_0 - \eta)$, viene moltiplicato per un minore privato dello stesso elemento, mentre v_{ij} per un minore privato dell'intera coppia $(W_0 \pm \eta)$. Quindi, ogni passaggio preserva il bilancio tra i $(W_0 + \eta)$ e i $(W_0 - \eta)$, e, poiché la matrice iniziale li contiene in egual numero, i singoli addendi dello sviluppo finale conterranno solo potenze di $(W_0^2 - \eta^2)$.

11.30. Autovettori e autovalori della buca infinita sono dati da:

$$
\psi_n(x) = \sqrt{\frac{2}{a}} \sin\frac{\pi(n+1)x}{a}, \quad W_n = \frac{\hbar^2}{2\mu}\frac{\pi^2(n+1)^2}{a^2}, \quad n = 0, 1, \ldots
$$

i) Iniziamo con il primo caso, normalizzando la funzione d'onda:

$$
1 = \|\phi_1\|^2 = N_1^2 \int_0^a dx\, x^2(x-a)^2 = N_1^2 \frac{a^5}{30} \implies N_1 = \sqrt{\frac{30}{a^5}}.
$$

Possiamo sviluppare il vettore di stato su queste autofunzioni, con coefficienti di sviluppo:

$$
c_{1,n} = (\psi_n, \phi_1) = \sqrt{\frac{60}{a^6}} \int_0^a dx \sin\frac{\pi(n+1)x}{a} x(x-a) = -\frac{\sqrt{240}}{\pi^3}\frac{1 - (-)^{n+1}}{(n+1)^3},
$$

che si possono ottenere integrando per parti. Solo con n pari si ha $c_{1,n} \neq 0$, e quindi:

$$
|c_{1,0}|^2 = \frac{960}{\pi^6} \approx 0.9986, \quad |c_{1,2}|^2 = \frac{960}{3^6\pi^6} \approx 0.0014,
$$

che mostra come funzioni diverse puntualmente, come lo stato $x(x-a)$ e l'autofunzione $\sin \pi x/a$, possano essere in media quasi equivalenti, una volta soddisfatte le condizioni al contorno.

Per il valor medio dell'energia:

$$\overline{W}_{\phi_1} = \sum_{n=0,2}^{\infty} |c_{1,n}|^2 W_n = \frac{240}{\pi^6} 4w_0 \sum_{n=0,2}^{\infty} \frac{1}{(n+1)^4} = \frac{10}{\pi^2} w_0, \quad w_0 = W_0 = \frac{\pi^2 \hbar^2}{2\mu a^2},$$

mentre per la media dei quadrati:

$$\overline{W_{\phi_1}^2} = \sum_{n=0,2}^{\infty} |c_{1,n}|^2 W_n^2 = \frac{240}{\pi^6} 4w_0^2 \sum_{n=0,2}^{\infty} \frac{1}{(n+1)^2} = \frac{120}{\pi^4} w_0^2,$$

dove, come nella formula precedente abbiamo utilizzato le somme delle serie date nel testo. Dai due valori sopra calcolati, otteniamo lo scarto quadratico medio:

$$\Delta W_{\phi_1} = \sqrt{\overline{W_{\phi_1}^2} - \overline{W}_{\phi_1}^2} = \sqrt{\frac{120}{\pi^4} - \frac{100}{\pi^4}} \, w_0 = \frac{\sqrt{20}}{\pi^2} w_0.$$

ii) Per quanto riguarda la seconda funzione d'onda, ripetiamo tutti i calcoli:

$$1 = ||\phi_2||^2 = N_2^2 \int_0^a dx \sin^4(\pi x/a) = N_2^2 \frac{3}{8} a \implies N_2 = \sqrt{\frac{8}{3a}}.$$

Per gli integrali conviene utilizzare lo sviluppo del $\sin^4$ in termini di coseni di angoli multipli. Per i coefficienti dello sviluppo si ottiene:

$$c_{2,n} = \frac{4}{\sqrt{3a}} \int_0^a dx \sin \frac{\pi(n+1)x}{a} \sin^2 \frac{\pi x}{a} = (1 + (-)^n) \frac{-8}{\sqrt{3}\pi(n+1)[(n+1)^2 - 4]}.$$

Solo i coefficienti di indice pari sono diversi da zero, e possiamo notare:

$$|c_{2,0}|^2 = \frac{256}{27\pi^2} \approx 0.961, \quad |c_{2,2}|^2 = \frac{256}{27 \cdot 25\pi^2} \approx 0.038.$$

Meno della precedente, ma anche questa seconda funzione rappresenta dunque una buona approssimazione dello stato fondamentale. Per i valori di aspettazione:

$$\overline{W}_{\phi_2} = \sum_{n=0,2}^{\infty} |c_{2,n}|^2 W_n = \frac{256}{3\pi^2} w_0 \sum_{n=0,2}^{\infty} \frac{1}{\left[(n-1)(n+3)\right]^2} =$$

$$= \frac{16}{3\pi^2} w_0 \sum_{n=0,2}^{\infty} \left[\frac{1}{(n-1)^2} + \frac{1}{(n+3)^2} - \frac{1}{2}\left(\frac{1}{n-1} - \frac{1}{n+3}\right) \right] =$$

$$= \frac{16}{3\pi^2} w_0 2 \sum_{n=0,2}^{\infty} \frac{1}{(n+1)^2} = \frac{4}{3} w_0.$$

Nella seconda riga, i termini tra parentesi tonde si semplificano tra di loro, e tra i primi due:

$$(0-1)^{-2} + (2-1)^{-2} + (4-1)^{-2} + (6-1)^{-2}..... + (4-1)^{-2} + (6-1)^{-2} + ... =$$

$$= 2\left[(0+1)^{-2} + (2+1)^{-2} + (4+1)^{-2} + ...\right].$$

$$\overline{W_{\phi_2}^2} = \sum_{n=0,2}^{\infty} |c_{2,n}|^2 W_n^2 = \frac{256}{3\pi^2} w_0^2 \sum_{n=0,2}^{\infty} \frac{(n+1)^2}{\left[(n-1)(n+3)\right]^2} =$$

$$= \frac{256}{3\pi^2} w_0^2 \sum_{n=0,2}^{\infty} \left\{ \frac{1}{2}\left[\frac{1}{(n-1)^2} + \frac{1}{(n+3)^2}\right] - \frac{4}{\left[(n-1)(n+3)\right]^2} \right\} = \frac{16}{3} w_0^2.$$

Notare che il secondo addendo nella parentesi graffa è uguale a quello valutato sopra. Infine:

$$\Delta W_{\phi_2} = \sqrt{\overline{W_{\phi_2}^2} - \overline{W}_{\phi_2}^2} = \sqrt{\frac{16}{3} - \frac{16}{9}} w_0 = \frac{4\sqrt{2}}{3} w_0.$$

11.31. i) Le due osservabili α e β non sono compatibili in quanto gli operatori non hanno autostati in comune.

ii) Per rispondere alla seconda domanda conviene considerare la relazione inversa di quella assegnata, che si ottiene immediatamente osservando che la matrice è ortogonale:

$$\begin{cases} |b_1\rangle = c_1|a_1\rangle + c_2|a_2\rangle \\ |b_2\rangle = c_2|a_1\rangle - c_1|a_2\rangle. \end{cases}$$

Da qui si ricava la probabilità richiesta:

$$P_{a_1 \to a_1} = P_{a_1 \to b_1} \cdot P_{b_1 \to a_1} + P_{a_1 \to b_2} \cdot P_{b_2 \to a_1} = c_1^2 \cdot c_1^2 + c_2^2 \cdot c_2^2 = \frac{97}{169}.$$

La probabilità complementare è invece data da:

$$P_{a_1 \to a_2} = P_{a_1 \to b_1} \cdot P_{b_1 \to a_2} + P_{a_1 \to b_2} \cdot P_{b_2 \to a_2} = c_1^2 \cdot c_2^2 + c_1^2 \cdot c_2^2 = \frac{72}{169},$$

e la somma delle due è correttamente uguale a 1.

11.32. Per il primo tipo di dimostrazione, con $f(x)$ incognita, consideriamo l'operatore:

$$D = -\frac{1}{\sqrt{2}}\frac{d}{dx} + f(x) \implies$$

$$\implies D^\dagger D = \left(\frac{1}{\sqrt{2}}\frac{d}{dx} + f(x)\right)\left(-\frac{1}{\sqrt{2}}\frac{d}{dx} + f(x)\right) = -\frac{1}{2}\frac{d^2}{dx^2} + \frac{1}{\sqrt{2}}\frac{df(x)}{dx} + f^2(x).$$

La relazione $H = D^\dagger D$ è soddisfatta se:

$$\frac{1}{\sqrt{2}} \frac{df(x)}{dx} = -f^2(x) + \frac{(3x^2 - a^2)}{(x^2 + a^2)^2}.$$

L'incognita è chiaramente del tipo:

$$f(x) = \frac{\alpha x + \beta}{x^2 + a^2} \implies f(x) = -\frac{\sqrt{2}x}{x^2 + a^2},$$

come si può controllare facilmente. Possiamo quindi scrivere:

$$\langle \psi \mid H \mid \psi \rangle = \langle \psi \mid D^\dagger D \mid \psi \rangle = ||D \mid \psi \rangle||^2 \geq 0,$$

escludendo così la possibilità di autovalori negativi.

Alternativamente, la autofunzione u_0 non ha nodi ed è quindi lo stato fondamentale ad autovalore minimo; essendo questo uguale a zero, non esistono autovalori negativi.

11.33. i) L'energia è costante del moto, per cui possiamo valutare le distribuzioni di probabilità all'istante iniziale. Gli autovettori e autovalori dell'Hamiltoniana sono quelli di un potenziale a delta di Dirac, e sono stati trattati nei Problemi 4.1 e 4.2. Essi sono dati da:

$$\phi_W = N\exp(-k|x|), \quad W = -\mu\lambda^2/2\hbar^2, \quad k = \mu\lambda/\hbar^2.$$

Il modulo di entrambe le funzioni u_W e ψ_0 è un esponenziale decrescente, il primo lineare e il secondo quadratico. Tuttavia, la condizione sui parametri, $4\sigma \gg \hbar^2/\mu\lambda$, comporta che all'origine la prima abbia una pendenza molto più marcata, ovvero che la seconda sia molto più piatta. Il contributo dominante all'integrazione viene pertanto dalla zona ove la prima è sensibilmente diversa da zero, cioè $x \sim 0$, mentre possiamo assumere il modulo della seconda come valore costante ovunque. L'ampiezza di probabilità richiesta è perciò data da:

$$\left(u_W, \psi_0 \right) = AN\exp(-x_0^2/4\sigma) \int_{-\infty}^{+\infty} dx \exp(-k|x|) \exp(ik_0 x) =$$

$$= AN\exp(-x_0^2/4\sigma)\left[\frac{1}{k - ik_0} + \frac{1}{k + ik_0} \right] = AN\exp(-x_0^2/4\sigma)\frac{2k}{k^2 + k_0^2}.$$

ii) Tenendo conto delle normalizzazioni: $N = \sqrt{k}$ e $A = (2\sigma\pi)^{-1/4}$, vedi 4.2 e A.1, arriviamo infine alla probabilità:

$$P_W = \frac{2\sqrt{2}}{\sqrt{\sigma\pi}} \exp(-x_0^2/2\sigma)\frac{k^3}{\left(k^2 + k_0^2\right)^2}.$$

11.34. Lo stato fondamentale dell'atomo di Trizio è dato da:

$$u_{100}^T = \frac{1}{\sqrt{\pi}} \left(\frac{Z^T}{r_0}\right)^{3/2} \exp(-Z^T r/r_0), \quad Z^T = 1, \quad r_0 = \frac{\hbar^2}{e^2 \mu}.$$

Con il decadimento descritto, l'unico parametro che muta è $Z^T = 1 \to Z^{He} = 2$, e gli stati finali $1s$ e $2s$ richiesti sono dati da:

$$u_{100}^{He} = \frac{1}{\sqrt{\pi}} \left(\frac{2}{r_0}\right)^{3/2} \exp(-2r/r_0) \quad u_{200}^{He} = \frac{1}{4\sqrt{2\pi}} \left(\frac{2}{r_0}\right)^{3/2} \left(2 - 2\frac{r}{r_0}\right) \exp(-r/r_0).$$

Verso questi due stati, le ampiezze di probabilità sono date da:

$$A_{T_{1s} \to He_{1s}} = \frac{1}{\pi} \left(\frac{\sqrt{2}}{r_0}\right)^3 \int d\Omega \int_0^\infty dr\, r^2 \exp(-3r/r_0) = \frac{2^{9/2}}{3^3},$$

$$A_{T_{1s} \to He_{2s}} = \frac{1}{4\pi\sqrt{2}} \left(\frac{\sqrt{2}}{r_0}\right)^3 \int d\Omega \int_0^\infty dr\, r^2 \left(2 - 2\frac{r}{r_0}\right) \exp(-2r/r_0) = -\frac{1}{2}.$$

Vedi A.12 per gli integrali esponenziali. L'ultima ampiezza richiesta, verso lo stato $2p$, è invece nulla per integrazione sulle variabili angolari, ovvero per ortogonalità dell'armonica sferica iniziale ($l = 0$) con quella finale ($l = 1$).

11.35. i) Inserendo la completezza tra i due operatori A, si ottiene:

$$1/4 = \langle\, 1\,|\,A^2\,|\,1\,\rangle = \langle\, 1\,|\,A\,|\,1\,\rangle\langle\, 1\,|\,A\,|\,1\,\rangle + \langle\, 1\,|\,A\,|\,2\,\rangle\langle\, 2\,|\,A\,|\,1\,\rangle =$$
$$= 1/4 + |\,\langle\, 2\,|\,A\,|\,1\,\rangle|^2,$$

da cui segue $|\,\langle\, 2\,|\,A\,|\,1\,\rangle|^2 = 0$. Quindi lo stato $A\,|\,1\,\rangle$ non ha proiezione sullo stato $|\,2\,\rangle$, ovvero $A\,|\,1\,\rangle = \alpha_1\,|\,1\,\rangle$. Dunque, $|\,1\,\rangle$ è autostato di A, con autovalore $\alpha_1 = 1/2$, come dato dal primo esperimento. Essendo A autoaggiunto, il suo spettro è completo e quindi anche $|\,2\,\rangle$, l'unico ortogonale a $|\,1\,\rangle$, è un suo autostato. L'esperimento i) tuttavia non permette di risalire all'autovalore.

ii) Per la seconda osservabile:

$$1/6 = \langle\, 1\,|\,B^2\,|\,1\,\rangle = \langle\, 1\,|\,B\,|\,1\,\rangle\langle\, 1\,|\,B\,|\,1\,\rangle + \langle\, 1\,|\,B\,|\,2\,\rangle\langle\, 2\,|\,B\,|\,1\,\rangle =$$
$$= 1/4 + |\,\langle\, 2\,|\,B\,|\,1\,\rangle|^2,$$

da cui segue $|\,\langle\, 2\,|\,B\,|\,1\,\rangle|^2 < 0$, ovviamente assurdo. La doppia misura ii) è pertanto sbagliata.

iii) In modo analogo, per C si trova:

$$5/4 = \langle\, 1\,|\,C^2\,|\,1\,\rangle = \langle\, 1\,|\,C\,|\,1\,\rangle\langle\, 1\,|\,C\,|\,1\,\rangle + \langle\, 1\,|\,C\,|\,2\,\rangle\langle\, 2\,|\,C\,|\,1\,\rangle =$$
$$= 1 + |\,\langle\, 2\,|\,C\,|\,1\,\rangle|^2,$$

da cui segue $|\langle 2 | C | 1 \rangle|^2 = 1/4$. Inoltre:

$$\langle 1 | C^3 | 1 \rangle = \langle 1 | C | 1 \rangle\langle 1 | C^2 | 1 \rangle + |\langle 2 | C | 1 \rangle|^2(\langle 1 | C | 1 \rangle + \langle 2 | C | 2 \rangle).$$

Sostituendo i valori dati e quello appena trovato, possiamo ricavare $\langle 2 | C | 2 \rangle = 1$.
  Con questi valori possiamo ora diagonalizzare la matrice C:

$$\begin{vmatrix} \langle 1 | C | 1 \rangle & \langle 2 | C | 1 \rangle \\ \langle 1 | C | 2 \rangle & \langle 2 | C | 2 \rangle \end{vmatrix} \equiv \begin{vmatrix} 1 & x \\ x^* & 1 \end{vmatrix} \quad \text{con} \quad |x|^2 = \frac{1}{4},$$

risolvendo l'equazione per gli autovalori:

$$(1 - \gamma)^2 - |x|^2 = 0 \quad \Longrightarrow \quad \gamma_\pm = 1 \pm |x| = 1 \pm \frac{1}{2},$$

cui corrispondono gli autovettori:

$$| \gamma_\pm \rangle = \frac{1}{\sqrt{2}}(| 1 \rangle \pm | 2 \rangle).$$

11.36. Normalizziamo la $\psi(x)$ e riportiamo gli autovettori $u_n(x)$ e gli autovalori W_n esatti in unità $\hbar = \mu = 1$:

$$\psi(x) = \sqrt{\frac{2}{3a}}\left(1 - \cos\frac{2\pi x}{a}\right), \quad u_n(x) = \sqrt{\frac{2}{a}}\sin\frac{n\pi x}{a}, \quad W_n = \frac{1}{2}\frac{n^2\pi^2}{a^2} \quad n = 1, 2, \ldots$$

i) Il valore d'aspettazione dell'energia si può calcolare a $t = 0$:

$$\langle \psi | H | \psi \rangle = \frac{1}{2}\int_0^a dx|d\psi(x)/dx|^2 = \frac{1}{2}\frac{2}{3a}\int_0^a dx\left(\frac{2\pi}{a}\right)^2\sin^2\frac{2\pi x}{a} = \frac{2}{3}\frac{\pi^2}{a^2},$$

quindi prossima al primo autovalore.
  ii) Per le probabilità di trovare gli autovalori esatti, posto $y = \pi x/a$:

$$\langle u_n | \psi \rangle = \frac{2}{\pi\sqrt{3}}\int_0^\pi dy\left\{\sin ny - \frac{1}{2}[\sin(n-2)y + \sin(n+2)y]\right\} =$$

$$= \frac{4}{\pi\sqrt{3}}\left[\frac{1}{2k+1} - \frac{1}{2(2k-1)} - \frac{1}{2(2k+3)}\right],$$

per $n = 2k + 1$, e uguale a zero per n pari. Pertanto:

$$P_1 = \frac{256}{27\pi^2} \approx 0.9607, \quad P_2 = 0, \quad P_3 = \frac{P_1}{25} \approx 0.0384,$$

confermando la prossimità alla prima autofunzione.

11.37. Una particella in una buca infinita di larghezza a ha autovalori dell'energia pari a:

$$W_n = \frac{\hbar^2 \pi^2}{2\mu a^2} n^2, \quad n = 1, 2, \ldots$$

i) Classicamente, se la forza esercitata sulla parete spostasse la parete stessa di δa, l'energia subirebbe un decremento $-\delta W$. Quantisticamente, dal teorema di Ehrenfest:

$$F = -\left\langle \frac{\partial H}{\partial a} \right\rangle,$$

con il valore medio da valutatarsi sullo stato del sistema. Grazie al teorema di Feynman-Helmann:

$$\left\langle n, a \mid \frac{\partial H(a)}{\partial a} \mid n, a \right\rangle = \frac{\partial}{\partial a} \langle n, a \mid H(a) \mid n, a \rangle = \frac{\partial}{\partial a} W_n(a).$$

Nel nostro caso $n = 1$, e quindi:

$$F = \frac{2W_1}{a} = \frac{2 \cdot 38\, eV}{10^{-8}} = 7.6 \cdot 10^9\, eV/cm.$$

ii) Dall'espressione di W_n si deduce che nel primo stato eccitato, con $n = 2$:

$$W_2 = 4W_1 = 152\, eV.$$

11.38. Per i primi due punti è sufficiente svolgere esplicitamente il calcolo:

$$AA^\dagger = \sum_{n=1}^{N} \sum_{m=1}^{N} \mid n \rangle \langle n+1 \mid\; \mid m+1 \rangle \langle m \mid = \sum_{n=1}^{N} \sum_{m=1}^{N} \mid n \rangle \delta_{nm} \langle m \mid =$$

$$= \sum_{n=1}^{N} \mid n \rangle \langle n \mid = I,$$

e analoga espressione per $A^\dagger A$.

Per i commutatori, la prova è immediata in quanto H_0 è proporzionale all'identità e pertanto commuta con qualsiasi operatore.

Per autovalori e autofunzioni, poiché A è unitario, le sue autofunzioni sono le stesse di $A^\dagger$, mentre gli autovalori di A e $A^\dagger$ sono di modulo 1 e sono inversi uno dell'altro. Date inoltre le commutazioni con H_0, le autofunzioni di tutta l'Hamiltoniana sono le stesse di H_0, e i suoi autovalori semplicemente correlati a quelli di A

e $A^\dagger$. Risolviamo pertanto il problema per A.

$$A - \alpha I = \begin{vmatrix} -\alpha & 1 & 0 & . & . & 0 \\ 0 & -\alpha & 1 & . & . & 0 \\ 0 & 0 & -\alpha & 1 & . & . \\ . & . & . & . & . & . \\ . & . & . & . & -\alpha & 1 \\ 1 & 0 & 0 & . & . & -\alpha \end{vmatrix}$$

e quindi:

$$\det |A - \alpha I| = (-\alpha)^N + (-1)^{N+1} = (-1)^N(\alpha^N - 1) = 0.$$

Le soluzioni di questa semplice equazione sono:

$$\alpha_l = \exp(i\theta_l), \quad \theta_l = \frac{2\pi}{N}l, \quad l = 0, 1, 2, ..., N-1,$$

evidentemente di modulo unitario.

Gli autovalori dell'Hamiltoniana sono così dati da:

$$H \mid l \,\rangle = \left[W_0 + W_1\left(\alpha_l + \frac{1}{\alpha_l} \right) \right] \mid l \,\rangle = \left[W_0 + 2W_1 \cos\theta_l \right] \mid l \,\rangle.$$

Per quanto riguarda le autofunzioni, da $A \mid l \,\rangle = \exp[i\theta_l] \mid l \,\rangle$, proiettando sulle componenti e detta $a_{l,k}$ la componente $k-$esima del vettore $l-$esimo, si ha:

$$a_{l,k+1} = \exp(i\theta_l)a_{l,k}, \quad k = 1, 2, ..., N, \quad \text{con} \quad a_{l,N+1} = a_{l,1}.$$

Scelta la prima componente $a_{l,1} = \exp(i\theta_l)/\sqrt{N}$, le altre sono date da:

$$a_{l,k} = \exp(ik\theta_l)/\sqrt{N}, \quad \text{con} \quad \| \mid l \,\rangle\| = 1.$$

11.39. Lo stato fondamentale dell'oscillatore armonico con $V = \mu\omega^2 x^2/2$ è:

$$u_0(x) = \left(\sigma^2/\pi\right)^{1/4} e^{-\sigma^2 x^2/2}, \quad \sigma^2 = \mu\omega/\hbar, \quad W_0 = \hbar\omega/2.$$

La regione classica è definita da $W_0 < V(x)$ e cioè:

$$\frac{1}{2}\hbar\omega < \frac{1}{2}\mu\omega^2 x^2, \quad \frac{\hbar}{\omega\mu} = \frac{1}{\sigma^2} < x^2.$$

La probabilità di trovare l'oscillatore nella zona classica è data dall'integrale del modulo quadro della funzione d'onda tra i punti di inversione:

$$P_{int} = \frac{\sigma}{\sqrt{\pi}} \int_{-1/\sigma}^{+1/\sigma} dx\, e^{-\sigma^2 x^2} = \frac{2}{\sqrt{\pi}} \int_0^1 dy\, e^{-y^2} = erf(1) \approx 0.84.$$

Vedi A-S 7 per la funzione d'errore. La probabilità di trovarla all'esterno è allora:

$$P_{ext} = 1 - P_{int} \approx 16\%.$$

11.40. Imponiamo le condizioni di normalizzazione nella forma $b = \sqrt{1-a^2} > 0$, e tralasciamo il caso particolare di una delle costanti nulla:

$$\langle \hat{x} \rangle_\psi = \int_{-\infty}^{\infty} dx \langle \psi \mid \hat{x} \mid \psi \rangle = 2ab \langle u_1 \mid \hat{x} \mid u_0 \rangle = 2a(1 - a^2)^{1/2} \langle u_1 \mid \hat{x} \mid u_0 \rangle \neq 0.$$

La derivata di questa quantità rispetto ad a presenta zeri a $a = \pm\sqrt{1/2}$. Questi sono i punti di massimo e di minimo, oppure il viceversa con la scelta $b < 0$.

11.41. Le funzioni d'onda prima e dopo l'espansione sono date da:

$$u_n^{(a)} = \begin{cases} \sqrt{2/a}\sin\left(n\pi\dfrac{x}{a}\right) & 0 \leq x \leq a \\ 0 & \text{altrove} \end{cases} \qquad u_n^{(2a)} = \begin{cases} \sqrt{1/a}\sin\left(n\pi\dfrac{x}{2a}\right) & 0 \leq x \leq 2a \\ 0 & \text{altrove.} \end{cases}$$

i) La probabilità di transizione tra gli stati fondamentali prima dell'espansione e dopo di essa è data dunque da:

$$P_1 = \left| \int_0^a dx\, u_1^{(2a)*} u_1^{(a)} \right|^2 = \left| \frac{\sqrt{2}}{a} \int_0^a dx\, \sin\left(\pi\frac{x}{2a}\right) \sin\left(\pi\frac{x}{a}\right) \right|^2 = \frac{32}{9\pi^2}.$$

ii) La probabilità P_2 di transizione dallo stato fondamentale della prima buca al primo stato eccitato della seconda si valuta immediatamente, in quanto le due autofunzioni sono proporzionali, la prima normalizzata in $0 \leq x \leq a$, la seconda in $0 \leq x \leq 2a$, con l'integrale valutato in questo secondo intervallo ma di fatto limitato al primo per l'annullarsi della prima autofunzione in $a < x < 2a$. Pertanto, tenendo conto delle diverse normalizzazioni:

$$P_2 = \left| \sqrt{1/a} / \sqrt{2/a} \right|^2 = 1/2.$$

Poiché $P_1 > 0$ e $P_2 = 1/2$, tutte le altre probabilità saranno minori di $1/2$, e dunque P_2 è la probabilità massima. Comunque controlliamo.

Per $n \geq 3$, se n è pari, l'integrale è nullo perché è il prodotto scalare di due autofunzioni della prima buca con indici diversi, e quindi ortonormali. Per $n = 2m + 1$ con $m = 1, 2$, si ha invece:

$$P_n = \frac{2}{a^2} \left| \int_0^a dx \sin\left(n\pi\frac{x}{2a}\right) \sin\left(\pi\frac{x}{a}\right) \right|^2 = \frac{2}{\pi^2} \left| \frac{\sin(m - 1/2)\pi}{2m - 1} - \frac{\sin(m + 3/2)\pi}{2m + 3} \right|^2 =$$

$$= \frac{2}{\pi^2} \left| \frac{(-)^{m+1}}{2m-1} - \frac{(-)^{m+1}}{2m+3} \right|^2 = \frac{32}{\pi^2} \frac{1}{[(2m+1)^2 - 4]^2} \le \frac{32}{25\pi^2}, \quad m = 1, 2, \dots$$

Poiché:

$$\frac{32}{25\pi^2} < \frac{32}{9\pi^2} < \frac{1}{2},$$

viene confermato quanto quanto detto prima.

iii) La probabilità di trovare il momento $p = \hbar k$ per la particella liberata è data dal modulo quadro del prodotto scalare della funzione d'onda della particella libera per lo stato prima della transizione:

$$c_k = \int_0^a dx \frac{1}{\sqrt{2\pi\hbar}} \exp(-ikx) \sqrt{\frac{2}{a}} \sin \pi \frac{x}{a} = \frac{1}{\sqrt{\pi\hbar a}} [1 + \exp(-ika)] \frac{a/\pi}{1 - (ka/\pi)^2} \Longrightarrow$$

$$\Longrightarrow P_k = |c_k|^2 = \frac{2\pi a}{\hbar(\pi^2 - k^2 a^2)^2} (1 + \cos ka).$$

11.42. i) Differenziamo la funzione d'onda:

$$\frac{d}{dx} \psi_j(x) = N \frac{j}{x_0} \left(\frac{x}{x_0} \right)^{j-1} \exp(-x/x_0) - N \frac{1}{x_0} \left(\frac{x}{x_0} \right)^j \exp(-x/x_0),$$

$$\frac{d^2}{dx^2} \psi_j(x) = \left[\frac{j(j-1)}{x^2} - \frac{2j}{x_0 x} + \frac{1}{x_0^2} \right] \psi_j(x),$$

e sostituiamo il tutto nell'equazione di Schrödinger stazionaria $H\psi_{0j} = W_{0j}\psi_{0j}$, dove è stato aggiunto l'indice 0 per sottolineare il fatto che, se ψ_j è autofunzione, non avendo nodi allora deve essere quella dello stato fondamentale. Si ottiene:

$$W_{0j} - V_j(x) = -\frac{\hbar^2}{2\mu} \left[\frac{j(j-1)}{x^2} - \frac{2j}{x_0 x} + \frac{1}{x_0^2} \right].$$

Poiché cerchiamo potenziali tali che $V(x; j) \to 0$ per $x \to \infty$,

$$V_j(x) = \frac{\hbar^2}{2\mu} \left[\frac{j(j-1)}{x^2} - \frac{2j}{x_0 x} \right], \quad W_{0j} = -\hbar^2 / 2\mu x_0^2.$$

ii) Confrontiamo ora con il potenziale radiale efficace dei sistemi idrogenoidi:

$$V_l(r) = \frac{\hbar^2}{2\mu} \frac{l(l+1)}{r^2} - \frac{Ze^2}{r}.$$

Con le identificazioni:

$$l \implies j-1, \quad Ze^2 \implies \frac{\hbar^2}{\mu x_0} j, \quad \frac{Z}{r_0} = \frac{Ze^2}{r_0 e^2} \implies \frac{j}{x_0}, \quad n_r \implies n_x,$$

dai risultati noti si ottengono gli autovalori del nostro potenziale:

$$W_{n_r l} = -\frac{\hbar^2}{2\mu} \frac{Z^2}{r_0^2} \frac{1}{(n_r+l+1)^2} \Longrightarrow W_{n_x j} = -\frac{\hbar^2}{2\mu} \frac{1}{x_0^2} \frac{j^2}{(n_x+j)^2}, \quad j=1,2,\ldots, \quad n_x=0,1,\ldots$$

Per $n_x = 0$, cioè per lo stato fondamentale, si riottiene il valore W_{0j} trovato in i).

Grazie al termine j^2 a numeratore, non c'è più la degenerazione accidentale dell'idrogeno, e questo è dovuto al fatto che il parametro j compare anche nel termine proporzionale a x^{-1}, e non solo in quello proporzionale a x^{-2}. Permane tuttavia un'altra degenerazione, quella legata alla coppia di numeri quantici $\{nj, nn_x\}$, con n intero.

11.43. i) La particella è legata perché la funzione d'onda è a quadrato sommabile.

ii) Sostituendo la funzione di stato nell'equazione di Schrödinger agli stati stazionari, si trova:

$$-\beta x = -\frac{\hbar^2}{2\mu}(\alpha^2 x - 2\alpha) + xV(x),$$

da cui il potenziale:

$$V(x) = -\beta + \frac{\hbar^2}{2\mu}\left(\alpha^2 - 2\frac{\alpha}{x}\right) \quad \text{per} \quad x \geq 0, \quad V(x) = \infty \quad \text{per} \quad x < 0.$$

A parte una costante, questo è il medesimo potenziale radiale dell'atomo di idrogeno con $l = 0$ e $e_0^2 = \alpha\hbar^2/\mu$. Gli autovalori sono quindi:

$$W_n = -\beta + \frac{\alpha^2\hbar^2}{2\mu} - \frac{e_0^4\mu}{2\hbar^2}\frac{1}{n^2} = -\beta + \frac{\alpha^2\hbar^2}{2\mu}\left(1 - \frac{1}{n^2}\right), \quad n = 1,2,\ldots,$$

e gli autovettori quelli dell'idrogeno.

iii) La funzione d'onda assegnata si riconosce immediatamente essere l'evoluzione temporale dell'autostato con $n = 1$ e con autovalore $-\beta$, e cioè $-\beta = W_1$. Notare che non è sufficiente un solo autovettore per identificare l'intera Hamiltoniana, ma nella trattazione precedente l'Hamiltoniana è stata applicata a uno specifico vettore, e quindi abbiamo di fatto ricavato l'operatore proiettato nel sottospazio di quel singolo vettore.

La probabilità $P(W)$ di trovare l'energia W è dunque:

$$P(W) = \begin{cases} 1 & W = -\beta \\ 0 & W \neq -\beta. \end{cases}$$

11.44. i) Lo stato iniziale e quello evoluto sono i seguenti:

$$\psi(0) = \frac{1}{\sqrt{2s}}\sum_{n=N-s}^{N+s} |n\rangle, \quad \psi(t) = \frac{1}{\sqrt{2s}}\sum_{n=N-s}^{N+s} |n\rangle \exp[-i(n+1/2)\omega t].$$

Per il valore di aspettazione della posizione, utilizziamo la sua forma in termini di creatori e distruttori, con $\lambda = \sqrt{\hbar/2\mu\omega}$:

$$\langle \hat{x} \rangle_t = \lambda \langle \psi(t) \mid \hat{a} + \hat{a}^\dagger \mid \psi(t) \rangle = \frac{\lambda}{2s} \sum_{nn'} \langle n' \mid \hat{a} + \hat{a}^\dagger \mid n \rangle \exp[-i(n-n')\omega t] =$$

$$= \frac{\lambda}{2s} \sum_{n=N-s}^{N+s} \left(\sqrt{n}\exp(-i\omega t) + \sqrt{n+1}\exp(i\omega t) \right).$$

Poiché $N \gg s \gg 1$, vale $\sqrt{n} \approx \sqrt{n+1} \approx \sqrt{N}$, e il numero degli addendi $2s+1 \approx 2s$. Dunque:

$$\langle \hat{x} \rangle_t \approx \frac{\lambda}{2s} 2s\sqrt{N} \left(\exp(-i\omega t) + \exp(i\omega t) \right) = \left(\frac{2\hbar N}{\mu\omega} \right)^{1/2} \cos\omega t.$$

ii) Per l'oscillatore armonico classico, la legge oraria e l'energia sono date da:

$$x(t) = X\cos\omega t, \quad W_{cl} = \frac{1}{2}\mu\omega^2 X^2, \quad X = \left(\frac{2W_{cl}}{\mu\omega^2} \right)^{1/2}$$

dove X è l'ampiezza massima dell'oscillazione.

Poiché l'energia quantistica è data da:

$$W_{quant} = \langle \psi(t) \mid H \mid \psi(t) \rangle = \frac{1}{2s} \sum_{n=N-s}^{N+s} (n+1/2)\hbar\omega \approx N\hbar\omega,$$

l'ampiezza dell'oscillatore classico di pari energia è dato da:

$$X = \left(\frac{2N\hbar\omega}{\mu\omega^2} \right)^{1/2} = \left(\frac{2\hbar N}{\mu\omega} \right)^{1/2}.$$

Confrontando con il valore di $\langle \hat{x} \rangle_t$ già calcolato, si vede che una combinazione di un grande numero di autostati dell'oscillatore con un ventaglio di energie piccolo rispetto al valor medio, come imposto da $N \gg s \gg 1$, si comporta come un oscillatore classico, oscillando con uguali frequenza ed ampiezza.

*11.45. La funzione d'onda assegnata si può sviluppare sul sistema completo delle armoniche sferiche:

$$\Phi(\varphi) = \frac{1}{\sqrt{4\pi}} \exp(2i\varphi) = \sum_{l,m} C_{lm} Y_{lm}(\theta, \varphi) = \sum_{l=2}^{\infty} C_l Y_{l2}(\theta, \varphi).$$

Posto $\zeta = \cos\theta$, utilizziamo la forma delle armoniche sferiche riportata in A.4:

$$Y_{l2}(\zeta,\varphi) = \Phi_2(\varphi)\Theta_l^2(\theta) = \frac{1}{\sqrt{2\pi}}\exp(2i\varphi)N_{l2}(1-\zeta^2)\frac{d^2}{d\zeta^2}P_l(\zeta),$$

$$N_{l2} = \sqrt{\frac{2l+1}{2}\frac{(l-2)!}{(l+2)!}}$$

da cui si ottengono le ampiezze di probabilità:

$$C_l = \int d\Omega\, Y_{l2}^*(\zeta,\varphi)\Phi(\varphi) = \frac{1}{\sqrt{2}}N_{l2}\int_{-1}^{1}d\zeta(1-\zeta^2)\frac{d^2}{d\zeta^2}P_l(\zeta).$$

Utilizziamo la formula di ricorrenza suggerita, e l'ortogonalità dei polinomi di Legendre:

$$(1-\zeta^2)P_l'' = 2\zeta P_l' - l(l+1)P_l, \qquad \int_{-1}^{1}d\zeta P_l(\zeta) = 2\delta_{l,0},$$

ottenendo così, per $l \geq 2$, le ampiezze e le probabilità richieste:

$$C_l = \sqrt{2}N_{l2}\int_{-1}^{1}d\zeta\, \zeta P_l'(\zeta) = \sqrt{2}N_{l2}\left[1+(-)^l\right] \implies |C_l|^2 = \frac{(2l+1)(l-2)!}{(l+2)!}\left[1+(-)^l\right]^2.$$

11.46. i) La normalizzazione a 1 si ottiene tramite gli integrali gaussiani:

$$\int_{-\infty}^{\infty}dx|\psi(x)|^2 = \frac{a}{\sqrt{\pi}}\int_{-\infty}^{\infty}dx\,\exp\left[-a^2(x-x_0)^2\right] = \frac{a}{\sqrt{\pi}}\frac{\sqrt{\pi}}{a} = 1.$$

ii) Le probabilità relative al momento si ottengono proiettando la funzione d'onda sulle autofunzioni dell'operatore momento, cioè valutando la trasformata di Fourier. Essendo la ψ una gaussiana, la sua trasformata è ancora una gaussiana (modulata), vedi A.1:

$$\sqrt{\frac{a}{\sqrt{\pi}}}\frac{1}{\sqrt{2\pi\hbar}}\int_{-\infty}^{\infty}dx\,\exp\left[-\frac{i}{\hbar}px\right]\exp\left[-\frac{a^2}{2}(x-x_0)^2\right] =$$

$$= \sqrt{\frac{1}{\hbar a\sqrt{\pi}}}\exp\left[-\frac{1}{2a^2\hbar^2}p^2\right]\exp\left[-\frac{i}{\hbar}px_0\right].$$

Si ottiene quindi la probabilità richiesta:

$$P(p)dp = \frac{1}{\hbar a\sqrt{\pi}}\exp\left[-\frac{1}{a^2\hbar^2}p^2\right]dp.$$

iii) La deviazione standard è data da:

$$\Delta^2 x = \int_{-\infty}^{\infty} dx (x - x_0)^2 P(x),$$

ma, essendo $P(x) = |\psi|^2$ una gaussiana, si legge facilmente dai parametri pur di riscriverla nella forma più familiare:

$$\frac{a}{\sqrt{\pi}} \exp\left[-a^2(x-x_0)^2\right] = \frac{1}{\sigma\sqrt{2\pi}} \exp\left[-\frac{(x-x_0)^2}{2\sigma^2}\right].$$

Analogamente per l'impulso. Dunque:

$$\Delta x = \sigma = \frac{1}{a\sqrt{2}} \Delta p = \frac{a\hbar}{\sqrt{2}} \Delta x \Delta p = \frac{\hbar}{2}.$$

11.47. i) Per il primo punto, osserviamo che, per potenziali pari, detti $|n\rangle$ gli autostati:

$$\langle n | \hat{x} | n \rangle = 0 \quad e \quad \langle n | \hat{p} | n \rangle = 0,$$

in quanto gli autostati sono pari o dispari e gli operatori dispari. Pertanto:

$$\Delta_n^2 x = \langle n | \hat{x}^2 | n \rangle - (\langle n | \hat{x} | n \rangle)^2 = \langle n | \hat{x}^2 | n \rangle = \overline{x_n^2}, \quad \Delta_n^2 p = \langle n | \hat{p}^2 | n \rangle = \overline{p_n^2}.$$

Quindi, il principio di Heisenberg sugli autostati diventa:

$$\Delta_n^2 x \Delta_n^2 p = \overline{x_n^2 p_n^2} \geq \hbar^2/4.$$

Consideriamo ora il valore medio dell'energia:

$$\overline{W}_n = \frac{\overline{p_n^2}}{2\mu} + \frac{K}{2}\overline{x_n^2} = \sqrt{K/\mu}\sqrt{\overline{p_n^2 x_n^2}} = \sqrt{K/\mu}\sqrt{\Delta_n^2 x \Delta_n^2 p} \geq \frac{\hbar}{2}\sqrt{K/\mu} = \frac{1}{2}\hbar\omega = W_0,$$

dove diversi passaggi richiedono chiarimenti.

- Nella seconda eguaglianza abbiamo sfruttato il teorema del viriale, valido per potenziali omogenei di grado s:

$$\langle \psi | T | \psi \rangle = \frac{s}{2} \langle \psi | V | \psi \rangle,$$

che nel caso dell'oscillatore armonico, con $s = 2$, si riduce alla eguaglianza. Quindi:

$$\left[\sqrt{\overline{p_n^2}/2\mu} - \sqrt{K\overline{x_n^2}/2}\right]^2 = \overline{W}_n - \sqrt{\overline{p_n^2 x_n^2}}\sqrt{K/\mu} = 0,$$

- La terza eguaglianza è stata provata in precedenza, in relazione al principio di Heisenberg, che si dimostra raggiungere il minimo in corrispondenza di una funzione gaussiana del tipo $\psi(x) = N \exp(-\alpha x^2)$. Pertanto, W_0 è l'autovalore dello stato fondamentale, cui corrisponde l'autofunzione $\psi(x)$, di cui dobbiamo ancora trovare il parametro α.

ii) Applichiamo ora il principio di Riesz, utilizzando $\psi(x)$ come funzione di prova con α parametro variazionale. Da quanto detto prima, il risultato corrisponderà all'autostato fondamentale esatto. Calcoliamo quindi i valori di aspettazione sulla funzione di prova data.

$$\overline{x^2} = \int_{-\infty}^{\infty} dx \exp(-2\alpha x^2) x^2 \left[\int_{-\infty}^{\infty} dx \exp(-2\alpha x^2) \right]^{-1/2} = \frac{1}{4\alpha},$$

$$\overline{p^2} = -\hbar^2 \int_{-\infty}^{\infty} dx \exp(-\alpha x^2) \frac{d^2}{dx^2} \exp(-\alpha x^2) \left[\int_{-\infty}^{\infty} dx \exp(-2\alpha x^2) \right]^{-1/2} = \hbar^2 \alpha.$$

Da cui segue:

$$\overline{W}_\psi = \frac{\hbar^2}{2\mu} \alpha + \frac{K}{2} \frac{1}{4\alpha},$$

e dall'annullamento della derivata $d\overline{W}_\psi/d\alpha = 0$ si ricava finalmente:

$$\alpha = \frac{\sqrt{k\mu}}{2\hbar} = \frac{\mu\omega}{2\hbar}, \overline{W}(\alpha) = \frac{1}{2}\hbar\omega, \quad \psi_0 = N_0 \exp\left(-\frac{\mu\omega}{2\hbar}x^2\right).$$

iii) Sullo stato fondamentale possiamo agire con l'operatore di creazione:

$$\psi_1(x) = \hat{a}^\dagger \psi_0(x) = \frac{1}{\sqrt{2\mu\hbar\omega}} \left(\hbar \frac{d}{dx} + \mu\omega x\right) N_0 \exp\left(-\frac{\mu\omega}{2\hbar}x^2\right) =$$

$$= \sqrt{2\mu\omega/\hbar} x N_0 \exp\left(-\frac{\mu\omega}{2\hbar}x^2\right) = \sqrt{2\alpha} x \psi_0(x).$$

Quest'ultima è la usuale espressione del primo stato eccitato.

11.48. Per gli integrali esponenziali, vedi A.12.

i) $|\psi(\mathbf{x})|^2 = N^2 \int d\Omega \int_0^\infty dr \, r^2 \exp(-2\alpha r) = N^2 \pi/\alpha^3 \implies N = \sqrt{\alpha^3/\pi}$.

Con la nostra funzione incognita, la parte radiale dell'equazione di Schrödinger diventa:

$$\left[-\frac{\hbar^2}{2\mu} \frac{d^2}{dr^2} + \frac{2}{r} \frac{d}{dr} - \frac{Ze_0^2}{r} \right] \exp(-\alpha r) = W_0 \exp(-\alpha r).$$

Svolgendo le derivate, si ottiene:

$$-\frac{\hbar^2}{2\mu} \left(\alpha^2 - \frac{2\alpha}{r}\right) - \frac{Ze_0^2}{r} = W_0,$$

ed eguagliando le due potenze di r:

ii) $\alpha = \frac{Ze_0^2 \mu}{\hbar^2} = \frac{Z}{r_0}$,

iii) $W_0 = \frac{\hbar^2}{2\mu} \alpha^2 = -Z^2 \frac{\mu e_0^4}{2\hbar^2} = -Z^2 \frac{e_0^2}{2r_0} = -Z^2 w_0$.

iv) I valori d'aspettazione dell'energia potenziale sono dati da:

$$\langle V \rangle = -4\pi N^2 Z e_0^2 \int_0^\infty dr \, r \exp(-2Zr/r_0) = -Z^2 \frac{e_0^2}{r_0} = 2W_0,$$

mentre quella dell'energia cinetica si ottiene per differenza:

$$\langle T \rangle = \langle W \rangle - \langle V \rangle = W_0 - 2W_0 = -W_0.$$

Notare che questo risultato si può ricavare anche dal teorema del viriale citato nel 11.47:

$$\langle \, \psi \mid T \mid \psi \, \rangle = \frac{s}{2} \langle \, \psi \mid V \mid \psi \, \rangle, \quad s = -1.$$

v) Il valore di aspettazione di r si ottiene da:

$$\langle r \rangle = 4\pi N^2 \int_0^\infty dr \, r^3 \exp(-2Zr/r_0) = \frac{3}{2} \frac{r_0}{Z}.$$

vi) Infine, la probabilità $P(r)dr$ di trovare l'elettrone tra r e $r + dr$, è data da:

$$P(r) = 4\pi r^2 |\psi(\mathbf{x})|^2 = 4\pi N^2 r^2 \exp(-2\alpha r),$$

che ha un massimo per:

$$r = \frac{1}{\alpha} = \frac{r_0}{Z}.$$

11.49. Gli autovalori si ottengono da:

$$A = \det \begin{vmatrix} 1 - \alpha & 2 & 4 \\ 2 & 3 - \alpha & 0 \\ 5 & 0 & 3 - \alpha \end{vmatrix} = 0 \implies \alpha_1 = 3\alpha_2 = -3\alpha_3 = 7.$$

Risolvendo le relative equazioni per gli autovettori:

$$\psi_1 = \frac{1}{\sqrt{5}} \begin{vmatrix} 0 \\ 2 \\ -1 \end{vmatrix}, \quad \psi_2 = \frac{1}{\sqrt{65}} \begin{vmatrix} -6 \\ 2 \\ 5 \end{vmatrix}, \quad \psi_3 = \frac{1}{3\sqrt{5}} \begin{vmatrix} 4 \\ 2 \\ 5 \end{vmatrix}.$$

Il controllo diretto mostra che questi vettori non sono ortogonali, che però è una condizione necessaria solo per gli autovettori di matrici hermitiane, quale non è quella assegnata.

Appendice

A.1 Evoluzione libera della Gaussiana

Sia $\psi_0(x)$ data la funzione d'onda iniziale descrivente lo stato di una particella libera nella rappresentazione delle coordinate, costituita da una gaussiana modulata:

$$\psi_0(x) = \left(2\pi\sigma^2\right)^{-1/4} \exp\left[-\frac{1}{4\sigma^2}(x-x_0)^2 + \frac{i}{\hbar}p_0(x-x_0)\right].$$

Nella rappresentazione dei momenti, lo stato della particella è dato dalla trasformata di Fourier della funzione d'onda, che è ancora una gaussiana modulata:

$$\widetilde{\psi}_0(p) = \frac{1}{\sqrt{2\pi\hbar}}\int_{-\infty}^{\infty}dx\,\exp\left(-\frac{i}{\hbar}px\right)\psi_0(x) =$$

$$= \left(\frac{\pi\hbar^2}{2\sigma^2}\right)^{-1/4}\exp\left[-\frac{\sigma^2}{\hbar^2}(p-p_0)^2 - \frac{i}{\hbar}px_0\right].$$

Di questa si può determinare l'evoluzione temporale, per poi tornare tramite l'antitrasformata di Fourier alla rappresentazione delle coordinate:

$$\psi(x,t) = \frac{1}{\sqrt{2\pi\hbar}}\int_{-\infty}^{\infty}dp\,\exp\left[\frac{i}{\hbar}\left(px - \frac{p^2}{2\mu}t\right)\right]\widetilde{\psi}_0(p) =$$

$$= \sqrt{\frac{1}{\sqrt{2\pi}\,\sigma\left(1 + i\dfrac{\hbar}{2\sigma^2\mu}t\right)}}\cdot$$

$$\cdot\exp\left\{-\frac{[x-x_0-(p_0/\mu)t]^2}{4\sigma^2\left(1 + i\dfrac{\hbar}{2\sigma^2\mu}t\right)} + \frac{i}{\hbar}\left[p_0(x-x_0) - \frac{p_0^2}{2\mu}t\right]\right\}.$$

Alabiso C., Chiesa A.: Problemi di meccanica quantistica non relativistica
DOI 10.1007/978-88-470-2694-0_4, © Springer-Verlag Italia 2013

Per il calcolo dell'integrale precedente basta completare il quadrato all'esponente riconducendosi così ad uno degli integrali gaussiani riportati in A.12.

Calcoliamo ora probabilità e varianze. Per lo stato iniziale è immediato: le funzioni d'onda sono gaussiane modulate, sia nelle coordinate che negli impulsi, e le relative densità di probabilità $|\psi_0(x)|^2$ e $|\widetilde{\psi}_0(p)|^2$ sono gaussiane, con varianze che si leggono direttamente. Esse sono:

$$\Delta x_0 = \sigma \quad , \quad \Delta p_0 = \hbar/2\sigma \quad , \quad \Delta x_0 \Delta p_0 = \hbar/2.$$

Notare che l'uguaglianza nel principio di indeterminazione di Heisenberg vale solo per gaussiane.

Poiché l'impulso è costante del moto, al tempo t la sua distribuzione di probabilità non cambia, e quindi neppure la sua varianza. Per le coordinate invece si trova:

$$|\psi(x,t)|^2 = \frac{1}{\sqrt{2\pi}\,\sigma\left(1 + \dfrac{\hbar^2}{4\sigma^4\mu^2}\,t^2\right)}\;\exp\left\{-\frac{\left[\,x - x_0 - (p_0/\mu)\,t\,\right]^2}{2\sigma^2\left(1 + \dfrac{\hbar^2}{4\sigma^4\mu^2}\,t^2\right)}\right\},$$

cioè ancora una gaussiana, ma con varianza dipendente dal tempo. Si ha infine:

$$\Delta x_t = \sigma\sqrt{1 + \frac{\hbar^2}{4\sigma^4\mu^2}\,t^2} \quad , \quad \Delta p_t = \frac{\hbar}{2\sigma} \quad , \quad \Delta x_t \Delta p_t = \frac{\hbar}{2}\sqrt{1 + \frac{\hbar^2}{4\sigma^4\mu^2}\,t^2} \geq \frac{\hbar}{2}.$$

Il pacchetto iniziale si sparpaglia nelle coordinate, ma non nel momento, e la funzione d'onda è lo stato ad indeterminazione minima solo all'istante iniziale.

A.2 Oscillatore armonico e polinomi di Hermite

L'Hamiltoniana dell'oscillatore armonico monodimensionale è data da:

$$H = -\frac{\hbar^2}{2\mu}\frac{d^2}{dx^2} + \frac{1}{2}K\,x^2.$$

Introdotte le costanti ω e σ e le variabili adimensionali ε e ξ:

$$\omega = \sqrt{K/\mu} \quad , \quad \sigma = \left(\frac{\mu k}{\hbar^2}\right)^{1/4} = \sqrt{\frac{\mu\omega}{\hbar}} \quad , \quad \varepsilon = \frac{2W}{\hbar\omega} \quad , \quad \xi = \sigma x,$$

il problema agli autovalori per $u(\xi)$ porta all'equazione differenziale:

$$u''(\xi) + (\varepsilon - \xi^2)u(\xi) = 0.$$

Conviene isolare il comportamento asintotico a $\pm\infty$:

$$u(\xi) = \exp(-\xi^2/2)\, H(\xi) \quad \Longrightarrow \quad H''(\xi) - 2\xi H'(\xi) + (\varepsilon - 1)H(\xi) = 0.$$

L'equazione è detta equazione di Hermite. Le condizioni necessarie affinché $u \in \mathscr{L}^2_{(-\infty,+\infty)}$ impongono la struttura polinomiale delle funzioni $H(\xi)$. Troviamo gli autovalori e le autofunzioni:

$$\varepsilon_n = 2n + 1 \quad , \quad u_n(\xi) = N_n \, \exp(-\xi^2/2)\, H_n(\xi),$$

dove H_n sono i classici polinomi ortogonali di Hermite, vedi A.7, con parità data dall'indice n, ortogonali tra 0 e ∞ sulla misura $\exp(-\xi^2)$. Essi sono definiti da:

$$H_n(\xi) = (-1)^n \exp(\xi^2) \frac{d^2}{d\xi^2} \exp(-\xi^2),$$

oppure dalla funzione generatrice:

$$\exp(-u^2 + 2u\xi) = \sum_{n=0}^{\infty} \frac{u^n}{n!} H_n(\xi).$$

Valgono le seguenti regole di ricorrenza:

$$\frac{d}{d\xi} H_n = 2n H_{n-1} \quad , \quad H_{n+1} = 2\xi H_n - 2n H_{n-1}.$$

I primi cinque sono i seguenti:

$$H_0(\xi) = 1, \;\; H_1(\xi) = 2\xi, \;\; H_2(\xi) = 4\xi^2 - 2,$$
$$H_3(\xi) = 8\xi^3 - 12\xi, \;\; H_4(\xi) = 16\xi^4 - 48\xi^2 + 12.$$

Tornando al problema dell'oscillatore armonico, gli autovalori dell'energia, la normalizzazione delle autofunzioni e le prime tre autofunzioni normalizzate sono:

$$W_n = (n + 1/2)\, \hbar\omega \quad , \quad N_n = \sqrt{\frac{\sigma}{\sqrt{\pi}\, 2^n n!}} \, ,$$

$$u_0(x) = \sqrt{\frac{\sigma}{\sqrt{\pi}}} \, \exp(-\sigma^2 x^2/2) \, , \;\; u_1(x) = u_0(x)\, \sqrt{2}\, (\sigma x) \, ,$$

$$u_2(x) = u_0(x)\, \frac{1}{\sqrt{2}}\, (2\sigma^2 x^2 - 1).$$

Notiamo che l'equazione di Hermite è un'equazione differenziale senza singolarità al finito, e quindi le soluzioni sono funzioni intere, sviluppabili in serie di potenze; inoltre, poiché l'equazione è pari, in corrispondenza dello stesso ε esistono soluzioni pari e dispari, con soluzione generale data dalla combinazione lineare delle due. Quando imponiamo le condizioni al contorno, le serie si troncano a polinomi,

ε si quantizza, lo spettro risulta puramente discreto e la degenerazione viene risolta: quindi le soluzioni sono o pari o dispari.

Quest'ultima proprietà è una caratteristica generale delle autofunzioni proprie dei potenziali pari, e quindi si può partire fin dall'inizio con serie di potenze o pari o dispari. In tal caso, delle due condizioni a $\pm\infty$ se ne può imporre una sola, essendo l'altra automaticamente soddisfatta grazie alla parità. Se però avviene che il termine $\sim x^2$ sia solo un tratto dell'intero potenziale, allora occorre partire dalla soluzione generale accennata prima, e poi operare i raccordi. Oppure ridursi ad altre equazioni note e classificate, ad esempio con un altro cambio di variabili:

$$\zeta = \xi^2 = \sigma^2 x^2 \ , \quad u(\zeta) = \exp(-\zeta/2)\, F(\zeta) \implies$$

$$\zeta\, F''(\zeta) + (b - \zeta)\, F'(\zeta) - a\, F(\zeta) = 0 \ , \quad \text{con} \quad b = 1/2 \ , \quad a = (1 - \varepsilon)/4.$$

Questa è un'equazione ipergeometrica confluente (vedi A.10), più generale di quella precedente, e che contiene un punto di diramazione all'origine dovuta alla relazione $\xi = \sqrt{\zeta}$.

Naturalmente, imponendo le condizioni del nostro problema si riottengono le soluzioni già viste.

A.3 Potenziali centrali e coordinate polari

In presenza di un potenziale centrale, grazie all'analoga simmetria del termine cinetico, conviene esprimere il laplaciano in coordinate polari:

$$\left[-\frac{\hbar^2}{2\mu}\, \nabla^2 + U(r) \right] u(\mathbf{r}) = W u(\mathbf{r}) \quad \text{con} \quad \frac{\hbar^2}{2\mu}\nabla^2 = \frac{1}{2\mu}\left(P_r^2 + \frac{\mathbf{L}^2}{r^2} \right) \quad \text{e} \quad P_r = -i\hbar\frac{1}{r}\frac{\partial}{\partial r}r,$$

$$L_x = i\hbar\left(\sin\varphi\frac{\partial}{\partial\theta} + \cot\theta\cos\varphi\frac{\partial}{\partial\varphi} \right) \ , \quad L_y = i\hbar\left(-\cos\varphi\frac{\partial}{\partial\theta} + \cot\theta\sin\varphi\frac{\partial}{\partial\varphi} \right) \ ,$$

$$L_z = -i\hbar\frac{\partial}{\partial\varphi}$$

$$L_\pm = L_x \pm iL_y = \hbar e^{\pm i\varphi}\left[\pm\frac{\partial}{\partial\theta} + i\cot\theta\frac{\partial}{\partial\varphi} \right] \ ,$$

$$\mathbf{L}^2 = -\hbar^2\left[\frac{1}{\sin\theta}\frac{\partial}{\partial\theta}\left(\sin\theta\frac{\partial}{\partial\theta} \right) + \frac{1}{\sin^2\theta}\frac{\partial^2}{\partial\varphi^2} \right].$$

Cerchiamo soluzioni fattorizzate ponendo:

$$u(r,\theta,\varphi) = R(r)Y(\theta,\varphi) \ , \quad Y(\theta,\varphi) = \Theta(\theta)\Phi(\varphi).$$

Con separazione delle variabili, si ottengono le tre equazioni:

$$\begin{cases} \dfrac{d^2}{d\varphi^2}\,\Phi(\varphi) + \mu\,\Phi(\varphi) = 0 \\[4mm] \dfrac{1}{\sin\theta}\dfrac{d}{d\theta}\left(\sin\theta\,\dfrac{d}{d\theta}\,\Theta(\theta)\right) + \left(\lambda - \dfrac{\mu}{\sin^2\theta}\right)\Theta(\theta) = 0 \\[4mm] \left[-\dfrac{\hbar^2}{2\mu}\left(\dfrac{1}{r}\dfrac{d^2}{dr^2}\,r + \dfrac{\lambda}{r^2}\right) + U(r)\right] R(r) = W R(r). \end{cases}$$

Le soluzioni devono soddisfare la condizione di normalizzazione della funzione d'onda tridimensionale $u(r,\theta,\varphi) \in \mathscr{L}^2(R^3)$, e si possono assumere normalizzate singolarmente:

$$\int_0^\infty dr\, r^2 |R(r)|^2 = 1 \ , \quad \int_0^{2\pi} d\varphi\, |\Phi(\varphi)|^2 = 1 \ , \quad \int_0^\pi d\theta\, \sin\theta\, |\Theta(\theta)|^2 = 1,$$

Grazie all'autoaggiuntezza dei singoli operatori coinvolti, questo metodo fornisce la soluzione completa.

A.4 Armoniche sferiche e polinomi di Legendre

Le equazioni ricavate in A.3 vanno risolte in sequenza, in φ, in θ, in r.

Le autofunzioni in φ devono soddisfare condizioni di periodicità, e sono date da:

$$\Phi_m(\varphi) = \frac{1}{\sqrt{2\pi}}\, e^{im\varphi} \ , \quad \mu = m^2 \ , \quad m = 0,\ \pm 1,\ \pm 2.$$

Grazie all'autoaggiuntezza dell'operatore derivata seconda nello spazio $\mathscr{L}^2_{[0,2\pi]}$ con condizioni periodiche al contorno, vale la condizione di ortonormalità sulle autofunzioni:

$$\int_0^{2\pi} d\varphi\, \Phi_m^*(\varphi)\, \Phi_{m'}(\varphi) = \delta_{m,m'}.$$

Nell'equazione in θ, poniamo $\mu = m^2$ e, con la sostituzione $\zeta = \cos\theta$, otteniamo:

$$\frac{d^2\Theta^{|m|}}{d\zeta^2} - \frac{2\zeta}{1-\zeta^2}\frac{d\Theta^{|m|}}{d\zeta} + \left(\frac{\lambda}{1-\zeta^2} - \frac{m^2}{(1-\zeta)^2\,(1+\zeta)^2}\right)\Theta^{|m|} = 0.$$

Come nel caso dell'equazione in φ, anche questa è un'equazione agli autovalori per l'operatore autoaggiunto:

$$\hat{\Lambda}_{|m|} = -\frac{d}{d\zeta}\left[(1-\zeta^2)\frac{d}{d\zeta}\right] + \frac{m^2}{1-\zeta^2},$$

nello spazio $\mathscr{L}^2_{[-1,1]}$ ($d\zeta = \sin\theta \, d\theta$), con condizioni di regolarità agli estremi.

Per la soluzione, isoliamo il comportamento agli estremi, in $\zeta = \pm 1$, ponendo:

$$\Theta^{|m|}(\zeta) = (1 - \zeta^2)^{|m|/2} F^{|m|}(\zeta).$$

Notiamo che il fattore $(1 - \zeta^2)^{|m|/2}$, che darebbe origine a un punto di diramazione in $\zeta = \pm 1$, in realtà è un termine regolare $\sin^{|m|}\theta$. Per la nuova funzione incognita $F(\zeta)$, si ottiene:

$$(1 - \zeta^2) \frac{d^2}{d\zeta^2} F^{|m|}(\zeta) - 2(|m|+1)\,\zeta\,\frac{d}{d\zeta} F^{|m|}(\zeta) + [\,\lambda - |m|\,(\,|m|+1)\,]\, F^{|m|}(\zeta) = 0,$$

ossia un'equazione ipergeometrica (vedi A.9), con singolarità fuchsiane localizzate in $\zeta = \pm 1$. Per eliminarle, occorre troncare la soluzione ipergeometrica a un polinomio. Pertanto:

$$\lambda = l(l+1) \quad, \quad l = |m|, |m|+1, \ldots, \quad \Theta_l^{|m|}(\zeta) = N_l^{|m|}\,(-1)^m\,(1 - \zeta^2)^{|m|/2}\,F_l^{|m|}(\zeta),$$

con $F_l^{|m|}(\zeta)$ polinomi di grado $l - |m|$, esprimibili tramite la funzione ipergeometrica troncata:

$$F_l^{|m|}(\zeta) = \binom{l+|m|}{l-|m|} F\left(|m|-l, |m|+l+1 \,;\, |m|+1 \,;\, \frac{1-\zeta}{2}\right).$$

Gli $F_l^{|m|}(\zeta)$ sono polinomi di grado $l - |m|$ della forma:

$$F_l^{|m|}(\zeta) = \frac{d^{|m|}}{d\zeta^{|m|}}\, P_l(\zeta) \quad, \quad P_l(\zeta) = (-1)^l\,\frac{1}{2^l\,l!}\,\frac{d^l}{d\zeta^l}\,(1 - \zeta^2)^l,$$

con $P_l(\zeta)$ polinomi di Legendre. I coefficienti di normalizzazione sono uguali a:

$$N_l^{|m|} = \sqrt{\frac{2l+1}{2}\,\frac{(l-|m|)!}{(l+|m|)!}} \quad\Longrightarrow$$

$$\Longrightarrow \quad \int_{-1}^{1} d\zeta\, \Theta_{l'}^{|m|}(\zeta)\,\Theta_l^{|m|}(\zeta) = N_{l'}^{|m|}N_l^{|m|} \int_{-1}^{1} d\zeta\,(1 - \zeta^2)^{|m|}\,F_{l'}^{|m|}(\zeta)\,F_l^{|m|}(\zeta) = \delta_{l,l'}.$$

Per $|m| \neq |m'|$ in generale il prodotto scalare non sarà uguale a zero, in quanto le due funzioni sono autofunzioni di due operatori diversi, $\hat{\Lambda}_{|m|}$ e $\hat{\Lambda}_{|m'|}$.

A $|m|$ fissato, gli $F_l^{|m|}(\zeta)$ sono polinomi ortogonali in $\mathscr{L}^2_{[-1,1]}$ sulla misura $(1 - \zeta^2)^{|m|}$ (vedi A.7), noti come polinomi generalizzati di Legendre. Essi sono definiti anche dalla funzione generatrice:

$$\frac{(2|m|)!\,h^{|m|}}{2^{|m|}\,|m|!\,(1 - 2h\zeta + h^2)^{|m|+1/2}} = \sum_{l=|m|}^{\infty} h^l\,F_l^{|m|}(\zeta).$$

I polinomi di Legendre sono polinomi ortogonali in $\mathcal{L}^2_{[-1,1]}$ sulla misura 1, che soddisfano:

$$(1-\zeta^2)\,\frac{d^2}{d\zeta^2}P_l(\zeta) - 2\zeta\,\frac{d}{d\zeta}P_l(\zeta) + [\,l(l+1)\,]\,P_l(\zeta) = 0,$$

detta equazione di Legendre; derivandola $|m|$ volte si ottiene l'equazione soddisfatta dalle $F_l^{|m|}(\zeta)$. Vengono definiti anche tramite la funzione generatrice:

$$\left(1-2h\zeta+h^2\right)^{-1/2} = \sum_{l=0}^{\infty} h^l\,P_l(\zeta),$$

uguale a quella precedente nel caso $|m|=0$. Quelli di ordine più basso sono:

$$P_0(\zeta)=1,\ \ P_1(\zeta)=\zeta,\ \ P_2(\zeta)=(3\zeta^2-1)/2,\ \ P_3(\zeta)=(5\zeta^3-3\zeta)/2,$$
$$P_4(\zeta)=(35\zeta^4-30\zeta^2+3)/8,\ \ P_5(\zeta)=(63\zeta^5-70\zeta^3+15\zeta)/8\,.$$

Le funzioni $\Theta_l^{|m|}(\zeta)$, normalizzazione a parte, sono dette *funzioni associate di Legendre*.

Per riassumere, abbiamo risolto la parte angolare del problema agli autovalori, ottenendo le autofunzioni angolari, dette armoniche sferiche:

$$Y_{lm}(\theta,\varphi) = \Phi_m(\varphi)\,\Theta_l^{|m|}(\cos\theta).$$

Per esse possiamo riscrivere il problema agli autovalori nel modo seguente:

$$\begin{cases} \mathbf{L}^2\,Y_{lm}(\theta,\varphi) = \hbar^2 l(l+1)\,Y_{lm}(\theta,\varphi) \\[2mm] L_z\,Y_{lm} = \hbar m\,Y_{lm}(\theta,\varphi) \end{cases} \qquad L_z = -i\hbar\,\partial/\partial\varphi,$$

con l'operatore L_z che ha le stesse autofunzioni del suo quadrato, cioè dell'operatore $\approx -\partial^2/\partial\varphi^2$, grazie alle condizioni di periodicità. Notare che questo non è vero con condizioni di annullamento, tipo buca infinita, nel qual caso l'impulso $-i\hbar\,d/dx$ non è neppure autoaggiunto.

Le armoniche sferiche soddisfano le relazioni di ortogonalità:

$$\int_0^{2\pi} d\varphi \int_0^{\pi} d\theta\,\sin\theta\,Y_{lm}(\theta,\varphi)\,Y_{l'm'}(\theta,\varphi) = \delta_{l,l'}\,\delta_{m,m'}$$

grazie a quella tra le $\Phi_m(\varphi)$ e, di conseguenza, tra le $\Theta_l^{|m|}(\theta)$ a m fissato. Infine, ricordando che $1/\sqrt{2\pi}$ deriva dalle Φ_m, le prime armoniche sferiche sono:

$$Y_{00}(\theta,\varphi) = \frac{1}{2\sqrt{\pi}} \quad ; \quad Y_{10}(\theta,\varphi) = \sqrt{\frac{3}{4\pi}} \, \cos\theta \quad ,$$

$$Y_{1\pm1}(\theta,\varphi) = \mp\sqrt{\frac{3}{8\pi}} \, \sin\theta \, e^{\pm i\varphi} \, ;$$

$$Y_{20}(\theta,\varphi) = \sqrt{\frac{5}{4\pi}} \left(\frac{3}{2}\cos^2\theta - \frac{1}{2} \right),$$

$$Y_{2\pm1}(\theta,\varphi) = \mp\sqrt{\frac{15}{8\pi}} \, \sin\theta \, \cos\theta \, e^{\pm i\varphi},$$

$$Y_{2\pm2}(\theta,\varphi) = \frac{1}{4}\sqrt{\frac{15}{2\pi}} \, \sin^2\theta \, e^{\pm 2i\varphi} \, ;$$

$$Y_{30}(\theta,\varphi) = \sqrt{\frac{7}{4\pi}} \left(\frac{5}{2}\cos^3\theta - \frac{3}{2}\cos\theta \right),$$

$$Y_{3\pm1}(\theta,\varphi) = \mp\frac{1}{4}\sqrt{\frac{21}{4\pi}} \, \sin\theta \, (5\cos^2\theta - 1) \, e^{\pm i\varphi}$$

$$Y_{3\pm2}(\theta,\varphi) = \frac{1}{4}\sqrt{\frac{105}{2\pi}} \, \sin^2\theta \, \cos\theta \, e^{\pm 2i\varphi},$$

$$Y_{3\pm3}(\theta,\varphi) = \mp\frac{1}{4}\sqrt{\frac{35}{4\pi}} \, \sin^3\theta \, e^{\pm 3i\varphi}.$$

Notiamo infine che, come richiesto, le funzioni associate di Legendre sono dei polinomi in $\cos\theta$ e $\sin\theta$, cioè sono funzioni analitiche regolari.

A.5 Particella libera in tre dimensioni e funzioni di Bessel

L'equazione radiale per la particella libera, cioè con $U(\mathbf{r}) = 0$, è data da:

$$\frac{d^2R(r)}{dr^2} + \frac{2}{r}\frac{dR(r)}{dr} + \frac{2\mu}{\hbar^2}\left[W - \frac{\hbar^2}{2\mu}\frac{l(l+1)}{r^2}\right]R(r) = 0 \, , \quad \text{oppure :}$$

$$\frac{d^2y(r)}{dr^2} + \left[\frac{2\mu W}{\hbar^2} - \frac{l(l+1)}{r^2}\right]y(r) = 0 \quad \text{con} \quad y(r) = rR(r).$$

Con la variabile adimensionale, la prima forma è riconducibile a espressioni note:

$$\rho = kr \quad \text{con} \quad k^2 = 2\mu W/\hbar^2 \implies$$

$$\implies \frac{d^2R(\rho)}{d\rho^2} + \frac{2}{\rho}\frac{dR(\rho)}{d\rho} + \left[1 - \frac{l(l+1)}{\rho^2}\right]R(\rho) = 0.$$

Soluzioni particolari, linearmente indipendenti, sono le funzioni di Bessel sferiche del primo e del secondo tipo (vedi A-S 10):

$$j_l(z) = \sqrt{\pi/2z}\, J_{l+1/2}(z) \qquad y_l(z) = \sqrt{\pi/2z}\, Y_{l+1/2}(z),$$

oppure le funzioni di Bessel sferiche del terzo tipo:

$$h_l^{(1)}(z) = j_l(z) + i y_l(z) = \sqrt{\pi/2z}\, H_{l+1/2}^{(1)}(z)$$

$$h_l^{(2)}(z) = j_l(z) - i y_l(z) = \sqrt{\pi/2z}\, H_{l+1/2}^{(2)}(z).$$

Le J e le Y sono dette funzioni di Bessel cilindriche del primo e del secondo tipo, rispettivamente, oppure funzioni di Weber, e le $H^{(1)}$, $H^{(2)}$ sono dette funzioni di Bessel cilindriche del terzo tipo, oppure funzioni di Hankel. Vedi A-S 9; le Bessel cilindriche soddisfano l'equazione:

$$\frac{d^2 w(z)}{dz^2} + \frac{1}{z}\frac{dw(z)}{dz} + \left[1 - \frac{v^2}{z^2}\right] w(z) = 0.$$

Le $J_{\pm v}$ sono linearmente indipendenti, salvo che per v intero, e legate alle Y_v:

$$Y_v = \frac{J_v(z)\cos v\pi - J_{-v}(z)}{\sin v\pi}.$$

Le coppie $\{J_v, Y_v\}$ e $\{H_v^{(1)}, H_v^{(2)}\}$, sono linearmente indipendenti per ogni v.

Torniamo ora al problema fisico della particella libera.

Il caso $l = 0$ è risolubile elementarmente, e ammette come soluzioni $\sin kr$ e $\cos kr$, ma solo la prima soddisfa la condizione di annullamento all'origine, per cui:

$$y_{p0}(r) = \sqrt{2/\pi\hbar}\, \sin\frac{p}{\hbar} r \quad , \quad (y_{p'0}, y_{p0}) = \delta(p' - p) \quad p = \hbar\, k.$$

È un'autofunzione impropria, con autovalore continuo, normalizzata alla delta di Dirac.

Per $l \neq 0$, la soluzione generale è data, ad esempio, dalla combinazione lineare di $j_l(kr)$ e $y_l(kr)$, con comportamento all'origine dato da:

$$j_l(z) \underset{z\to 0}{\sim} \frac{z^l}{(2l+1)!!} \qquad y_l(z) \underset{z\to 0}{\sim} -\frac{(2l-1)!!}{z^{l+1}},$$

per cui è accettabile solo la prima:

$$R_l(r) = \sqrt{2/\pi\hbar}\, j_l(pr/\hbar).$$

Tale funzione deve essere normalizzata alla delta di Dirac a partire dai comportamenti asintotici:

$$\begin{cases} J_\nu(z) \underset{|z|\to\infty}{\sim} \sqrt{2/\pi z}\, \cos(z - \nu\pi/2 - \pi/4) \\ Y_\nu(z) \underset{|z|\to\infty}{\sim} \sqrt{2/\pi z}\, \sin(z - \nu\pi/2 - \pi/4) \end{cases} \qquad |arg\, z| < \pi,$$

dove per completezza abbiamo riportato anche il comportamento delle Y_ν.

Una conveniente espressione delle Bessel sferiche del primo e del secondo tipo è la seguente:

$$j_l(z) = (-)^l z^l \left(\frac{1}{z}\frac{d}{dz} \right)^l \frac{\sin z}{z} \qquad , \qquad y_l(z) = (-)^{l+1} z^l \left(\frac{1}{z}\frac{d}{dz} \right)^l \frac{\cos z}{z},$$

e queste sono le forme esplicite di quelle a indice più basso:

$$j_0(z) = \frac{\sin z}{z}, \quad j_1(z) = \frac{\sin z}{z^2} - \frac{\cos z}{z},$$

$$j_2(z) = \left(\frac{3}{z^3} - \frac{1}{z} \right) \sin z - \frac{3}{z^2} \cos z \,;$$

$$y_0(z) = -\frac{\cos z}{z}, \quad y_1(z) = -\frac{\cos z}{z^2} - \frac{\sin z}{z},$$

$$y_2(z) = \left(-\frac{3}{z^3} - \frac{1}{z} \right) \cos z - \frac{3}{z^2} \sin z.$$

Accanto alle funzioni sferiche appena trattate, è bene ricordare anche le funzioni sferiche modificate, vedi A-S 10.2, soluzioni dell'equazione differenziale:

$$\frac{d^2 w(z)}{dz^2} + \frac{2}{z}\frac{dw(z)}{dz} - \left[1 + \frac{n(n+1)}{z^2} \right] w(z) = 0.$$

Funzioni di Bessel sferiche modificate del primo tipo:

$$\sqrt{\pi/2z}\, I_{n+1/2}(z) = e^{-n\pi i/2}\, j_n(z\, e^{\pi i/2}) \qquad (-\pi < \arg z \le \pi/2)$$
$$= e^{3n\pi i/2}\, j_n(z\, e^{-3\pi i/2}) \qquad (\pi/2 < \arg z \le \pi).$$

Funzioni di Bessel sferiche modificate del secondo tipo:

$$\sqrt{\pi/2z}\, I_{-n-1/2}(z) = e^{3(n+1)\pi i/2}\, y_n(z\, e^{\pi i/2}) \qquad (-\pi < \arg z \le \pi/2)$$
$$= e^{-(n+1)\pi i/2}\, y_n(z\, e^{-3\pi i/2}) \qquad (\pi/2 < \arg z \le \pi).$$

Funzioni di Bessel sferiche modificate del terzo tipo:

$$\sqrt{\pi/2z}\, K_{n+1/2}(z) = \pi/2\, (-1)^{n+1}\, \sqrt{\pi/2z}\, [\, I_{n+1/2}(z) - I_{-n-1/2}(z)\,].$$

Le coppie $\{I_{n+1/2}(z), I_{-n-1/2}(z)\}$ e $\{I_{n+1/2}(z), K_{n-1/2}(z)\}$ sono linearmente indipendenti per ogni n.

Riportiamo infine le funzioni di Airy $Ai(z)$ e $Bi(z)$, soluzioni dell'equazione differenziale:

$$w'' - z\,w = 0,$$

riconducibili a funzioni di Bessel modificate K e I, vedi A-S 10.4 e A-S 9.6:

$$Ai(z) = 1/\pi \sqrt{z/3}\, K_{1/3}(\xi), \quad Bi(z) = \sqrt{z/3}\,\left[I_{1/3}(\xi) + I_{-1/3}(\xi)\right], \quad \xi = 2/3\, z^{3/2}.$$

È importante notare che in campo reale entrambe le funzioni di Airy sono oscillanti per $x < 0$ (con ampiezza decrescente al crescere di $|x|$) ed hanno un andamento esponenziale per $x > 0$, decrescente $Ai(x)$ e divergente $Bi(x)$. Infine, all'origine sono regolari:

$$Ai(0) = \frac{1}{\sqrt{3}}\, Bi(0) = 3^{-2/3}\, \Gamma\,(2/3) \approx 0.355,$$

$$Ai'(0) = -\frac{1}{\sqrt{3}}\, Bi'(0) = -3^{-1/3}\, \Gamma\,(1/3) \approx -0.259.$$

A.6 Potenziale idrogenoide e polinomi di Laguerre

Il potenziale idrogenoide ha simmetria sferica, e la parte angolare dell'equazione di Schrödinger agli stati stazionari è già stata trattata nella precedente sezione. Nell'equazione radiale conviene operare il cambio di funzione:

$$y(r) = r\, R(r) \quad \Longrightarrow \quad \int_0^\infty dr\,|\,y(r)\,|^2 = 1 \quad, \quad y(0) = 0 \quad \text{regolare},$$

soddisfacente l'equazione:

$$\left\{\frac{d^2}{dr^2} - \left[\frac{l(l+1)}{r^2} - \frac{2\mu}{\hbar^2}\frac{Ze_0^2}{r}\right]\right\} y(r) = -\frac{2\mu}{\hbar^2} W\, y(r).$$

(Nel caso bidimensionale, $\int_0^\infty dr\,|\,y(r)\,|^2 = 1$ si ottiene da $y(r) = \sqrt{r}\, R(r)$.)

Si tratta di un'equazione di Schrödinger monodimensionale in $\mathscr{L}^2_{[0,\infty)}$, con un potenziale efficace contenente la barriera centrifuga. Le condizioni di annullamento agli estremi rendono autoaggiunta la derivata seconda e, per una vasta classe di potenziali $V(r)$, anche l'intera Hamiltoniana è autoaggiunta (o essenzialmente autoaggiunta).

Introduciamo nuovi parametri e variabili adimensionali:

$$k = \frac{\sqrt{2\mu|W|}}{\hbar} \quad , \quad r_0 = \frac{\hbar^2}{e_0^2 \mu} \quad , \quad \zeta = \frac{Z}{kr_0} \quad , \quad \rho = 2kr.$$

- $W < 0$. In questo caso l'equazione assume la forma:

$$\frac{d^2 y(\rho)}{d\rho^2} + \left[-\frac{1}{4} + \frac{\zeta}{\rho} - \frac{l(l+1)}{\rho^2} \right] y(\rho) = 0.$$

Isoliamo ora i comportamenti asintotici in 0 e ∞, con la sostituzione:

$$y_l(\rho) = \rho^{l+1} e^{-\rho/2} v_l(\rho) \quad \Longrightarrow$$

$$\Longrightarrow \quad \rho \frac{d^2}{d\rho^2} v_l(\rho) + (2l+2-\rho) \frac{d}{d\rho} v_l(\rho) - (l+1-\zeta) v_l(\rho) = 0.$$

Si tratta di una equazione ipergeometrica confluente (vedi A.10), con una singolarità fuchsiana all'origine, e una essenziale all'infinito. Imponendo le condizioni di regolarità richieste, la serie si riduce a un polinomio di grado n_r, e si ottengono autovalori e autofunzioni:

$$\zeta - l - 1 = n_r = 0, 1, 2, \dots \quad v_{n_r l}(\rho) = M(-n_r; 2l+2; \rho),$$

con M funzione ipergeometrica confluente. Questa funzione è semplicemente legata ai polinomi generalizzati di Laguerre $L_n^k(\rho)$, vedi A.7, tramite la seguente relazione:

$$M(-n; k+1; \rho) = \binom{n+k}{k} L_n^k(\rho) \quad \Longrightarrow \quad M(-n_r; 2l+2; \rho) \propto L_{n_r}^{2l+1}(\rho).$$

Raccogliendo ora tutte le precedenti definizioni, gli autovalori e gli autovettori dell'equazione radiale dell'atomo idrogenoide sono dati da:

$$W_{l n_r} = -\frac{Z^2 e_0^2}{2r_0} \frac{1}{(n_r+l+1)^2} \quad \Longrightarrow$$

$$\begin{cases} W_n = -\dfrac{Z^2 e_0^2}{2r_0} \dfrac{1}{n^2}, \quad k_n = \dfrac{1}{n} \dfrac{Z}{r_0} \quad n = n_r + l + 1 = 1, 2, \dots, \quad n_r + 2l + 1 = n + l \\[4mm] y_{nl}(r) = N_{nl} (2k_n r)^{l+1} \exp(-k_n r) L_{n-l-1}^{2l+1}(2k_n r) \quad N_{nl} = \left[(2k_n)^3 \dfrac{(n-l-1)!}{2n(n+l)!} \right]^{1/2} \end{cases}.$$

Vale ovviamente l'ortonormalità a l fissato:

$$\int_0^\infty dr \, y_{nl}^*(r) y_{n'l}(r) = \delta_{nn'},$$

mentre non esiste un'analoga relazione per $l \neq l'$, in quanto soluzioni di due differenti equazioni.

Notare che la dipendenza dello spettro W_n da un solo numero intero dipende dal particolare potenziale idrogenoide che, oltre alla simmetria centrale, ne possiede anche un'altra, detta simmetria accidentale. In termini algebrici, questa fa sì che i due parametri ζ e l, legati al potenziale $\sim 1/\rho$ e alla barriera centrifuga $\sim 1/\rho^2$ rispettivamente, si sommino semplicemente nell'equazione per $v_l(\rho)$.

In tutta generalità, i polinomi di grado n $L_n^k(x)$ sono definiti da:

$$L_n^k(x) = \frac{1}{n!}\, x^{-n} e^x \frac{d^n}{dx^n}\left(x^{n+k}e^{-x}\right) \quad, \quad n = 0,1,2,\ldots, \quad k = 0,1,2,\ldots,$$

con $L_n(x) = L_n^0(x)$ polinomi di Laguerre, e $L_n^k(x) = 0$ se $k > n$.

Sono anche definiti mediante la funzione generatrice:

$$\frac{\exp[-xt/(1-t)]}{(1-t)^{1+k}} = \sum_{n=k}^{\infty} \frac{t^n}{n!} L_n^k(x) \quad |t| < 1,$$

e soddisfano l'equazione ipergeometrica confluente vista prima:

$$x\frac{d^2}{dx^2}\, L_n^k(x) + (k+1-x)\frac{d}{dx}\, L_n^k(x) + n\, L_n^k(x) = 0.$$

Infine, valgono le espressioni esplicite:

$$L_n^k(x) = \sum_{m=0}^{n} \frac{(-1)^m}{m!}\binom{n+k}{n-m} x^m \, , \quad L_n^k(0) = \binom{n+k}{k}\, ,$$

$$L_0^k(x) = 1\, , \quad L_1^k(x) = -x+k+1\, .$$

$$L_1^1(x) = 2-x \qquad\qquad , \quad L_2^1(x) = 3-3x+x^2/2\ , \quad L_1^3(x) = 4-x,$$
$$L_3^1(x) = 4-6x+2x^2-x^3/6, \quad L_2^3(x) = 10-5x+x^2/2, \quad L_5^1(x) = 6-x.$$

I polinomi $L_n^k(x)$, per ogni $k = 0, 1\ldots$, si ottengono anche per ortogonalizzazione dei polinomi ordinari, in $\mathscr{L}^2_{[0,\infty)}(x)$ sul peso $\mu(x) = x^k e^{-x}$, vedi A.7. Questo comporta che le funzioni:

$$\phi_n^k(x) = x^{k/2} e^{-x/2}\, L_n^k(x) \quad , \quad n = 0,1,\ldots$$

per ogni fissato $k = 0, 1\ldots$, formano un set completo in $\mathscr{L}^2_{[0,\infty)}(x)$ sulla funzione peso unitaria.

Notiamo subito che le autofunzioni radiali $y_{nl}(r)$, a l fissato e al variare di n, non formano un set completo in $\mathscr{L}^2_{[0,\infty)}(r)$, in quanto manca tutto lo spettro continuo con $W > 0$, cui accenneremo più avanti. E questo nonostante la similarità con le $\phi_n^k(x)$. La differenza tra i due casi sta nel fatto che le y_{nl} hanno come variabili indipendenti $2k_n r$, diverse per n diversi, e non derivano quindi da un processo di ortogonalizzazione di polinomi su una funzione peso unica. Vedi 11.1.

La normalizzazione di $y_{ln}(r)$ deriva da quella di $L_{n-l-1}^{2l+1}(2k_n r)$. Dobbiamo cioè valutare:

$$\int_0^\infty dx \, x^{k+1} \, e^{-x} \left[L_r^k(x) \right]^2 =$$

$$= \int_0^\infty dx \, x^k \, e^{-x} \, L_r^k(x) \left[(2r+k+1) \, L_r^k(x) - (r+1) \, L_{r+1}^k(x) - (r+k) \, L_{r+1}^k(x) \right] =$$

$$= (2r+k+1) \frac{(r+k)!}{r!} = \frac{2n(n+l)!}{(n-l-1)!} \qquad \text{per} \qquad r = n-l-1 \, , \quad k = 2l+1 \, ,$$

cioè N_{nl}^{-2}, salvo il fattore $(2k_n)^3$ dovuto al cambio di variabile. Nella formula precedente abbiamo utilizzato le regole di ricorrenza e la ortonormalità dei polinomi, riportate in A.7.

Tornando al problema fisico, le soluzioni radiali di indice più basso sono le seguenti:

$$\text{posto} \quad Z_0 = Z/r_0 \qquad \tilde{\rho} = Z r/r_0 \implies$$

$$R_{10} = 2 \, Z_0^{3/2} \exp(-\tilde{\rho}), \quad R_{20} = \frac{1}{\sqrt{2}} Z_0^{3/2} \left(1 - \frac{\tilde{\rho}}{2} \right) \exp(-\tilde{\rho}/2),$$

$$R_{21} = \frac{1}{2\sqrt{6}} Z_0^{3/2} \tilde{\rho} \exp(-\tilde{\rho}/2), \quad R_{30} = \frac{2}{3\sqrt{3}} Z_0^{3/2} \left(1 - \frac{2}{3} \tilde{\rho} + \frac{2}{27} \tilde{\rho}^2 \right) \exp(-\tilde{\rho}/3),$$

$$R_{31} = \frac{8}{27\sqrt{6}} Z_0^{3/2} \left(1 - \frac{\tilde{\rho}}{6} \right) \tilde{\rho} \exp(-\tilde{\rho}/3), \quad R_{32} = \frac{4}{81\sqrt{30}} Z_0^{3/2} \tilde{\rho}^2 \exp(-\tilde{\rho}/3),$$

Raccogliendo le precedenti espressioni, le autofunzioni proprie normalizzate dell'Hamiltoniana dell'atomo idrogenoide, autofunzioni anche del quadrato del momento angolare e della sua terza componente, sono:

$$u_{nlm}(\rho, \theta, \varphi) = R_{nl} Y_{lm} = -\sqrt{\left(\frac{2 Z_0}{n} \right)^3 \frac{(n-l-1)!}{2n(n+l)!}} \cdot$$

$$\cdot \exp(-\tilde{\rho}/n) \left(\frac{2\tilde{\rho}}{n} \right)^l L_{n-l-1}^{2l+1}(2\tilde{\rho}/n) \, Y_{lm}(\theta, \varphi),$$

con $n = 1, 2, 3, ...$; $l = 0, 1, 2, ..., n-1$; $m = -l, , -l+1, ..., l-1, l$.

Espressioni esplicite si ottengono dalle R_{nl} e dalle Y_{lm} riportate sopra.

Dalla forma generale invece, si possono ricavare i valori di aspettazione di r^p su qualsiasi autofunzione, cioè per $\{n, l\}$ arbitrari:

$$\langle r^p \rangle_{nl} = Z_0^{-p} I_{nl}^{(p)} \quad \text{con} \quad I_{nl}^{(p)} = \frac{n^{p-1}}{2^{p+1}} \frac{(n-l-1)!}{(n+l)!} \int_0^\infty d\rho \, \rho^{2l+2+p} \, e^{-\rho} \left[L_{n-l-1}^{2l+1}(\rho) \right]^2 .$$

Alcuni di questi sono riportati qui di seguito:

$$I_{nl}^{(2)} = \frac{n^2}{2} \left[5n^2 + 1 - 3l(l+1) \right] \quad , \quad I_{nl}^{(1)} = \frac{1}{2} \left[3n^2 - l(l+1) \right] ,$$

$$I_{nl}^{(0)} = 1 \quad , \quad I_{nl}^{(-1)} = \frac{1}{n^2} \quad , \quad I_{nl}^{(-2)} = \frac{2}{(2l+1)n^3}.$$

- $W > 0$. Si ottengono le equazioni e le relative soluzioni, sostituendo all'inizio k con ik. Delle due soluzioni generali, quella soddisfacente la condizione di annullamento e regolarità all'origine, è data da:

$$y_{kl}(r) = N_{kl} (2kr)^{l+1} e^{-ikr} M(l+1+iZ_0/k; 2l+2; 2ikr),$$

con $M(a; c; r)$ ipergeometrica confluente. Dalle proprietà asintotiche di questa, posto

$$\eta_l(k) = arg \, \Gamma(l+1+iZ_0/k),$$

si ricava il comportamento asintotico della soluzione:

$$y_{kl}(r) \xrightarrow[r\to\infty]{} \sqrt{\frac{2}{\pi\hbar}} \cos\left[kr + \frac{Z_0}{k} \log(2kr) - \frac{\pi}{2}(l+1) - \eta_l(k) \right].$$

Si tratta di autofunzioni improprie, oscillanti, non normalizzabili. Su di queste non si pongono condizioni aggiuntive, tutti gli autovalori impropri $\hbar^2 k^2/2\mu$ sono accettabili, e l'energia non si quantizza. L'insieme delle autofunzioni proprie e improprie, $\{y_{nl}, y_{kl}\}$, forma un set ortonormale completo generalizzato in $\mathscr{L}^2_{[0,\infty)}$. Il coefficiente $\sqrt{2/\pi\hbar}$ è stato scelto in modo tale da normalizzare lo spettro continuo alla delta di Dirac (vedi A.20):

$$\int_0^\infty dr \, y_{kl}^*(r) \, y_{k'l}(r) = \delta(k - k').$$

A.7 Polinomi ortogonali

Rimandando a A-S 22 per una trattazione più estesa, accenniamo a qualche esempio rilevante.

Un insieme di polinomi di grado n:

$$\mathscr{P}_n(x) = \sum_{i=0}^n p_{n,i} \, x^i,$$

è detto ortogonale sulla misura $\mu(x) \geq 0$, nell'intervallo $[a,b]$, non necessariamente finito, se vale la relazione:

$$(\mathscr{P}_n, \mathscr{P}_m)_\mu = \int_a^b dx \, \mu(x) \, \mathscr{P}_n(x) \, \mathscr{P}_m(x) = 0 \quad , \quad n \neq m \quad , \quad n, m = 0, 1, 2, \ldots$$

Con opportune ipotesi di regolarità sulla misura $\mu(x)$, l'integrale precedente definisce un prodotto scalare nello spazio di Hilbert $\mathscr{L}^2_\mu(a,b)$, e giustifica così il termine ortogonale.

Fissata la misura $\mu(x)$, i coefficienti dei polinomi sono determinati a meno di una costante moltiplicativa che solitamente viene fissata per motivi di standardizzazione:

$$\int_a^b dx\, \mu(x)\, \mathscr{P}_n^2(x) = h_n \quad , \quad n = 0, 1, 2, \ldots$$

Per meglio illustrare quanto detto sopra, seguiamo il cosiddetto processo di ortogonalizzazione di Schmidt, di natura iterativa. Siano $\{\mathscr{P}_n\}$, $n = 0, 1, \ldots, N-1$, i primi N polinomi di grado n ortogonali tra di loro. Quello successivo si può esprimere nel modo seguente:

$$\mathscr{P}_N(x) = x^N + \sum_{n=0}^{N-1} c_{N,n}\, \mathscr{P}_n,$$

dove abbiamo fissato arbitrariamente l'ultimo coefficiente $p_{N,N} = 1$. Imponiamo ora l'ortogonalità, secondo la misura μ, di $\mathscr{P}_N(x)$ con tutti quelli precedenti:

$$(\mathscr{P}_N, \mathscr{P}_n)_\mu = 0 \quad , \quad n = 0, 1, \ldots, N-1.$$

La soluzione $\mathscr{P}_N(x)$ esiste ed è unica. Riportiamo in modo succinto alcune proprietà dei polinomi ortogonali per noi di particolare rilevanza, gli $H_n(x)$ di Hermite, i $P_n(x)$ di Legendre, e gli $L_n^k(x)$ di Laguerre generalizzati.

Alcune di queste proprietà sono già state illustrate nelle precedenti Appendici; vedi queste per le funzioni generatrici.

Formula di Rodrigues

$$\mathscr{P}_n(x) = \frac{1}{a_n\, \mu(x)} \frac{d^n}{dx^n} \{\mu(x)[g(x)]^n\}$$

Ortogonalità

$$\int_a^b dx\, \mu(x)\, \mathscr{P}_n(x)\mathscr{P}_m(x) = \delta_{nm}\, h_n$$

$\mathscr{P}_n$	a_n	$g(x)$	$\mu(x)$	a	b	Standard	h_n
$H_n(x)$	$(-)^n$	1	e^{-x^2}	$-\infty$	∞	$c_{n,n} = 2^n$	$\sqrt{\pi}\, 2^n\, n!$
$P_n(x)$	$(-)^n\, 2^n\, n!$	$1-x^2$	1	-1	1	$P_n(1) = 1$	$2/(2n+1)$
$L_n^k(x)$	$n!$	x	$e^{-x}\, x^k$	0	∞	$c_{n,n} = (-)^n/n!$	$\Gamma(k+n+1)/n!$

Dalle relazioni standard, seguono evidentemente i valori di h_n. I parametri $c_{n,n}$ sono i coefficienti della potenza massima.

Equazione differenziale	Relazione di ricorrenza
$g_2(x)\,\mathscr{P}_n'' + g_1(x)\,\mathscr{P}_n' + g_0(x)\,\mathscr{P}_n = 0$	$a_{1n}\,\mathscr{P}_{n+1} = (a_{2n} + a_{3n}x)\,\mathscr{P}_n - a_{4n}\,\mathscr{P}_{n-1}$

$\mathscr{P}_n$	$g_2(x)$	$g_1(x)$	$g_0(x)$		a_{1n}	a_{2n}	a_{3n}	a_{4n}
$H_n(x)$	1	$-2x$	$2n$		1	0	2	$2n$
$P_n(x)$	$1-x^2$	$-2x$	$n(n+1)$		$n+1$	0	$2n+1$	n
$L_n^k(x)$	x	$k+1-x$	n		$n+1$	$2n+k+1$	-1	$n+k$

I polinomi di Laguerre $L_n(x)$ si ottengono da quelli generalizzati $L_n^k(x)$ ponendo $k = 0$.

Per quanto riguarda i polinomi generalizzati di Legendre $F_n^r(x)$, questi rappresentano un caso particolare dei polinomi ultrasferici di Gegenbauer (vedi A-S 22) secondo la relazione:

$$F_n^r(x) = \frac{\Gamma(2r+1)}{2^r\,\Gamma(r+1)}\,C_{n-r}^{r+1/2}(x).$$

I polinomi di Legendre $P_n(x)$ sono a loro volta un caso particolare dei precedenti per $r = 0$.

Relazioni tra gli $L_n^k(x)$ e gli $H_n(x)$:

$$L_n^{-1/2}(x) = \frac{(-1)^n}{n!\,2^{2n}}\,H_{2n}\left(\sqrt{x}\right) \quad , \quad L_n^{1/2}(x) = \frac{(-1)^n}{n!\,2^{2n+1}\sqrt{x}}\,H_{2n+1}\left(\sqrt{x}\right).$$

A.8 Equazioni differenziali fuchsiane

Consideriamo l'equazione differenziale lineare omogenea:

$$w'' + p(z)w' + q(z)w = 0.$$

Se $p(z)$ e $q(z)$ sono analitiche nell'intorno di un punto $z = \bar{z}$, anche le sue soluzioni lo sono, e sono dunque esprimibili in serie di potenze di $(z - \bar{z})$ con raggio di convergenza non nullo. Se invece $p(z)$ e $q(z)$ hanno singolarità al più polari del primo e del secondo ordine, rispettivamente:

$$p(z) = \frac{A(z)}{(z - \bar{z})} \qquad q(z) = \frac{B(z)}{(z - \bar{z})^2},$$

con $A(z)$ e $B(z)$ regolari:

$$A(z) = \sum_0^\infty a_n(z - \bar{z})^n \qquad B(z) = \sum_0^\infty b_n(z - \bar{z})^n,$$

il punto $\bar{z}$ si dice punto singolare regolare, o fuchsiano, e le soluzioni sono della forma:

$$w^i(z) \sim (z - \bar{z})^{\alpha_i} \sum_0^\infty c_{i,n}(z - \bar{z})^n \quad , \quad i = 1, 2 \quad , \quad c_{i,0} \neq 0,$$

dove le α_i sono soluzioni dell'*equazione determinante*:

$$[\, \alpha(\alpha - 1) + a_0 \alpha + b_0 \,] = 0.$$

Se però $\alpha_1 = \alpha_2 + n$, con $n = 0, 1, 2, \ldots$, esiste solo una soluzione che si annulla a potenza come $(z - \bar{z})^{\alpha_i}$, mentre l'altra è logaritmica, ovvero:

$$w_2(z) \sim w_1(z) \log(z) + (z - \bar{z})^{\alpha_2} \sum_0^\infty d_n (z - \bar{z})^n.$$

A.9 Funzioni ipergeometriche

Un'equazione differenziale si dice totalmente fuchsiana se tutti i punti singolari sono fuchsiani.

Un esempio di equazione totalmente fuchsiana è l'equazione ipergeometrica:

$$z(1 - z) \frac{d^2 w(z)}{dz^2} + [c - (a + b + 1)z] \frac{dw(z)}{dz} - ab\, w(z) = 0,$$

con tre punti singolari regolari in $z = 0, 1, \infty$, e relative radici delle equazioni determinanti:

$$\alpha_{1,2}(0) = 0, \ 1 - c \qquad \alpha_{1,2}(1) = 0, \ c - a - b \qquad \alpha_{1,2}(\infty) = a, \ b.$$

La casistica completa dipende dall'essere interi tutti o alcuni dei parametri c, $c - a - b$, $a - b$, e la si può trovare in A-S 15.5. Qui trattiamo solo il caso di tutti i parametri non interi.

Le soluzioni sono esprimibili tramite la funzione ipergeometrica $F(a, b; c; z)$, rappresentabile con uno sviluppo in serie convergente nel cerchio unitario $|z| = 1$:

$$F(a, b; c; z) = \sum_{n=0}^\infty \frac{(a)_n (b)_n}{(c)_n} \frac{z^n}{n!} \quad , \quad (a)_n = a(a+1)\ldots(a+n-1) \,, \ (a)_0 = 1.$$

Nell'intorno dei tre punti singolari, le coppie di soluzioni linearmente indipendenti sono:

$$w_1^{(0)}(z) = F(a, b; c; z) \quad , \qquad w_2^{(0)}(z) = z^{1-c}F(1+a-c, 1+b-c; 2-c; z) \; ;$$

$$w_1^{(1)}(z) = F(a, b; 1+a+b-c; 1-z) \, ,$$

$$w_2^{(1)}(z) = (1-z)^{c-a-b}F(c-b, c-a; 1+c-a-b; 1-z) \; ;$$

$$w_1^{(\infty)}(z) = z^{-a} \, F(a, 1+a-c; 1+a-b; z^{-1}) \, ,$$

$$w_2^{(\infty)}(z) = z^{-b} \, F(b, 1+b-c; 1+b-a; z^{-1}).$$

Valgono i prolungamenti analitici:

$$F(a, b; c; z) = \frac{\Gamma(c)\Gamma(c-a-b)}{\Gamma(c-a)\Gamma(c-b)}(-z)^{-a}F(a, b; 1+a+b-c; 1-z)+$$

$$+\frac{\Gamma(c)\Gamma(a+b-c)}{\Gamma(a)\Gamma(b)}(1-z)^{c-a-b}F(c-a,c-b;1+c-a-b;1-z) \quad |\arg(1-z)| < \pi.$$

$$F(a, b; c; z) = \frac{\Gamma(c)\Gamma(b-a)}{\Gamma(b)\Gamma(c-a)}(-z)^{-a}F(a, 1+a-c; 1+a-b; z^{-1})+$$

$$+\frac{\Gamma(c)\Gamma(a-b)}{\Gamma(a)\Gamma(c-b)}(-z)^{-b}F(a, 1+b-c; 1+b-a; z^{-1}) \quad |\arg(-z)| < \pi.$$

Un altro importante esempio di equazione totalmente fuchsiana è dato dall'equazione associata di Legendre (vedi A-S 8):

$$(1-z^2) \frac{d^2w(z)}{dz^2} - 2 z \frac{dw(z)}{dz} + \left[\nu(\nu+1) - \frac{\mu^2}{1-z^2} \right] w(z) = 0,$$

con ν e μ costanti complesse, con tre punti singolari ordinari, in $z = \pm 1, \infty$.

L'equazione si riduce a una ipergeometrica con un cambio di funzione, e le soluzioni complessive sono le Funzioni Associate di Legendre di primo e secondo tipo (vedi A.4):

$$P_\nu^\mu(z) = \frac{1}{\Gamma(1-\mu)} \left[\frac{z+1}{z-1} \right]^{\mu/2} F \left(-\nu , \nu+1 ; 1-\mu ; \frac{1-z}{2} \right) \qquad |1-z| < 2,$$

$$Q_\nu^\mu(z) = e^{i\mu\pi} \, 2^{-\nu-1} \, \pi^{1/2} \, \frac{\Gamma(\nu+\mu+1)}{\Gamma(\nu+3/2)} \, z^{-\nu-\mu-1} \, (z^2-1)^{\mu/2} \times$$

$$\times F \left(1+\frac{\nu}{2}+\frac{\mu}{2}, \frac{1}{2}+\frac{\nu}{2}+\frac{\mu}{2} ; \nu+\frac{3}{2} ; \frac{1}{z^2} \right) \qquad |z| > 1.$$

Le seconde soluzioni linearmente indipendenti possono essere scelte come fatto per le $w_2^{(0,1)}(z)$.

Se però $\mu = m$ intero non negativo, allora le soluzioni si usano scegliere nel modo seguente:

$$P_v^m(z) = (-1)^m \frac{\Gamma(v+m+1)}{2^m\, m!\; \Gamma(v-m+1)} (1-z^2)^{m/2} F\left(m-v, m+v+1;\; 1+m;\; \frac{1-z}{2}\right),$$

che nel caso di $v = l$ intero coincidono con le funzioni associate di Legendre $\Theta_l^{|m|}(z)$ introdotte nella A.4, e con i polinomi di Legendre, legati alle funzioni ipergeometriche:

$$F_l^0(z) = P_l(z) = F\left(-l, l+1;\; 1;\; \frac{1-z}{2}\right).$$

Nel caso eccezionale di $\mu = m$ intero non negativo i coefficenti determinantali differiscono per l'intero m, e la seconda soluzione si sceglie del tipo:

$$Q_v^m(z) = (-1)^m (1-z^2)^{m/2} \frac{d^m}{dx^m} Q_v(z)\;,\quad Q_v(z) = \pi\, \frac{P_v(z) \cos v\pi - P_v(-z)}{2 \sin v\pi}.$$

In particolare, per $v = l$ intero si ha:

$$Q_l(z) = \frac{1}{2}\, P_l(z) \log \frac{1+z}{1-z} - R_{l-1}(z),$$

con:

$$R_{l-1}(z) = \sum_{n=1}^{l} \frac{1}{n}\, P_{n-1}(z)\, P_{l-n}(z)\;,\quad R_{-1}(z) = 0.$$

A.10 Funzioni ipergeometriche confluenti

Se, con opportuni limiti, nell'equazione ipergeometrica si fa confluire la singolarità a $z = 1$ con quella all'∞, si ottiene l'equazione ipergeometrica confluente, detta anche di Kummer:

$$z\, \frac{d^2 w(z)}{dz^2} + (b-z)\, \frac{dw(z)}{dz} - a\, w(z) = 0.$$

Essa ha una singolarità regolare, o fuchsiana, in $z = 0$, e una irregolare per $z \to \infty$. Due soluzioni linearmente indipendenti, sono:

$$w_1(z) = M(a, b; z) = \sum_{n=0}^{\infty} \frac{(a)_n}{(b)_n} \frac{z^n}{n!}\;,\quad (a)_n = a(a+1)...(a+n-1)\;,\quad (a)_0 = 1$$

$$w_2(z) = (z)^{1-b}\, M(1+a-b, 2-b; z),$$

la prima delle quali, detta ipergeometrica confluente, è intera, oppure:

$$U(a, b; z) = \frac{\pi}{\sin \pi b} \left[\frac{M(a,b;z)}{\Gamma(1+a-b)\Gamma(b)} - z^{1-b} \frac{M(1+a-b, 2-b; z)}{\Gamma(a)\Gamma(2-b)} \right].$$

Se però b è intero positivo, la seconda soluzione deve avere comportamento logaritmico, come già avevamo visto nel caso dell'ipergeometrica.

Rimandiamo ad A-S 13 per la casistica completa, e riportiamo qui solo alcune interessanti relazioni. Ad esempio, è importante notare che molte funzioni speciali note, già trattate precedentemente, sono riconducibili a ipergeometriche confluenti per particolari valori dei parametri.

Tra queste: Bessel, Laguerre, Hermite, secondo gli schemi seguenti:

$M(\ a,\ b\ ;\ z\ )$				
a	b	z	*Relazione*	*Funzione*
$v+1/2$	$2v+1$	$2iz$	$\Gamma(1+v)\, e^{iz}(z/2)^{-v}\, J_v(z)$	Bessel
$-v+1/2$	$-2v+1$	$2iz$	$\Gamma(1-v)\, e^{iz}(z/2)^{v}\, \cdot$	
			$\cdot\,[\cos v\pi\, J_v(z) - \sin v\pi\, Y_v(z)]$	Bessel
$v+1/2$	$2v+1$	$2z$	$\Gamma(1+v)\, e^{z}(z/2)^{-v}\, I_v(z)$	Bessel Modificate
$n+1$	$2n+2$	$2iz$	$\Gamma(3/2+n)\, e^{iz}(z/2)^{-n-1/2}\, J_{n+1/2}(z)$	Bessel Sferiche
$-n$	$-2n$	$2iz$	$\Gamma(1/2-n)\, e^{iz}(z/2)^{n+1/2}\, J_{-n-1/2}(z)$	Bessel Sferiche
$n+1$	$2n+2$	$2z$	$\Gamma(3/2+n)/2\, e^{z}(z/2)^{-n-1/2}\, I_{n+1/2}(z)$	Bessel Sferiche
$-n$	$\alpha+1$	x	$n!/(\alpha+1)_n\, L_n^\alpha(x)$	Laguerre
$-n$	$1/2$	$x^2/2$	$(-)^n 2^n\, n!/(2n)!\, H_{2n}$	Hermite
$-n$	$3/2$	$x^2/2$	$(-)^n 2^n\, n!/(2n+1)!\, H_{2n+1}$	Hermite
$1/2$	$3/2$	$-x^2$	$\sqrt{\pi}/2x\, erf(x)$	Funzione degli errori

$U(a, b; z)$				
a	b	z	*Relazione*	*Funzione*
$v+1/2$	$2v+1$	$2z$	$\pi^{-1/2}\, e^z\, (2z)^{-v} K_v(z)$	Bessel Modificate
$v+1/2$	$2v+1$	$-2iz$	$\pi^{1/2}/2\; e^{i\pi(v+1/2-z)}\, (2z)^{-v} H_v^{(1)}(z)$	Hankel
$v+1/2$	$2v+1$	$2iz$	$\pi^{1/2}/2\; e^{-i\pi(v+1/2-z)}\, (2z)^{-v} H_v^{(2)}(z)$	Hankel
$n+1$	$2n+2$	$2z$	$\pi^{-1/2}\, e^z\, (2z)^{-n-1/2} K_{n+1/2}(z)$	Bessel Sferiche
$5/6$	$5/3$	$4/3\, z^{3/2}$	$\pi^{1/2}\, z^{-1}\, \exp[2/3\, z^{3/2}]\, 2^{-2/3}\, 3^{5/6}\, Ai(z)$	Airy
$-n$	$\alpha+1$	x	$(-1)^n\, n!\, L_n^\alpha(x)$	Laguerre
$(1-n)/2$	$3/2$	x^2	$2^{-n}\, H_n$	Hermite
$1/2$	$1/2$	x^2	$\sqrt{\pi}\, \exp(x^2)\, erfc(x)$	Funzione degli errori

La funzione degli errori e la sua complementare ammettono la rappresentazione integrale:

$$erf(z) = \frac{2}{\sqrt{\pi}} \int_0^z dt\, e^{-t^2} \quad , \quad erfc(z) = \frac{2}{\sqrt{\pi}} \int_z^\infty dt\, e^{-t^2} = 1 - erf(z).$$

Vedi A-S 7.1 per le sue proprietè matematiche.

Riportiamo infine i principali comportamenti asintotici delle funzioni ipergeometriche confluenti.

Per $|z| \to 0$:

$$M(a, b; 0) = 1 ;$$

$$U(a, b; z) = \frac{\Gamma(b-1)}{\Gamma(a)}\, z^{1-b} + O(|z|^{\mathcal{R}b-2}) \qquad \mathcal{R}b \geq 2, \ b \neq 2 ;$$

$$U(a, b; z) = \frac{\Gamma(b-1)}{\Gamma(a)}\, z^{1-b} + O(|\log z|) \qquad b = 2 ;$$

$$U(a, b; z) = -\frac{1}{\Gamma(a)} \left[\log z + \frac{\Gamma'(a)}{\Gamma(a)}\right] + O(|z \log z|) \qquad b = 1 ;$$

$$U(a, b; z) = \frac{\Gamma(1-b)}{\Gamma(1+a-b)}\, z + O(|z|^{1-\mathcal{R}b}) \qquad 0 < \mathcal{R}b < 1.$$

Per $|z| \to \infty$:

$$M(a,b;z) = \frac{\Gamma(b)}{\Gamma(a)} \, e^z \, z^{a-b}[1 + O(|z|^{-1})] \qquad \mathscr{R}z > 0,$$

$$M(a,b;z) = \frac{\Gamma(b)}{\Gamma(b-a)} \, (-z)^{-a}[1 + O(|z|^{-1})] \qquad \mathscr{R}z < 0.$$

$$U(a,\,b;\,z) = (-z)^{-a}[1 + O(|z|^{-1})].$$

A.11 Delta di Dirac

La successione di funzioni:

$$D_n(x) = \sqrt{n/\pi} \; e^{-nx^2} \qquad n = 1,2,\ldots$$

ha un limite puntuale molto irregolare:

$$D_n(x) \xrightarrow[n \to \infty]{} \begin{cases} \infty & x = 0 \\ 0 & x \neq 0, \end{cases}$$

mentre, come funzione di $\mathscr{L}^2(R)$, sarebbe uguale alla funzione identicamente nulla.

Se però la funzione $f(x)$ è sufficientemente regolare, si dimostra che esiste il limite:

$$\int_{-\infty}^{\infty} dx \, D_n(x) \, f(x) \xrightarrow[n \to \infty]{} f(0),$$

dove i singoli integrali esistono per ogni n. Si introduce allora la definizione:

$$\int_{-\infty}^{\infty} dx \, \delta(x) \, f(x) = \lim_{n \to \infty} \int_{-\infty}^{\infty} dx \, D_n(x) \, f(x) = f(0) = F_0(f).$$

La delta di Dirac è pertanto il funzionale (lineare) F_0 che valuta nell'origine funzioni ivi regolari. Rappresenta l'estensione al caso continuo della delta di Kroneker δ_{ij} sul discreto.

Un'altra rappresentazione della delta di Dirac si ottiene dalle proprietà delle trasformate $F(f)$ e antitrasformate $\tilde{F}(f)$ di Fourier, definite per ogni $f \in \mathscr{L}^2(R)$:

$$\tilde{F} \cdot F(f) = f \implies \frac{1}{\sqrt{2\pi}} \int_{-\infty}^{\infty} dk \, e^{ikx'} \frac{1}{\sqrt{2\pi}} \int_{-\infty}^{\infty} dx \, e^{-ikx} \, f(x) =$$

$$= \int_{-\infty}^{\infty} dx \, \frac{1}{2\pi} \left[\int_{-\infty}^{\infty} dk \, e^{-ik(x-x')} \right] f(x) = f(x').$$

Da qui infine, sempre intendendo l'uguale sotto il segno di integrale:

$$\frac{1}{2\pi} \int_{-\infty}^{\infty} dk \, e^{-ik(x-x')} = \delta(x-x').$$

Altre definizioni della delta sono le seguenti:

$$\delta(x) = \lim_{\lambda \to \infty} \sqrt{\frac{\lambda}{\pi}} \, e^{-\lambda x^2} = \lim_{\varepsilon \to 0^+} \sqrt{\frac{1}{i\pi\varepsilon}} \, e^{ix^2/\varepsilon} = \lim_{\lambda \to \infty} \frac{\sin \lambda x}{\pi x} = \lim_{\lambda \to \infty} \frac{1}{\pi\lambda} \frac{\sin^2 \lambda x}{x^2},$$

$$\delta(x) = \frac{1}{x - i0} - \frac{1}{x + i0} = \lim_{\varepsilon \to 0^+} \frac{2i\varepsilon}{x^2 + \varepsilon^2},$$

con i limiti intesi nella metrica del funzionale generato dall'integrale su funzioni regolari. Inoltre:

$$\delta(x) = \frac{d\theta(x)}{dx} \quad \text{con} \quad \theta(x) = \begin{cases} 1 & x > 0 \\ 0 & x < 0 \end{cases}.$$

Infine, alcune proprietà della delta:

$$\delta(x) \, f(x) = f(0) \quad, \quad \delta(x-y)\delta(y-a) = \delta(x-a),$$

da intendersi naturalmente sotto il segno di integrale, mentre non esiste $\delta^2(x)$; inoltre:

$$\delta(y(x)) = \sum_{i=1}^{} \frac{\delta(x-x_i)}{|dy/dx|_{x=x_i}} \quad, \quad \int_{-\infty}^{\infty} dx \, \delta^{(n)}(x) \, f(x) = (-)^n f^{(n)}(0)$$

dove $x_1, x_2, \dots$ sono le radici di $y(x) = 0$, e $\delta^{(n)}$ e $f^{(n)}$ sono le derivate n−esime della delta e della funzione f, regolare nell'origine insieme a tutte le derivate sino all'ordine n.

A.12 Integrali utili

$$I_n^{(1)} = \int_0^{\infty} dx \, x^n e^{-\sigma x} = \frac{n!}{\sigma^{n+1}}$$

$$I_{2n}^{(2)} = \int_0^{\infty} dx \, x^{2n} e^{-\sigma x^2} = \frac{(2n-1)!!}{2(2\sigma)^n} \sqrt{\frac{\pi}{\sigma}} \qquad I_{2n+1}^{(2)} = \int_0^{\infty} dx \, x^{2n+1} e^{-\sigma x^2} = \frac{n!}{2\sigma^{n+1}}.$$

Gli integrali della seconda riga sono integrali gaussiani; il primo si valuta con l'artifizio:

$$\int_0^\infty dx\, e^{-\sigma x^2} = \frac{1}{2}\left[\int_{-\infty}^{+\infty}\int_{-\infty}^{+\infty} dx\, dy\, e^{-\sigma\,(x^2+y^2)}\right]^{1/2} =$$

$$= \frac{1}{2}\left[\int_0^{2\pi} d\varphi \int_0^\infty d\rho\,\rho\, e^{-\sigma\,\rho^2}\right]^{1/2} = \frac{1}{2}\sqrt{\frac{\pi}{\sigma}}.$$

Gli altri si calcolano per parti e per induzione.

Riportiamo infine due trasformate di Fourier, della gaussiana e dell'esponenziale:

$$\int_{-\infty}^\infty dx\, e^{-i2\pi\,\xi x} e^{-\sigma x^2} = \sqrt{\pi/\sigma}\; e^{(\pi\xi)^2/\sigma}\;,\quad \int_{-\infty}^\infty dx\, e^{-i2\pi\,\xi x} e^{-\sigma|x|} = \frac{2\sigma}{\sigma^2+4\pi^2\xi^2}.$$

A.13 Integrali diretti e di scambio

Per valutare le correzioni dovute alla repulsione coulombiana sugli stati imperturbati degli atomi idrogenoidi a due e tre elettroni, stato fondamentale e primo stato eccitato, dobbiamo considerare due classi di integrali:

$$J_{100;nlm} = e^2\int d\mathbf{x}_1\int d\mathbf{x}_2\,\frac{1}{|\mathbf{x}_1-\mathbf{x}_2|}\,|u_{100}(\mathbf{x}_1)|^2\,|u_{nlm}(\mathbf{x}_2)|^2$$

$$K_{100;nlm} = e^2\int d\mathbf{x}_1\int d\mathbf{x}_2\,\frac{1}{|\mathbf{x}_1-\mathbf{x}_2|}\,u^*_{100}(\mathbf{x}_1)\,u^*_{nlm}(\mathbf{x}_2)\,u_{100}(\mathbf{x}_2)\,u_{nlm}(\mathbf{x}_1).$$

I due integrali, J e K, sono detti integrali diretti e di scambio, rispettivamente. Sfruttiamo due relazioni notevoli. La prima:

$$\frac{1}{|\mathbf{x}_1-\mathbf{x}_2|} = \begin{cases} 1/r_1 \sum_{l=0}^\infty (r_1/r_2)^l\, P_l(\cos\theta) & r_1 > r_2 \\ 1/r_2 \sum_{l=0}^\infty (r_2/r_1)^l\, P_l(\cos\theta) & r_2 > r_1, \end{cases}$$

legata alla definizione della funzione generatrice dei polinomi di Legendre (vedi A-S 22.9):

$$\frac{1}{\sqrt{1-2\rho\xi+\xi^2}} = \sum_{l=0}^\infty \rho^l P_l(\xi),\ |\rho|<1.$$

La seconda, costituita dalla regola somma delle armoniche sferiche:

$$P_l(\cos\theta) = \frac{4\pi}{2l+1}\sum_{m=-l}^l Y_{lm}(\theta_1,\varphi_1)\,Y_{lm}(\theta_2,\varphi_2),$$

dove θ è l'angolo compreso tra $\mathbf{x}_1$ e $\mathbf{x}_2$. Inserendo la prima funzione d'onda:

$$u_{nlm}(\mathbf{x}) = u_{nl}(r)\, Y_{lm}(\Omega) \implies u_{100}(\mathbf{x}_1) = Z_0^{3/2}\, 2e^{-Z_0 r_1}\, \frac{1}{2\sqrt{\pi}} \quad , \quad Z_0 = Z/r_0 \ :$$

$$J_{100;nlm} = Z_0^3\, \frac{e^2}{\pi} \int d\Omega_1 d\Omega_2 \sum_{l'=0}^{\infty} \frac{4\pi}{2l'+1} \sum_{m'=-l'}^{l'} Y_{l'm'}(\theta_1,\varphi_1) Y_{l'm'}(\theta_2,\varphi_2)\, [Y_{lm}(\theta_2,\varphi_2)]^2 \ \cdot$$

$$\cdot \int_0^{\infty} dr_1\, r_1^2 e^{-2Z_0 r_1} \left[\int_0^{r_1} dr_2\, r_2^2 |u_{nl}(r_2)|^2 \frac{1}{r_1} \left(\frac{r_2}{r_1} \right)^{l'} + \int_{r_1}^{\infty} dr_2\, r_2^2 |u_{nl}(r_2)|^2 \frac{1}{r_2} \left(\frac{r_1}{r_2} \right)^{l'} \right].$$

Integrando su Ω_1, per ortogonalità con $Y_{00}(\theta_1,\varphi_1) = 1/(2\sqrt{\pi})$, otteniamo $2\sqrt{\pi}\, \delta_{0l'} \delta_{0m'}$. Sommando quindi su l' e m', sopravvive solamente il termine $Y_{00}(\theta_2,\varphi_2) = 1/(2\sqrt{\pi})$. L'integrale su Ω_2 dà come risultato 1 per la normalizzazione delle Y_{lm}, e infine si ottiene:

$$J_{100;nlm} = \frac{e^2 \alpha^3}{2} \int_0^{\infty} dr_1\, r_1^2\, e^{-\alpha r_1} \left[\frac{1}{r_1} \int_0^{r_1} dr_2\, r_2^2\, [u_{nl}(r_2)]^2 + \int_{r_1}^{\infty} dr_2\, r_2\, [u_{nl}(r_2)]^2 \right] =$$

$$= \frac{e^2 \alpha^3}{2} \int_0^{\infty} dr_1\, r_1^2 e^{-\alpha r_1} \left[\frac{1}{r_1} \int_0^{r_1} dr_2\, r_2^2 e^{-\alpha_n r_2}[P_{nl}(r_2)]^2 + \int_{r_1}^{\infty} dr_2\, r_2 e^{-\alpha_n r_2}[P_{nl}(r_2)]^2 \right],$$

con $\alpha = 2Z_0$, $\alpha_n = \alpha/n$, $P_{nl}(r) \equiv -\alpha_n^{3/2} \sqrt{\dfrac{(n-l-1)!}{2n(n+l)!}}\ (\alpha_n r)^l\, L_{n-l-1}^{2l+1}(\alpha_n r),$

e con L_r^s polinomi di Laguerre. Le espressioni più semplici sono:

$$P_{10}(r) = -\alpha^{3/2}\, 2^{-1/2}\, L_0^1(\alpha r) \qquad , \qquad P_{20}(r) = -\alpha^{3/2}\, 2^{-3}\, L_1^1(\alpha r/2)\ ,$$

$$P_{21}(r) = -\alpha^{5/2}\, 2^{-3/2}\, 3^{-1/2}\, r\, L_0^3(\alpha r/2) \quad ; \qquad L_0^k(\rho) = 1\ , \quad L_1^1(\rho) = 2-\rho.$$

Con analogo procedimento, per gli integrali di scambio si trova:

$$K_{100;nlm} = \frac{e^2}{4\pi} \int d\Omega_1 d\Omega_2 \int_0^{\infty} dr_1\, r_1^2\, u_{10}^*(r_1)\, u_{nl}(r_1)\, Y_l^m(\theta_1,\varphi_1)\, Y_l^{*m}(\theta_2,\varphi_2) \cdot$$

$$\cdot \sum_{l'=0}^{\infty} \frac{4\pi}{2l'+1} \sum_{m'=-l'}^{l'} Y_{l'}^{*m'}(\theta_1,\varphi_1)\, Y_{l'}^{m'}(\theta_2,\varphi_2) \cdot$$

$$\cdot \left[\int_0^{r_1} dr_2\, r_2^2\, u_{nl}^*(r_2)\, u_{10}(r_2)\, \frac{1}{r_1} \left(\frac{r_2}{r_1} \right)^{l'} + \int_{r_1}^{\infty} dr_2\, r_2^2\, u_{nl}^*(r_2)\, u_{10}(r_2)\, \frac{1}{r_2} \left(\frac{r_1}{r_2} \right)^{l'} \right] =$$

$$= \frac{e^2 \alpha^3}{2}\, \frac{1}{2l+1} \int_0^{\infty} dr_1\, r_1^2\, e^{-\gamma r_1}\, P_{nl}(r_1) \cdot$$

$$\cdot \left[\frac{1}{r_1^{1+l}} \int_0^{r_1} dr_2\, r_2^{2+l}\, e^{-\delta r_2}\, P_{nl}(r_2) + r_1^l \int_{r_1}^{\infty} dr_2\, r_2^{1-l}\, e^{-\delta r_2}\, P_{nl}(r_2) \right],$$

con $\gamma = \delta = (\alpha + \alpha_n)/2 = [(n+1)/2n]\, \alpha$.

Data la forma polinomiale dei P_{nl}, tutti gli integrali, diretti e di scambio, sono momenti $r_1^h e^{-\gamma r_1}$ e $r_2^k e^{-\delta r_2}$ di ordine superiore rispetto a quelli fondamentali, dipendenti da l:

$$I_{00}^{(l)}(\gamma,\delta) = \int_0^\infty dr_1\, r_1^2\, e^{-\gamma r_1} \left[\frac{1}{r_1^{1+l}} \int_0^{r_1} dr_2\, r_2^2\, e^{-\delta r_2} + r_1^l \int_{r_1}^\infty dr_2\, r_2\, e^{-\delta r_2} \right].$$

Pertanto, si possono ottenere tutti da questi derivandoli rispetto a γ e a δ. In realtà, tutti quelli diretti derivano dal solo $I_{00}^{(0)}$, e noi calcoleremo qui un solo integrale ottenibile per derivazione da $I_{00}^{(1)}$, cioè l'integrale di scambio $K_{100;21m}$. Dunque, tralasciando l'apice (l):

$$I_{kn}(\gamma,\delta) = (-)^{k+n} \frac{\partial^{k+n}}{\partial\gamma^k\,\partial\delta^n} I_{00}(\gamma,\delta),$$

$$I_{00}(\gamma,\delta) = \int_0^\infty dr_1\, r_1^2\, e^{-\gamma r_1} \left[\frac{1}{r_1} \int_0^{r_1} dr_2\, r_2^2\, e^{-\delta r_2} + \int_{r_1}^\infty dr_2\, r_2\, e^{-\delta r_2} \right] = 2\left[\frac{\gamma^2 + 3\gamma\delta + \delta^2}{\gamma^2\delta^2(\gamma+\delta)^3} \right],$$

$$I_{01}(\gamma,\delta) = 2\left[\frac{2\gamma^3 + 8\gamma^2\delta + 12\gamma\delta^2 + 3\delta^3}{\gamma^2\delta^3(\gamma+\delta)^4} \right],$$

$$I_{02}(\gamma,\delta) = 2\left[\frac{6\gamma^4 + 30\gamma^3\delta + 60\gamma^2\delta^2 + 60\gamma\delta^3 + 12\delta^4}{\gamma^2\delta^4(\gamma+\delta)^5} \right],$$

$$I_{11}(\gamma,\delta) = 2\left[\frac{6\gamma^4 + 30\gamma^3\delta + 60\gamma^2\delta^2 + 30\gamma\delta^3 + 6\delta^4}{\gamma^3\delta^3(\gamma+\delta)^5} \right].$$

Ovviamente, per $k \neq n$, $I_{kn}(\gamma,\delta) = I_{nk}(\delta,\gamma)$.

Con l'opportuno coefficiente e $\gamma = \delta = \alpha = 2Z/r_0$, otteniamo il primo risultato:

$$J_{100;100} = \frac{e^2\alpha^6}{4} I_{00}(\gamma,\delta)|_{\gamma=\alpha,\ \delta=\alpha} = \frac{5}{4}\frac{\alpha}{4}e^2 = \frac{5}{4}Z w_0 \approx 34.0\, eV \qquad (Z = 2).$$

Calcoliamo ora quelli successivi, svolgendo il primo per esteso.

$$J_{100;200}\Big|_{\alpha=\gamma,\ \alpha_2=\delta} = \frac{e^2}{2^7}\alpha^6 \int_0^\infty dr_1\, r_1^2\, e^{-\gamma r_1}.$$

$$\cdot \left\{ \frac{1}{r_1} \int_0^{r_1} dr_2\, r_2^2 e^{-\delta r_2} \left[4 - 4\alpha_2 r_2 + 4(\alpha_2 r_2)^2 \right] + \right.$$

$$\left. + \int_{r_1}^\infty dr_2\, r_2 e^{-\delta r_2} \left[4 - 4\alpha_2 r_2 + 4(\alpha_2 r_2)^2 \right] \right\} =$$

$$= \frac{e^2\alpha^6}{2^7} \left[4 I_{00} - 4\alpha_2 I_{01} + \alpha_2{}^2 I_{02} \right].$$

Reinserendo i corretti valori $\gamma = \alpha$, $\delta = \alpha_2 = \alpha/2 = Z/r_0$, si ottiene:

$$J_{100;200} = \frac{e^2\alpha}{2^7}\left[\frac{2^6\cdot 11}{3^3} - \frac{2^6\cdot 25}{3^3} + \frac{2^6\cdot 59}{3^4}\right] = \frac{34}{81}\frac{\alpha}{4}e^2 = \frac{34}{81}Zw_0 \approx 11.42\,eV \quad (Z=2).$$

L'integrale successivo $J_{100;21m}$ si ottiene da quello appena trovato sostituendo il polinomio P_{20} con P_{21}, entrambi al quadrato, normalizzazione inclusa. Quindi:

$$\frac{1}{4(2!)} \implies \frac{1}{4(3!)} \quad ; \quad \left[L_1^1(\alpha_2 r_2)\right]^2 = [2-\alpha_2 r_2]^2 \implies \left[(\alpha_2 r_2)\,L_0^3(\alpha_2 r_2)\right]^2 = (\alpha_2 r_2)^2.$$

Complessivamente, occorre considerare solo il terzo addendo in $J_{100;200}$, quello derivante dalla derivata seconda, moltiplicato per $4(2!)/4(3!) = 1/3$ e valutato per gli stessi parametri $\gamma = \alpha$, $\delta = \alpha_2 = \alpha/2 = Z/r_0$. Pertanto:

$$J_{100;21m} = \frac{e^2\alpha}{2^7}\left[\frac{1}{3}2^{-2}\frac{2^8\cdot 59}{3^4}\right] = \frac{2\cdot 59}{243}Zw_0 \approx 0.37\,eV \quad (Z=2).$$

In modo analogo, calcoliamo gli integrali K, entrambi per $\gamma = \delta = (\alpha + \alpha_2)/2 = 3\alpha/4$. Notare che ora i P_{2l} non compaiono al quadrato, ma ce n'è uno in $\alpha_2 r_1$ e uno in $\alpha_2 r_2$:

$$K_{100;200} = \frac{e^2\alpha^3}{2}\int_0^\infty dr_1\, r_1^2\, e^{-\gamma r_1}\, P_{20}(r_1)\cdot$$

$$\cdot\left[\frac{1}{r_1}\int_0^{r_1} dr_2\, r_2^2\, e^{-\delta r_2}\, P_{20}(r_2) + \int_{r_1}^\infty dr_2\, r_2\, e^{-\delta r_2}\, P_{20}(r_2)\right] =$$

$$= \frac{e^2\alpha^6}{2^7}\left[\,4\,I_{00} - 2\alpha_2\,I_{01} - 2\alpha_2\,I_{10} + \alpha_2{}^2\,I_{11}\,\right]_{\gamma=\delta=3\alpha/4} =$$

$$= \frac{e^2\alpha}{2^7}\left[\frac{5\cdot 2^{10}}{3^5} - \frac{25\cdot 2^{10}}{3^6} + \frac{11\cdot 2^{10}}{3^6}\right] = \frac{32}{729}Zw_0 \approx 1.19\,eV \quad (Z=2).$$

Calcoliamo l'ultimo, $K_{100;21m}$, direttamente:

$$K_{100;21m} =$$

$$= \frac{e^2\alpha^3}{2\cdot 3}\int_0^\infty dr_1\, r_1^2\, e^{-\gamma r_1}P_{21}(r_1)\left[\frac{1}{r_1^2}\int_0^{r_1} dr_2\, r_2^3 e^{-\delta r_2}P_{21}(r_2) + r_1\int_{r_1}^\infty dr_2 e^{-\delta r_2}P_{21}(r_2)\right] =$$

$$= \frac{e^2\alpha^3}{2\cdot 3}\left[\alpha^5 2^{-10}3^{-3}(3!)^2\right]\int_0^\infty dr_1\, r_1^3 e^{-\gamma r_1}\left[\frac{1}{r_1^2}\int_0^{r_1} dr_2\, r_2^4 e^{-\delta r_2} + r_1\int_{r_1}^\infty dr_2\, r_2 e^{-\delta r_2}\right] =$$

$$= \frac{e^2\alpha^8}{2^9 3^2}\left[\frac{24}{\delta^5}\frac{1}{\gamma^2} - \frac{3}{\delta^2}\frac{4!}{(\gamma+\delta)^5} - \frac{12}{\delta^3}\frac{3!}{(\gamma+\delta)^4} - \frac{24}{\delta^4}\frac{2!}{(\gamma+\delta)^3} - \frac{24}{\delta^5}\frac{1}{(\gamma+\delta)^2}\right] =$$

$$= \frac{e^2\alpha^8}{2^9 3^2}\frac{2^{12}}{\alpha^7 3^6}7 = \frac{7\cdot 2^5}{3^8}Zw_0 \approx 0.93 eV \quad (Z=2).$$

Con i termini in $l = 1$ si possono valutare le perturbazioni agli stati 2^1P e 2^3P, cui si fa cenno nel Problema 10.4.

A.14 Rappresentazione dei momenti angolari

In uno spazio di Hilbert separabile, un operatore autoaggiunto compatto A, con spettro completo discreto, ammette una rappresentazione diagonale; ovvero, i valori di aspettazione tra i suoi autovettori definiscono una matrice diagonale:

$$\langle i \, | \, A \, | \, j \rangle = \alpha_j \, \delta_{ij} \quad , \quad A \, | \, j \rangle = \alpha_j \, | \, j \rangle \quad , \quad i, j = 1, 2, \dots$$

Due operatori A, B, autoaggiunti, compatti, commutanti, hanno un sistema ortonormale completo in comune, e vale ancora:

$$\langle i \, | \, A \, | \, j \rangle = \alpha_j \, \delta_{ij} \quad \langle i \, | \, B \, | \, j \rangle = \beta_j \, \delta_{ij},$$

$$A \, | \, j \rangle = \alpha_j \, | \, j \rangle \quad , \quad B \, | \, j \rangle = \beta_j \, | \, j \rangle.$$

Sulla base degli autovettori comuni, A e B sono rappresentati da due matrici diagonali, eventualmente ∞-dimensionali.

Se gli operatori non commutano, non esiste alcuna base comune sulla quale si possano rappresentare tutti con matrici diagonali. Se però gli operatori autoaggiunti sono tre, e soddisfano le regole di commutazione:

$$[J_i, J_j] = i \, \hbar \, \varepsilon_{ijk} \, J_k \quad \text{con} \quad i, j, k = 1, 2, 3,$$

allora l'intero spazio di Hilbert si decompone nella somma diretta di sottospazi ortogonali, invarianti rispetto ai tre operatori. Ovvero, consideriamo gli operatori commutanti $\mathbf{J}^2$, J_3, e un ulteriore operatore autoaggiunto A, commutante con i primi due, definito appositamente per risolvere l'eventuale degenerazione residua; si dimostra che un operatore siffatto esiste sempre. Essi posseggono una base ortonormale completa di autostati non degeneri $\{ \, | \, j, m; n \rangle \, \}$:

$$\mathbf{J}^2 \, | \, j, m; n \rangle = j(j+1) \, \hbar^2 \, | \, j, m; n \rangle \quad , \quad J_3 \, | \, j, m; n \rangle \doteq m \, \hbar \, | \, j, m; n \rangle$$

$$A \, | \, j, m; n \rangle = \alpha_n \, | \, j, m; n \rangle,$$

$$j = 0, \, 1/2, \, 1, \dots \quad , \quad m = -j, -j+1, \dots, j-1, j \quad , \quad n = 0, 1, 2 \dots$$

Su questa base, lo spazio $\mathcal{H}$ si decompone nei sottospazi $\mathcal{H}_{jn}$ invarianti e irriducibili:

$$\mathcal{H} = \sum_{n=1}^{d_j} \sum_{j} \oplus \mathcal{H}_{jn}.$$

Usualmente, gli operatori di momento angolare vengono rappresentati nei singoli sottospazi $\mathcal{H}_{jn}$ a n fissato, quindi tramite matrici finito dimensionali $2j + 1$. In questo contesto però, i momenti angolari sono quasi sempre associati a problemi tridimensionali, usualmente con un'Hamiltoniana non centrale che commuta con essi, e che talvolta risolve la degenerazione, cioè svolge le funzioni dell'operatore A di cui sopra. Vale dunque la pena riportare almeno una volta in modo visivo le rappresentazione nello spazio $\mathcal{H}$ complessivo di un qualsiasi operatore J_i e di un vettore appartenente invece a un $\mathcal{H}_{jn}$, ad esempio $\psi \in \mathcal{H}_{3n}$.

$$\langle\, j,\, m\, ;\, n\,|\, J_i\,|\, j',\, m'\, ;\, n\,\rangle = J_i(j\, ;\, m,\, m'\, ;\, n)\,\delta_{jj'}\,\delta_{nn'} =$$

con valori nulli fuori dai blocchi. Questa dunque è la rappresentazione di uno qualsiasi degli operatori soddisfacenti le regole di commutazione date. Non è una matrice diagonale; lo è solo per uno dei J_i, nel nostro caso J_3. È però una matrice diagonale a blocchi, cioè ovunque nulla tranne che in blocchi quadrati attorno alla diagonale principale.

Con la tecnica degli operatori di innalzamento e di abbassamento J_+ e J_-,

$$J_{\pm}\,|j,m\rangle = \sqrt{j(j+1) - m(m\pm 1)}\,|j, m\pm 1\rangle$$

si ricavano i singoli blocchi, che risultano non dipendere da n ma solo dalle dimensioni $(2j+1)$:

$$\langle\, j,\, m\,|\, J_1\,|\, j,\, m'\,\rangle = \frac{\hbar}{2}\,\sqrt{(j-m)(j+m+1)}\,\delta_{m',m+1} +$$
$$+ \frac{\hbar}{2}\,\sqrt{(j+m)(j-m+1)}\,\delta_{m',m-1},$$

$$\langle\, j,\, m\,|\, J_2\,|\, j,\, m'\,\rangle = \frac{\hbar}{2i}\,\sqrt{(j-m)(j+m+1)}\,\delta_{m',m+1} +$$
$$- \frac{\hbar}{2i}\,\sqrt{(j+m)(j-m+1)}\,\delta_{m',m-1},$$

$$\langle\, j,\, m'\,|\, J_3\,|\, j,\, m\,\rangle = m\,\hbar\,\delta_{m',m}.$$

Ricordiamo che tutto ciò si ottiene dalle sole relazioni algebriche di commutazione, e da due semplici richieste: realtà delle rappresentazioni e normalizzazione degli stati. All'interno del singolo $\mathscr{H}_{jn}$ le fasi relative tra gli stati risultano determinate, e rimane arbitraria unicamente una fase comune a tutti, ad esempio la fase dello stato di peso massimo.

La dipendenza della rappresentazione dalla sola dimensionalità (a meno di trasformazioni unitarie) dipende dal fatto che l'algebra dei tre momenti è la più semplice non banale della sua categoria, cioè quella delle algebre generatrici dei gruppi unitari unimodulari, detti $SU(n)$. Già l'algebra dei generatori di $SU(3)$ ha due tipi di rappresentazioni con la stessa dimensionalità. Riportiamo di seguito le matrici a due e tre dimensioni corrispondenti agli operatori vettoriali di momento angolare 1/2 e 1 nella rappresentazione in cui la componente J_z è diagonale. Le prime sono, a meno di $\hbar/2$, le σ di Pauli:

$$J_x = \frac{\hbar}{2}\begin{vmatrix} 0 & 1 \\ 1 & 0 \end{vmatrix} \quad , \quad J_y = \frac{\hbar}{2}\begin{vmatrix} 0 & -i \\ i & 0 \end{vmatrix} \quad , \quad J_z = \frac{\hbar}{2}\begin{vmatrix} 1 & 0 \\ 0 & -1 \end{vmatrix}.$$

In generale, se indichiamo con $|1/2,\pm\rangle_z$ gli autostati di J_z, quelli di di J_x ed J_y sono, rispettivamente,

$$|1/2,\pm\rangle_x = \frac{1}{\sqrt{2}}(|1/2,+\rangle_z \pm |1/2,-\rangle_z),$$

$$|1/2,\pm\rangle_y = \frac{1}{\sqrt{2}}(|1/2,+\rangle_z \pm i|1/2,-\rangle_z).$$

Nel caso attuale con J_z diagonale, si ha la seguente rappresentazione vettoriale:

$$|\pm\rangle_x = \frac{1}{\sqrt{2}}\begin{vmatrix} 1 \\ \pm 1 \end{vmatrix} \quad , \quad |\pm\rangle_y = \frac{1}{\sqrt{2}}\begin{vmatrix} 1 \\ \pm i \end{vmatrix}.$$

Quelle per momento angolare 1, sono, invece:

$$J_x = \hbar\frac{\sqrt{2}}{2}\begin{vmatrix} 0 & 1 & 0 \\ 1 & 0 & 1 \\ 0 & 1 & 0 \end{vmatrix} \quad , \quad J_y = \hbar\frac{\sqrt{2}}{2}\begin{vmatrix} 0 & -i & 0 \\ i & 0 & -i \\ 0 & i & 0 \end{vmatrix} \quad , \quad J_z = \hbar\begin{vmatrix} 1 & 0 & 0 \\ 0 & 0 & 0 \\ 0 & 0 & -1 \end{vmatrix}.$$

Se indichiamo con $|1, m_j\rangle_z$ gli autostati di J_z, quelli di J_x e J_y risultano essere:

$$|1, 0\rangle_x = \frac{1}{\sqrt{2}}(|1,1\rangle_z - |1,-1\rangle_z),$$

$$|1, \pm 1\rangle_x = \frac{1}{2}\left(|1,1\rangle_z \pm \sqrt{2}|1, 0\rangle_z + |1,-1\rangle_z\right)$$

$$| 1, 0 \rangle_y = \frac{1}{\sqrt{2}} \left(| 1, 1 \rangle + | 1, -1 \rangle_z \right),$$

$$| \pm 1 \rangle_y = \frac{1}{2} \left(| 1, 1 \rangle_z \pm i\sqrt{2} | 1, 0 \rangle - | 1, -1 \rangle_z \right).$$

Nel caso attuale:

$$| 1, 0 \rangle_x = \frac{1}{\sqrt{2}} \begin{vmatrix} 1 \\ 0 \\ -1 \end{vmatrix}, \quad | 1, \pm \rangle_x = \frac{1}{2} \begin{vmatrix} 1 \\ \pm\sqrt{2} \\ 1 \end{vmatrix},$$

$$| 1, 0 \rangle_y = \frac{1}{\sqrt{2}} \begin{vmatrix} 1 \\ 0 \\ -1 \end{vmatrix}, \quad | 1, \pm \rangle_y = \frac{1}{2} \begin{vmatrix} 1 \\ \pm i\sqrt{2} \\ -1 \end{vmatrix}.$$

Avendo scelto J_z diagonale in entrambe le rappresentazioni, i suoi autostati sono la base naturale.

A.15 Composizione dei momenti angolari

In uno spazio di Hilbert $\mathcal{H}$ siano dati due operatori vettoriali di momento angolare $\mathbf{J}_1$ e $\mathbf{J}_2$, commutanti tra di loro. Introduciamo, per costruzione, un ulteriore operatore autoaggiunto A, commutante con i precedenti e tale da rendere completo il sistema di operatori $\{ \mathbf{J}_1^2, J_{1,z}, \mathbf{J}_2^2, J_{2,z}, A \}$, tale cioè che i loro autovettori $| j_1, m_1 ; j_2, m_2 \rangle_n$, con $A | * \rangle_n = \alpha_n | * \rangle_n$, formino una base completa in $\mathcal{H}$, senza degenerazioni residue. Definiamo il momento angolare totale $\mathbf{J} = \mathbf{J}_1 \otimes \mathbf{I}_2 + \mathbf{I}_1 \otimes \mathbf{J}_2 \approx \mathbf{J}_1 + \mathbf{J}_2$, e cerchiamo, nel sottospazio $\mathcal{H}_n$ relativo all'autovalore α_n, le combinazioni lineari degli stati prodotto diretto $| m_1 ; m_2 \rangle$ che siano autostati $| j / m \rangle$ dei momenti totali $\mathbf{J}^2$ e J_z. Per questi ultimi abbiamo introdotto il nuovo separatore $/$ tra gli autovalori, e per entrambi abbiamo omesso gli indici comuni j_1, j_2 ed n. Notare che, trattandosi di prodotti diretti, l'ordine è rilevante.

Si tratta quindi di passare da una base ortonormale e completa a un'altra, nel sottospazio $\mathcal{H}_{j_1 j_2 n}$:

$$| j / m \rangle = \sum_{m_1, m_2} | m_1 ; m_2 \rangle \langle m_1 ; m_2 | j / m \rangle \quad , \quad j_1, j_2, n \text{ fissati.}$$

I coefficienti dello sviluppo $\langle m_1 ; m_2 | j / m \rangle$ sono detti coefficienti di Clebsch-Gordan, e si ricavano con tecniche iterative standard, ad esempio tramite gli operatori $J_\pm = J_{1\pm} + J_{2\pm}$. Due proprietà sono evidenti: $m = m_1 + m_2$, e $J = j_{max} = j_1 + j_2$; la prima considerando che $J_z = J_{1z} + J_{2z}$, la seconda applicando $J_\pm$ al precedente sviluppo e ricordando che gli stati $| m_1 ; m_2 \rangle$ formano un insieme completo in $\mathcal{H}_{j_1 j_2 n}$. Si dimostra che, in generale, i valori possibili dei momenti angolari totali soddisfano la relazione:

$$j = j_1 + j_2, \quad j_1 + j_2 - 1, ..., \quad |j_1 - j_2| + 1, \quad |j_1 - j_2|.$$

Tutti i momenti totali sono presenti, e lo sono una volta sola. Inoltre, in relazione al singolo j, anche gli autovalori $m = -j, \ -j+1, ..., \ j-1, j$ compaiono tutti e una volta sola. Quindi, la dimensionalità complessiva di questa nuova base costituita dagli $|j / m \rangle$ è data da:

$$d_{j/m} = \sum_{j=|j_1-j_2|}^{j_1+j_2} (2j+1) = (2j_1 + 1)(2j_2 + 1) = d_{m_1;m_2},$$

ovviamente uguale a quella del sottospazio di partenza $\mathcal{H}_{j_1 j_2 n}$. In questo, i due operatori $\mathbf{J}^2$ e J_z formano un insieme completo di osservabili, come avveniva per gli operatori $J_{1,z}$ e $J_{2,z}$. Ovvero, l'operatore A, che risolve l'eventuale degenerazione degli stati $|j_1, m_1 ; j_2, m_2 \rangle$, risolve anche quella degli stati $|j_1, j_2 ; j / m \rangle$.

Con terminologia algebrica, la decomposizione del prodotto diretto di due momenti angolari j_1 e j_2 in rappresentazioni invarianti irriducibili del momento totale, è data dalla formula:

$$j_1 \otimes j_2 = |j_1 - j_2| \oplus |j_1 - j_2 + 1| \oplus \cdots \oplus j_1 + j_2 - 1 \oplus j_1 + j_2.$$

Infine, introduciamo l'operatore di scambio P_{12} che scambia le coordinate $1 \leftrightarrow 2$. Esso commuta col momento angolare totale, che è somma di quelli di singola particella:

$$[P_{12}, J_z] = [P_{12}, J^2] = 0.$$

Questi tre operatori commutanti hanno un sistema ortonormale completo in comune che, non essendoci degenerazione, è dato dagli stessi stati $|j / m \rangle$. Pertanto, questi stati sono anche autostati di P_{12}, ovvero hanno simmetria pari o dispari. Tale simmetria è comune a tutti gli stati della stessa rappresentazione ed è la stessa degli stati di peso massimo o minimo, in quanto gli abbassatori e gli innalzatori sono simmetrici e non cambiano la simmetria della rappresentazione.

Dimostriamo ora che le simmetrie si alternano, a partire dalla prima, quella con $j = J$, simmetrica. Per fare ciò, possiamo sfruttare una ben nota proprietà dei coefficienti di Clebsch-Gordan:

$$\langle j_2, m_2 ; j_1, m_1 | j / m \rangle = (-1)^{j_1+j_2-j} \langle j_1, m_1 ; j_2, m_2 | j / m \rangle,$$

applicandola allo sviluppo già introdotto (con j_1, j_2, n sottintesi):

$$|j / m \rangle = \sum_{m_1, m_2} |m_1 ; m_2 \rangle \langle m_1 ; m_2 | j / m \rangle.$$

Nello scambio $1 \leftrightarrow 2$ gli stati si scambiano tra di loro, mentre i coefficienti acquistano un segno $(-1)^{j_1+j_2-j}$, uguale per tutti gli m. Dunque, tutti gli stati $|j / m \rangle$ della rappresentazione j, per $1 \leftrightarrow 2$ cambiano o non cambiano segno a seconda che

$j_1 + j_2 - j$ sia dispari o pari. Dunque, la prima, quella con $j = j_{max} = j_1 + j_2$, è simmetrica, e le altre hanno simmetrie alternate.

A titolo illustrativo, riportiamo alcuni stati dei momenti angolari maggiori, ordinati per m decrescente, a partire da $m = m_{max} = j_{max} = j_1 + j_2$.

$$|J/J\rangle = |j_1; j_2\rangle \qquad\qquad J = j_{max=} = j_1 + j_2$$

$$|J/J-1\rangle = J^{-1/2}\left[\sqrt{j_1}\,|j_1-1; j_2\rangle + \sqrt{j_2}\,|j_1; j_2-1\rangle\right]$$

$$|J-1/J-1\rangle = J^{-1/2}\left[-\sqrt{j_2}\,|j_1-1; j_2\rangle + \sqrt{j_1}\,|j_1; j_2-1\rangle\right]$$

$$|J/J-2\rangle = [J(2J-1)]^{-1/2}\left[\sqrt{j_1(2j_1-1)}\,|j_1-2; j_2\rangle + \right.$$
$$\left. + 2\sqrt{j_1 j_2}\,|j_1-1; j_2-1\rangle + \sqrt{j_2(2j_2-1)}\,|j_1; j_2-2\rangle\right]$$

$$|J-1/J-2\rangle = [J(J-1)]^{-1/2}\left[-\sqrt{j_2(2j_1-1)}\,|j_1-2; j_2\rangle + \right.$$
$$\left. + (j_1-j_2)\,|j_1-1; j_2-1\rangle + \sqrt{j_1(2j_2-1)}\,|j_1; j_2-2\rangle\right]$$

$$|J-2/J-2\rangle = [(J-1)(2J-1)]^{-1/2}\left[\sqrt{j_2(2j_2-1)}\,|j_1-2; j_2\rangle + \right.$$
$$-\sqrt{(2j_1-1)(2j_2-1)}\,|j_1-1; j_2-1\rangle$$
$$\left. +\sqrt{j_1(2j_1-1)}\,|j_1; j_2-2\rangle\right].$$

Come si vede, l'ultima rappresentazione è nuovamente simmetrica.

Riportiamo, infine i coefficienti di Clebsch-Gordan $\langle j_1, m_1; j_2, m_2 | j/m\rangle$, relativi alla composizione di un momento angolare j_1 e di $j_2 = 1/2$ e $j_2 = 1$:

$$j_2 = 1/2$$

j	$m_2 = 1/2$	$m_2 = -1/2$
$j_1 + 1/2$	$\left(\dfrac{j_1+m+1/2}{2j_1+1}\right)^{1/2}$	$\left(\dfrac{j_1-m+1/2}{2j_1+1}\right)^{1/2}$
$j_1 - 1/2$	$-\left(\dfrac{j_1-m+1/2}{2j_1+1}\right)^{1/2}$	$\left(\dfrac{j_1+m+1/2}{2j_1+1}\right)^{1/2}$

$$j_2 = 1$$

j	$m_2 = 1$	$m_2 = 0$	$m_2 = -1$
$j_1 + 1$	$\left[\dfrac{(j_1+m)(j_1+m+1)}{(2j_1+1)(2j_1+2)}\right]^{1/2}$	$\left[\dfrac{(j_1-m+1)(j_1+m+1)}{(2j_1+1)(j_1+1)}\right]^{1/2}$	$\left[\dfrac{(j_1-m)(j_1-m+1)}{(2j_1+1)(2j_1+2)}\right]^{1/2}$
j_1	$-\left[\dfrac{(j_1+m)(j_1-m+1)}{2j_1(j_1+1)}\right]^{1/2}$	$\left[\dfrac{m^2}{j_1(j_1+1)}\right]^{1/2}$	$\left[\dfrac{(j_1-m)(j_1+m+1)}{2j_1(2j_1+1)}\right]^{1/2}$
$j_1 - 1$	$\left[\dfrac{(j_1-m)(j_1-m+1)}{2j_1(2j_1+1)}\right]^{1/2}$	$-\left[\dfrac{(j_1-m)(j_1+m)}{j_1(2j_1+1)}\right]^{1/2}$	$\left[\dfrac{(j_1+m+1)(j_1+m)}{2j_1(2j_1+1)}\right]^{1/2}$

A.16 Metodi approssimati

A.16.1 Perturbazioni indipendenti dal tempo

Supponiamo che l'Hamiltoniana di un sistema quantistico si possa esprimere come somma di due parti:

$$\widehat{H} = \widehat{H}_0 + \lambda \widehat{H}_1,$$

delle quali $\widehat{H}_1$ si possa ritenere una piccola perturbazione rispetto ad $\widehat{H}_0$, di cui si conoscono autovalori $W_n^{(0)}$ ed autofunzioni $\psi_n^{(0)}$. Nell'ipotesi di spettro non degenere, esprimiamo gli autovalori e gli autostati di $\widehat{H}$ come somme di potenze nel parametro λ:

$$\left(\widehat{H}_0 + \lambda \widehat{H}_1\right) \psi_n = W_n\, \psi_n \quad \Longrightarrow \quad \begin{cases} W_n = W_n^{(0)} + \lambda W_n^{(1)} + \lambda^2 W_n^{(2)} + \dots \\ \psi_n = \psi_n^{(0)} + \lambda \psi_n^{(1)} + \lambda^2 \psi_n^{(2)} + \dots \end{cases}$$

Il primo sviluppo si intende nella metrica dei numeri, il secondo in quella dello spazio di Hilbert. In generale, non si tratta di serie convergenti, ma piuttosto di serie asintotiche, ossia tali che, se si tronca lo sviluppo al passo n-esimo, il termine $n+1$-esimo è trascurabile soltanto per valori sufficientemente piccoli del parametro λ. Sostituendo nell'equazione agli autovali, proiettando sugli stati $\psi_m^{(0)}$ ed eguagliando i termini omologhi in λ si ottiene:

$$W_n^{(1)} = \left\langle\, \psi_n^{(0)} \mid \widehat{H}_1 \mid \psi_n^{(0)} \,\right\rangle \qquad\qquad W_n^{(2)} = \sum_{k \neq n} \frac{\left|\left\langle\, \psi_k^{(0)} \mid \widehat{H}_1 \mid \psi_n^{(0)} \,\right\rangle\right|^2}{W_n^{(0)} - W_k^{(0)}}.$$

Notare che la correzione al second'ordine è sempre negativa per lo stato fondamentale, a energia minima. Le correzioni al prim'ordine sugli autostati si ricavano sviluppandoli sulla base delle autofunzioni imperturbate:

$$\psi_n^{(1)} = \sum_k a_{nk}^{(1)} \, \psi_k^{(0)} \quad \Longrightarrow \quad a_{nl}^{(1)} = \frac{\left\langle \, \psi_l^{(0)} \mid \widehat{H}_1 \mid \psi_n^{(0)} \, \right\rangle}{W_n^{(0)} - W_l^{(0)}} \,, \quad l \neq n \,, \quad a_{nn}^{(1)} = 0.$$

Il valore del coefficiente diagonale $a_{nn}^{(1)} = 0$ è in realtà scelto arbitrariamente; ciò è possibile poiché esso contribuisce solamente alla fase dell'autostato esatto.

In generale, il procedimento perturbativo è sensato se la correzione all'autovalore è piccola rispetto alle differenze di energia tra i livelli imperturbati.

Supponiamo ora che gli autostati di $\widehat{H}_0$ siano degeneri, ed il numero quantico r distingua stati appartenenti allo stesso sottospazio di degenerazione. In questo caso non si sa con quale $\psi_{nr}^{(0)}$ (entro il sottospazio di degenerazione) iniziare lo sviluppo. Se però la degenerazione si risolve al primo ordine, allora gli stati imperturbati da cui iniziare sono quelli cui tendono gli autovettori esatti nel limite $\lambda \to 0$; questi diagonalizzano $\widehat{H}_1$ nel sottospazio di degenerazione, cioè diagonalizzano la matrice di perturbazione. Essi forniscono altresì la correzione al primo ordine all'energia, risolvendo la degenerazione secondo l'ipotesi di partenza:

$$\det \left| \, \left\langle \, \psi_{nr}^{(0)} \mid \widehat{H}_1 \mid \psi_{nr'}^{(0)} \, \right\rangle - W^{(1)} \, \delta_{rr'} \, \right| = 0 \,, \quad n \text{ fissato.}$$

Nel caso in cui il primo ordine perturbativo non rimuova completamente la degenerazione, ma ciò avvenga al second'ordine, si dimostra che il procedimento di diagonalizzazione nel sottospazio di degenerazione si estende alla matrice di perturbazione del secondo ordine, fornendo la correzione all'energia, questa volta ovviamente al secondo ordine:

$$\det \left| \sum_{k \neq n} \frac{\left\langle \, \psi_{nr}^{(0)} \mid \widehat{H}_1 \mid \psi_k^{(0)} \, \right\rangle \left\langle \, \psi_k^{(0)} \mid \widehat{H}_1 \mid \psi_{nr'}^{(0)} \, \right\rangle}{W_n^{(0)} - W_k^{(0)}} - W^{(2)} \, \delta_{rr'} \right| = 0 \,, \quad n \text{ fissato.}$$

Essendo gli stati imperturbati degeneri, le energie $W_n^{(0)}$ dipendono solo da n.

A.16.2 *Perturbazioni dipendenti dal tempo*

Supponiamo ora che l'Hamiltoniana del sistema in esame sia costituita da un termine imperturbato $\widehat{H}_0$ indipendente dal tempo e da una perturbazione $\widehat{H}_1(t)$. Il vettore di stato $\psi(t)$ soddisfa l'equazione di Schrödinger:

$$\left[\widehat{H}_0 + \widehat{H}_1(t) \right] \psi(t) = i\hbar \, \frac{d\psi(t)}{dt},$$

che, in tutta generalità, sviluppiamo al tempo t nel modo seguente:

$$\psi(t) = \sum_r c_r(t)\,\psi_r^{(0)}\,\exp\left(-it\,W_r^{(0)}/\hbar\right) \quad , \quad \widehat{H}_0\,\psi_r^{(0)} = W_r^{(0)}\,\psi_r^{(0)}.$$

Chiaramente, $|c_r(t)|^2 = \left|\,\left\langle\,\psi_r^{(0)}\,\middle|\,\psi(t)\,\right\rangle\,\right|^2$ rappresenta la probabilità che, eseguita al tempo t una misura di $\widehat{H}_0$ sul sistema descritto dalla funzione $\psi(t)$, si trovi il valore $W_r^{(0)}$.

Sostituendo lo sviluppo di $\psi(t)$ nell'equazione di Schrödinger si ottiene il sistema di equazioni differenziali

$$i\hbar\frac{dc_s(t)}{dt} = \sum_r \left[\widehat{H}_1(t)\right]_{sr}\exp\left(i\omega_{sr}t\right)\,c_r(t) \quad , \quad c_s(0) = c_s^0,$$

$$\left[\widehat{H}_1(t)\right]_{sr} = \left\langle\,\psi_s^{(0)}\,\middle|\,\widehat{H}_1(t)\,\middle|\,\psi_r^{(0)}\,\right\rangle \quad , \quad \omega_{sr} = \left(W_s^{(0)} - W_r^{(0)}\right)/\hbar.$$

Da questo sistema si ricava l'equivalente sistema di infinite equazioni integrali:

$$c_s(t) = c_s^0 - \frac{i}{\hbar}\sum_r\int_0^t dt'\left[\widehat{H}_1(t')\right]_{sr}\exp\left(i\omega_{sr}t'\right)\,c_r(t'),$$

che presentano lo stesso grado di complessità del problema iniziale. Tuttavia, nell'ipotesi di $\widehat{H}_1$ *piccolo* e t *breve*, le equazioni possono essere iterate e troncate al primo ordine. Assumendo in particolare che lo stato iniziale sia un singolo stato imperturbato $\psi_s^{(0)}$:

$$\begin{cases} c_s(t) = 1 - \dfrac{i}{\hbar}\displaystyle\int_0^t dt'\left[\widehat{H}_1(t')\right]_{ss} \approx 1 + i\varepsilon(t) \\[4mm] c_r(t) = -\dfrac{i}{\hbar}\displaystyle\int_0^t dt'\left[\widehat{H}_1(t')\right]_{sr}\exp\left(i\omega_{sr}t'\right) \approx \eta(t) \end{cases} \qquad c_r^0 = \delta_{sr}.$$

Per la validità dell'approssimazione, $\varepsilon(t)$ è $\eta(t)$ devono essere di modulo piccolo. Inoltre $\varepsilon(t)$ è reale. Questo sembra implicare che $P_s = |c_s|^2 = 1 + \varepsilon^2 > 1$, ma occorre notare che le probabilità sono al secondo ordine nei parametri ε e η, mentre l'iterazione dell'equazione integrale è stata fermata al primo ordine. D'altra parte, se si aggiungesse l'iterazione successiva, $|c_s|^2$ verrebbe modificato al secondo ordine, ma $|c_r|^2$ solo al terzo. In conclusione, $P_r = |c_r|^2 = |\eta|^2$ è corretto al secondo ordine, mentre c_s è giusto, ma non può essere elevato al quadrato. Ne consegue che, al primo ordine in teoria perturbativa, la probabilità che il sistema, inizialmente nello stato s, si trovi nello stato $r \neq s$ al tempo t è data da $|c_r(t)|^2$:

$$P_r(t) = \frac{1}{\hbar^2}\left|\int_0^t dt'\left\langle\,\psi_r^{(0)}\,\middle|\,\widehat{H}_1(t')\,\middle|\,\psi_s^{(0)}\,\right\rangle\exp\left(i\omega_{sr}t'\right)\right|^2 \quad , \quad r \neq s.$$

Per quanto riguarda la modalità di accensione della perturbazione, istantanea o adiabatica, rimandiamo a un testo generale; qui segnaliamo un'applicazione esplicita nel Problema 8.8.

Consideriamo ora alcune situazioni di particolare interesse: la prima si ha quando la perturbazione $\widehat{H}_1$ è costante, ma agisce su un intervallo temporale finito; allora lo probabilità di transizione da uno stato s ad uno stato r risulta essere:

$$P_r(t) = \begin{cases} \dfrac{4}{\hbar^2} \left| \left\langle \psi_r^{(0)} \mid \widehat{H}_1 \mid \psi_s^{(0)} \right\rangle \right|^2 \dfrac{\sin^2(\omega_{rs}t/2)}{\omega_{rs}^2} & r \text{ non degenere con } s \\[4mm] \dfrac{1}{\hbar^2} \left| \left\langle \psi_r^{(0)} \mid \widehat{H}_1 \mid \psi_s^{(0)} \right\rangle \right|^2 t^2 & r \text{ degenere con } s. \end{cases}$$

Evidentemente il secondo caso porta ad una correzione perturbativa che cresce indefinitamente con t, per cui la correzione è da ritenere valida solo per tempi piccoli, e non è sufficiente la condizione $\left| \left\langle \psi_r^{(0)} \mid \widehat{H}_1 \mid \psi_s^{(0)} \right\rangle \right|^2 \ll 1$.

Se invece siamo interessati alla transizione dallo stato s ad un gruppo di livelli di energia centrati attorno a W_r, la teoria perturbativa dipendente dal tempo porta alla *regola d'oro di Fermi*:

$$P_r(t) = \frac{2\pi t}{\hbar} \left| \left\langle \psi_r^{(0)} \mid \widehat{H}_1 \mid \psi_s^{(0)} \right\rangle \right|^2 \rho(W_r) \,,$$

in cui $\rho(W_r)$ è la densità dei livelli di energia calcolata in W_r.

Esaminiamo infine il caso di una perturbazione periodica nel tempo, che si può scrivere nella massima generalità come $\widehat{H}_1(t) = \widehat{T}e^{-i\omega t} + \widehat{T^\dagger}e^{i\omega t}$; gli unici contributi rilevanti riguardano transizioni verso stati aventi energia $W_r^{(0)} \approx W_s^{(0)} \pm \hbar\omega$, essendo ω la frequenza della perturbazione. Si ottiene quindi

$$P_r(t) = \begin{cases} \dfrac{4}{\hbar^2} \left| \left\langle \psi_r^{(0)} \mid \widehat{T} \mid \psi_s^{(0)} \right\rangle \right|^2 \dfrac{\sin^2[(\omega_{rs} - \omega)\,t/2]}{(\omega_{rs} - \omega)^2} & W_r^{(0)} \approx W_s^{(0)} + \hbar\omega \\[4mm] \dfrac{4}{\hbar^2} \left| \left\langle \psi_r^{(0)} \mid \widehat{T^\dagger} \mid \psi_s^{(0)} \right\rangle \right|^2 \dfrac{\sin^2[(\omega_{rs} + \omega)\,t/2]}{(\omega_{rs} + \omega)^2} & W_r^{(0)} \approx W_s^{(0)} - \hbar\omega. \end{cases}$$

A.16.3 Calcolo variazionale

Per ogni operatore autoaggiunto $\widehat{A}$ limitato inferiormente dal suo autovalore fondamentale α_0, vale la relazione:

$$\inf \frac{\left\langle \varphi \mid \widehat{A} \mid \varphi \right\rangle}{\left\langle \varphi \mid \varphi \right\rangle} = \alpha_0 \qquad \forall \varphi \in \mathscr{D}_A.$$

L'estremo inferiore si raggiunge ovviamente in corrispondenza a $| \varphi_{inf} \rangle = | \varphi_0 \rangle$, autovettore fondamentale: $\widehat{A} | \varphi_0 \rangle = \alpha_0 | \varphi_0 \rangle$. Vale anche:

$$\inf \frac{\langle \varphi | \widehat{A} | \varphi \rangle}{\langle \varphi | \varphi \rangle} = \alpha_1 \qquad \forall \varphi \in \mathscr{H}_0^\perp \cap \mathscr{D}_A,$$

dove lo stato varia nello spazio ortogonale all'autovettore fondamentale. Il metodo variazionale fornisce un limite superiore all'energia α_0 dello stato fondamentale utilizzando funzioni di prova dipendenti da uno o più parametri. I parametri sono ottimizzati minimizzando il valore di aspettazione dell'operatore $\widehat{A}$:

$$\alpha(a,b,\ldots) = \frac{\langle \psi(a,b,\ldots) | \widehat{A} | \psi(a,b,\ldots) \rangle}{\langle \psi(a,b,\ldots) | \psi(a,b,\ldots) \rangle} \geq \alpha_0,$$

ossia risolvendo il sistema di equazioni

$$\frac{\partial \alpha(a,b,\ldots)}{\partial a} = 0, \qquad \frac{\partial \alpha(a,b,\ldots)}{\partial b} = 0, \qquad \ldots$$

Si determinano così i parametri $\bar{a}$, $\bar{b}$,... che forniscono la migliore stima per eccesso all'autovalore, compatibilmente con la natura delle funzioni di prova, e un'espressione approssimata per l'autovettore fondamentale. Se questo fosse conosciuto esattamente (o ne fossero note alcune caratteristiche generali, quali la parità), si potrebbero variare le funzioni di prova nello spazio ortogonale, e trovare un'approssimazione per eccesso di α_1. Nella scelta delle funzioni di prova, oltre all'appartenenza al dominio dell'operatore, è importante sfruttare le conoscenze generali sull'autovettore esatto, quali la parità, gli zeri e i comportamenti all'origine e all'infinito.

A.17 Momenti angolari e campi elettromagnetici

A.17.1 Potenziali scalare e vettore

In fisica classica i fenomeni elettromagnetici sono descritti dai campi vettoriali $\mathbf{E}(\mathbf{x},t)$ e $\mathbf{B}(\mathbf{x},t)$, esprimibili a loro volta tramite i potenziali $V_{sc}(\mathbf{x},t)$ e $\mathbf{A}(\mathbf{x},t)$, scalare e vettoriale:

$$\mathbf{E} = -\nabla V_{sc} - \frac{1}{c}\frac{\partial \mathbf{A}}{\partial t} \quad , \quad \mathbf{B} = \nabla \times \mathbf{A}.$$

Queste relazioni non sono biunivoche, in quanto i potenziali introducono di fatto due gradi di libertà aggiuntivi, che vengono fissati da condizioni dette di gauge. Con questa avvertenza, l'interazione di una particella classica di carica e e massa

μ col campo elettromagnetico può anche essere espressa tramite l'Hamiltoniana:

$$H = \frac{1}{2\mu}\left(\mathbf{p} - \frac{e}{c}\mathbf{A}\right)^2 + eV_{sc} + V',$$

dove V' è un ulteriore potenziale originato da forze conservative.

La meccanica quantistica, invece, è formulata in termini intrisecamente hamiltoniani, e quindi è opportuno iniziare dalla quantizzazione canonica dell'Hamiltoniana classica, scritta in termini di potenziali scalare e vettore. Tenendo conto che $[\mathbf{A}(\mathbf{x},t),\mathbf{p}] = i\hbar\boldsymbol{\nabla}\cdot\mathbf{A}$, si ottiene:

$$H = \frac{\mathbf{p}^2}{2\mu} - \frac{e}{\mu c}\mathbf{A}(\mathbf{x},t)\cdot\mathbf{p} + \frac{i\hbar e}{2\mu c}\boldsymbol{\nabla}\cdot\mathbf{A}(\mathbf{x},t) + \frac{e^2\mathbf{A}^2(\mathbf{x},t)}{2\mu c^2} + eV_{sc}(\mathbf{x},t) + V'.$$

Le trasformazioni di gauge che lasciano invariate le equazioni newtoniane classiche cambiano l'Hamiltoniana ma, con un'ulteriore inessenziale modifica della funzione d'onda, tale cambiamento si realizza tramite una trasformazione unitaria $U(\mathbf{x})$, che lascia inalterate le osservabili. Queste trasformazioni sono le seguenti:

$$\mathbf{A}(\mathbf{x},t) \to \mathbf{A}(\mathbf{x},t) + \boldsymbol{\nabla}\chi(\mathbf{x},t) \qquad , \qquad V_{sc}(\mathbf{x},t) \to V_{sc}(\mathbf{x},t) - \frac{1}{c}\frac{\partial\chi(\mathbf{x},t)}{\partial t},$$

$$\psi(\mathbf{x},t) \to e^{ie/\hbar c\,\chi(\mathbf{x},t)}\,\psi(\mathbf{x},t) \qquad , \qquad H \to e^{ie/\hbar c\,\chi(\mathbf{x},t)}\,H\,e^{-ie/\hbar c\,\chi(\mathbf{x},t)},$$

con $\chi(\mathbf{x},t)$ funzione arbitraria, derivabile sia in $\mathbf{x}$ che in t.

A.17.2 Effetto Zeeman

È sempre possibile trovare una trasformazione di gauge che renda $\boldsymbol{\nabla}\cdot\mathbf{A} = 0$ (gauge di Coulomb), senza modificare la fisica; inoltre, il termine quadratico in $\mathbf{A}$ è per lo più trascurabile. Ipotizziamo infine che sia $V_{sc} = 0$, e che sia $V' = V(r)$, potenziale centrale. Consideriamo quindi l'Hamiltoniana:

$$H = \frac{\mathbf{p}^2}{2\mu} + V(r) - \frac{e}{\mu c}\mathbf{A}\cdot\mathbf{p}.$$

Introduciamo ora un campo magnetico costante e uniforme $\mathbf{B}(\mathbf{x},t) = \mathbf{B}_0$, che può essere espresso tramite il potenziale vettore:

$$\mathbf{A} = \frac{1}{2}\mathbf{B}_0 \times \mathbf{r} \implies \mathbf{A}\cdot\mathbf{p} = \frac{1}{2}\,\mathbf{B}_0 \times \mathbf{r}\cdot\mathbf{p} = \frac{1}{2}\mathbf{L}\cdot\mathbf{B}_0,$$

con $\mathbf{L}$ momento angolare della particella, commutante con la parte centrale dell'Hamiltoniana:

$$H = H_0 + H_Z^{(n)} = H_0 - \mathbf{m}_L\cdot\mathbf{B}_0 \quad , \quad \mathbf{m}_L = \frac{e}{2\mu c}\mathbf{L} \quad , \quad \left[H_Z^{(a)}, H_0\right] = 0.$$

$\mathbf{m_L}$ è il momento magnetico orbitale, e $H_Z^{(n)}$ genera l'effetto Zeeman *normale*. Assumendo $\mathbf{B}_0$ diretto lungo l'asse z, poiché L_z commuta con l'Hamiltoniana centrale, gli autostati rimangono quelli di H_0, e si risolve la degenerazione in m_l. Per l'atomo idrogenoide, rimane quella in l.

Se la particella possiede spin, allora il campo agisce anche su di esso, dando origine all'effetto Zeeman *anomalo*, descritto dall'Hamiltoniana:

$$H_Z^{(a)} = -\mu_B/\hbar \ (L_z + g \, S_z) \ B_0 \qquad \mu_B = e_0\hbar/2\mu c \qquad g \approx 2.0023.$$

Lo spin dell'elettrone è dato da $\mathbf{S} = \hbar \, \boldsymbol{\sigma}/2$; il magnetone di Bohr μ_B è espresso tramite la carica unitaria e_0; infine g è detto fattore giromagnetico dell'elettrone.

Poiché anche $H_Z^{(a)}$ commuta con H_0, le autofunzioni spaziali rimangono quelle di H_0; si risolve la degenerazione in m_l, e inoltre ogni livello si sdoppia a causa dello spin. Questo effetto, chiamato appunto Zeeman anomalo, è però difficile da evidenziare con tecniche spettroscopiche: quello che si misura sono le frequenze di transizione associate a differenze tra i livelli energetici che, a causa del fattore $g \approx 2$, sono ancora spaziate di un'unità come nell'effetto Zeeman normale. Tutto ciò passa sotto il nome di effetto Paschen-Back, ed è il motivo storico del ritardo nella rilevazione dello spin.

A.17.3 Interazione Spin-Orbita

L'esistenza dello spin dell'elettrone dà luogo ad un ulteriore termine addizionale nell'Hamiltoniana. Anche un campo puramente elettrostatico esercita una coppia su un momento magnetico in moto data da $\mathbf{M} \propto \mathbf{S} \cdot \mathbf{E} \wedge \mathbf{p} = \mathbf{E} \wedge \mathbf{p} \cdot \mathbf{S}$, ottenuta per via puramente dimensionale. La situazione è analoga ad un campo magnetico che esercita la forza di Lorentz su una carica in movimento. Si passa dall'una all'altra situazione mediante una trasformazione di Lorentz, che permette anche di fissare il coefficiente di proporzionalità. Nel caso di un campo elettrico $\mathbf{E}$ generato da un potenziale centrale si ottiene:

$$\mathbf{M} \propto \frac{dV(r)}{dr} \frac{1}{r} \, \mathbf{r} \wedge \mathbf{p} \cdot \mathbf{S} = \frac{1}{r} \frac{dV(r)}{dr} \, \mathbf{L} \cdot \mathbf{S},$$

e quindi l'Hamiltoniana spin-orbita:

$$H_{so} = \frac{1}{2\mu^2 c^2} \frac{1}{r} \frac{dV}{dr} \, \mathbf{L} \cdot \mathbf{S} = \xi(r) \, \mathbf{L} \cdot \mathbf{S} \quad , \quad \xi(r) = \frac{1}{2\mu^2 c^2} \frac{dV}{dr}.$$

Notare che non si tratta dell'autointerazione tra i due momenti magnetici dell'elettrone ma, come già detto, dell'interazione dello spin dell'elettrone in moto nel campo elettrico generato dal nucleo. Questo temine può essere trattato con la tecnica delle perturbazioni dei livelli degeneri dell'Hamiltoniana H_0, passando alla rappresentazione dei momenti angolari totali:

$$\mathbf{J} = \mathbf{L} + \mathbf{S} \qquad \Longrightarrow \qquad \mathbf{L} \cdot \mathbf{S} = \frac{1}{2} \left(\mathbf{J}^2 - \mathbf{L}^2 - \mathbf{S}^2 \right).$$

Diagonalizzando la perturbazione H_{so} nel sottospazio di degenerazione si ottiene:

$$W_{nl}^{(1)} = 1/2 \,_{nl}\langle \, l, \, s \, ; j \, / \, m \mid \xi(r) \left(\mathbf{J}^2 - \mathbf{L}^2 - \mathbf{S}^2 \right) \mid j \, / \, m \, ; \, l, \, s \, \rangle_{nl} =$$

$$= 1/2 \, [\, j(j+1) - l(l+1) - 3/4 \,] \, \hbar^2 \, \zeta(n,l)$$

$$\text{con} \qquad \zeta(n,l) = \frac{1}{2\mu c} \int dr \mid y_{nl} \mid^2 \frac{1}{r} \frac{dV(r)}{dr}.$$

Abbiamo utilizzato le notazioni di A.15, includendo tutti i numeri quantici. Notiamo che avremmo dovuto diagonalizzare la matrice a n, l fissati, facendo variare gli altri due numeri quantici, j, m; tuttavia, su questi, gli elementi di matrice di $\mathbf{L} \cdot \mathbf{S}$ sono tutti nulli, salvo quelli diagonali. In sostanza, nella base del momento angolare totale e a n, l fissati, il termine spin-orbita è diagonale. Notiamo infine che si rimuove la degenerazione in j, ma non quella in m.

A.17.4 Zeeman e Spin-Orbita

Una particella con spin, immersa in campo centrale e in presenza di un campo magnetico costante, è descritta dall'Hamiltoniana $H = H_0 + H_{so} + H_Z^{(a)}$. In A.17.2, per seguire lo sviluppo storico, abbiamo trattato l'effetto Zeeman omettendo l'interazione spin-orbita, nonostante sia sempre presente. Questa può essere ritenuta una valida approssimazione nel caso in cui il campo magnetico sia sufficientemente grande per ritenere del tutto trascurabile l'altro contributo. Vogliamo ora esaminare il caso di campi non troppo intensi, e considerare $H_Z^{(a)}$ come pertubazione all'Hamiltoniana $H_1 = H_0 + H_{so}$ trattata in A.17.3. Come abbiamo visto, lo spin-orbita non risolve la degenerazione in J_z, e quindi dobbiamo diagonalizzare $H_Z^{(a)}$ sugli stati $\mid j \, / \, m \, ; \, l, \, s \, \rangle_{nl}$, al variare del solo numero quantico m. Assumendo il fattore $g = 2$, possiamo riscrivere $H_Z^{(a)} = -\mu_B/\hbar \, (J_z + S_z) \, B_0$, e osservare che su quella base J_z è diagonale, ma non S_z perché non commuta con $\mathbf{J}^2$. Tuttavia S_z commuta con J_z, e quindi $S_z \mid j \, / \, m \, ; \, l, \, s \, \rangle_{nl}$ rimane autovettore di J_z con lo stesso autovalore m. Quindi, anche in questo caso, la perturbazione risulta diagonale nel sottospazio di degenerazione. Si ottiene:

$$_{nl}\langle \, l, \, 1/2 \, ; \, l \pm 1/2 \, / \, m \mid S_z \mid l \pm 1/2 \, / \, m \, ; \, l, \, 1/2 \, \rangle_{nl} =$$

$$= \frac{\hbar}{2(2l+1)} \, [\, (l \pm m + 1/2) - (l \mp m + 1/2) \,] = \frac{\pm m \hbar}{2l+1}.$$

Le due espressioni in parentesi tonde sono coefficienti di Clebsch-Gordan. Dunque, la presenza di un campo magnetico costante e uniforme, fornisce la correzione da apportare allo spin-orbita:

$$\langle H_Z^{(a)} \rangle_{n,l,l\pm1/2,m} = -\mu_B/\hbar \; m \left(1 \pm \frac{1}{2l+1} \right).$$

Le degenerazioni sono così completamente risolte.

A.18 Formulazione generale della Meccanica Quantistica

(1) Ad ogni sistema fisico $\mathscr{C}$ è associato un opportuno spazio di Hilbert $\mathscr{H}_{\mathscr{C}} \equiv \mathscr{H}$. In ogni istante le proprietà del sistema sono completamente individuate dal suo vettore di stato $\psi \in \mathscr{H}$, di norma unitaria. L'evoluzione temporale del vettore di stato è regolata dall'equazione

$$i\hbar \frac{d\psi(t)}{dt} = \widehat{H} \; \psi(t) \quad , \quad \psi(t_0) = \psi_0 \in \mathscr{D}_{\widehat{H}},$$

con $\widehat{H}$ operatore autoaggiunto e $\mathscr{D}_{\widehat{H}} \subseteq \mathscr{H}$ dominio di $\widehat{H}$. Grazie alla struttura di spazio vettoriale di $\mathscr{H}$, se ψ_1 e ψ_2 appartengono ad $\mathscr{H}$, anche una qualsiasi loro combinazione lineare appartiene ad $\mathscr{H}$ e, se normalizzata a uno, descrive un possibile stato del sistema.

L'equazione di cui sopra è l'equazione di Schrödinger, e questa formulazione basata sull'evoluzione temporale della funzione d'onda di dice rappresentazione di Schrödinger.

(2a) Ad ogni grandezza osservabile A corrisponde un operatore autoaggiunto $\widehat{A}$ in $\mathscr{H}$.

- Lo spettro discreto $\sigma_d(\widehat{A})$ e quello continuo $\sigma_c(\widehat{A})$ di $\widehat{A}$ costituiscono il campo dei valori possibili della grandezza, con opportune distinzioni tra i due spettri..
- Scriviamo le equazioni agli autovalori per $\widehat{A}$:

$$\begin{cases} \widehat{A} \, \varphi_{rs} = \alpha_r \, \varphi_{rs} & (\, \varphi_{rs}, \, \varphi_{r's'} \,) = \delta_{rr'} \delta_{ss'} \\ \widehat{A} \, \varphi_{\alpha s} = \alpha \, \varphi_{\alpha s} & \langle \, \varphi_{\alpha s} \, | \, \varphi_{\alpha's'} \, \rangle = \delta(\alpha - \alpha') \delta_{ss'}, \end{cases}$$

con φ_{rs} e $\varphi_{\alpha s}$ autovettori propri e impropri, eventualmente degeneri, correttamente normalizzati, i primi alla δ di Kroneker tramite il prodotto scalare di $\mathscr{H}$, i secondi alla δ di Dirac tramite il prodotto scalare generalizzato indicato dal braket.

Sviluppiamo il vettore di stato $\psi(t)$ sulla base di queste autofunzioni:

$$\psi(t) = \sum_{rs} c_{rs}(t)\, \varphi_{rs} + \sum_s \int_{\sigma_c} d\alpha\, c_s(\alpha;t)\, \varphi_{\alpha s}$$

$$\text{con} \quad \sum_{rs} |\, c_{rs}(t)\,|^2 + \sum_s \int_{\sigma_c} d\alpha\, |\, c_s(\alpha;t)\,|^2 = 1,$$

sempre possibile per l'autoaggiuntezza di $\widehat{A}$, i cui autostati formano pertanto un set completo.

Allora, la probabilità che un'osservazione di A al tempo t fornisca il valore $\alpha_r \in \sigma_d$, oppure un valore compreso nell'intervallo $(\alpha, \alpha + d\alpha) \in \sigma_c$ è data da:

$$P(A = \alpha_r; t) = \sum_s |\, c_{rs}(t)\,|^2 = \sum_s |\, (\,\varphi_{rs},\, \psi(t)\,)\,|^2$$

$$P(\,\alpha \le A \ge \alpha + d\alpha\,;\, t) = \sum_s |\, c_s(\alpha;t)\,|^2\, d\alpha = \sum_s |\, \langle\, \varphi_{\alpha s}\,|\, \psi(t)\,\rangle\,|^2\, d\alpha.$$

(2b) Più grandezze compatibili, cioè misurabili simultaneamente, ad esempio A e B, sono rappresentate dagli operatori $\widehat{A}$ e $\widehat{B}$ mutuamente commutanti, che posseggono un sistema ortonormale completo di autovettori in comune. La probabilità di trovare nella misura simultanea di A e B un certo risultato $\{\, A = a_r,\, B = b_s\,\}$, è espressa dalla relazione

$$P(A = a_r, B = b_s;\, t\,) = \sum_u |c_{rsu}|^2 = \sum_u |\, \langle\, \varphi_{rsu}\,|\, \psi(t)\,\rangle\,|^2$$

essendo u un'eventuale degenerazione residua e $\psi(t) = \sum_{rsu} c_{rsu}\, \varphi_{rsu}$ lo sviluppo del vettore di stato sul sistema ortonormale completo di autovettori di $\widehat{A}$, $\widehat{B}$.

(3a) Il sistema di operatori commutanti $\widehat{A}$, $\widehat{B}$, $\widehat{C}$ ... si dice completo se il sistema ortonormale completo di autovettori comuni non presenta degenerazione residua. Ovvero se, dato un insieme di autovalori $\{\alpha_r,\, \beta_s,\, \gamma_t\}$, esiste un solo autovettore φ_{rst} tale che:

$$\widehat{A}\, \varphi_{r,s,t} = \alpha_r\, \varphi_{rst} \qquad \widehat{B}\, \varphi_{r,s,t} = \beta_s\, \varphi_{rst} \qquad \widehat{C}\, \varphi_{r,s,t} = \gamma_t\, \varphi_{rst}.$$

Si dimostra costruttivamente che un tale sistema esiste sempre.

(3b) Dato il precedente sistema completo di operatori, si dice osservazione massima una misura simultanea sulle tre osservabili atta a individuare una tripletta di autovalori $\{\alpha_r,\, \beta_s,\, \gamma_t\}$.

(4) Postulato sulla misura. Supponiamo di avere eseguito sul sistema fisico al tempo t_0 un'osservazione che non abbia alterato lo stato del sistema o lo abbia alterato in modo noto. Supponiamo inoltre di conoscere il sistema tramite la misura di un insieme di certe osservabili compatibili, ad esempio A e B, e di avere trovato i valori $A = \alpha_r$, $B = \beta_r$. Se il vettore di stato del sistema immediatamente prima dell'osservazione è $\psi(t_0)$, il vettore di stato immediatamente dopo l'osservazione $\psi(t_0 + \tau)$ è dato dalla proiezione normalizzata di $\psi(t_0)$ sul sottospazio

corrispondente alla coppia $\{\alpha_r,\ \beta_s\}$. Cioè:

$$\psi(t_0) = \sum_{rsu} c_{rsu}\ \varphi_{rsu} \quad\Longrightarrow\quad \varphi(t_0+\tau) = \left(\sum_{rsu} \|\ c_{rsu}\ |^2\right)^{-1/2} \sum_u c_{rsu}\ \varphi_{rsu}.$$

In particolare, se l'osservazione è massima $\{\ A=\alpha_r,\ B=\beta_s,\ C=\gamma_u\ \}$, si ha:

$$\psi(t_0+\tau) = \varphi_{rsu}.$$

(5) Teorema di Ehrenfest. Data un'osservabile F e l'operatore autoaggiunto corrispondente $\widehat{F}$, consideriamo il suo valore di aspettazione su una soluzione dell'equazione di Schrödinger:

$$\langle F\rangle_t = \langle \widehat{F}\rangle_t = \langle\ \psi(t)\ |\ \widehat{F}\ |\ \psi(t)\ \rangle.$$

Vale la relazione:

$$\frac{d\langle F\rangle_t}{dt} = \left\langle\ \frac{\partial \widehat{F}}{\partial t} + \frac{1}{i\hbar}\ \left[\ \widehat{F},\ \widehat{H}\ \right]\ \right\rangle_t.$$

Se abbiamo un sistema di N particelle la cui Hamiltoniana si scrive:

$$\widehat{H} = \sum_{j=1}^{N} \frac{\widehat{\mathbf{p}}_j^2}{2\mu_j} + U\left(\widehat{\mathbf{x}}_1,\ \widehat{\mathbf{x}}_2,\ \dots\ \widehat{\mathbf{x}}_N\ \right)\ '$$

e se consideriamo come osservabili $\widehat{\mathbf{p}}_i$ e $\widehat{\mathbf{x}}_i$, si dimostra il teorema di Ehrenfest:

$$\begin{cases} \dfrac{d\langle\widehat{\mathbf{x}}_i\rangle_t}{dt} = \dfrac{1}{\mu_i}\langle\widehat{\mathbf{p}}_i\rangle_t \\[2mm] \dfrac{d\langle\widehat{\mathbf{p}}_i\rangle_t}{dt} = -\ \left\langle\ \dfrac{\partial U\left(\widehat{\mathbf{x}}_1,\ \widehat{\mathbf{x}}_2,\ \dots\ \widehat{\mathbf{x}}_N\right)}{\partial\widehat{\mathbf{x}}_i}\ \right\rangle_t. \end{cases}$$

Se le indeterminazioni sulle $\widehat{\mathbf{x}}_i$ e $\widehat{\mathbf{p}}_j$ sono piccole e sono piccole le variazioni del potenziale:

$$\left\langle\ \frac{\partial U\left(\widehat{\mathbf{x}}_1,\ \widehat{\mathbf{x}}_2,\ \dots\ \widehat{\mathbf{x}}_N\right)}{\partial\widehat{\mathbf{x}}_i}\ \right\rangle_t \approx \frac{\partial U\left(\ \langle\widehat{\mathbf{x}}_1\rangle_t,\ \langle\widehat{\mathbf{x}}_2\rangle_t,\ \dots\ \langle\widehat{\mathbf{x}}_N\rangle_t\ \right)}{\partial\langle\widehat{\mathbf{x}}_i\rangle_t},$$

allora le equazioni di Ehrenfest sono uguali a quelle classiche.

(6) Costanti del moto. Un'osservabile F si dice costante del moto se è costante il suo valore di aspettazione su tutte le soluzioni dell'equazione di Schrödinger, cioè se vale:

$$\frac{d}{dt}\ \langle\ \psi(t)\ |\ \widehat{A}\ |\ \psi(t)\ \rangle = 0 \quad \forall\psi_0 \in \mathscr{D}_{\widehat{H}} \quad\Longrightarrow\quad \frac{\partial\widehat{A}}{\partial t} + \frac{1}{i\hbar}\ \left[\ \widehat{A},\ \widehat{H}\ \right] = 0\ .$$

Se l'osservabile A è costante del moto, sono indipendenti dal tempo:
   i) gli autovalori α_s di $\widehat{A}$ (gli autovettori in generale ne dipendono);
   ii) le distribuzioni di probabilità $P(A=\alpha_s\ ;\ t)$.

Se l'osservabile A non dipende esplicitamente dal tempo, essa è costante del moto se e solo se l'operatore $\widehat{A}$ commuta con l'Hamiltoniana, $\left[\widehat{A}, \widehat{H} \right] = 0$. In tal caso, anche gli autovettori non dipendono esplicitamente dal tempo.

(7a) Se il sistema è costituito da una particella senza spin nello spazio ordinario, lo spazio di Hilbert corrispondente è

$$\mathscr{L}_2(\mathbf{R}^3) = [\mathscr{L}_2(R)]^3 = \mathscr{L}_2(R) \otimes \mathscr{L}_2(R) \otimes \mathscr{L}_2(R),$$

cioè lo spazio prodotto diretto di tre spazi di Hilbert $\mathscr{L}_2(R)$. In tal caso una base completa di vettori è costituita dal prodotto diretto delle basi dei singoli spazi:

$$\Psi_{rst}(x,y,z) = X_r(x) \otimes Y_s(y) \otimes Z_t(z) \qquad \forall \{rst\}.$$

(7b) Se la particella è dotata di spin s, intero o semintero, occorre allargare lo spazio di Hilbert a $\mathscr{H}_s = \mathscr{L}_2(\mathbf{R}^3) \otimes C^{2s+1}$, dove C^{2s+1} è lo spazio delle matrici complesse $(2s+1) \times (2s+1)$. In particolare, per particelle a spin $1/2$, un vettore di stato in questo spazio di Hilbert è dato da:

$$\psi_{1/2}(t) = \begin{vmatrix} f_1(\mathbf{x},t) \\ f_2(\mathbf{x},t) \end{vmatrix} \implies \| \psi_{1/2}(t) \|^2 = \int d_3\mathbf{x} \left[\, | \, f_1(\mathbf{x},t) \, |^2 + | \, f_1(\mathbf{x},t) \, |^2 \, \right],$$

e una base da:

$$\{ \, \varphi_{r_i}(\mathbf{x}) \otimes \chi_j \, \} \, = \, \left\{ \begin{vmatrix} \varphi_{r_i}(\mathbf{x}) \\ 0 \end{vmatrix}, \begin{vmatrix} 0 \\ \varphi_{r_i}(\mathbf{x}) \end{vmatrix} \right\},$$

essendo $\{\varphi_{r_i}\}$ e χ_j due basi complete in $\mathscr{L}_2(\mathbf{R}^3)$ e in C^2, rispettivamente.

L'equazione di Schrödinger mantiene la sua forma, con l'Hamiltoniana $\widehat{H}$ e tutti gli operatori nella rappresentazione prodotto diretto propria di $\mathscr{H}_s$. In tal caso, l'equazione si dice di Pauli.

(8) L'equazione di Schrödinger conserva la norma del vettore di stato, che può essere quindi ottenuto da un operatore unitario che agisce sul dato iniziale $\psi(t_0)$:

$$\psi(t) = \widehat{U}(t,t_0) \, \psi(t_0) \quad , \quad \widehat{U}\widehat{U}^\dagger = I.$$

Sostituendo nell'equazione di Schrödinger, si ottiene l'equazione differenziale operatoriale:

$$i\hbar \frac{d\widehat{U}(t,t_0)}{dt} = \widehat{H} \, \widehat{U}(t,t_0), \quad \widehat{U}(t_0,t_0) = 1 \implies \widehat{U}(t,t_0) = \widehat{T} \exp\left[-i/\hbar \int_{t_0}^{t} dt' \, \widehat{H}(t') \right],$$

dove $\widehat{T}$ è l'operatore di ordinamento temporale. Se l'Hamiltoniana non dipende dal tempo l'equazione di Schrödinger si separa, e la soluzione si ottiene sviluppando il vettore di stato al tempo iniziale sugli autovettori ψ_n, i quali evolvono con un semplice fattore di fase:

$$\psi(t) = \sum_n c_n \exp\left[-i\,(t-t_0)W_n/\hbar\right]\psi_n \ , \quad c_n = c_n(t_0) = (\ \psi_n,\ \psi_0\ ).$$

A.19 Descrizione di Schrödinger, Heisenberg, interazione

Nel paragrafo precedente abbiamo illustrato la rappresentazione di Schrödinger, nella quale evolvono gli stati e non gli operatori, a meno che non dipendano esplicitamente dal tempo. Introduciamo ora la rappresentazione, detta di Heisenberg, nella quale gli stati sono fissi ed evolvono gli operatori secondo le seguenti definizioni:

$$\psi_H = \widehat{U}_S^\dagger(t,t_0)\,\psi_S(t) = \widehat{U}_S^\dagger(t,t_0)\,\widehat{U}_S(t,t_0)\,\psi_S(t_0) = \psi_S(t_0),$$

$$\widehat{A}_H(t) = \widehat{U}_S^\dagger(t,t_0)\,\widehat{A}_S\,\widehat{U}_S(t,t_0).$$

Abbiamo indicato con i due pedici H e S le grandezze nelle due rappresentazioni, e utilizzato la relazione $\widehat{U}_S^\dagger\,\widehat{U}_S = I$. Da qui, si ottiene l'eguaglianza tra i valori d'aspettazione nei due casi:

$$\left\langle\ \psi_H \mid \widehat{A}_H(t) \mid \psi_H\ \right\rangle = \left\langle\ \psi_S(t) \mid \widehat{U}_S(t,t_0)\,\widehat{U}_S^\dagger(t,t_0)\,\widehat{A}_S\,\widehat{U}_S(t,t_0)\,\widehat{U}_S^\dagger(t,t_0) \mid \psi_S(t)\ \right\rangle =$$

$$= \left\langle\ \psi_S(t) \mid \widehat{A}_S \mid \psi_S(t)\ \right\rangle.$$

I nuovi operatori soddisfano l'equazione di evoluzione:

$$i\hbar\frac{d\widehat{A}_H(t)}{dt} = \left[\widehat{A}_H(t),\widehat{H}_H(t)\right] + i\hbar\frac{\partial\widehat{A}_H(t)}{\partial t} \quad , \quad \widehat{A}_H(t_0) = \widehat{A}_S.$$

Tale equazione è analoga a quella classica del moto in forma di parentesi di Poisson, in cui $\widehat{A}_H(t)$ è sostituito da una funzione di posizioni ed impulsi. Le regole di quantizzazione canoniche $[\hat{q}_{j,H}(t),\hat{p}_{k,H}(t)] = i\hbar\delta_{jk}$ portano alla corretta evoluzione in meccanica quantistica. Notare che tali regole di commutazione sono valide solo se si considerano operatori a tempi uguali.

Consideriamo ora un'Hamiltoniana separabile in due parti, $\widehat{H} = \widehat{H}_0 + \widehat{H}_1(t)$, dove la dipendenza dal tempo è stata isolata in $\widehat{H}_1(t)$. In tal caso, risulta opportuna la descrizione detta di interazione o di Dirac, in base alla quale sia i vettori di stato, sia gli operatori evolvono secondo un operatore unitario, funzione solo di $\widehat{H}_0$. Definiamo stati e osservabili:

$$\psi_I(t) = e^{i(t-t_0)\,\widehat{H}_0/\hbar}\,\psi_S(t) \quad , \quad \widehat{A}_I = e^{i\widehat{H}_0(t-t_0)/\hbar}\,\widehat{A}_S\,e^{-i\widehat{H}_0(t-t_0)/\hbar},$$

dove il pedice I indica la descrizione di interazione. Introduciamo ora

$$\widehat{H}_I = e^{i\widehat{H}_0(t-t_0)/\hbar} \, \widehat{H}_1 \, e^{-i\widehat{H}_0(t-t_0)/\hbar},$$

ossia rappresentiamo la $\widehat{H}_1(t)$ non più alla Schrödinger, ma secondo la nuova descrizione. Con semplici passaggi algebrici si deriva l'equazione differenziale che caratterizza l'evoluzione temporale di un vettore di stato in descrizione di interazione:

$$i\hbar \frac{\partial \psi_I(t)}{\partial t} = \widehat{H}_I \, \psi_I(t),$$

che è un'equazione di Schrödinger nella quale l'Hamiltoniana totale è stata sostituita da $\widehat{H}_I$.

Seguiamo quindi un procedimento analogo a quello utilizzato nella descrizione di Schrödinger, e introduciamo un operatore di evoluzione temporale per gli stati $\widehat{V}(t,t_0)$, questa volta in descrizione di interazione:

$$\psi_I(t) = \widehat{V}(t,t_0)\psi_I(t_0) \quad con \quad \widehat{V}(t,t_0) = e^{i\widehat{H}_0(t-t_0)/\hbar}\widehat{U}_S(t,t_0).$$

Esso soddisfa l'equazione differenziale

$$i\hbar \frac{\partial \widehat{V}(t,t_0)}{\partial t} = \widehat{H}_I(t) \, \widehat{V}(t,t_0) \quad \Longrightarrow \quad \widehat{V}(t,t_0) = \widehat{T}\exp\left[-i/\hbar \int_{t_0}^{t} dt' \, \widehat{H}_I(t')\right].$$

Per le osservabili si ottiene:

$$i\hbar \frac{d\widehat{A}_I(t)}{dt} = \left[\widehat{A}_I(t), \, \widehat{H}_0(t)\right] + i\hbar \frac{\partial \widehat{A}_I(t)}{\partial t},$$

ossia un'equazione di tipo Heisenberg in cui $\widehat{H}$ è sostituita da $\widehat{H}_0$. In descrizione di interazione possiamo continuare a sviluppare gli stati sugli autovettori ψ_n di $\widehat{H}_0$:

$$\psi_I(t) = \sum_n c_n(t) \, \psi_n,$$

ottenendo l'equazione differenziale a cui devono soddisfare i $c_n(t)$:

$$i\hbar \frac{dc_n(t)}{dt} = \sum_m \left\langle n \mid \widehat{H}_I \mid m \right\rangle e^{i\omega_{nm}t} \, c_m(t) \quad , \quad \omega_{nm} = \frac{W_n - W_m}{\hbar}.$$

Riassumiamo di seguito le diverse descrizioni della dinamica di un sistema quanto-meccanico:

Grandezza / Descrizione	Schrödinger	Heisenberg	Interazione
Vettore di stato	Evolve secondo $\widehat{H}$	Non cambia	Evolve secondo $\widehat{H}_I$
Osservabile	Non cambia	Evolve secondo $\widehat{H}$	Evolve secondo $\widehat{H}_0$

A.20 Lo spettro degli operatori autoaggiunti

Sia dato un operatore autoaggiunto $A = A^\dagger$ in uno spazio di Hilbert $\mathcal{H}$ separabile, cioè con almeno una base numerabile; consideriamo il problema agli autovalori: $A\,\psi_\alpha = \alpha\,\psi_\alpha$, con $\psi_\alpha \in \mathcal{H}$. Se esistono soluzioni, valgono le seguenti proprietà.

- Gli autovalori sono reali: $\alpha \in \mathbb{R}$.
- Ad autovalori diversi, corrispondono autovettori ortogonali, o meglio autospazi $\mathcal{H}_\alpha$ ortogonali, nel senso che, per $\alpha \neq \alpha'$, $\psi_\alpha \in \mathcal{H}_\alpha$ e $\psi_{\alpha'} \in \mathcal{H}_{\alpha'}$, vale $(\psi_{\alpha'}, \psi_\alpha) = 0$. Trovato $\mathcal{H}_\alpha$, si possono cercare gli autovalori di A nel suo complemento ortogonale $\mathcal{H}_\alpha{}^\perp$.
- Gli autovalori sono numerabili e, grazie alla separabilità dei sottospazi propri dello spazio $\mathcal{H}$, all'interno di ogni $\mathcal{H}_\alpha$ si può scegliere una base separabile. Quindi, anche tutti gli autovettori possono essere scelti numerabili. Per questi, si parla di spettro discreto.
- $\sum_i \oplus \mathcal{H}_{\alpha_i} \equiv \mathcal{H}_d \subseteq \mathcal{H}$. $\mathcal{H}_d$ potrebbe essere vuoto. Il complemento ortogonale di $\mathcal{H}_d$ rispetto ad $\mathcal{H}$, indicato con $\mathcal{H}_d{}^\perp$, essendo un sottospazio proprio, possiede anch'esso almeno una base numerabile, ovviamente non contenente alcun autovettore di A.
- Se $\mathcal{H}$ è finito dimensionale, o se l'operatore è compatto, allora $\mathcal{H}_d \equiv \mathcal{H}$.

Tutto questo vale strettamente all'interno dello spazio di Hilbert $\mathcal{H}$, nel qual caso si parla di autovalori e autovettori propri. Tuttavia, l'equazione agli autovalori $A\,\psi = \alpha\,\psi$ può essere affrontata in modo più generale. Ad esempio, nel più semplice caso fisico, quello di particella libera (monodimensionale), gli operatori di momento lineare e di energia:

$$\hat{p} = -i\hbar \frac{d}{dx} \quad e \quad \widehat{H}_0 = -\frac{\hbar^2}{2\mu} \frac{d^2}{dx^2},$$

sono autoaggiunti, non hanno autovettori propri in $\mathscr{L}^2_{(-\infty,\infty)}$, cioè $\mathcal{H}_d$ è vuoto, ma le equazioni differenziali da essi generate hanno soluzioni puntuali:

$$\hat{p}\,f = k\,f \; : \quad -i\hbar \frac{d}{dx}\,f(x) = k\,f(x) \quad \Longrightarrow \quad f_k(x) = \frac{1}{\sqrt{2\pi\hbar}}\,e^{ik/\hbar\,x}.$$

$$\widehat{H}_0 f = w f \ : \quad -\frac{\hbar^2}{2\mu} \frac{d^2}{dx^2} f(x) = w f(x) \quad \Longrightarrow$$

$$\Longrightarrow \quad f_w(x) = \left(2\pi\hbar\sqrt{2w/\mu}\right)^{-1/2} e^{\pm ikx/\hbar} \qquad w = \frac{k^2}{2\mu} \geq 0.$$

Le autofunzioni, improprie o generalizzate, sono le stesse nei due casi, ma gli autovalori impropri w sono degeneri. Le funzioni sono analitiche su tutta la retta, ma non sono a quadrato sommabili. La normalizzazione è alla delta di Dirac, in k nel primo caso e in w nel secondo (vedi A.11, e più avanti):

$$\langle f_{k'} \mid f_k \rangle = \int_{-\infty}^{\infty} dx \, f_{k'}(x)^* \, f_k(x) \,) = \frac{1}{2\pi\hbar} \int_{-\infty}^{\infty} dx \, e^{i(k-k')/\hbar \, x} = \delta(k-k'),$$

$$\langle f_{w'} \mid f_w \rangle = \int_{-\infty}^{\infty} dx \, f_{w'}(x)^* \, f_w(x) \,) = \left(2\pi\hbar\sqrt{2w/\mu}\right)^{-1} \int_{-\infty}^{\infty} dx \, e^{i(k-k')/\hbar \, x} = \delta(w-w').$$

Abbiamo utilizzato il bra-ket di Dirac $\langle \ \mid \ \rangle$, inteso come estensione del prodotto scalare $(\ ,\ )$ a vettori anche al di fuori dello spazio di Hilbert.

Per recuperare queste soluzioni all'interno degli spazi di Hilbert, si possono affrontare le equazioni agli autovalori in senso debole, cioè sotto il segno di integrale. Esaminiamo il caso di $\hat{p}$, essendo $\widehat{H}_0$ del tutto equivalente:

$$\langle \hat{p} f \mid g \rangle = \langle k f \mid g \rangle \quad \Longrightarrow \quad \int_{-\infty}^{\infty} dx \, [-i\frac{d}{dx} f(x)]^* \, g(x) = k \int_{-\infty}^{\infty} dx \, f^*(x) \, g(x) \quad \Longrightarrow$$

$$\Longrightarrow \quad \int_{-\infty}^{\infty} dx \, [-if'(x) - kf(x)\,]^* \, g(x) = 0.$$

Essendo f e k le incognite, la relazione deve valere per tutte le g di un sottoinsieme, possibilmente denso, di $\mathcal{H}$. Questo comporta nuovamente $-if'(x) - kf(x) = 0$, e quindi le stesse onde piane di prima, ma ora con l'unica condizione che abbiano senso gli integrali, che sono del tipo:

$$\tilde{g}(k) = \frac{1}{\sqrt{2\pi\hbar}} \int_{-\infty}^{\infty} dx \, e^{-ik/\hbar \, x} \, g(x).$$

Questa è la trasformata di Fourier della funzione g, che esiste $\forall g \in \mathscr{L}^2_{(-\infty,\infty)}$, con $||\tilde{g}||^2 = ||g||^2$.

Passando ora dalla trasformata di Fourier alla antitrasformata, si ottiene:

$$g(x) = \frac{1}{\sqrt{2\pi\hbar}} \int_{-\infty}^{\infty} dk \, e^{ik/\hbar \, x} \, \tilde{g}(k) = \int_{-\infty}^{\infty} dk \, \tilde{g}(k) \, f_k(x),$$

che si può leggere ovviamente come lo sviluppo della funzione $g(x)$ sulla base delle autofunzioni generalizzate di $\hat{p}$, le $f_k(x)$ viste prima, e dei relativi coefficienti $\tilde{g}(k)$.

Notiamo che, a k fisso, la trasformata di Fourier può essere trattata anche come funzionale F_k, con dominio sulle funzioni regolari. Infine, l'insieme delle trasformate per tutti i k definisce un operatore unitario $\widehat{F}$ da g a $\tilde{g}$ su tutto $\mathscr{L}^2_{(-\infty,\infty)}$.

Considerazioni identiche valgono per l'energia $\widehat{H}_0$ in $\mathscr{L}^2_{(-\infty,\infty)}$.

Per completezza, ricordiamo che gli stessi operatori $\hat{p}_0$ e $\widehat{H}_0$ con dominio però in $\mathscr{L}^2_{[-a,a]}$, cioè la buca infinita, hanno caratteristiche ben differenti: $\hat{p}_0$ non è autoaggiunto, e $\widehat{H}_0$ ha un set completo di autofunzioni proprie, date da:

$$f_n(x) = \frac{1}{\sqrt{2a}}\, e^{\pm i n\pi/a\, x}.$$

Essendo a quadrato sommabili, la normalizzazione è posta uguale a 1.

Consideriamo ora un altro importante caso: l'operatore posizione $\hat{x}$, che è autoaggiunto in $\mathscr{L}^2_{(-\infty,\infty)}$ ma non ha autofunzioni proprie. Infatti, il suo problema agli autovalori:

$$\hat{x}\, f(x) \equiv x\, f(x) = \xi\, f(x) \quad \Longrightarrow \quad (x-\xi)\, f(x) = 0,$$

ammette la soluzione puntuale:

$$f_\xi(x) = \begin{cases} \text{qualsiasi valore} & x = \xi \\ 0 & x \neq \xi. \end{cases}$$

Essa è fortemente discontinua in un punto, ma soprattutto è la funzione nulla in $\mathscr{L}^2_{(-\infty,\infty)}$, soluzione valida per tutti gli operatori lineari, ma per questo banale. Anche in questo caso il problema agli autovalori si risolve in senso debole:

$$\langle\, \hat{x}\, f \mid g\,\rangle = \int_{-\infty}^{\infty} dx\, [\hat{x}\, f]^*(x)\, g(x) = \xi \int_{-\infty}^{\infty} dx\, f^*(x)\, g(x) \quad \Longrightarrow$$

$$\Longrightarrow \quad \int_{-\infty}^{\infty} dx\, [(x-\xi)\, f(x)]^*\, g(x)\,) = 0,$$

che ha per soluzione il funzionale $F_\xi(h) = \langle\, f_\xi \mid h\,\rangle = h(\xi)$, con $h(x) = (x-\xi)g(x)$ e la funzione g continua in ξ. Cioè la delta di Dirac:

$$\int_{-\infty}^{\infty} dx\, f_\xi^*(x)\, h(x) = \int_{-\infty}^{\infty} dx\, \delta(x-\xi)\, h(x) = h(\xi).$$

Come nel caso di $\hat{p}$, questa espressione si presenta formalmente come lo sviluppo della funzione $h(\xi)$ sulla base delle autofunzioni improprie $f_\xi(x) \equiv \delta(x-\xi)$ dell'operatore autoaggiunto $\hat{x}$, con i relativi coefficienti $h(x)$.

Diversamente però da $\hat{p}$, le cui autofunzioni improprie sono funzioni ordinarie, benché non di $\mathscr{L}^2_{(-\infty,\infty)}$, quelle di $\hat{x}$ sono interpretabili solo come funzionali su funzioni regolari.

A.21 Costanti

Numero di Avogadro	$N_A = 6.0220 \cdot 10^{23}$ mol^{-1}
Costante di Boltzmann	$k = 1.3807 \cdot 10^{-16}$ erg $^\circ$ K^{-1}
	$= 8.6174 \cdot 10^{-5}$ eV $^\circ$ K^{-1}
Caloria	1 $cal = 4.1855 \cdot 10^7$ erg
Elettronvolt	1 $eV = 1.6022 \cdot 10^{-12}$ erg
Velocità della luce nel vuoto	$c = 2.9979 \cdot 10^{10}$ cm s^{-1}
Costante di Planck (CdP)	$h = 6.6262 \cdot 10^{-27}$ erg s
	$= 4.1357 \cdot 10^{-15}$ eV s
CdP per velocità della luce	$hc = 1.9865 \cdot 10^{-16}$ erg cm
	$= 1.2399 \cdot 10^{-4}$ eV cm
CdP ridotta	$\hbar = 1.0546 \cdot 10^{-27}$ erg s
	$= 6.5821 \cdot 10^{-16}$ eV s
Carica elettrica elementare	$e_0 = 4.8032 \cdot 10^{-10}$ u.e.s.
	$= 1.6022 \cdot 10^{-19}$ C
Unità di massa	1 $eV/c^2 = 1.7827 \cdot 10^{-33}$ g
Massa dell'elettrone	$m_e = 9.1094 \cdot 10^{-28}$ g
	$= 0.51099$ MeV/c^2
Massa del protone	$m_p = 1836.2 \, m_e = 1.6726 \cdot 10^{-24}$ g
	$= 938.27$ MeV/c^2
Unità di massa	1 $eV/c^2 = 1.7827 \cdot 10^{-33}$ g
Unità di energia per area	$\hbar^2/2m_e = 6.1044 \cdot 10^{-28}$ erg cm^2
	$= 3.8104 \cdot 10^{-16}$ eV cm^2
Raggio di Bohr	$r_0 = \hbar^2/m_e e_0^2 = 5.2918 \cdot 10^{-9}$ cm
Costante di Rydberg	$R = m_e e_0^4/4\pi\hbar^3 c = 1.0974 \cdot 10^6$ cm^{-1}
Unità di energia atomica	$w_0 = Rhc = m_e e_0^4/2\hbar^2 = e_0^2/2r_0 = 1.3606 \cdot 10$ eV
Costante di struttura fina	$\alpha = e_0^2/\hbar c = 1/137.04$
Magnetone di Bohr	$\mu_B = e_0\hbar/2m_e c = 5.7884 \cdot 10^{-9}$ eV gauss^{-1}
	$\pi = 3.141\,592\,653\,589\,793\,238$
	$e = 2.718\,281\,828\,459\,045\,235$

Bibliografia

A-S: Abramowitz M., Stegun Irene A.: Handbook of Mathematical Functions, Dover Pubblications, Londra (1964)

Angelini L.: Meccanica Quantistica: Problemi Scelti, Springer, Milano (2007)

Caldirola P., Cirelli R., Prosperi G.: Introduzione alla Fisica Teorica, UTET (1982)

Cini M., Fucito F., Sbragaglia M.: Solved Problems in Quantum and Statistical Mechanics, Springer, Milano (2011)

d'Emilio E., Picasso Luigi E.: Problems in Quantum Mechanics, Springer, Milano (2011)

Galindo A., Pascual P.: Quantum Mechanics I e II, Springer, Berlin Heidelberg (1989)

Galitski V., Karnakov B., Kogan V.: Problèmes de Mécanique Quantique, Editions Mir-Moscou (1977)

Gol'dman I.I., Krivchenkov V.D., Kogan V.I., Galitskii V.M.: Problems in Quantum Mechanics, Infosearch Limited, London (1960)

Goldstein H.: Classical Mechanics, Addison-Wesley, New York (1956)

Landau L.D., Liftsits E.M.: Meccanica Quantistica, Editori Riuniti, Roma (2003)

Merzbacher E.: Quantum Mechanics, Wiley, New York (1967)

Messiah A.: Mécanique Quantique I e II, Dunod, Parigi (1969)

Sakurai J.J.: Meccanica Quantistica Moderna, Zanichelli, Bologna (1996)

Squires G.L.: Problems in Quantum Mechanics, Cambridge University Press (2003)

Yung-Kuo ed.: Problems and Solutions on Quantum Mechanics, World Scientific, Singapore (1998)

Watson G.N.: The Theory of the Bessel Functions, Cambridge University Press (1958)

Indice analitico

UITEXT – Collana di Fisica e Astronomia

ura di:

hele Cini
fano Forte
ssimo Inguscio
da Montagna
ste Nicrosini
a Peliti
erto Rotondi

tor in Springer:
ina Forlizzi
ina.forlizzi@springer.com

Probabilità in Fisica
Un'introduzione
Guido Boffetta, Angelo Vulpiani
2012, XII, 232 pp., ISBN 978-88-470-2429-8

Introduzione ai metodi inversi
Con applicazioni alla geofisica e al telerilevamento
Rodolfo Guzzi
2012, XIV, 290 pp., ISBN 978-88-470-2494-6

Note di fotonica
Vittorio Degiorgio, Ilaria Cristiani
2012, X, 202 pp., ISBN 978-88-470-2500-4

Problemi di meccanica quantistica non relativistica
Carlo Alabiso, Alessandro Chiesa
2012, VIII, 464 pp., ISBN 978-88-470-2693-3

Finito di stampare nel mese di dicembre 2012